无机化学学习指导

（第二版）

主　编　王一凡　古映莹
副主编　张云怀　杨光正

科学出版社
北　京

内 容 简 介

本书是与普通高等教育"十一五"国家级规划教材《无机化学》(第二版,刘又年主编,科学出版社,2013)配套的学习指导,由东北大学、北京科技大学、重庆大学、武汉理工大学、湖南科技大学和中南大学6校合编,主编单位为中南大学。

全书对高等学校无机化学教学的基本内容提出具体的学习要求,解析重点和难点问题,并给出教材所附习题的全解答和模拟考试题型的自测题。主要宗旨是使读者进一步明晰无机化学的学习重点,深入掌握无机化学的基础知识和基本理论,灵活运用无机反应的基本规律,培养和训练科学创新的思维方法,不断提升无机化学的教学水平。除第1章外,各章主要分为四部分:学习要求、重难点解析、习题全解和重点练习题解、自测题及参考答案。书中编有本科生期末考试试题和硕士研究生入学考试真题及参考答案。

本书可作为高等院校应用化学、化学、化工、制药、矿物、冶金、材料等专业本科生的无机化学课程参考书,也可供报考硕士研究生的学生参考。

图书在版编目(CIP)数据

无机化学学习指导/王一凡,古映莹主编.—2版.—北京:科学出版社,2013.9

ISBN 978-7-03-038692-2

Ⅰ.无… Ⅱ.①王…②古… Ⅲ.无机化学-高等学校-教学参考资料 Ⅳ.O61

中国版本图书馆CIP数据核字(2013)第227458号

责任编辑:陈雅娴 杨向萍 / 责任校对:钟 洋
责任印制:张 伟 / 封面设计:迷底书装

科学出版社出版
北京东黄城根北街16号
邮政编码:100717
http://www.sciencep.com

北京富资园科技发展有限公司印刷
科学出版社发行 各地新华书店经销

*

2009年9月第 一 版 开本:787×1092 1/16
2013年9月第 二 版 印张:21 1/4
2024年7月第十四次印刷 字数:544 000

定价: 53.00 元

(如有印装质量问题,我社负责调换)

第二版前言

本书第一版作为普通高等教育“十一五”国家级规划教材《无机化学》(黄可龙主编,科学出版社,2007 年)的配套教材于 2009 年 9 月问世,迄今已历时四年,整体反映良好,国内有多所院校使用,尤其是对于大一学生的无机化学学习具有较大的帮助及指导作用。此外,本书第一版还被指定为中南大学应用化学、无机化学等专业攻读硕士学位研究生入学考试的主要参考书。2013 年 8 月《无机化学(第二版)》(刘又年主编,雷家珩、王林山副主编)出版,教材仍为中南大学、东北大学、北京科技大学、重庆大学、武汉理工大学、湖南科技大学、湘潭大学 7 校合编,新版教材反映无机化学学科的最新进展和适应各参编高校新的培养方案,同时将教材第一版使用过程中发现的问题进行完善。本书与教材第二版相配套,因此也做了相应的调整和改动,另外,本书也有诸多需要完善之处。

本次修订保持了第一版的体例风格,在化学热力学基础、酸碱质子理论运用、原子结构、氢和稀有气体、硼族元素、镧系元素和锕系元素等部分章节做了较大改动,进一步突出了“重难点解析”,并注重发挥“典型例题”在网络运用、思维训练、解题技巧等方面的作用,更新了部分参编高校最新本科生期末考试和攻读硕士学位研究生入学考试真题等,将更加有利于学生对课程自学和方便教师在教学中使用。

本书由东北大学、北京科技大学、重庆大学、武汉理工大学、湖南科技大学和中南大学 6 校合编,主编单位为中南大学。王一凡、古映莹担任主编,理论化学部分由王一凡统稿,元素化学部分由古映莹统稿;张云怀、杨光正担任副主编;湖南大学尹双凤教授和中南大学刘又年教授担任全书的主审。编者分工如下:中南大学王一凡副教授(第 1、3 章)、刘绍乾副教授(第 2 章)、古映莹教授(第 6、7 章)、关鲁雄教授(第 9 章、第 12 章第一作者)、张寿春副教授(第 12、15 章第二作者)、易小艺教授(第 13、23 章)、曾小玲副教授(第 14、15 章第一作者)、周建良副教授(第 14 章第二作者)、刘又年教授(第 21、22 章);湖南科技大学蔡铁军教授(第 4、8 章);北京科技大学王明文副教授(第 5、20 章);武汉理工大学杨光正副教授、雷家珩教授(第 10、11 章);重庆大学张云怀教授(第 16 章)、余丹梅副教授(第 17 章);东北大学王林山教授(第 18、19 章)。前四套综合测试题及参考答案分别由中南大学古映莹、张寿春、王一凡和武汉理工大学雷家珩供稿;后四套综合测试题及参考答案由重庆大学余丹梅和张云怀、东北大学王林山、武汉理工大学雷家珩、中南大学古映莹和张寿春供稿。中南大学的全体编者和颜军博士承担了全书的校对工作。

在本书编写过程中,中南大学化学化工学院的老师们、参编及使用本书的许多兄弟院校的老师和学生给予了关心和帮助,在此表示感谢!

由于编者水平有限,加之时间仓促,书中错误在所难免,望同行和广大读者批评指正。

编　者

2013 年 7 月

第一版前言

无机化学是为大学本科一年级学生开设的一门公共基础课和专业基础课，肩负着为这些学生打好牢固的化学基础和使之尽快适应大学学习生活的重任。2007 年 8 月，科学出版社出版了由中南大学、东北大学、北京科技大学、重庆大学、武汉理工大学、湘潭大学、湖南科技大学七校合编的普通高等教育"十一五"国家级规划教材《无机化学》(黄可龙主编)，主要面向应用化学专业，同时涵盖化工、制药、矿物、材料等专业。该教材在知识的深度和广度上都达到了一种新的水平。大学课程的教学进度相比于中学课程明显加快，而教材往往不可能对教学内容和学习方法同时详细解释。因此，有必要编写配套的学习指导对教材进行补充。目前，大部分学习指导虽对概念、重点与难点进行了阐述，但对解题方法归纳总结得不够，特别是对教材中所附的习题缺乏针对性的、具体的解答过程。为了适应广大读者的需要，同时方便使用《无机化学》的师生们更准确地把握无机化学的教学重点和掌握解题技巧，我们结合理工科教学实践编写了本书。

全书针对高等学校无机化学教学的基本内容，从了解、熟悉和掌握三个层次提出了具体的学习要求，简明扼要地论述解析了重点和难点问题。并且本书对《无机化学》的习题给出了详细解答，对重点练习题有题解或思路提示，每章附有一套自测题及参考答案，书中编有参编院校本科生期末考试试题、硕士研究生入学考试试题等综合测试题及参考答案共 7 套。全书主要内容包括：化学热力学和动力学、化学平衡、氧化还原与电化学、结构化学的基本原理以及元素化学的基本知识等，符合大学本科《无机化学》教学的基本要求。本书的主要特点是深化无机化学的基本理论，强调基本理论的应用能力，并注意与元素化学有机衔接。

本书是与普通高等教育"十一五"国家级规划教材《无机化学》配套的教学参考书，由东北大学、北京科技大学、重庆大学、武汉理工大学、湖南科技大学和中南大学六校合编，主编单位为中南大学。王一凡、古映莹担任主编，理论化学部分由王一凡统稿，元素化学部分由古映莹统稿；张云怀、杨光正担任副主编；黄可龙担任主审，刘又年负责部分章节审稿。编者分工如下：中南大学黄可龙教授(第 1 章部分内容，第 23 章部分内容)、王一凡副教授(第 1 章部分内容，第 3 章)、刘绍乾副教授(第 2 章)、古映莹教授(第 6、7 章，第 23 章部分内容)、关鲁雄教授(第 9、12 章)、曾小玲副教授(第 13～15 章)、刘又年教授(第 21、22 章)；湖南科技大学蔡铁军教授(第 4、8 章)；北京科技大学王明文副教授(第 5、20 章)；武汉理工大学杨光正副教授、雷家珩教授(第 10、11 章)；重庆大学张云怀副教授(第 16 章)、余丹梅博士(第 17 章)；东北大学王林山教授(第 18、19 章)。此外，湘潭大学邓建成教授对本书第 13、14 章的前期工作予以了支持。前三套综合测试题及参考答案分别由中南大学古映莹和曾小玲、王一凡、周建良供稿；后四套综合测试题及参考答案分别由重庆大学余丹梅、张云怀，东北大学王林山，中南大学刘又年、古映莹，武汉理工大学雷家珩供稿。在编写过程中，科学出版社高等教育出版中心杨向萍、陈雅娴编辑提出了许多宝贵意见，此外还得到中南大学化学化工学院以及参编和使用《无机化学》的许多兄弟院校老师的关心和帮助，在此一并表示感谢！

由于编者水平所限，加之时间仓促，书中错误之处在所难免，望读者批评指正。

编　者

2009 年 6 月

目　　录

第1章　绪　　论

一、学习要求

(1) 了解化学的定义、主要特征、发展简史、面临的挑战以及重要分支；

(2) 熟悉无机化学的研究对象、现代特征和研究领域，掌握无机化学的学习方法；

(3) 熟悉教材附录中我国的法定计量单位。

二、重难点解析

(一) 化学的定义和重要分支

1. 定义

化学是一门在原子和分子水平上研究物质的组成、结构和性质以及其相互作用和反应的科学。化学与许多的其他科学领域如农学、环境科学、地质学、矿物学、冶金学、材料科学、能源科学、生物学、药学、医学、电子学、计算机科学、物理学等都有关，且涉及人类生活的方方面面，特别是20世纪60年代以来，化学已成为科学的中坚力量，被誉为"21世纪的中心科学"。

2. 重要分支

传统上化学可分为：无机化学、有机化学、物理化学和分析化学，即"四大化学"。但随着现代科学的发展和学科之间的交融，已衍生出许多新兴的交叉学科，如生物化学、高分子化学、环境化学和核化学等。其他与化学有关的边缘学科还有地球化学、海洋化学、大气化学、环境化学、宇宙化学等。

(二) 化学的主要特征

1. 创造性

化学家为了寻找有用的化学物质，不断地研究从植物和动物中发现的化合物。由于人们不希望总是以生物为来源获取有用的物质，因此化学家通常运用创造性的方法去合成这些新发现的化合物。例如，在新药研究中，通过各种途径首先发现的新药不一定是最理想的药物，但所发现的化学物质(又称先导化合物)具有的新结构意义重大。定向合成就是在先导化合物的基础上，进行基本母核近旁结构的化学修饰或在保留活性基团下基本骨架的改造，通过研究化学结构与生物效应的关系，以增强活性或降低毒性，选定药物的最佳结构。

2. 实验性

许多科学史家认为化学研究的故乡在埃及。在古埃及，僧侣和贵族设有专门从事神秘的化学研究的实验室。酒、醋、肥皂、染料、陶瓷、玻璃、青铜和某些药物等都诞生于古代的实验化学。现代化学同样由理论和实验组成，两者之间是互相促进、对立统一的辩证关系。

(三) 化学的发展简史和面临的挑战

1. 发展简史

化学经历的"化学的前奏、化学科学的诞生、化学的第二次革命、化学的第三次革命、现代化学的兴起"等多个阶段,构成了自己的发展简史。

2. 面临的挑战

21 世纪以来,信息技术、材料科学及生物医学等学科的快速发展,对化学这门基础学科提出了新的挑战,主要表现在材料科学中的基本化学问题、实现可持续发展的基本化学问题(绿色化学)、生命科学中的基本化学问题等方面。当然,同时也包括开发新能源、发展纳米化学和计算机化学应用等挑战。

(四) 无机化学的研究对象、现代特征和研究领域

1. 研究对象

无机化学研究对象包括除碳所形成的有机化合物以外,元素周期表中几乎所有元素的单质和化合物。

2. 现代特征

现代无机化学将构筑分子与固体之间的多层次桥梁通道,打通微观、介观、宏观的界限,打破化学家合成高纯化合物和电子学家制造芯片与器件的分工,具有从宏观到微观、从定性描述到定量化方向、既分化又综合并出现许多边缘学科的特征。

3. 研究领域

无机化学的研究领域包括配位化学、固体无机化学、元素无机化学、生物无机化学、物理无机化学和核化学等。

(五) 无机化学的发展阶段和发展趋势

1. 发展阶段

(1) 萌芽阶段。无机化学萌芽阶段始于公元前 2000 多年或者更早,最早的研究对象是矿物和无机物,然后在制药、制陶、冶金、酿酒、染色等方面得到应用。到 15 世纪后期,人们逐渐积累了较多的无机化学知识,无机化学知识开始形成体系。

(2) 兴起阶段。兴起阶段的标志是 1661 年波义耳首次给"元素"以科学的定义,1777 年拉瓦锡燃烧的氧化学说,19 世纪初道尔顿的原子学说,1869 年门捷列夫的元素周期律,1893 年维尔纳的配位理论等。但从 19 世纪末到 20 世纪 30 年代,无机化学发展迟缓。此阶段的重点是分门别类地研究周期表中各种元素的单质和化合物的提取、制备、化学性质、应用和宏观规律及其与微观结构的联系。

(3) 复兴阶段。由于 20 世纪初量子力学的理论和技术对化学的影响,海特勒和伦敦在 1927 年提出了价键理论,鲍林在 1931 年提出了杂化轨道理论,马利肯和洪德在 1931 年提出了分子轨道理论。现代新的光学、电学和磁学等物理测试技术已发展到足以将物质的微观结

构与宏观性能联系起来的程度，从而使无机化学进入复兴阶段，其标志是 20 世纪 40 年代开始的原子能计划和随之而来的十几种新超铀元素的发现以及稀有气体元素化合物的合成。20 世纪 50 年代初，二茂铁的合成及其夹心结构的确定，引发了如夹心化合物、簇合物、穴合物等大量具有特殊结构和性能的新型无机化合物的出现。20 世纪 80 年代以来，高温陶瓷、超导体、快离子导体、低维光电材料、磁性材料、发光材料等无机固体材料的合成，还有无机物的结构和反应机理的研究以及对反应产物的表征和结果阐述等都表明无机化学正处于复兴阶段。

2. *发展趋势*

(1) 学科领域更为拓宽。无机化学通过不断地与有机化学、物理化学、高分子化学和生物化学以及固体物理等交叉和综合，产生更多的边缘学科。

(2) 研究方法手段更为先进。将物理的测试技术与化学的实验方法、量子化学计算方法、建模计算虚拟实验及化学信息学相结合，对分子、纳米、簇合物、超分子等层次的结构进行更深入的研究。

（六）国际单位制与我国的法定计量单位

国际单位制是全世界几千年来生产和科技发展的综合结果。1875 年，国际计量委员会(CIPM)成立。1948 年，第 9 届国际计量大会责成 CIPM 创立一种科学、简明、实用的单位制。1954～1971 年，以米(m)、千克(kg)、秒(s)、安培(A)、开尔文(K)、摩尔(mol)和坎德拉(cd)七个分别表示长度、质量、时间、电流、热力学温度、物质的量和发光强度的基本单位为基础的国际单位制(SI 制)逐步定型。SI 制由 SI 单位和 SI 单位的倍数单位组成，其中 SI 单位分为 SI 基本单位和 SI 导出单位。例如，频率的单位赫兹(Hz)即 s^{-1}，能量的单位焦耳(J)即 $kg \cdot m^2 \cdot s^{-2}$，都是 SI 导出单位；纳米(nm)和立方分米($dm^3$)则是 SI 单位的倍数单位。

我国从 1984 年开始推行法定计量单位。一切属于国际单位制的单位都是我国的法定计量单位。根据国情，我国在法定计量单位中还明确规定并采用了若干可与 SI 制并用的非国际单位制的单位。例如，体积的单位升(L)和质量的单位吨(t)，它们与国际单位制的换算关系分别为 $1L=1dm^3$，$1t=10^3kg$。

三、自 测 题

1. 填空题(每空 1 分，共 14 分)

(1) 化学被誉为________科学，其主要特征是________和________。

(2) 无机化学的发展趋势表现为______________和______________。

(3) 无机化学的研究领域主要涉及________、________、________、固体无机化学、物理无机化学和核化学等方面。

(4) 国际单位制由__________和__________组成，其中 SI 单位分为__________和__________。

(5) 无机化学的研究对象是除____________________以外，元素周期表中几乎所有元素的单质和________。

2. 是非题(用“√”、“×”表示对、错，每小题 1 分，共 6 分)

(1) 一切属于国际单位制的单位都是我国的法定计量单位。 (　　)

(2) 力的单位牛顿(N)即 J · m^{-1}是 SI 基本单位。 (　)

(3) L 是不属于 SI 单位制的单位符号。 (　)

(4) 绿色化学是一门从源头上减少或消除污染的化学。 (　)

(5) 微观领域由量子力学,宏观问题由牛顿力学来描述。那么可以断言,介于这二者之间的、具有许多新的尺度效应的纳米世界,一定会推出自己新的理论。 (　)

(6) 开发氢能需用化学知识解决制氢工艺的经济性和储存运输的安全性问题。 (　)

3. 解释简答题(每小题 15 分,共 30 分)

(1) 固体无机化学与合成化学的关系如何?

(2) 为什么说生物无机化学是化学与生命科学交叉学科中的主导学科之一?

参考答案

1. 填空题

(1) 21 世纪的中心,实验性,创造性;(2) 学科领域更为拓宽,研究方法和手段更为先进;(3) 配位化学,生物无机化学,元素无机化学;(4) SI 单位,SI 单位的倍数单位,SI 基本单位,SI 导出单位;(5) 碳元素所形成的有机化合物,化合物。

2. 是非题

(1) √;(2) ×;(3) √;(4) √;(5) ×;(6) √。

3. 解释简答题

(1) 固体无机化学是跨越无机化学、固体物理、材料科学等学科的交叉领域。近年来,该领域不断发现具有特殊性能及新结构的化合物,如高温超导材料、纳米相材料、C_{60}等,这些化合物一次又一次地震撼整个国际学术界。固体无机化学主要涉及新型固体化合物的设计与合成,而要实现合成目标,首先要有坚实的物质结构和元素化学知识,更重要的是需要新的尤其是一些特殊条件下(超高温、超低温、超高压、超高真空等)或非常缓和条件(溶胶-凝胶过程)下的合成方法,如前体法、置换法、共沉淀法、熔化法、水热法、微波法、气相输运法、软化学法、自蔓延法、力化学法、分子固体反应法等,这些都与合成化学密不可分。

(2) 20 世纪最后几年,科学家在预测科学未来的发展趋势时得出的结论之一是,生命科学与化学结合将在 21 世纪取得重大突破。尽管生物学通常和有机化学联系在一起,但无机元素在生命过程中也起到重要作用,如呼吸、代谢、固氮、光合作用、发育、神经传递、肌肉收缩、信号传导等关键过程以及对毒物和诱变剂的防护都需要金属离子。此外,无机元素及其化合物作为结构和功能的探针如何被人为地引入生物体系中,甚至用作人类疾病诊断和治疗的药物(如顺铂抗癌药、金抗关节炎药、锝辐射药剂等),都是当前生物无机化学的热门研究课题。因此,生物无机化学已成为化学与生命科学交叉学科中的主导学科之一。

(中南大学　王一凡)

第2章　气　　体

一、学习要求

(1) 熟悉气体的性质和理想气体的状态方程；

(2) 掌握道尔顿分压定律，了解分体积定律；

(3) 了解气体分子运动论、分子的速率分布和能量分布等；

(4) 熟悉范德华气体状态方程以及实际气体与理想气体之间的偏差及其修正方法。

二、重难点解析

(一) 道尔顿分压定律

道尔顿(Dalton)进行了大量实验，提出了混合气体的道尔顿分压定律：混合气体的总压等于各组分气体的分压之和，其数学表达式为

$$p(\text{总}) = p_1 + p_2 + p_3 + \cdots \qquad \text{或} \qquad p(\text{总}) = \sum p_i \qquad (T、V\text{一定})$$

式中，p(总)为混合气体的总压；p_1，p_2，p_3…为各组分气体的分压。

理想气体混合时，由于分子间无相互作用，故在容器中各组分气体碰撞器壁分别产生的压力，与它们独立存在于同一容器中产生的压力相同。即同样的温度下，若A、B两种气体分别占据同样体积的容器，则每一组分产生的压力(分压)只取决于该组分的物质的量。

$$p(\text{A})=\frac{n(\text{A})RT}{V} \qquad p(\text{B})=\frac{n(\text{B})RT}{V}$$

因此，理想气体混合后的总压力等于两种组分的分压之和，即

$$p(\text{总})=p(\text{A})+p(\text{B})=\frac{n(\text{A})RT}{V}+\frac{n(\text{B})RT}{V}=\frac{[n(\text{A})+n(\text{B})]RT}{V}=\frac{n(\text{总})RT}{V}$$

经过数学处理可得

$$p(\text{A})=x(\text{A})p(\text{总}) \qquad p(\text{B})=x(\text{B})p(\text{总})$$

式中，x(A)和x(B)分别为A、B组分气体的摩尔分数。

(二) 气体分子运动论

1. 气体分子运动论的基本观点

分子运动论是从物质的微观结构出发阐明热现象的规律，在一定的实验基础上总结出来的一些结论(基本观点)：①宏观物质由大量微粒如分子、原子(单原子分子)组成；②分子处于不停地运动之中，扩散现象、布朗运动等很好地证明了这一点，每个分子的运动具有很大的随意性；③在气体分子运动过程中，分子之间还发生频繁碰撞，分子间的相互作用力主要为分子间力。

理论上，系统中单个分子的运动是遵循牛顿定律的，从而可用经典力学的方法研究每个分

子的运动状态及其变化过程，但因大量气体分子间作用的偶然性和复杂性，实际上无法把握个别分子的运动规律。基于平衡态下各宏观量均有确定值，不同的平衡态下各宏观量取值不同的实验事实，从个别分子的力学规律入手，通过大量地求算术平均，建立微观量的统计平均值与宏观量的联系，从而揭示宏观量的微观实质。

2. 压力公式

由理想气体分子的微观模型及经典力学导出的气体分子运动论的基本方程为

$$pV=\frac{1}{3}Nm\overline{v^2}\quad 或\quad p=\frac{1}{3}\frac{N}{V}m\overline{v^2}$$

式中，压力 p 是 N 个分子与器壁碰撞所产生的总效应，具有统计学意义；均方速率$\overline{v^2}$是一个微观量的统计平均值，不能由实验直接测定，但 p 和 V 是可以直接由实验测定的宏观量。因此，上式是一个联系宏观可测量与微观可计算量的方程。若用$\overline{E}_K=\frac{1}{2}m\overline{v^2}$表示气体分子平均动能，则

$$p=\frac{2}{3}\frac{N}{V}\overline{E}_K=\frac{2}{3}n\overline{E}_K$$

上式说明，理想气体的压力取决于单位体积内的分子数和分子平均动能$\overline{E}_K$。

3. 温度公式

根据理想气体状态方程，可导出理想气体的温度与分子平均动能之间的关系。由理想气体状态方程可得

$$p=\frac{mRT}{MV}$$

由 $p=\frac{2}{3}n\left(\frac{1}{2}m\overline{v^2}\right)=\frac{2}{3}n\overline{E}_K$可得

$$\overline{E}_K=\frac{3}{2}\frac{p}{n}=\frac{3}{2}\frac{1}{n}\frac{mRT}{MV}$$

因为 $n=\frac{N}{V}=\frac{1}{V}\frac{m}{M}N_A$，所以

$$\overline{E}_K=\frac{3}{2}\frac{R}{N_A}T$$

式中，n 为单位体积内分子数；N 为分子总数；R 为摩尔气体常量；N_A 为阿伏伽德罗常量，$N_A=6.022\times10^{23}\,mol^{-1}$。令$\frac{R}{N_A}=k$，$k$ 为玻耳兹曼常量，$k=1.381\times10^{-23}\,J\cdot K^{-1}$，其物理意义为气体分子常量，故

$$\overline{E}_K=\frac{3}{2}kT$$

由此看出，分子的平均动能 $\overline{E}_K$ 只与温度 T 有关，而与气体体积、压力等物理量无关。因此，温度的实质是表明物体内部分子无规则热运动的剧烈程度。

4. 气体分子运动速率分布中的三种速率概念

(1) 最概然速率(v_{mp})：分子具有的概率最大的速率。以单位速率间隔比较，在最概然速

率附近的单位速率间隔内的分子数占分子总数的比例最大。对于给定气体，温度越高，v_{mp}越大；在相同的温度下，分子的质量(或摩尔质量)越大，v_{mp}越小。其计算公式为

$$v_{mp}=\sqrt{2kT/m}=\sqrt{2RT/M}=1.41\sqrt{RT/M}$$

(2) 方均根速率($\sqrt{\overline{v^2}}$或 v_{rms})：大量分子速率平方的平均值的平方根。方均根速率越大，可推知气体中速率大的分子越多。同温度时，摩尔质量大的气体分子的运动速率小。其计算公式为

$$\sqrt{\overline{v^2}}=\sqrt{3kT/m}=\sqrt{3RT/mN_A}=\sqrt{3RT/M}\approx1.73\sqrt{RT/M}$$

(3) 平均速率($\bar{v}$或 v_{av})：气体分子速率的算术平均值。

$$\bar{v}=\sqrt{\frac{8kT}{\pi M}}=1.61\sqrt{\frac{RT}{M}}$$

在计算分子的平均动能时，常用方均根速率；在讨论分子速率分布时，要用最概然速率；在讨论分子碰撞时，将用到平均速率。

(三) 范德华气体状态方程

实验发现，在高压低温下，气体的密度增大，分子间距减小，则分子间的相互作用及分子本身的体积不能忽略，即理想气体状态方程仅在足够低压力下适合于真实气体。因此，对于真实气体，必须在理想气体的模型上进行修正。

1873年，范德华(van der Waals)根据刚性球分子模型，对1mol理想气体状态方程加以修正，建立了新的方程。

(1) 体积修正。把分子看成刚性球，因具有固有体积而使1mol气体可被压缩的空间体积减少为$(V-b)$。其中b为反映分子固有体积的修正量，可由实验确定。

(2) 压力修正。因分子间存在吸引力，当分子在容器内部时，四周分子对称分布，合力为零；但当分子与器壁距离小于吸引力作用范围时，将受到垂直于器壁指向气体内部的合力，使分子撞击器壁时动量的垂直分量减小，即器壁所受实际压力比$\frac{RT}{V-b}$小，为 $p=\frac{RT}{V-b}-\Delta p$。其中$p$为气体分子实际作用于器壁的压力，即为实验可测出的压力；Δp称为气体分子施予单位面积器壁的冲量的平均值。分子碰壁一次施予的冲量(分子动量的改变)的减少量与分子所受吸引力成正比，吸引力又与单位体积分子数成正比，同时碰壁的分子数也与单位体积分子数成正比。因此Δp应与体积的二次方成反比，为$\Delta p=a/V^2$，其中a为反映分子间引力作用的修正量，可由实验确定。于是，1mol实际气体的范德华状态方程为

$$\left(p+\frac{a}{V^2}\right)(V-b)=RT$$

若为$n$mol真实气体，其体积为V，而b代表1mol气体本身的体积，则上式写成

$$\left(p+a\frac{n^2}{V^2}\right)(V-nb)=nRT$$

以上两式都称为范德华状态方程。式中，a和b称为范德华常量。范德华状态方程较好地描述了高温下真实气体的状态变化关系，揭示出相变临界温度的存在，推广后还可近似应用于液体，是许多近似状态方程中最简便的一个。

三、习题全解和重点练习题解

1(2-1)[①]. 为什么湿空气比干燥的空气密度小？

答：根据阿伏伽德罗定律，在同温同压下，相同体积的气体含有的气体分子数相同，即同温同压下，同体积的气体物质的量相同。由于潮湿空气中含有相对分子质量比氮气和氧气相对分子质量小的水分子，则同体积的潮湿空气的质量比干燥空气的质量小，因此潮湿空气的密度比干燥空气的密度小。

2(2-2). 在标准状况下，多少摩尔的 AsH_3 气体占有 0.004 00L 的体积？此时，该气体的密度是多少？

解：根据阿伏伽德罗定律可知，在 0℃和 101.3kPa 条件下，22.414L 任何气体含有的气体分子数都为 6.02×10^{23} 个(物质的量为 1mol)。则在标准状况下，0.004 00L AsH_3 气体的物质的量为(0.004 00/22.414)mol=0.000 178mol。

标准状况下，该气体的密度为 $\rho=\dfrac{m}{V}=\dfrac{0.000\ 178\text{mol}\times77.92\text{g}\cdot\text{mol}^{-1}}{0.004\ 00\text{L}}=3.47\text{g}\cdot\text{L}^{-1}$。

3(2-3). 由 0.538mol He(g)、0.315mol Ne(g)和 0.103mol Ar(g)组成的混合气体在 25℃时体积为 7.00L，试计算：(1)各气体的分压；(2) 混合气体的总压力。

解：根据理想气体状态方程和道尔顿分压定律 $p_i=\dfrac{n_iRT}{V}$。

$$p(\text{He})=\frac{n(\text{He})RT}{V}=\frac{0.538\text{mol}\times8.314\text{kPa}\cdot\text{L}\cdot\text{mol}^{-1}\cdot\text{K}^{-1}\times298\text{K}}{7.00\text{L}}=190.4\text{kPa}$$

$$p(\text{Ne})=\frac{n(\text{Ne})RT}{V}=\frac{0.315\text{mol}\times8.314\text{kPa}\cdot\text{L}\cdot\text{mol}^{-1}\cdot\text{K}^{-1}\times298\text{K}}{7.00\text{L}}=111.5\text{kPa}$$

$$p(\text{Ar})=\frac{n(\text{Ar})RT}{V}=\frac{0.103\text{mol}\times8.314\text{kPa}\cdot\text{L}\cdot\text{mol}^{-1}\cdot\text{K}^{-1}\times298\text{K}}{7.00\text{L}}=36.5\text{kPa}$$

则
$$p(\text{总})=p(\text{He})+p(\text{Ne})+p(\text{Ar})=(190.4+111.5+36.5)\text{kPa}=338.4\text{kPa}$$

4(2-4). 在 76m 深的水下，压力为 849.1kPa，要使潜水员使用的潜水气中氧气的分压保持为 21.3kPa(这是氧气在压力为 101.3kPa 的空气中的分压)，潜水气中氧气的摩尔分数是多少？

解：根据理想气体状态方程和道尔顿分压定律 $p_i=x_ip(\text{总})$，则

$$x_i=\frac{p_i}{p(\text{总})}=\frac{21.3\text{kPa}}{849.1\text{kPa}}=0.025$$

5(2-5). 现有 1.00mol CCl_4，体积为 28.0L，温度为 40℃，分别计算：(1) 服从理想气体方程时；(2) 不服从理想气体方程时($a=20.4\times10^{-1}\text{Pa}\cdot\text{m}^6\cdot\text{mol}^{-2}$，$b=0.1383\text{L}\cdot\text{mol}^{-1}$)，该气体的压力。

解：(1) 根据理想气体状态方程，得

① 1(2-1)中，括号前的“1”表示题序，“(2-1)”表示教材中第 2 章习题 1，其余类推。

$$p=\frac{nRT}{V}=\frac{1.00\text{mol}\times 8.314\text{kPa}\cdot\text{L}\cdot\text{mol}^{-1}\cdot\text{K}^{-1}\times 313\text{K}}{28.0\text{L}}=92.94\text{kPa}$$

(2) 已知 $a=20.4\times 10^{-1}\text{Pa}\cdot\text{m}^6\cdot\text{mol}^{-2}=20.4\times 10^{-1}\text{Pa}\cdot(10^3\text{L})^2\cdot\text{mol}^{-2}$，$b=0.1383\text{L}\cdot\text{mol}^{-1}$。根据范德华实际气体状态方程 $\left(p+a\frac{n^2}{V^2}\right)(V-nb)=nRT$，得

$$p=\frac{nRT}{V-nb}-\frac{an^2}{V^2}=\frac{1.00\text{mol}\times 8.314\text{kPa}\cdot\text{L}\cdot\text{mol}^{-1}\cdot\text{K}^{-1}\times 313\text{K}}{28.0\text{L}-1.00\text{mol}\times 0.1383\text{L}\cdot\text{mol}^{-1}}-\frac{20.4\times 10^{-1}\text{Pa}\cdot(10^3\text{L})^2\cdot\text{mol}^{-2}\times(1.0\text{mol})^2}{(28.0\text{L})^2}$$

$$=93.4\text{kPa}-2.6\text{kPa}=90.8\text{kPa}$$

6(2-6). 试解释在以下两种情况下，分子间的作用力对气体性质的影响是增加还是减弱：(1)等温下压缩气体；(2)等压下升高气体的温度。

答：(1) 等温下压缩气体时，分子的平均动能不变，但气体分子间的距离减小。由于分子间的作用力随分子间距离的减小而增加，因此等温下压缩气体时，分子间的作用力对气体性质的影响是增加。

(2) 等压下升高气体的温度时，虽然分子的平均动能增加，但气体体积增大，分子间的距离也增加。由于分子间的作用力随分子间距离的增加而减小，因此等压下升高气体的温度时，分子间的作用力对气体性质的影响将减小。

7(2-7). 用加热氯酸钾($KClO_3$)的方法制备氧气，氧气用排水集气法收集，在26℃、102kPa下收集到的气体体积为0.250L。计算：(1)收集到多少摩尔氧气？(2)有多少克 $KClO_3$ 发生分解？(已知 26℃时水的蒸气压为 3.33kPa)

解：(1) $p(O_2)=p(\text{总})-p(H_2O)=102\text{kPa}-3.33\text{kPa}=98.67\text{kPa}$

$$V=0.250\text{L}\qquad T=(26+273)\text{K}=299\text{K}$$

根据理想气体状态方程，得

$$n(O_2)=\frac{p(O_2)V}{RT}=\frac{98.67\text{kPa}\times 0.250\text{L}}{8.314\text{kPa}\cdot\text{L}\cdot\text{mol}^{-1}\cdot\text{K}^{-1}\times 299\text{K}}=0.009\,92\text{mol}$$

(2) 设分解的 $KClO_3$ 的质量为 x。根据加热 $KClO_3$ 的方法制备氧气的反应方程式

$$2KClO_3(s)\xrightarrow{\triangle}2KCl(s)+3O_2(g)$$

则

$$x=\frac{0.009\,92\text{mol}\times 2\times 122.5\text{g}\cdot\text{mol}^{-1}}{3}=0.81\text{g}$$

8(2-8). 已知 O_2 的密度在标准状态下是 $1.43\text{g}\cdot\text{L}^{-1}$，计算 O_2 在 17℃和207kPa时的密度。

解：根据密度的计算式 $\rho=\frac{pM}{RT}$，则标准状态下氧气的摩尔质量为

$$M(O_2)=\frac{\rho RT}{p}=\frac{1.43\text{g}\cdot\text{L}^{-1}\times 8.314\text{kPa}\cdot\text{L}\cdot\text{mol}^{-1}\cdot\text{K}^{-1}\times 273\text{K}}{101.325\text{kPa}}$$

$$=32.0\text{g}\cdot\text{mol}^{-1}$$

在 17℃、207kPa 时 O_2 的密度为

$$\rho(O_2)=\frac{pM(O_2)}{RT}=\frac{207\text{kPa}\times 32.0\text{g}\cdot\text{mol}^{-1}}{8.314\text{kPa}\cdot\text{L}\cdot\text{mol}^{-1}\cdot\text{K}^{-1}\times 290\text{K}}=2.75\text{g}\cdot\text{L}^{-1}$$

9(2-9). 某烃类气体在27℃及100kPa下为10.0L，完全燃烧后将生成物分离，并恢复到27℃

及 100kPa，得到 20.0L CO_2 和 14.44g H_2O，通过计算确定此烃类的分子式。

解：根据理想气体状态方程，得

$$n(\text{总})=\frac{pV}{RT}=\frac{100\text{kPa}\times 10.0\text{L}}{8.314\text{kPa}\cdot\text{L}\cdot\text{mol}^{-1}\cdot\text{K}^{-1}\times 300\text{K}}=0.401\text{mol}$$

燃烧生成二氧化碳的物质的量为

$$n(CO_2)=\frac{pV}{RT}=\frac{100\text{kPa}\times 20.0\text{L}}{8.314\text{kPa}\cdot\text{L}\cdot\text{mol}^{-1}\cdot\text{K}^{-1}\times 300\text{K}}=0.802\text{mol}$$

则生成水的物质的量为 $14.44\text{g}/(18\text{g}\cdot\text{mol}^{-1})=0.802\text{mol}$。

设该烃的分子式为 C_xH_y，其燃烧反应式为

$$C_xH_y+\left(x+\frac{y}{4}\right)O_2\xrightarrow{\text{点燃}}xCO_2+\frac{y}{2}H_2O$$

根据计量关系得，$x=0.802/0.401=2$，$y=0.802\times 2/0.401=4$，即该烃类的分子式为 C_2H_4。

10(2-10). 30℃时，在 10.0L 容器中，O_2、N_2 和 CO_2 混合气体的总压力为 93.3kPa，其中 O_2 的分压为 26.7kPa，CO_2 的质量为 5.00g。计算 CO_2 和 N_2 的分压及 O_2 的摩尔分数。

解：混合气体中二氧化碳的物质的量为 $5.00\text{g}/(44.0\text{g}\cdot\text{mol}^{-1})=0.114\text{mol}$。

根据道尔顿分压定律，二氧化碳的分压为

$$p(CO_2)=\frac{n(CO_2)RT}{V}=\frac{0.114\text{mol}\times 8.314\text{kPa}\cdot\text{L}\cdot\text{mol}^{-1}\cdot\text{K}^{-1}\times 303\text{K}}{10.0\text{L}}$$
$$=28.7\text{kPa}$$

根据道尔顿分压定律，$p(\text{总})=p(CO_2)+p(O_2)+p(N_2)$，则

$$p(N_2)=p(\text{总})-p(CO_2)-p(O_2)=93.3\text{kPa}-28.7\text{kPa}-26.7\text{kPa}$$
$$=37.9\text{kPa}$$

$$x(O_2)=\frac{p(O_2)}{p(\text{总})}=\frac{26.7}{93.3}=0.286$$

11(2-11). 在室温常压条件下，将 4.0L N_2 和 2.0L H_2 充入一个 8.0L 的容器，混合均匀，则混合气体中 N_2 和 H_2 的分体积分别是多少？

解：根据理想气体状态方程

$$p=\frac{nRT}{V}\qquad \text{推导得}\qquad n=\frac{pV}{RT}$$

所以在同温同压下，$n(N_2)=\frac{4p}{RT}$，$n(H_2)=\frac{2p}{RT}$，则混合气体中 N_2 和 O_2 的摩尔分数分别为 $x(N_2)=4/6$，$x(H_2)=2/6$。

根据分体积定律，有

$$V(N_2)=x(N_2)V(\text{总})=[(4/6)\times 8]\text{L}=5.3\text{L}$$
$$V(H_2)=x(H_2)V(\text{总})=[(2/6)\times 8]\text{L}=2.7\text{L}$$

12. 在容积为 50.0L 的容器中，充有 140.0g 的 CO 和 20.0g 的 H_2，温度为 300K。试计算：(1)CO 与 H_2 的分压；(2)混合气体的总压。

解：(1) 由 $m(CO)$、$m(H_2)$分别求得 $n(CO)$、$n(H_2)$，再考虑混合气体的温度和体积，得出各组分的分压。

$$n(CO)=\frac{m(CO)}{M(CO)}=\frac{140.0g}{28.0g\cdot mol^{-1}}=5.0mol$$

$$n(H_2)=\frac{m(H_2)}{M(H_2)}=\frac{20.0g}{2.0g\cdot mol^{-1}}=10.0mol$$

$$p(CO)=\frac{n(CO)RT}{V}=\frac{5.0mol\times 8.314J\cdot mol^{-1}\cdot K^{-1}\times 300K}{50.0L}=249kPa$$

同理可得到 $p(H_2)=499kPa$。

(2) 由分压定律 $p(总)=\sum p_i$，得 $p=p(CO)+p(H_2)=748kPa$。

13. 计算氧气分子和氢气分子在0℃时的方均根速率。

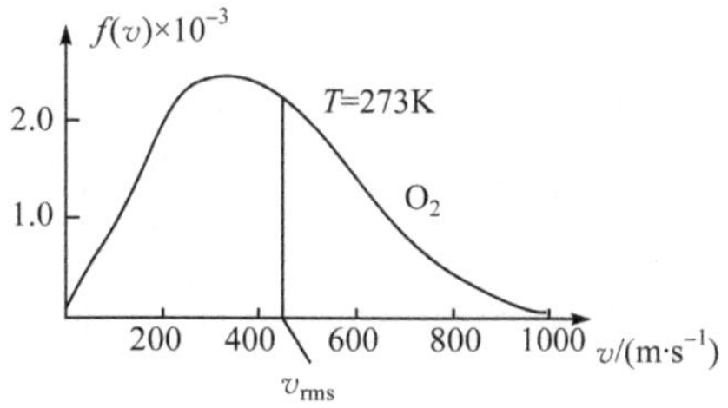

解:已知氧气和氢气的摩尔质量分别为 $M(O_2)=32.0g\cdot mol^{-1}$，$M(H_2)=2.0g\cdot mol^{-1}$，$R=8.314J\cdot mol^{-1}\cdot K^{-1}$，$T=273K$。按这些数据可分别计算氧气和氢气的方均根速率为

$$v_{rms}(O_2)=\sqrt{\frac{3RT}{M(O_2)}}=\sqrt{\frac{3\times 8.314\times 273}{32.0}}=0.461(km\cdot s^{-1})$$

$$v_{rms}(H_2)=\sqrt{\frac{3RT}{M(H_2)}}=\sqrt{\frac{3\times 8.314\times 273}{2.0}}=1.845(km\cdot s^{-1})$$

计算结果表明，在0℃时，H_2 和 O_2 分子的方均根速率比同温度下空气中声音传播速率($332m\cdot s^{-1}$)还要大。当然，不论对哪一种气体来说，并不是全部分子都以它的方均根速率在运动，实际上，气体分子各以不同的速率在运动，而方均根速率只是速率的某一统计平均值而已。

14. 在0℃时，如果将1.000mol的理想气体充入22.4L的容器中，该气体对容器壁产生的压力为1.000atm①。试用范德华状态方程计算在0℃时，将1.000mol Cl_2 充入22.4L的容器中，此时氯气对容器壁产生的压力。(已知 Cl_2 的 $a=6.49L^2\cdot atm\cdot mol^{-2}$，$b=0.0562L\cdot mol^{-1}$)

解:由范德华状态方程，可得

$$p_2=\frac{nRT}{V-nb}-\frac{an^2}{V^2}=\frac{1.000mol\times 0.0821L\cdot atm\cdot mol^{-1}\cdot K^{-1}\times 273.2K}{22.4L-1.000mol\times 0.0562L\cdot mol^{-1}}-\frac{6.49L^2\cdot atm\cdot mol^{-2}\times(1.000mol)^2}{(22.4L)^2}$$

$$=1.003atm-0.013atm=0.990atm$$

这里的1.003atm是对气体分子体积的修正，此压力比理想气体的1.000atm高。因为容器中氯气分子可自由运动的实际体积比22.4L小。这样，气体分子对器壁的碰撞频率增加，故压力增加。第二个因子为0.013atm，该压力是对气体分子间作用力的修正。因此，将容器中气体的压力修正到0.990atm。故氯气分子间作用力是氯气行为偏离理想气体的主要原因。

① atm为非法定计量单位，1atm=101.325kPa。

四、自　测　题

1. 填空题(每空 1 分,共 20 分)

(1) 严格地说,理想气体状态方程只适用于________气体;或者说,理想气体状态方程只有在________压力和________温度时,才可以较好地适用于实际气体。

(2) 在任意给定温度下,任何气体的分子平均动能都________;分子的平均动能越大,系统的____________越高。

(3) 相同温度时,较轻的气体分子的方均根速率比较重的气体分子的方均根速率________。或者说,在同一温度下摩尔质量__________的分子运动得慢。

(4) 在国际单位制系统中,摩尔气体常量 R 的值为__________________;在理想气体状态方程的应用中,如果方程式中压力的单位为大气压,则 R 的数值为__________________。

(5) 一定量的氖气在 100℃ 时的体积为 400mL,则相同压力下该气体在 0℃ 的体积为________ mL。

(6) 吹气球时,气体分子对气球内壁产生压力,而且在气球内壁各点产生的压力都________。

(7) 理想气体混合时,混合气体中每一组分气体都能________地充满整个容器的空间,且互相不干扰。其中任一组分气体分子对器壁碰撞所产生的压力与它独占有整个容器时所产生的压力________;混合气体中,各组分气体的摩尔分数之和为________。

(8) 在相同温度与压力下,气态物质的物质的量与其________成正比,气态物质的密度与其________成正比。

(9) 绝对意义上的理想气体是不存在的,实际气体因其________和________的影响,其行为会偏离理想气体状态方程。因此,当理想气体状态方程应用于实际气体时,必须对方程中的________和________进行修正,才能得到较满意的结果。

2. 是非题(用"√"、"×"表示对、错,每小题 1 分,共 10 分)

(1) 标准状态下,1mol H_2 和 1mol O_2 所含气体分子数相同,气体体积也相同。　(　　)

(2) 相同温度时,O_2 的密度比 N_2 的大,但两种气体分子具有相同的平均动能。　(　　)

(3) 理想气体状态方程可适用于温度不太低,压力不太高的实际气体。　(　　)

(4) 某理想气体混合物由 A、B 两气体组成,则混合物中 A 气体的分压与 B 气体的量有关。　(　　)

(5) 同温同压下,如果两种气体的质量相同,则它们的体积和密度都相同。　(　　)

(6) 在 310℃、101kPa 时,实验测定气态磷单质的密度为 2.64g · L^{-1},则磷的分子式为 P_4。　(　　)

(7) 300K 时,将 140.0g CO 和 20.0g H_2 充入体积为 50.0L 的容器中,则混合气体的总压为 499kPa。　(　　)

(8) 相同温度时,CO 气体分子比 O_2 气体分子的均方速率快。　(　　)

(9) 同温同压下,如果物质的量为 n(A)(单位为 mol)的 A 气体所占体积为 V(A),物质的量为 n(B)(单位为 mol)的 B 气体所占体积为 V(B),当这两份气体在相同条件下混合后,则混合气体的总体积等于 V(A)与 V(B)之和。　(　　)

(10) 等离子体是一个电磁系统，有自己的电磁场，与外界电磁场有强烈的作用。而气体不具备这种性质。（　）

3. 单选题(每小题2分，共20分)

(1) 根据查尔斯定律，压力一定时，若气体温度升高，下列叙述正确的是(　　)。

A. 体积减小　　B. 体积增加

C. 体积不变　　D. 不能确定气体体积变化

(2) 条件为0℃、101.325kPa称为气体的标准状况，甲烷在标准状况下的密度为(　　)。

A. 0.523kg · m^{-3}　　B. 0.716kg · m^{-3}

C. 0.916kg · m^{-3}　　D. 0.285kg · m^{-3}

(3) 一真空的球形容器，质量为25.0000g。充以4℃水(密度按1g · cm^{-3}计算)之后，总质量为125.0000g。若改充以25℃、13.33kPa的某碳氢化合物气体，则总质量为25.0163g。该气体的摩尔质量为(　　)。

A. 24.00g · mol^{-1}　　B. 32.00g · mol^{-1}

C. 30.50g · mol^{-1}　　D. 17.10g · mol^{-1}

(4) 用MnO_2作催化剂热分解$KClO_3$制备氧气，若在20℃、99kPa时用排水集气法收集1.5L氧气，至少要取$KClO_3$(　　)g。(已知20℃时水的蒸气压为2.34kPa)

A. 24.0　　B. 32.0　　C. 5.3　　D. 4.9

(5) 用理想气体状态方程可以估算太阳中心的温度。如果假设太阳的中心是由平均摩尔质量为2.0g · mol^{-1}的气体构成，且气体的密度和压力分别是1.4×10^3kg · m^{-3}和1.3×10^9atm，则太阳中心的温度是(　　)。

A. 5.4×10^8K　　B. 2.3×10^7K　　C. 2.9×10^8K　　D. 3.4×10^7K

(6) 某碳氢化合物中C元素的含量为92.24%，0.291g该化合物在标准状况时的体积为250mL，则该化合物的化学式是(　　)。

A. C_2H_2　　B. C_6H_6　　C. C_2H_4　　D. C_3H_6

(7) 分别用理想气体状态方程和范德华状态方程计算，25℃、0.60mol NH_3在一体积为3.00L的容器中的压力分别为(　　)。(已知NH_3的范德华常量a=4.17L^2 · atm · mol^{-2}，b=0.0371L · mol^{-1})

A. 6.9atm，6.8atm　　B. 5.3atm，5.2atm

C. 4.1atm，4.0atm　　D. 4.9atm，4.8atm

(8) 在76m的水下，压力为849.1kPa，要使潜水员使用的潜水气中氧气的分压保持为21.3kPa(这是氧气在压力101.3kPa的空气中的分压)，潜水气中氧气的摩尔分数是(　　)。

A. 0.025　　B. 0.050　　C. 0.02　　D. 0.035

(9) 在标准状况下，加热2.16g HgO可以制备的氧气体积为(　　)。

A. 0.448L　　B. 0.224L　　C. 0.112L　　D. 0.336L

(10) 27℃时，将2.0g N_2、0.40g H_2、9.0g O_2充入一容积为1L的容器中，容器中气体的总压力为(　　)。

A. 21atm　　B. 14atm　　C. 25atm　　D. 11atm

4. 解释简答题(每小题 5 分,共 10 分)

(1) 比较 NH_3 和 N_2 的范德华常量数值,解释为什么 NH_3 的 a 值(4.22Pa·m^6·mol^{-2})比 N_2 的 a 值(1.41Pa·m^6·mol^{-2})大,而 N_2 的 b 值(0.391m^3·mol^{-1})比 NH_3 的 b 值(0.371m^3·mol^{-1})大。

(2) 试说明:同温同压下的任意两种气体的体积比等于它们混合之后的压力比。

5. 计算题(每小题 10 分,共 40 分)

(1) 今有 20℃的乙烷和丁烷混合气体,充入一抽成真空的 200cm^3 容器中,直到压力达到 101.325kPa,测得容器中混合气体的质量为 0.3897g。试求该混合气体中两种组分的摩尔分数及分压。

(2) 现有 15.00mol Ne,体积为 12.0L,温度为 30℃,分别计算:①服从理想气体状态方程时;②不服从理想气体状态方程时,该气体的压力。($a=0.2107$L^2·atm·mol^{-2},$b=0.0171$L·mol^{-1})

(3) 某学生在实验室中用金属锌与盐酸反应制取氢气。所得到的氢气用排水集气法收集。温度为 18℃时,室内气压计为 753.8mmHg①,湿氢气体积为 0.567L。用分子筛除去水分,得到干氢气。计算同样温度、压力下干氢气的体积以及氢气的物质的量。已知 18℃下,水的饱和蒸气压 $p(H_2O)=15.477$mmHg。

(4) 在潜水员自身携带的水下呼吸器中充有氧气和氦气(He 在血液中溶解度很小,而溶解度大的 N_2 可导致气栓病)。某潜水员潜至海水 30m 处作业,海水的密度为 1.03g·cm^{-3},温度为 20℃。在这种条件下,O_2、He 混合气中氧气的分压必须维持在 21kPa 才能使人体正常代谢,则氧气的体积分数应为多少?以 1.000L 混合气体为基准,计算氧气的分体积和氦的质量。(重力加速度取 9.807m·s^{-2})

参考答案

1. 填空题

(1) 理想,低,较高;(2)相同,温度;(3)大,大;(4)8.314kPa·L·mol^{-1}·K^{-1},0.0821atm·L·mol^{-1}·K^{-1};(5)293mL;(6)相等;(7)均匀,相同,1;(8)体积,摩尔质量;(9)分子间作用力,气体分子本身的体积,压力,体积。

2. 是非题

(1) √;(2) ×;(3) √;(4) ×;(5) ×;(6) √;(7) ×;(8) √;(9) √;(10) √。

3. 单选题

(1) B;(2) B;(3) C;(4) D;(5) B;(6) A;(7) D;(8) A;(9)C;(10) B。

4. 解释简答题

(1) 因为常量 a 与分子间的作用力相关,NH_3 间有氢键,其分子间的作用力显著大于 N_2 分子,故 NH_3 的 a 值更大。而常量 b 主要取决于分子的体积,NH_3 分子中的 H 原子是所有原子中体积最小的,使 NH_3 分子的实际体积比 N_2 分子小很多,故 N_2 的 b 值比 NH_3 的 b 值大。

(2) 混合前,因两种气体同温同压,则根据理想气体状态方程,两种气体的体积比为

① mmHg 为非法定计量单位,1mmHg=0.133kPa。

$$\frac{V_1}{V_2}=\frac{n_1RT/p}{n_2RT/p}=\frac{n_1}{n_2}$$

混合后，两种气体仍然同温同压，此时两种气体的压力比即它们在混合气体中的分压之比。

根据理想气体状态方程可知，混合气体中这两种气体的分压之比为

$$\frac{p_1}{p_2}=\frac{n_1RT/V}{n_2RT/V}=\frac{n_1}{n_2}$$

所以，同温同压下的任意两种气体的体积比等于它们混合之后的压力比。

5. 计算题

(1) $n=pV/RT=8.3147\times10^{-3}\text{mol}$

$\{x(\text{乙烷})\times30+[1-x(\text{乙烷})]\times58\}\times8.3147\times10^{-3}=0.3897(\text{g})$

则 $x(\text{乙烷})=0.401$，$p(\text{乙烷})=40.63\text{kPa}$

$x(\text{丁烷})=0.599$，$p(\text{丁烷})=60.69\text{kPa}$

(2) ① $p=\dfrac{nRT}{V}=\dfrac{15.00\text{mol}\times8.314\text{kPa}\cdot\text{L}\cdot\text{mol}^{-1}\cdot\text{K}^{-1}\times303\text{K}}{12.0\text{L}}=3148.93\text{kPa}$

② 根据 $p=\dfrac{nRT}{V-nb}-\dfrac{an^2}{V^2}$，则

$$p=\frac{15.00\text{mol}\times8.314\text{kPa}\cdot\text{L}\cdot\text{mol}^{-1}\cdot\text{K}^{-1}\times303\text{K}}{12.0\text{L}-15.00\text{mol}\times0.0171\text{L}\cdot\text{mol}^{-1}}-\frac{(15.00\text{mol})^2\times0.2107\text{L}^2\cdot\text{atm}\cdot\text{mol}^{-2}}{(12.0\text{L})^2}$$

$$=3184.7\text{kPa}$$

(3) 湿氢气中氢的分压 $p_1(H_2)=(753.8-15.477)\text{mmHg}=738.3\text{mmHg}=98.43\text{kPa}$。

干氢气的 $p_2(H_2)=753.8\text{mmHg}=100.5\text{kPa}$，则干氢气的体积 $V_2(H_2)$ 为

$$V_2(H_2)=\frac{p_1V_1}{p_2}=\frac{98.43\text{kPa}\times0.567\text{L}}{100.5\text{kPa}}=0.555\text{L}$$

$$n(H_2)=\frac{p_1V_1}{RT}=\frac{98.43\text{kPa}\times0.567\text{L}}{8.314\text{J}\cdot\text{mol}^{-1}\cdot\text{K}^{-1}\times(273+18)\text{K}}=2.31\times10^{-2}\text{mol}$$

(4) 海水深 30m 处的压力由 30m 高的海水和海面的大气共同产生，即

$$p=p_0+\rho gh=101\text{kPa}+1.03\times10^3\text{kg}\cdot\text{m}^{-3}\times9.807\text{m}\cdot\text{s}^{-2}\times30\text{m}=404\text{kPa}$$

因 $p(O_2)=21\text{kPa}$，$\dfrac{p(O_2)}{p}=\dfrac{V(O_2)}{V}=x_i$，则

$$\frac{V(O_2)}{V}=x_i=\frac{21}{404}\times100\%=5.2\%$$

若混合气体体积为 1.000L，则 $V(O_2)=0.052\text{L}$。

$$m(\text{He})=\frac{M(\text{He})pV(\text{He})}{RT}=\frac{4.0026\text{g}\cdot\text{mol}^{-1}\times404\text{kPa}\times(1.000-0.052)\text{L}}{8.314\text{J}\cdot\text{mol}^{-1}\cdot\text{K}^{-1}\times293\text{K}}=0.63\text{g}$$

（中南大学　刘绍乾）

第3章　化学热力学基础

一、学 习 要 求

(1) 熟悉热力学基本概念，掌握热力学第一定律及其数学表达式；

(2) 熟悉等压反应热与等容反应热的关系，熟悉热化学方程式、热力学标准态，掌握赫斯定律和由生成热、燃烧热数据求算标准反应热；

(3) 了解自发与可逆过程，熟悉熵的物理意义，掌握利用标准熵数据求算标准反应熵变；

(4) 掌握吉布斯自由能判据和利用吉布斯-亥姆霍兹公式求算标准吉布斯自由能变和反应温度的方法，熟悉吉布斯生成自由能的有关计算。

二、重难点解析

(一) 热力学、化学热力学与热力学方法

热力学是研究宏观系统热能与其他形式能之间相互转换规律的一门科学。它是人们从生产实践中、在对热能与其他形式能之间相互关系本质的探讨过程中形成的理论体系。其主要依据是具有高度普遍性和可靠性的热力学第一、第二和第三定律。化学热力学就是热力学原理在化学中的应用，它是专门研究化学反应的物质转变和能量变化规律的一门科学，其主要任务是解决化学反应的可能性、方向和限度等基本问题或者说处理化学过程中热化学、相平衡和化学平衡的问题。

热力学方法是一种宏观的研究方法。其特点是无需知道系统内部的微观结构和个别微粒的情况；不涉及过程是否实现、怎么实现及实现的快慢；往往只需知道体系的始、终态和外界条件，就能得到可靠的结论。

(二) 常见热力学过程的详解

(1) 系统状态变化的始态与终态的温度相等，且等于环境温度的过程称为等温过程；若在状态变化过程中，系统温度也始终不变，则此过程称为恒温过程。

(2) 系统的始态压力与终态压力相等，且等于环境压力的过程称为等压过程；若在状态变化过程中，系统压力也始终不变，则此过程称为恒压过程。若在状态变化过程中，环境压力始终不变，但只有系统的终态压力与环境压力相等，则此过程不属于等压过程，只能称为恒外压过程。

(3) 状态变化在系统体积恒定的条件下进行的过程称为等容过程。有气体参与的过程必须在密闭的刚性容器中进行，没有气体参与的过程并不一定是在刚性容器中进行，但也可视为等容过程。

(三) 热力学第一定律及其数学表达式

热力学第一定律的实质是能量转化与守恒定律。根据爱因斯坦的质能关系式 $E=mc^2$，质

量实际上也是能量非常密集的形式。更确切地说，热力学第一定律是能量转化与守恒定律应用于宏观的热力学体系，在涉及热现象的宏观过程中的具体表述，其数学表达式为

$$\Delta U = Q + W \quad \text{或} \quad dU = \delta Q + \delta W \text{（系统状态发生无穷小量变化时）}$$

该式适用于各种系统，但只有在封闭、孤立两系统中才有明确的物理意义。

(四) 等容反应热 Q_V、等压反应热 Q_p 及其关系式

在不做非体积功时，等容过程中系统与环境所交换的热称为等容热 Q_V，在数值上等于系统热力学能变 ΔU。对于化学反应，称等容反应热，即 $\Delta U_r = Q_V$。

在不做非体积功时，等压过程中系统与环境所交换的热称为等压热 Q_p，在数值上等于系统的焓变 ΔH。对于化学反应，称等压反应热，即 $\Delta H_r = Q_p$。由于化学反应一般在不做非体积功的等压下进行，故常用 ΔH 来直接表示等压反应热 Q_p。

Q_p 与 Q_V 的关系式如下：

$$Q_{p,m} = Q_{V,m} + \Delta n_g (RT)$$

式中，$Q_{p,m}$ 与 $Q_{V,m}$ 均为摩尔反应热；Δn_g 表示反应进度 $\xi = 1\text{mol}$ 时，产物中气体的物质的量总和减去反应物中气体的物质的量总和。该式对于理想气体反应严格符合，对于有气体参与的多相反应近似符合。

(五) 赫斯定律及其应用条件

赫斯定律的表述为：不做非体积功时，在等压或等容条件下，一个化学反应不管是一步完成还是分几步完成，它的反应热都是相同的。即在这特殊条件下的反应热只取决于系统的始态和终态，与反应所经历的途径无关。这个定律使各个热化学方程式之间可以像普通代数方程一样进行加减消元运算，此加减消元运算的关系式和结果，必然也是各步反应的反应热加减消元运算的关系式和结果。

(六) 由标准生成热或燃烧热求算反应的标准摩尔反应热 $\Delta_r H_m^\ominus$

$$\Delta_r H_m^\ominus = \sum \Delta_f H_m^\ominus(\text{产物}) - \sum \Delta_f H_m^\ominus(\text{反应物}) = \sum \nu(B)\Delta_f H_m^\ominus(B,T)$$

$$\Delta_r H_m^\ominus = \sum \Delta_c H_m^\ominus(\text{反应物}) - \sum \Delta_c H_m^\ominus(\text{产物}) = -\sum \nu(B)\Delta_c H_m^\ominus(B,T)$$

式中，B 代表参与反应的物种；$\nu(B)$ 为 B 相应的化学计量数。对于反应物，$\nu(B)$ 为负值；对于产物，$\nu(B)$ 为正值。$\Delta_f H_m^\ominus$ 为标准摩尔生成热；$\Delta_c H_m^\ominus$ 为标准摩尔燃烧热。

(七) 自发过程和可逆过程

自然界中存在的自发过程简称自发过程，又称不可逆过程。它是在一定条件下无需任何外力帮助就能自动进行的过程，其逆过程绝不可能自动进行。它是无论用什么方法都不能使系统和环境同时复原的过程。

可逆过程则是系统与环境能够同时复原而不留下任何变化痕迹的过程，它是从实际过程中抽象出来的一种理想化的过程，在自然界中并不严格存在。例如，相平衡、化学平衡都只能近似地看作可逆过程。

因在同一始、终态条件下可逆过程所做的功（可逆功 W_r）是系统对外所做的最大功，而自发过程系统对外所做的功相对较小；另外，可逆过程系统从环境吸收的热也是在同一始、终态

条件下所吸收的最大热(可逆热 Q_r);若始、终态确定,W_r、Q_r 就有确定值,故可逆过程往往被用作与其他过程比较的标准。

(八) 熵的物理意义和熵变的概念

熵 S 代表系统混乱度的大小。混乱度越大,熵值越大。熵的物理意义可由它与混乱度的定量关系——玻耳兹曼关系式来阐明:

$$S=k\ln\Omega$$

式中,k 为玻耳兹曼常量;Ω 为混乱度(热力学概率),即某一宏观状态所对应的微观状态数。已经证明,从卡诺循环等热力学方法导出的熵函数是状态函数,因此熵变 ΔS 也只取决于系统状态变化的始、终态,与途径无关。

熵变 ΔS 或熵的微小变化值 $\mathrm{d}S$ 的定义如下:

$$\Delta S=S_2-S_1=\left(\frac{\delta Q}{T}\right)_r \qquad 或 \qquad \mathrm{d}S=\frac{\delta Q_r}{T}$$

式中,δQ_r 表示微量可逆热;T 为系统的热力学温度。上述两式均表明,当系统的状态发生变化时,其熵变值等于由始态至终态经可逆过程这种途径变化的热温商。当然,系统由同一始态到同一终态,可经由任意过程的途径变化,过程不同,热温商也可能不同。换句话说,热温商是一个变量,但可逆过程的热温商却为定值。

(九) 热力学第三定律与规定熵 $S_T^\ominus$

热力学第三定律的主要内容为:在绝对零度时,任何纯物质的完整晶体(指晶体内部无任何缺陷,质点排列完全有序)的熵值 S_0 为零。

而实际上在 0K 时,并非所有纯物质都能形成完整晶体,又由于同位素的存在及原子核的自旋方向不同都使 S_0 不可能为零。但因化学工作者一般不必考虑这些因素,所以人为地规定 $p=p^\ominus=100\text{kPa}$,$T=0\text{K}$ 时,$S^\ominus(0\text{K})=0$。因此,以此为相对标准求得的熵值称为物质的规定熵。$S_T^\ominus$ 是任意温度的标准规定熵,简称标准熵。

(十) 由标准熵求算反应的标准摩尔熵变 $\Delta_r S_m^\ominus$

$$\Delta_r S_m^\ominus=\sum S_m^\ominus(产物)-\sum S_m^\ominus(反应物)=\sum \nu(\text{B})S_m^\ominus(\text{B},T)$$

式中,B 代表反应物种;$\nu(\text{B})$为 B 相应的化学计量数;$S_m^\ominus$ 为 B 的标准摩尔规定熵。

(十一) 判断化学反应方向的吉布斯自由能判据

吉布斯自由能 $G=H-TS$,具有状态函数的性质,同时又可看作在等压等温条件下系统总能量中所做非体积功的那部分能量。

吉布斯自由能变 ΔG 的物理意义为在等压等温可逆过程中,吉布斯自由能的减少在数值上等于系统对外所做的最大非体积功,即

$$-\Delta G_{T,p}=-W'_{最大}$$

在等压等温、不做非体积功时,判断化学反应方向的吉布斯自由能判据为

$$\Delta_r G_{T,p}\begin{cases}<0 & 反应正向自发\\ =0 & 反应系统处于平衡\\ >0 & 反应正向不自发(若为可逆反应,则逆向自发)\end{cases}$$

(十二) 吉布斯-亥姆霍兹公式

标准吉布斯自由能变 $\Delta_r G_m^\ominus$ 可用来直接判断标准态下化学反应自发进行的方向。求算 $\Delta_r G_m^\ominus$ 常用吉布斯-亥姆霍兹公式,此时的表达式为

$$\Delta_r G_m^\ominus(T) = \Delta_r H_m^\ominus(T) - T\Delta_r S_m^\ominus(T)$$

该公式把影响化学反应自发的两个因素即能量变化(表现为等压反应热 $\Delta_r H_m^\ominus$)与混乱度变化(表现为反应熵变 $\Delta_r S_m^\ominus$)结合起来考虑了。因此,吉布斯-亥姆霍兹公式的运用有利于本章知识的前后贯通,是本章重点内容。

三、习题全解和重点练习题解

1(3-1). 状态函数的含义及其基本特征是什么? T、p、V、ΔU、ΔH、ΔG、S、G、Q_p、Q_V、Q、W、$W_{e最大}$ 中哪些是状态函数? 哪些属于广度性质? 哪些属于强度性质?

答:状态函数的含义是描述状态的宏观性质,如 T、p、V、n、m、ρ 等宏观物理量,因为系统的宏观性质与系统的状态之间存在对应的函数关系。状态函数的基本特点有:①条件一定时,状态一定,状态函数就有定值,而且是唯一值;②条件变化时,状态也将变化,但状态函数的变化值只取决于始态和终态,与状态变化的途径无关;③状态函数的集合(和、差、积、商)也是状态函数。

T、p、V、S、G 是状态函数,T、p 属于强度性质,V、S、G 属于广度性质。

2(3-2). 下列叙述是否正确? 试解释之。

(1) $Q_p = \Delta H$,H 是状态函数,所以 Q_p 也是状态函数。

(2) 化学计量数与化学反应计量方程式中各反应物和产物前面的配平系数相等。

(3) 标准状况与标准态是同一个概念。

(4) 所有生成反应和燃烧反应都是氧化还原反应。

(5) 标准摩尔生成热是生成反应的标准摩尔反应热。

(6) $H_2O(l)$的标准摩尔生成热等于 $H_2(g)$的标准摩尔燃烧热。

(7) 石墨和金刚石的燃烧热相等。

(8) 单质的标准生成热都为零。

(9) 稳定单质的 $\Delta_f H_m^\ominus$、$S_m^\ominus$、$\Delta_f G_m^\ominus$ 均为零。

(10) 当温度接近绝对零度时,所有放热反应均能自发进行。

(11) 若 $\Delta_r H_m$ 和 $\Delta_r S_m$ 都为正值,则当温度升高时反应自发进行的可能性增加。

(12) 冬天公路上撒盐以使冰融化,此时 $\Delta_r G_m$ 的符号为负,$\Delta_r S_m$ 的符号为正。

答:(1) 错。虽然 H 是状态函数,ΔH 却不是状态函数,故 Q_p 当然不是状态函数。

(2) 错。两者有联系,反应物的化学计量数为负,而反应式中的系数为正。

(3) 错。气体标准状况是指 0℃和 101.325kPa 的条件,而标准态对温度没有限定。

(4) 错。如由石墨生成金刚石的生成反应就不是氧化还原反应。

(5) 对。物质的标准摩尔生成热是由 1mol 该物质生成反应的标准反应热而命名的。

(6) 对。因为 1mol $H_2O(l)$的生成反应与 1mol $H_2(g)$的燃烧反应是同一反应。

(7) 错。石墨和金刚石的燃烧反应虽最终产物相同,但反应的始态不同。

(8) 错。因为只有稳定单质的标准生成热才为零。

(9) 错。因为只有稳定单质的 $\Delta_f H_m^{\ominus}$、$\Delta_f G_m^{\ominus}$ 为零，而稳定单质的 $S_m^{\ominus}$ 在一般条件下并不为零。

(10) 对。因为当温度接近绝对零度时，反应熵变趋近于零，反应热为影响反应自发性的唯一因素。

(11) 对。因 $\Delta_r H_m$ 和 $\Delta_r S_m$ 都为正值，说明是吸热反应，升温有利。

(12) 对。冰融化变成水，说明是混乱度增大的自发过程，$\Delta_r G_m$ 值必为负，$\Delta_r S_m$ 值必为正。

3(3－3). 1mol 气体从同一始态出发，分别进行等温可逆膨胀或等温不可逆膨胀达到同一终态，因等温可逆膨胀对外做功 W_r 大于等温不可逆膨胀对外做的功 W_{ir}，则 $Q_r > Q_{ir}$。对否？为什么？

答：对。因为从同一始态到同一终态，热力学能变相同，根据热力学第一定律，因等温可逆膨胀对外做功 W_r 大于等温不可逆膨胀对外做的功 W_{ir}，则等温可逆膨胀从环境吸收的热 Q 必大于等温不可逆膨胀从环境吸收的热 Q_{ir}。

4(3－4). 有人认为，当系统从某一始态变至另一终态，无论其通过何种途径，其 ΔG 的值总是一定的，而且如果做非体积功的话，ΔG 总是等于 W'。这种说法对吗？

答：不对。因为从同一始态到同一终态，虽然 ΔG 的值总是一定的，但途径不同，做非体积功的大小不同，一般不可逆过程的非体积功 W' 小于 ΔG，只有可逆过程的非体积功 W' 才等于 ΔG。

5(3－5). 一系统由 A 态到 B 态，沿途径Ⅰ放热 120J，环境对系统做功 50J。试计算：

(1) 系统由 A 态沿途径Ⅱ到 B 态，吸热 40J，其 W 值为多少？

(2) 系统由 A 态沿途径Ⅲ到 B 态对环境做功 80J，其 Q 值为多少？

解：根据热力学第一定律

$$\Delta U = Q + W = (-120 + 50)\text{J} = -70\text{J}$$

(1) 途径Ⅱ：$W = \Delta U - Q = (-70 - 40)\text{J} = -110\text{J}$。

(2) 途径Ⅲ：$Q = \Delta U - W = [-70 - (-80)]\text{J} = 10\text{J}$。

6(3－6). 在 27℃ 时，反应 $CaCO_3(s) = CaO(s) + CO_2(g)$ 的摩尔等压热效应 $Q_{p,m} = 178.0\text{kJ} \cdot \text{mol}^{-1}$，则在此温度下其摩尔等容热效应 $Q_{V,m}$ 为多少？

解：在上述反应的 $\xi = 1\text{mol}$ 时，根据 Q_p 与 Q_V 的关系式为

$$Q_{p,m} = Q_{V,m} + \Delta n_g RT$$

则
$$\begin{aligned} Q_{V,m} &= Q_{p,m} - \Delta n_g RT = [178.0 - (1-0) \times 8.314 \times 300 \times 10^{-3}]\text{kJ} \cdot \text{mol}^{-1} \\ &= 175.5\text{kJ} \cdot \text{mol}^{-1} \end{aligned}$$

7(3－7). 在一定温度下，4.0mol $H_2(g)$ 与 2.0mol $O_2(g)$ 混合，经一定时间反应后，生成了 0.6mol $H_2O(l)$。请按下列两个不同反应式计算反应进度 ξ。

(1) $2H_2(g) + O_2(g) \longrightarrow 2H_2O(l)$

(2) $H_2(g) + \frac{1}{2}O_2(g) \longrightarrow H_2O(l)$

解：(1)

	$2H_2(g)$	+	$O_2(g)$	$\longrightarrow$	$2H_2O(l)$
$t=0$	4.0mol		2.0mol		0mol
$t=t$	(4.0－0.6)mol		(2.0－0.3)mol		0.6mol

$$\xi=\frac{\Delta n(H_2)}{\nu(H_2)}=\frac{\Delta n(O_2)}{\nu(O_2)}=\frac{\Delta n(H_2O)}{\nu(H_2O)}=\frac{3.4-4.0}{-2}=\frac{1.7-2.0}{-1}=\frac{0.6-0}{2}$$
$$=0.3(\text{mol})$$

(2) $H_2(g) + \frac{1}{2}O_2(g) \longrightarrow H_2O(l)$

$t=0$ 4.0mol 2.0mol 0mol

$t=t$ (4.0−0.6)mol (2.0−0.3)mol 0.6mol

$$\xi=\frac{\Delta n(H_2)}{\nu(H_2)}=\frac{\Delta n(O_2)}{\nu(O_2)}=\frac{\Delta n(H_2O)}{\nu(H_2O)}=\frac{3.4-4.0}{-1}=\frac{1.7-2.0}{-1/2}=\frac{0.6-0}{1}$$
$$=0.6(\text{mol})$$

8(3-8). 已知以下两式，求 $\Delta_f H_m^\ominus[CuO(s)]$。

(1) $Cu_2O(s)+\frac{1}{2}O_2(g) \longrightarrow 2CuO(s)$ $\Delta_r H_{m,1}^\ominus=-143.7\text{kJ}\cdot\text{mol}^{-1}$

(2) $CuO(s)+Cu(s) \longrightarrow Cu_2O(s)$ $\Delta_r H_{m,2}^\ominus=-11.5\text{kJ}\cdot\text{mol}^{-1}$

解:因为式(1)+式(2)，得

$$Cu(s)+\frac{1}{2}O_2(g) \longrightarrow CuO(s) \quad (3)$$

式(3)恰好是 CuO(s)的生成反应，其反应热为 CuO(s)的生成热。根据赫斯定律及其推论，因为式(1)+式(2)=式(3)，故

$$\Delta_f H_m^\ominus[CuO(s)]=\Delta_r H_{m,1}^\ominus+\Delta_r H_{m,2}^\ominus=(-143.7)+(-11.5)=-155.2(\text{kJ}\cdot\text{mol}^{-1})$$

9(3-9). 有一种甲虫名为投弹手，它能用尾部喷射出爆炸性排泄物的方法作为防卫措施，所涉及的化学反应是氢醌被过氧化氢氧化生成醌和水：

$$C_6H_4(OH)_2(aq)+H_2O_2(aq) \longrightarrow C_6H_4O_2(aq)+2H_2O(l)$$

根据下列热化学方程式计算该反应的 $\Delta_r H_m^\ominus$。

(1) $C_6H_4(OH)_2(aq) \longrightarrow C_6H_4O_2(aq)+H_2(g)$ $\Delta_r H_{m,1}^\ominus=177.4\text{kJ}\cdot\text{mol}^{-1}$

(2) $H_2(g)+O_2(g) \longrightarrow H_2O_2(aq)$ $\Delta_r H_{m,2}^\ominus=-191.2\text{kJ}\cdot\text{mol}^{-1}$

(3) $H_2(g)+\frac{1}{2}O_2(g) \longrightarrow H_2O(g)$ $\Delta_r H_{m,3}^\ominus=-241.8\text{kJ}\cdot\text{mol}^{-1}$

(4) $H_2O(g) \longrightarrow H_2O(l)$ $\Delta_r H_{m,4}^\ominus=-44.0\text{kJ}\cdot\text{mol}^{-1}$

解:因氢醌被过氧化氢氧化生成醌和水的反应式由(1)−(2)+2×[(3)+(4)]得到，故根据赫斯定律，该反应的标准反应热为

$$\begin{aligned}\Delta_r H_m^\ominus &=\Delta_r H_{m,1}^\ominus-\Delta_r H_{m,2}^\ominus+2\times(\Delta_r H_{m,3}^\ominus+\Delta_r H_{m,4}^\ominus)\\ &=177.4\text{kJ}\cdot\text{mol}^{-1}-(-191.2)\text{kJ}\cdot\text{mol}^{-1}+\\ &\quad 2\times[(-241.8)\text{kJ}\cdot\text{mol}^{-1}+(-44.0)\text{kJ}\cdot\text{mol}^{-1}]\\ &=-203.0\text{kJ}\cdot\text{mol}^{-1}\end{aligned}$$

10(3-10). 利用附表中 298.15K 时有关物质的标准生成热的数据，计算下列反应在 298.15K 及标准态下的等压热效应。

(1) $Fe_3O_4(s)+CO(g) = 3FeO(s)+CO_2(g)$

(2) $4NH_3(g)+5O_2(g) = 4NO(g)+6H_2O(l)$

解:查教材附表一，将有关物质的标准生成热的数据代入反应热的计算公式。

(1)

$$\Delta_r H_m^\ominus(298.15K) = 3\Delta_f H_m^\ominus[FeO(s)] + \Delta_f H_m^\ominus[CO_2(g)] - \Delta_f H_m^\ominus[Fe_3O_4(s)] - \Delta_f H_m^\ominus[CO(g)]$$
$$= 3\times(-272) + (-393.51) - (-1118) - (-110.52)$$
$$= 19.01(kJ\cdot mol^{-1})$$

(2)

$$\Delta_r H_m^\ominus(298.15K) = 4\Delta_f H_m^\ominus[NO(g)] + 6\Delta_f H_m^\ominus[H_2O(l)] - 4\Delta_f H_m^\ominus[NH_3(g)] - 5\Delta_f H_m^\ominus[O_2(g)]$$
$$= 4\times 90.25 + 6\times(-285.83) - 4\times(-46.11) - 5\times 0$$
$$= -1169.54(kJ\cdot mol^{-1})$$

11(3－11). 利用附表中 298.15K 时的标准燃烧热的数据，计算下列反应在 298.15K 时的 $\Delta_r H_m^\ominus$。

(1) $CH_3COOH(l) + CH_3CH_2OH(l) \longrightarrow CH_3COOCH_2CH_3(l) + H_2O(l)$

(2) $C_2H_4(g) + H_2(g) \longrightarrow C_2H_6(g)$

解:查教材附表二，将有关物质的标准燃烧热的数据代入反应热的计算公式，则

(1) $$\Delta_r H_m^\ominus(298.15K) = \Delta_c H_m^\ominus[CH_3COOH(l)] + \Delta_c H_m^\ominus[CH_3CH_2OH(l)] - \Delta_c H_m^\ominus[CH_3COOCH_2CH_3(l)] - \Delta_c H_m^\ominus[H_2O(l)]$$
$$= -874.5 + (-1366.8) - (-2254.2) - 0$$
$$= 12.9(kJ\cdot mol^{-1})$$

(2) $$\Delta_r H_m^\ominus(298.15K) = \Delta_c H_m^\ominus[C_2H_4(g)] + \Delta_c H_m^\ominus[H_2(g)] - \Delta_c H_m^\ominus[C_2H_6(g)]$$
$$= -1410.0 + (-285.83) - (-1559.8)$$
$$= -136.03(kJ\cdot mol^{-1})$$

12(3－12). 人体所需能量大多来源于食物在体内的氧化反应，如葡萄糖在细胞中与氧发生氧化反应生成 $CO_2(g)$ 和 $H_2O(l)$，并释放能量。通常用燃烧热去估算人们对食物的需求量，已知葡萄糖 $C_6H_{12}O_6(s)$ 的生成热为 $-1260kJ\cdot mol^{-1}$，$CO_2(g)$ 和 $H_2O(l)$ 的生成热分别为 $-393.51kJ\cdot mol^{-1}$ 和 $-285.83kJ\cdot mol^{-1}$，试计算葡萄糖的燃烧热。

解:葡萄糖的氧化反应式为

$$C_6H_{12}O_6(s) + 6O_2(g) \longrightarrow 6CO_2(g) + 6H_2O(l)$$

则葡萄糖的燃烧热为

$$\Delta_c H_m^\ominus[C_6H_{12}O_6(s)] = 6\Delta_f H_m^\ominus[CO_2(g)] + 6\Delta_f H_m^\ominus[H_2O(l)] - \Delta_f H_m^\ominus[C_6H_{12}O_6(s)] - 6\Delta_f H_m^\ominus[O_2(g)]$$
$$= 6\times(-393.51) + 6\times(-285.83) - (-1260) - 6\times 0$$
$$= -2816(kJ\cdot mol^{-1})$$

13(3－13). 不查表，指出在一定温度下，下列反应中熵变值由大到小的顺序：

(1) $CO_2(g) \longrightarrow C(s) + O_2(g)$

(2) $2NH_3(g) \longrightarrow 3H_2(g) + N_2(g)$

(3) $2SO_3(g) \longrightarrow 2SO_2(g) + O_2(g)$

解:上述反应中熵变值由大到小的顺序为(2)＞(3)＞(1)。因为气体的物质的量越大，在相同条件下所占有的体积越大，混乱度就越大，则熵值越大，故反应前、后气体的物质的量的变化越大，熵变值越大。

14(3－14). 对生命起源问题，有人提出最初植物或动物的复杂分子是由简单分子自动形成的。例如，尿素(NH_2CONH_2)的生成可用反应方程式表示如下：

$$CO_2(g)+2NH_3(g) \longrightarrow (NH_2)_2CO(s)+H_2O(l)$$

(1) 利用附表数据计算 298.15K 时的 $\Delta_r G_m^\ominus$,并说明该反应在此温度和标准态下能否自发进行。

(2) 在标准态下最高温度为何值时,反应就不再自发进行了?

解:(1) 查教材附表一,可知 298.15K 时,$\Delta_f H_m^\ominus[CO_2(g)]$、$\Delta_f H_m^\ominus[NH_3(g)]$、$\Delta_f H_m^\ominus[(NH_2)_2CO(s)]$、$\Delta_f H_m^\ominus[H_2O(l)]$分别为−393.509、−46.11、−333.19、−285.83(单位均为 kJ · mol^{-1});$S_m^\ominus[CO_2(g)]$、$S_m^\ominus[NH_3(g)]$、$S_m^\ominus[(NH_2)_2CO(s)]$、$S_m^\ominus[H_2O(l)]$分别为 213.74、192.45、104.60、69.91(单位均为 J · mol^{-1} · K^{-1})。

根据吉布斯-亥姆霍兹公式,得

$$\Delta_r G_m^\ominus(298.15K)=\Delta_r H_m^\ominus(298.15K)-T\Delta_r S_m^\ominus(298.15K)$$

$$\begin{aligned}\Delta_r H_m^\ominus(298.15K)&=\sum\nu(B)\Delta_f H_m^\ominus(B,T)\\&=\Delta_f H_m^\ominus[(NH_2)_2CO(s),298.15K]+\Delta_f H_m^\ominus[H_2O(l),298.15K]-\\&\quad\Delta_f H_m^\ominus[CO_2(g),298.15K]-2\Delta_f H_m^\ominus[NH_3(g),298.15K]\\&=-333.19+(-285.83)-(-393.509)-2\times(-46.11)\\&=-133.29(kJ\cdot mol^{-1})\end{aligned}$$

$$\begin{aligned}\Delta_r S_m^\ominus(298.15K)&=\sum\nu(B)S_m^\ominus(B,T)\\&=S_m^\ominus[(NH_2)_2CO(s),298.15K]+S_m^\ominus[H_2O(l),298.15K]-\\&\quad S_m^\ominus[CO_2(g),298.15K]-2S_m^\ominus[NH_3(g),298.15K]\\&=104.60+69.91-213.74-2\times(192.45)\\&=-424.13(J\cdot mol^{-1}\cdot K^{-1})\end{aligned}$$

故 $\Delta_r G_m^\ominus(298.15K)=-133.29kJ\cdot mol^{-1}-298.15K\times(-424.13)\times10^{-3}kJ\cdot mol^{-1}\cdot K^{-1}=-6.84kJ\cdot mol^{-1}<0$,此温度时正向反应自发。

(2) 若使 $\Delta_r G_m^\ominus(T)=\Delta_r H_m^\ominus(T)-T\Delta_r S_m^\ominus(T)<0$,则反应正向自发。又因为 $\Delta_r H_m^\ominus$、$\Delta_r S_m^\ominus$ 随温度变化不大,即

$$\Delta_r G_m^\ominus(T)\approx\Delta_r H_m^\ominus(298.15K)-T\Delta_r S_m^\ominus(298.15K)<0$$

则 $T<-133.29kJ\cdot mol^{-1}/[(-424.13)\times10^{-3}kJ\cdot mol^{-1}\cdot K^{-1}]=314.3K$(最高反应温度)。

15(3-15). 已知 298.15K 时,$NH_4HCO_3(s)\longrightarrow NH_3(g)+CO_2(g)+H_2O(g)$的相关热力学数据如下:

	$NH_4HCO_3(s)$	$NH_3(g)$	$CO_2(g)$	$H_2O(g)$
$\Delta_f G_m^\ominus/(kJ\cdot mol^{-1})$	−670	−17	−394	−229
$\Delta_f H_m^\ominus/(kJ\cdot mol^{-1})$	−850	−40	−390	−240
$S_m^\ominus/(J\cdot mol^{-1}\cdot K^{-1})$	130	180	210	190

试计算:(1)298.15K、标准态下 $NH_4HCO_3(s)$能否发生分解反应?(2)在标准态下 $NH_4HCO_3(s)$分解的最低温度。

解:NH_4HCO_3 的分解反应式为 $NH_4HCO_3(s)\longrightarrow NH_3(g)+CO_2(g)+H_2O(g)$,则

(1) $\Delta_r G_m^\ominus=\sum\Delta_f G_m^\ominus(产物)-\sum\Delta_f G_m^\ominus(反应物)=-17-394-229+670=30(kJ\cdot mol^{-1})>0$,故 298.15K、标准态下 NH_4HCO_3 不能发生分解反应。

(2) 根据吉布斯-亥姆霍兹公式:

$$\Delta_r G_m^\ominus = \Delta_r H_m^\ominus - T\Delta_r S_m^\ominus = \Delta_r H_m^\ominus(298.15\text{K}) - T\Delta_r S_m^\ominus(298.15\text{K})$$

故令　$\Delta_r G_m^\ominus = -(-40-390-240+850) - T(180+210+190-130)\times 10^{-3}$

$$=180 - T\times(450)\times 10^{-3} \leqslant 0$$

则 $T \geqslant 400\text{K}$(最低分解温度)。

16(3－16). 已知合成氨的反应在 298.15K、$p^\ominus$ 下,$\Delta_r H_m^\ominus = -92.38\text{kJ}\cdot\text{mol}^{-1}$,$\Delta_r G_m^\ominus = -33.26\text{kJ}\cdot\text{mol}^{-1}$,求 500K 下的 $\Delta_r G_m^\ominus$,说明升温对反应有利还是不利。

解:根据吉布斯-亥姆霍兹公式 $\Delta_r G_m^\ominus(298.15\text{K}) = \Delta_r H_m^\ominus(298.15\text{K}) - T\Delta_r S_m^\ominus(298.15\text{K})$

则　$\Delta_r S_m^\ominus(298.15\text{K}) = [\Delta_r H_m^\ominus(298.15\text{K}) - \Delta_r G_m^\ominus(298.15\text{K})]/T$

$$=[-92.38-(-33.26)]\times 10^3/298.15$$

$$=-198.3(\text{J}\cdot\text{mol}^{-1}\cdot\text{K}^{-1})$$

因 $\Delta_r H_m^\ominus$、$\Delta_r S_m^\ominus$ 随温度变化不大,故

$$\Delta_r G_m^\ominus(500\text{K}) = \Delta_r H_m^\ominus(500\text{K}) - T\Delta_r S_m^\ominus(500\text{K})$$

$$\approx \Delta_r H_m^\ominus(298.15\text{K}) - T\Delta_r S_m^\ominus(298.15\text{K})$$

$$=-92.38-500\times(-198.3)\times 10^{-3}$$

$$=6.77(\text{kJ}\cdot\text{mol}^{-1}) > 0$$

反应不自发。这表明,升温对反应不利。

17(3－17). 已知 $\Delta_f H_m^\ominus[C_6H_6(l), 298.15\text{K}] = 49.10\text{kJ}\cdot\text{mol}^{-1}$,$\Delta_f H_m^\ominus[C_2H_2(g), 298.15\text{K}] = 226.73\text{kJ}\cdot\text{mol}^{-1}$;$S_m^\ominus[C_6H_6(l), 298.15\text{K}] = 173.40\text{J}\cdot\text{mol}^{-1}\cdot\text{K}^{-1}$,$S_m^\ominus[C_2H_2(g), 298.15\text{K}] = 200.94\text{J}\cdot\text{mol}^{-1}\cdot\text{K}^{-1}$。试判断:$C_6H_6(l) = 3C_2H_2(g)$ 在 298.15K,标准态下正向能否自发,并估算最低反应温度。

解:根据吉布斯-亥姆霍兹公式,得

$$\Delta_r G_m^\ominus(298.15\text{K}) = \Delta_r H_m^\ominus(298.15\text{K}) - T\Delta_r S_m^\ominus(298.15\text{K})$$

$$\Delta_r H_m^\ominus(298.15\text{K}) = 3\Delta_f H_m^\ominus[C_2H_2(g), 298.15\text{K}] - \Delta_f H_m^\ominus[C_6H_6(l), 298.15\text{K}]$$

$$=3\times 226.73\text{kJ}\cdot\text{mol}^{-1} - (1\times 49.10)\text{kJ}\cdot\text{mol}^{-1}$$

$$=631.09\text{kJ}\cdot\text{mol}^{-1}$$

$$\Delta_r S_m^\ominus(298.15\text{K}) = 3S_m^\ominus[C_2H_2(g), 298.15\text{K}] - S_m^\ominus[C_6H_6(l), 298.15\text{K}]$$

$$=3\times 200.94\text{J}\cdot\text{mol}^{-1}\cdot\text{K}^{-1} - (1\times 173.40)\text{J}\cdot\text{mol}^{-1}\cdot\text{K}^{-1}$$

$$=429.42\text{J}\cdot\text{mol}^{-1}\cdot\text{K}^{-1}$$

故 $\Delta_r G_m^\ominus(298.15\text{K}) = 631.09\text{kJ}\cdot\text{mol}^{-1} - 298.15\text{K}\times 429.42\times 10^{-3}\text{kJ}\cdot\text{mol}^{-1}\cdot\text{K}^{-1} = 503.06\text{kJ}\cdot\text{mol}^{-1} > 0$,正向反应不自发。

若使 $\Delta_r G_m^\ominus(T) = \Delta_r H_m^\ominus(T) - T\Delta_r S_m^\ominus(T) < 0$,则正向反应自发。又因为 $\Delta_r H_m^\ominus$、$\Delta_r S_m^\ominus$ 随温度变化不大,即

$$\Delta_r G_m^\ominus(T) \approx \Delta_r H_m^\ominus(298.15\text{K}) - T\Delta_r S_m^\ominus(298.15\text{K}) < 0$$

则 $T > 631.09\text{kJ}\cdot\text{mol}^{-1}/(429.42\times 10^{-3}\text{kJ}\cdot\text{mol}^{-1}\cdot\text{K}^{-1}) = 1469.6\text{K}$(最低反应温度)。

18(3－18). 已知乙醇在 298.15K 和 101.325kPa 下的蒸发热为 $42.55\text{ kJ}\cdot\text{mol}^{-1}$,蒸发熵变为 $121.6\text{J}\cdot\text{mol}^{-1}\cdot\text{K}^{-1}$,试估算乙醇的正常沸点(℃)。

解:因为正常沸点的相平衡相当于可逆过程,所以其吉布斯自由能变为零。根据吉布斯-亥姆霍兹公式,得

$\Delta G_{T,p}(T)=\Delta H_{蒸发}(T)-T\Delta S_{蒸发}(T)\approx\Delta H_{蒸发}(298.15K)-T\Delta S_{蒸发}(298.15K)=0$

则乙醇的正常沸点 $T\approx 42.55kJ\cdot mol^{-1}/(121.6\times10^{-3}kJ\cdot mol^{-1}\cdot K^{-1})=349.9K=76.8℃$

19. 已知：

(1) $S(单斜,s)+O_2(g)\longrightarrow SO_2(g)$　　$\Delta_r H^{\ominus}_{m,1}=-297.16kJ\cdot mol^{-1}$

(2) $S(正交,s)+O_2(g)\longrightarrow SO_2(g)$　　$\Delta_r H^{\ominus}_{m,2}=-296.83kJ\cdot mol^{-1}$

计算 S(单斜,s) ⟶S(正交,s) 的 $\Delta_r H^{\ominus}_m$，并判断单斜硫和正交硫何者更稳定。

提示：解答过程与 9(3-9)题类似。硫相变反应的 $\Delta_r H^{\ominus}_m=-0.33kJ\cdot mol^{-1}$，因此，正交硫更稳定些。

20. 半导体工业生产单质硅的过程中三个重要反应的热化学方程式如下。

(1) 二氧化硅被碳还原为粗硅：

$SiO_2(s)+2C(s)\longrightarrow Si(s)+2CO(g)$　　$\Delta_r H^{\ominus}_{m,1}(298.15K)=682.44kJ\cdot mol^{-1}$

(2) 硅被氯氧化生成四氯化硅：

$Si(s)+2Cl_2(g)\longrightarrow SiCl_4(g)$　　$\Delta_r H^{\ominus}_{m,2}(298.15K)=-657.01kJ\cdot mol^{-1}$

(3) 四氯化硅被镁还原生成纯硅：

$SiCl_4(g)+2Mg(s)\longrightarrow 2MgCl_2(s)+Si(s)$　　$\Delta_r H^{\ominus}_{m,3}(298.15K)=-625.63kJ\cdot mol^{-1}$

计算在标准态下、298.15K 时生产 1.00kg 纯硅的总反应热。

提示：解答过程与 8(3-8)题类似。将上述三个反应式相加，可得纯硅的总反应式，故生产 1mol 纯硅的总反应热为－600.20kJ。又因为 $M(Si)=28.086g\cdot mol^{-1}$，则 1.00kg 纯硅的物质的量为 35.6mol，故生产 1.00kg 纯硅的总反应热为 -2.14×10^4kJ。

21. 当甲烷的燃烧反应为 $CH_4(g)+2O_2(g)\longrightarrow CO_2(g)+2H_2O(g)$ 时，已知 $CH_4(g)$、$CO_2(g)$、$H_2O(g)$ 在 291K 时标准生成热分别为－76.32、－395.18、－241.84（单位均为 $kJ\cdot mol^{-1}$），试计算在 0℃、101.325kPa 时体积为 $1m^3$ 的甲烷在 291K 时燃烧所放出的热量。

提示：解答过程与 12(3-12)题类似。1mol 甲烷的燃烧热为 $-802.54kJ\cdot mol^{-1}$，因 $1m^3$ (0℃,101.325kPa) 甲烷 $CH_4(g)$ 的物质的量 $n=\dfrac{1000L}{22.4L\cdot mol^{-1}}$，故 $1m^3$ 甲烷在 291K 时燃烧放出的热量为－35 827.7kJ。

22. 水在 373.15K、101.325kPa 下蒸发，其蒸发热为 $40.66kJ\cdot mol^{-1}$。假设水蒸气可视为理想气体，试求 1mol 水蒸发过程的 Q、W、ΔU、ΔH、ΔS、ΔG。

解：因沸点的相平衡相当于等压等温下的可逆过程，且非体积功 $W'=0$，则

$$Q=40\ 660J\cdot mol^{-1}$$

$$W=W_e+W'=-p_{外}\Delta V=-p\Delta V=-p(V_{水蒸气}-V_{水})\approx-pV_{水蒸气}=-nRT$$
$$=-1\times8.314\times373.15=-3102(J)$$

$$\Delta U=Q+W=40\ 660-3102=37\ 560(J),\Delta H_{蒸发}=Q_p=Q=40\ 660J$$

$$\Delta S_{蒸发}=\left(\frac{\delta Q}{T}\right)_r=\frac{Q}{T}=\frac{40\ 660}{373.15}=109.0(J\cdot K^{-1}),\Delta G=\Delta H_{蒸发}-T\Delta S_{蒸发}=0$$

四、自 测 题

1. 填空题(每空 1 分，共 20 分)

(1) 25℃下在等容热量计中测得：1mol 液态 C_6H_6 完全燃烧生成液态 H_2O 和气态 CO_2 时，放

热 3263.9kJ，则 ΔU 为________，若在等压条件下，1mol 液态 C_6H_6 完全燃烧时的热效应 $\Delta_r H_m^\ominus$ 为________。

(2) 已知 $H_2O(l)$ 的标准生成热 $\Delta_f H_m^\ominus = -286kJ \cdot mol^{-1}$，则反应 $H_2O(l) \longrightarrow H_2(g) + \frac{1}{2}O_2(g)$ 在相同标准状态下的反应热为________，氢气的标准摩尔燃烧热为________。

(3) 玻耳兹曼关系式为________，熵变 ΔS 的定义为____________________。

(4) 由于热力学能的变化值只与________有关，与途径无关，因此热力学能是________。

(5) 不论化学反应是一步完成还是分步完成，不同途径的总热效应__________，此定律称为__________。

(6) 已知 298.15K 时金刚石的标准生成热 $\Delta_f H_m^\ominus = 1.9kJ \cdot mol^{-1}$，则反应：石墨$\longrightarrow$金刚石的 $\Delta_r H_m^\ominus =$____________。

(7) 对于任何物质，H 和 U 的相对大小为 H __________ U，这是因为________。

(8) 反应 $N_2(g) + 3H_2(g) \rightleftharpoons 2NH_3(g)$，$\Delta_r H < 0$，若在一定范围内升高温度，则 $\Delta_r H$ ________，$\Delta_r S$ ________，$\Delta_r G$ ________。

(9) 真正的孤立系统并不存在，但如果把________加在一起，可看成一个大的孤立系统，因此其熵变 $\Delta S_{孤立}$ 也为这两部分的__________之和。

(10) 用吉布斯自由能变 $\Delta_r G_{T,p}$ 来判断反应的方向，必须在__________条件下；当 $\Delta_r G_{T,p} < 0$ 时，表示反应将__________进行。

2. 是非题(用"√"、"×"表示对、错，每小题 1 分，共 10 分)

(1) 碳酸钙的生成热等于 $CaO(s) + CO_2(g) = CaCO_3(s)$ 的反应热。　(　　)

(2) 可逆过程的热温商才是状态变化的熵变值。　(　　)

(3) 液态水在 100℃、101.325kPa 下蒸发，$\Delta G = 0$。　(　　)

(4) 凡是 $\Delta G^\ominus > 0$ 的过程都不能自发进行。　(　　)

(5) 温度对 $\Delta_r H$ 和 $\Delta_r S$ 的影响较小，因此温度对 $\Delta_r G$ 也影响较小。　(　　)

(6) 对实际化学反应，等压反应热算式 $Q_p = Q_V + \Delta n_g(RT)$ 近似符合。　(　　)

(7) 根据熵增加原理，凡 $\Delta_r S < 0$ 的反应均不能自发进行。　(　　)

(8) $H_2O(l)$ 和 $CO_2(g)$ 的燃烧热 $\Delta_c H_m^\ominus$ 都等于零。　(　　)

(9) 因为 $Q_p = \Delta_r H$，所以只有等压反应才有焓变。　(　　)

(10) 当 $\Delta_r H > 0$、$\Delta_r S < 0$ 时，反应在任何温度下都不能自发进行。　(　　)

3. 单选题(每小题 2 分，共 20 分)

(1) 在下列反应中，$Q_p \approx Q_V$ 的反应式为(　　)。

A. $CaCO_3(s) \longrightarrow CaO(s) + CO_2(g)$　　B. $N_2(g) + 3H_2(g) \longrightarrow 2NH_3(g)$

C. $C(s) + O_2(g) \longrightarrow CO_2(g)$　　D. $2H_2(g) + O_2(g) \longrightarrow 2H_2O(l)$

(2) 下列各反应的 $\Delta_r H_m^\ominus(298.15K)$ 值中，恰为化合物标准摩尔生成热的是(　　)。

A. $2H(g) + \frac{1}{2}O_2(g) \longrightarrow H_2O(l)$　　B. $2H_2(g) + O_2(g) \longrightarrow 2H_2O(l)$

C. $N_2(g) + 3H_2(g) \longrightarrow 2NH_3(g)$　　D. $\frac{1}{2}N_2(g) + \frac{3}{2}H_2(g) \longrightarrow NH_3(g)$

(3) 由下列数据确定 $CH_4(g)$ 的 $\Delta_f H_m^\ominus$ 为(　　)。

① $C(石墨)+O_2(g)=\!=\!=CO_2(g)$　　$\Delta_r H_{m,1}^\ominus=-393.5kJ\cdot mol^{-1}$

② $H_2(g)+\frac{1}{2}O_2(g)=\!=\!=H_2O(l)$　　$\Delta_r H_{m,2}^\ominus=-285.8kJ\cdot mol^{-1}$

③ $CH_4(g)+2O_2(g)=\!=\!=CO_2(g)+2H_2O(l)$　　$\Delta_r H_{m,3}^\ominus=-890.3kJ\cdot mol^{-1}$

A. $211kJ\cdot mol^{-1}$　　B. $-74.8kJ\cdot mol^{-1}$

C. $890.3kJ\cdot mol^{-1}$　　D. 缺条件,无法算

(4) 已知:

① $C(s)+\frac{1}{2}O_2(g)\longrightarrow CO(g)$　　$\Delta_r H_{m,1}^\ominus(298.15K)=-110.5kJ\cdot mol^{-1}$

② $C(s)+O_2(g)\longrightarrow CO_2(g)$　　$\Delta_r H_{m,2}^\ominus(298.15K)=-393.5kJ\cdot mol^{-1}$

则在标准状态(100kPa)下,25℃时,1000L 的 CO 的发热量是(　　)。

A. 504kJ　　B. 383kJ

C. 2.03×10^4kJ　　D. 1.14×10^4kJ

(5) 某系统由 A 态沿途径Ⅰ到 B 态放热 100J,同时得到 50J 的功;当系统由 A 态沿途径Ⅱ到 B 态做功 80J 时,Q 为(　　)。

A. 70J　　B. 30J　　C. −30J　　D. −70J

(6) 环境对系统做功 10kJ,而系统放出 5kJ 热给环境,则系统的热力学能变为(　　)。

A. −15kJ　　B. 5kJ　　C. −5kJ　　D. 15kJ

(7) 表示 CO_2 生成热的反应是(　　)。

A. $CO(g)+\frac{1}{2}O_2(g)\longrightarrow CO_2(g)$　　$\Delta_r H_m^\ominus=-238.0kJ\cdot mol^{-1}$

B. $C(金刚石)+O_2(g)\longrightarrow CO_2(g)$　　$\Delta_r H_m^\ominus=-395.4kJ\cdot mol^{-1}$

C. $2C(金刚石)+2O_2(g)\longrightarrow 2CO_2(g)$　　$\Delta_r H_m^\ominus=-787.0kJ\cdot mol^{-1}$

D. $C(石墨)+O_2(g)\longrightarrow CO_2(g)$　　$\Delta_r H_m^\ominus=-393.5kJ\cdot mol^{-1}$

(8) 下列反应中 $\Delta_r S_m$ 最大的是(　　)。

A. $PCl_5(g)\longrightarrow PCl_3(g)+Cl_2(g)$

B. $2SO_2(g)+O_2(g)\longrightarrow 2SO_3(g)$

C. $3H_2(g)+N_2(g)\longrightarrow 2NH_3(g)$

D. $C_2H_6(g)+3\frac{1}{2}O_2(g)\longrightarrow 2CO_2(g)+3H_2O(l)$

(9) 在等压等温仅做体积功的条件下,达到平衡时系统的吉布斯自由能(　　)。

A. 最大　　B. 最小　　C. 为零　　D. 小于零

(10) 条件相同的同一反应可有两种不同写法,如

① $2H_2(g)+O_2(g)\longrightarrow 2H_2O(l)$　　ΔG_1

② $H_2(g)+\frac{1}{2}O_2(g)=\!=\!=H_2O(l)$　　ΔG_2

那么,下列情况中 ΔG_1 和 ΔG_2 的正确关系是(　　)。

A. $\Delta G_1=\Delta G_2$　　B. $\Delta G_1=(\Delta G_2)^2$　　C. $\Delta G_1=\frac{1}{2}\Delta G_2$　　D. $\Delta G_1=2\Delta G_2$

4. 解释简答题(每小题 5 分,共 10 分)

(1) 什么过程系统的 ΔU、ΔH、ΔS、ΔG 都等于零?除了这类过程外,哪些过程 ΔU、ΔH、ΔS、ΔG 分别等于零?

(2) 公式 $\Delta H=Q$ 和公式 $\Delta G=\Delta H-T\Delta S$ 成立的条件分别是什么?

5. 计算题(每小题 10 分,共 40 分)

(1) 已知 25℃时 CO(g)和 CO_2(g)的 $\Delta_f H_m^\ominus$ 分别为$-110.53\text{kJ}\cdot\text{mol}^{-1}$和$-393.51\ \text{kJ}\cdot\text{mol}^{-1}$,试计算反应 $CO(g)+\frac{1}{2}O_2(g)\longrightarrow CO_2(g)$ 在标准态、25℃下的 $\Delta_r H_m^\ominus$、ΔU 和 $p\Delta V$。

(2) 已知下列热化学方程式:

① $C_6H_6(l)+7\frac{1}{2}O_2(g)\longrightarrow 6CO_2(g)+3H_2O(l)$　$\Delta_r H_{m,1}^\ominus=-3267.6\text{kJ}\cdot\text{mol}^{-1}$

② $C(\text{石墨})+O_2(g)\longrightarrow CO_2(g)$　$\Delta_r H_{m,2}^\ominus=-393.5\text{kJ}\cdot\text{mol}^{-1}$

③ $H_2(g)+\frac{1}{2}O_2(g)\longrightarrow H_2O(l)$　$\Delta_r H_{m,3}^\ominus=-285.8\text{kJ}\cdot\text{mol}^{-1}$

计算反应:$6C(\text{石墨})+3H_2(g)\longrightarrow C_6H_6(l)$的 $\Delta_r H_m^\ominus$。

(3) 已知 25℃时 $H_2O(g)$ 的 $\Delta_f H_m^\ominus$ 为$-241.82\text{kJ}\cdot\text{mol}^{-1}$,水在 373.15K(100℃) 和 101.325kPa 下的蒸发热为 $40.66\text{kJ}\cdot\text{mol}^{-1}$;$CH_3CHO(g)$、$CH_4(g)$和CO(g)的等压摩尔热容 C_p 分别为 52.3、31.4 和 37.7(单位均为 $\text{J}\cdot\text{mol}^{-1}\cdot\text{K}^{-1}$)。①试计算 $H_2O(l)$ 在 25℃时的 $\Delta_f H_m^\ominus$;②已知反应 $CH_3CHO(g)\longrightarrow CH_4(g)+CO(g)$在标准态、25℃下的 $\Delta_r H_m^\ominus=-16.7\text{kJ}\cdot\text{mol}^{-1}$,试求该反应在标准态下反应热 $\Delta_r H_m^\ominus$ 为零时的反应温度。

(4) 二氧化氮的热分解反应为

$$2NO_2(g)\rightleftharpoons 2NO(g)+O_2(g)$$

已知 298.15K 时,$\Delta_f H_m^\ominus[NO_2(g)]$、$\Delta_f H_m^\ominus[NO(g)]$ 分别为 $33.18\text{kJ}\cdot\text{mol}^{-1}$、$90.25\text{kJ}\cdot\text{mol}^{-1}$;$S_m^\ominus[NO_2(g)]$、$S_m^\ominus[NO(g)]$、$S_m^\ominus[O_2(g)]$分别为 240.06、210.76 、205.14(单位均为 $\text{J}\cdot\text{mol}^{-1}\cdot\text{K}^{-1}$)。①分别计算 298.15K 和 1000K 下的 $\Delta_r G_m^\ominus$,并判断标准态下在此两个温度时正向能否自发;②估算最低反应温度。

参考答案

1. 填空题

(1) -3263.9kJ,-3267.6kJ;(2)$286\text{kJ}\cdot\text{mol}^{-1}$,$-286\text{kJ}\cdot\text{mol}^{-1}$;(3) $S=k\ln\Omega$,可逆过程的热温商;(4) 始态和终态,状态函数;(5) 总是相等,赫斯定律;(6) $1.9\text{kJ}\cdot\text{mol}^{-1}$;(7) $>$,$H=U+pV$ 且 $pV>0$;(8) 基本不变,基本不变,增大;(9) 系统和环境,熵变;(10) 等压等温,自发。

2. 是非题

(1) ×;(2) √;(3) √;(4) ×;(5) ×;(6) √;(7) ×;(8) √;(9) ×;(10) √。

3. 单选题

(1) C;(2) D;(3) B;(4) D;(5) B;(6)B;(7) D;(8) A;(9) B;(10) D。

4. 解释简答题

(1) 循环过程 ΔU、ΔH、ΔS、ΔG 都等于零;此外,孤立系统中的任意过程或封闭系统中理想气体的等温过程，$\Delta U=0$；封闭系统中理想气体的等温过程，$\Delta H=0$；封闭系统中的绝热可逆过程或孤立系统中的可逆过程，$\Delta S=0$；封闭系统中等压等温不做非体积功的可逆过程，$\Delta G=0$。

(2) 公式 $\Delta H=Q$ 在封闭系统不做非体积功的等压过程时才能成立；公式 $\Delta G=\Delta H-T\Delta S$ 在始、终态温度相等时才能成立。

5. 计算题

(1) $\Delta_r H_m^\ominus=-282.98\text{kJ}\cdot\text{mol}^{-1}$；因 $Q_p=Q_V+\Delta n_g(RT)$，$\Delta U=-281.7\text{kJ}\cdot\text{mol}^{-1}$；因 $\Delta H=\Delta U+\Delta(pV)\approx Q_V+\Delta(pV)$，则 $p\Delta V=\Delta(pV)=\Delta H-\Delta U=1.239\text{kJ}\cdot\text{mol}^{-1}$。

(2) $\Delta_r H_m^\ominus=6\Delta_r H_{m,2}^\ominus+3\Delta_r H_{m,3}^\ominus-\Delta_r H_{m,1}^\ominus=49.2\text{kJ}\cdot\text{mol}^{-1}$。

(3) ① 因 $\Delta H_{水蒸气}^\ominus(298.15\text{K})=\Delta_f H_m^\ominus[H_2O(g)]-\Delta_f H_m^\ominus[H_2O(l)]\approx\Delta H_{水蒸气}^\ominus(373.15\text{K})\approx 101.325\text{kPa}$ 下 $\Delta H_{水蒸气}(373.15\text{K})=40.66\text{kJ}\cdot\text{mol}^{-1}$，则 25℃ $\Delta_f H_m^\ominus[H_2O(l)]\approx\Delta_f H_m^\ominus[H_2O(g)]-\Delta H_{水蒸气}^\ominus(373.15\text{K})=-282.48\text{kJ}\cdot\text{mol}^{-1}$。

② 根据基尔霍夫定律：$\Delta_r H_m^\ominus(T)=\Delta_r H_m^\ominus(298.15\text{K})+\int_{298.15\text{K}}^{T}\Delta_r C_p\,dT=-16.7\times10^3+(31.4+37.7-52.3)\times(T-298.15)=0$，则 $T=1292\text{K}$。

(4) ① $\Delta_r H_m^\ominus(298.15\text{K})=114.14\text{kJ}\cdot\text{mol}^{-1}$，$\Delta_r S_m^\ominus(298.15\text{K})=146.54\text{J}\cdot\text{mol}^{-1}\cdot\text{K}^{-1}$

$\Delta_r G_m^\ominus(298.15\text{K})=70.45\text{kJ}\cdot\text{mol}^{-1}>0$，正向反应不自发。

$\Delta_r G_m^\ominus(1000\text{K})\approx-32.40\text{kJ}\cdot\text{mol}^{-1}<0$，正向反应自发。

② 最低反应温度约为 778.90K。

（中南大学　王一凡）

第 4 章　化学动力学基础

一、学 习 要 求

(1) 熟悉化学动力学基本概念，掌握化学反应速率的表示方法；
(2) 掌握质量作用定律以及反应级数、速率系数的有关计算；
(3) 熟悉常见简单级数的反应及其特征，掌握一级反应的有关计算；
(4) 熟悉有效碰撞理论和过渡状态理论的基本要点；
(5) 掌握温度对反应速率影响的阿伦尼乌斯公式以及活化能的有关计算；
(6) 熟悉催化的基本概念，掌握催化作用原理，了解催化反应机理。

二、重难点解析

(一) 基元反应和反应分子数

能一步完成的化学反应称为基元反应，基元反应中参加反应的物种(分子、原子、离子、自由基等)数目称为反应分子数。实现化学反应的各步基元反应所组成的微观过程称为反应机理。简单地说，就是化学反应所经历的途径。包含两个基元反应步骤以上的反应称为复杂反应。通常所见到的化学反应方程式实际上是其计量方程的形式，称之为化学反应计量方程式，如五氧化二氮的分解这一复杂反应的计量方程式为

$$2N_2O_5 \longrightarrow 4NO_2 + O_2$$

而它是由如下一些基元反应所构成：

$$N_2O_5 \longrightarrow NO_3 + NO_2\text{(慢)}$$
$$2NO_3 \longrightarrow 2NO_2 + O_2\text{(快)}$$

其中，慢的一步称为速率控制步骤，即这一步慢基元反应限制了整个复杂反应的速率。少数化学反应方程式既可表达反应的计量关系，又可表达一个一次性化学反应过程(基元反应)，这类反应称为简单反应。

(二) 化学反应速率及其表示方法

反应速率是指一定条件下，反应进程中反应物转变为产物的瞬时速率，通常用单位时间内反应物浓度的减少或产物浓度的增加来表示，其单位为 $mol \cdot L^{-1} \cdot s^{-1}$。

反应速率　　$r=\dfrac{1}{V}\cdot\dfrac{d\xi}{dt}=\dfrac{1}{V}\cdot\dfrac{dn(B)}{\nu(B)dt}$　　或　　$r=\dfrac{dc(B)}{\nu(B)dt}$

式中，V 为反应系统的体积；c(B)为物质 B 的物质的量浓度；ν(B)为物质 B 的化学计量数。

组分速率　　$r\text{(反应物)}=-\dfrac{dc(B)}{dt}$　　或　　$r\text{(产物)}=\dfrac{dc(B)}{dt}$

由此可见，对于任意反应 $eE+fF \xlongequal{} hH+gG$，化学计量数不同，同一时刻组分速率的数值也将不同。反应速率与组分速率以及各组分速率之间的关系如下：

$$r=-\frac{1}{e}\frac{dc(E)}{dt}=-\frac{1}{f}\frac{dc(F)}{dt}=\frac{1}{h}\frac{dc(H)}{dt}=\frac{1}{g}\frac{dc(G)}{dt}=\frac{1}{\nu(B)}\frac{dc(B)}{dt}$$

此处的反应速率通常只适用于均相反应系统。

（三）质量作用定律和化学反应速率方程

对于基元反应 $aA+bB \longrightarrow gG+hH$，其反应速率与同一时刻各反应物带有相应指数的瞬时浓度（浓度的幂）的乘积成正比，其中各浓度的指数就是反应式中各物质相应的系数，此乃仅适用于基元反应的质量作用定律，即

$$r=kc^a(A)\cdot c^b(B)$$

此式即为基元反应的速率方程，式中 k 为反应速率系数，但它并非一个绝对的常数，它与温度、介质等反应条件有关。在相同条件下，k 越大，表示反应速率越大。速率方程中，各物种浓度的幂指数分别称为该物种的分级数，而各物种的分级数之和称为总级数，简称反应级数 n。例如，上述基元反应中 A 与 B 物质的分级数分别为 a 和 b，反应级数 $n=a+b$。通常，仅有反应物的浓度对反应速率有影响。

若 $aA+bB \longrightarrow gG+hH$ 是类似于基元反应以幂函数形式表示速率方程的复杂反应，则 A、B 物质的分级数不一定等于 a 和 b，若分别为 α、β，则该复杂反应的反应级数 $n=\alpha+\beta$。反应级数可以是正整数，也可以是分数，甚至是负数。其大小一般反映了反应物浓度对反应速率的影响程度，级数越大，表明反应物浓度对反应速率的影响越大。若为负级数，则表示反应物对反应的进行起阻碍作用。

（四）常见简单级数的反应及其特征

反应级数为 0、1、2 的反应是具有简单级数的典型反应。反应级数相同的反应，可能是基元反应，也可能是复杂反应，但不管怎样，它们都具有相同的特征。

常见简单级数反应的特征

反应特征	一级反应	二级反应	零级反应
速率方程积分式	$\ln c(B)-\ln c(B)_0=-k_1t$	$\frac{1}{c(B)}-\frac{1}{c(B)_0}=k_2t$	$c(B)-c(B)_0=-k_0t$
直线关系	$\ln c$ 对 t	$1/c$ 对 t	c 对 t
斜率	$-k_1$	k_2	$-k_0$
半衰期（$t_{1/2}$）	$\frac{\ln 2}{k_1}$	$\frac{1}{k_2c(B)_0}$	$\frac{c(B)_0}{2k_0}$
k 的量纲	（时间）$^{-1}$	（浓度）$^{-1}$·（时间）$^{-1}$	（浓度）·（时间）$^{-1}$

（五）温度对化学反应速率的影响——阿伦尼乌斯公式

对大多数反应而言，温度升高，反应速率系数增加，反应速率加快。人们在探索温度对反应速率系数的定量影响时，获得了许多经验规律。范特霍夫规则就是其中之一，即一般的化学反应，温度每升高 10K，反应速率增加 2～4 倍。

阿伦尼乌斯在范特霍夫等人研究的基础上，结合大量实验结果的验证，提出了反应速率系数 k 与反应温度 T 的半定量关系式——阿伦尼乌斯公式。

阿伦尼乌斯公式的指数形式：

$$k=A\exp\left(-\frac{E_a}{RT}\right)$$

阿伦尼乌斯公式的对数形式：

$$\ln k=-\frac{E_a}{RT}+\ln A$$

或

$$\ln\left(\frac{k_2}{k_1}\right)=\frac{E_a}{R}\left(\frac{T_2-T_1}{T_1T_2}\right)$$

式中，A 和 E_a 分别为两个与温度、浓度无关的常数，它们的大小取决于化学反应本身。A 称为指前系数(因子)，具有与反应速率系数 k 相同的单位。E_a 称为反应的表观活化能，其单位为 $J\cdot mol^{-1}$，对复杂反应而言，它是各基元反应活化能的组合。一般情况下，A 和 E_a 不随温度的变化而变化。

因 k 与 E_a 成负相关，故通常情况下，反应活化能越大，其反应速率就越小。当温度升高时，可使吸热反应速率增大，使放热反应速率减小。

(六) 化学反应速率理论

有效碰撞理论：借助于气体分子运动论，把气相中的双分子反应看作是两个分子激烈碰撞的结果，以硬球碰撞为模型，导出宏观反应速率系数的计算公式。只有碰撞时的相对平动能在质心连线方向的分量大于某能量阈值(E_c)的分子对才能发生反应，这种能够发生化学反应的碰撞称为有效碰撞。

一般情况下，温度升高，反应速率明显增大的主要原因是分子之间发生有效碰撞的机会增加。

过渡态理论：即使是基元反应也不是只通过简单碰撞就变成产物，而是要经过一个由反应物分子之间以一定的构型存在的、能量很高的中间过渡态，即活化配合物。在此状态，有些化学键正在削弱，有些化学键正在形成。活化配合物能较快地分解，可形成产物，也可形成反应物。反应物、产物分子平均能量与活化配合物分子的平均能量之差，分别为正、逆反应的活化能。正、逆反应活化能之差为反应热，即 $\Delta_r H=E_{a,正}-E_{a,逆}$。

(七) 催化概念及其特征

1. 催化概念

某种物质可以改变反应的速率但本身在反应前后没有数量上和化学性质上的改变，则该种物质称为催化剂，这种作用称为催化作用。

2. 催化剂的特征

(1) 催化剂能改变反应到达平衡的速率，是由于它改变了反应机理，降低了活化能，但不影响化学平衡。

(2) 在反应前后，催化剂的化学性质没有改变，但在反应过程中参与了反应(与反应物生成某种不稳定的中间化合物)。

(3) 催化剂对反应具有特殊的选择性，不同的反应需要选择不同的催化剂。对同样的反应物如果选择不同的催化剂，可以得到不同的产物。

(4) 在催化剂或反应体系内加入少量的杂质，常可以强烈地影响催化剂的作用，如催化剂的活化、失活或中毒。

三、习题全解和重点练习题解

1(4-1). 某基元反应 $A+2B\xrightarrow{k}2P$，试分别用各种物质随时间的变化率表示反应的速率方程式。

解：
$$r=-\frac{dc(A)}{dt}=-\frac{1}{2}\frac{dc(B)}{dt}=\frac{1}{2}\frac{dc(P)}{dt}=kc(A)\cdot c^2(B)$$

2(4-2). 对反应 $A\longrightarrow P$，当反应物反应掉 3/4 所需时间是它反应掉 1/2 所需时间的 3 倍，该反应是几级反应？请用计算式说明。

解：设 a 为初始浓度，x 为 t 时刻的产物浓度，则

对于零级反应　$t=\frac{x}{k_0}$　　$\frac{t_{3/4}}{t_{1/2}}=\frac{3/4}{1/2}=\frac{3}{2}$

对于一级反应　$t=\frac{1}{k_1}\ln\frac{a}{a-x}$　　$\frac{t_{3/4}}{t_{1/2}}=\frac{\ln\frac{1}{1-3/4}}{\ln\frac{1}{1-1/2}}=2$

对于二级反应　$t=\frac{1}{k_2}\left(\frac{1}{a-x}-\frac{1}{a}\right)$　　$\frac{t_{3/4}}{t_{1/2}}=\frac{\frac{1}{1-3/4}-1}{\frac{1}{1-1/2}-1}=3$

故该反应是二级反应。

3(4-3). 试证明一级反应的转化率分别达 50%、75%和 87.5%，所需时间分别是 $t_{1/2}$、$2t_{1/2}$、$3t_{1/2}$。

证：设反应的转化率为 y

对于一级反应 $t=\frac{1}{k_2}\ln\frac{1}{1-y}$，$t_{1/2}=\frac{\ln 2}{k_1}$，则

当 $y=50\%$时　$t=\frac{1}{k_2}\ln\frac{1}{1-50\%}=\frac{\ln 2}{k_1}=t_{1/2}$

当 $y=75\%$时　$t=\frac{1}{k_2}\ln\frac{1}{1-75\%}=\frac{2\ln 2}{k_1}=2t_{1/2}$

当 $y=87.5\%$时　$t=\frac{1}{k_2}\ln\frac{1}{1-87.5\%}=\frac{3\ln 2}{k_1}=3t_{1/2}$

4(4-4). 若某一反应进行完全所需时间是有限的，且等于 c_0/k（c_0 为反应物起始浓度），该反应为几级反应？

答：观察零级、一级和二级反应的速率方程的积分形式，反应进行完全时，$x=a$，只有零级反应符合 $t=\frac{a}{k_0}$即 $t=\frac{c_0}{k}$，所以该反应是零级反应。

5(4-5). 某总反应速率系数 k 与各基元反应速率常数的关系为 $k=k_2(k_1/2k_4)^{1/2}$，则该反应的表观活化能和指前因子与各基元反应活化能和指前因子的关系如何？

解：因 $k=Ae^{-\frac{E_a}{RT}}$，则 $\ln k=\ln A-\dfrac{E_a}{RT}$。

又因 $k=k_2\left(\dfrac{k_1}{2k_4}\right)^{\frac{1}{2}}$，则 $\ln k=\ln k_2+\dfrac{1}{2}(\ln k_1-\ln 2-\ln k_4)$。

$$\ln A-\frac{E_a}{RT}=\ln A_2-\frac{E_{a_2}}{RT}+\frac{1}{2}\left[\left(\ln A_1-\frac{E_{a_1}}{RT}\right)-\ln 2-\left(\ln A_4-\frac{E_{a_4}}{RT}\right)\right]$$

故
$$\ln A=\ln A_2+\frac{1}{2}(\ln A_1-\ln 2-\ln A_4)=\ln A_2\left(\frac{A_1}{2A_4}\right)^{\frac{1}{2}}$$

即 $A=A_2\left(\dfrac{A_1}{2A_4}\right)^{\frac{1}{2}}$，同理 $E_a=E_{a_2}+\dfrac{1}{2}E_{a_1}-\dfrac{1}{2}E_{a_4}$。

6(4-6). 反应 $CH_3CHO=\!=\!=CH_4+CO$ 的 E_a 值为 $190kJ\cdot mol^{-1}$，设加入 $I_2(g)$（催化剂）以后，活化能 E_a 降为 $136kJ\cdot mol^{-1}$，设加入催化剂前后指数前因子 A 值保持不变，则在 773K 时，加入 $I_2(g)$ 后反应速率系数 k' 是原来 k 值的多少倍？（求 k'/k 值）

解：因 $k=A\exp\left(-\dfrac{E_a}{RT}\right)$，$k'=A\exp\left(-\dfrac{E'_a}{RT}\right)$，则

$$\frac{k'}{k}=\frac{A\exp\left(-\dfrac{E'_a}{RT}\right)}{A\exp\left(-\dfrac{E_a}{RT}\right)}=\exp\frac{E_a-E'_a}{RT}=\exp\left[\frac{(190-136)\times10^3J\cdot mol^{-1}}{8.314J\cdot mol^{-1}\cdot K^{-1}\times773K}\right]=4457.8$$

在 773K 时，加入 $I_2(g)$ 后反应速率系数 k' 是原来 k 值的 4457.8 倍。

7(4-7). 根据范特霍夫规则：$\dfrac{k_{T+10}}{k_T}=2\sim4$，在 298～308K，服从此规则的化学反应的活化能 E_a 的范围为多少？

解：设 298K 和 308K 时的反应速率系数分别为 k_1 和 k_2。因 $\dfrac{k_{T+10}}{k_T}=2\sim4$，即

$$2\leqslant\frac{k_2}{k_1}\leqslant4$$

又因为 $\ln\dfrac{k_2}{k_1}=\dfrac{E_a}{R}\left(\dfrac{1}{T_1}-\dfrac{1}{T_2}\right)$，得出 $E_a=\dfrac{RT_1T_2\ln\dfrac{k_2}{k_1}}{T_2-T_1}$，则

$$\frac{8.314J\cdot mol^{-1}\cdot K^{-1}\times298K\times308K\times\ln2}{10K}\leqslant E_a\leqslant\frac{8.314J\cdot mol^{-1}\cdot K^{-1}\times298K\times308K\times\ln4}{10K}$$

$$52.89kJ\leqslant E_a\leqslant105.79kJ$$

故化学反应的活化能 E_a 的范围为 52.89～105.79kJ。

8(4-8). 某气相反应的速率表示式分别用浓度和压力表示时为 $r_c=k_cc^n(A)$ 和 $r_p=k_pp^n(A)$，试求 k_c 与 k_p 之间的关系，设气体为理想气体。

解：气相反应 $aA\longrightarrow P$ 的速率方程分别用浓度和压力表示时为

$$r_c=-\frac{1}{a}\frac{dc(A)}{dt}=k_cc^n(A)\quad(1)\qquad r_p=-\frac{1}{a}\frac{dp_A}{dt}=k_pp^n(A)\quad(2)$$

若将所有气体看作理想气体时，有

$$c(\mathrm{A})=\frac{p(\mathrm{A})}{RT}\quad(3)\qquad\frac{\mathrm{d}c(\mathrm{A})}{\mathrm{d}t}=\frac{1}{RT}\frac{\mathrm{d}p(\mathrm{A})}{\mathrm{d}t}\quad(4)$$

将式(3)、式(4)代入式(1)，得

$$-\frac{1}{a}\frac{\mathrm{d}c(\mathrm{A})}{\mathrm{d}t}=-\frac{1}{aRT}\frac{\mathrm{d}p(\mathrm{A})}{\mathrm{d}t}=k_c\left[\frac{p(\mathrm{A})}{RT}\right]^n$$

$$-\frac{1}{a}\frac{\mathrm{d}p(\mathrm{A})}{\mathrm{d}t}=k_c(RT)^{1-n}p^n(\mathrm{A})=k_p p^n(\mathrm{A})$$

故 $$k_p=k_c(RT)^{1-n}$$

9(4-9). 基元反应 $2\mathrm{A(g)}+\mathrm{B(g)}=\!=\!=\mathrm{E(g)}$，将 2mol 的 A 与 1mol 的 B 放入 1L 容器中混合并反应，那么反应物消耗一半时的反应速率与反应起始速率间的比值是多少？

解：基元反应 $2\mathrm{A(g)}+\mathrm{B(g)}=\!=\!=\mathrm{E(g)}$ 的反应速率为

$$r=kc^2(\mathrm{A})c(\mathrm{B})$$

起始速率 $$r_0=kc^2(\mathrm{A})_0c(\mathrm{B})_0=k\times2^2\times1=4k$$

消耗一半时的反应速率

$$r'=kc^2(\mathrm{A})c(\mathrm{B})=k\left[\frac{1}{2}c(\mathrm{A})_0\right]^2\frac{1}{2}c(\mathrm{B}_0)=k\times\left(\frac{1}{2}\times2\right)^2\times\frac{1}{2}=\frac{1}{2}k$$

此时反应速率与起始速率间的比值

$$\frac{r'}{r_0}=\frac{\frac{1}{2}k}{4k}=\frac{1}{8}$$

10(4-10). 设反应的半衰期为 $t_{1/2}$，反应 3/4 衰期为 $t_{3/4}$，试证明：对于一级反应 $t_{3/4}/t_{1/2}=2$；对于二级反应 $t_{3/4}/t_{1/2}=3$，并讨论反应掉 99%所需时间 $t_{0.99}$ 与 $t_{1/2}$ 之比又为多少。

证：对于一级反应，$t=\frac{1}{k_1}\ln\frac{a}{a-x}$，则 $\frac{t_{3/4}}{t_{1/2}}=\frac{\ln\frac{1}{1-3/4}}{\ln\frac{1}{1-1/2}}=2$。

反应掉 99%所需时间 $$t_{0.99}=\frac{1}{k_1}\ln\frac{1}{1-y}=\frac{1}{k_1}\ln\frac{1}{1-0.99}=\frac{1}{k_1}\ln100$$

$$\frac{t_{0.99}}{t_{1/2}}=\frac{\ln100}{\ln2}=\frac{4.6052}{0.6391}=6.6439$$

对于二级反应，$t=\frac{1}{k_2}\left(\frac{1}{a-x}-\frac{1}{a}\right)$，则 $\frac{t_{3/4}}{t_{1/2}}=\frac{\frac{1}{1-3/4}-1}{\frac{1}{1-1/2}-1}=3$。

$$t_{0.99}=\frac{1}{k_2a}\left(\frac{y}{1-y}\right)=\frac{1}{k_2a}\left(\frac{0.99}{1-0.99}\right)=\frac{99}{k_2a}\qquad t_{1/2}=\frac{1}{k_2a}\left(\frac{y}{1-y}\right)=\frac{1}{k_2a}\left(\frac{0.5}{1-0.5}\right)=\frac{1}{k_2a}$$

$$\frac{t_{0.99}}{t_{1/2}}=99$$

11(4-11). 基元反应 A ⟶ P 的半衰期为 69.3s，要使 80%的 A 反应生成 P，所需的时间是多少？

解：一级反应

$$k_1=\frac{\ln 2}{t_{1/2}}=\frac{0.693}{69.3\text{s}}=0.01\text{s}^{-1}$$

故所需的时间是

$$t=\frac{1}{k_1}\ln\frac{1}{1-y}=\frac{1}{0.01\text{s}^{-1}}\ln\frac{1}{1-0.8}=160.9\text{s}$$

12(4-12). 某反应的反应物消耗掉 1/2 所需的时间是 10min，反应物消耗掉 7/8 所需的时间是 30min，则该反应是几级？

解：先假设该反应是一级反应，则

$$k_1=\frac{\ln 2}{t_{1/2}}=\frac{\ln 2}{10\text{min}}$$

$$t=\frac{1}{k_1}\ln\frac{1}{1-y}=\frac{10\text{min}}{\ln 2}\ln\frac{1}{1-(7/8)}=\frac{10\text{min}}{\ln 2}\ln 8=30\text{min}$$

该反应是一级反应。

13(4-13). 某一级反应，在 298K 及 308K 时的反应速率系数分别为 $3.19\times10^{-4}\text{s}^{-1}$ 和 $9.86\times10^{-4}\text{s}^{-1}$。试根据阿伦尼乌斯定律计算该反应的表观活化能和指前系数。

解：已知 $T_1=298\text{K}$，$T_2=308\text{K}$，$k_1=3.19\times10^{-4}\text{s}^{-1}$，$k_2=9.86\times10^{-4}\text{s}^{-1}$。

根据 $\ln\frac{k_2}{k_1}=\frac{E_a}{R}\left(\frac{1}{T_1}-\frac{1}{T_2}\right)$，有

$$\ln\frac{9.68\times10^{-4}\text{s}^{-1}}{3.19\times10^{-4}\text{s}^{-1}}=\frac{E_a}{8.314\text{J}\cdot\text{mol}^{-1}\cdot\text{K}^{-1}}\left(\frac{1}{298\text{K}}-\frac{1}{308\text{K}}\right)$$

该反应的表观活化能为 $E_a=86.14\text{kJ}\cdot\text{mol}^{-1}$

又根据 $k=A\exp\left(-\frac{E_a}{RT}\right)$，则指前系数为

$$A=k\exp\left(\frac{E_a}{RT}\right)=3.19\times10^{-4}\exp\left(\frac{86.14\text{kJ}\cdot\text{mol}^{-1}}{8.314\text{J}\cdot\text{mol}^{-1}\cdot\text{K}^{-1}\times298\text{K}}\right)=4.01\times10^{11}\text{s}^{-1}$$

14(4-14). 乙烯转化反应 $C_2H_4 \longrightarrow C_2H_2+H_2$ 为一级反应。在 1073K 时，要使 50%的乙烯分解，需要 10h。已知该反应的活化能 $E_a=250.6\text{kJ}\cdot\text{mol}^{-1}$。要求在 30min 内有 75%的乙烯转化，反应温度应控制在多少？

解：已知 $T_1=1073\text{K}$，一级反应的速率系数 k_1 为

$$k_1=\frac{\ln 2}{t_{1/2}}=\frac{\ln 2}{10\text{h}}=0.0693\text{h}^{-1}$$

当反应温度为 T_2 时，求 k_2。因 $\ln c=-kt+\ln c_0$，故推导出 $\ln(c_0/0.25c_0)=k_2\times0.5\text{h}$，即 $\ln(1/0.25)=0.5k_2$，则 $k_2=2.7726(\text{h}^{-1})$。

根据 $\ln\frac{k_2}{k_1}=\frac{E_a}{R}\left(\frac{T_2-T_1}{T_1T_2}\right)$，代入数值

$$\ln\frac{2.7726}{0.0693}=\frac{250.6\times10^3}{8.314}\left(\frac{T_2-1073}{1073\times T_2}\right)\qquad 得\ T_2=1235\text{K}$$

反应温度应控制在 1235K。

15. 反应 $C \longrightarrow P$，当 C 反应掉 3/4 所需时间恰是它反应掉 1/2 所需时间的 1.5 倍，该反应为几级？

答：该反应为零级反应。因为对零级反应 $t_{1/2}=\frac{c(\mathrm{A})_0}{2k(\mathrm{A})}$，则

$$t_{3/4}=\frac{c(\mathrm{A})_0}{2k(\mathrm{A})}+\frac{0.5c(\mathrm{A})_0}{2k(\mathrm{A})}=1.5\times\frac{c(\mathrm{A})_0}{2k(\mathrm{A})}$$

16. 一化学反应，其温度由 300K 升到 310K 时，其反应速率加快到 10 倍，求此反应的表观活化能。

解：由阿伦尼乌斯公式 $k=A\mathrm{e}^{-E_a/RT}$ 得

$$\ln k(300\mathrm{K})=-\frac{E_a}{RT_1}+\ln A \tag{1}$$

$$\ln k(310\mathrm{K})=-\frac{E_a}{RT_2}+\ln A \tag{2}$$

式(1)－式(2)，得

$$\ln\frac{k(300\mathrm{K})}{k(310\mathrm{K})}=\frac{E_a}{R}\left(\frac{1}{T_2}-\frac{1}{T_1}\right)$$

已知 $T_1=300\mathrm{K}$，$T_2=310\mathrm{K}$，$k_1/k_2=1/10$，即

$$\ln\frac{1}{10}=\frac{E_a}{8.314}\times\left(\frac{1}{310}-\frac{1}{300}\right)$$

$$E_a=\frac{2.303\times8.314\times310\times300}{300-310}\lg\frac{1}{10}=178(\mathrm{kJ\cdot mol^{-1}})$$

17. 放射性同位素 ${}^{32}_{15}\mathrm{P}$ 的蜕变 ${}^{32}_{15}\mathrm{P}\longrightarrow{}^{32}_{16}\mathrm{S}+\beta$，现有一批该同位素的样品，经测定其活性在 10 天后降低了 38.42%。求蜕变反应速率系数、半衰期以及经多长时间蜕变 99.0%。

解：放射性同位素的蜕变为一级反应，采用一级反应速率方程积分式。

$$c(\mathrm{A})=1.0000-0.3842=0.6158$$

因 $\ln\frac{c(\mathrm{A})_0}{c(\mathrm{A})}=k_1t$，故 $\ln\frac{1}{0.6158}=k_1\times10$。

蜕变反应速率系数 $k_1=0.0485\mathrm{d}^{-1}$，则半衰期

$$t_{1/2}=\frac{\ln2}{k_1}=14.3\mathrm{d}$$

${}^{32}_{15}\mathrm{P}$ 蜕变 99.0%所需的时间为 $t=\ln\frac{1}{0.01}\Big/0.0485=95\mathrm{d}$。

18. 蔗糖在稀酸溶液中催化水解是一级反应

$$C_{12}H_{22}O_{11}+H_2O\xrightarrow{\text{稀酸}}2C_6H_{12}O_6$$

反应活化能为 $110\mathrm{kJ\cdot mol^{-1}}$，48℃时反应速率系数为 $3.22\times10^{-4}\mathrm{s}^{-1}$。求

(1) 该温度下 20.0g 蔗糖水解掉一半所需的时间。

(2) 蔗糖经 1h 水解之后还剩下多少？

解：(1)
$$t_{1/2}=\frac{0.693}{k}=\frac{0.693}{3.22\times10^{-4}\,\mathrm{s}^{-1}}=2.15\times10^{3}\,\mathrm{s}$$

(2) 设水解 1h 后还剩 m。因$\frac{c_0}{c}=\frac{m_0}{m}$，将其代入一级反应速率方程积分式，得

$$\ln\frac{m_0}{m}=\ln\frac{20.0}{m}=kt=3.22\times10^{-4}\,\mathrm{s}^{-1}\times3600\,\mathrm{s}$$

蔗糖水解 1h 后还剩下质量为 $m=6.27\mathrm{g}$。

四、自　测　题

1. 填空题(每空 1 分，共 20 分)

(1) 催化剂可以加快反应速率，当向某反应体系中加入催化剂(其他条件不变)，反应物的平衡转化率________。

(2) 反应 A+B══C 的速率方程为 $r=kc(\mathrm{A})c^{1/2}(\mathrm{B})$，其反应速率的单位是__________，反应速率常数(系数)的单位是__________。(注：浓度单位用 $\mathrm{mol\cdot L^{-1}}$，时间单位用 s)

(3) 某反应的速率系数 $k=4.20\times10^{-2}\,\mathrm{s}^{-1}$，初始浓度为 $0.1\mathrm{mol\cdot L^{-1}}$，则该反应的半衰期 $t_{1/2}$ 为__________。

(4) $2\mathrm{A}\longrightarrow\mathrm{B}$ 为双分子基元反应，该反应的级数为________。

(5) 一级反应的特征是__________，__________，__________。

(6) 二级反应的半衰期与反应物的初始浓度的关系为__________。

(7) 若反应 $\mathrm{A}+2\mathrm{B}\longrightarrow\mathrm{Y}$ 是基元反应，则其反应的速率方程可以写成$-\frac{\mathrm{d}c(\mathrm{A})}{\mathrm{d}t}=$__________。

(8) 催化剂的定义是________。

(9) 催化剂的共同特征是________，________，________。

(10) 活化能 E_a 是表征反应体系________的重要参数。

(11) 任一基元反应，反应分子数与反应级数的关系是________。

(12) 同一条件下同一反应的活化能越________，其反应速率系数就越________。(填“大”或“小”)

(13) 一级反应的半衰期与反应物的初始浓度________。

(14)不同反应具有________的活化能。

2. 是非题(用“√”、“×”表示对、错，每小题 1 分，共 10 分)

(1) 凡是反应级数为分数的反应都是复杂反应，凡是反应级数为 1、2 和 3 的反应都是基元反应。　(　　)

(2) 反应速率系数 $k(\mathrm{A})$ 与反应物 A 的浓度有关。　(　　)

(3) 反应级数不可能为负值。　(　　)

(4) 一级反应肯定是单分子反应。　(　　)

(5) 质量作用定律仅适用于基元反应。　(　　)

(6) 对二级反应来说，反应物转化率相同时，若反应物的初始浓度越低，则所需时间越短。　(　　)

(7) 催化剂只能加快反应速率，而不能改变化学反应的标准平衡常数。（　　）

(8) 对于基元反应，反应速率系数一般总是随着温度的升高而增大。（　　）

(9) 若反应 A $\longrightarrow$ Y 是零级反应，则其半衰期 $t_{1/2}=\dfrac{c(\mathrm{A})_0}{2k(\mathrm{A})}$。（　　）

(10) 酶催化反应条件温和（常温、常压）。（　　）

3. 单选题（每小题 2 分，共 20 分）

(1) 2mol A 和 1mol B 在 1L 容器中混合，假定 A 与 B 反应的速率控制步骤是 $2\mathrm{A(g)}+\mathrm{B(g)}\longrightarrow\mathrm{C(g)}$，其反应速率系数为 k，则 A 和 B 都用去 2/3 时的反应速率 r 是（　　）。

A. $\dfrac{4}{27}k$　　B. $\dfrac{8}{27}k$　　C. $\dfrac{1}{27}k$　　D. $27k$

(2) 反应 $n\mathrm{A}=\!=\!=m\mathrm{B}$ 的速率方程可表达为 $-\dfrac{\mathrm{d}c(\mathrm{A})}{\mathrm{d}t}=k_1c^q(\mathrm{A})$，也可表达为 $\dfrac{\mathrm{d}c(\mathrm{B})}{\mathrm{d}t}=k_2c^q(\mathrm{A})$，则 k_1 和 k_2 的关系是（　　）。

A. $k_1=k_2$　　B. $nk_1=mk_2$　　C. $mk_1=nk_2$　　D. $-nk_1=mk_2$

(3) 在 300K 时鲜牛奶约 4h 变酸，但在 277K 的冰箱中可保持 48h，则牛奶变酸反应的活化能是（　　）$\mathrm{kJ\cdot mol^{-1}}$。

A. −74.66　　B. 74.66　　C. 5.75　　D. −5.75

(4) 增加反应物浓度，反应速率加快的原因是（　　）。

A. 降低了正反应的活化能　　B. 增加了活化分子的百分数

C. 增加了单位体积内活化分子总数　　D. 增加了正反应的活化能

(5) 关于基元反应的论述，不正确的是（　　）。

A. 基元反应的逆反应也是基元反应

B. 反应的级数等于反应的分子数

C. 分子数大于 3 的反应也可能是基元反应

D. 碰撞理论指出，没有单分子的基元反应

(6) 用锌粒与 $6\mathrm{mol\cdot L^{-1}}$ 硫酸在试管里反应制取氢气时，产生氢气的速率（　　）。

A. 先渐快，后渐慢　　B. 越来越慢

C. 越来越快　　D. 先渐快，后不变

(7) 已知反应 $3\mathrm{KCN(aq)}+2\mathrm{KMnO_4(aq)}+\mathrm{H_2O(l)}=\!=\!=3\mathrm{KCNO(aq)}+2\mathrm{KOH(aq)}+2\mathrm{MnO_2(s)}$，下列表示式中正确的是（　　）。

A. $\dfrac{-2\Delta c(\mathrm{KMnO_4})}{\Delta t}=\dfrac{3\Delta c(\mathrm{KCNO})}{\Delta t}$　　B. $\dfrac{2\Delta c(\mathrm{KMnO_4})}{\Delta t}=\dfrac{3\Delta c(\mathrm{KCNO})}{\Delta t}$

C. $\dfrac{3\Delta c(\mathrm{KMnO_4})}{\Delta t}=\dfrac{2\Delta c(\mathrm{KCNO})}{\Delta t}$　　D. $\dfrac{-3\Delta c(\mathrm{KMnO_4})}{\Delta t}=\dfrac{2\Delta c(\mathrm{KCNO})}{\Delta t}$

(8) 某化学反应的反应速率系数为 $2.0\mathrm{mol\cdot L^{-1}\cdot s^{-1}}$，该化学反应的级数为（　　）。

A. 1　　B. 2　　C. 0　　D. −1

(9) 放射性 $^{201}\mathrm{Pb}$ 的半衰期为 8h，1g 放射性 $^{201}\mathrm{Pb}$ 经 24h 衰变后还剩（　　）。

A. $\dfrac{1}{3}$g　　B. $\dfrac{1}{8}$g　　C. $\dfrac{1}{4}$g　　D. 0g

(10) 某反应在一定条件下达平衡时转化率为 25%，当有催化剂存在时，其转化率应当(　　)25%。

A. 大于　　B. 小于　　C. 大于或小于　　D. 等于

4. 解释简答题(每小题 5 分，共 10 分)

(1) 试用活化分子观念解释浓度、温度、催化剂对化学反应速率的影响。

(2) 反应①的活化能 $E_1=200\text{kJ}\cdot\text{mol}^{-1}$，反应②的活化能 $E_2=100\text{kJ}\cdot\text{mol}^{-1}$。当两反应的温度都从 300K 升到 310K 时，哪个反应的反应速率增加的倍数更多？

5. 计算题(每小题 10 分，共 40 分)

(1) 某反应在温度为 298K 时的活化能为 $75.24\text{kJ}\cdot\text{mol}^{-1}$，当加入 Cu^{2+} 作为催化剂时，其活化能变为 $50.14\text{kJ}\cdot\text{mol}^{-1}$，加入催化剂后反应速率增加多少倍？

(2) 某一级反应，在 300K 时反应完成 50% 需时 20min，在 350K 时反应完成 50% 需时 5.0min，计算该反应的活化能。

(3) 气体 A 的分解反应：A(g) $\longrightarrow$ 产物，当浓度为 $0.50\text{mol}\cdot\text{L}^{-1}$ 时，反应速率为 $0.014\text{mol}\cdot\text{L}^{-1}\cdot\text{s}^{-1}$，如果该反应为①零级反应②一级反应③二级反应，A 浓度为 $1.0\text{mol}\cdot\text{L}^{-1}$ 时的反应速率分别是多少？

(4) 某一级反应，反应 35min 后反应物消耗 30%。求反应速率系数 k 及反应 5h 后反应物消耗的百分数。

参考答案

1. 填空题

(1)不变；(2)$\text{mol}\cdot\text{L}^{-1}\cdot\text{s}^{-1}$，$(\text{L}\cdot\text{mol}^{-1})^{\frac{1}{2}}\cdot\text{s}^{-1}$；(3)16.5s；(4)2；(5)$\ln c(\text{A})$ 对 t 作图为直线，其 $t_{1/2}$ 与 $c(\text{A})_0$ 无关，反应速率系数的单位为[时间]$^{-1}$；(6)$t_{1/2}=\dfrac{1}{k(\text{A})c(\text{A})_0}$；(7)$-\dfrac{\text{d}c(\text{A})}{\text{d}t}=k(\text{A})c(\text{A})c^2(\text{B})$；(8)存在少量就能显著改变化学反应而本身不损耗的物质；(9)催化剂不改变反应平衡，催化剂开辟了活化能较低的反应途径，催化剂具有选择性；(10)动力学特征；(11)反应级数等于反应分子数；(12)大，小；(13)无关；(14)不同。

2. 是非题

(1)×；(2)×；(3)×；(4)×；(5)√；(6)×；(7)√；(8)√；(9)√；(10)√。

3. 单选题

(1)A；(2)C；(3)B；(4)C；(5)C；(6)A；(7)D；(8)C；(9)B；(10)D。

4. 解释简答题

(1) 活化能是决定反应速率的内在因素。当反应物浓度增大时，单位体积中分子总数和活化分子数增多，单位时间内的有效碰撞次数增多，反应速率加快。温度升高，分子间碰撞频率增加，活化分子分数增高，有效碰撞频率增大，速率加快。催化剂能加快化学反应速率，是因为它改变了反应途径，降低了反应的活化能。

(2) 设反应①在 300K 和 310K 的反应速率系数分别是 k_1 和 k_1'，反应②在 300K 和 310K 的反应速率系数分别是 k_2 和 k_2'，则 $\ln\dfrac{k_1'}{k_1}=\dfrac{200\times10^3}{8.314}\left(\dfrac{10}{300\times310}\right)=2.59$，$\dfrac{k_1'}{k_1}=13.3$；$\ln\dfrac{k_2'}{k_2}=\dfrac{100\times10^3}{8.314}\left(\dfrac{10}{300\times310}\right)=1.29$，

$\frac{k_2'}{k_2}=3.6$。

可见，E_a 越大，升高同样温度，反应速率增加的倍数越多。

5. 计算题

(1) 根据 $\ln k=\ln A-\frac{E_a}{RT}$，则

$$\ln k=\ln A-\frac{E_a}{RT}\quad ①\qquad \ln k'=\ln A-\frac{E_a'}{RT}\quad ②$$

式②一式①得

$$\ln\frac{k'}{k}=\frac{1}{RT}(E_a-E_a')=\frac{(75.24-50.14)\times10^3}{8.314\times298}=10.13$$

反应速率增加的倍数即为 $\frac{k'}{k}=2.51\times10^4$

(2) 因 $t_{1/2}=\frac{\ln2}{k}$，则

$$\ln\frac{k_2(350\text{K})}{k_1(300\text{K})}=\ln\frac{t_{1/2}(300\text{K})}{t_{1/2}(350\text{K})}$$

由 $\ln\frac{k_2}{k_1}=\frac{E_a}{R}\left(\frac{T_2-T_1}{T_1T_2}\right)$ 得

$$E_a=R\left(\frac{T_1T_2}{T_2-T_1}\right)\ln\frac{t_{1/2}(300\text{K})}{t_{1/2}(350\text{K})}=8.314\times\left(\frac{300\times350}{350-300}\right)\times\ln\frac{20}{5}=24.2(\text{kJ}\cdot\text{mol}^{-1})$$

(3) ① 零级反应：$r=kc^0(\text{A})=k$，与 c 无关，故 $r=0.014\text{mol}\cdot\text{L}^{-1}\cdot\text{s}^{-1}$

② 一级反应：$r=kc(\text{A})$，则 $k=r/c(\text{A})=0.014/0.50=0.028(\text{s}^{-1})$

$$r=kc(\text{A})=0.028\times1.0=0.028(\text{mol}\cdot\text{L}^{-1}\cdot\text{s}^{-1})$$

③ 二级反应：$r=kc^2(\text{A})$，则 $k=r/[c^2(\text{A})]=0.014/(0.50)^2=0.056(\text{L}\cdot\text{mol}^{-1}\cdot\text{s}^{-1})$

$$r=kc^2(\text{A})=0.056\times1.0^2=0.056(\text{mol}\cdot\text{L}^{-1}\cdot\text{s}^{-1})$$

(4) 由一级反应速率方程积分式 $\ln\frac{1}{1-0.3}=k\times35$ 得

$$k=0.0102\text{min}^{-1}$$

反应 5h 后，反应物消耗的百分数为 x，则 $\ln\frac{1}{1-x}=0.0102\times5\times60=3.06$，$x=95.3\%$。

（湖南科技大学　蔡铁军）

第5章　化学平衡原理

一、学习要求

(1) 熟悉化学平衡的基本特征和化学反应等温方程式；

(2) 掌握标准平衡常数的表示法及其与标准吉布斯自由能变的关系式；

(3) 掌握预测反应方向、判断反应程度等化学反应等温方程式的应用；

(4) 了解化学平衡移动的影响因素。

二、重难点解析

(一) 化学平衡和标准平衡常数

化学平衡是动态平衡，即反应速率 $r_{正}=r_{逆}\neq 0$，表现为平衡系统中各物种的浓度和分压不再随时间而变化。

标准平衡常数 $K^{\ominus}$ 是某一反应在特定条件下能够进行的最大限度，比平衡转化率更为深刻地揭示了化学反应的本质，其值大小与反应本性、温度有关，同时还与计量方程式的写法有关。$K^{\ominus}$ 的量纲为1，在其表达式中，气态物质以相对分压 $p_i/p^{\ominus}$、溶液以相对浓度 $c_i/c^{\ominus}$ 表示，$p^{\ominus}=100\text{kPa}$，$c^{\ominus}=1.0\text{mol}\cdot\text{L}^{-1}$。

标准平衡常数的获得有以下几种方法。

(1) 根据平衡组成计算：需要正确处理物种的变化量与方程式的对应关系，从始态推出平衡态组成；熟练运用分压定律处理等容或等压条件下的分压问题。

(2) 由热力学函数 $\Delta_r G_m^{\ominus}(T)$ 计算，其关系为：$\Delta_r G_m^{\ominus}(T)=-RT\ln K^{\ominus}$。

(3) 不同温度下的平衡常数可根据范特霍夫方程和 $\Delta_r H_m^{\ominus}$ 计算：

$$\ln\frac{K_2^{\ominus}(T_2)}{K_1^{\ominus}(T_1)}=\frac{\Delta_r H_m^{\ominus}}{R}\cdot\frac{T_2-T_1}{T_1\cdot T_2}$$

即

$$\ln\frac{K_2^{\ominus}}{K_1^{\ominus}}=\frac{\Delta_r H_m^{\ominus}}{R}\cdot\frac{T_2-T_1}{T_1\cdot T_2}$$

(二) 标准平衡常数的表示法

标准平衡常数 $K^{\ominus}$ 与反应商 J 的表示方法原则相同，只是前者为相对平衡浓度、相对平衡分压，后者为任意状态的瞬时相对浓度或瞬时相对分压。

对于多相化学平衡，参加反应的纯固体、纯液体或稀溶液中的溶剂，其浓度可看作常数，不用写入标准平衡常数表达式，如

$$CaCO_3(s)+2H^+(aq)\rightleftharpoons Ca^{2+}(aq)+H_2O(l)+CO_2(g)$$

$$K^{\ominus}=\frac{[c_{eq}(Ca^{2+})/c^{\ominus}]\cdot[p_{eq}(CO_2)/p^{\ominus}]}{[c_{eq}(H^+)/c^{\ominus}]^2}=\frac{c_{eq}(Ca^{2+})\cdot[p_{eq}(CO_2)/p^{\ominus}]}{[c_{eq}(H^+)]^2}$$

此外，溶液中发生的反应，应根据离子反应方程式进行表达式书写，如

$$Cl_2(g)+H_2O(l)\rightleftharpoons HCl(aq)+HClO(aq)$$

$$K^{\ominus}=\frac{[c_{eq}(H^+)/c^{\ominus}]\cdot[c_{eq}(Cl^-)/c^{\ominus}]\cdot[c_{eq}(HClO)/c^{\ominus}]}{p_{eq}(Cl_2)/p^{\ominus}}$$

显然强电解质 HCl 的溶液，H^+ 和 Cl^- 是独立的质点，其浓度 $c_{eq}(H^+)$ 和 $c_{eq}(Cl^-)$ 不存在互相依存的关系，如果写作 $K^{\ominus}=\dfrac{c_{eq}(HCl)\cdot c_{eq}(HClO)}{p_{eq}(Cl_2)/p^{\ominus}}$，则显然是不合适的。

(三) 化学反应等温方程式

一个化学反应在非标准态(等压等温、不做非体积功)下吉布斯自由能变的求算公式为化学反应等温方程式，即

$$\Delta_r G_m(T)=\Delta_r G_m^{\ominus}(T)+RT\ln J=RT\ln\frac{J}{K^{\ominus}}$$

式中，$\Delta_r G_m^{\ominus}(T)=-RT\ln K^{\ominus}$。

因此，一个化学反应在给定的条件下能否自发的绝对判断标准是

$\Delta_r G_m(T)<0$ 即 $J<K^{\ominus}$，正反应自发进行；

$\Delta_r G_m(T)>0$ 即 $J>K^{\ominus}$，正反应不自发进行，逆反应自发进行；

$\Delta_r G_m(T)=0$ 即 $J=K^{\ominus}$，反应处于平衡状态。

(四) 化学平衡与反应动力学

从微观角度来看，化学平衡时 $r_{正}=r_{逆}\neq 0$，故凡是能够改变正、逆反应速率使其不再相等的因素都可以引起平衡的移动。对于下列可逆反应：

$$aA+bB\rightleftharpoons gG+hH$$

$$r_{正}=k_{正}\ c^{\alpha}(A)c^{\beta}(B),\ r_{逆}=k_{逆}\ c^{\eta}(G)c^{\kappa}(H)$$

可见，增大反应物浓度(或减小产物浓度)，$r_{正}$ 增大(或 $r_{逆}$ 减小)，导致 $r_{正}>r_{逆}$。为了减弱上述因素的影响，平衡将向正反应方向移动，但影响是难以完全消除的，体系将在新的浓度下达到新的平衡。若有气体参与反应，则总压力的变化也会引起平衡的移动。增大总压力，$r_{正}$ 和 $r_{逆}$ 均增大，但二者增大的程度不同，平衡将向气体体积减小的方向移动。温度对平衡移动的影响是通过改变反应速率系数 $k_{正}$ 和 $k_{逆}$ 来体现的。根据阿伦尼乌斯公式 $\ln\dfrac{k_2}{k_1}=\dfrac{E_a}{R}\left(\dfrac{T_2-T_1}{T_1T_2}\right)$，当 E_a 较大时，温度对 k 的影响较大。若吸热反应，$\Delta_r H_m^{\ominus}>0$，$E_{a,正}>E_{a,逆}$，则温度升高 $k_{正}$ 和 $k_{逆}$ 都增大，但 $k_{正}$ 增大较多，平衡向吸热反应方向移动。

对于基元反应：

$$CO(g)+NO_2(g)\underset{k_{逆}}{\overset{k_{正}}{\rightleftharpoons}}NO(g)+CO_2(g)$$

$$r_{正}=k_{正}c(CO)c(NO_2),\ r_{逆}=k_{逆}c(NO)c(CO_2)$$

则平衡时，$r_{正}=r_{逆}$，$\dfrac{k_{正}}{k_{逆}}=\dfrac{c(NO)c(CO_2)}{c(NO_2)c(CO)}=K$(经验平衡常数，与 $K^{\ominus}$ 数值上相等)。

因此，温度实际上是通过改变平衡常数来影响平衡移动的，浓度和压力是通过改变反应商 J 来影响平衡移动的。而催化剂只能缩短反应到达平衡的时间，不能使平衡发生移动。

(五) 相变过程的平衡移动与蒸气压

相变过程可看作一类特殊的反应，仍然用化学平衡原理加以讨论，如

$$H_2O(l) \rightleftharpoons H_2O(g) \qquad \Delta_{vap}H_m = \Delta_r H_m^\ominus \qquad K^\ominus = p(H_2O)/p^\ominus$$

则不同温度下，水的饱和蒸气压可用范特霍夫方程（克拉贝龙-克劳修斯方程）处理：

$$\ln\frac{p_2}{p_1} = \ln\frac{p_2/p^\ominus}{p_1/p^\ominus} = \ln\frac{K_2^\ominus}{K_1^\ominus} = \frac{\Delta_r H_m^\ominus}{R}\frac{(T_2 - T_1)}{T_2T_1}$$

三、习题全解和重点练习题解

1(5－1). 写出下列反应的标准平衡常数表达式。

(1) $CH_4(g) + 2O_2(g) = CO_2(g) + 2H_2O(l)$

(2) $PbI_2(s) = Pb^{2+}(aq) + 2I^-(aq)$

(3) $BaSO_4(s) + 2C(s) = BaS(s) + 2CO(g)$

(4) $Cl_2(g) + H_2O(l) = HCl(aq) + HClO(aq)$

(5) $ZnS(s) + 2H^+(aq) = Zn^{2+}(aq) + H_2S(g)$

(6) $CN^-(aq) + H_2O(l) = HCN(aq) + OH^-(aq)$

答：(1) $K_p^\ominus = \dfrac{p(CO_2)/p^\ominus}{[p(CH_4)/p^\ominus][p(O_2)/p^\ominus]^2}$

(2) $K_c^\ominus = [c(Pb^{2+})/c^\ominus] \cdot [c(I^-)/c^\ominus]^2$

(3) $K_p^\ominus = [p(CO)/p^\ominus]^2$

(4) $K^\ominus = \dfrac{c(H^+) \cdot c(Cl^-) \cdot c(HClO)}{p(Cl_2)/p^\ominus}$

(5) $K^\ominus = \dfrac{c(Zn^{2+}) \cdot [p(H_2S)/p^\ominus]}{c(H^+)^2}$

(6) $K^\ominus = c(HCN) \cdot c(OH^-)/c(CN^-)$

2(5－2). 填空题。

(1) 对于反应：$C(s) + CO_2(g) = 2CO(g)$，$\Delta_r H_m^\ominus(298.15K) = 172.5kJ \cdot mol^{-1}$，填写下表：

	$k_{正}$	$k_{逆}$	$r_{正}$	$r_{逆}$	$K^\ominus$	平衡移动方向
增加总压						
升高温度						
加催化剂						

(2) 一定温度下，反应 $PCl_5(g) \rightleftharpoons PCl_3(g) + Cl_2(g)$ 达到平衡后，维持温度和体积不变，向容器中加入一定量的惰性气体，反应将__________移动。

(3) 对化学反应而言，$\Delta_r G_m$ 是__________的判据，$\Delta_r G_m^\ominus$ 是__________的标志。

答：(1)

	$k_{正}$	$k_{逆}$	$r_{正}$	$r_{逆}$	$K^\ominus$	平衡移动方向
增加总压	不变	不变	增加	增加	不变	向左
升高温度	增加	增加	增加	增加	增加	向右
加催化剂	增加	增加	增加	增加	不变	不变

因为总压通过速率方程影响 r；温度通过阿伦尼乌斯公式影响 k；催化剂通过降低 E_a 从而大幅度增加 r，但对正、逆反应的作用相同；$K^{\ominus}$ 只与温度有关。

(2) 不。充入惰性气体，总压增大，但温度和体积不变，参与反应的各物种的分压不变，平衡不移动。

(3) 反应方向；反应进行倾向性。

3(5-3). 氧化银遇热分解的反应为 $2Ag_2O(s) \xlongequal{} 4Ag(s)+O_2(g)$。已知 Ag_2O 的 $\Delta_f H_m^{\ominus}=-31.1kJ \cdot mol^{-1}$，$\Delta_f G_m^{\ominus}=-11.2kJ \cdot mol^{-1}$。

(1) 在 298K 时 Ag_2O-Ag 体系的 $p(O_2)=$？

(2) Ag_2O 的热分解温度是多少？[在分解温度，$p(O_2)=100kPa$]

解：(1)
$$\Delta_r H_m^{\ominus} = \sum \nu(B)\Delta_f H_m^{\ominus} = 62.2kJ \cdot mol^{-1}$$
$$\Delta_r G_m^{\ominus} = \sum \nu(B)\Delta_f H_m^{\ominus} = 22.4kJ \cdot mol^{-1}$$

根据 $\ln K^{\ominus}=-\Delta_r G_m^{\ominus}(T)/RT$，当 $T=298K$ 时
$$\ln K^{\ominus}=-22.4\times10^3/(8.314\times298)=-9.04$$

即 $K^{\ominus}=1.2\times10^{-4}$，又因 $K^{\ominus}=p(O_2)/p^{\ominus}$，则
$$p(O_2)=1.2\times10^{-4}\times100=1.2\times10^{-2}(kPa)=12Pa$$

(2) 在分解温度时，$p(O_2)=100kPa$，$K^{\ominus}=1.0$，$\Delta_r G_m^{\ominus}(T)=0$。

根据吉布斯-亥姆霍兹公式 $\Delta_r G_m^{\ominus}(T)=\Delta_r H_m^{\ominus}-T\Delta_r S_m^{\ominus}$，则
$$T=\Delta_r H_m^{\ominus}/\Delta_r S_m^{\ominus}$$

因 $\Delta_r H_m^{\ominus}$、$\Delta_r S_m^{\ominus}$ 随温度变化不大，故 $\Delta_r H_m^{\ominus}(T)\approx\Delta_r H_m^{\ominus}(298K)=62.2kJ \cdot mol^{-1}$。
$$\Delta_r S_m^{\ominus}(T)\approx\Delta_r S_m^{\ominus}(298K)=\frac{\Delta_r H_m^{\ominus}(298K)-\Delta_r G_m^{\ominus}(298K)}{298K}=0.134kJ \cdot mol^{-1} \cdot K^{-1}$$
$$T_{分解}=\Delta_r H_m^{\ominus}/\Delta_r S_m^{\ominus}=465(K)$$

或根据范特霍夫方程：$\ln\dfrac{K_2^{\ominus}(T_2)}{K_1^{\ominus}(T_1)}=\dfrac{\Delta_r H_m^{\ominus}}{R}\dfrac{(T_2-T_1)}{T_1T_2}$，$K_1^{\ominus}(298K)=1.2\times10^{-4}$，$K_2^{\ominus}(T_{分解})=1$

解得
$$T_{分解}=465K$$

4(5-4). 已知反应 $C(s)+CO_2(g) \xlongequal{} 2CO(g)$ 的 $K_1^{\ominus}(1040K)=4.6$，$K_2^{\ominus}(940K)=0.50$。

(1) 上述反应是吸热还是放热反应？$\Delta_r H_m^{\ominus}=$？

(2) 在 940K 的 $\Delta_r G_m^{\ominus}=$？

(3) 该反应的 $\Delta_r S_m^{\ominus}=$？

解：(1) 温度降低，平衡常数减小，故此反应为吸热反应。

根据范特霍夫方程，代入数据，得
$$\begin{aligned}\Delta_r H_m^{\ominus} &=R\ln\frac{K_2^{\ominus}(T_2)}{K_1^{\ominus}(T_1)}\Big/\frac{(T_2-T_1)}{T_1T_2}=8.314\times\ln\frac{0.50}{4.6}\Big/\frac{(940-1040)}{940\times1040}\\ &=1.80\times10^5(J \cdot mol^{-1})=1.80\times10^2kJ \cdot mol^{-1}\end{aligned}$$

(2) 根据 $\ln K^{\ominus}=-\Delta_r G_m^{\ominus}(T)/RT$，$T=940K$ 时，$\Delta_r G_m^{\ominus}=5.4kJ \cdot mol^{-1}$。

(3) 根据吉布斯-亥姆霍兹公式：$\Delta_r G_m^{\ominus}(T)=\Delta_r H_m^{\ominus}-T\Delta_r S_m^{\ominus}$，则
$$\begin{aligned}\Delta_r S_m^{\ominus} &=\frac{\Delta_r H_m^{\ominus}-\Delta_r G_m^{\ominus}}{T}=\frac{1.8\times10^2-5.4}{940}=0.19(kJ \cdot mol^{-1} \cdot K^{-1})\\ &=1.9\times10^2 J \cdot mol^{-1} \cdot K^{-1}\end{aligned}$$

5(5-5). 已知 $2NO(g)+Br_2(g)\rightleftharpoons 2NOBr(g)$ 是放热反应，$K^\ominus(298K)=1.16\times10^2$。判断下列各种起始状态反应自发进行的方向。

状态	温度 T/K	起始分压 p/kPa		
		$p(NO)$	$p(Br_2)$	$p(NOBr)$
Ⅰ	298	0.01	0.01	0.045
Ⅱ	298	0.10	0.01	0.045
Ⅲ	273	0.10	0.01	0.108

解:反应商 $$J=\frac{[p(NOBr)/p^\ominus]^2}{[p(NO)/p^\ominus]^2\cdot[p(Br_2)/p^\ominus]}$$

Ⅰ:$J_Ⅰ=2.0\times10^3>K^\ominus(298K)=1.16\times10^2$，反应向左自发进行；

Ⅱ:$J_Ⅱ=2.0<K^\ominus(298K)=1.16\times10^2$，反应向右自发进行；

Ⅲ:$J_Ⅲ=1.2\times10^2\approx K^\ominus(298K)=1.16\times10^2$，又因该反应为放热反应，$K^\ominus(298K)<K^\ominus(273K)$。故而 $J_Ⅲ(273K)=1.2\times10^2<K^\ominus(273K)$，反应向右自发进行。

6(5-6). 已知 $\Delta_fG_m^\ominus(COCl_2)=-204.6kJ\cdot mol^{-1}$，$\Delta_fG_m^\ominus(CO)=-137.2kJ\cdot mol^{-1}$，试求：

(1) 下述反应在 25℃时的平衡常数 $K_1^\ominus$：$CO(g)+Cl_2(g)\rightleftharpoons COCl_2(g)$。

(2) 若 $\Delta_fH_m^\ominus(COCl_2)=-218.8kJ\cdot mol^{-1}$，$\Delta_fH_m^\ominus(CO)=-110.5kJ\cdot mol^{-1}$，问以上反应在 373K 时平衡常数是多少？

(3) 由此说明温度对平衡移动的影响。

解:(1) $\Delta_rG_m^\ominus=\sum\nu(B)\Delta_fG_m^\ominus=-204.6+(-1)\times(-137.2)=-67.4(kJ\cdot mol^{-1})$

根据 $\ln K^\ominus=-\Delta_rG_m^\ominus(T)/RT$，则

$$\ln K^\ominus=27.2 \qquad K^\ominus=6\times10^{11}$$

(2) $\Delta_rH_m^\ominus=\sum\nu(B)\Delta_fH_m^\ominus=-218.8+(-1)\times(-110.5)=-108.3(kJ\cdot mol^{-1})$

$$\Delta_rS_m^\ominus=(\Delta_rH_m^\ominus-\Delta_rG_m^\ominus)/T=-0.137kJ\cdot mol^{-1}\cdot K^{-1}$$

$$\Delta_rG_m^\ominus(373K)=\Delta_rH_m^\ominus-T\Delta_rS_m^\ominus=-57.2kJ\cdot mol^{-1} \qquad K^\ominus=1\times10^8$$

(3) 可见，对于此放热反应，温度升高，平衡常数减小。

7(5-7). 某温度下，Br_2 和 Cl_2 在 CCl_4 溶剂中发生下述反应：$Br_2+Cl_2\rightleftharpoons 2BrCl$，平衡建立时，$c_{eq}(Br_2)=c_{eq}(Cl_2)=0.0043mol\cdot L^{-1}$，$c_{eq}(BrCl)=0.0114mol\cdot L^{-1}$，试求：(1)反应的平衡常数 $K^\ominus$。(2)如果平衡建立后，再加入 $0.01mol\cdot L^{-1}$ 的 Br_2 至系统中(体积变化可忽略)，计算平衡再次建立时，系统中各组分的浓度。(3)用以上结果说明浓度对化学平衡的影响。

解:(1) $K^\ominus=\dfrac{c^2(BrCl)}{c(Br_2)\cdot c(Cl_2)}=7.0$

(2) 设平衡再次建立时，Cl_2 的浓度为 x，则浓度关系为

	Br_2	+	Cl_2	$\rightleftharpoons$	$2BrCl$
初次平衡时	0.0043		0.0043		0.0114
再次平衡时	$0.01-0.0043+x$		x		$0.0114+2\times0.0043-2x$

$K^\ominus=\dfrac{(0.02-2x)^2}{x(0.01+x)}=7.0$，解得 $x=2.5\times10^{-3}mol\cdot L^{-1}$。

则 $c(Cl_2)=2.5\times10^{-3}mol\cdot L^{-1}$，$c(Br_2)=8.2\times10^{-3}mol\cdot L^{-1}$，$c(BrCl)=1.5\times10^{-2}mol\cdot L^{-1}$。

(3) 由以上结果可知，增加反应物浓度，平衡向正反应方向移动，被增加的物种 Br_2 的浓度比初次平衡时浓度高，其转化率是降低的，相应 Cl_2 的转化率提高了。

8(5-8). 下列反应：$2SO_2(g)+O_2(g) \rightleftharpoons 2SO_3(g)$ 在 427℃和 527℃时的 $K^\ominus$ 分别为 1.0×10^5 和 1.1×10^2，求在该温度范围内反应的 $\Delta_r H_m^\ominus$。

解：根据范特霍夫方程 $\ln\dfrac{K_2^\ominus}{K_1^\ominus}=\dfrac{\Delta_r H_m^\ominus}{R}\dfrac{(T_2-T_1)}{T_1T_2}$，代入相应数据，得

$$\Delta_r H_m^\ominus=8.314\times\ln\frac{1.1\times10^2}{1.0\times10^5}\Big/\frac{(527-427)}{800\times700}$$

$$=-3.17\times10^5(J\cdot mol^{-1})=-3.17\times10^2 kJ\cdot mol^{-1}$$

9(5-9). 已知 1000K 时，$CaCO_3$ 分解反应达平衡时 CO_2 的压力为 3.9kPa，维持系统温度不变，在以上密闭容器中加入固体炭，则发生下述反应：(1) $C(s)+CO_2(g) \rightleftharpoons 2CO(g)$；(2) $CaCO_3(s)+C(s) \rightleftharpoons CaO(s)+2CO(g)$，若反应(1)的平衡常数为 1.9，求反应(2)的平衡常数以及平衡时 CO 的分压。

解：$C(s)+CO_2(g) \rightleftharpoons 2CO(g)$ $\quad K_1^\ominus=1.9$ (1)

$CaCO_3(s)+C(s) \rightleftharpoons CaO(s)+2CO(g)$ $\quad K_2^\ominus=?$ (2)

$CaCO_3(s) \rightleftharpoons CaO(s)+CO_2(g)$ $\quad K_3^\ominus=p^{eq}(CO_2)/p^\ominus=3.9/100=0.039$ (3)

可见，反应(2)=反应(1)+反应(3)，故

$$K_2^\ominus=K_1^\ominus K_3^\ominus=0.074$$

根据平衡表达式：$K_2^\ominus=[p_{eq}(CO)/p^\ominus]^2$，则

$$p_{eq}(CO)=27kPa$$

10(5-10). PCl_5 遇热按反应式 $PCl_5(g)=\!=\!=PCl_3(g)+Cl_2(g)$ 分解。2.695g PCl_5 装在 1.00L 的密闭容器中，在 523K 达平衡时总压力为 100kPa。(1)求 PCl_5 的摩尔分解率及平衡常数 $K^\ominus$。(2)当总压力为 1000kPa 时，PCl_5 的分解率(mol)是多少？(3)要使分解率低于 10%，总压力是多少？

解：(1) 设平衡时 Cl_2 的物质的量为 x。

	$PCl_5(g)$	$=\!=\!=$	$PCl_3(g)$	$+$	$Cl_2(g)$
起始	$\dfrac{2.695}{208.2}=0.0129$		0		0
平衡时	$0.0129-x$		x		x

因 p(总)=100kPa，根据理想气体状态方程

$$n(\text{总})=\frac{pV}{RT}=\frac{100\times1.00}{8.314\times523}=0.230(mol)$$

$(0.0129-x)+x+x=0.0230$，则 $x=0.0101mol$。

PCl_5 的摩尔分解率为 $0.0101/0.0129\times100\%=78.3\%$

$$p_{eq}(PCl_3)=p_{eq}(Cl_2)=p(\text{总})x_i=100\times\frac{0.0101}{0.0230}=43.9(kPa)$$

$$p_{eq}(PCl_5)=100\times\frac{0.0129-0.0101}{0.0230}=12(kPa)$$

$$K^\ominus=\frac{[p_{eq}(PCl_3)/p^\ominus]\cdot[p_{eq}(Cl_2)/p_\ominus]}{p_{eq}(PCl_5)/p^\ominus}=\frac{(43.9/100)^2}{12/100}=1.6$$

(2) 因 p(总)=1000kPa,根据理想气体状态方程

$$n(\text{总})=\frac{pV}{RT}=\frac{1000\times1.000}{8.314\times523}=0.230(\text{mol})$$

可见,即使装入的 PCl_5 完全分解也不够。这表明此间可能装入了更多的 PCl_5 或者容器体积被大幅度压缩。题目是求 PCl_5 的分解率(mol),因此可以假设起始装入 PCl_5 的物质的量为 a,摩尔分解率为 x。

	$PCl_5(g)$ ═══	$PCl_3(g)$ +	$Cl_2(g)$
起始	a	0	0
平衡时	$a(1-x)$	ax	ax
平衡时	n(总)$=a(1-x)+ax+ax=a(1+x)$		

$$p_{eq}(PCl_3)=p_{eq}(Cl_2)=p(\text{总})x_i=p(\text{总})\frac{x}{1+x},\qquad p_{eq}(PCl_5)=p(\text{总})\frac{1-x}{1+x}$$

$$K^\ominus=\frac{[p_{eq}(PCl_3)/p^\ominus]\cdot[p_{eq}(Cl_2)/p^\ominus]}{[p_{eq}(PCl_5)/p^\ominus]}=\frac{p(\text{总})}{p^\ominus}\frac{\left(\frac{x}{1+x}\right)^2}{\frac{1-x}{1+x}}=\frac{p(\text{总})}{p^\ominus}\frac{x^2}{1-x^2}=1.6$$

则 $x=0.37$,即 PCl_5 摩尔分解率为37%。

(3) 当分解率 $x\leqslant10\%$时,根据 $K^\ominus=\frac{p(\text{总})}{p^\ominus}\frac{x^2}{1-x^2}=1.6$,解得 p(总)$=1.6\times10^4$kPa,即要使分解率低于10%,总压力应大于 1.6×10^4kPa。

11(5-11). 已知血红蛋白(Hb)的氧化反应 $Hb(aq)+O_2(g)\rightleftharpoons HbO_2(aq)$ 的 $K_1^\ominus(292K)=85.5$。若在292K时,空气中 $p(O_2)=20.2$kPa,O_2 在水中溶解度为 $2.3\times10^{-4}mol\cdot L^{-1}$,试求反应 $Hb(aq)+O_2(aq)\rightleftharpoons HbO_2(aq)$ 的 $K_2^\ominus(292K)$ 和 $\Delta_rG_m^\ominus(292K)$。

解:$Hb(aq)+O_2(g)\rightleftharpoons HbO_2(aq)\quad K_1^\ominus(292K)=85.5$ (1)

$Hb(aq)+O_2(aq)\rightleftharpoons HbO_2(aq)\quad K_2^\ominus(292K)=?$ (2)

$$O_2(g)\rightleftharpoons O_2(aq)\quad K_3^\ominus(292K)=\frac{c^{eq}(O_2)/c^\ominus}{p^\ominus(O_2)/p^\ominus}=\frac{2.3\times10^{-4}/1.00}{20.2/100}=1.14\times10^{-3}\qquad(3)$$

可见,反应(2)=反应(1)-反应(3),故

$$K_2^\ominus=K_1^\ominus/K_3^\ominus=\frac{85.5}{1.14\times10^{-3}}=7.5\times10^4$$

$$\Delta_rG_m^\ominus(292K)=-RT\ln K^\ominus=8.314\times10^{-3}\times292\times\ln(7.5\times10^4)=-27.2(kJ\cdot mol^{-1})$$

12(5-12). 已知:$CaCO_3(s)═CaO(s)+CO_2(g)$ 的 $K^\ominus(1500K)=62$,在此温度下 CO_2 又有部分分解成CO,即 $CO_2═CO+1/2O_2$。若将1.0mol $CaCO_3$ 装入1.0L的真空容器中,加热到1500K达平衡时,气体混合物中 O_2 的摩尔分数为0.15。计算容器中的 n(CaO)。

解:在多重平衡中,每种组分的平衡浓度或分压是唯一的。根据物料平衡,n(CaO)等于总的分解出的含碳物质的物质的量之和[平衡时的 $n(CO_2)+n(CO)$]。

$$CaCO_3(s)═CaO(s)+CO_2(g)\qquad K^\ominus=62$$

$$K^\ominus=p_{eq}(CO_2)/p^\ominus=62,\qquad p_{eq}(CO_2)=6.2\times10^3\text{kPa}$$

根据 $pV=nRT$ 得,$n(CO_2)=0.50$mol。

设平衡时CO的物质的量为 y,则

$$CO_2(g) \rightleftharpoons CO(g) + \frac{1}{2}O_2(g)$$

平衡时　　$0.50mol$　　y　　$\frac{1}{2}y$

$$x(O_2) = \frac{n(O_2)}{n(总)} = \frac{\frac{y}{2}}{0.50 + y + \frac{y}{2}} = 0.15, \quad y = 0.27mol$$

$$n(CaO) = n(CO_2) + n(CO) = 0.77mol$$

13(5-13). 已知反应 $CO(g) + H_2O(g) \rightleftharpoons H_2(g) + CO_2(g)$ 的 $\Delta_r H_m^\ominus = -41.2kJ \cdot mol^{-1}$，在总压为 100kPa、温度为 373K 时，将等物质的量的 CO 和 H_2O 反应。待反应达平衡后，测得 CO_2 的分压为 49.84kPa，求该反应的标准摩尔熵变。

解：设起始反应时 CO 和 H_2O 的物质的量均为 n，平衡时生成 H_2 的物质的量为 a，则

	$CO(g)$ +	$H_2O(g)$ ⇌	$H_2(g)$ +	$CO_2(g)$
起始时	n	n	0	0
平衡时	$n-a$	$n-a$	a	a

$n(总) = 2n$，$p(CO_2) = p(总)x(CO_2) = p(总)\frac{a}{2n} = 49.84kPa$，解得 $a = 0.9968n$。

$$p(CO) = p(H_2O) = p(总)\frac{n-a}{2n} = 0.16kPa$$

$$K^\ominus = \frac{[p(H_2)/p^\ominus] \cdot [p(CO_2)/p^\ominus]}{[p(CO)/p^\ominus] \cdot [p(H_2O)/p^\ominus]} = 9.7 \times 10^4$$

$$\Delta_r G_m^\ominus = -RT\ln K^\ominus = -35.6kJ \cdot mol^{-1}$$

$$\Delta_r S_m^\ominus = (\Delta_r H_m^\ominus - \Delta_r G_m^\ominus)/T = -0.015kJ \cdot mol^{-1} \cdot K^{-1} = -15J \cdot mol^{-1} \cdot K^{-1}$$

14(5-14). 以白云石为原料，用 Si 作还原剂来冶炼 Mg，在 1450K 下发生的主反应为

$$CaO(s) + 2MgO(s) + Si(s) \rightleftharpoons CaSiO_3(s) + 2Mg(g)$$

$\Delta_r G_m^\ominus = -126kJ \cdot mol^{-1}$，问反应器内蒸气压升高到多少，反应将不能自发进行？

解：根据 $\Delta_r G_m^\ominus = -RT\ln K^\ominus$，$K^\ominus(1450K) = 3.5 \times 10^4$，$[p(Mg)/p^\ominus]^2 = K^\ominus(1450K) = 3.5 \times 10^4$，则 $p(Mg) = 1.9 \times 10^4 kPa$，即反应器内气压升高到 $1.9 \times 10^4 kPa$ 时，反应将不能自发进行。

15(5-15). 在一密闭容器中下列反应：$N_2O_4(g) \rightleftharpoons 2NO_2(g)$ 在 348K 达平衡时，气体化合物的压力为 100kPa，测得此时的密度 $\rho = 1.84g \cdot dm^{-3}$。求上述反应的平衡常数 $K^\ominus$。

解：根据 $pV = nRT$，$n = m/M$，$\rho = m/V$，则

$$M = \frac{\rho RT}{p} = 1.84 \times 8.314 \times 348/100 = 53.2(g \cdot mol^{-1})$$

设 N_2O_4 的摩尔分数为 x，则 $92x + 46(1-x) = 53.2$，解得 $x = 0.157$。

$p(N_2O_4) = p(总)x(N_2O_4) = 15.7kPa$，$p(NO_2) = p(总)(1-x) = 84.3kPa$，则

$$K^{\ominus}=\frac{[p(NO_2)/p^{\ominus}]^2}{p(N_2O_4)/p^{\ominus}}=4.53$$

16. 工业上用乙烷裂解制取乙烯，方程式为 $C_2H_6(g) \rightleftharpoons C_2H_4(g)+H_2(g)$，试分析下列两种情况下通入水蒸气对乙烯的产率有何影响：(1)恒压等温裂解；(2)恒容等温裂解。

答：水蒸气不参与所考察的反应，因此这是一个惰性气体对平衡移动的影响，只要分析惰性气体是如何影响反应组分的分压就可以了。

(1) 通入水蒸气(不参与反应)，体系总物质的量 n 增加，体积 V 必然也增大(因为 p、T 恒定)，各组分的分压将减小，反应 $J<K^{\ominus}$，导致平衡正向移动，乙烯的产率提高。

或者：总压不变，通入水蒸气后，反应组分分压之和减小，各组分分压减小，结论是一致的。

(2) 通入水蒸气(不参与反应)，由分压定律 $p_iV=n_iRT$ 可知，p 增大，但 V 不变，故 p_i 不变，n_i 也不变，仍然保持 $J=K^{\ominus}$，平衡不移动，乙烯的产率不变。

17. 已知 298K、100kPa 下，水的饱和蒸气压为 3.12kPa。$CuSO_4\cdot 5H_2O(s)$、$CuSO_4(s)$、$H_2O(g)$ 的 $\Delta_fG_m^{\ominus}$ 为 −1880.06、−661.91、−228.50(单位均为 $kJ\cdot mol^{-1}$)。

(1) 在此条件下，下列反应的 $\Delta_rG_m^{\ominus}$、$K^{\ominus}$ 各是多少？

$$CuSO_4\cdot 5H_2O(s) \longrightarrow CuSO_4(s)+5H_2O(g)$$

(2) 若空气中水蒸气的相对湿度为 60.0%，上述反应的 Δ_rG_m 是多少？$CuSO_4\cdot 5H_2O(s)$ 是否会风化？$CuSO_4(s)$ 是否会潮解？

解：(1) 根据 $\Delta_rG_m^{\ominus}=-RT\ln K^{\ominus}$，得

$$\Delta_rG_m^{\ominus}=75.65kJ\cdot mol^{-1}\qquad K^{\ominus}=5.25\times 10^{-14}$$

(2) 相对湿度为 60.0%，即 $\frac{p(H_2O)}{p(H_2O)_{饱和}}=60.0\%$

$$J=[p(H_2O)/p^{\ominus}]^5=[p(H_2O)_{饱和}\times 60.0\%/p^{\ominus}]^5=(3.12\times 10^{-2}\times 0.600)^5$$
$$=2.29\times 10^{-9}$$

$$\Delta_rG_m=\Delta_rG_m^{\ominus}+RT\ln J=75.65+8.31\times 10^{-3}\times 298\times \ln(2.29\times 10^{-9})$$
$$=26.4(kJ\cdot mol^{-1})$$

所以 $CuSO_4\cdot 5H_2O(s)$ 不会风化，而 $CuSO_4(s)$ 会潮解。

18. 对于一个在标准状态下是吸热、熵减的化学反应，当温度升高时，根据勒夏特列原理判断反应将向正反应方向移动，根据范特霍夫方程，$K^{\ominus}$ 将增大，反应同样向正反应方向移动；但根据吉布斯-亥姆霍兹公式 $\Delta_rG_m^{\ominus}(T)=\Delta_rH_m^{\ominus}(T)-T\Delta_rS_m^{\ominus}(T)$ 判断，$\Delta_rG_m^{\ominus}(T)$ 将变得更正，即反应更不利于向正方向进行。这些矛盾的判断中，哪一种是正确的？

答：平衡移动的判断标准应该是达到新的平衡时，与原平衡相比，平衡组分的浓度和分压是否改变。问题中的平衡若正向移动，则达到新的平衡时生成物要比反应物多一些，可见反应将向平衡常数增大的方向移动。这与范特霍夫方程的判断是一致的，勒夏特列原理原理的判断也与此相同，而 $\Delta_rG_m^{\ominus}$ 的判断是错误的。问题出在 $\Delta_rG_m^{\ominus}(T)$ 是标准状态下反应进行趋势大小的量度，温度不变时，二者关系是简单的，即 $\Delta_rG_m^{\ominus}(T)$ 越负，$K^{\ominus}$ 越大；当温度变化时，$\Delta_rG_m^{\ominus}(T)=-RT\ln K^{\ominus}$，二者没有一致的对应关系，即 $\Delta_rG_m^{\ominus}(T)$ 越负，$K^{\ominus}$ 值不一定越大。

四、自　测　题

1. 填空题(每空 1 分,共 20 分)

(1) 用箭头指示下列反应的变化方向:

序号	可逆反应	$\Delta_r H_m^\ominus$	操作	变化方向
①	$2SO_2(g)+O_2(g) \rightleftharpoons 2SO_3(g)$	<0	加热	(　　)
②	$C(s)+H_2O(g) \rightleftharpoons CO(g)+H_2(g)$	>0	冷却	(　　)
③	$NH_4Cl(s) \rightleftharpoons NH_3(g)+HCl(g)$	>0	加压	(　　)
④	$N_2O_4(g) \rightleftharpoons 2NO_2(g)$	<0	减压	(　　)

(2) 已知 823K 时反应① $CoO(s)+H_2(g) \rightleftharpoons Co(s)+H_2O(g)$　　$K_1^\ominus=67$

② $CoO(s)+CO(g) \rightleftharpoons Co(s)+CO_2(g)$　　$K_2^\ominus=490$

则反应③$CO_2(g)+H_2(g) \rightleftharpoons CO(g)+H_2O(g)$的 $K_3^\ominus=$__________。

(3) 反应 $N_2(g)+3H_2(g)=\!=\!=2NH_3(g)$的标准平衡常数 25℃时为 4.6×10^5,427℃时为 2.5×10^{-4},则此温度范围内该反应的 $\Delta_r H_m^\ominus$ 为__________ $kJ\cdot mol^{-1}$。

(4) 已知 25℃时 $Cl_2(l)$的 $\Delta_f G_m^\ominus=4.79kJ\cdot mol^{-1}$,在该温度下反应 $Cl_2(g) \rightleftharpoons Cl_2(l)$的平衡常数 $K^\ominus=$__________;液态 Cl_2 在该温度下饱和蒸气压为__________ kPa。

(5) 反应 $N_2O_4(g) \rightleftharpoons 2NO_2(g)$ 中,因为 NO_2 是红褐色而 N_2O_4 是无色,NO_2 分压可利用光吸收来测定。如果 35℃平衡体系总压力为 202kPa,$p(NO_2)=66kPa$,则该温度下的 $K^\ominus$ 为__________。

(6) 反应 $2A+B \rightleftharpoons 2D$ 的 $K_p=p^2(D)/p(B)$,升高温度和增大压力都使平衡逆向移动,则正反应是__________热反应,A 的存在状态为__________。

(7) 298.15K 时,反应 $N_2(g)+3H_2(g) \rightleftharpoons 2NH_3(g)$的 $\Delta_r H_m^\ominus<0$,若升高温度,则反应的 $\Delta_r G_m^\ominus$ 将__________,$K^\ominus$将__________。

(8) 427℃时,$CO(g)+H_2O(g) \rightleftharpoons H_2(g)+CO_2(g)$的 $K^\ominus=9.0$,若反应开始时,$p(CO)=p(H_2O)=100kPa$,则平衡时,$p(H_2)=$__________ kPa,CO 的转化率 $\alpha=$__________%。

(9) 可逆反应 $2A(g)+B(g) \rightleftharpoons 2C(g)$,$\Delta_r H_m^\ominus<0$,反应达到平衡时,容器体积不变,增加 B 的分压,则 C 的分压__________,A 的分压__________;减小容器的体积,B 的分压__________,$K^\ominus$__________;升高温度,则 $K^\ominus$__________。

2. 是非题(用"√"、"×"表示对、错,每小题 1 分,共 10 分)

(1) 在一定的温度和浓度条件下进行反应 $2SO_2(g)+O_2(g)=\!=\!=2SO_3(g)$,不论是否使用催化剂,只要达到平衡,产物的浓度总是相同的。(　　)

(2) 密闭容器中,A、B、C 三种气体建立了如下平衡:$A(g)+B(g) \rightleftharpoons C(g)$,若保持温度不变,系统体积缩小至原体积的 2/3 时,则反应商 J 与平衡常数的关系是 $J=1.5K^\ominus$。(　　)

(3) 在一定温度下,随着可逆反应 $2SO_2(g)+O_2(g) \rightleftharpoons 2SO_3(g)$的进行,$p(O_2)$、$p(SO_2)$不断减少,$p(SO_3)$不断增大,所以标准平衡常数 $K^\ominus$不断增大。(　　)

(4) 若 $H_2O(l) \rightleftharpoons H^+(aq)+OH^-(aq)$,$K_1^\ominus=1.0\times10^{-14}$,$CH_3COOH(aq) \rightleftharpoons CH_3COO^-(aq)+H^+(aq)$,$K_2^\ominus=1.8\times10^{-5}$,则 $CH_3COO^-(aq)+H_2O(l) \rightleftharpoons CH_3COOH(aq)+OH^-(aq)$,$K_3^\ominus=5.6\times10^{-10}$。(　　)

(5) 某反应的标准平衡常数数值很大，$K^{\ominus}=2.4\times10^{34}$，表明该反应在此温度可在极短时间内完成。 (　　)

(6) 已知常温下大多数金属氧化物的分解压都远小于 0.21×10^5 Pa(大气中氧气的分压约为 0.21×10^5 Pa)，因此大多数金属在空气中不能稳定存在。 (　　)

(7) 反应 $CaCO_3(s)+2H^+(aq) \rightleftharpoons H_2O(l)+Ca^{2+}(aq)+CO_2(g)$ 的反应商为 $J=\frac{[p(CO_2)/p^{\ominus}]\cdot c(Ca^{2+})}{c^2(H^+)}$。 (　　)

(8) 由于反应 $2C(s)+O_2(g) = 2CO(g)$ 的 $\Delta_r H_m^{\ominus}(298.15K)<0$，$\Delta_r S_m^{\ominus}(298.15K)>0$，所以 $\Delta_r G_m^{\ominus}(T)<0$。在任何温度下都可利用 CO(g)将 FeO(s)还原为 Fe(s)，故常称碳为万能还原剂。 (　　)

(9) 在给定条件下，正向自发进行的反应，其逆反应不可能进行。 (　　)

(10) 已知反应 $A+B = D$，$\Delta_r H_m^{\ominus}<0$。反应达到平衡后，如果升高温度，则生成物 D 的产量减少，反应速率减慢。 (　　)

3. 单选题(每小题 2 分，共 20 分)

(1) 已知在 20℃时，$H_2O(l) \rightleftharpoons H_2O(g)$，$\Delta_r G_m^{\ominus}=9.2kJ\cdot mol^{-1}$，$H_2O(l)$的饱和蒸气压为 2.33kPa，则(　　)。

A. $\Delta_r G_m^{\ominus}>0$，$H_2O(g)$将全部变为液态

B. 20℃时，$H_2O(l)$和 $H_2O(g)$不能达到平衡

C. 20℃时，$p(H_2O)=2.33kPa$，体系的 $\Delta_r G_m=0$

D. 水的蒸气压为 100kPa 时，平衡向形成 $H_2O(g)$的方向移动

(2) 670K 时 $H_2(g)+D_2(g) \rightleftharpoons 2HD(g)$ 的平衡常数 $K^{\ominus}=3.78$，同温下反应 $HD \rightleftharpoons 1/2H_2+1/2D_2$ 的 $K^{\ominus}$ 为(　　)。

A. 0.514　　B. 0.265　　C. 1.94　　D. 0.133

(3) $N_2(g)+3H_2(g) \rightleftharpoons 2NH_3(g)$，反应达到平衡后，把 $p(NH_3)$、$p(H_2)$各提高到原来的 2 倍，$p(N_2)$不变，则平衡将会(　　)。

A. 向正反应方向移动　　B. 向逆反应方向移动

C. 状态不变　　D. 无法确知

(4) 苯甲酸在水中的溶解度为 10℃时 $0.207g\cdot(100g\ H_2O)^{-1}$，30℃时 $0.426g\cdot(100g\ H_2O)^{-1}$，1mol 苯甲酸的平均溶解热约为(　　)。

A. $418J\cdot mol^{-1}$　　B. $1.7kJ\cdot mol^{-1}$　　C. $26kJ\cdot mol^{-1}$　　D. $41.8kJ\cdot mol^{-1}$

(5) 将 BaO_2 放在一个与 U 形压力管相连的抽空玻璃容器中，在固定温度下将容器加热，研究反应 $2BaO_2(s) \rightleftharpoons 2BaO(s)+O_2(g)$ 在体系达平衡时，下列论述中正确的是(　　)。

A. 氧的压力与 BaO_2 的质量成正比

B. 氧的相对压力等于 $K^{\ominus}$

C. 氧的压力与生成的 BaO 的质量成反比

D. 如果向该体系内导入氧，则氧与 BaO 反应，最终 O_2 的压力将增加

(6) 已知某反应的 $K^{\ominus}<1$，则该反应的 $\Delta_r G_m^{\ominus}$ 值应是(　　)。

A. $\Delta_r G_m^{\ominus}=0$　　B. $\Delta_r G_m^{\ominus}>0$　　C. $\Delta_r G_m^{\ominus}<0$　　D. $\Delta_r G_m^{\ominus}<-1$

(7) 反应 $A+B \rightleftharpoons C$，焓变小于零，若温度升高 10℃，其结果是(　　)。

A. 对反应没有影响　　B. 使平衡常数增大一倍

C. 不改变反应速率　　D. 使平衡常数减小

(8) 对于反应：$2C(s)+O_2(g) \rightleftharpoons 2CO(g)$，$\Delta_r G_m^\ominus = -232\,600-167.8T$(单位为 $J \cdot mol^{-1}$)，若升高温度，则(　　)。

A. $\Delta_r G_m^\ominus$ 变负，反应不完全　　B. $K^\ominus$ 变大，反应更完全

C. $K^\ominus$ 变小，反应更不完全　　D. $K^\ominus$ 不变，反应更完全

(9) $H_2O(g)$的正常沸点是 100℃，在 101.3kPa 时下列过程，$\Delta G>0$ 的是(　　)。

A. $H_2O(l,120℃) \longrightarrow H_2O(g,120℃)$

B. $H_2O(l,110℃) \longrightarrow H_2O(g,110℃)$

C. $H_2O(l,100℃) \longrightarrow H_2O(g,100℃)$

D. $H_2O(l,80℃) \longrightarrow H_2O(g,80℃)$

(10) 某温度时，下列反应已达平衡：$CO(g)+H_2O(g) \rightleftharpoons CO_2(g)+H_2(g)$，$\Delta_r H_m^\ominus = -41.2kJ \cdot mol^{-1}$，为提高 CO 转化率可采用(　　)。

A. 压缩容器体积，增加总压力　　B. 扩大容器体积，减少总压力

C. 升高温度　　D. 降低温度

4. 解释简答题(共 20 分)

(1) 反应 $I_2(g) \rightleftharpoons 2I(g)$ 气体混合处于平衡时：

① 升温时，平衡常数增大还是减小？为什么？

② 压缩气体时，$I_2(g)$的解离度是增大还是减小？

③ 等容时充入 N_2 气时，$I_2(g)$的解离度是增大还是减小？

④ 等压时充入 N_2 气时，$I_2(g)$的解离度是增大还是减小？

(2) 写出以下反应的反应商 J：

① $NH_4NO_3(s) \rightleftharpoons 2H_2O(g)+N_2(g)$

② $N_2(g)+3H_2(g) \rightleftharpoons 2NH_3(g)$

③ $Cu(s)+Cu^{2+}(aq) \rightleftharpoons 2Cu^+(aq)$

④ $2Fe^{3+}(aq)+3I^-(aq) \rightleftharpoons 2Fe^{2+}(aq)+I_3^-(aq)$

⑤ $CaCO_3(s)+2H^+(aq) \rightleftharpoons H_2O(l)+Ca^{2+}(aq)+CO_2(g)$

5. 计算题(每小题 10 分，共 30 分)

(1) 300K 时，反应 $2NO_2(g) \rightleftharpoons N_2O_4(g)$ 的 $K^\ominus=6.06$，$\Delta_r H_m^\ominus = -57.5\ kJ \cdot mol^{-1}$。

① 300K 时，若平衡总压力为 100kPa，求 NO_2 和 N_2O_4 的平衡分压及 NO_2 的转化率。

② 求 310K 时，该反应的 $K^\ominus$ 和 $\Delta_r G_m^\ominus$。

(2) 将 Ag_2CO_3 置于 110℃的烘箱内干燥，已知反应 $Ag_2CO_3(s) \rightleftharpoons Ag_2O(s)+CO_2(g)$在该温度下的 $K^\ominus=9.51\times10^{-3}$，为了防止 Ag_2CO_3 的分解，在通入的空气(总压 100kPa)中 CO_2 的体积分数应为多少？

(3) 将 1.00mol SO_2和 1.00mol O_2的混合物在 600℃和总压力为 100kPa 的等压下，通过V_2O_5催化剂使生成 SO_3，达到平衡后测得混合物中剩余的氧气(O_2)为 0.62mol，求此反应的标准平衡常数 $K^\ominus$。

参考答案

1. 填空题

(1)←,←,←,→; (2)0.14; (3)−92; (4)0.144,694; (5)0.32; (6)放,固体或液体; (7)变大,减小; (8)75,75; (9)变大,减小,减小,不变,减小。

2. 是非题

(1)√; (2)×; (3)×; (4)√; (5)×; (6)√; (7)√; (8)×; (9)×; (10)×。

3. 单选题

(1)C; (2)A; (3)A; (4)C; (5)B; (6)B; (7)D; (8)C; (9)D; (10)D。

4. 解释简答题

(1) ① 平衡常数加大,因 I_2 解离是吸热反应;

② 减少,因总体积减小,平衡左移;

③ 不变,因 I_2 和 I 的物质的量都不变;

④ 加大,因体系的体积加大,平衡右移。

(2) ① $\dfrac{p(N_2)}{p^\ominus}\cdot\left[\dfrac{p(H_2O)}{p^\ominus}\right]^2$　② $\dfrac{[p(NH_3)/p^\ominus]^2}{[p(N_2)/p^\ominus]\cdot[p(H_2)/p^\ominus]^3}$　③ $\dfrac{c^2(Cu^+)}{c(Cu^{2+})}$

④ $\dfrac{c^2(Fe^{2+})\cdot c(I_3^-)}{c^2(Fe^{3+})\cdot c^3(I^-)}$　⑤ $\dfrac{[p(CO_2)/p^\ominus]\cdot c(Ca^{2+})}{c^2(H^+)}$

5. 计算题

(1) ①$K^\ominus=\dfrac{p(N_2O_4)_平/p^\ominus}{[p(NO_2)_平/p^\ominus]^2}=6.06$,则 $p(N_2O_4)=6.06\times10^{-2}[p(NO_2)]^2$,而 $p(N_2O_4)+p(NO_2)=6.06\times10^{-2}[p(NO_2)]^2+p(NO_2)=100kPa$,解方程得 $p(NO_2)=33.2kPa$, $p(N_2O_4)=66.8kPa$。因平衡时 $[p(NO_2)_0-p(NO_2)_{转化}]+p(N_2O_4)_平=[p(NO_2)_0-2p(N_2O_4)_平]+p(N_2O_4)_平=100kPa$,则 $p(NO_2)_0=100kPa+p(N_2O_4)_平=166.8kPa$,故 $\alpha(NO_2)=2\times66.8/166.8=80.1\%$。

② 因 $\ln\dfrac{K_2^\ominus}{K_1^\ominus}=\dfrac{\Delta_rH_m^\ominus}{R}\dfrac{(T_2-T_1)}{T_1T_2}$,则 $K^\ominus(310K)=2.90$;

而 $\Delta_rG_m^\ominus(T)=-RT\ln K^\ominus$,则 $\Delta_rG_m^\ominus(310K)=-2.7kJ\cdot mol^{-1}$。

(2) 因 $K^\ominus=\dfrac{p(CO_2)}{p^\ominus}$,$CO_2$ 的平衡分压为 0.951kPa,CO_2 的平衡摩尔分数=平衡体积分数,即为9.51×10^{-3},

则 CO_2 的起始体积分数应大于 9.51×10^{-3}。

(3) $K^\ominus=26.20$。

(北京科技大学　王明文)

第 6 章　酸碱理论与解离平衡

一、学 习 要 求

(1) 掌握酸碱质子理论的基本要点，了解酸碱电子理论的基本概念；

(2) 掌握水的解离平衡、离子积常数和强酸、强碱溶液的 pH 的计算；

(3) 掌握一元弱酸、弱碱的解离平衡及其平衡组成的计算，熟悉多元弱酸弱碱的分步解离平衡以及两性物质的解离平衡，了解其平衡组成的计算；

(4) 掌握同离子效应和缓冲溶液的概念，了解缓冲作用原理、缓冲溶液的组成和性质，掌握缓冲溶液 pH 的近似计算，熟悉缓冲容量、缓冲范围与缓冲溶液总浓度、缓冲比之间的关系。

二、重难点解析

(一) 酸碱质子理论的基本要点

凡能给出质子(H^+)的物质都是(质子)酸；凡能接受质子(H^+)的物质都是(质子)碱；既能给出质子又能接受质子的物质称为两性物质。即酸是质子给予体，碱是质子接受体。相差一个质子的酸和碱互相称为共轭酸和共轭碱。

按照酸碱质子理论，酸和碱并不是孤立的，而是统一在对质子的关系上，这种关系也称为酸与碱的共轭关系，这种共轭关系体现了酸碱之间的相互依存关系，即“有酸才有碱，有碱才有酸；酸中有碱，碱中有酸”。

酸碱反应的实质是质子转移反应，水的解离、酸与碱的解离、盐的水解、中和反应等都是质子转移反应。

(二) 酸碱的相对强弱

酸和碱的强度是指酸给出质子的能力和碱接受质子的能力强弱。酸、碱的强弱不仅取决于酸碱本身给出或接受质子能力，还取决于溶剂接受或给出质子的能力。同一物种在不同溶剂中的酸碱性不同，因此讨论酸碱的相对强弱应以同一溶剂作为比较标准。

通常，在水溶液中，可根据水中弱酸、弱碱的解离常数 $K_a^\ominus$、$K_b^\ominus$ 的相对大小来比较它们的酸碱性的相对强弱，$K_a^\ominus$ 越大，酸越强；$K_b^\ominus$ 越大，碱越强。这表明溶剂水对它们的酸碱性有区分能力。

同一种溶剂能区分不同种酸或碱在其中给出质子或接受质子能力的不同，即具有区分多种酸或碱的相对强弱的作用，这种作用称为溶剂的区分效应。

然而强酸或强碱与水之间的酸碱反应几乎是不可逆的，它们在水中都是 100%的解离，水能够同等程度地将这些强酸(如 $HClO_4$、HCl、HNO_3 等)的质子接受，因此不可能以水来区分它们给出质子能力的差别，或者说水对这些强酸起不到区分作用，水把它们之间的强弱拉平了。这种作用称为拉平效应。

(三) 酸碱电子理论的基本要点

凡能够接受电子对的物质都是酸，又称路易斯酸；凡能够给出电子对的物质都是碱，又称路易斯碱。即酸是电子对的接受体，必须具有可以接受电子对的空轨道；碱是电子对的给予体，必须具有未共享的孤对电子。

按照酸碱电子理论，酸碱反应的实质不再是质子的转移，而是电子对的转移，是路易斯酸和路易斯碱加合生成酸碱配合物的过程。

(四) 溶液 pH 的计算

本章的重要内容是依据化学平衡原理计算各种类型水溶液的 pH，包括弱酸、弱碱、各种盐溶液、缓冲溶液的 pH 的计算。

在各种酸、碱溶液中，在酸、碱解离平衡的同时存在着水的解离平衡，H^+ 或 OH^- 同时参与两(或多)种解离平衡，在计算溶液 $c(H^+)$ 或 pH 时要抓住主导反应，依据生成 $c(H^+)$ 或 $c(OH^-)$ 大的解离平衡来计算。一般，当溶液的浓度不太稀(如大于 $1.0\times10^{-4}\,mol\cdot L^{-1}$)时，可不考虑水的解离平衡，下面讨论的就是这种情况。

1. *一元弱酸、弱碱*

一元弱酸

$$HA(aq)+H_2O(l)\rightleftharpoons H_3O^+(aq)+A^-(aq)$$

其平衡常数为

$$K_a^\ominus=\frac{[c(H_3O^+)/c^\ominus][c(A^-)/c^\ominus]}{[c(HA)/c^\ominus]}$$

或简写为

$$K_a^\ominus=\frac{c(H_3O^+)c(A^-)}{c(HA)}$$

式中，$K_a^\ominus$ 为弱酸 HA 的解离常数。

若用 $c_0(HA)$表示弱酸的初始浓度，当 $c_0(HA)/K_a^\ominus\geqslant500$ 时

$$c(H^+)=\sqrt{K_a^\ominus c_0(HA)}$$

$$pH=\frac{1}{2}[-\lg K_a^\ominus-\lg c_0(HA)]$$

同理，对于一元弱碱

$$B(aq)+H_2O(l)\rightleftharpoons BH^+(aq)+OH^-(aq)$$

若用 $c_0(B)$表示弱碱的初始浓度，当 $c_0(B)/K_b^\ominus\geqslant500$ 时

$$c(OH^-)=\sqrt{K_b^\ominus c_0(B)}$$

$$pH=14-\frac{1}{2}[-\lg K_b^\ominus-\lg c_0(B)]$$

2. *多元弱酸、弱碱*

多元弱酸的解离是分步进行的。在计算多元弱酸溶液中的 $c(H^+)$或 pH 时，若 $K_{a_1}^\ominus\gg K_{a_2}^\ominus\gg K_{a_3}^\ominus$，即 $K_{a_1}^\ominus/K_{a_2}^\ominus\geqslant10^3$ 时，溶液中的 H^+ 主要来自于弱酸的第一步解离，可把多元弱酸当

成一元弱酸处理。当 c_0(酸)$/K_{a_1}^{\ominus} \geqslant 500$ 时，则有

$$c(\mathrm{H}^+)=\sqrt{K_{a_1}^{\ominus} c_0(\text{酸})}$$

$$\mathrm{pH}=\frac{1}{2}[-\lg K_{a_1}^{\ominus}-\lg c_0(\text{酸})]$$

二元弱酸中，$c(\mathrm{A}^{2-}) \approx K_{a_2}^{\ominus}$，而与弱酸的初始浓度无关。

多元弱酸强碱盐溶液在水中完全解离产生的阴离子，如 CO_3^{2-}、PO_4^{3-} 等可看作多元离子碱。如同多元弱酸一样，这些阴离子与水之间的质子转移反应(水解)也是分步进行的，每一步都有相应的解离常数。共轭酸碱解离常数间的关系符合

$$K_a^{\ominus}(\mathrm{HA}) \cdot K_b^{\ominus}(\mathrm{A}^-)=K_w^{\ominus}$$

或简化为

$$K_a^{\ominus} K_b^{\ominus}=K_w^{\ominus}$$

若 $K_{b_1}^{\ominus} \gg K_{b_2}^{\ominus}$，则可按一元弱碱计算溶液中的 $c(\mathrm{H}^+)$ 或 pH。

3. 弱电解质的解离度 α

$$\alpha=\frac{\text{已解离的浓度}}{\text{弱电解质的初始浓度}} \times 100\%=\frac{c_0-c_{eq}}{c_0} \times 100\%$$

4. 稀释定律

当 $K_i^{\ominus}/c_0$(弱电解质)$<10^{-4}$，$\alpha<10^{-2}$ 时，有

$$K_i^{\ominus}=c_0\alpha^2, \text{即 } \alpha=\sqrt{\frac{K_i^{\ominus}}{c_0}}$$

可见，在一定温度下，某弱电解质的解离度随着其溶液的稀释而增大。

5. 两性物质溶液

两性阴离子、多元弱酸的酸式盐，如 $NaHCO_3$、NaH_2PO_4、Na_2HPO_4 等，溶于水后完全解离产生的阴离子既能给出质子又能接受质子，是两性物质。其水溶液既有碱性的，也有酸性的。其酸碱性取决于显两性的阴离子的解离与水解程度的相对大小。若解离大于水解，则溶液显酸性，反之，则显碱性。

当 $cK_a^{\ominus}>20K_w^{\ominus}$，$c>20K_a^{\ominus\prime}$ 时，两性物质水溶液 $c(\mathrm{H}^+)$ 的近似计算公式为

$$c(\mathrm{H}^+)=\sqrt{K_a^{\ominus} K_a^{\ominus\prime}}$$

例如，对于酸式盐 HCO_3^- 的溶液而言，式中的 $K_a^{\ominus}=K_{a_2}^{\ominus}$($HCO_3^-$ 的酸常数)，$K_a^{\ominus\prime}=K_{a_1}^{\ominus}$($HCO_3^-$ 的共轭酸 H_2CO_3 的酸常数)；又如，对于弱酸弱碱盐 NH_4Ac 的溶液而言，式中的 $K_a^{\ominus}=K_a^{\ominus}$($NH_4^+$ 的酸常数)，$K_a^{\ominus\prime}=K_a^{\ominus}$($Ac^-$ 的共轭酸 HAc 的酸常数)。

对于由弱酸弱碱组成的两性物质溶液，以 NH_4Ac 为例，若以 $K_a^{\ominus}$ 表示阳离子酸(NH_4^+)的解离常数，$K_a^{\ominus\prime}$ 表示阴离子碱(Ac^-)的共轭酸(HAc)的解离常数。当 $c_0K_a^{\ominus} \gg K_w^{\ominus}$，$c_0 \gg K_a^{\ominus\prime}$ 时，这类两性物质溶液的 $c(\mathrm{H_3O^+})$ 或 pH 可用下式进行近似计算

$$c(\mathrm{H_3O^+})=\sqrt{K_a^{\ominus} K_a^{\ominus\prime}}$$

或

$$\mathrm{pH}=\frac{1}{2}(\mathrm{p}K_a^{\ominus}+\mathrm{p}K_a^{\ominus\prime})$$

6. 缓冲溶液

同离子效应：在已建立离子平衡的弱电解质溶液中，加入与弱电解质具有相同离子的易溶强电解质，会使弱电解质的解离度减小，这种现象称为同离子效应。

缓冲溶液：可抵抗少量外来酸碱或稀释，本身的 pH 基本保持不变的溶液。一般为共轭酸碱对所构成的缓冲溶液。缓冲溶液 pH 的近似计算公式如下：

$$pH=pK_a^{\ominus}+\lg\frac{c(\text{共轭碱})}{c(\text{共轭酸})}\quad \text{或} \quad pH=14-pK_b^{\ominus}+\lg\frac{c(\text{共轭碱})}{c(\text{共轭酸})}$$

可见，缓冲溶液的 pH 取决于 $K_a^{\ominus}$ 或 $K_b^{\ominus}$ 以及缓冲比 c(共轭碱)/c(共轭酸)。缓冲容量表达缓冲溶液的缓冲能力大小，当缓冲比一定时，缓冲溶液总浓度(共轭酸与共轭碱的浓度之和)越大，缓冲容量越大；当总浓度一定时，若缓冲比等于 1，则缓冲容量达到最大；若缓冲比为 $\frac{1}{10}$～10，则缓冲容量较大，即缓冲溶液的缓冲能力处于其有效缓冲范围之内，缓冲范围一般为

$$pH=pK_a^{\ominus}\pm 1$$

因此，在配制缓冲溶液时，一般选择 $pK_a^{\ominus}$ 与所要求的 pH 尽量接近的缓冲对。

三、习题全解和重点练习题解

1(6-1). 根据酸碱质子理论，判断下列物质哪些是酸，哪些是碱，哪些是两性物质，哪些是共轭酸碱对。

HCN，H_3AsO_4，NH_3，HS^-，$HCOO^-$，$[Fe(H_2O)_6]^{3+}$，CO_3^{2-}，NH_4^+，CN^-，H_2O，$H_2PO_4^-$，ClO_4^-，HCO_3^-，NH_2-NH_2(联氨)，$[Zn(H_2O)_6]^{2+}$，PH_3，H_2S，$C_2O_4^{2-}$，HF，HSO_3^-，H_2SO_3

答：酸：HCN，H_3AsO_4，$[Fe(H_2O)_6]^{3+}$，NH_4^+，$[Zn(H_2O)_6]^{2+}$，H_2S，HF，H_2SO_3

碱：NH_3，CO_3^{2-}，CN^-，ClO_4^-，NH_2-NH_2，PH_3，$C_2O_4^{2-}$，$HCOO^-$

两性：HS^-，$H_2PO_4^-$，HCO_3^-，HSO_3^-，H_2O

共轭酸碱对：NH_3-NH_4^+，HCO_3^--CO_3^{2-}，HSO_3^--H_2SO_3，HS^--H_2S，HCN-CN^-

2(6-2). 在酸碱质子理论中为什么说没有盐的概念？下列各物质是质子酸还是质子碱？指出它们的共轭物质。

Ac^-，$[Al(H_2O)_6]^{3+}$，$[Al(H_2O)_4(OH)_2]^+$，$HC_2O_4^-$，HPO_4^{2-}

答：在酸碱质子理论中，盐也可以看作是离子酸或离子碱，故没有盐的概念。上述物质中，属于质子酸的有 $HC_2O_4^-$、$[Al(H_2O)_6]^{3+}$、HPO_4^{2-}，其共轭碱分别为 $C_2O_4^{2-}$、$[Al(H_2O)_5(OH)]^{2+}$、PO_4^{3-}；属于质子碱的有 Ac^-、$[Al(H_2O)_4(OH)_2]^+$、$HC_2O_4^-$、HPO_4^{2-}，其共轭酸分别为 HAc、$[Al(H_2O)_5(OH)]^{2+}$、$H_2C_2O_4$、$H_2PO_4^-$。

3(6-3). 根据酸碱质子理论：酸越强，其共轭碱就越________；碱越强，其共轭酸就越________。反应方向是________，生成________。

答：弱，弱。强酸与强碱作用，弱酸和弱碱。

4(6-4). 根据酸碱电子理论，下列物质中不可作为路易斯碱的是

(1) H_2O　(2) NH_3　(3) Ni^{2+}　(4) CN^-

答：Ni^{2+}。

5(6－5). 试解释解离常数与解离度的概念，并说明温度或浓度对它们的影响。

答: 解离常数 $K^\ominus$ 是在一定条件下，某物质发生解离达到平衡时，平衡组成不随时间变化，各物种浓度幂的乘积，是一常数。

解离度 α：某物质解离达到平衡时，已解离部分所占的百分数。

温度对 $K^\ominus$ 和 α 均有影响，而浓度对 $K^\ominus$ 无影响，对 α 有影响。

6(6－6). 解离度大的酸溶液中 $c(H_3O^+)$ 就一定大，对吗？

答: 不对。

7(6－7). 计算下列溶液中的 $c(H_3O^+)$ 或 pH。

(1) 0.050mol · L^{-1} $Ba(OH)_2$ 溶液。

(2) 0.050mol · L^{-1} HAc 溶液。

(3) 0.50mol · L^{-1} $NH_3 \cdot H_2O$ 溶液。

(4) 0.10mol · L^{-1} NaAc 溶液。

(5) 0.010mol · L^{-1} Na_2S 溶液。

解: (1) $Ba(OH)_2$ 为强电解质，在水溶液中完全解离，所以溶液中

$$c(OH^-)=2\times0.050=0.10(mol\cdot L^{-1})$$

$$c(H_3O^+)=K_w^\ominus/c(OH^-)=1.0\times10^{-14}/0.10=1.0\times10^{-13}(mol\cdot L^{-1})$$

$$pH=13.00$$

(2) 在 HAc 溶液中存在下列解离平衡：

$$HAc+H_2O \rightleftharpoons H_3O^+ +Ac^-$$

平衡时 $c/(mol\cdot L^{-1})$　　$0.050-x$　　x　　x

则

$$x^2/(0.050-x)=K^\ominus(HAc)=1.8\times10^{-5}$$

$$c(H_3O^+)=x=\sqrt{1.8\times10^{-5}\times0.050}=\sqrt{0.9\times10^{-6}}=0.95\times10^{-3}(mol\cdot L^{-1})$$

$$pH=3.02$$

(3) 在 $NH_3\cdot H_2O$ 溶液中存在下列解离平衡：

$$NH_3+H_2O \rightleftharpoons NH_4^+ +OH^-$$

平衡时 $c/(mol\cdot L^{-1})$　　$0.50-x$　　x　　x

则

$$\frac{x^2}{0.50-x}=K_b^\ominus(NH_3)=1.8\times10^{-5}$$

$$c(OH^-)=\sqrt{1.8\times10^{-5}\times0.50}=3.0\times10^{-3}(mol\cdot L^{-1})$$

$$c(H_3O^+)=\frac{K_w^\ominus}{3.0\times10^{-3}}=\frac{1.0\times10^{-14}}{3.0\times10^{-3}}=3.3\times10^{-12}(mol\cdot L^{-1})$$

$$pH=11.48$$

(4) 在 NaAc 溶液在中存在下列解离平衡：

$$Ac^- +H_2O \rightleftharpoons HAc+OH^-$$

平衡时 $c/(mol\cdot L^{-1})$　　$0.10-x$　　x　　x

则

$$\frac{x^2}{(0.10-x)}=\frac{K_w^\ominus}{K_a^\ominus(HAc)}$$

$$c(OH^-)=\sqrt{\frac{K_w^\ominus}{K_a^\ominus(HAc)}\times0.10}=\sqrt{\frac{1.0\times10^{-14}}{1.8\times10^{-5}}\times0.10}=7.5\times10^{-6}(mol\cdot L^{-1})$$

$$c(H_3O^+)=K_w^\ominus/c(OH^-)=\frac{1.0\times10^{-14}}{7.5\times10^{-6}}=1.3\times10^{-9}(mol\cdot L^{-1})$$

$$pH=8.88$$

(5) Na_2S 只考虑 S^{2-} 的一级水解

$$S^{2-}+H_2O \rightleftharpoons HS^-+OH^-$$

平衡时 $c/(mol\cdot L^{-1})$　　$0.010-x$　　x　　x

则　$$K^\ominus=\frac{x^2}{0.010-x}=\frac{K_w^\ominus}{K_{a_2}^\ominus(H_2S)}=\frac{1.0\times10^{-14}}{7.1\times10^{-15}}=1.4$$

因为 $K^\ominus$ 值较大不能近似计算，必须解一元二次方程

$$x^2+1.4x-0.014=0$$

$$c(OH^-)=x=\frac{-1.4+\sqrt{1.4^2-4\times(-0.014)}}{2\times1}=9.92\times10^{-3}(mol\cdot L^{-1})$$

$$c(H_3O^+)=\frac{1.0\times10^{-14}}{9.92\times10^{-3}}=1.0\times10^{-12}(mol\cdot L^{-1})$$

$$pH=12$$

8(6－8). 下列叙述中正确的是

(1) 弱电解质的解离度大小表示了该电解质在溶液中解离程度的大小。

(2) 同离子效应使溶液中的离子浓度减小。

(3) 浓度为 $1.0\times10^{-10}mol\cdot L^{-1}$ 的盐酸溶液的 pH=7。

(4) 中和等体积 pH 相同的 HCl 和 HAc 溶液，所需的 NaOH 的量相同。

答：(1)。

9(6－9). 浓度相同的下列溶液，其 pH 由小到大的顺序如何?

(1) HAc　(2) NaAc　(3) NaCl　(4) NH_4Cl

(5) Na_2CO_3　(6) NH_4Ac　(7) Na_3PO_4　(8) $(NH_4)_2CO_3$

答：若要求不通过计算判断酸、碱、盐溶液的 pH 大小，则可根据质子酸、碱的解离常数大小进行判断。

通过查教材附表三可知，$K_a^\ominus(HAc)=1.8\times10^{-5}$，$K_b^\ominus(NH_3)=1.8\times10^{-5}$，$K_{a_1}^\ominus(H_2CO_3)=4.2\times10^{-7}$，$K_{a_2}^\ominus(H_2CO_3)=4.7\times10^{-11}$，$K_{a_1}^\ominus(H_3PO_4)=6.7\times10^{-3}$，$K_{a_2}^\ominus(H_3PO_4)=6.2\times10^{-8}$，$K_{a_3}^\ominus(H_3PO_4)=4.5\times10^{-13}$。

HAc 为一元弱酸，显酸性；NH_4Cl 为强酸弱碱盐，其溶液也显酸性，但酸性比 HAc 弱；NaCl 是强酸强碱盐，其水溶液为中性；NH_4Ac 为弱酸弱碱盐，且 $K_a^\ominus(HAc)=K_b^\ominus(NH_3)$，故其水溶液也为中性；$(NH_4)_2CO_3$ 也为弱酸弱碱盐，但 $K_{b_1}^\ominus(CO_3^{2-})>K_a^\ominus(NH_4^+)$，故其水溶液为弱碱性；$Na_2CO_3$ 与 Na_3PO_4 均为弱酸强碱盐，$K_{b_1}^\ominus(CO_3^{2-})<K_{b_1}^\ominus(PO_4^{3-})$，所以 Na_2CO_3 溶液的碱性低于 Na_3PO_4。

因此，pH 由小到大的顺序为

$$HAc<NH_4Cl<NaCl=NH_4Ac<(NH_4)_2CO_3<NaAc<Na_2CO_3<Na_3PO_4$$

10(6－10). 已知 H_2S 的 $pK_{a_1}^\ominus=6.88$，$pK_{a_2}^\ominus=14.15$，$NH_3\cdot H_2O$ 的 $pK_b^\ominus=4.74$，试比较 S^{2-}、HS^- 和 NH_3 的碱性强弱。

答：碱性：$S^{2-}>NH_3>HS^-$。因为 $pK_b^\ominus(S^{2-})=pK_w^\ominus-pK_{a_2}^\ominus=-0.15$，$pK_b^\ominus(HS^-)=$

$pK_w^\ominus - pK_{a_1}^\ominus = 7.12$。

11(6－11). 已知 298K 时某一元弱酸的浓度为 $0.010\text{mol}\cdot\text{L}^{-1}$，测得其 pH 为 4.0，求其 $K_a^\ominus$ 和 α，以及稀释至体积变成 2 倍后的 $K_a^\ominus$、α 和 pH。

解：(1)

$$\begin{array}{ccccccc} HA & + & H_2O & \rightleftharpoons & A^- & + & H_3O^+ \\ 0.010-10^{-4} & & & & 10^{-4} & & 10^{-4} \end{array}$$

$$K_a^\ominus = \frac{(10^{-4})^2}{0.010-10^{-4}} = 1.0\times10^{-6}$$

$$\alpha = \frac{10^{-4}}{0.01}\times100\% = 1\%$$

(2) 稀释后，$K_a^\ominus$ 不变。

$$\begin{array}{ccccccc} HA & + & H_2O & \rightleftharpoons & A^- & + & H_3O^+ \\ \frac{0.010}{2}-x & & & & x & & x \end{array}$$

$$\frac{x^2}{0.005-x} = 1.0\times10^{-6}$$

$c(H_3O^+) = x = \sqrt{0.005\times1.0\times10^{-6}} = 7.1\times10^{-5}(\text{mol}\cdot\text{L}^{-1})$，则 pH＝4.15

$$\alpha = \frac{7.1\times10^{-5}}{0.005}\times100\% = 1.42\%$$

12(6－12). 计算 $0.20\text{mol}\cdot\text{L}^{-1}$ $H_2C_2O_4$ 水溶液中各离子的平衡浓度。

解：查教材附表三知，$K_{a_1}^\ominus = 5.4\times10^{-2}$，$K_{a_2}^\ominus = 5.4\times10^{-5}$，可按一元弱酸处理计算溶液中的$c(H_3O^+)$

$$\begin{array}{ccccccc} H_2C_2O_4 & + & H_2O & \rightleftharpoons & HC_2O_4^- & + & H_3O^+ \\ 0.20-x & & & & x & & x \end{array}$$

$$\frac{x^2}{0.20-x} = 5.4\times10^{-2} = K_{a_1}^\ominus$$

$$x^2 + 0.054x - 0.0108 = 0$$

$$x = \frac{-0.054+\sqrt{0.054^2-4\times(-0.0108)}}{2} = 0.080(\text{mol}\cdot\text{L}^{-1})$$

$$c(H_3O^+) = c(HC_2O_4^-) = 0.080\text{mol}\cdot\text{L}^{-1}$$

$C_2O_4^{2-}$ 来自于 $HC_2O_4^-$ 的解离

$$\begin{array}{ccccccc} HC_2O_4^- & + & H_2O & \rightleftharpoons & C_2O_4^{2-} & + & H_3O^+ \\ 0.080-y & & & & y & & 0.080+y \end{array}$$

$$\frac{y(0.080+y)}{0.080-y} = K_{a_2}^\ominus = 5.4\times10^{-5}$$

$$c(C_2O_4^{2-}) = y = 5.4\times10^{-5}\text{mol}\cdot\text{L}^{-1}$$

$$c(OH^-) = \frac{K_w^\ominus}{c(H_3O^+)} = \frac{1.0\times10^{-14}}{0.080} = 1.25\times10^{-13}(\text{mol}\cdot\text{L}^{-1})$$

13(6－13). 已知氨水溶液的浓度为 $0.10\text{mol}\cdot\text{L}^{-1}$。(1)计算该溶液的 OH^- 浓度、pH 和氨的解离度。(2)若在该溶液中加入 NH_4Cl，使其在溶液中的浓度为 $0.10\text{mol}\cdot\text{L}^{-1}$，计算此溶液

的 OH^- 浓度、pH 和氨的解离度。(3)比较上述结果，说明了什么？

解：(1)在氨水溶液存在

$$NH_3 + H_2O \rightleftharpoons NH_4^+ + OH^-$$

平衡时 $c/(mol \cdot L^{-1})$　　$0.10-x$　　　x　　x

则　$x=\sqrt{K_b^\ominus(NH_3)\times 0.10}=\sqrt{1.8\times 10^{-6}}=1.34\times 10^{-3}(mol \cdot L^{-1})$

$$c(OH^-)=x=1.34\times 10^{-3}mol \cdot L^{-1}$$

$$pH=14-pOH=11.13$$

$$\alpha=\frac{1.34\times 10^{-3}}{0.10}\times 100\%=1.34\%$$

(2)

$$NH_3 + H_2O \rightleftharpoons NH_4^+ + OH^-$$

平衡时 $c/(mol \cdot L^{-1})$　　$0.10-x$　　　0.10　　x

$$\frac{0.10x}{0.10-x}=1.8\times 10^{-5}$$

$$x=1.8\times 10^{-5}mol \cdot L^{-1}$$

$$c(OH^-)=1.8\times 10^{-5}mol \cdot L^{-1}$$

$$pH=9.26$$

$$\alpha=\frac{1.8\times 10^{-5}}{0.10}\times 100\%=0.018\%$$

(3) 说明在弱电解质(NH_3)溶液中加入具有相同离子的强电解质(NH_4Cl)，将使弱电解质的解离度降低。

14(6-14)．分别计算两性物质 $HCOONH_4$ 溶液和 $NaHCO_3$ 溶液的 pH，并解释为何前者呈弱酸性，而后者呈弱碱性。

解：查教材附表三可知

$HCOONH_4$：$K_a^\ominus(HCOOH)=1.8\times 10^{-4}$　　$K_b^\ominus(NH_3)=1.8\times 10^{-5}$

$NaHCO_3$：　$K_{b_2}^\ominus(CO_3^{2-})=\dfrac{1.0\times 10^{-14}}{4.2\times 10^{-7}}=2.4\times 10^{-8}$

根据近似计算公式，$HCOONH_4$ 溶液中

$$c_1(H_3O^+)=\sqrt{\frac{K_w^\ominus \cdot K_a^\ominus}{K_b^\ominus}}=\sqrt{\frac{1\times 10^{-14}\times 1.8\times 10^{-4}}{1.8\times 10^{-5}}}=3.16\times 10^{-7}(mol \cdot L^{-1})$$

$$pH=6.5$$

$NaHCO_3$ 溶液中

$$c_2(H_3O^+)=\sqrt{K_{a_1}^\ominus \cdot K_{a_2}^\ominus}=\sqrt{4.2\times 10^{-7}\times 4.7\times 10^{-11}}=4.44\times 10^{-9}(mol \cdot L^{-1})$$

$$pH=8.35$$

由计算结果可知，$HCOONH_4$ 溶液呈弱酸性，而 $NaHCO_3$ 溶液呈弱碱性。

15(6-15)．求 300mL 0.50mol·L^{-1} H_3PO_4 和 500mL 0.50mol·L^{-1} NaOH 的混合溶液的 pH。

解：当 H_3PO_4 和 NaOH 混合时，首先发生酸碱中和反应。

$$H_3PO_4+NaOH \longrightarrow NaH_2PO_4+H_2O$$

反应先生成 0.3×0.5=0.15(mol) NaH_2PO_4，消耗 0.15mol NaOH，剩余 NaOH 的物质的量为 0.5×0.5−0.15=0.1(mol)。NaH_2PO_4 还可与 NaOH 继续发生中和反应

$$NaH_2PO_4 + NaOH = Na_2HPO_4 + H_2O$$

0.1mol NaOH 继续与 NaH_2PO_4 作用生成 0.1mol Na_2HPO_4，剩余 NaH_2PO_4 的物质的量为 0.05mol。故最终变成 $\frac{0.05}{0.8}$ NaH_2PO_4 与 $\frac{0.1}{0.8}$ Na_2HPO_4 的混合溶液，即 0.0625mol · L^{-1} NaH_2PO_4 与 0.125mol · L^{-1} Na_2HPO_4 组成的缓冲溶液，则

$$pH = pK_{a_2}^{\ominus} + \lg\frac{c(HPO_4^{2-})}{c(H_2PO_4^-)} = 7.21 + \lg\frac{0.125}{0.0625} = 7.51$$

16(6-16). 已知由弱酸 HB($K_a^{\ominus}=5.0\times10^{-6}$)及其共轭碱 B^- 组成的缓冲溶液中，HB 的浓度为 0.25mol · L^{-1}，在 100mL 此溶液中加入 0.20g NaOH 固体(忽略体积变化)，所得溶液的 pH 为 5.60。计算加 NaOH 之前溶液的 pH 为多少。

解：加入的 NaOH 的浓度为 $\frac{0.20}{40\times0.1}=0.05(mol\cdot L^{-1})$。设原溶液中 B^- 浓度为 x，则加入 0.05mol · L^{-1} NaOH 后，有

$$HB + OH^- \rightleftharpoons B^- + H_2O$$

平衡时 $c/(mol\cdot L^{-1})$　　0.25−0.05　　　　$x+0.05$

此时溶液的

$$pH = 5.60 = pK_a^{\ominus} + \lg\frac{c(B^-)}{c(HB)} = 5.3 + \lg\frac{x+0.05}{0.20}$$

解得

$$x = 0.35mol\cdot L^{-1}$$

故原溶液

$$pH = pK_a^{\ominus} + \lg\frac{c(B^-)}{c(HB)} = 5.30 + \lg\frac{0.35}{0.25} = 5.45$$

17(6-17). 选择缓冲系的依据是什么？试计算下列各缓冲溶液的缓冲范围。

(1) Na_2CO_3-$NaHCO_3$　(2) HCOOH-NaOH　(3) HAc-NaOH

(4) NaH_2PO_4-Na_2HPO_4　(5) Na_2HPO_4-Na_3PO_4　(6) H_3PO_4-NaH_2PO_4

欲配制 pH=3.0 的缓冲溶液，选择哪种缓冲体系最好？

答：选择缓冲系的依据，由于缓冲范围为 $pH=pK_a^{\ominus}\pm1$，所选择的缓冲系的 $pK_a^{\ominus}$ 应尽量接近所要求的 pH。本题各缓冲体系的缓冲范围分别为

(1) 9.25～11.25　(2) 2.74～4.74　(3) 3.74～5.74

(4) 6.2～8.2　(5) 11.36～13.36　(6) 1.12～3.12

故欲配制 pH=3.0 的缓冲溶液，选 HCOOH-NaOH 体系最好。

18(6-18). 欲配制 250mL pH 为 5.00 缓冲溶液，在 125mL 1.0mol · L^{-1} NaAc 溶液中应加入多少毫升 6.0mol · L^{-1} 的 HAc 溶液？

解：pH=5.00，$c(H^+)=1.0\times10^{-5}mol\cdot L^{-1}$，设应加入 xL 6.00mol · L^{-1} 的 HAc。

$$HAc + H_2O \rightleftharpoons H_3O^+ + Ac^-$$

平衡时 $c/(mol\cdot L^{-1})$　$\frac{6.0x}{0.250}-1.0\times10^{-5}$　1.0×10^{-5}　$\frac{0.125\times1.0}{0.250}+1.0\times10^{-5}$

$$1.8\times10^{-5} = \frac{1.0\times10^{-5}\times0.50}{\frac{6.0x}{0.250}}$$

$$x=0.012\text{L}$$

将 125mL 1.0mol · L^{-1} NaAc 与 12mL 6.0mol · L^{-1} 的 HAc 混合，再加水稀释至 250mL。

19(6－19). 今有 2.00L 0.500mol · L^{-1} 氨水和 2.00L 0.500mol · L^{-1} HCl 溶液，若配制 pH＝9.00的缓冲溶液，不允许再加水，最多能配制多少升缓冲溶液？其中 $c(NH_3)$、$c(NH_4^+)$ 各为多少？

解：用 $NH_3 \cdot H_2O$ 溶液和 HCl 溶液可以配制 $NH_3 \cdot H_2O$-NH_4Cl 缓冲溶液。根据题意 $n(NH_3 \cdot H_2O)=n(HCl)$，则 2.00L $NH_3 \cdot H_2O$ 要全部使用，而 HCl 溶液只需使用一部分。设所用 HCl 溶液的体积为 xL，则缓冲溶液的总体积为$(2.00+x)$L。已知$K_b^\ominus(NH_3 \cdot H_2O)=1.8\times10^{-5}$，酸碱中和后

$$c(NH_3 \cdot H_2O)=\frac{0.500\times2.00-0.500x}{2.00+x},\quad c(NH_4^+)=\frac{0.500x}{2.00+x}$$

$$pH=14.00-pK_b^\ominus(B)+\lg\frac{c(B)}{c(BH^+)}$$

$$9.00=14.00-4.74+\lg\frac{0.500\times2.00-0.500x}{0.500x}$$

$$x=1.3\text{L}$$

最多可配制 2.00＋1.3＝3.3(L)缓冲溶液。其中

$$c(NH_3 \cdot H_2O)=\frac{0.500\times2.00-0.500\times1.3}{3.3}=0.11(\text{mol}\cdot\text{L}^{-1})$$

$$c(NH_4^+)=\frac{0.500\times1.3}{3.3}=0.20(\text{mol}\cdot\text{L}^{-1})$$

20(6－20). 今有 2.00L 0.100mol · L^{-1} 的 Na_3PO_4 溶液和 2.00L 0.100mol · L^{-1} 的 Na_2HPO_4 溶液，仅用这两种溶液(不可再加水)来配制 pH 为 12.50 的缓冲溶液，最多能配制这种缓冲溶液的体积是多少？需要 Na_3PO_4 和 Na_2HPO_4 溶液的体积各是多少？

解：根据缓冲溶液的 pH 的近似计算公式，则 $pH=pK_{a_3}^\ominus+\lg\frac{V(PO_4^{3-})}{V(HPO_4^{2-})}$，即 $12.50=12.36+\lg\frac{V(PO_4^{3-})}{V(HPO_4^{2-})}$，故

$$\frac{V(PO_4^{3-})}{V(HPO_4^{2-})}=1.38$$

若 Na_3PO_4 用完 2.0L，则 Na_2HPO_4 最多能取 1.45L，故可配缓冲溶液体积为 3.45L。

21. 硼砂($Na_2B_4O_7 \cdot 10H_2O$)溶于水发生下列反应：

$$Na_2B_4O_7 \cdot 10H_2O(s)\longrightarrow 2Na^+(aq)+2B(OH)_3(aq)+2[B(OH)_4]^-(aq)+3H_2O(l)$$

生成的硼酸与水发生质子转移反应：

$$B(OH)_3(aq)+2H_2O(l)\rightleftharpoons[B(OH)_4]^-(aq)+H_3O^+(aq)$$

(1) 将 30.0g 硼砂溶解在水中，配制 1.0L 溶液，计算该溶液的 pH。

(2) 在(1)的溶液中加入 50mL 0.2mol · L^{-1} HCl 溶液，其 pH 又是多少？

解：(1) 硼砂溶于水后生成等物质的量的 $B(OH)_3$ 和 $[B(OH)_4]^-$，两者为共轭酸碱对。因此，硼砂溶液为缓冲溶液。

查教材附表三 $K_a^{\ominus}[B(OH)_3]=5.8\times10^{-10}$，又因溶液中 $c[B(OH)_3]=c[B(OH)_4^-]$ 故

$$pH=pK_a^{\ominus}[B(OH)_3]-\lg\frac{c[B(OH)_3]}{c[B(OH)_4^-]}=9.24$$

(2) 在缓冲溶液中加入盐酸后，酸、碱浓度发生了变化：

$$M(Na_2B_4O_7\cdot10H_2O)=381.2g\cdot mol^{-1}$$

$$n(Na_2B_4O_7\cdot10H_2O)=\frac{30.0g}{381.2g\cdot mol^{-1}}=0.0787mol$$

$$n_0[B(OH)_3]=n_0[B(OH)_4^-]=2n(Na_2B_4O_7\cdot10H_2O)=0.157mol$$

加入盐酸后：$c[B(OH)_3]=\dfrac{(0.157+0.20\times0.05)mol}{1.05L}=0.159mol\cdot L^{-1}$

$$c[B(OH)_4^-]=\frac{(0.157-0.20\times0.05)mol}{1.05L}=0.140mol\cdot L^{-1}$$

$$pH=pK_a^{\ominus}[B(OH)_3]-\lg\frac{c[B(OH)_3]}{c[B(OH)_4^-]}=9.18$$

22. 已知 CrO_4^{2-} 在水溶液中存在下列平衡：

$$2CrO_4^{2-}+2H^+\rightleftharpoons Cr_2O_7^{2-}+H_2O\qquad K^{\ominus}=4.2\times10^{14}$$

为了使 $1.0mol\cdot L^{-1}$ K_2CrO_4 溶液中 CrO_4^{2-} 浓度为 $2.4\times10^{-5}mol\cdot L^{-1}$，问溶液中 H^+ 浓度应为多少？为了保持这个 H^+ 浓度，当溶液中的 HAc 为 $1.0mol\cdot L^{-1}$ 时，NaAc 的浓度应为多少？

解：依据平衡关系式计算平衡时各离子浓度

	$2CrO_4^{2-}$	$+2H^+$	$\rightleftharpoons$	$Cr_2O_7^{2-}+H_2O$
开始时 $c/(mol\cdot L^{-1})$	1.0			
平衡时 $c/(mol\cdot L^{-1})$	2.4×10^{-5}	x		$\frac{1}{2}(1.0-2.4\times10^{-5})$

将各离子浓度代入平衡关系式

$$\frac{c(Cr_2O_7^{2-})}{[c(CrO_4^{2-})]^2[c(H^+)]^2}=K^{\ominus}=4.2\times10^{14}$$

$$\frac{\frac{1}{2}(1.0-2.4\times10^{-5})}{(2.4\times10^{-5})^2x^2}=4.2\times10^{14}$$

解得　　$x=c(H^+)=1.44\times10^{-3}mol\cdot L^{-1}$

再计算 NaAc 的浓度

	H_2O	+	HAc	$\rightleftharpoons$	H_3O^+	+	Ac^-
平衡时 $c/(mol\cdot L^{-1})$			1.0		1.44×10^{-3}		

$$\frac{c(H_3O^+)c(Ac^-)}{c(HAc)}=K_a^{\ominus}(HAc)=1.8\times10^{-5}$$

$$c(Ac^-)=\frac{1.8\times10^{-5}\times1.0}{1.44\times10^{-3}}=1.25\times10^{-2}(mol\cdot L^{-1})$$

NaAc 的浓度应为 $1.25\times10^{-2}mol\cdot L^{-1}$。

四、自 测 题

1. 填空题(每空 1 分,共 20 分)

(1) 0.10mol·L^{-1} Na_3PO_4 溶液的 pH 约为________,同浓度的 Na_2HPO_4 溶液的 pH 约为________,将两者等体积混合后,溶液的 pH 约为________(H_3PO_4:$pK_1^{\ominus}=2.12$,$pK_2^{\ominus}=7.20$,$pK_3^{\ominus}=12.36$)。

(2) 已知 298K 时,0.01mol·L^{-1}某一元弱酸溶液的 pH=4.00,则该酸的 $K_a^{\ominus}$ 为________;当把该溶液稀释时,则其 pH 将变________;解离度将变________;$K_a^{\ominus}$ 将________。

(3) 酸碱质子理论认为,在 NH_4^+、$HC_2O_4^-$、Al^{3+}、S^{2-}、Na^+ 中,属于酸的有________,属于碱的有________,属于两性物质的有________。

(4) H_2SO_4、$HClO_4$、C_2H_5OH、NH_3、NH_4^+、HSO_4^- 在水溶液中的酸性由强到弱的排列顺序为________________________________。

(5) 已知 18℃时水的 $K_w^{\ominus}=6.4\times10^{-15}$,此时中性溶液中 $c(H^+)$为________,pH 为________。

(6) 现有浓度相同的四种溶液 HCl、HAc($K_a^{\ominus}=1.8\times10^{-5}$)、NaOH 和 NaAc,欲配制 pH=4.44 的缓冲溶液,可有三种配法,每种配法所用的两种溶液及其体积比分别为__________;__________;__________。

(7) 向 0.10mol·L^{-1} NaAc 溶液中加入 1 滴酚酞试液,溶液呈________色;当将溶液加热至沸腾时,溶液的颜色将________,这是因为________。

(8) 在 300mL 0.20mol·L^{-1}氨水中加入________ mL 水,才能使氨水解离度增大一倍。

2. 是非题(用"√"、"×"表示对、错,每小题 1 分,共 10 分)

(1) 0.20mol·L^{-1}HAc 溶液中 $c(H^+)$是 0.10mol·L^{-1}HAc 溶液中 $c(H^+)$的2 倍。 ( )

(2) H_2S 溶液中 $c(H^+)$是 $c(S^{2-})$的 2 倍。 ( )

(3) 在水溶液中可能解离的物质都能达到解离平衡。 ( )

(4) 同离子效应可以使溶液的 pH 增大,也可以使 pH 减小,但一定会使电解质的解离度降低。 ( )

(5) pH=7 的盐的水溶液,表明该盐不发生水解。 ( )

(6) 阳离子水解总是显酸性,而阴离子水解必定显碱性。 ( )

(7) 浓度很大的酸或浓度很大的碱溶液也有缓冲作用。 ( )

(8) $H_2PO_4^-$ 和 HS^- 既是酸又是碱。 ( )

(9) 反应 $NH_4^+ + OH^- \longrightarrow NH_3 + H_2O$ 的平衡常数 $K^{\ominus}=K_w^{\ominus}/K_b^{\ominus}(NH_3)$。 ( )

(10) CO_3^{2-}、SO_3^{2-}、SO_4^{2-} 均可水解,其溶液均呈碱性。 ( )

3. 单选题(每小题 2 分,共 20 分)

(1) 将浓度相同的 NaCl、NH_4Ac、NaAc 和 NaCN 溶液,按它们的 $c(H^+)$从大到小排列的顺序为( )。

A. NaCl>NaAc>NH_4Ac>NaCN　　B. NaAc>NaCl>NH_4Ac>NaCN

C. NaCl≈NH_4Ac>NaAc>NaCN　　D. NaCN>NaAc>NaCl>NH_4Ac

(2) 中性(pH=7)的水是(　　)。

A. 海水　B. 雨水　C. 蒸馏水　D. 自来水

(3) 已知 $K^\ominus(HF)=6.7\times10^{-4}$，$K^\ominus(HCN)=7.2\times10^{-10}$，$K^\ominus(HAc)=1.8\times10^{-5}$。可配成 pH=9 的缓冲溶液的为(　　)。

A. HF 和 NaF　B. HCN 和 NaCN　C. HAc 和 NaAc　D. 都可以

(4) 下列各种物质中，既是布朗斯台德酸(质子酸)又是路易斯碱的是(　　)。

A. B_2H_6　B. CCl_4　C. H_2O　D. SO_2Cl_2

(5) 在 HAc-NaAc 组成的缓冲溶液中，若 $c(HAc)>c(Ac^-)$，则缓冲溶液抵抗酸或碱的能力为(　　)。

A. 抗酸能力>抗碱能力　B. 抗酸能力<抗碱能力

C. 抗酸碱能力相同　D. 无法判断

(6) 已知 H_3PO_4 的 $pK^\ominus_{a_1}=2.12$，$pK^\ominus_{a_2}=7.20$，$pK^\ominus_{a_3}=12.36$，0.10mol · L^{-1} NaH_2PO_4 溶液的 pH 约为(　　)。

A. 4.7　B. 7.3　C. 10.1　D. 9.8

(7) 不是共轭酸碱对的一组物质是(　　)。

A. NH_3，NH_2^-　B. NaOH，Na^+　C. HS^-，S^{2-}　D. H_2O，OH^-

(8) 已知相同浓度的盐 NaA、NaB、NaC、NaD 的水溶液 pH 依次增大，则相同浓度的下列稀酸中解离度最大的是(　　)。

A. HD　B. HC　C. HB　D. HA

(9) 欲配制 pH=9.0 的缓冲溶液，宜在下列体系中选用(　　)。

A. NH_4^+-NH_3($pK^\ominus_b=4.75$)　B. HAc-Ac^-($pK^\ominus_a=4.75$)

C. $H_2PO_4^-$-HPO_4^{2-}($pK^\ominus_{a_2}=7.20$)　D. HCO_3^--CO_3^{2-}($pK^\ominus_{a_2}=10.25$)

(10) 已知 $K^\ominus_a(HA)<10^{-5}$，HA 是很弱的酸，现将 $a$mol · L^{-1}HA 溶液加水稀释，使溶液的体积为原来的 n 倍[设 $\alpha(HA)\ll1$]，下列叙述正确的是(　　)。

A. $c(H^+)$变为原来的 $1/n$　B. HA 溶液解离度增大为原来 n 倍

C. $c(H^+)$变为原来的 a/n 倍　D. $c(H^+)$变为原来的$(1/n)^{\frac{1}{2}}$

4. 计算题(每小题 10 分，共 50 分)

(1) 已知某二元弱酸 H_2B 的 $K^\ominus_{a_1}=4.2\times10^{-7}$，$K^\ominus_{a_2}=5.0\times10^{-11}$。试计算

① 浓度为 0.10mol · L^{-1}的 H_2B 溶液中，HB^-、B^{2-} 及 H^+ 的平衡浓度；

② 若往 1.0L 该溶液中加入 0.05mol NaOH 固体(不考虑溶液体积变化)，溶液的 pH 将为多少？

(2) 已知 $K^\ominus_a(HCN)=7.2\times10^{-10}$，计算 0.20mol · L^{-1} NaCN 溶液的 $c(OH^-)$和水解度 α。

(3) 已知乳酸($CH_3CHOHCOOH$)的 $K^\ominus_a=1.38\times10^{-4}$，试计算 0.100mol · L^{-1} 乳酸钠($CH_3CHOHCOONa$)溶液的 pH。

(4) 欲配制 450mL、pH=4.70 的缓冲溶液，取实验室中 0.10mol · L^{-1} 的 HAc 和 0.10mol · L^{-1}的 NaOH 溶液各多少混合而成？

(5) 欲配制 37℃时 pH 近似为 7.40 的缓冲溶液，在 Tris 和 Tris · HCl 均为 0.050mol · L^{-1}的 100mL 溶液中，需加入 0.050mol · L^{-1} HCl 多少毫升？(已知 Tris · HCl 在 37℃时的 $pK^\ominus_a=7.85$)

参考答案

1. 填空题

(1)12.7,9.8,12.4；(2)1×10^{-6},大,大,不变；(3)NH_4^+、$HC_2O_4^-$，$HC_2O_4^-$、S^{2-}，$HC_2O_4^-$；(4)$HClO_4>H_2SO_4>HSO_4^->NH_4^+>C_2H_5OH>NH_3$；(5)$8\times10^{-8}mol\cdot L^{-1}$,7.10；(6)HAc-NaAc,2∶1,HCl-NaAc,2∶3,HAc-NaOH,3∶1；(7)浅红,加深,温度升高水解加剧；(8)900。

2. 是非题

(1)×；(2)×；(3)×；(4)√；(5)×；(6)×；(7)√；(8)√；(9)×；(10)×。

3. 单选题

(1)C；(2)C；(3)B；(4)C；(5)B；(6)A；(7)B；(8)D；(9)A；(10)D。

4. 计算题

(1) ① $c(H^+)=c(HB^-)=\sqrt{K_{a_1}^{\ominus}c}=\sqrt{4.2\times10^{-7}\times0.10}=2.05\times10^{-4}(mol\cdot L^{-1})$

$$c(B^{2-})=K_{a_2}^{\ominus}=5.0\times10^{-11}(mol\cdot L^{-1})$$

② 加入 NaOH 后,构成 H_2B-HB^- 缓冲液,则

$$pH=pK_{a_1}^{\ominus}+\lg\frac{c(HB^-)}{c(H_2B)}=pK_{a_1}^{\ominus}+\lg\frac{0.05}{0.05}=6.38$$

(2)

$$c(OH^-)=\sqrt{K_b^{\ominus}c}=\sqrt{\frac{K_w^{\ominus}}{K_a^{\ominus}}c}=\sqrt{\frac{10^{-14}\times0.20}{7.2\times10^{-10}}}=1.7\times10^{-3}(mol\cdot L^{-1})$$

$$\alpha=\frac{c(OH^-)}{c}=0.85\%$$

(3) 乳酸钠的 $K_b^{\ominus}=K_w^{\ominus}/K_a^{\ominus}=1.00\times10^{-14}/1.38\times10^{-4}=7.25\times10^{-11}$。

$$K_b^{\ominus}c_b=7.25\times10^{-11}\times0.100>20K_w^{\ominus},c_b/K_b^{\ominus}=0.100/7.25\times10^{-11}>500,\text{则}$$

$$c(OH^-)=\sqrt{K_b^{\ominus}c_b}=\sqrt{7.25\times10^{-11}\times0.100}=2.69\times10^{-6}(mol\cdot L^{-1})$$

$$pOH=-\lg2.69\times10^{-6}=5.57,pH=14.00-5.57=8.43$$

(4) $V(HAc)=305mL,V(NaOH)=145mL$。

(5) 设需加 HCl 溶液 xmL,故

$$n(B^-)=n(Tris)-n(HCl)=0.05\times100-0.05x=0.05(100-x)(mmol)$$

$$n(HB)=n(Tris\cdot HCl)+n(HCl)=0.05\times100+0.05x=0.05(100+x)(mmol)$$

$$7.40=7.85+\lg\frac{0.05(100-x)}{0.05(100+x)}\quad \text{得 } x=48mL$$

（中南大学　古映莹）

第 7 章　沉淀与溶解平衡

一、学 习 要 求

（1）熟悉难溶电解质的沉淀-溶解平衡，掌握溶度积常数及其与溶解度的关系；

（2）掌握判断沉淀的生成和溶解的溶度积规则；

（3）熟悉 pH 对难溶金属氢氧化物和金属硫化物沉淀-溶解平衡的影响及有关计算，熟悉沉淀的配位溶解平衡的简单计算；

（4）了解分步沉淀和沉淀的转化及其有关计算。

二、重难点解析

（一）溶度积

难溶电解质在溶液中达沉淀-溶解平衡时，存在以下平衡：

$$A_nB_m(s) \rightleftharpoons nA^{m+}(aq) + mB^{n-}(aq)$$

其标准平衡常数为　$K_{sp}^{\ominus} = [c(A^{m+})/c^{\ominus}]^n \cdot [c(B^{n-})/c^{\ominus}]^m$

或简写为　$K_{sp}^{\ominus} = c^n(A^{m+}) \cdot c^m(B^{n-})$

式中，$K_{sp}^{\ominus}$称为溶度积常数，简称溶度积。

溶度积的大小反映了难溶电解质溶解能力的大小。对于同种类型的难溶电解质来说，溶度积越大，溶解度就越大；不同类型的难溶电解质，则不能直接用溶度积的大小来比较其溶解能力的大小。

（二）溶解度与溶度积之间的关系

对于反应：　$A_nB_m(s) \rightleftharpoons nA^{m+}(aq) + mB^{n-}(aq)$

平衡时 $c/(mol \cdot L^{-1})$　　　nS　　　mS

$$K_{sp}^{\ominus} = (nS)^n \cdot (mS)^m = n^n \cdot m^m \cdot S^{m+n} \quad 或 \quad S = \left(\frac{K_{sp}^{\ominus}}{n^n \cdot m^m}\right)^{\frac{1}{m+n}}$$

上式即为溶解度与溶度积之间的一般关系式。式中，S 为难溶电解质 A_nB_m 在水中的溶解度，单位为 $mol \cdot L^{-1}$。

（三）溶度积规则

沉淀-溶解反应的反应商判据就是溶度积规则，即

$J > K_{sp}^{\ominus}$，溶液为过饱和溶液，沉淀从溶液中析出；

$J = K_{sp}^{\ominus}$，溶液为饱和溶液，系统中有固相存在，处于平衡状态；

$J < K_{sp}^{\ominus}$，溶液为不饱和溶液，无沉淀析出，若原来有沉淀，则沉淀溶解。

利用溶度积规则可以判断沉淀-溶解平衡的移动方向，说明多种离子体系能否进行分离和转化等问题。

(四) 分步沉淀

溶液中含有几种离子，加入某沉淀剂均可生成沉淀，沉淀生成的先后顺序按离子积达到或大于溶度积的先后顺序分步沉淀。一般来说，溶液中被沉淀的离子浓度小于 $1.0\times10^{-5}\text{mol}\cdot\text{L}^{-1}$时，可认为已沉淀完全。

(五) 沉淀-溶解平衡的移动

浓度是影响沉淀-溶解平衡的最重要因素，通过改变溶液的 pH、发生氧化还原反应、生成配合物以及转化为另一种沉淀等方法，都可以改变离子的浓度，使沉淀-溶解平衡发生移动。熟悉沉淀-溶解平衡移动问题的关键是解决与沉淀有关的多重平衡问题。

1. 同离子效应

在难溶电解质的溶液中，加入含有相同离子的易溶强电解质，将使难溶电解质的溶解度降低，这种现象称为同离子效应。

2. 盐效应

在难溶电解质的溶液中，加入易溶强电解质而使难溶电解质的溶解度增大的现象称为盐效应。

一般来说，当难溶电解质的溶度积很小时，盐效应的影响很小，可忽略不计；但当难溶电解质的溶度积较大，溶液中各种离子的总浓度也较大时，就应该考虑盐效应的影响。

(六) 沉淀的生成与溶解

1. 难溶金属氢氧化物

利用金属氢氧化物在酸中的溶解度的差异，控制溶液的 pH，可以达到分离金属离子的目的。

在难溶金属氢氧化物 $M(OH)_n$ 的饱和溶液中，存在如下沉淀-溶解平衡：

$$M(OH)_n(s) \rightleftharpoons M^{n+}(aq)+nOH^-(aq)$$

$$K_{sp}^{\ominus}[M(OH)_n]=c(M^{n+})c^n(OH^-)$$

金属氢氧化物 $M(OH)_n$ 的溶解度 S 等于溶液中金属离子的浓度 $c(M^{n+})$，即

$$S=c(M^{n+})=\frac{K_{sp}^{\ominus}[M(OH)_n]}{c^n(OH^-)}$$

或

$$S=c(M^{n+})=\frac{K_{sp}^{\ominus}[M(OH)_n]}{K_w^{\ominus n}}c^n(H^+)$$

利用上式可以计算氢氧化物开始沉淀和沉淀完全时溶液的 $c(OH^-)$，从而求出相应条件的 pH。

开始沉淀时：

$$c_{始}(OH^-)\geqslant\sqrt[n]{\frac{K_{sp}^{\ominus}[M(OH)_n]}{c_0(M^{n+})}}$$

式中，$c_0(M^{n+})$为溶液中 M^{n+} 的起始浓度。

沉淀完全时：

$$c_{终}(OH^-)\geqslant\sqrt[n]{\frac{K_{sp}^{\ominus}[M(OH)_n]}{1.0\times10^{-5}}}$$

可见，利用不同离子形成氢氧化物沉淀和沉淀完全时溶液的 pH 的差异，可将不同的离子进行分离。

2. 难溶金属硫化物

在实际应用中，也常利用硫化物溶度积的差异来分离某些金属离子。由于金属硫化物的分离常在酸性溶液中进行，因此难溶金属硫化物在酸中的沉淀-溶解平衡更有实际意义。

$$MS(s)+2H_3O^+(aq)\rightleftharpoons M^{2+}(aq)+H_2S(aq)+2H_2O(l)$$

$$K_{spa}^{\ominus}=\frac{c(M^+)c(H_2S)}{c^2(H_3O^+)}\quad 或\quad K_{spa}^{\ominus}=\frac{K_{sp}^{\ominus}(MS)}{K_{a_1}^{\ominus}(H_2S)K_{a_2}^{\ominus}(H_2S)}$$

式中，$K_{spa}^{\ominus}$称为难溶金属硫化物在酸中的溶度积常数。设溶液中 M^{2+} 的初始浓度为 $c(M^{2+})$，通入 H_2S 气体达饱和时，$c(H_2S)=0.10mol\cdot L^{-1}$，则产生 MS 沉淀的最高 H_3O^+ 浓度 $c(H_3O^+)$可由上式推得。

$$c(H_3O^+)=\sqrt{\frac{c(M^{2+})c(H_2S)K_{a_1}^{\ominus}(H_2S)K_{a_2}^{\ominus}(H_2S)}{K_{sp}^{\ominus}(MS)}}\quad 或\quad c(H_3O^+)=\sqrt{\frac{c(M^{2+})c(H_2S)}{K_{spa}^{\ominus}(MS)}}$$

三、习题全解和重点练习题解

1(7-1). 下列叙述是否正确？并说明之。

(1) 溶解度大的，溶度积一定大。

(2) 为了使某种离子沉淀得很完全，所加沉淀剂越多越好。

(3) 所谓沉淀完全，就是指溶液中这种离子的浓度为零。

(4) 对含有多种可被沉淀离子的溶液来说，当逐滴慢慢加入沉淀剂时，一定是浓度大的离子先被沉淀。

答：(1) 不对。只有同种类型的难溶电解质，才有溶度积越大，溶解度越大；而不同类型的难溶电解质，则不能直接用溶度积的大小来比较其溶解度的大小。

(2) 不对。沉淀剂加得太多时，在产生同离子效应的同时，也会有盐效应。同离子效应使溶解度降低，而盐效应则使溶解度增大。

(3) 不对。溶液中被沉淀的离子浓度小于 $1.0\times10^{-5}mol\cdot L^{-1}$时，可认为已沉淀完全。

(4) 不对。对含有多种可被沉淀离子的溶液来说，沉淀生成的先后顺序是按离子积达到或超过溶度积 $K_{sp}^{\ominus}$的先后顺序分步沉淀。

2(7-2). 已知 25℃时，PbI_2 的 $K_{sp}^{\ominus}=8.4\times10^{-9}$，计算

(1) PbI_2 在水中的溶解度($mol\cdot L^{-1}$)。

(2) PbI_2 饱和溶液中 $c(Pb^{2+})$和 $c(I^-)$。

(3) PbI_2 在 $0.10mol\cdot L^{-1}$KI 溶液中的溶解度($mol\cdot L^{-1}$)。

(4) PbI_2 在 $0.20mol\cdot L^{-1}Pb(NO_3)_2$ 溶液中的溶解度($mol\cdot L^{-1}$)。

解：(1)　　$PbI_2\rightleftharpoons Pb^{2+}+2I^-$

平衡时 $c/(mol\cdot L^{-1})$　　S　　$2S$

$$S\times(2S)^2=K_{sp}^{\ominus}=8.4\times10^{-9}$$

$$S=\left(\frac{8.4\times10^{-9}}{4}\right)^{\frac{1}{3}}=1.28\times10^{-3}(\text{mol}\cdot\text{L}^{-1})$$

(2) $c(Pb^{2+})=S=1.28\times10^{-3}\text{mol}\cdot\text{L}^{-1}$，$c(I^-)=2S=2.56\times10^{-3}\text{mol}\cdot\text{L}^{-1}$

(3)
$$PbI_2 \rightleftharpoons Pb^{2+}+2I^-$$

$$S\times0.10^2=8.4\times10^{-9}$$

$$S=\frac{8.4\times10^{-9}}{0.10^2}=8.4\times10^{-7}(\text{mol}\cdot\text{L}^{-1})$$

(4)
$$PbI_2 \rightleftharpoons Pb^{2+}+2I^-$$

$$(2S)^2\times0.20=8.4\times10^{-9}$$

$$S=\sqrt{\frac{8.4\times10^{-9}}{4\times0.2}}=\sqrt{1.05\times10^{-8}}=1.02\times10^{-4}(\text{mol}\cdot\text{L}^{-1})$$

3(7－3). 已知室温时下列各物质的溶解度(括号内数值)，试求它们的 $K_{sp}^{\ominus}$。

(1) AgBr($8.8\times10^{-7}\text{mol}\cdot\text{L}^{-1}$)　　(2) $Mg(NH_4)PO_4$($6.3\times10^{-5}\text{mol}\cdot\text{L}^{-1}$)

(3) $Pb(IO_3)_2$($3.1\times10^{-5}\text{mol}\cdot\text{L}^{-1}$)

解：(1) $K_{sp}^{\ominus}=S\times S=(8.8\times10^{-7})^2=7.74\times10^{-13}$

(2) $K_{sp}^{\ominus}=S^3=(6.3\times10^{-5})^3=2.50\times10^{-13}$

(3) $K_{sp}^{\ominus}=S\times(2S)^2=4\times(3.1\times10^{-5})^3=1.19\times10^{-13}$

4(7－4). 下列难溶化合物中，因为阴离子与水发生质子转移反应，溶解度大于溶度积理论计算值的化合物有哪些？

(1) AgI　(2) $PbCO_3$　(3) CuS　(4) CuCl　(5) $Ca_3(PO_4)_2$

答：$PbCO_3$，CuS，$Ca_3(PO_4)_2$。

5(7－5). 已知 $K_{sp}^{\ominus}(AgCl)=1.8\times10^{-10}$；$K_{sp}^{\ominus}(Ag_2CrO_4)=1.1\times10^{-12}$；$K_{sp}^{\ominus}(Ag_2C_2O_4)=5.3\times10^{-12}$；$K_{sp}^{\ominus}(AgBr)=5.3\times10^{-13}$。在下列银盐的饱和溶液中，$Ag^+$ 浓度最大的是

(1) AgCl　(2) Ag_2CrO_4　(3) $Ag_2C_2O_4$　(4) AgBr

答：$Ag_2C_2O_4$。

6(7－6). 在 $Pb(NO_3)_2$ 与 NaCl 的混合溶液中，$Pb(NO_3)_2$ 的浓度为 $0.20\text{mol}\cdot\text{L}^{-1}$，在此混合溶液中

(1) Cl^- 浓度为 $5.0\times10^{-4}\text{mol}\cdot\text{L}^{-1}$ 时，能否产生 $PbCl_2$ 沉淀？

(2) Cl^- 浓度为多大时，开始生成 $PbCl_2$ 沉淀？

(3) 当 Cl^- 浓度为 $6.0\times10^{-2}\text{mol}\cdot\text{L}^{-1}$ 时，溶液中 Pb^{2+} 的浓度为多少？

解：
$$Pb^{2+}+2Cl^- \rightleftharpoons PbCl_2$$

查教材附表四知 $K_{sp}^{\ominus}(PbCl_2)=1.7\times10^{-5}$。

(1) $J=c(Pb^{2+})c^2(Cl^-)=0.20\times(5.0\times10^{-4})^2=5\times10^{-8}<K_{sp}^{\ominus}(PbCl_2)$，所以无 $PbCl_2$ 沉淀产生。

(2) 生成 $PbCl_2$ 沉淀的条件是 $J\geqslant K_{sp}^{\ominus}(PbCl_2)$。故当 $c(Cl^-)=\sqrt{\frac{K_{sp}^{\ominus}(PbCl_2)}{c(Pb^{2+})}}=\sqrt{\frac{1.7\times10^{-5}}{0.20}}=9.22\times10^{-3}(\text{mol}\cdot\text{L}^{-1})$时，开始生成 $PbCl_2$ 沉淀。

(3) Cl^- 浓度为 $6.0\times10^{-2}mol\cdot L^{-1}$ 时，溶液中

$$c(Pb^{2+})=\frac{K_{sp}^{\ominus}(PbCl_2)}{c^2(Cl^-)}=\frac{1.7\times10^{-5}}{(6.0\times10^{-2})^2}=4.7\times10^{-3}(mol\cdot L^{-1})$$

7(7-7). $0.30mol\cdot L^{-1}$ HCl 溶液中含有一定数量 Cd^{2+}，当不断通入 H_2S 气体并达到饱和[$c(H_2S)=0.10mol\cdot L^{-1}$]时，$Cd^{2+}$ 能否沉淀完全？

解：查教材附表三、四知 $K_{sp}^{\ominus}(CdS)=8.0\times10^{-27}$

$$K_{a_1}^{\ominus}(H_2S)=1.3\times10^{-7},K_{a_2}^{\ominus}(H_2S)=7.1\times10^{-15}$$

在溶液中存在如下平衡：

$$Cd^{2+}+H_2S \rightleftharpoons CdS+2H^+$$

标准平衡常数为

$$K^{\ominus}=\frac{c^2(H^+)}{c(Cd^{2+})c(H_2S)}=\frac{K_{a_1}^{\ominus}(H_2S)K_{a_2}^{\ominus}(H_2S)}{K_{sp}^{\ominus}(CdS)}=\frac{9.23\times10^{-22}}{8.0\times10^{-27}}=1.15\times10^5$$

当体系中 H_2S 浓度达到饱和时

$$c(Cd^{2+})=\frac{c^2(H^+)}{K^{\ominus}c(H_2S)}=\frac{0.30^2}{1.15\times10^5\times0.10}=7.8\times10^{-6}(mol\cdot L^{-1})$$

可见此时 Cd^{2+} 已完全沉淀。

8(7-8). 某溶液中含有 Fe^{3+} 和 Zn^{2+}，浓度均为 $0.050mol\cdot L^{-1}$，若欲将两者分离，应如何控制溶液的 pH？

解：查教材附表四知 $K_{sp}^{\ominus}[Zn(OH)_2]=1.2\times10^{-7}$，$K_{sp}^{\ominus}[Fe(OH)_3]=4.0\times10^{-38}$。当 Zn^{2+} 浓度为 $0.050mol\cdot L^{-1}$，其开始沉淀时的 pH 为

$$c(OH^-)=\sqrt{\frac{K_{sp}^{\ominus}[Zn(OH)_2]}{c(Zn^{2+})}}=\sqrt{\frac{1.2\times10^{-17}}{0.050}}=1.55\times10^{-8}(mol\cdot L^{-1})$$

$$pOH=7.81$$

$$pH=6.19$$

Fe^{3+} 沉淀完全 $c(Fe^{3+})\leqslant1.0\times10^{-5}mol\cdot L^{-1}$，则

$$c(OH^-)=\left(\frac{K_{sp}^{\ominus}[Fe(OH)_3]}{c(Fe^{3+})}\right)^{\frac{1}{3}}=1.59\times10^{-11}mol\cdot L^{-1}$$

$$pH=3.20$$

所以要分离此溶液中的 Fe^{3+} 和 Zn^{2+}，应控制 pH 为 3.20～6.19。

9(7-9). 在 $0.10mol\cdot L^{-1}$ $ZnCl_2$ 溶液中通入 H_2S 气体并达到饱和[$c(H_2S)=0.10mol\cdot L^{-1}$]，若加入 HCl，问 H^+ 的浓度应控制在什么范围就能使 ZnS 沉淀。

解：

$$Zn^{2+}+H_2S = ZnS\downarrow+2H^+$$

$$K^{\ominus}=\frac{c^2(H^+)}{c(Zn^{2+})c(H_2S)}=\frac{K_{a_1}^{\ominus}(H_2S)K_{a_2}^{\ominus}(H_2S)}{K_{sp}^{\ominus}(ZnS)}=\frac{9.23\times10^{-22}}{2.0\times10^{-22}}=4.615$$

$$c(H^+)=\sqrt{K^{\ominus}c(Zn^{2+})c(H_2S)}=\sqrt{4.615\times0.10\times0.10}=0.21(mol\cdot L^{-1})$$

即当浓度 H^+ 小于 $0.21mol\cdot L^{-1}$ 时就能使 ZnS 沉淀。

10(7-10). 在 500mL $0.20\ mol\cdot L^{-1}$ 的 $MgCl_2$ 溶液中，加入 500mL $0.020mol\cdot L^{-1}NH_3\cdot H_2O$，是否有 $Mg(OH)_2$ 沉淀产生？若再加入 0.10mol NH_4Cl 固体，有无变化？

解：同体积混合，若不考虑混合引起的体积变化，则各物种浓度减半。

$$c(Mg^{2+})=0.10mol \cdot L^{-1}, c(NH_3 \cdot H_2O)=0.010mol \cdot L^{-1}$$

溶液中的 OH^- 主要由 $NH_3 \cdot H_2O$ 解离产生：

$$NH_3 \quad + \quad H_2O \quad \rightleftharpoons \quad NH_4^+ \quad + \quad OH^-$$

平衡时 $c/(mol \cdot L^{-1})$ $\qquad 0.010-x \qquad\qquad x \qquad\qquad x$

$$\frac{x^2}{0.010-x}=K_b^\ominus(NH_3)=1.8\times10^{-5}$$

$$c(OH^-)=x=\sqrt{1.8\times10^{-5}\times0.010}=4.2\times10^{-4}(mol \cdot L^{-1})$$

查教材附表四知 $K_{sp}^\ominus[Mg(OH)_2]=5.1\times10^{-12}$。

$$J=c(Mg^{2+})c^2(OH^-)=0.10\times1.8\times10^{-7}=1.8\times10^{-8}>K_{sp}^\ominus[Mg(OH)_2]$$

所以有 $Mg(OH)_2$ 沉淀产生。

加入 NH_4Cl 后： $\qquad NH_3 \quad + \quad H_2O \quad \rightleftharpoons \quad NH_4^+ \quad + \quad OH^-$

平衡时 $c/(mol \cdot L^{-1})$ $\qquad 0.010-x \qquad\qquad 0.10+x \qquad\qquad x$

$$\frac{x(0.10+x)}{0.010-x}=K_b^\ominus(NH_3)=1.8\times10^{-5}$$

$$c(OH^-)=x=1.8\times10^{-6}mol \cdot L^{-1}$$

$J=0.10\times(1.8\times10^{-6})^2=3.24\times10^{-13}<K_{sp}^\ominus[Mg(OH)_2]$，所以此时 $Mg(OH)_2$ 沉淀会溶解。

11(7-11). 将 0.010mol 的 CuS 溶于 1.0L 盐酸中，计算所需盐酸的最低浓度。从计算结果说明盐酸能否溶解 CuS?

解：查教材附表三、四知 $K_{sp}^\ominus(CuS)=6.0\times10^{-36}$，$K_{a_1}^\ominus(H_2S)=1.3\times10^{-7}$，$K_{a_2}^\ominus(H_2S)=7.1\times10^{-15}$。

在溶液中存在如下平衡：

$$CuS+2H^+ \rightleftharpoons Cu^{2+}+H_2S$$

标准平衡常数

$$K^\ominus=\frac{c(Cu^{2+})c(H_2S)}{c^2(H^+)}=\frac{K_{sp}^\ominus(CuS)}{K_{a_1}^\ominus(H_2S)K_{a_2}^\ominus(H_2S)}=\frac{6.0\times10^{-36}}{9.23\times10^{-22}}=6.5\times10^{-15}$$

平衡时溶液中

$$c(H^+)=\sqrt{\frac{c(Cu^{2+})c(H_2S)}{K^\ominus}}=\sqrt{\frac{0.01\times0.01}{6.5\times10^{-15}}}=1.24\times10^5(mol \cdot L^{-1})$$

所需 HCl 浓度如此之大，所以 HCl 不能溶解 CuS。

12(7-12). 分别计算下列各反应的标准平衡常数，并判断反应进行的方向。(设各反应离子的浓度均为 $0.10mol \cdot L^{-1}$)

(1) $PbS(s)+2HAc \rightleftharpoons Pb^{2+}+H_2S+2Ac^-$

(2) $Mg(OH)_2(s)+2NH_4^+ \rightleftharpoons Mg^{2+}+2NH_3 \cdot H_2O$

(3) $Cu^{2+}+H_2S \rightleftharpoons CuS(s)+2H^+$

(4) $PbCO_3(s)+S^{2-} \rightleftharpoons PbS(s)+CO_3^{2-}$

(5) $AgBr(s)+Cl^- \rightleftharpoons AgCl(s)+Br^-$

解：(1) 查教材附表三、四可知本题所需平衡常数 $K_a^\ominus$、$K_{sp}^\ominus$。

$$K^{\ominus}=\frac{c^2(Ac^-)c(H_2S)c(Pb^{2+})}{c^2(HAc)}\times\frac{c(S^{2-})c^2(H_3O^+)}{c(S^{2-})c^2(H_3O^+)}=\frac{K_{sp}^{\ominus}(PbS)[K_a^{\ominus}(HAc)]^2}{K_{a_1}^{\ominus}(H_2S)K_{a_2}^{\ominus}(H_2S)}$$

$$=\frac{8.0\times10^{-28}\times(1.8\times10^{-5})^2}{9.23\times10^{-22}}=2.8\times10^{-16}$$

$J=\frac{c^2(Ac^-)c(H_2S)c(Pb^{2+})}{c^2(HAc)}=\frac{0.10^2\times0.10\times0.10}{0.10^2}=1.0\times10^{-2}>2.8\times10^{-16}$，反应逆向自发。

(2) $$K^{\ominus}=\frac{c^2(NH_3)c(Mg^{2+})}{c^2(NH_4^+)}\times\frac{c(OH^-)c(OH^-)}{c^2(OH^-)}=\frac{K_{sp}^{\ominus}[Mg(OH)_2]}{[K_b^{\ominus}(NH_3)]^2}$$

$$=\frac{5.1\times10^{-12}}{(1.8\times10^{-5})^2}=1.57\times10^{-2}$$

$J=0.1$，反应逆向自发。

(3) $$K^{\ominus}=\frac{c^2(H^+)}{c(Cu^{2+})c(H_2S)}\times\frac{c(S^{2-})}{c(S^{2-})}=\frac{K_{a_1}^{\ominus}(H_2S)K_{a_2}^{\ominus}(H_2S)}{K_{sp}^{\ominus}(CuS)}=1.54\times10^{14}$$

$J=1$，反应正向自发。

(4) $$K^{\ominus}=\frac{c(CO_3^{2-})}{c(S^{2-})}\times\frac{c(Pb^{2+})}{c(Pb^{2+})}=\frac{K_{sp}^{\ominus}(PbCO_3)}{K_{sp}^{\ominus}(PbS)}=\frac{1.5\times10^{-13}}{1.3\times10^{-28}}=1.15\times10^{15}$$

$J=1$，反应正向自发。

(5) $$K^{\ominus}=\frac{c(Br^-)}{c(Cl^-)}\times\frac{c(Ag^+)}{c(Ag^+)}=\frac{K_{sp}^{\ominus}(AgBr)}{K_{sp}^{\ominus}(AgCl)}=\frac{5.3\times10^{-13}}{1.8\times10^{-10}}=2.94\times10^{-3}$$

$J=1$，反应逆向自发。

13(7-13). 已知某溶液中含有 $0.100mol\cdot L^{-1}$ Zn^{2+} 和 $0.100mol\cdot L^{-1}$ Cd^{2+}，当在此溶液中通入 H_2S 达饱和时[$c(H_2S)=0.10mol\cdot L^{-1}$]

(1) 哪一种离子先沉淀?

(2) 使 Zn^{2+} 开始沉淀的 $c(H_3O^+)=$?

(3) 为了使 Cd^{2+} 沉淀完全，溶液中 $c(H_3O^+)=$?

解:查教材附表四可知 $K_{sp}^{\ominus}(ZnS)=2.0\times10^{-22}$，$K_{sp}^{\ominus}(CdS)=8.0\times10^{-27}$。

(1) ZnS 与 CdS 属同一类型难溶电解质，故 $K_{sp}^{\ominus}$较小的 CdS 先沉淀。

(2) $$c(H_3O^+)=\sqrt{\frac{c(Zn^{2+})c(H_2S)K_{a_1}^{\ominus}(H_2S)K_{a_2}^{\ominus}(H_2S)}{K_{sp}^{\ominus}(ZnS)}}=\sqrt{\frac{0.10\times0.10\times9.23\times10^{-22}}{2.0\times10^{-22}}}$$

$$=0.21(mol\cdot L^{-1})$$

(3) $$c(H_3O^+)=\sqrt{\frac{c(Cd^{2+})c(H_2S)K_{a_1}^{\ominus}(H_2S)K_{a_2}^{\ominus}(H_2S)}{K_{sp}^{\ominus}(CdS)}}$$

$$=\sqrt{\frac{1.0\times10^{-5}\times0.10\times9.23\times10^{-22}}{8.0\times10^{-27}}}=0.34(mol\cdot L^{-1})$$

14(7-14). 若 $BaCO_3$ 沉淀中尚有 0.015mol 的 $BaSO_4$，在 1.0L 此沉淀的饱和溶液中应加入 Na_2CO_3 的物质的量为多少才能使 $BaSO_4$ 完全转变为 $BaCO_3$?

解:查教材附表四知 $K_{sp}^{\ominus}(BaSO_4)=1.1\times10^{-10}$，$K_{sp}^{\ominus}(BaCO_3)=2.6\times10^{-9}$。

在溶液中存在如下平衡:

$$BaSO_4(s)+CO_3^{2-} \rightleftharpoons BaCO_3(s)+SO_4^{2-}$$

平衡时 $c/(mol \cdot L^{-1})$　　x　　0.015

$$K^{\ominus}=\frac{c(SO_4^{2-})}{c(CO_3^{2-})}=\frac{0.015}{x}=\frac{K_{sp}^{\ominus}(BaSO_4)}{K_{sp}^{\ominus}(BaCO_3)}=\frac{1.1\times10^{-10}}{2.6\times10^{-9}}=0.042$$

$$x=0.357mol \cdot L^{-1}$$

溶解 0.015mol $BaSO_4$ 要消耗 0.015mol Na_2CO_3，故加入 Na_2CO_3 的物质的量为 0.357+0.015=0.372(mol)。

15(7-15). 计算 CuCl 转化为 CuI 的反应的标准平衡常数。在 1L 溶液中含有 0.050mol KI，并与 0.10mol CuCl 共存，当转化达到平衡时，计算溶液中 Cu^+、Cl^-、I^- 的浓度各为多少？

解：查教材附表四知 $K_{sp}^{\ominus}(CuCl)=1.7\times10^{-7}$，$K_{sp}^{\ominus}(CuI)=1.2\times10^{-12}$。

在溶液中存在如下平衡：

$$CuCl(s)+I^- \rightleftharpoons CuI(s)+Cl^-$$

$$K^{\ominus}=\frac{c(Cl^-)}{c(I^-)}=\frac{K_{sp}^{\ominus}(CuCl)}{K_{sp}^{\ominus}(CuI)}=\frac{1.7\times10^{-7}}{1.2\times10^{-12}}=1.42\times10^5$$

因为 $K^{\ominus}$ 很大，反应很完全，I^- 可全部转化为 CuI。

$$CuCl(s) + I^- \rightleftharpoons CuI(s) + Cl^-$$

平衡时 $c/(mol \cdot L^{-1})$　　$0.050-x$　　x

$$\frac{x}{0.050-x}=1.42\times10^5$$

$$c(Cl^-)=x\approx0.05mol \cdot L^{-1}$$

Cu^+ 与 I^- 的浓度分别由 CuCl 及 CuI 的沉淀-溶解平衡决定：

$$CuCl(s) \rightleftharpoons Cu^+ + Cl^-$$

$$CuI(s) \rightleftharpoons Cu^+ + I^-$$

$$c(Cu^+)=K_{sp}^{\ominus}(CuCl)/c(Cl^-)=1.7\times10^{-7}/0.050=3.4\times10^{-6}(mol \cdot L^{-1})$$

$$c(I^-)=K_{sp}^{\ominus}(CuI)/c(Cu^+)=1.2\times10^{-12}/3.4\times10^{-6}=3.5\times10^{-7}(mol \cdot L^{-1})$$

16(7-16). 某溶液中含有 Ag^+、Pb^{2+}、Ba^{2+}、Sr^{2+}，各种离子浓度均为 0.10mol·L^{-1}。如果逐滴加入 K_2CrO_4 稀溶液(溶液体积变化忽略不计)，通过计算说明上述几种离子的铬酸盐开始沉淀的先后顺序。

解：查教材附表四可知各种难溶盐的 $K_{sp}^{\ominus}$，并通过溶度积规则求出各种沉淀产生所需 CrO_4^{2-} 的最小浓度

Ag_2CrO_4：$c(CrO_4^{2-})=\dfrac{K_{sp}^{\ominus}}{c^2(Ag^+)}=\dfrac{1.1\times10^{-12}}{0.10^2}=1.1\times10^{-10}(mol \cdot L^{-1})$

$BaCrO_4$：$c(CrO_4^{2-})=\dfrac{K_{sp}^{\ominus}}{c(Ba^{2+})}=\dfrac{1.2\times10^{-10}}{0.10}=1.2\times10^{-9}(mol \cdot L^{-1})$

$PbCrO_4$：$c(CrO_4^{2-})=\dfrac{K_{sp}^{\ominus}}{c(Pb^{2+})}=\dfrac{2.8\times10^{-13}}{0.10}=2.8\times10^{-12}(mol \cdot L^{-1})$

$SrCrO_4$：$c(CrO_4^{2-})=\dfrac{K_{sp}^{\ominus}}{c(Sr^{2+})}=\dfrac{2.2\times10^{-5}}{0.10}=2.2\times10^{-4}(mol \cdot L^{-1})$

所以，沉淀的先后顺序为 Pb^{2+}、Ag^+、Ba^{2+}、Sr^{2+}。

17. 在 1L 0.2mol·L^{-1} $ZnSO_4$ 溶液中含有 Fe^{2+} 杂质为 0.056g。加入氧化剂将 Fe^{2+} 氧化为

Fe^{3+}后，调 pH 生成 $Fe(OH)_3$ 而除去杂质，问如何控制溶液的 pH？[已知 $Zn(OH)_2$ 的 $K_{sp}^{\ominus}=1.2\times10^{-17}$，$Fe(OH)_3$ 的 $K_{sp}^{\ominus}=4.0\times10^{-38}$，$M_r(Fe)=56$]

解：溶液中 Fe^{3+}的浓度为

$$c(Fe^{3+})=\frac{0.056/56}{1}=1.0\times10^{-3}(mol\cdot L^{-1})$$

欲使 Fe^{3+}沉淀完全(浓度低于 $1.0\times10^{-5}mol\cdot L^{-1}$)，溶液中 OH^-浓度至少为

$$c(OH^-)=\sqrt[3]{\frac{4.0\times10^{-38}}{1.0\times10^{-5}}}=1.6\times10^{-11}(mol\cdot L^{-1})$$

$$pH=14-pOH=3.2$$

欲使 Zn^{2+}不沉淀，溶液中 OH^-浓度应低于

$$c(OH^-)=\sqrt{\frac{1.2\times10^{-17}}{0.20}}=7.7\times10^{-9}(mol\cdot L^{-1})$$

$$pH=14-pOH=5.9$$

故应控制溶液的 pH 为 3.2～5.9。

18. 用 Na_2CO_3 处理 AgI，能否使之转化为 Ag_2CO_3？(已知 Ag_2CO_3 的 $K_{sp}^{\ominus}=8.3\times10^{-12}$，AgI 的 $K_{sp}^{\ominus}=8.3\times10^{-7}$)

解：转化反应式为 $2AgI(s)+CO_3^{2-}=\!=\!=Ag_2CO_3(s)+2I^-$

$$K^{\ominus}=\frac{c^2(I^-)}{c(CO_3^{2-})}=\frac{c^2(I^-)}{c(CO_3^{2-})}\times\frac{c^2(Ag^+)}{c^2(Ag^+)}=\frac{[K_{sp}^{\ominus}(AgI)]^2}{K_{sp}^{\ominus}(Ag_2CO_3)}=\frac{(8.3\times10^{-17})^2}{8.3\times10^{-12}}=8.3\times10^{-22}$$

$$c(CO_3^{2-})=1.2\times10^{21}c^2(I^-)$$

结果表明，即使 AgI 的溶解量很小，所需 Na_2CO_3 的浓度也应大于$1.2\times10^{21}c^2(I^-)+\frac{1}{2}c(I^-)$，这实际上根本不可能达到。因此，不能用沉淀转化的方法用 Na_2CO_3 处理 AgI 使之转化为 Ag_2CO_3。

四、自　测　题

1. 填空题(每空 1.5 分，共 30 分)

(1) $PbSO_4$ 的 $K_{sp}^{\ominus}$为 1.8×10^{-8}，在纯水中其溶解度为________ $mol\cdot L^{-1}$；在浓度为 $1.0\times10^{-2}mol\cdot L^{-1}$的 Na_2SO_4 溶液中达到饱和时其溶解度为________ $mol\cdot L^{-1}$。

(2) 在 AgCl、$CaCO_3$、$Fe(OH)_3$、MgF_2、ZnS 这些物质中，溶解度不随 pH 变化的是________。

(3) 同离子效应使难溶电解质的溶解度________；盐效应使难溶电解质的溶解度________。

(4) AgCl、AgBr、AgI 在 $2.0mol\cdot L^{-1}$ $NH_3\cdot H_2O$ 中的溶解度由大到小的顺序为______________。

(5) $2[Ag(CN)_2]^-(aq)+S^{2-}(aq)=\!=\!=Ag_2S(s)+4CN^-(aq)$的标准平衡常数 $K^{\ominus}$为________。(Ag_2S 的 $K_{sp}^{\ominus}=2.0\times10^{-49}$)

(6) 向底部含有少量 AgI 固体的 AgI 饱和溶液中加少量 AgCl 固体，搅拌后，AgI 固体的量将__________。

(7) 在 $CaCO_3$($K_{sp}^{\ominus}=2.9\times10^{-9}$)、$CaF_2$($K_{sp}^{\ominus}=1.5\times10^{-10}$)、$Ca_3(PO_4)_2$($K_{sp}^{\ominus}=2.1\times10^{-33}$)的饱和溶液中，$Ca^{2+}$浓度由大到小的顺序是________>________>________。

(8) 已知 $K_{sp}^{\ominus}(Ag_2CrO_4)=1.1\times10^{-12}$、$K_{sp}^{\ominus}(PbCrO_4)=2.8\times10^{-13}$、$K_{sp}^{\ominus}(CaCrO_4)=7.1\times10^{-4}$。向浓度均为 $0.10mol\cdot L^{-1}$ 的 Ag^+、Pb^{2+}、Ca^{2+} 的混合溶液中滴加 K_2CrO_4 稀溶液，则出现沉淀的顺序为________，________，________。又已知 $K_{sp}^{\ominus}(PbI_2)=8.4\times10^{-9}$，若将 $PbCrO_4$ 沉淀转化为 PbI_2 沉淀，转化反应的离子方程式为________，其标准平衡常数 $K^{\ominus}=$________。

(9) 在$[Ba^{2+}]=[Pb^{2+}]=0.010mol\cdot L^{-1}$的溶液中，逐渐加入 Na_2SO_4 溶液，________先沉淀，当第二种离子开始沉淀时，$[SO_4^{2-}]$为________ $mol\cdot L^{-1}$，$[Ba^{2+}]$为________ $mol\cdot L^{-1}$。$[K_{sp}^{\ominus}(PbSO_4)=1.8\times10^{-8}, K_{sp}^{\ominus}(BaSO_4)=1.1\times10^{-10}]$

(10) 根据溶度积规则，沉淀溶解的必备条件是________________。

2. 是非题(用"√"、"×"表示对、错，每小题 2 分，共 20 分)

(1) 一定温度下，AgCl 的饱和水溶液中，$[c(Ag^+)/c^{\ominus}]$和$[c(Cl^-)/c^{\ominus}]$的乘积是一个常数。　(　　)

(2) 任何 AgCl 溶液中，$[c(Ag^+)/c^{\ominus}]$和$[c(Cl^-)/c^{\ominus}]$之积都等于 $K_{sp}^{\ominus}(AgCl)$。　(　　)

(3) Ag_2CrO_4 溶度积可表达为 $K_{sp}^{\ominus}(Ag_2CrO_4)=4[c(Ag^+)]^2c(CrO_4^{2-})$。　(　　)

(4) 难溶电解质的 $K_{sp}^{\ominus}$是温度和离子浓度的函数。　(　　)

(5) 已知 $K_{sp}^{\ominus}(ZnCO_3)=1.2\times10^{-10}$、$K_{sp}^{\ominus}[Zn(OH)_2]=1.2\times10^{-17}$，则在 $Zn(OH)_2$ 饱和溶液中的 $c(Zn^{2+})$小于 $ZnCO_3$ 饱和溶液中的 $c(Zn^{2+})$。　(　　)

(6) 产生同离子效应时一般不会产生盐效应。　(　　)

(7) $MgCO_3$ 的 $K_{sp}^{\ominus}=6.8\times10^{-6}$，则所有含固体 $MgCO_3$ 的溶液中，$c(Mg^{2+})=c(CO_3^{2-})$。　(　　)

(8) 对于微溶性强电解质，可根据 $K_{sp}^{\ominus}$大小判断溶解度大小。　(　　)

(9) 难溶盐 $BaSO_4$ 在 $0.10mol\cdot L^{-1}Na_2CO_3$ 溶液中的溶解度比在水中大。　(　　)

(10) 溶解度和溶度积都能表示难溶电解质溶解能力的大小，溶度积大者溶解度一定大。　(　　)

3. 单选题(每小题 2 分，共 20 分)

(1) 已知在 $Ca_3(PO_4)_2$ 的饱和溶液中，$c(Ca^{2+})=2.0\times10^{-6}mol\cdot L^{-1}$，$c(PO_4^{3-})=2.0\times10^{-6}mol\cdot L^{-1}$，则 $Ca_3(PO_4)_2$ 的 $K_{sp}^{\ominus}$为(　　)。

A. 3.2×10^{-29}　　B. 2.0×10^{-12}　　C. 6.3×10^{-18}　　D. 5.1×10^{-27}

(2) 已知 $K_{sp}^{\ominus}(CaF_2)=1.5\times10^{-10}$，在 1L $0.25mol\cdot L^{-1}$的 $Ca(NO_3)_2$ 溶液中能溶解 CaF_2 的质量为(　　)。

A. $1.2\times10^{-5}g$　　B. $9.6\times10^{-4}g$　　C. $2.0\times10^{-5}g$　　D. $1.0\times10^{-4}g$

(3) 已知在 $CaCO_3$ ($K_{sp}^{\ominus}=2.9\times10^{-9}$) 与 $CaSO_4$ ($K_{sp}^{\ominus}=9.1\times10^{-6}$) 混合物的饱和溶液中，$c(SO_4^{2-})=8.4\times10^{-3}mol\cdot L^{-1}$，则 $CaCO_3$ 的溶解度为(　　)$mol\cdot L^{-1}$。

A. 7.0×10^{-5}　　B. 2.7×10^{-6}　　C. 8.4×10^{-3}　　D. 3.5×10^{-5}

(4) 已知 $K_{sp}^{\ominus}(Ag_2SO_4)=1.2\times10^{-5}$、$K_{sp}^{\ominus}(AgCl)=1.8\times10^{-10}$、$K_{sp}^{\ominus}(BaSO_4)=1.1\times10^{-10}$，将等体积的 $0.0020mol\cdot L^{-1}Ag_2SO_4$ 与 $2.0\times10^{-6}mol\cdot L^{-1}$的 $BaCl_2$ 的溶液混合，将会出

现(　　)。

A. $BaSO_4$ 沉淀　　B. AgCl 沉淀

C. AgCl 和 $BaSO_4$ 沉淀　　D. 无沉淀

(5) 下列有关分步沉淀的叙述中正确的是(　　)。

A. 溶度积小的一定先沉淀出来

B. 沉淀时所需沉淀试剂浓度小的先沉淀出来

C. 溶解度小的物质先沉淀出来

D. 被沉淀离子浓度大的先沉淀

(6) $SrCO_3$ 在下列试剂中溶解度最大的是(　　)。

A. $0.10mol \cdot L^{-1}$ HAc　　B. $0.10mol \cdot L^{-1}$ $Sr(NO_3)_2$

C. 纯水　　D. $0.10mol \cdot L^{-1}$ Na_2CO_3

(7) 欲使 $CaCO_3$ 在水溶液中溶解度增大,可以采用的方法是(　　)。

A. 加入 $1.0mol \cdot L^{-1}$ Na_2CO_3　　B. 加入 $2.0mol \cdot L^{-1}$ NaOH

C. 加入 $0.10mol \cdot L^{-1}$ $CaCl_2$　　D. 降低溶液的 pH

(8) 已知 $K_{sp}^{\ominus}(ZnS)=2.0\times10^{-24}$。在某溶液中 Zn^{2+} 的浓度为 $0.10mol \cdot L^{-1}$,通入 H_2S 气体,达到饱和 $c(H_2S)=0.10\ mol \cdot L^{-1}$,则 ZnS 开始析出时,溶液的 pH 为(　　)。

A. 0.51　　B. 0.15　　C. 0.13　　D. 0.45

(9) 将等体积的 $0.20mol \cdot L^{-1}$ 的 $MgCl_2$ 溶液与浓度为 $4.0mol \cdot L^{-1}$ 的氨水混合,混合后溶液中 $c(Mg^{2+})$ 为混合前浓度的(　　)倍。(已知 $K_{sp}^{\ominus}[Mg(OH)_2]=5.1\times10^{-12}$)

A. 1.54×10^{-3}　　B. 7.1×10^{-7}　　C. 1.54×10^{-4}　　D. 6.86×10^{-4}

(10) 已知 $K_{sp}^{\ominus}(AB_2)=4.2\times10^{-8}$,$K_{sp}^{\ominus}(AC)=3.0\times10^{-15}$。在 AB_2、AC 均为饱和的混合溶液中,测得 $c(B^-)=1.6\times10^{-3}mol \cdot L^{-1}$,则溶液中 $c(C^-)$ 为(　　)$mol \cdot L^{-1}$。

A. 1.8×10^{-13}　　B. 7.3×10^{-13}　　C. 2.3　　D. 3.7

4. 计算题(每小题 10 分,共 30 分)

(1) 根据 AgI 的溶度积 $K_{sp}^{\ominus}=8.3\times10^{-17}$,计算:

① AgI 在纯水中的溶解度($g \cdot L^{-1}$);

② 在 $0.0010mol \cdot L^{-1}$ KI 溶液中 AgI 的溶解度($g \cdot L^{-1}$);

③ 在 $0.010mol \cdot L^{-1}$ $AgNO_3$ 溶液中 AgI 的溶解度($g \cdot L^{-1}$)。

(2) 将 1.0mL、$1.0mol \cdot L^{-1}$ 的 $Cd(NO_3)_2$ 溶液加入到 1.0L、$5.0mol \cdot L^{-1}$ 氨水中,将生成 $Cd(OH)_2$ 还是 $[Cd(NH_3)_4]^{2+}$? 通过计算说明之。

(3) 某溶液中含有 Pb^{2+} 和 Zn^{2+},两者浓度均为 $0.10mol \cdot L^{-1}$;在室温下通入 $H_2S(g)$ 使之成为 H_2S 饱和溶液,并加 HCl 控制 S^{2-} 浓度。为了使 PbS 沉淀出来,而 Zn^{2+} 仍留液中,则溶液中 H^+ 浓度最低应是多少? 此时溶液中的 Pb^{2+} 是否被沉淀完全?

参 考 答 案

1. 填空题

(1) 1.3×10^{-4},1.8×10^{-6};(2) AgCl;(3) 降低,增大;(4) AgCl、AgBr、AgI;(5) 2.6×10^{8};(6) 增加;(7)

CaF_2，$CaCO_3$，$Ca_3(PO_4)_2$；(8) $PbCrO_4$，Ag_2CrO_4，$CaCrO_4$，$PbCrO_4+2I^- \!=\!=\!= PbI_2+CrO_4^{2-}$，$3.3\times10^{-5}$；(9) Ba^{2+}，1.8×10^{-6}，6.1×10^{-5}；(10)离子积小于溶度积。

2. 是非题

(1)√；(2)×；(3)×；(4)×；(5)√；(6)×；(7)×；(8)×；(9)√；(10)×。

3. 单选题

(1)A；(2)A；(3)B；(4)C；(5)B；(6)A；(7)D；(8)B；(9)B；(10)A。

4. 计算题

(1) ① $S_1=\sqrt{K_{sp}^{\ominus}}=\sqrt{8.3\times10^{-17}}=9.1\times10^{-9}(mol\cdot L^{-1})=9.1\times10^{-9}\times235=2.1\times10^{-6}(g\cdot L^{-1})$

② 因同离子效应 S 更小，则 $K_{sp}^{\ominus}=S_2(S_2+0.001)\approx S_2\times0.001$，故

$S_2=8.3\times10^{-17}/0.001=8.3\times10^{-14}(mol\cdot L^{-1})=8.3\times10^{-14}\times235=1.9\times10^{-11}(g\cdot L^{-1})$

③ 同理 $K_{sp}^{\ominus}=(S_3+0.01)S_3\approx0.01\times S_3$，故

$S_3=8.3\times10^{-17}/0.01=8.3\times10^{-15}(mol\cdot L^{-1})=8.3\times10^{-15}\times235=1.9\times10^{-12}(g\cdot L^{-1})$

(2) 提示：已知 $K_{sp}^{\ominus}[Cd(OH)_2]=5.3\times10^{-15}$，$K_f^{\ominus}([Cd(NH_3)_4]^{2+})=2.78\times10^7$。因 NH_3 过量，假设 Cd(Ⅱ)先全部与 NH_3 作用生成 $[Cd(NH_3)_4]^{2+}$，计算游离 Cd^{2+} 浓度，再根据 NH_3 的解离求算溶液中 OH^- 浓度，根据溶度积规则判断无 $Cd(OH)_2$ 沉淀生成。

(3) Zn^{2+} 不沉淀的最低 H^+ 浓度为 $c(H^+)=\sqrt{\dfrac{c(Zn^{2+})c(H_2S)}{K_{spa}^{\ominus}(ZnS)}}=0.71mol\cdot L^{-1}$，此时 $c(Pb^{2+})=\dfrac{c^2(H^+)K_{spa}^{\ominus}(PbS)}{c(H_2S)}=2.1\times10^{-6}mol\cdot L^{-1}$，已沉淀完全。

（中南大学　古映莹）

第 8 章　电化学基础

一、学 习 要 求

(1) 熟悉氧化还原概念，掌握氧化数确定规则及离子-电子配平法和氧化数配平法；

(2) 熟悉原电池的构造和工作原理，掌握电极和原电池的符号表达；

(3) 熟悉原电池电动势与吉布斯自由能的关系，了解标准电极电势的意义，掌握标准电极电势判断氧化剂、还原剂强弱和氧化还原反应方向的方法；

(4) 掌握能斯特方程及有关电极电势、电池电动势和氧化还原反应限度（标准平衡常数）的计算以及判断离子浓度变化、介质条件对氧化还原反应方向的影响；

(5) 掌握元素电势图及其判断歧化反应能否自发等应用；

(6) 了解电解、电解定律、金属腐蚀与防护等内容。

二、重难点解析

(一) 离子-电子法配平氧化还原反应方程式

1. 配平原则

(1) 反应过程中氧化剂所获电子数必须等于还原剂失去的电子数。

(2) 反应前、后各元素的原子总数相等。

2. 配平步骤

(1) 将分子反应式改写为离子反应式。

(2) 将离子反应式分成氧化和还原两个未配平的半反应式，半反应式两边的原子数和电荷数应相等。如果半反应式两边的氢、氧原子数不相等，则按反应的酸碱条件，在酸性介质中添加 H^+ 或 H_2O，在碱性介质中添加 OH^- 或 H_2O。

(3) 用左右两边添加电子使半反应两边的电荷数相等的办法配平半反应式。

(4) 根据电子的得失求出最小公倍数，将两个半反应分别乘以相应系数，使反应中得失的电子总数相等，然后将两个半反应式相加，同时注意未变化的离子的配平，合并恢复成为分子方程式。

离子-电子法虽仅适用于水溶液中的氧化还原反应，但大多数氧化还原反应是在水溶液中进行的，只要掌握半反应的配平，此法是很方便的。

(二) 原电池的最大电功和吉布斯自由能

根据吉布斯自由能的定义得知，在恒压等温条件下，当体系发生变化时，体系吉布斯自由能的变化值等于对外所做的最大非体积功，用公式表示为

$$\Delta_r G_{T,p} = -W'_{max}$$

如果非体积功只有电功一种，则上式又可写为

$$\Delta_r G_{T,p} = -nEF$$

式中，n 为电池输出电荷的物质的量，单位为 mol；E 为可逆电池的电动势，单位为 V；F 为法拉第常量（96 485C · mol^{-1}）。如果可逆电动势为 E 的电池按电池反应式进行到反应进度 ξ = 1mol 时，吉布斯自由能的变化值可表示为

$$\Delta_r G_m = -nEF/\xi = -zEF$$

式中，z 为电极的氧化或还原反应式中电子的计量系数，是量纲一的量；$\Delta_r G_m$ 的单位为 J · mol^{-1}（V · C=J）。

（三）能斯特方程

1. 电极电势的能斯特方程

对于任一电极反应 $\nu_{Ox}\mathrm{Ox} + ze^- \longrightarrow \nu_{Red}\mathrm{Red}$，其电极电势的计算通式（能斯特方程）为

$$E = E^\ominus - \frac{RT}{zF}\ln\frac{a^{\nu_{Red}}(\mathrm{Red})}{a^{\nu_{Ox}}(\mathrm{Ox})}$$

式中，Ox 表示氧化态；Red 表示还原态；ν 为化学计量系数；$E^\ominus$ 为标准电极电势；z 为电极反应中电子的计量系数。当涉及纯液体或纯固态物质时，其活度为 1，当涉及气体时，$a = f/p^\ominus$，f 为气体的逸度，若气体可看作理想气体，则 $a = p/p^\ominus$。该式说明标准电极电势 $E^\ominus$ 仅与电极的本性及温度有关，与参加电极反应各物质的活度无关；而电极电势 E 除了与电极的本性、温度有关外，还与参加电极反应的各物质活度有关。当浓度不太大时，计算时可用浓度代替活度。

2. 原电池反应的能斯特方程

若电池总反应为

$$c\mathrm{C} + d\mathrm{D} \rightleftharpoons g\mathrm{G} + h\mathrm{H}$$

则其电池电动势 E 的计算通式（能斯特方程）为

$$E = E^\ominus - \frac{RT}{zF}\ln\frac{a^g(\mathrm{G})a^h(\mathrm{H})}{a^c(\mathrm{C})a^d(\mathrm{D})} = E^\ominus - \frac{RT}{zF}\ln J$$

式中，J 为反应商；$E^\ominus$ 为标准电池电动势；z 为电池反应中电子得失的总物质的量。

（四）电动势与电极电势的应用

1. 判断氧化剂和还原剂的相对强弱

电极电势 E（或 $E^\ominus$）值的高低可用来判断氧化剂和还原剂的相对强弱。E 值越高，电对的氧化态是越强的氧化剂；E 值越低，电对的还原态是越强的还原剂。

2. 判断氧化还原反应进行的方向

将反应设计成原电池，计算其电动势 E。$E>0$，正向自发；$E<0$，逆向自发。

3. 判断氧化还原反应进行的程度

氧化还原反应进行的程度可用其标准平衡常数来衡量。若电池反应中各参加反应的物质都处于标准状态，则

$$\Delta_r G_m^\ominus = -zE^\ominus F$$

已知 $\Delta_r G_m^\ominus$ 与反应的标准平衡常数 $K^\ominus$ 的关系为 $\Delta_r G_m^\ominus = -RT\ln K^\ominus$。

合并上述两式,得

$$\lg K^\ominus = \frac{zFE^\ominus}{2.303RT}$$

298.15K 时

$$\lg K^\ominus = \frac{zE^\ominus}{0.0592} = \frac{z(E^\ominus_{氧化剂} - E^\ominus_{还原剂})}{0.0592}$$

(五) 元素电势图和歧化反应

把同一元素的不同氧化态按照氧化数高低顺序排成横列,在两种氧化态之间若构成一个电对,就用一条直线连接,并在上方标出这个电对所对应的标准电极电势,即为元素电势图,可用于计算相关电极的标准电势。若元素电势图如下:

$$A \xrightarrow[(n_1)]{E_1^\ominus} B \xrightarrow[(n_2)]{E_2^\ominus} C \xrightarrow[(n_3)]{E_3^\ominus} D$$

$$\underset{(n_x)}{\underline{\qquad E_x^\ominus \qquad}}$$

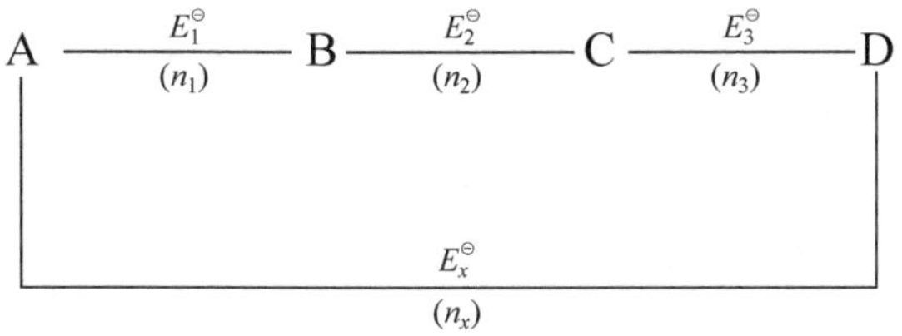

图中,n 为一个电对所对应的两种氧化态之间的氧化数变化值。理论上可导出下式:

$$n_x E_x^\ominus = n_1 E_1^\ominus + n_2 E_2^\ominus + n_3 E_3^\ominus \qquad (n_x = n_1 + n_2 + n_3)$$

则

$$E_x^\ominus = \frac{n_1 E_1^\ominus + n_2 E_2^\ominus + n_3 E_3^\ominus}{n_x}$$

利用元素电势图还可判断歧化反应是否自发。当一种元素处于中间氧化态时,该中间氧化态的化合物可以在适当条件下(加热或加酸碱),一部分被氧化,另一部分被还原,此即歧化反应。在下列元素电势图中,B 能否发生歧化反应的规律为

$$A \xrightarrow{E_{左}^\ominus} B \xrightarrow{E_{右}^\ominus} C$$

若 $E_{右}^\ominus > E_{左}^\ominus$,物质 B 可歧化为 A 和 C;若 $E_{右}^\ominus < E_{左}^\ominus$,则反应为 A+C⟶B。

三、习题全解和重点练习题解

1(8-1). 配平下列方程,并指出氧化剂和还原剂。

(1) $Pb + Sn^{2+} \longrightarrow Pb^{2+} + Sn$

(2) $Cr_2O_7^{2-} + Cl^- + H^+ \longrightarrow Cr^{3+} + Cl_2 + H_2O$

(3) $Fe^{2+} + NO_2^- + H^+ \longrightarrow Fe^{3+} + NO + H_2O$

(4) $HgCl_2 + SnCl_2 \longrightarrow Hg_2Cl_2 + SnCl_4$

(5) $MnO_4^- + H_2O_2 + H^+ \longrightarrow Mn^{2+} + O_2 + H_2O$

(6) $NaBiO_3 + Mn^{2+} + H^+ \longrightarrow Bi^{3+} + MnO_4^- + H_2O$

(7) $Cu^{2+} + H_2 \longrightarrow Cu + H^+$

(8) $MnO_2 + Cl^- + H^+ \longrightarrow Mn^{2+} + Cl_2 + H_2O$

(9) $Cr_2O_7^{2-} + SO_3^{2-} + H^+ \Longleftrightarrow Cr^{3+} + SO_4^{2-} + H_2O$

(10) $H_3AsO_4 + I^- + H^+ = H_2AsO_3^- + I_2 + H_2O$

答:(1) $Pb + Sn^{2+} = Pb^{2+} + Sn$　氧化剂 Sn^{2+};还原剂 Pb

(2) $Cr_2O_7^{2-} + 6Cl^- + 14H^+ = 2Cr^{3+} + 3Cl_2 + 7H_2O$　氧化剂 $Cr_2O_7^{2-}$;还原剂 Cl^-

(3) $Fe^{2+} + NO_2^- + 2H^+ = Fe^{3+} + NO + H_2O$　氧化剂 NO_2^-;还原剂 Fe^{2+}

(4) $2HgCl_2 + SnCl_2 = Hg_2Cl_2 + SnCl_4$　氧化剂 $HgCl_2$;还原剂 $SnCl_2$

(5) $2MnO_4^- + 5H_2O_2 + 6H^+ = 2Mn^{2+} + 5O_2 + 8H_2O$　氧化剂 MnO_4^-;还原剂 H_2O_2

(6) $5NaBiO_3 + 2Mn^{2+} + 14H^+ = 5Bi^{3+} + 2MnO_4^- + 7H_2O + 5Na^+$　氧化剂 $NaBiO_3$;还原剂 Mn^{2+}

(7) $Cu^{2+} + H_2 = Cu + 2H^+$　氧化剂 Cu^{2+};还原剂 H_2

(8) $MnO_2 + 2Cl^- + 4H^+ = Mn^{2+} + Cl_2 + 2H_2O$　氧化剂 MnO_2;还原剂 Cl^-

(9) $Cr_2O_7^{2-} + 3SO_3^{2-} + 8H^+ = 2Cr^{3+} + 3SO_4^{2-} + 4H_2O$　氧化剂 $Cr_2O_7^{2-}$;还原剂 SO_3^{2-}

(10) $H_3AsO_4 + 2I^- + H^+ = H_2AsO_3^- + I_2 + H_2O$　氧化剂 H_3AsO_4;还原剂 I^-

2(8-2). 写出下列电池中各电极上的反应和电池反应。

(1) $(-)Pt, H_2(p) | HCl(c) | Cl_2(p), Pt(+)$

(2) $(-)Pt, H_2(p) | H^+(c) \| Ag^+(c) | Ag(s)(+)$

(3) $(-)Ag(s), AgI(s) | I^-(c) \| Cl^-(c) | AgCl(s), Ag(s)(+)$

(4) $(-)Pb(s), PbSO_4(s) | SO_4^{2-}(c) \| Cu^{2+}(c) | Cu(s)(+)$

(5) $(-)Pt, H_2(p) | NaOH(c) | HgO(s), Hg(l)(+)$

(6) $(-)Pt, H_2(p) | H^+(c) | Sb_2O_3(s), Sb(s)(+)$

(7) $(-)Pt | Fe^{3+}(c), Fe^{2+}(c) \| Ag^+(c) | Ag(s)(+)$

(8) $(-)Na(Hg)(c) | Na^+(c) \| OH^-(c) | HgO(s), Hg(l)(+)$

答:(1) 负极　$H_2[p(H_2)] \longrightarrow 2H^+(c) + 2e^-$

正极　$Cl_2[p(Cl_2)] + 2e^- \longrightarrow 2Cl^-(c)$

电池反应　$Cl_2[p(Cl_2)] + H_2[p(H_2)] = 2HCl(aq)$

(2) 负极　$H_2[p(H_2)] \longrightarrow 2H^+(c) + 2e^-$

正极　$2Ag^+(c) + 2e^- \longrightarrow 2Ag(s)$

电池反应　$H_2[p(H_2)] + 2Ag^+(c) = 2Ag(s) + 2H^+(c)$

(3) 负极　$Ag(s) + I^-(c) \longrightarrow AgI(s) + e^-$

正极　$AgCl(s) + e^- \longrightarrow Ag(s) + Cl^-(c)$

电池反应　$AgCl(s) + I^-(c) = AgI(s) + Cl^-(c)$

(4) 负极　$Pb(s) + SO_4^{2-}(c) \longrightarrow PbSO_4(s) + 2e^-$

正极　$Cu^{2+}(c) + 2e^- \longrightarrow Cu(s)$

电池反应　$Pb(s) + Cu^{2+}(c) + SO_4^{2-}(c) = PbSO_4(s) + Cu(s)$

(5) 负极　$H_2[p(H_2)] + 2OH^-(c) \longrightarrow H_2O(l) + 2e^-$

正极　$HgO(s) + H_2O(l) + 2e^- \longrightarrow 2OH^-(c) + Hg(l)$

电池反应　$H_2[p(H_2)] + HgO(s) = Hg(l) + H_2O(l)$

(6) 负极　$3H_2[p(H_2)] \longrightarrow 6H^+(c) + 6e^-$

正极　$Sb_2O_3(s) + 6H^+(c) + 6e^- \longrightarrow 2Sb(s) + 3H_2O(l)$

电池反应　$3H_2[p(H_2)] + Sb_2O_3(s) = 2Sb(s) + 3H_2O(l)$

(7) 负极　$Fe^{2+}[c(Fe^{2+})] \longrightarrow Fe^{3+}[c(Fe^{3+})] + e^-$

正极　$Ag^+[c(Ag^+)] + e^- \longrightarrow Ag(s)$

电池反应　$Fe^{2+}[c(Fe^{2+})] + Ag^+[c(Ag^+)] = Fe^{3+}[c(Fe^{3+})] + Ag(s)$

(8) 负极　$2Na(Hg)(c) \longrightarrow 2Na^+[c(Na^+)] + 2Hg(l) + 2e^-$

正极　$HgO(s) + H_2O(l) + 2e^- \longrightarrow 2OH^-[c(OH^-)] + Hg(l)$

电池反应　$2Na(Hg)(c) + HgO(s) + H_2O(l) = 2Na^+[c(Na^+)] + 3Hg(l) + 2OH^-[c(OH^-)]$

3(8-3). 将下列化学反应设计成电池。

(1) $AgCl(s) = Ag^+(aq) + Cl^-(aq)$

(2) $AgCl(s) + I^-(aq) = AgI(s) + Cl^-(aq)$

(3) $H_2(g) + HgO(s) = Hg(l) + H_2O(l)$

(4) $Cl_2(g) + 2I^-(aq) = I_2(s) + 2Cl^-(aq)$

(5) $Zn(s) + H_2SO_4(aq) = ZnSO_4(aq) + H_2(g)$

(6) $Pb(s) + 2AgCl(s) = PbCl_2(s) + 2Ag(s)$

(7) $Pb(s) + 2HCl(aq) = PbCl_2(s) + H_2(g)$

(8) $Fe^{2+}(aq) + Ag^+(aq) = Ag(s) + Fe^{3+}(aq)$

(9) $H_2(g) + I_2(s) = 2HI(aq)$

(10) $2Cu^+(aq) = Cu^{2+}(aq) + Cu(s)$

(11) $H_2(g) + \frac{1}{2}O_2(g) = H_2O(l)$

(12) $H^+(aq) + OH^-(aq) = H_2O(l)$

答:(1) $(-)Ag(s)|Ag^+(c_1) \| Cl^-(c_2)|AgCl(s), Ag(s)(+)$

(2) $(-)Ag(s), AgI(s)|I^-(c_1) \| Cl^-(c_2)|AgCl(s), Ag(s)(+)$

(3) $(-)Pt, H_2(p)|H^+(c_1) \| OH^-(c_2)|HgO(s), Hg(l)(+)$

(4) $(-)Pt, I_2(s)|I^-(c_1) \| Cl^-(c_2)|Cl_2(p), Pt(+)$

(5) $(-)Zn(s)|ZnSO_4(c_1) \| H_2SO_4(c_2)|H_2(p), Pt(+)$

(6) $(-)Pb(s), PbCl_2(s)|Cl^-(c)|AgCl(s), Ag(s)(+)$

(7) $(-)Pb(s), PbCl_2(s)|HCl(c)|H_2(p), Pt(+)$

(8) $(-)Pt|Fe^{2+}(c_1), Fe^{3+}(c_2) \| Ag^+(c_3)|Ag(s)(+)$

(9) $(-)Pt, H_2(p)|HI(c)|I_2(s), Pt(+)$

(10) $(-)Pt|Cu^+(c_1), Cu^{2+}(c_2) \| Cu^+(c_3)|Cu(s)(+)$

(11) $(-)Pt, H_2(p_1)|H^+(c)|O_2(p_2), Pt(+)$

(12) $(-)Pt, H_2(p_1)|OH^-(c_1) \| H^+(c_2)|H_2(p_2), Pt(+)$

4(8-4). 写出下列电极反应的能斯特方程式。

(1) $Cl_2 + 2e^- \longrightarrow 2Cl^-$　　$E^\ominus(Cl_2/Cl^-) = 1.358V$

(2) $MnO_2 + 4H^+ + 2e^- \longrightarrow Mn^{2+} + 2H_2O$　　$E^\ominus(MnO_2/Mn^{2+}) = 1.224V$

(3) $O_2(g) + 4H^+ + 2e^- \longrightarrow 2H_2O$　　$E^\ominus(O_2/H_2O) = 1.23V$

解:设温度为25℃(1) $E(Cl_2/Cl^-) = 1.358 + \frac{0.0592}{2}\lg\frac{p(Cl_2)}{p^\ominus a^2(Cl^-)}$

(2) $E(MnO_2/Mn^{2+})=1.224+\frac{0.0592}{2}\lg\frac{a^4(H^+)}{a(Mn^{2+})}$

(3) $E(O_2/H_2O)=1.23+\frac{0.0592}{2}\lg\frac{p(O_2)a^4(H^+)}{p^{\ominus}}$

5(8-5). 写出下列电池反应的能斯特方程式。

(1) $2Fe^{3+}+2I^-=\!=\!=2Fe^{2+}+I_2$

(2) $2MnO_4^-+10Cl^-+16H^+=\!=\!=2Mn^{2+}+5Cl_2+8H_2O$

解:设温度为25℃(1) $E^{\ominus}=E^{\ominus}(Fe^{3+}/Fe^{2+})-E^{\ominus}(I_2/I^-)=0.771-0.54=0.231(V)$

$$E=0.231-\frac{0.0592}{2}\lg\frac{a^2(Fe^{2+})}{a^2(Fe^{3+})a^2(I^-)}$$

(2) $E^{\ominus}=E^{\ominus}(MnO_4^-/Mn^{2+})-E^{\ominus}(Cl_2/Cl^-)=1.51-1.36=0.15(V)$

$$E=0.15-\frac{0.0592}{10}\lg\frac{a^2(Mn^{2+})p^5(Cl_2)}{a^2(MnO_4^-)a^{10}(Cl^-)a^{16}(H^+)(p^{\ominus})^5}$$

6(8-6). 试设计一个电池,使其进行下述反应

$$Fe^{2+}[c(Fe^{2+})]+Ag^+[c(Ag^+)]\rightleftharpoons Ag(s)+Fe^{3+}[c(Fe^{3+})]$$

(1) 写出电池的表示式。

(2) 计算上述电池反应在298K,反应进度ξ为1mol时的平衡常数$K^{\ominus}$。

解:(1) 电池表示式(−)$Pt|Fe^{2+}(aq),Fe^{3+}(aq)\|Ag^+(aq)|Ag(s)$(+)

(2) $\ln K^{\ominus}=\frac{zE^{\ominus}F}{RT}$而$E^{\ominus}=E^{\ominus}(Ag^+/Ag)-E^{\ominus}(Fe^{3+}/Fe^{2+})$则

$$\ln K^{\ominus}=\frac{1\times(0.7991-0.771)\times96\,500}{298\times8.314}=1.049\qquad K^{\ominus}=2.988$$

7(8-7). 写出下述电池的电极和电池反应,并计算298K时电池的电动势。设$H_2(g)$可看作理想气体。

(−)$Pt,H_2[p(H_2)=p^{\ominus}]|H^+[c(H^+)=0.01mol\cdot L^{-1}]\|Cu^{2+}[c(Cu^{2+})=0.10mol\cdot L^{-1}]|Cu(s)$(+)

解:负极　$H_2[p(H_2)]\longrightarrow 2H^+[c(H^+)]+2e^-$

正极　$Cu^{2+}[c(Cu^{2+})]+2e^-\longrightarrow Cu(s)$

电池反应　$H_2[p(H_2)]+Cu^{2+}[c(Cu^{2+})]=\!=\!=Cu(s)+2H^+[c(H^+)]$

电池的电动势　$E=E^{\ominus}-\frac{0.0592}{n}\lg\frac{c^2(H^+)}{c(Cu^{2+})[p(H_2)/p^{\ominus}]}$

因$E^{\ominus}(Cu^{2+}/Cu)=0.3419V$,$E^{\ominus}(H^+/H_2)=0V$,故$E=0.3419-\frac{0.0592}{2}\lg\frac{0.01^2}{0.10}=0.4304(V)$。

8(8-8). 在298K时,分别用金属Fe和Cd插入下述溶液中,组成电池,试判断何种金属首先被氧化?

(1) 溶液中含Fe^{2+}和Cd^{2+}的浓度都是$0.1mol\cdot L^{-1}$。

(2) 溶液中含Fe^{2+}为$0.1mol\cdot L^{-1}$,而Cd^{2+}为$0.0036mol\cdot L^{-1}$。

解:(1) $E^{\ominus}(Cd^{2+}/Cd)=-0.4029V$,$E^{\ominus}(Fe^{2+}/Fe)=-0.447V$

$E^{\ominus}(Cd^{2+}/Cd)>E^{\ominus}(Fe^{2+}/Fe)$,则以Cd为正极。

现设计原电池　(−)$Fe(s)|Fe^{2+}(c_1),Cd^{2+}(c_2)|Cd(s)$(+)

负极　$Fe(s) \longrightarrow Fe^{2+}[c(Fe^{2+})]+2e^-$

正极　$Cd^{2+}[c(Cd^{2+})]+2e^- \longrightarrow Cd(s)$

电池反应　$Fe(s)+Cd^{2+}[c(Cd^{2+})] = Cd(s)+Fe^{2+}[c(Fe^{2+})]$

电池电动势　$E=E^\ominus-\frac{0.0592}{n}\lg\frac{c(Fe^{2+})}{c(Cd^{2+})}=-0.4029+0.447-\frac{0.0592}{2}\ln 1$

$=0.0441(V)$

电池反应能发生，Fe(s)首先被氧化成 Fe^{2+}。

(2) $E=E^\ominus-\frac{0.0592}{n}\lg\frac{c(Fe^{2+})}{c(Cd^{2+})}=-0.4029+0.447-\frac{0.0592}{2}\lg\frac{0.1}{0.0036}=0.0015(V)$。电池反应能发生，仍是 Fe(s)首先被氧化成 Fe^{2+}。

9(8-9). 在 298K 时，试从标准生成吉布斯自由能计算下述电池的电动势

$(-)Ag(s),AgCl(s)\,|\,NaCl(c=1mol\cdot L^{-1})\,|\,Hg_2Cl_2(s),Hg(l)(+)$

已知 AgCl(s)和 $Hg_2Cl_2(s)$的标准生成吉布斯自由能分别为 $-109.57kJ\cdot mol^{-1}$ 和 $-210.35kJ\cdot mol^{-1}$。

解：负极　$Ag(s)+Cl^-[a(Cl^-)] \longrightarrow AgCl(s)+e^-$

正极　$\frac{1}{2}Hg_2Cl_2(s)+e^- \longrightarrow Hg(l)+Cl^-[a(Cl^-)]$

电池反应　$Ag(s)+\frac{1}{2}Hg_2Cl_2(s) \longrightarrow AgCl(s)+Hg(l)$

$\Delta_r G_m^\ominus=\Delta_f G_m^\ominus[AgCl(s)]-\frac{1}{2}\Delta_f G_m^\ominus[Hg_2Cl_2(s)]=-109.57+\frac{1}{2}\times 210.35$

$=-4.395(kJ\cdot mol^{-1})$

电池的电动势 $E=E^\ominus=-\frac{\Delta_r G_m^\ominus}{zF}=\frac{4395J\cdot mol^{-1}}{1\times 96\,500C\cdot mol^{-1}}=0.0455V$

10(8-10). 用电动势 E 的数值判断在 298K 时亚铁离子能否依下式使碘(I_2)还原为碘离子(I^-)。

$$Fe^{2+}(1mol\cdot L^{-1})+\frac{1}{2}I_2(s) \rightleftharpoons I^-(1mol\cdot L^{-1})+Fe^{3+}(1mol\cdot L^{-1})$$

解：在标准状态：$E^\ominus(I_2/I^-)=0.535V$，$E^\ominus(Fe^{3+}/Fe^{2+})=0.770V$

$E^\ominus=E_+^\ominus-E_-^\ominus=E^\ominus(Fe^{3+}/Fe^{2+})-E^\ominus(I_2/I^-)=0.770-0.535=0.235(V)>0$

故反应不能按上式发生，因反应为 $2Fe^{3+}+2I^- = 2Fe^{2+}+I_2$。

11(8-11). 反应：$5PbO_2(s)+2Mn^{2+}+4H^+ = 2MnO_4^-+5Pb^{2+}+2H_2O$

已知：$E^\ominus(PbO_2/Pb^{2+})=1.455V$，$E^\ominus(MnO_4^-/Mn^{2+})=1.510V$。

试问什么情况下该反应才能自发进行？

解：设计电池

$(-)Pt\,|\,MnO_4^-(c_1),Mn^{2+}(c_2),H^+(c_3)\,\|\,H^+(c_4),Pb^{2+}(c_5)\,|\,PbO_2(s),Pb(+)$

负极　$2Mn^{2+}+8H_2O \longrightarrow 2MnO_4^-+16H^++10e^-$

正极　$5PbO_2(s)+20H^++10e^- \longrightarrow 5Pb^{2+}+10H_2O$

电池反应　$5PbO_2(s)+2Mn^{2+}+4H^+ \longrightarrow 2MnO_4^-+5Pb^{2+}+2H_2O$

$E^\ominus=E_+^\ominus-E_-^\ominus=-0.055V<0$，故标准态下不自发。

根据电池电动势的能斯特方程

$$E=E^{\ominus}-\frac{RT}{10F}\ln\frac{a^2(MnO_4^-)a^5(Pb^{2+})}{a^2(Mn^{2+})a^4(H^+)}$$

令 $E>0, T=298K$，则 $\frac{a^2(MnO_4^-)a^5(Pb^{2+})}{a^2(Mn^{2+})a^4(H^+)}<\exp\left(\frac{10F}{RT}E^{\ominus}\right)$

$$\frac{a^2(MnO_4^-)a^5(Pb^{2+})}{a^2(Mn^{2+})a^4(H^+)}<\exp\left[\frac{10}{0.0592}\times(-0.055)\right]=8.943\times10^{-5}$$

该条件下才可自发进行。

12(8-12). 某电池的电池反应可用如下两个方程表示，分别写出其对应的 Δ_rG_m、$K^{\ominus}$ 和 E 的表示式，并找出两组物理量之间的关系。

(1) $\frac{1}{2}H_2[p(H_2)]+\frac{1}{2}Cl_2[p(Cl_2)]=\!=\!=H^+[c(H^+)]+Cl^-[c(Cl^-)]$

(2) $H_2[p(H_2)]+Cl_2[p(Cl_2)]=\!=\!=2H^+[c(H^+)]+2Cl^-[c(Cl^-)]$

解：

$$E_1=E_1^{\ominus}-\frac{RT}{F}\ln\frac{c(H^+)c(Cl^-)}{[p(H_2)/p^{\ominus}]^{\frac{1}{2}}[p(Cl_2)/p^{\ominus}]^{\frac{1}{2}}}$$

$$E_2=E_2^{\ominus}-\frac{RT}{2F}\ln\frac{c^2(H^+)c^2(Cl^-)}{[p(H_2)/p^{\ominus}][p(Cl_2)/p^{\ominus}]}$$

因为是同一电池，故 $E_1^{\ominus}=E_2^{\ominus}$，所以从 E 的表示式可得到 $E_1=E_2$，即 E 值与电池反应的书写无关。

$$\Delta_rG_{m,1}=-zE_1F=-E_1F \qquad \Delta_rG_{m,2}=-2E_2F$$

因为 $E_1=E_2$，所以 $2\Delta_rG_{m,1}=\Delta_rG_{m,2}$。$\Delta_rG_m$ 是容量性质，与电池反应的书写有关。则

$$E_1^{\ominus}=\frac{RT}{F}\ln K_1^{\ominus} \qquad E_2^{\ominus}=\frac{RT}{2F}\ln K_2^{\ominus}$$

因为 $E_1^{\ominus}=E_2^{\ominus}$，所以 $K_2^{\ominus}=[K_1^{\ominus}]^2$，$K^{\ominus}$ 值也与电池反应的书写有关。

13(8-13). 同一种金属 Cu，找出其不同的氧化态 Cu^+ 和 Cu^{2+} 的标准电极电势之间的关系。

解： $Cu^{2+}+2e^-\longrightarrow Cu(s)$　　$E_1^{\ominus}$　　$\Delta_rG_{m,1}^{\ominus}=-2E_1^{\ominus}F$　　(1)

$Cu^{+}+e^-\longrightarrow Cu(s)$　　$E_2^{\ominus}$　　$\Delta_rG_{m,2}^{\ominus}=-E_2^{\ominus}F$　　(2)

用反应(1)减去反应(2)得(3)

$Cu^{2+}+e^-\longrightarrow Cu^+$　　$E_3^{\ominus}$　　$\Delta_rG_{m,3}^{\ominus}=-E_3^{\ominus}F$　　(3)

因为　　$\Delta_rG_{m,3}^{\ominus}=\Delta_rG_{m,1}^{\ominus}-\Delta_rG_{m,2}^{\ominus}$

代入 $\Delta_rG_m^{\ominus}$ 与 $E^{\ominus}$ 的关系式，得

$$E_3^{\ominus}=2E_1^{\ominus}-E_2^{\ominus}$$

当电极反应式相加减时，电极电势之间不是简单的加减关系，要通过吉布斯自由能来计算。因为吉布斯自由能是容量性质，电极电势是强度性质。

14(8-14). 试从下列元素电势图中的已知标准电极电势，求 $E^{\ominus}(BrO_3^-/Br^-)$ 值。

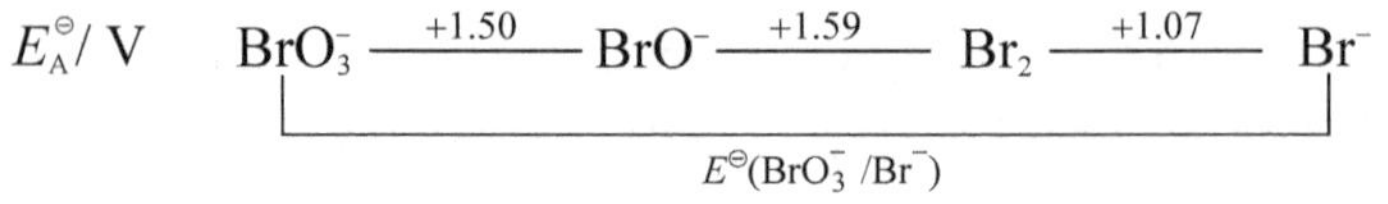

解:根据各电对的氧化数变化可以知道 n_1、n_2、n_3 分别为 4、1、1,则

$$E^{\ominus}(BrO_3^-/Br^-)=\frac{n_1E_1^{\ominus}+n_2E_2^{\ominus}+n_3E_3^{\ominus}}{n_1+n_2+n_3}$$

$$=\frac{4\times1.50+1\times1.59+1\times1.07}{4+1+1}$$

$$=\frac{8.66}{6}=+1.44(V)$$

15(8-15). 试从下列元素电势图中的已知标准电极电势,求 $E^{\ominus}(IO^-/I_2)$值。

$E_B^{\ominus}/V$　　IO^- —— $E^{\ominus}(IO^-/I_2)$ —— I_2 —— +0.54 —— I^-

（IO^- → I^-：+0.49）

解:

$$E^{\ominus}(IO^-/I_2)=\frac{n_3E_3^{\ominus}-n_2E_2^{\ominus}}{n_1}=\frac{2\times0.49-1\times0.54}{1}=0.44(V)$$

16(8-16). 水的标准生成自由能是$-237.191kJ\cdot mol^{-1}$,求在 25℃时电解纯水的理论分解电压。

解:水的标准生成自由能 $\Delta_fG_m^{\ominus}=-237.191kJ\cdot mol^{-1}$。

水分解反应 $H_2O=\!=\!=\frac{1}{2}H_2+O_2$,其自由能变 $\Delta_rG_m^{\ominus}=237.191kJ\cdot mol^{-1}$。

因 $\Delta_rG_m^{\ominus}=-nE^{\ominus}F$,故 $E^{\ominus}=-\frac{\Delta_rG_m^{\ominus}}{nF}=-\frac{237\ 191}{2\times96\ 500}=-1.229(V)$。

在 25℃时电解纯水的理论分解电压是$-1.229V$。

17(8-17). 现拟将大小为 $100cm^2$ 的金属薄片两面都镀上一层 0.05mm 厚的镍,如所用的电流为 2.0A,而电流效率为 96.0%,假定镀层均匀,金属镍的密度为 $8.9g\cdot cm^{-3}$,则获得这一镀层需要通电多长时间?[$M_r(Ni)=58.70$]

解:$Q=nzF$　　$\frac{\rho V}{M_r(Ni)}\times2\times96\ 500=96\%\times It$　　$V=2SL$

$$t=\frac{2\rho SL\times2\times96\ 500}{96\%IM_r(Ni)}=\frac{\frac{2\times8.9\times100\times0.005}{58.7}\times2\times96\ 500}{2.0\times96\%}=1.5\times10^5(s)=4.2(h)$$

考虑两面镀层,获得这一镀层需要通电 4.2h。

18(8-18). 298.2K、$p^{\ominus}$时,用电解沉积法分离 Cd^{2+} 和 Zn^{2+},设溶液中 Cd^{2+} 和 Zn^{2+} 浓度均为 $0.1mol\cdot L^{-1}$,并知 $E^{\ominus}(Zn^{2+}/Zn)=-0.763V$,$E^{\ominus}(Cd^{2+}/Cd)=-0.403V$。哪种金属首先在阴极上析出?当第二种金属开始析出时,前一种金属离子的浓度为多少?

解:(1) $E(Cd^{2+}/Cd)=E^{\ominus}(Cd^{2+}/Cd)+\frac{RT}{zF}\ln c(Cd^{2+})$

$$=-0.403+\frac{RT}{2F}\ln0.1=-0.4326(V)$$

$$E(Zn^{2+}/Zn)=E^{\ominus}(Zn^{2+}/Zn)+\frac{RT}{zF}\ln c(Zn^{2+})=-0.763+\frac{RT}{2F}\ln0.1$$

$$=-0.7926(V)$$

$E(Cd^{2+}/Cd)>E(Zn^{2+}/Zn)$，先在阴极上析出金属 Cd。

(2) 当 Zn(s) 开始析出时：

$$E(Zn^{2+}/Zn)=E(Cd^{2+}/Cd)=E^{\ominus}(Cd^{2+}/Cd)+\frac{RT}{zF}\ln c(Cd^{2+})$$

$$=-0.403+\frac{RT}{zF}\ln c(Cd^{2+})=-0.7926(V)$$

$$c(Cd^{2+})=6.6\times10^{-14}mol\cdot L^{-1}$$

当 Zn 开始析出时，前一种离子 Cd^{2+} 的浓度 c 为 $6.6\times10^{-14}mol\cdot L^{-1}$。

19(8－19). $CuSO_4$ 水溶液插入惰性电极(石墨等电极本身只起导体作用，本身并不参与电极反应)，阴、阳极上各获得什么产物？

解：$CuSO_4$ 溶液中除了 Cu^{2+} 和 SO_4^{2-} 外，还有 H^+ 和 OH^-。移向阴极可能放电的离子有 Cu^{2+} 和 H^+，其电势为

$$E^{\ominus}(Cu^{2+}/Cu)=+0.3419V \qquad E^{\ominus}(H^+/H_2)=+0.00V$$

铜电对的电势高于氢电对，其氧化态 Cu^{2+} 比 H^+ 更容易获得电子，所以 Cu^{2+} 首先在阴极上放电，析出铜。

阴极　　$Cu^{2+}+2e^-\longrightarrow Cu$ (还原)

移向阳极可能放电的离子有 SO_4^{2-} 和 OH^-(实际上是 H_2O 分子)，其标准状态的电势为

SO_4^{2-}　　$S_2O_8^{2-}+2e^-\longrightarrow 2SO_4^{2-}$　　$E^{\ominus}=2.0V$

H_2O　　$O_2+4H^++4e^-\longrightarrow 2H_2O$　　$E^{\ominus}=1.229V$

由 $E^{\ominus}$ 的大小来看，电势较小的还原态 H_2O 分子比 SO_4^{2-} 易失去电子，所以 H_2O 分子首先在阳极上放电，析出氧气。

阳极　　$2H_2O\longrightarrow O_2+4H^++4e^-$ (氧化)

即 $CuSO_4$ 水溶液用 Pt 电极电解时，阴极析出铜，阳极析出氧气。

20. 下列物质充当还原性物质时，如果提高 H^+ 浓度 $c(H^+)$，哪些物质的还原性发生变化？哪些不变？

(1) Cu^+　　(2) $H_2C_2O_4$

解：(1) 电极反应为 $Cu^{2+}+e^-\longrightarrow Cu^+$，与 $c(H^+)$ 无关，提高 H^+ 浓度，Cu^+ 的还原性不变。

(2) 电极反应为 $2H^++2CO_2+2e^-\longrightarrow H_2C_2O_4$，与 $c(H^+)$ 有关，则

$$E(CO_2/H_2C_2O_4)=E^{\ominus}(CO_2/H_2C_2O_4)+\frac{0.0592}{2}\lg\frac{[p(CO_2)/p^{\ominus}]^2}{c^2(H^+)c(C_2O_4{}^{2-})}$$

增大 $c(H^+)$，$E(CO_2/H_2C_2O_4)$ 相应增大，即提高 H^+ 浓度，$H_2C_2O_4$ 的还原性增大。

21. 从金矿中提取金，传统的方法为氰化法。已知：

$Au^++e^-\longrightarrow Au$　　$E^{\ominus}=1.96V$

$O_2+H_2O+4e^-\longrightarrow 4OH^-$　　$E^{\ominus}=0.40V$

$[Zn(CN)_4]^{2-}+2e^-\longrightarrow Zn+4CN^-$　$E^{\ominus}=-1.26V$　$K_f^{\ominus}\{[Au(CN)_2]^-\}=2.0\times10^{38}$

(1) 写出氰化法提取金的全部化学反应方程式，简要说明反应为何能进行。

(2) 计算氧气存在下，金在氰化钠溶液中反应的标准平衡常数。

解：(1)　$4Au+8CN^-+O_2+2H_2O═══4[Au(CN)_2]^-+4OH^-$　①

$Zn+2[Au(CN)_2]^-═══[Zn(CN)_4]^{2-}+2Au$　②

$$E^\ominus[Au(CN)_2^-/Au]=E^\ominus(Au^+/Au)+0.0592\lg\frac{1}{K_f^\ominus}=-0.58(V)$$

电动势　$E_1^\ominus=E^\ominus(O_2/OH^-)-E^\ominus\{[Au(CN)_2]^-/Au\}=0.98V>0$

$$E_2^\ominus=E^\ominus\{[Au(CN)_2]^-/Au\}-E^\ominus\{[Zn(CN)_4]^{2-}/Zn\}=0.69V>0$$

所以反应①、②均能进行。

(2)　$\lg K_1^\ominus=nE_1^\ominus/0.0592=4\times0.98/0.0592=66.22$

$$K_1^\ominus=1.6\times10^{66}$$

22. 以下说法是否正确，说明原因。

$$Fe^{3+}+e^-\longrightarrow Fe^{2+}\qquad E^\ominus=0.77V$$

$$K_{sp}^\ominus[Fe(OH)_3]=2.64\times10^{-36}\qquad K_{sp}^\ominus[Fe(OH)_2]=4.87\times10^{-17}$$

$$IO^-+H_2O+e^-\longrightarrow I^-+2OH^-\qquad E^\ominus=0.49V$$

因此，Fe^{3+} 可以把 I^- 氧化成 IO^-。

答：此说法不正确，因两电极反应的介质条件不同。当$[OH^-]=1mol\cdot L^{-1}$时，$Fe(OH)_3+e^-\longrightarrow Fe(OH)_2$，因为 $Fe(OH)_3$ 的 $K_{sp}^\ominus$远远小于 $Fe(OH)_2$ 的 $K_{sp}^\ominus$，所以电极电势降得很低，故此时 Fe^{3+} 不能把 I^- 氧化成 IO^-。

四、自　测　题

1. 填空题(每空 1 分，共 20 分)

(1) 银锌“钮扣”电池的符号为(－)Zn(s)，ZnO(s) | KOH(aq，c) | Ag_2O(s)，Ag(s)(＋)，其负极反应为________；正极反应为________；电池反应为________。

(2) 用电对 MnO_4^-/Mn^{2+}、Cl_2/Cl^- 组成的标准原电池，其正极反应为________，负极反应为________，电池符号为________。[$E^\ominus(MnO_4^-/Mn^{2+})=1.51V$，$E^\ominus(Cl_2/Cl^-)=1.36V$]

(3) 在标准状态下，下列反应能自发进行：

① $Cr_2O_7^{2+}+6Fe^{2+}+14H^+ = 2Cr^{3+}+6Fe^{3+}+7H_2O$

② $2Fe^{3+}+Sn^{2+} = 2Fe^{2+}+Sn^{4+}$

可推断三个电对 $E^\ominus$ 值的大小顺序是________，氧化性最强的是________，还原性最强的是________；若将①式两电对组成标准原电池，则原电池的表示式为________，$E^\ominus=$________ V，$\Delta_rG_m^\ominus=$________ $kJ\cdot mol^{-1}$。

(4) 某电池反应可写成① $H_2(p_1)+Cl_2(p_2) = 2HCl(c_1)$ 或② $1/2H_2(p_1)+1/2Cl_2(p_2) = HCl(c_1)$ 这两种不同的写法，所计算出来的 E 值(电池电动势)________，$E^\ominus$ 值________，$\Delta_rG_m^\ominus$ 值________，$K^\ominus$ 值________(填“相同”或“不同”)。

(5) 电解 $CuSO_4$ 溶液时，Cu 作阴极，Pt 作阳极，则阳极反应为________，阴极反应为________；若改用 Cu 作阳极，Pt 作阴极，则阳极反应为________，阴极反应为________。

2. 是非题(用“√”、“×”表示对、错，每小题 1 分，共 10 分)

(1) ClO_3^- 被还原为 Cl^- 得到 6 个电子，而 ClO^- 被还原为 Cl^- 只得到 2 个电子，所以 $E^\ominus(ClO_3^-/Cl^-)>E^\ominus(ClO^-/Cl^-)$。　(　)

(2) 某物质 $E^\ominus$ 越高,说明它的氧化性越强,还原性越弱。 ( )

(3) Li 和 K 的电负性分别为 0.97、0.91,所以 $E^\ominus(Li^+/Li) > E^\ominus(K^+/K)$。 ( )

(4) 能组成原电池,有电子得失的都是氧化还原反应。 ( )

(5) 电对的电极电势值不一定随 pH 的改变而改变。 ( )

(6) 标准氢电极的电极电势为零,是实际测定的结果。 ( )

(7) 电动势 E 值越大,其电池反应自发的倾向越大,反应速率就越快。 ( )

(8) 氧化还原反应是自发地由较强氧化剂与较强还原剂相互作用,向着生成较弱氧化剂和较弱还原剂的方向进行。 ( )

(9) 原电池的正极即为阳极,负极即为阴极。 ( )

(10) 标准电极电势表中的 $E^\ominus$ 值是以标准氢电极作参比电极而测得的。 ( )

3. 单选题(每小题 2 分,共 20 分)

(1) 下列电极中,$E^\ominus$ 最低的是( )。

A. H^+/H_2　　B. H_2O/H_2　　C. HF/H_2　　D. HCN/H_2

(2) 当溶液中 H^+ 浓度增大时,氧化能力不增强的氧化剂是( )。

A. $Cr_2O_7^{2-}$　　B. O_3　　C. NO_3^-　　D. $[PtCl_6]^{2-}$

(3) 一个电解池以原电池作为电源进行电解的反应,则( )。

A. 电解池的阴极发生氧化反应　　B. 电解池的阳极发生还原反应

C. 原电池的正极发生氧化反应　　D. 原电池的负极发生氧化反应

(4) 下列有关盐桥作用的说法中,错误的是( )。

A. 盐桥中电解质可保持两半电池中的电荷平衡

B. 盐桥用于维持氧化还原反应的进行

C. 盐桥中的电解质参与了两电极的电极反应

D. 盐桥可减少液接电势

(5) 对于下面两个反应的 $\Delta_rG^\ominus$、$E^\ominus$、$K^\ominus$ 之间关系的判断中,完全正确的是( )。

$$2Fe^{3+} + Sn^{2+} \longrightarrow Sn^{4+} + 2Fe^{2+} \qquad Fe^{3+} + \frac{1}{2}Sn^{2+} \longrightarrow \frac{1}{2}Sn^{4+} + Fe^{2+}$$

A. 两式的 $\Delta_rG^\ominus$、$E^\ominus$、$K^\ominus$ 都相等　　B. 两式的 $\Delta_rG^\ominus$、$E^\ominus$、$K^\ominus$ 都不等

C. 两式的 $\Delta_rG^\ominus$ 相等,$E^\ominus$、$K^\ominus$ 不等　　D. 两式的 $E^\ominus$ 相等,$\Delta_rG^\ominus$、$K^\ominus$ 不等

(6) 标准氢电极是指( )。

A. $Pt(s)|H_2(p^\ominus)|OH^-(c=1mol \cdot L^{-1})$　　B. $Pt(s)|H_2(p^\ominus)|H^+(c=1mol \cdot L^{-1})$

C. $Pt(s)|H_2(p^\ominus)|OH^-(c=10^{-7}mol \cdot L^{-1})$　　D. $Pt(s)|H_2(p^\ominus)|H^+(c=10^{-7}mol \cdot L^{-1})$

(7) 下列电极反应中,溶液中的 pH 升高,其氧化态氧化性减小的应是( )。

A. $Br_2 + 2e^- \longrightarrow 2Br^-$　　B. $Cl_2 + 2e^- \longrightarrow 2Cl^-$

C. $MnO_4^- + 8H^+ + 5e^- \longrightarrow Mn^{2+} + 4H_2O$　　D. $Zn^{2+} + 2e^- \longrightarrow Zn$

(8) 已知 H_2O_2 的电势-pH 图。酸性介质中 $O_2 \xrightarrow{0.67V} H_2O_2 \xrightarrow{1.77V} H_2O$,碱性介质中 $O_2 \xrightarrow{-0.08V} H_2O_2 \xrightarrow{0.87V} H_2O$。说明 H_2O_2 的歧化反应( )。

A. 只在酸性介质中发生　　B. 只在碱性介质中发生

C. 无论在酸、碱性介质中都发生　　D. 无论在酸、碱性介质中都不发生

(9) 根据 $\lg K^{\ominus}=\frac{nE^{\ominus}}{0.0592}$，可知溶液中的氧化还原反应平衡常数 $K^{\ominus}$(　　)。

A. 与浓度有关　　B. 与浓度无关

C. 与反应方程式的书写方式无关　　D. 与反应的本性无关

(10) 298.15K 时，保持 $p(H_2)$ 的分压不变，而使溶液中的氢离子浓度减小到原来的 1/10，H^+/H_2 的电极电势将会(　　)。

A. 保持不变　　B. 减少 29.85mV

C. 增加 59.16mV　　D. 减少 59.16mV

4. 完成并配平下列方程式(每小题 10 分，共 20 分)

(1) 配平下列反应方程式。

① $Cu+HNO_3$(稀)$\longrightarrow Cu(NO_3)_2+NO+H_2O$

② $K_2Cr_2O_7+KI+H_2SO_4 \longrightarrow K_2SO_4+Cr_2(SO_4)_3+I_2+H_2O$

③ $NH_4NO_2 \longrightarrow N_2+H_2O$

④ $KClO \longrightarrow KClO_3+KCl$

(2) 试从标准电极电势来估计下列水溶液中各反应的产物，并配平。

① $Fe+Cl_2 \longrightarrow$

② $Fe+I_2 \longrightarrow$

③ $FeCl_3+Cu \longrightarrow$

5. 解释简答题(每小题 5 分，共 10 分)

(1) 原电池和电解池有什么不同？

(2) 凡标准电极电势 $E^{\ominus}$ 为正值的电极必为原电池的正极，$E^{\ominus}$ 为负值的电极必为负极，这种说法对不对？为什么？

6. 计算题(每小题 10 分，共 20 分)

(1) 能否用已知浓度的乙二酸($H_2C_2O_4$)来标定 $KMnO_4$ 溶液的浓度？

(2) 已知：a. $Cu^++e^- \longrightarrow Cu$　　$E^{\ominus}(Cu^+/Cu)=0.52V$

b. $CuCl(s)+e^- \longrightarrow Cu+Cl^-(aq)$　　$E^{\ominus}[CuCl(s)/Cu]=0.14V$

① 请写出半反应 a、b 的能斯特方程；

② 将上述两电对组成原电池，写出原电池符号和电池反应；

③ 计算反应的 $\Delta_r G_m^{\ominus}$ 及标准平衡常数 $K^{\ominus}$；

④ 当 $c(Cl^-)=0.10mol \cdot L^{-1}$时，标准平衡常数 $K^{\ominus}$又为多少？

参考答案

1. 填空题

(1) $Zn+2OH^- -2e^- \longrightarrow ZnO+H_2O$，$Ag_2O+H_2O+2e^- \longrightarrow 2Ag+2OH^-$，$Ag_2O+Zn = ZnO+2Ag$；

(2) $MnO_4^- +8H^+ +5e^- \longrightarrow Mn^{2+}+4H_2O$，$2Cl^- -2e^- \longrightarrow Cl_2$，$(-)Pt, Cl_2(p^{\ominus})\,|\,Cl^- \,\|\, MnO_4^-, Mn^{2+}, H^+\,|$

Pt(+)；(3)$E^{\ominus}(Cr_2O_7^{2-}/Cr^{3+})>E^{\ominus}(Fe^{3+}/Fe^{2+})>E^{\ominus}(Sn^{2+}/Sn)$，$Cr_2O_7^{2-}$，$Sn^{2+}$，(−)Pt|$Fe^{2+}(c_1)$，$Fe^{3+}(c_2)$ ‖ $Cr_2O_7^{2-}(c_3)$，$Cr^{3+}(c_4)$，$H^+(c_5)$|Pt(+)，0.62，−358.92；(4)相同，相同，不同，不同；(5)$2H_2O \longrightarrow O_2 + 4H^+ + 4e^-$，$Cu^{2+}+2e^- \longrightarrow Cu$，$Cu \longrightarrow Cu^{2+}+2e^-$，$2H_2O+2e^- \longrightarrow H_2+2OH^-$。

2. 是非题

(1)×；(2)×；(3)×；(4)×；(5)√；(6)×；(7)×；(8)√；(9)×；(10)√。

3. 单选题

(1)B；(2)D；(3)D；(4)C；(5)D；(6)B；(7)C；(8)C；(9)B；(10)D。

4. 完成并配平下列方程式

(1) ① 3,8,3,2,4；② 1,6,7,4,1,3,7；③ 1,1,2；④ 3,1,2。

(2) ① $Fe+Cl_2 \longrightarrow Fe^{2+}+2Cl^-$，因为 $E^{\ominus}(Cl_2/Cl^-)>E^{\ominus}(Fe^{2+}/Fe)$；

② $Fe+I_2 \longrightarrow Fe^{2+}+2I^-$，因为 $E^{\ominus}(I_2/I^-)>E^{\ominus}(Fe^{2+}/Fe)$；

③ $2FeCl_3+Cu \longrightarrow 2FeCl_2+CuCl_2$，因为 $E^{\ominus}(Fe^{3+}/Fe^{2+})>E^{\ominus}(Cu^{2+}/Cu)$。

5. 解释简答题

(1) 原电池是将化学能转变为电能的装置(利用 $\Delta_r G_m<0$ 的化学反应自发地产生电能)；电解池是将电能转变为化学能的装置(利用电能促使 $\Delta_r G_m>0$ 的化学反应发生而制得化学产品或进行其他电化学工艺过程，如电镀等)。

电化学规定：原电池中发生还原反应的电极为正极，发生氧化反应的电极为负极；电解池中，接电源正极的电极为阳极，接电源负极的电极为阴极，阳极发生氧化反应，阴极发生还原反应。

(2) 不对。因为只要两个电极的电势 E 相对大小不同，任意两个电极都能组成一个原电池，其中电极电势 E 较大的为正极，电极电势 E 较小的则为负极，与其标准电极电势 $E^{\ominus}$ 是否为正值或负值无关；即使组成原电池的两个电极，一个 $E^{\ominus}$ 较大，一个 $E^{\ominus}$ 较小，也不是 $E^{\ominus}$ 较大的电极必为正极，$E^{\ominus}$ 较小的必为负极。因为电极电势 E 不仅取决于标准电极电势 $E^{\ominus}$，还取决于电极反应的反应商 J。

6. 计算题

(1) $H_2C_2O_4$ 是具有还原性的酸，其电极反应和 $E^{\ominus}$ 是

$$2CO_2+2H^++2e^- \longrightarrow H_2C_2O_4 \qquad E^{\ominus}=-0.49V$$

$KMnO_4$ 是强氧化剂，其电极反应和 $E^{\ominus}$ 是

$$MnO_4^-+8H^++5e^- \longrightarrow Mn^{2+}+4H_2O \qquad E^{\ominus}=1.49V$$

$H_2C_2O_4$ 和 $KMnO_4$ 之间的氧化还原反应是

$$5H_2C_2O_4+2MnO_4^-+6H^+ = 10CO_2+2Mn^{2+}+8H_2O$$

该电池反应的标准电池电动势

$$E^{\ominus}=E^{\ominus}(MnO_4^-/Mn^{2+})-E^{\ominus}(CO_2/C_2O_4^{2-})=1.49-(-0.49)=1.98(V)$$

计算结果说明该反应的 $E^{\ominus}$ 值很大，即 $C_2O_4^{2-}$ 和 MnO_4^- 在酸性介质中的氧化还原反应进行得很彻底，用 $H_2C_2O_4$ 标定 $KMnO_4$ 溶液浓度是可行的。

(2) ① $E(Cu^+/Cu)=E^{\ominus}(Cu^+/Cu)+0.0592\lg c(Cu^+)$

$$E(CuCl/Cu)=E^{\ominus}(CuCl/Cu)+0.0592\lg\frac{1}{c(Cl^-)}$$

② (−)Cu，CuCl(s)|$Cl^-(1mol \cdot L^{-1})$ ‖ $Cu^+(1mol \cdot L^{-1})$|Cu(+)

$$Cu^++Cu+Cl^- = Cu+CuCl$$

③ $\Delta_r G_m^{\ominus}=-nFE^{\ominus}=-1\times96.5\times(0.52-0.14)=-37(kJ \cdot mol^{-1})$

$$\lg K^{\ominus}=(1\times0.38)/0.0592, \quad K^{\ominus}=2.8\times10^5$$

④ $c(Cl^-)=0.10mol \cdot L^{-1}$时，$K^{\ominus}$仍为 2.8×10^5。

(湖南科技大学　蔡铁军)

第9章　原子结构

一、学习要求

(1) 了解原子的组成及组成微粒之间的相互关系，熟悉微观粒子的量子化和波粒二象性等基本特征，熟悉和理解原子核外电子的运动状态，并了解其量子力学的描述方法——薛定谔方程以及方程的解(波函数)；

(2) 掌握四个量子数的物理意义及其特定组合的取值规律；

(3) 熟悉波函数(原子轨道)和电子云的图形(包括角度分布图、径向分布图和空间分布图)；

(4) 掌握多电子原子核外电子的排布规律和基态原子核外电子排布式的书写；

(5) 掌握元素周期表的分区、周期、族与相近电子结构、能级组、价层电子结构的对应关系，熟悉元素性质在周期表中的变化规律。

二、重难点解析

(一) 原子的组成及微观粒子的基本特征

1. 原子的组成

原子由原子核与核外电子组成，原子核又由质子与中子组成。在化学反应中核外电子的结构(电子排布方式及能量状态)直接影响着原子的性质。

2. 微观粒子的量子化特征

原子核核外的电子等属于微观粒子，与宏观物体相比，其质量极微、运动范围极小而运动速度极高，使之具有完全不同于宏观物体的两大基本特征，即量子化特征和波粒二象性特征。

理解量子化特征时要把握两个必备条件：第一个条件是“微观粒子的物理量的变化是不连续的”；第二个条件是“这种不连续的变化，具有一个最小单位(量子)，并以这些量子作跳跃式的增减”。例如，微观体系的能量是量子化的，能量变化的最小单位是一个光子的能量(称为光量子)。

玻尔在解释氢原子光谱实验时，大胆引入普朗克的量子化假说，并在爱因斯坦光子学说的基础上，提出了著名的玻尔理论，这是人类探索原子结构历程中的一个重要里程碑。该理论包括：

(1) 原子轨道的不连续性(定态假设)。

$$r_n = a_0 \cdot n^2 \quad (n=1,2,3\cdots)$$

式中，$a_0=0.053\text{nm}$，它是轨道半径量子化的最小单位，称为玻尔半径。

(2) 轨道能量的不连续性。

$$E_n = -B/n^2 \quad (n=1,2,3\cdots)$$

式中，$B=13.6\text{eV}=2.179\times10^{-18}\text{J}$，称为里德堡常数。它是第一电子层($n=1$)轨道的能量，是轨道能量量子化的最小单位。

(3) 辐射能的不连续性。

$$E_{辐射}=\Delta E=E_{高}-E_{低}=B\{(1/n_{低})^2-(1/n_{高})^2\}=nE_{光子}$$

式中，$E_{光子}$为一个光子的能量，它是辐射能量子化的最小单位。

(4) 氢原子光谱的不连续性。

$$E_{光子}=h\nu=hc/\lambda=hc\bar{\nu}$$

式中，h 为普朗克常量；ν 为频率；c 为光速；λ 为波长；$\bar{\nu}$ 为波数(单位为 m^{-1})。

对于宏观体系，任何物理量的变化都是连续的，不存在这样的最小单位，所以说量子化特征是微观粒子独有的特性。

3. 微观粒子的波粒二象性特征

1924 年德布罗意将爱因斯坦的光子学说(光的波粒二象性)推广到所有微观粒子而提出了德布罗意关系式，该关系式表达了微观粒子的波粒二象性特征：

$$\lambda=h/mv=h/P$$

式中，质量 m、速度 v、动量 P 代表物质波的粒子性；λ 代表物质波的波动性。在德布罗意关系式中，通过普朗克常量 h，将粒子性和波动性这两个在宏观体系完全不相容的概念，联系在一起了。只要知道微粒的质量和运动速度，就可以通过德布罗意关系式计算微粒运动所产生的物质波的波长。

对于宏观物体的运动(如子弹的运动)，虽然套用德布罗意关系式也可求出飞行子弹的物质波波长，但波长值比子弹的直径小得多，波动性不明显，没有实际意义。所以说，波粒二象性特征也是微观粒子独有的特性。

(二) 核外电子运动状态的描述方法

1. 测不准原理

微观粒子的运动状态不能使用牛顿力学的方法进行描述，海森堡提出的测不准原理，进一步从理论上明确了，既然微观粒子的性质与宏观物体截然不同，因此适用于宏观物体的牛顿力学方法，就必然不适用于微观体系。也就是说，微观粒子在客观上不可能同时具有确定的坐标及动量，微观粒子运动坐标的测不准量(Δx)与该方向的动量的测不准量(ΔP_x)之间存在着一种互相制约的关系：

$$\Delta x\cdot\Delta P_x\geqslant h/4\pi$$

玻尔理论认为氢原子中电子的位置和速度都可精确计算，违反了测不准原理，原子结构现代理论中虽然沿用了玻尔的“轨道”的名称，但已经赋予原子轨道以全新的含义。

2. 薛定谔方程

量子力学用波函数 ψ 描述电子等微观粒子的运动状态。1926 年薛定谔运用物质波的观点，提出了求解波函数 ψ 的波动方程，即著名的薛定谔方程：

$$\frac{\partial^2\psi}{\partial x^2}+\frac{\partial^2\psi}{\partial y^2}+\frac{\partial^2\psi}{\partial z^2}+\frac{8\pi^2m}{h^2}(E-V)\psi=0$$

这个“二阶偏微分方程”的解——波函数 $\psi(x,y,z)$，体现了电子的波动性，它是一个函数式，只有将核外空间某点坐标的数值代入波函数之后，ψ 才是一个确定的数值。波函数又称为“原子轨道”，这种轨道不再是经典意义上的，而是一种“概率轨道”，或者说，波函数所描述的波动性是一种统计性规律（也称概率波）；式中的 E（电子总能量），V（电子势能），m（电子质量），体现了电子的粒子性；电子的波粒二象性通过普朗克常量 h 统一在同一方程之中。

薛定谔方程无法通过牛顿力学方程加以推导，因为在牛顿力学范畴内，波动性和粒子性是对立的。因此，大家不要纠结于方程的推导，而要关注其意义。

薛定谔方程的数学形式具有多种复杂的表达形式，其求解过程已超出本课程范围。不过，要说明的是，在薛定谔方程求解时，为了方便，通常将直角坐标表示的 $\psi(x,y,z)$ 变换为球坐标表示的 $\psi(r,\theta,\varphi)$，再通过变量分离等方法，将 $\psi(r,\theta,\varphi)$ 变换为径向波函数 $R(r)$ 与角度波函数 $Y(\theta,\varphi)$ 两部分的乘积，即：

$$\psi(r,\theta,\varphi)=R(r)\cdot Y(\theta,\varphi)$$

（三）波函数（原子轨道）及电子云

1. 波函数的形式

波函数（原子轨道）$\psi_{n,l,m}(r,\theta,\varphi)$ 是薛定谔方程式直接求解的结果，但这个结果不是一个具体的值而是一个函数关系式。对应于核外电子的每一种能量状态，都有一个特定的波函数。

波函数的三种表达形式：

（1）空间波函数。$\psi(r,\theta,\varphi)$ 是描述核外电子能量状态在核外空间 (r,θ,φ) 分布情况的函数关系式，称为空间波函数。

（2）径向波函数。$R(r)$ 是描述核外电子能量状态随径向 (r) 的分布情况的函数关系式，称为径向波函数。

（3）角度波函数。$Y(\theta,\varphi)$ 是描述核外电子能量状态随方位角度 (θ,φ) 的分布情况的函数关系式，称为角度波函数。

2. 电子云

波函数 ψ 本身缺乏明确的物理意义，但波函数绝对值的平方 ψ^2 意义明确，ψ^2 表示原子核外空间某一点附近电子出现的概率密度，而此概率密度是单位体积内电子出现的概率，简称电子云。

因此，$\psi^2_{n,l,m}(r,\theta,\varphi)$ 表示电子云的空间分布，$R^2(r)$ 表示电子云的径向分布，而 $Y^2(\theta,\varphi)$ 表示电子云的角度分布。

3. 核外电子的概率分布

概率密度（电子云）与空间体积（$d\tau$）的乘积就是核外电子出现的概率。电子在核外某一空间范围内出现的概率等于该处的概率密度与该空间体积的乘积，即 $\psi^2_{n,l,m}(r,\theta,\varphi)d\tau$。

$R^2(r)d\tau$ 表示电子在核外某距离 (r) 上出现的概率。或者说，在一个以原子核为球心、半径为 r、厚度为 dr 的极薄的球壳夹层（其体积 $d\tau=4\pi r^2dr$）内电子出现的概率，即 $R^2(r)d\tau=R^2(r)\cdot 4\pi r^2dr$。定义 $D(r)=R^2(r)\cdot 4\pi r^2$，$D(r)$ 称为径向分布函数，因此，$R^2(r)d\tau=R^2(r)\cdot 4\pi r^2dr=D(r)dr$。

而 $Y^2(\theta,\varphi)d\tau$ 表示电子在核外某方位 (θ,φ) 上出现的概率。

4. 波函数(原子轨道)与电子云的图形

波函数(原子轨道)以及电子云的一个计算值仅能表示电子在核外某空间的能量状态,使用波函数(原子轨道)和电子云的图形,可以直观全面地反映核外电子能量状态的全貌。

对应于波函数(原子轨道)及电子云的不同形式,主要有角度分布图、径向分布图以及空间分布图三大类图形。

(1) 角度分布图。包括波函数(原子轨道)的角度分布图[$Y(\theta,\varphi)$对(θ,φ)作图]和电子云的角度分布图[$Y^2(\theta,\varphi)$对(θ,φ)作图]。注意识别图中最大值出现的位置。

(2) 径向分布图。包括波函数(原子轨道)的径向分布图[$R(r)$对(r)作图]、电子云的径向分布图[$R^2(r)$对(r)作图]和电子概率的径向分布图,又称径向分布函数图[即径向分布函数$D(r)$对半径(r)作图],该图代表电子在核外某距离(r)上出现的概率。注意掌握最大概率半径的概念和图中峰的个数规律。

(3) 空间分布图。包括波函数(原子轨道)的空间分布图[$\psi_{n,l,m}(r,\theta,\varphi)$对$(r,\theta,\varphi)$作图]和电子云的空间分布图[$\psi^2_{n,l,m}(r,\theta,\varphi)$对$(r,\theta,\varphi)$作图]。

(4) 波函数(原子轨道)与电子云的图形比较。波函数(原子轨道)的角度分布图和空间分布图上标有正负号,电子云的角度分布图和空间分布图上没有正负号标志;电子云的图形比相应的波函数(原子轨道)的图形"瘦"些。

(5) 角度分布图与空间分布图比较。角度分布图只与角度(θ,φ)有关,而与半径(r)无关,所以量子数l、m相同而n不同的角度分布图是同一个图,如1s、2s、3s的角度分布图相同;空间分布图与整个空间(r,θ,φ)都有关系,所以空间分布图的尺寸3s>2s>1s;由于n、l、m相同的角度分布图与空间分布图的形状相同(仅尺寸不同),故在讨论问题时,可借用角度分布图代替空间分布图。

(四) 四个量子数

1. 量子数的意义

微观粒子的量子化特征决定了核外电子的能量状态是不连续的,换句话来说,求解能量状态的薛定谔方程只有在某些特定的条件下,才能得到合理的解(波函数),作为能量状态的限制条件的量子数的取值也就不是任意的。不同量子数的值的特定组合,就成为核外电子某种能量状态的"身份证"。

2. 量子数的种类

量子数包括两大类,第一类与电子的轨道运动状态有关,统称为轨道量子数,包括与离核远近相关的主量子数(n)、与轨道形状相关的角量子数(l)和与轨道伸展方向相关的磁量子数(m)三个量子数;第二类与电子的自旋运动状态有关,称为自旋量子数(m_s)。

3. 量子数的取值

四个量子数相互之间存在着严格的相互制约和依存关系:

(1) 主量子数(n)的取值为:$n=1,2,3,4,\cdots$正整数。

(2) 角量子数(l)的取值为:$l=0,1,2,3,\cdots,(n-1)$,受到n的限制,其最大值为$n-1$,共

有 n 个值。

(3) 磁量子数(m)的取值为：$m=0,\pm1,\pm2,\cdots,\pm l$，受 l 的限制，最大值为 $\pm l$，共有 $2l+1$ 个值。

(4) 自旋量子数(m_s)的取值为：$\pm\frac{1}{2}$，分别代表电子的两种自旋运动状态。

4. 量子数与电子能量状态的关系

核外电子有可能处于不同的能量状态(包括基态和各种激发态)，表现为不同的轨道运动方式与自旋运动方式，这些不同的运动状态可以用四个量子数的特定组合来表征。

(1) 轨道的表示方法。可用带有三个量子数下标的波函数 $\psi_{n,l,m}$ 表示一个原子轨道，如 ψ_{210} 表示 $2p_z$ 轨道。

(2) 电子的表示方法。可用四个量子数的组合表示某一能量状态下的一个电子，例如，(3、0、0、+1/2)或(3、0、0、−1/2)可以代表 $3s^1$ 电子；反之，$5p_z^1$ 电子可表示为(5、1、0、+1/2)或(5、1、0、−1/2)。

(五) 多电子原子核外电子排布的规律和电子层结构

1. 多电子体系能量的影响因素

多电子体系电子的能量状态要用多电子体系的薛定谔方程求解，通过“屏蔽效应”和“钻穿效应”的近似处理，得多电子原子轨道能量的近似计算公式如下：

$$E_n=-\frac{Z^{*2}}{n^2}\times2.18\times10^{-18}\,\mathrm{J}=-\frac{(Z-\sigma)^2}{n^2}\times2.18\times10^{-18}\,\mathrm{J}$$

式中，n 为主量子数；Z^* 为有效核电荷；Z 为核电荷数；σ 为屏蔽常数[按斯莱特(Slater)经验规则取值]。

由上式很容易理解：屏蔽效应的结果使有效核电荷 Z^* 变小，使 E_n 负值变小，即能量升高；钻穿效应的结果使有效核电荷 Z^* 变大，使 E_n 负值变大，即能量下降。屏蔽效应与钻穿效应共同作用的结果，可能造成核外电子的能量交叉现象。

2. 核外电子的排布原则

(1) 泡利不相容原理。同一原子轨道只能容纳两个自旋相反的电子。

(2) 最低能量原理。核外电子在各原子轨道中的排布方式应使整个原子的能量处于最低状态。因此，应按照轨道能量从低到高的顺序填充电子。

(3) 洪德规则。在能量相同的等价轨道上排布电子时，总是以自旋相同的方向优先分占不同的轨道；当等价轨道处于半充满(如 p^3，d^5，f^7)或全充满状态(如 p^6，d^{10}，f^{14})时，原子核外电子的电荷在空间的分布呈球形对称，有利于降低原子的能量。

3. 多电子原子核外电子的排布顺序

(1) 鲍林的近似能级图。根据原子核外电子排布规律，鲍林总结的可作为原子核外电子排布顺序参考依据的近似能级图，可满足多数原子的电子填充情况，但还存在例外。

(2) 科顿的原子轨道能级图。科顿根据原子结构的理论研究与实验结果提出的科顿能级图，说明原子核外电子能量高低的顺序随着原子序数的增加会进一步发生变化。

（3）徐光宪的近似能级公式。徐光宪提出了用主量子数和角量子数计算原子轨道能量的计算公式。

4. 基态原子电子层结构的表示方法

基态原子的电子层结构用电子排布式表示，其一般写法是先按鲍林近似能级图中能级组能量从低到高的顺序排列，在每个能级组内再按主量子数 n 由小到大排列，考虑洪德规则的同时，然后按教材图 9-10(b)所示的“电子填充顺序”即斜线规则将电子填入排布式中。此法的排布结果与大多数基态原子的光谱实验结果一致。例如，基态钠原子 Na(Z=11)的电子排布式为 $1s^22s^22p^63s^1$ 或简写为[Ne]$3s^1$；又如，基态铊原子 Tl(Z=81)的电子排布式为$1s^22s^22p^63s^23p^63d^{10}4s^24p^64d^{10}5s^25p^64f^{14}5d^{10}6s^26p^1$或简写为[Xe]$4f^{14}5d^{10}6s^26p^1$。

（六）元素周期表与原子的电子层结构的关系

元素周期表可分为 7 个横行、18 个纵列和 5 个区域，分别对应 7 个周期、16 个族和 5 个区，它们与原子的电子层结构的内在联系如下。

1. 周期

鲍林的近似能级图将原子轨道分成 7 个能级组，由徐光宪公式 $E(\psi_{n,l})=n+0.7l$ 的计算值也可得到：整数相同的轨道归为一个能级组。每一个能级组对应一个周期，每个能级组中能容纳的电子数目最大值即该周期中所含元素的数目。

2. 族

周期表中将具有相似的价层电子结构的元素归为一族，因而同一族元素性质相似，每一个纵列通常对应一个族（仅Ⅷ族包含 3 个纵列）。

（1）主族：内层电子已全充满，最后一个电子填在最外层轨道上。

（2）副族：按电子填充顺序，最后一个电子填在价电子层的次外层(n-1)d 轨道或外数第三层(n-2)f 轨道上。

3. 区

将基态原子价层电子结构相近的族归为同一个区，周期表中共划分成 5 个区。

（1）s 区：凡是价电子层为 $ns^{1\sim2}$ 电子组态的元素，称为 s 区元素。

（2）p 区：凡是价电子层为 $ns^2np^{1\sim6}$ 电子组态的元素称为 p 区元素。

（3）d 区：一般价电子层为$(n-1)d^{1\sim9}ns^{1\sim2}$（仅 Pd 为 $4d^{10}5s^0$）电子组态的元素称为 d 区元素，它包括ⅢB～ⅦB 和Ⅷ 副族元素。

（4）ds 区：价电子层为$(n-1)d^{10}ns^{1\sim2}$电子组态的元素，称为 ds 区元素，它包括ⅠB～ⅡB 副族元素。

（5）f 区：一般价电子层为$(n-2)f^{1\sim14}(n-1)d^{0\sim1}ns^2$ 电子组态的元素，称为 f 区元素。镧系元素和锕系元素属于 f 区元素。

（七）元素性质的周期性

元素性质的周期性变化规律称为元素的周期律，它反映了各元素的原子核外电子层结构的周期性变化，周期表为其表格形式。元素基本性质的变化规律如下。

1. 原子半径 r

同周期元素，从左向右 Z^* 递增，原子半径递减。但主族元素原子半径的递减幅度远大于副族元素的递减幅度；同族元素的原子半径从上到下递增。这个规律对主族元素符合得很好，而对副族元素，从上至下原子半径增加得不够多，甚至出现递减的反常现象，即“镧系收缩”。这是因为镧系元素的出现，在一个格子内聚集了 15 个元素，从而使 Z^* 增加的影响超过了电子层数 n 增加的影响。

2. 电离能 I

基态气态原子有第一、第二、第三电离能（I_1、I_2、I_3）之分。原子的电离能越小，表示该元素原子失电子的能力越强，金属性越强。

同一元素的逐级电离能总是递增的，即 $I_1 < I_2 < I_3$ 等。同族元素电离能变化的趋势，从上到下，电离能下降。副族元素电离能的“反常现象”可用“镧系收缩”加以解释。同一周期元素电离能变化的趋势，通常从左至右递增；但中间会出现一些反常（如“半充满”和“全充满”的时候，第一电离能会“反常的”增大）。

3. 电子亲和能 A

元素有第一、第二、第三电子亲和能（A_1、A_2、A_3）的概念。电子亲和能越大，表示该元素原子得电子的能力越强，非金属性越强。

大部分元素原子在获得第一个电子形成阴离子时，总是放热，故元素 A_1 都为负值。而元素的 -1 价阴离子再获得一个电子而形成 -2 价阴离子时，则总是吸热的，故 A_2 总是正值。同族元素原子的电子亲和能，从上到下，随着电子层数的增加而下降；同一周期元素原子的电子亲和能，随着原子序数的增加而递增。

4. 电负性 χ

元素电负性（χ）表示分子中的原子对电子的吸引能力。电负性越大，对电子的吸引力越大。使用最广的是鲍林的电负性（χ_P）。

另外，同一元素所处的氧化态不同，其电负性数值并不相同。例如，Fe(Ⅱ)和 Fe(Ⅲ)的 χ_P 分别是 1.7 和 1.8；Cr(Ⅲ)和 Cr(Ⅵ)的 χ_P 分别是 1.6 和 2.4。一般电负性表中所列数值，实际上是该元素最稳定的氧化态的电负性数据。

电负性的周期性变化规律：同一周期自左至右增大；同一族自上而下减小。

三、习题全解和重点练习题解

1(9-1). 计算氢原子电子由 $n=4$ 能级跃迁到 $n=3$ 能级时发射光的频率和波长。

解：因为 $E(\text{辐射})=h\nu=hc/\lambda$，且

$$E(\text{辐射})=\Delta E=E_4-E_3=2.179\times10^{-18}[(1/3)^2-(1/4)^2]=1.06\times10^{-19}(\text{J})$$

则频率　　$\nu=E(\text{辐射})/h=1.06\times10^{-19}\text{J}/6.626\times10^{-34}=1.60\times10^{14}\text{s}^{-1}$

波长 $\lambda=c/\nu=3\times10^{8}\text{m}\cdot\text{s}^{-1}/1.60\times10^{14}\text{s}^{-1}=1.88\times10^{-6}\text{m}$

2(9-2). 已知电子质量为 9.1×10^{-31}kg，试计算下列粒子的德布罗意波的波长：

(1) 质量为 10^{-10}kg，运动速度为 $0.01\text{m}\cdot\text{s}^{-1}$ 的尘埃。

(2) 动能为 300eV 的自由电子。

解：(1) $\lambda=h/mv=6.626\times10^{-34}\text{J}\cdot\text{s}/(10^{-10}\text{kg}\times0.01\text{m}\cdot\text{s}^{-1})$
$=6.626\times10^{-22}\text{m}$

(2) 因为 $300\text{eV}=300\text{eV}\times1.60\times10^{-19}\text{J/eV}=4.80\times10^{-17}\text{J}$

$$\lambda=\frac{h}{P}=\frac{h}{mv}\quad \lambda^2=\frac{h^2}{m^2v^2}=\frac{h^2}{2m\left(\frac{1}{2}mv^2\right)}=\frac{h^2}{2mE_k}$$

$$\lambda=\frac{h}{\sqrt{2mE_k}}=\frac{6.626\times10^{-34}\text{J}\cdot\text{s}}{\sqrt{2\times9.1\times10^{-31}\text{kg}\times4.80\times10^{-17}\text{J}}}=7.09\times10^{-11}\text{m}$$

3(9-3). 子弹(质量为 0.01kg，速度为 $1000\text{m}\cdot\text{s}^{-1}$)、原子中的电子(质量为 9.1×10^{-31}kg，速度为 $1.0\times10^{6}\text{m}\cdot\text{s}^{-1}$)等，若速度不确定均为速度的 10%，判断在确定这些质点的位置时，测不准关系是否有实际意义。

解：根据 $\Delta x\Delta P_x\geqslant h/4\pi$，得

$$\Delta x\geqslant h/4\pi\Delta P_x=h/4\pi\Delta(mv)=h/4\pi m\Delta v$$

(1) 对子弹：质量 $m=0.01$kg，速度 $v=1000\text{m}\cdot\text{s}^{-1}$，$\Delta v=0.1\times1000\text{m}\cdot\text{s}^{-1}=100\text{m}\cdot\text{s}^{-1}$，则

$$\Delta x\geqslant h/4\pi m\Delta v=6.626\times10^{-34}/(4\times3.1416\times0.01\times100)=5.27\times10^{-35}(\text{m})$$

讨论：子弹的射程可达 1×10^{3}m，而其位置的不确定量为 5.27×10^{-35}m，测不准关系对子弹的运动没有实际意义。

(2) 对电子：质量 $m=9.1\times10^{-31}$kg，速度 $v=7.27\times10^{5}\text{m}\cdot\text{s}^{-1}$，$\Delta v=0.1\times1.0\times10^{6}\text{m}\cdot\text{s}^{-1}=1.0\times10^{5}\text{m}\cdot\text{s}^{-1}$，则

$$\Delta x\geqslant h/4\pi m\Delta v=6.626\times10^{-34}/(4\times3.1416\times9.1\times10^{-31}\times1.0\times10^{5})$$
$$=5.79\times10^{-10}(\text{m})$$

讨论：原子核外电子运动范围(原子半径)为 1×10^{-10}m，可电子运动位置的不确定量为 5.79×10^{-10}m，大于原子半径，故测不准关系对电子运动有实际意义。

4(9-4). 氢原子的 s 轨道波函数(　　)。

A. 与 θ,φ 有关　B. 与 θ,φ 无关　C. 与 r 无关　D. 与 θ 有关

答：B。

5(9-5). $Y(\theta,\varphi)$ 对 (θ,φ) 所作图形称为________；$Y^2(\theta,\varphi)$ 对 (θ,φ) 所作图形称为________；$D(r)$ 对半径 r 作图称为________。

答：波函数角度分布图；电子云角度分布图；电子概率的径向分布函数图。

6(9-6). 是非题：s 轨道为球形，表示 s 电子在球形轨道上运动。(　　)

答：×。

7(9-7). 下列各组量子数，不正确的是(　　)。

A. $n=2,l=1,m=0,m_s=-1/2$　B. $n=3,l=0,m=1,m_s=1/2$

C. $n=2,l=1,m=-1,m_s=1/2$　D. $n=3,l=2,m=-2,m_s=-1/2$

答：B。

8(9-8). 已知某元素的最外层有 4 个价电子，它们的 4 个量子数(n、l、m、m_s)分别是：(4,0,0,

+1/2),(4,0,0,−1/2),(3,2,0,+1/2),(3,2,1,+1/2),则元素原子的价电子组态是什么？是什么元素？

答:[Ar]$3d^2 4s^2$;Ti。

9(9-9). 基态原子的第六电子层只有2个电子,第五电子层上电子数目为( )。

A. 8 B. 18 C. 8～18 D. 8～32

答:C。

10(9-10). 基态原子有6个电子处于 $n=3,l=2$ 的能级,其未成对的电子数为( )。

A. 4 B. 5 C. 3 D. 0

答:A。

11(9-11). 下列元素的符号是

(1) 属零族,但没有p电子( );

(2) 在4p能级上有1个电子( );

(3) 开始填充4d能级( );

(4) 价电子构型为 $3d^{10}4s^1$( )。

答:(1)He;(2)Ga;(3) Y;(4)Cu。

12(9-12). 第五周期有( )种元素,因为第( )能级组最多可容纳( )个电子,该能级组的电子填充顺序是( )。

答:18;5;18;$5s^2 4d^{10} 5p^6$。

13(9-13). 已知元素在周期表中的位置,写出它们的外围电子构型和元素符号:

(1) 第四周期ⅣB族( );(2) 第四周期ⅦB族( );

(3) 第五周期ⅦA族( );(4) 第六周期ⅢA族( )。

答:(1)Ti,$3d^2 4s^2$;(2)Mn,$3d^5 4s^2$;(3)I,$5s^2 5p^5$;(4)Tl,$6s^2 6p^1$。

14(9-14). 以下各"亚层"哪些可能存在？包含多少轨道？

(1)2s;(2)3f;(3)4p;(4)2d;(5)5d。

答:(1) 1个2s轨道;(2) 不存在3f轨道;(3) 3个4p轨道;(4) 不存在2d轨道;(5)5个5d轨道。

15(9-15). 外围电子构型满足下列条件之一是哪一类或哪一个元素？

(1) 具有2个p电子;

(2) 有2个 $n=4,l=0$ 的电子,6个 $n=3$ 和 $l=2$ 的电子;

(3) 3d全充满,4s只有1个电子的元素。

答:(1)ns^2np^2,ⅣA族元素;(2)$3d^6 4s^2$,Fe元素;(3)$3d^{10}4s^1$,Cu元素。

16(9-16). 判断符合下列条件的是什么元素。

(1) 某元素+2价离子和Ar的电子构型相同;

(2) 某元素的+3价离子和F^-的电子构型相同;

(3) 某元素的+2价离子的3d电子数为7个。

答:(1)Ca;(2)Al;(3)Co。

17(9-17). 说明下列等电子离子的半径值在数值上为什么有差别:

Na^+(98pm)、Mg^{2+}(74pm)与 Al^{3+}(57pm)

答:Na、Mg与Al同属第二周期的元素,n 相同,核电荷 Z 依次增大,有效核电荷 Z^* 也依次增大,故 r(Na)大于 r(Mg)大于 r(Al),又中性原子失电子变成正离子,半径减小,且正电荷数越高半径越小,故进一步使 r(Na)大于 r(Mg)大于 r(Al)。

18(9-18). 第一电离能最大的原子的电子构型是(　　)。

A. $3s^23p^1$　　B. $3s^23p^2$　　C. $3s^23p^3$　　D. $3s^23p^4$

答:C。

19(9-19). 是非题:A 元素的第一电子亲和能比 B 元素大,表示 A 元素吸引电子的能力比 B 元素强,所以 A 元素失电子的能力就比 B 元素弱。(　　)

答:×。

20(9-20). 是非题:某元素的电负性越小,它的金属性就越大,非金属性就越小。(　　)

答:√。

四、自　测　题

1. 填空题(每空 1 分,共 20 分)

(1) 微观粒子具有________和________两个基本特征,它不能用________方法处理,而只能用________方法处理。

(2) 基态原子的电子层结构为[Ar]$3d^74s^2$ 的某元素属________区________周期________族;从价电子结构判断稳定性,其二价的简单化合物比三价的更________;它是________元素。

(3) $Y(\theta,\varphi)$对(θ,φ)所作图形称为________;$\psi^2_{n,l,m}(r,\theta,\varphi)$对$(r,\theta,\varphi)$所作图形称为________;$D(r)$对半径 r 作图称为________。

(4) 只要________、________和________三个量子数确定,就可以确定一个原子轨道,因此原子轨道的符号可以表示为________。

(5) $Z=42$ 元素基态原子的电子层结构为________,属________周期________族;其金属性比同一周期最外层电子结构相同的主族元素________;该元素为________。

2. 是非题(用"√"、"×"表示对、错,每小题 1 分,共 10 分)

(1) 某元素的电负性越小,它的金属性就越强,非金属性就越弱。(　　)

(2) $l=0$ 的 s 轨道呈球形分布,所以 s 电子仅在球面轨道上运动。(　　)

(3) 基态原子电子层结构为[Xe]$4f^{14}5d^{10}6s^26p^2$ 的元素属于第六周期ⅣA 族。(　　)

(4) 最外层电子结构属于 $3s^23p^6$ 的+1 价阳离子是 K^+、−2 价阴离子是 S^{2-}。(　　)

(5) 电子组态与 F^- 相同的+2 价离子为 Mg^{2+}、+3 价离子为 Ti^{3+}。(　　)

(6) $n=2$ 的轨道数为 4,$l=3$ 的轨道数为 5。(　　)

(7) n 相同,l 越小的电子在核附近出现的概率越大,受其他电子的屏蔽越小。(　　)

(8) 元素在周期表中所属族数,不一定等于该元素原子的最外层电子数。(　　)

(9) 氢原子的 1s 电子云图中,小黑点密度越大,表示电子出现的机会越多。(　　)

(10) "镧系收缩"使同族副族元素的原子半径从上到下的变化规律与主族不同。(　　)

3. 单选题(每小题 2 分,共 20 分)

(1) 波函数的角度分布图(　　)。

A. 与(θ,φ)有关　　B. 与(θ,φ)无关　　C. 与 r 有关　　D. 与(r,θ,φ)无关

(2) 下列关于电子亚层的正确说法是(　　)。

A. p 亚层有一个轨道　　B. 同一亚层电子的运动状态相同

C. 同一亚层的各轨道是等价(简并)的　　D. s 亚层电子的能量低于 p 亚层电子

(3) 下列说法不正确的是(　　)。

A. 电子在原子轨道中的排布应使整个基态原子的能量处于最低

B. 在同一原子中,不可能出现四个量子数完全相同的两个电子

C. 在能量简并的轨道上,电子尽先分占不同的轨道,且自旋平行

D. 在电子排列顺序中最后排入的电子,在电离时一定会最先失去

(4) 表示核外某一电子运动状态的下列各组量子数(n,l,m,m_s)中合理的是(　　)。

A. 3,2,2,−1/2　　B. 3,0,−1,+1/2

C. 2,2,2,−1/2　　D. 2,−1,0,+1/2

(5) 基态$_{19}$K 原子最外层电子的四个量子数(n,l,m,m_s)正确的是(　　)。

A. 4,0,1,+1/2　　B. 4,0,0,−1/2

C. 3,0,0,+1/2　　D. 3,1,0,−1/2

(6) 在一多电子原子中具有如下量子数(n,l,m,m_s)的电子,其中能量最高的是(　　)。

A. 2,1,1,+1/2　　B. 3,0,0,−1/2

C. 3,1,1,1/2　　D. 3,2,0,−1/2

(7) 下列关于原子轨道角度分布图的节面说法正确的是(　　)。

A. Y_{p_y} 的节面有 2 个　　B. Y_{p_y} 的节面是 yz 平面

C. Y_{p_y} 的节面是 xz 平面　　D. Y_{p_y} 的节面是 xy 平面

(8) 在具有下列价层电子结构的原子中,电负性最小的是(　　)。

A. $3s^1$　　B. $4s^1$　　C. $3d^5 4s^1$　　D. $4d^{10} 5s^1$

(9) 下列说法中正确的是(　　)。

A. 任一原子中,2p 能级总是比 2s 能级高,氢原子除外

B. 主量子数为 1 时,有自旋相反的两个轨道

C. 电子云图形中的小黑点代表电子

D. 径向分布函数图表示核外电子出现的概率密度与 r 的关系

(10) 电子排布为[Ar] 3d [↑↓|↑↓|↑↓|↑|↑] 4s [　] 者可以表示(　　)。

A. $_{25}Mn^{2+}$　　B. $_{24}Cr^{3+}$　　C. $_{27}Co^{3+}$　　D. $_{28}Ni^{2+}$

4. 解释简答题(每小题 10 分,共 40 分)

(1) 同周期元素的原子半径有何递变规律?为何主族元素原子半径的变化幅度比副族元素原子半径的变化幅度要大得多?

(2) 阐述原子核外电子的填充顺序应当遵循什么原则,最后填充的电子是否一定最先被电离?解释原因。

(3) 试解释电离能:硼的 I_1 小于铍的 I_1,而硼的 I_2 却大于铍的 I_2。

(4) 核外电子的能量大小有何规律?为什么会出现能量交错现象?

5. 计算题(10 分)

若子弹飞行速度为 $1000\text{m}\cdot\text{s}^{-1}$,电子在 100V 电场加速时的运动速度为$5.93\times10^6\text{m}\cdot\text{s}^{-1}$。

试分别计算电子运动和子弹飞行的德布罗意波的波长，并讨论它们的波动性。(已知电子的直径为 2.8×10^{-15} m，质量为 9.11×10^{-31} kg，子弹的直径为 10^{-2} m，质量为 10^{-2} kg)

参考答案

1. 填空题

(1)量子化，波粒二象性，牛顿力学，量子力学；(2)d，四，Ⅷ，稳定，钴 Co；(3)波函数(原子轨道)角度分布图，电子云的空间分布图，电子概率的径向分布函数图；(4)主量子数 n，角量子数 l，磁量子数 m，$\psi_{n,l,m}$；(5)[Kr]$4d^5 5s^1$，五，ⅥB，弱，钼 Mo。

2. 是非题

(1)√；(2)×；(3)√；(4)√；(5)×；(6)×；(7)√；(8)√；(9)√；(10)√。

3. 单选题

(1)A；(2)C；(3)D；(4)A；(5)B；(6)D；(7)C；(8)B；(9)A；(10)D。

4. 解释简答题

(1) ① 根据原子理论半径的计算公式可知，原子半径随着主量子数(电子层)的增加而增大，随着有效核电荷数的增加而减小：

$$r_0=(n^2/Z^*)a_0$$

同周期元素的主量子数相同，从左到右核电荷数 Z 和 Z^* 都递增，原子半径递减。

② 对于主族元素，随着 Z 的增加，新增加的电子排入最外层，与最外层电子属于同层电子，其产生的屏蔽常数为 0.35。对于副族元素，随着 Z 的增加，新增加的电子排入次外层的 d 轨道，对最外层电子所产生的屏蔽常数为 0.85。因此相邻两个元素之间 Z^* 的增量，对主族元素增加了 0.65，对副族元素只增加了 0.15，使得主族元素原子半径的变化幅度比副族元素原子半径的变化幅度要大得多。

(2) 原子核外电子的填充顺序应当遵循：泡利不相容原理、能量最低原理和洪德规则。最后填充的电子不一定最先被电离，原因是电子填充与电离的情况不同，电子填充时，每增加 1 个电子相应地增加 1 个核电荷，而电离过程中核电荷不变。

(3) 铍和硼的第一级、第二级电离过程如下式所示：

Be：$1s^2 2s^2 \rightarrow 1s^2 2s^1 \rightarrow 1s^2$

B：$1s^2 2s^2 2p^1 \rightarrow 1s^2 2s^2 \rightarrow 1s^2 2s^1$

硼的第一级电离失去 $2p^1$ 电子会出现“全充满”，较易；铍的第一级电离失去 $2s^2$ 上的 1 个电子，会破坏“全充满”，较难。故硼的 I_1 小于铍的 I_1。

硼的第二级电离失去 $2s^2$ 上的 1 个电子，会破坏“全充满”，较难；铍的第二级电离失去 $2s^1$ 上的电子会出现“全充满”，较易。故硼的 I_2 大于铍的 I_2。

(4) ① 因核外电子的能量大小取决于主量子数(n)和有效核电荷数(Z^*)，因此，n 相同，角量子数 l 越大能量越高；角量子数 l 相同，量子数 n 越大能量越高。

② 由于屏蔽效应使电子的能量升高，而钻穿效应使电子的能量下降，因此当主量子数(n)和角量子数(l)都不相同时，会出现能量交错现象。

5. 计算题

(1) 根据 $\lambda=h/mv$，则 λ(子弹)$=6.626\times10^{-34}\,\text{J}\cdot\text{s}/(10^{-2}\,\text{kg}\times10^{3}\,\text{m}\cdot\text{s}^{-1})=6.6\times10^{-35}\,\text{m}$；

(2) λ(电子)$=6.626\times10^{-34}\,\text{J}\cdot\text{s}/(9.11\times10^{-31}\,\text{kg}\times5.93\times10^{6}\,\text{m}\cdot\text{s}^{-1})=1.23\times10^{-10}\,\text{m}$；

(3) 电子运动的德布罗意波长为 1.23×10^{-10} m，远远大于电子的直径(2.8×10^{-15} m)，故电子运动具有显著的波动性；飞行子弹的德布罗意波长为 6.6×10^{-35} m，远远小于其直径(10^{-2} m)，故子弹的运动几乎显示不出波动性。

(中南大学　关鲁雄)

第 10 章　共价键与分子结构

一、学 习 要 求

(1) 熟悉化学键的分类，了解共价键理论的形成和发展；

(2) 熟悉现代价键理论的要点和共价键的特点、类型及键参数；

(3) 熟悉杂化轨道的类型，掌握杂化轨道理论的要点和解释分子空间构型的方法；

(4) 了解价层电子对互斥理论的要点，掌握该理论推测 AB_n 型分子空间构型的方法，即中心原子价层电子对数的计算及稳定结构的确定；

(5) 了解分子轨道理论要点和分子轨道及其形成条件，熟悉常见双原子分子的轨道能级图和分子轨道表达式，以及以此推测分子磁性和判断共价键稳定性的方法。

二、重难点解析

(一) 现代价键理论要点

(1) 自旋相反的两个单电子相互接近时，由于它们的波函数 ψ 符号相同，则原子轨道的对称性匹配，核间的电子云密集，体系的能量最低，能够形成稳定的化学键。若它们的波函数 ψ 符号不同，则轨道对称性不匹配，不能形成化学键。

(2) 如果 A、B 两原子各有一个未成对电子，且自旋相反，则可相互配对，共用电子形成稳定的共价单键。如果 A、B 各有 2 个或 3 个未成对电子，则自旋相反也可以两两配对，形成共价双键或共价叁键，此即共价键的饱和性。

(3) 原子轨道重叠时，轨道重叠越多，电子在两核出现的概率越大，体系的能量越低，形成的共价键也越稳定。因此，共价键应尽可能地沿着原子轨道最大重叠的方向形成，称为最大重叠原理，也即共价键的方向性。

(二) 共价键的类型及其特性

共价键有几种分类方法。例如，按轨道重叠方式不同可分为 σ 键(沿键轴“头碰头”重叠)，π 键(垂直于轴向平行重叠)，δ 键(原子轨道以“面对面”的方式重叠)，离域 π 键(n 个原子、m 个电子形成的 π 键)；按共用电子对来源不同又可分为共价键(双方各提供一个电子)，配位键(单方提供电子对)；此外还有极性共价键、非极性共价键之分，单键、双键、叁键之分等。

要了解化学键的性质，可通过键参数的某些物理量来表征，如键能、键长、键角等。利用电负性差值说明键的极性大小，可以把典型的离子键看成是极性最强的共价键，典型的共价键是极性为零的离子键。第 11 章中将谈到离子极化作用和离子变形性使某些化合物中的离子键向共价键过渡。

(三) 离域 π 键

由两个以上的轨道以“肩并肩”的方式重叠形成的键，称为离域 π 键或大 π 键。离域 π 键

是 π 键中的一种特殊情况。

一般 π 键是由两个原子的 p 轨道叠加而成，电子只能在两个原子之间运动。而大 π 键是由多个原子提供多个同时垂直于形成 σ 键所在平面的 p 轨道，所有的 p 轨道都符合“肩并肩”的条件，这些 p 轨道叠加而成一个大 π 键，电子可在这个广泛区域中运动。例如，苯分子中的大 π 键，价键理论认为苯分子中的 6 个碳原子都采取 sp^2 杂化，形成三个杂化轨道，其中一个杂化轨道与 H 原子结合形成 σ 键，另外两个杂化轨道和相邻的两个碳原子结合分别形成两个 σ 键，组成了一个平面正六角形的骨架。此外，每个 C 原子还剩下一个垂直于该平面的单电子 p 轨道，并且相互平行，这 6 个相互平行的 p 轨道以“肩并肩”的方式重叠后形成首尾相连的大 π 键，形成了一个 6 中心 6 电子的大 π 键，用 π_6^6 表示。

形成离域 π 键必须具备下面三个条件：①参与形成大 π 键的原子必须共平面；②每个原子必须提供一个相互平行的 p 轨道；③形成大 π 键所提供 p 电子数目必须小于 p 轨道数目的 2 倍($m<2n$)。

由于离域 π 键的形成可使体系的能量降低，使分子的稳定性增加，因此在条件允许的情况下，分子将尽可能多地形成离域 π 键，一般最多可形成两个离域 π 键。例如，在 CO_2 分子中就存在两个 π_3^4 键。

(四) 键参数

描述共价键性质的键参数有键能、键长、键角、键矩、键级等。

键能是衡量共价键强度的物理量，其值越大，表明共价键越牢固。与其相关的还有键解离能、原子化能等。对于双原子分子，键能等于键解离能。对于气态多原子分子 AB_n，原子化能等于分子中各键解离能之和，而键能则等于同类键各键解离能的平均值。键能不易于直接测定，可通过热化学循环的方法间接计算。

键长是成键原子的核间距。同核双原子分子的核间距的一半为该原子的共价半径。异核双原子分子的键长近似等于两种原子的共价半径之和，但对于电负性较大的两种原子形成的分子，这样计算会带来较大的误差。

(五) 杂化轨道理论

为了解释用现代价键理论(电子配对法，简称 VB 法)无法解释的共价分子的几何构型，提出了杂化轨道理论。杂化轨道理论认为，在同一原子中能量相近的不同类型的几个原子轨道混杂起来，重新组成同等数目的能量完全相同的杂化原子轨道。在原子形成分子的过程中，经过了激发、杂化、轨道重叠等过程。

常见的杂化轨道有 sp、sp^2、sp^3、dsp^2、sp^3d、sp^3d^2、d^2sp^3 等。同类型的杂化轨道可分为等性杂化和不等性杂化两种。如果原子轨道杂化后形成的杂化轨道是等同的，这种杂化称为等性杂化，如 CH_4、CCl_4 分子中的 C 原子杂化。如果原子轨道杂化后形成的杂化轨道中有一个或几个被孤对电子所占据，使得杂化轨道之间的夹角改变，这种由于孤对电子的存在而造成杂化轨道不完全等同的杂化，称为不等性杂化，如 NH_3、H_2O。

必须注意，对于单个共价键，杂化轨道的能量不一定最低。因为键能的大小不仅与轨道重叠程度有关，而且与轨道本身能量高低有关。例如，sp 型杂化轨道与 s、p 轨道相比，各种轨道键能的大小顺序为 $s>sp>sp^2>sp^3>p$。

(六) 价层电子对互斥理论

1. 理论要点

(1) 分子或离子的空间构型取决于其中心原子的价层电子对数目(简称价电子对数)以及价电子对之间的斥力。价电子对包括成键电子对和孤电子对(又称孤对电子)。价电子对数的确定:由价层电子对互斥理论所规定的中心原子 A 的价电子数加上配位原子 B 提供的所有价电子数再除以 2。

(2) 价电子对之间存在的斥力来源于两个方面:一是各电子对间的静电斥力;二是电子对中自旋方向相同的电子间产生的斥力。为减小价层电子对间的斥力,电子对间应尽量相互远离,使系统能量降低。因此一般当价电子对为 2、3、4、5、6 时,其分布方式分别呈直线形、平面三角形、正四面体形、三角双锥形和八面体形等。

(3) 成键电子对(简称键对)由于受两个原子核的吸引,电子云主要集中在键轴的位置,而孤对电子不受这种限制,显得比较肥大。由于孤对电子肥大,对相邻电子对的排斥作用较大。不同价电子对间的排斥作用顺序为

孤对-孤对＞孤对-键对＞键对-键对

另外,电子对间的斥力还与其夹角有关,斥力大小顺序是 90°＞120°＞180°。

(4) 键对只包括形成 σ 键的电子对,不包括 π 键的电子对,即分子中的双键、叁键按单键处理。π 键虽不改变分子的基本构型,但对键角有影响,一般是单键间的键角小,单-双键间及双-双键间键角较大,因多重键的斥力有如下差异:

叁键斥力＞双键斥力＞单键斥力

2. 推测 AB_n 型分子或离子的空间构型

根据价层电子对互斥理论,可按以下步骤判断 AB_n 型分子或复杂离子的几何构型:①确定中心原子价层电子对数;②根据中心原子的价电子对数,找出电子对间斥力最小的电子排布方式;③把配位原子按相应的几何构型排布在中心原子周围,每一对电子连接一个配位原子,剩下的未与配位原子结合的电子对便是孤对电子。含有孤对电子的分子几何构型不同于价电子的排布,孤对电子所处的位置不同,分子空间构型也不同,但总是孤对电子处于斥力最小的位置时才是稳定结构,除去孤对电子占据的位置后,便是分子的几何构型。

(七) 分子轨道理论的基本要点

(1) 分子轨道理论(MO 法)的基本观点是把分子看作一个整体,其中电子不再从属于某一个原子而是在整个分子的势场范围内运动。正如在原子中每个电子的运动状态可用波函数(ψ)来描述那样,分子中每个电子的运动状态也可用相应的波函数 ψ 来描述。ψ 称为分子轨道函数,简称为分子轨道。

(2) 分子轨道是由分子中原子的原子轨道线性组合而成。分子轨道数与组合前的原子轨道数相等。例如,两个原子轨道 ψ_a 和 ψ_b 组合后形成两个分子轨道 ψ_1 和 ψ_2

$$\psi_1 = c_1\psi_a + c_2\psi_b \qquad \psi_2 = c_1\psi_a - c_2\psi_b$$

这种组合和杂化轨道不同,杂化轨道是同一原子内部能量相近的不同类型的轨道重新组合,而分子轨道却是由不同原子提供的原子轨道的线性组合。原子轨道用 s、p、d、f…表示,分

子轨道则用 σ、π、δ…表示。

(3) 原子轨道线性组合成分子轨道后，分子轨道中能量高于原来的原子轨道者称为反键轨道，如 σ^* 轨道，能量低于原来的原子轨道者称为成键轨道，如 σ 轨道。

(4) 原子轨道要有效地线性组合成分子轨道，必须满足三个条件：对称性匹配原则、能量相近原则、最大重叠原则。

在对称性匹配的条件下，原子轨道线性组合可得不同种类的分子轨道，其组合方式主要有 s-s 重叠、s-p 重叠、p-p 重叠、p-d 重叠、d-d 重叠。

例如，H_2 分子结构，两个氢原子的 1s 原子轨道互相重叠后组成 σ_{1s}、σ_{1s}^* 轨道，两个电子先填入 σ_{1s} 成键分子轨道，分子轨道表达式为 $(\sigma_{1s})^2$。

又如，N_2 分子结构，N 原子的电子层结构为 $1s^2 2s^2 2p^3$，N_2 分子共有 14 个电子。按教材图 10－20 能级图填入电子，同样遵从能量最低原理、泡利原理和洪德规则。得到分子轨道表达式为 $(\sigma_{1s})^2(\sigma_{1s}^*)^2(\sigma_{2s})^2(\sigma_{2s}^*)^2(\pi_{2p_y})^2(\pi_{2p_z})^2(\sigma_{2p_x})^2$。为书写方便，内层分子轨道用 KK 表示，即得 $KK(\sigma_{2s})^2(\sigma_{2s}^*)^2(\pi_{2p_y})^2(\pi_{2p_z})^2(\sigma_{2p_x})^2$，键级＝(8－2)/2＝3，共形成 3 个键。实验也已表明，N_2 分子中 π 轨道的能级较低，比较稳定，这可能是 N_2 具有惰性的一个重要原因。

而对于 O_2 分子结构，氧原子的电子构型为 $1s^2 2s^2 2p^4$，氧分子中共有 16 个电子，O_2 的分子轨道表达式为 $(\sigma_{1s})^2(\sigma_{1s}^*)^2(\sigma_{2s})^2(\sigma_{2s}^*)^2(\sigma_{2p_x})^2(\pi_{2p_y})^2(\pi_{2p_z})^2(\pi_{2p_y}^*)^1(\pi_{2p_z}^*)^1$，键级＝(8－4)/2＝2，实验测得键能为 $494kJ \cdot mol^{-1}$，相当于双键。可以认为 O_2 分子中形成两个三电子 π 键，每个三电子 π 键有 2 个电子在成键轨道上，有 1 个电子在反键轨道上，故相当于半个键。由于 O_2 分子中有 2 个单电子在反键轨道上，这也解释了 O_2 分子具有顺磁性问题。

对于异核双原子分子的分子轨道能级图。两个不同原子结合成分子时，用分子轨道法处理在原则上与同核双原子一样，如 CO 分子结构。C 原子电子构型为 $1s^2 2s^2 2p^2$，O 原子电子构型为 $1s^2 2s^2 2p^4$，CO 分子中共有 14 个电子，与 N_2 分子的电子数相同，称为等电子体。等电子体的分子轨道结构相似，性质也非常相似。所以，CO 的分子轨道表达式为 $(\sigma_{1s})^2(\sigma_{1s}^*)^2(\sigma_{2s})^2(\sigma_{2s}^*)^2(\pi_{2p_y})^2(\pi_{2p_z})^2(\sigma_{2p_x})^2$。

三、习题全解和重点练习题解

1(10－1). 写出下列物质的路易斯结构式并说明每个原子如何达到 8 电子结构：HF，H_2Se，$H_2C_2O_4$(乙二酸)，CH_3OCH_3(甲醚)，H_2CO_3，HClO，H_2SO_4，H_3PO_4。

解：

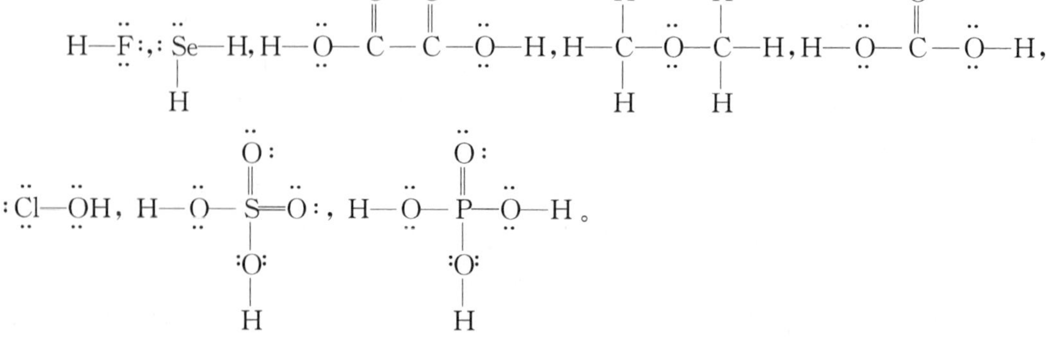

上述分子中的原子除 H 原子外，其他原子通过所形成的共价键的共用电子和价电子层孤

对电子共同构成 8 电子结构。

2(10－2). 用杂化轨道理论说明下列化合物由基态原子形成分子的过程(图示法),并判断分子的空间构型和分子极性:$HgCl_2$,BF_3,$SiCl_4$,CO_2,$COCl_2$,NCl_3,H_2S,PCl_5。

解:(1) $HgCl_2$

$HgCl_2$ 分子的中心原子为 Hg 原子。基态时 Hg 原子的价电子构型为 $6s^2$。当 Hg 原子与 Cl 原子相遇形成 $HgCl_2$ 时,Hg 的 6s 轨道中的 1 个电子激发到 1 个 6p 轨道,然后 6s 轨道和该 6p 轨道采用 sp 杂化形成 2 个等同的 sp 杂化轨道:

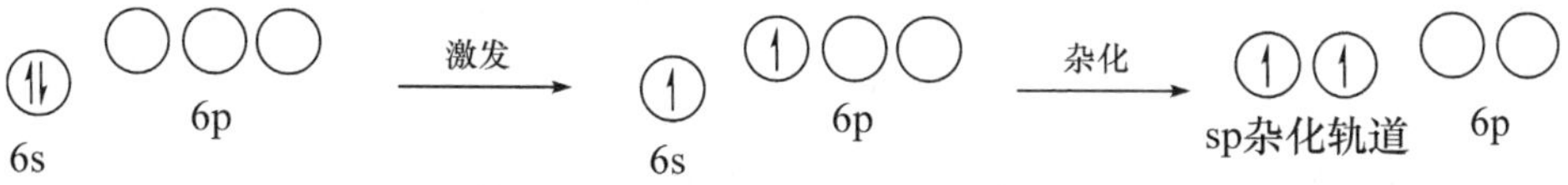

并分别与 2 个 Cl 原子的 3p 单电子轨道重叠形成 2 个 Hg—Cl σ 键。$HgCl_2$ 分子构型是直线形,为非极性分子。

(2) BF_3

BF_3 分子的中心原子是 B 原子。基态时 B 原子的价电子构型为 $2s^22p^1$。当 B 原子与 F 原子相遇形成 BF_3 分子时,B 原子 2s 轨道中的 1 个电子激发到 1 个空的 2p 轨道,然后采用 sp^2 杂化形成 3 个等同的 sp^2 杂化轨道:

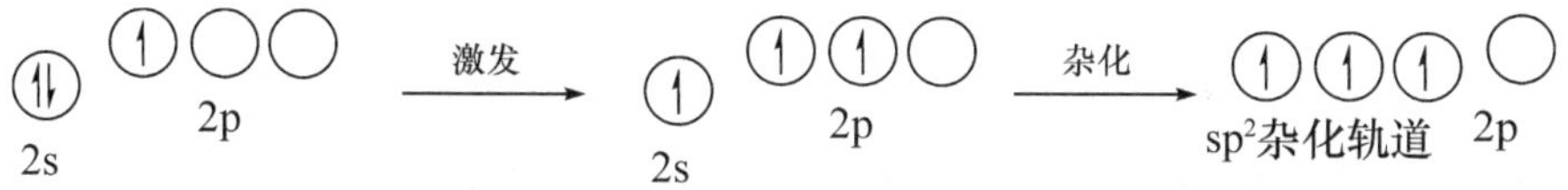

并分别与 3 个 F 原子的 2p 单电子轨道重叠形成 3 个 B—F σ 键。BF_3 分子构型是平面三角形,为非极性分子。

(3) $SiCl_4$

Si 原子为 $SiCl_4$ 的中心原子,基态时价电子构型为 $3s^23p^2$,当 Si 原子与 Cl 原子相遇形成 $SiCl_4$ 分子时,Si 原子 3s 轨道的 1 个电子激发到 1 个空的 3p 轨道,然后采用 sp^3 杂化形成 4 个等同的 sp^3 杂化轨道:

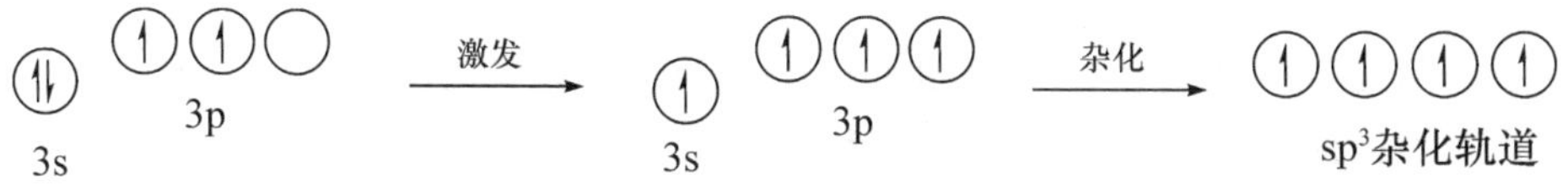

并分别与 4 个 Cl 原子的 3p 单电子轨道重叠形成 4 个 Si—Cl σ 键。$SiCl_4$ 分子构型是正四面体,为非极性分子。

(4) CO_2

C 原子为 CO_2 的中心原子。基态时 C 原子价电子构型为 $2s^22p^2$,当 C 原子与 O 原子相遇形成 CO_2 分子时,C 原子 2s 轨道的 1 个电子激发到 1 个空的 2p 轨道,然后采用 sp 杂化形成 2 个等同的 sp 杂化轨道:

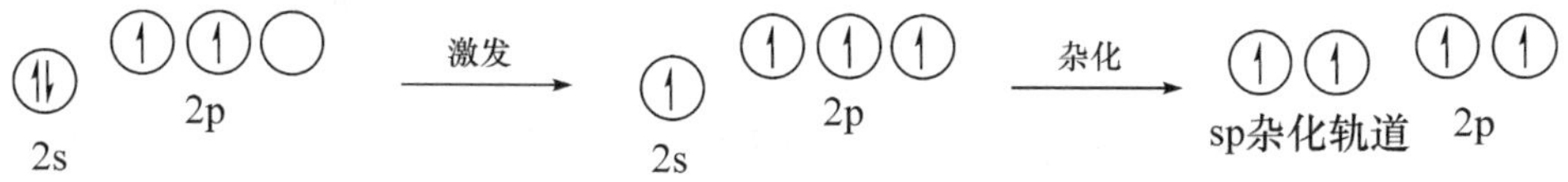

并分别与 2 个 O 原子的 2p 单电子轨道重叠形成 2 个 σ 键，两个 O 原子的 1 个 2p 单电子轨道与 C 原子未参与杂化的 2p 轨道肩并肩重叠形成 π 键。CO_2 分子构型是直线形，为非极性分子。

(5) $COCl_2$

C 原子为 $COCl_2$ 的中心原子。基态时 C 原子价电子构型为 $2s^2 2p^2$，当 C 原子与 O 原子、Cl 原子相遇形成 $COCl_2$ 分子时，C 原子 2s 轨道的 1 个电子激发到 1 个空的 2p 轨道，然后采用 sp^2 杂化形成 3 个 sp^2 杂化轨道：

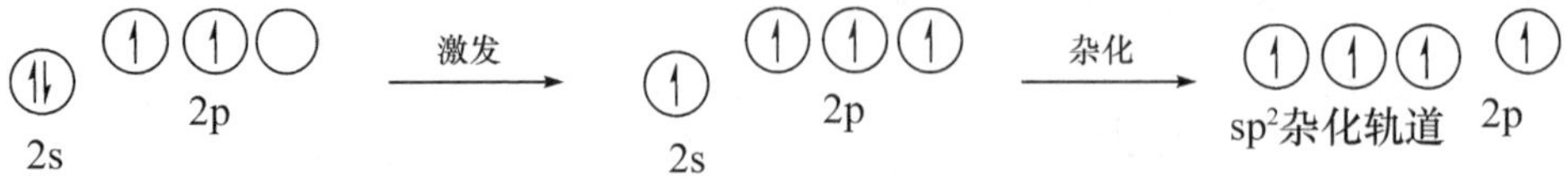

其中 2 个 sp^2 杂化轨道分别与 2 个 Cl 原子的 3p 单电子轨道重叠形成 2 个 C—Clσ 键，另一个 sp^2 杂化轨道和 O 原子的 2p 单电子轨道形成 C—Oσ 键，O 原子另一个 2p 单电子轨道与 C 原子未参加杂化的 2p 轨道肩并肩重叠形成 π 键。$COCl_2$ 分子构型是三角形，为极性分子。

(6) NCl_3

N 原子为 NCl_3 的中心原子。基态时 N 原子价电子构型为 $2s^2 2p^3$，当 N 原子与 Cl 原子相遇形成 NCl_3 分子时，N 原子采取 sp^3 杂化形成 4 个 sp^3 杂化轨道：

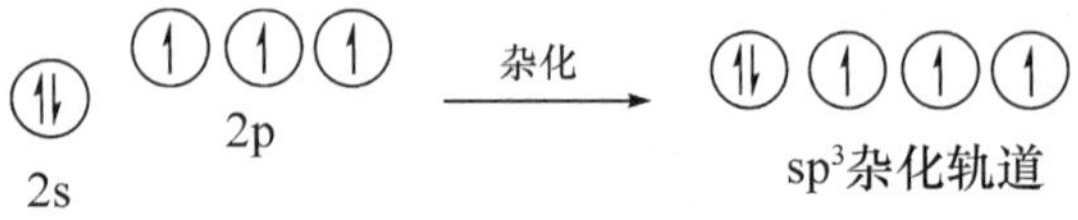

其中 3 个 sp^3 杂化轨道分别与 3 个 Cl 原子的 3p 单电子轨道重叠形成 3 个 C—Clσ 键，另一个 sp^3 轨道被孤对电子占据。NCl_3 分子构型是三角锥形，为极性分子。

(7) H_2S

S 原子为 H_2S 的中心原子。基态时 S 原子价电子构型为 $3s^2 3p^4$，当 S 原子与 H 原子相遇形成 H_2S 分子时，S 原子采取 sp^3 杂化形成 4 个 sp^3 杂化轨道：

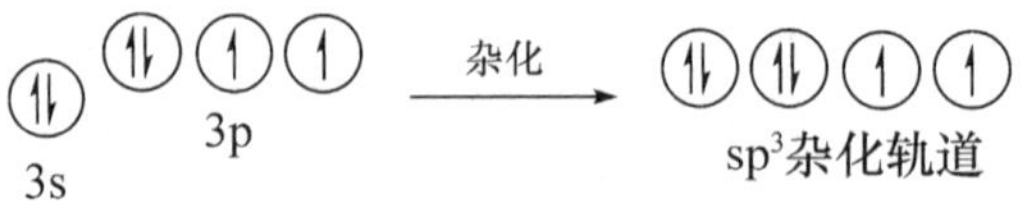

其中 2 个 sp^3 杂化轨道分别与 2 个 H 原子的 1s 单电子轨道重叠形成 2 个 H—Sσ 键，另外 2 个 sp^3 杂化轨道被孤对电子占据。H_2S 分子构型是 V 形，为极性分子。

(8) PCl_5

P 原子为 PCl_5 的中心原子。基态时 P 原子价电子构型为 $3s^2 3p^3 3d^0$，当 P 原子与 Cl 原子相遇形成 PCl_5 分子时，P 原子采取 sp^3d 杂化形成 5 个 sp^3d 杂化轨道：

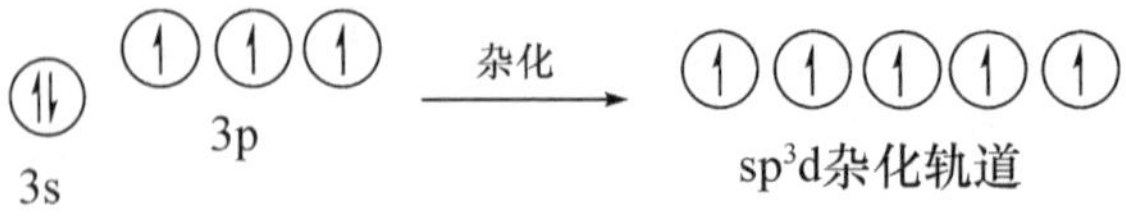

并分别与 5 个 Cl 的 3p 单电子轨道重叠，形成 5 个 σ 键，PCl_5 分子构型是三角双锥形，为非极性分子。

3(10－3). 用杂化轨道理论和价层电子对互斥理论分别说明下列分子或离子的几何构型：

(1) PCl_4^+；(2) HCN；(3) H_2Te；(4) Br_3^-

解:(1) 根据杂化轨道理论,PCl_4^+ 中的中心原子 P 的成键方式可以理解为 P^+ 的价轨道采用 sp^3 杂化与 4 个 Cl 原子分别形成 4 个 σ 键,其分子的几何构型为正四面体。

根据价层电子对互斥理论,PCl_4^+ 中的 P 原子的价层电子对数= (5+4−1)/2=4;孤对电子数=4−4=0。所以,PCl_4^+ 的几何构型为正四面体。

(2) 根据杂化轨道理论,HCN 分子中的中心原子 C 的成键方式可以理解为 C 原子的价轨道采用 sp 杂化与 1 个 H 原子和 1 个 N 原子分别形成 2 个 σ 键,C 原子未参与杂化的 2 个 2p 轨道与 N 原子的 2p 轨道肩并肩重叠形成 2 个 π 键,其分子的几何构型为直线形。

根据价层电子对互斥理论,HCN 中 C 原子的价层电子对数= (4+1−1)/2=2;孤对电子数=2−2=0。所以,HCN 分子的几何构型为直线形。

(3) 根据杂化轨道理论,H_2Te 分子中的中心原子 Te 的成键方式可理解为 Te 原子的价轨道采用 sp^3 杂化与 2 个 H 原子分别形成 2 个 σ 键,另外 2 个 sp^3 杂化轨道被孤对电子占据,其分子的几何构型为 V 形。

根据价层电子对互斥理论,H_2Te 中 Te 原子的价层电子对数= (6+2)/2=4;孤对电子数=4−2=2。所以,H_2Te 分子构型为 V 形。

(4) 根据杂化轨道理论,Br_3^- 中的中心原子 Br 的成键方式可以理解为 Br 原子的价轨道采用 sp^3d 杂化与 2 个 Br 原子形成 2 个 σ 键,另外 3 个 sp^3d 杂化轨道被孤对电子占据,其分子的几何构型为直线形。

根据价层电子对互斥理论,Br_3^- 中 Br 原子的价层电子对数= (7+1+2)/2=5;孤对电子数=5−2=3。所以,Br_3^- 构型为直线形。

4(10-4). SiF_4,SF_4,XeF_4 都具有 AF_4 的分子组成,但它们的分子几何构型都不同,试用杂化轨道理论和价层电子对互斥理论说明每种分子构型并解释其原因。

解:(1) 根据杂化轨道理论,SiF_4 分子中 Si 采用 sp^3 杂化,Si 的 4 个 sp^3 杂化轨道分别与 4 个 F 原子的 2p 单电子轨道重叠,形成正四面体。

根据价层电子对互斥理论,SiF_4 分子中 Si 原子的价层电子对数= (4+4)/2=4;孤对电子数为 0。分子构型为正四面体。

(2) 根据杂化轨道理论,SF_4 分子中 S 采用 sp^3d 杂化,S 的 4 个 sp^3d 杂化轨道与 4 个 F 原子的 2p 单电子轨道重叠,1 个 sp^3d 杂化轨道被孤对电子占据,分子几何构型为变形四面体。

根据价层电子对互斥理论,SF_4 分子中 S 原子的价层电子对数=(6+4)/2=5;孤对电子数为 1。分子构型为变形四面体。

(3) 根据杂化轨道理论,XeF_4 中 Xe 采取 sp^3d^2 杂化,其中 4 个 sp^3d^2 杂化轨道与 4 个 F 原子的 2p 单电子轨道重叠,2 个 sp^3d^2 杂化轨道被孤对电子占据,分子构型为平面正方形。

根据价层电子对互斥理论,XeF_4 中原子 Xe 的价层电子对数=(8+4)/2=6;孤对电子数为 2。分子构型为平面正方形。

5(10-5). 根据下列物质的路易斯结构判断其 σ 键和 π 键的数目。

(1) CO_2;(2) NCS^-;(3) H_2CO;(4) HCO(OH),其中碳原子连接了一个氢原子和两个氧原子。

解:(1) $:\ddot{O}=C=\ddot{O}:$,分子中有 2 个 σ 键,2 个 π 键;

(2) $:N\equiv C-\ddot{\underset{..}{S}}:$,分子中有 2 个 σ 键,2 个 π 键;

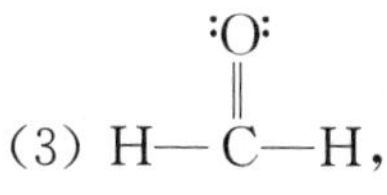,分子中有 3 个 σ 键,1 个 π 键;

(4) $\mathrm{H{-}\ddot{\underset{..}{O}}{-}\overset{\overset{:\ddot{O}:}{\|}}{C}{-}H}$，分子中有 4 个 σ 键，1 个 π 键。

6(10－6). 按键的极性从大到小的顺序排列下列每组化学键。

(1) C—F，O—F，Be—F；(2) N—Br，P—Br，O—Br；(3) C—S，B—F，N—O。

解：可根据电负性差值判断题中各组化合物化学键的极性，电负性差值越大，则化学键极性越大。所以有

(1) C—F：$\Delta\chi=3.98-2.55=1.43$；O—F：$\Delta\chi=3.98-3.44=0.54$；Be—F：$\Delta\chi=3.98-1.57=2.41$。

键的极性大小为 Be—F＞C—F＞O—F。

(2) N—Br：$\Delta\chi=3.04-2.96=0.08$；P—Br：$\Delta\chi=2.96-2.19=0.77$；O—Br：$\Delta\chi=3.44-2.96=0.48$。

键的极性大小为 P—Br＞O—Br＞N—Br。

(3) C—S：$\Delta\chi=2.58-2.55=0.03$；B—F：$\Delta\chi=3.98-2.04=1.94$；N—O：$\Delta\chi=3.44-3.04=0.40$。

键的极性大小为 B—F＞N—O＞C—S。

7(10－7). H_2O 分子，O—H 键长 0.96Å，H—O—H 键角 104.5°，偶极矩 1.85D（德拜）。（$1D=3.334\times10^{-30}C\cdot m$）

(1) O—H 键矩指向哪个方向？水分子偶极矩的矢量和指向哪个方向？

(2) 计算 O—H 键的键矩的大小。

解：(1) O—H 键矩指向 O，水分子偶极矩的矢量和的方向沿 H—O—H 键角的角平分线指向 O。

(2) 根据余弦定律，O—H 键矩$=\dfrac{\dfrac{1.85}{2}}{\cos\dfrac{104.5}{2}}=1.51D$。

8(10－8). 预测 CO、CO_2 和 CO_3^{2-} 中 C—O 键长度的顺序。

解：CO 分子中的 C—O 键是叁键，CO_2 分子中的 C—O 键是双键，CO_3^{2-} 中C—O键包含 1 个 σ 键并与另外两个 O 原子共用 1 个三中心四电子大 π 键，所以其键长大小顺序为 CO＜CO_2＜CO_3^{2-}。

9(10－9). 已知键能 D(C—Cl) 和 D(C—O) 分别为 $397kJ\cdot mol^{-1}$ 和 $749kJ\cdot mol^{-1}$，其他相关键能数据查教材表 10－2，计算下列各气相反应的焓变 $\Delta_r H_m$。

$$\text{(1)}\quad \mathrm{Br{-}\underset{\underset{Br}{|}}{\overset{\overset{Br}{|}}{C}}{-}H + Cl{-}Cl \longrightarrow Br{-}\underset{\underset{Br}{|}}{\overset{\overset{Br}{|}}{C}}{-}Cl + H{-}Cl}$$

(2) $\mathrm{C{=}O + H{-}O{-}H \longrightarrow O{=}C{=}O + H{-}H}$

解：(1) 因一个气相反应分成键的解离和形成两步进行。第一步键解离是打破键，需要能量，反应焓变（即反应热）应为反应物所有键能之和；第二步键形成则放出能量，反应焓变应为产物所有键能之和的负值。故总的气相反应的焓变为

$$\Delta_r H_m^{\ominus}=\sum D(\text{断键})-\sum D(\text{成键})=\left(\sum D\right)_{\text{反应物}}-\left(\sum D\right)_{\text{产物}}$$

$\Delta_r H_m = D(C—H) + D(Cl—Cl) - D(C—Cl) - D(H—Cl)$

$= (411 + 242 - 397 - 431) kJ \cdot mol^{-1} = -175 kJ \cdot mol^{-1}$

(2) $\Delta_r H_m = 2D(O—H) - D(C═O) - D(H—H)$

$= (2 \times 467 - 749 - 436) kJ \cdot mol^{-1} = -248 kJ \cdot mol^{-1}$

10(10-10). 考虑 H_2^+ 和 H_2^- 的结构。

(1) 画出其分子轨道能级图。

(2) 写出它们的分子轨道电子排布式。

(3) 它们的键级各是多少?

(4) 假设 H_2^+ 被光激发,使得其电子由低能级轨道跃迁到高能级轨道,猜测激发态的 H_2^+ 是否将消失,并解释。

解:(1) H_2^+:

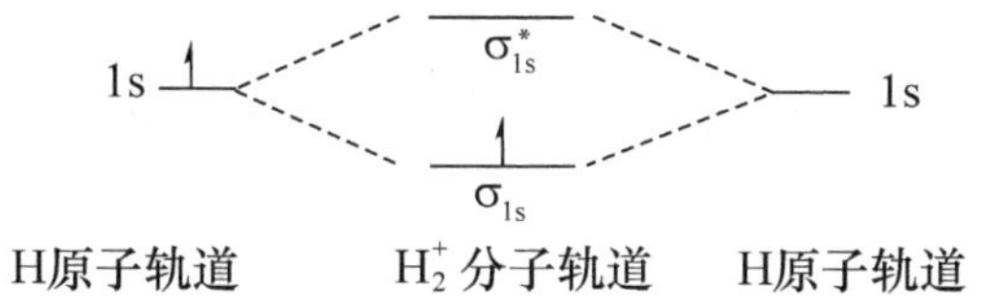

H_2^-:

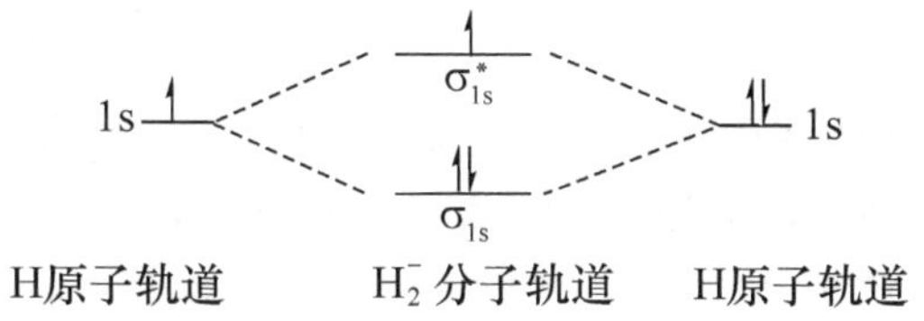

(2) $H_2^+ (\sigma_{1s})^1$; $H_2^- (\sigma_{1s})^2 (\sigma_{1s}^*)^1$。

(3) H_2^+ 的键级=1/2=0.5;H_2^- 的键级=(2-1)/2=0.5。

(4) H_2^+ 将分解。因为当 H_2^+ 中的$(\sigma_{1s})^1$ 电子被光激发到反键轨道(σ_{1s}^*)中时,体系的能量比键合前基态 H 原子的能量还高,所以不能稳定存在。

11(10-11). (1) 如何理解顺磁性?

(2) 如何通过实验判断某物质是否是顺磁性物质?

(3) 下面哪些离子具有顺磁性:O_2^+,N_2^{2-},Li_2^+,O_2^{2-}?

解:(1) 分子或离子中存在未成对电子,且顺时针方向自旋的未成对电子数与逆时针方向自旋的未成对电子数不能完全抵消,分子表现为顺磁性。

(2) 最简单的方法是通过磁天平测量其磁矩,磁矩不为零的物质为顺磁性物质。

(3) O_2^+　$(\sigma_{1s})^2(\sigma_{1s}^*)^2(\sigma_{2s})^2(\sigma_{2s}^*)^2(\sigma_{2p})^2(\pi_{2p})^4(\pi_{2p}^*)^1$

O_2^{2-}　$(\sigma_{1s})^2(\sigma_{1s}^*)^2(\sigma_{2s})^2(\sigma_{2s}^*)^2(\sigma_{2p})^2(\pi_{2p})^4(\pi_{2p}^*)^4$

N_2^{2-}　$(\sigma_{1s})^2(\sigma_{1s}^*)^2(\sigma_{2s})^2(\sigma_{2s}^*)^2(\pi_{2p})^4(\sigma_{2p})^2(\pi_{2p}^*)^2$

Li_2^+　$(\sigma_{1s})^2(\sigma_{1s}^*)^2(\sigma_{2s})^1$

因此具有顺磁性的是 O_2^+,N_2^{2-},Li_2^+。

12(10-12). 写出下面阳离子的分子轨道电子排布式:(1) B_2^+;(2) Li_2^+;(3) N_2^+;(4) Ne_2^{2+}。

解:(1) B_2^+　$(\sigma_{1s})^2(\sigma_{1s}^*)^2(\sigma_{2s})^2(\sigma_{2s}^*)^2(\pi_{2p})^1$

(2) Li_2^+　$(\sigma_{1s})^2(\sigma_{1s}^*)^2(\sigma_{2s})^1$

(3) N_2^+　　$(\sigma_{1s})^2(\sigma_{1s}^*)^2(\sigma_{2s})^2(\sigma_{2s}^*)^2(\pi_{2p})^4(\sigma_{2p})^1$

(4) Ne_2^{2+}　　$(\sigma_{1s})^2(\sigma_{1s}^*)^2(\sigma_{2s})^2(\sigma_{2s}^*)^2(\sigma_{2p})^2(\pi_{2p})^4(\pi_{2p}^*)^4$

13(10－13). 偶氮染料是一类有许多用途的有机染料，如染布。许多偶氮染料是由偶氮苯($C_{12}H_{10}N_2$)衍生的，其中一个与偶氮苯分子很相近的物质是氢化偶氮苯($C_{12}H_{12}N_2$)，这两种物质的路易斯结构如下：

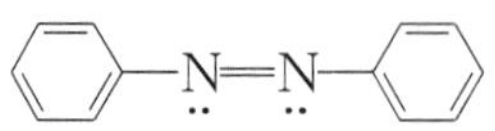

偶氮苯

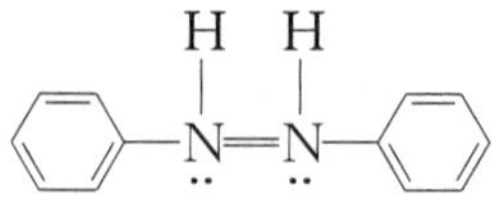

氢化偶氮苯

(1) 在每种物质中，N 原子的杂化方式是什么？

(2) 在每一种物质中，N 和 C 原子还有多少价轨道未被杂化？

(3) 预测每一种物质中 N—N—C 的键角。

(4) 据说 $C_{12}H_{10}N_2$ 的 π 电子比 $C_{12}H_{12}N_2$ 有更大程度的重叠，讨论这种观点，并说出你的答案是 $C_{12}H_{10}N_2$ 还是 $C_{12}H_{12}N_2$。

(5) $C_{12}H_{10}N_2$ 的所有原子在同一个平面，而 $C_{12}H_{12}N_2$ 不是。这种现象是否与(4)中的观点一致？

(6) $C_{12}H_{10}N_2$ 是深橘红色，而 $C_{12}H_{12}N_2$ 几乎无色，试讨论这种现象并参考有关书籍加以证明。

解：(1) 在偶氮苯中，氮的杂化方式是 sp^2；氢化偶氮苯中，氮的杂化方式是 sp^3。

(2) 偶氮苯中，2 个 N 原子的价轨道中各有 1 个 p 轨道未参与杂化，12 个 C 原子各有 1 个 p 轨道未参与杂化；氢化偶氮苯中，N 原子所有的价轨道都参与了杂化，12 个 C 原子各有 1 个 p 轨道未参与杂化。

(3) 偶氮苯中，N—N—C 的键角稍小于 120°；氢化偶氮苯中，N—N—C 的键角稍小于 109°28′。

(4) $C_{12}H_{10}N_2$ 中的所有原子在同一个平面，所以比 $C_{12}H_{12}N_2$ 的 π 电子有更大程度的重叠。

(5) 这种现象与(4)中观点一致。

(6) $C_{12}H_{10}N_2$ 中同一平面的 14 个原子形成大 π 键，体系能量降低，吸收波长向长波移动，所以出现深橘红色。

14(10－14). 讨论有关 H_2CO_3 分子中碳原子杂化轨道的问题：

(1) 从 C 原子中的电子构型开始，说明 H_2CO_3 分子是怎样通过杂化形成 σ 键的。

(2) 通过(1)中的图示，说明 π 键的形成过程。

解：(1) H_2CO_3 分子中 C 原子基态时价电子构型为 $2s^22p^2$，成键时有 1 个 2s 电子跃迁至 2p 轨道，采取 sp^2 杂化：

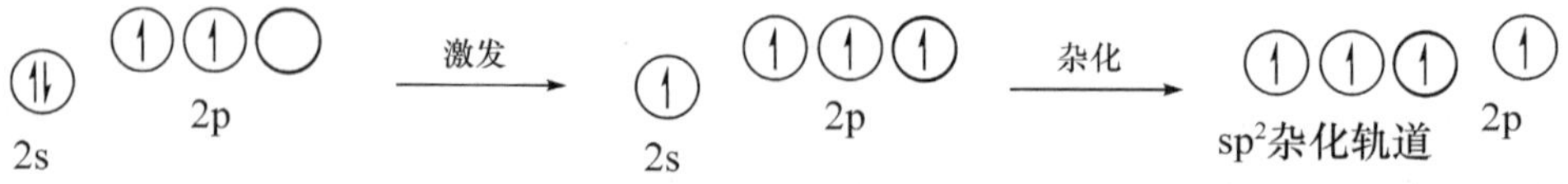

形成的 3 个 sp^2 杂化轨道并分别与 3 个 O 原子的 2p 单电子轨道重叠，形成 3 个 C—Oσ 键。其中 2 个 O 原子中的另外 1 个 2p 单电子轨道与 H 原子的 1s 轨道重叠，形成 2 个 O—Hσ 键。

(2) 第(1)题图中 C 原子中的 1 个未参加杂化的 2p 轨道与除形成 O—H σ 键外的另 1 个 O 原子的 2p 单电子轨道肩并肩重叠,形成 1 个 π 键。

15. 根据价层电子对互斥理论,推断下列分子或离子的几何构型和键角,由中心原子的价层电子对数确定该中心原子采取的杂化方式,并估计分子中键的极性。

(1)CS_2　(2)SO_2　(3)SO_3　(4)BF_4^-　(5)XeF_4　(6)PCl_5　(7) SF_6

解:根据价层电子对互斥理论可以推断分子或离子的几何构型,并确定出键角。由中心原子的价层电子对数可以预测其采用的杂化轨道。键的极性可由成键原子的电负性相对大小判断。

分子或离子	几何构型	键　角	中心原子杂化类型	键的极性	分子的极性
CS_2	直线形	180°	sp	极性键	无极性
SO_2	V 形	>120°	sp^2	极性键	极性
SO_3	平面三角形	120°	sp^2	极性键	无极性
BF_4^-	正四面体	109.5°	sp^3	极性键	无极性
XeF_4	平面正方形	90°	sp^3d^2	极性键	无极性
PCl_5	三角双锥	90°,120°	sp^3d	极性键	无极性
SF_6	正八面体	90°	sp^3d^2	极性键	无极性

16. 已知丙烷的结构式为$CH_3—CH_2—CH_3$。利用平均键能数据估算丙烷的标准摩尔燃烧热 $\Delta_c H_m^\ominus(C_3H_8, g)$。已知 $\Delta_B H_m^\ominus(O=O) = 498kJ \cdot mol^{-1}$,$CO_2$ 中 $\Delta_B H_m^\ominus(C=O) = 803kJ \cdot mol^{-1}$,$\Delta_{vap} H_m^\ominus(H_2O) = 44kJ \cdot mol^{-1}$。其他键能数据查教材表 10-2。

解:已知的和查表得到的键能数据如下:

键	C—C	C—H	O═O	C═O	O—H
键能/($kJ \cdot mol^{-1}$)	356	411	498	803	467

丙烷的燃烧反应为

$$C_3H_8(g) + 5O_2(g) \longrightarrow 3CO_2(g) + 4H_2O(l)$$

为了利用键能的数据,将这个反应变成下面两个反应的组合

$$C_3H_8(g) + 5O_2(g) \longrightarrow 3CO_2(g) + 4H_2O(g) \qquad \Delta_r H_{m,1}^\ominus$$

$$4H_2O(g) \longrightarrow 4H_2O(l) \qquad \Delta_r H_{m,2}^\ominus = 4[-\Delta_{vap} H_m^\ominus(H_2O)]$$

上述反应 1 的反应热可利用键能的数据计算,反应 2 是水的凝结,其反应热是蒸发热的相反数,两过程的反应热相加即是丙烷的标准摩尔燃烧热。因此,所求燃烧反应的燃烧热为

$$\begin{aligned}\Delta_c H_m^\ominus &= \Delta_r H_{m,1}^\ominus + \Delta_r H_{m,2}^\ominus \\ &= 2\Delta_B H_m^\ominus(C—C) + 8\Delta_B H_m^\ominus(C—H) + 5\Delta_B H_m^\ominus(O=O) - \\ &\quad 6\Delta_B H_m^\ominus(C=O) - 8\Delta_B H_m^\ominus(H—O) - 4\Delta_{vap} H_m^\ominus(H_2O) \\ &= [(2\times356 + 8\times411 + 5\times498 - 6\times803 - 8\times467) - 4\times44]kJ \cdot mol^{-1} \\ &= -2240kJ \cdot mol^{-1}\end{aligned}$$

17. 已知 $\Delta_f H_m^\ominus(H_2O) = -286kJ \cdot mol^{-1}$,$H_2O(g)$ 的摩尔冷凝焓是 $\Delta_{liq} H_m^\ominus(H_2O) = -44kJ \cdot mol^{-1}$,$E(H—H) = 436kJ \cdot mol^{-1}$,$E\left(O \overset{\cdots}{\underset{\cdots}{—}} H\right) = 498kJ \cdot mol^{-1}$,试计算 $E(O—H)$ 和 $H_2O(g)$ 的原子化焓。

解：(1) 根据已知条件可知 $\Delta_{vap}H_m^{\ominus} = -\Delta_{liq}H_m^{\ominus}(H_2O) = 44\text{kJ}\cdot\text{mol}^{-1}$。

设计热力学循环如下：

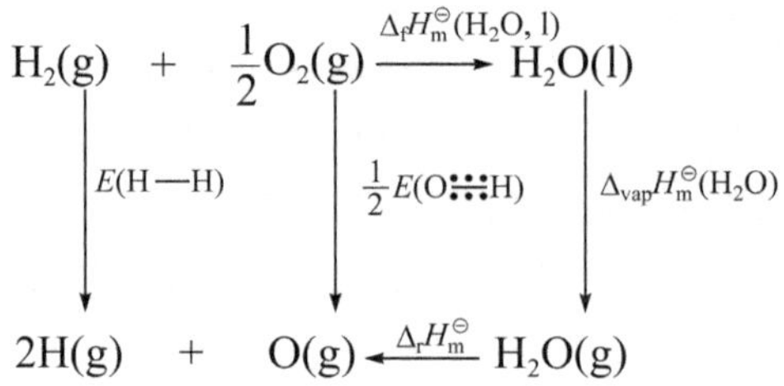

$$\begin{array}{ccccc}
H_2(g) & + & \dfrac{1}{2}O_2(g) & \xrightarrow{\Delta_f H_m^{\ominus}(H_2O,l)} & H_2O(l) \\
\downarrow E(H-H) & & \downarrow \dfrac{1}{2}E(O{::}H) & & \downarrow \Delta_{vap}H_m^{\ominus}(H_2O) \\
2H(g) & + & O(g) & \xleftarrow{\Delta_f H_m^{\ominus}} & H_2O(g)
\end{array}$$

根据赫斯定律可得

$$E(H-H) + \frac{1}{2}E\left(O{:::}H\right) = \Delta_f H_m^{\ominus} + \Delta_{vap}H_m^{\ominus}(H_2O) + 2E(O-H)$$

$$E(O-H) = \frac{1}{2}\left[E(H-H) + \frac{1}{2}E\left(O{:::}O\right) - \Delta_f H_m^{\ominus} - \Delta_{vap}H_m^{\ominus}(H_2O)\right]$$

$$= \frac{1}{2}\left[436 + \frac{1}{2}\times 498 - (-286) - 44\right]\text{kJ}\cdot\text{mol}^{-1}$$

$$= 464\text{kJ}\cdot\text{mol}^{-1}$$

(2) $H_2O(g)$ 的原子化焓为

$$\Delta_a H_m^{\ominus}(H_2O, g) = 2E(O-H) = 928\text{kJ}\cdot\text{mol}^{-1}$$

四、自 测 题

1. 填空题（每空1分，共20分）

(1) 杂化轨道理论首先是由_____提出的，该理论能较好地解释一些多原子分子（或离子）的_____。

(2) O_3 的中心原子的价层电子对数为_____，其杂化方式为_____，孤对电子数为_____。O_3 的几何形状为_____。

(3) 分子中的电子在分子轨道中的排布应遵循_____、_____、_____三规则。对 π_{2p} 轨道来说，其等价（简并）轨道数为_____个。

(4) O_2、O_2^+、O_2^-、O_2^{2-} 的稳定性从大到小的顺序是_____，它们在磁场中呈顺磁性的有_____，呈反磁性的有_____，这些分子或离子中氧原子核间距由大到小的顺序是_____。

(5) 若 AB_2 型分子的几何形状为直线形时，则其中心原子的价层电子对中孤对电子数可为_____对和_____对。

(6) 成键原子轨道重叠部分沿键轴方向的共价键称为_____键。成键原子轨道重叠部分垂直于键轴所形成的共价键称为_____键。

(7) 在 AB_m 分子中，若 A 原子既可以 p 原子轨道与 B 原子成键，也可以 sp 杂化轨道成键，两者中在键轴方向上电子云密度较高的是_____轨道，有利于形成 σ 键的是_____轨道。

2. 是非题(用"√"、"×"表示对、错,每小题 1 分,共 10 分)

(1) 原子轨道的杂化只在形成化合物分子时发生。 (　　)
(2) 根据价层电子对互斥理论,孤对电子的存在只能使键角变小。 (　　)
(3) 按照分子轨道理论,N_2^+ 和 N_2^- 的键级相等。 (　　)
(4) NH_2^- 的空间几何构型为 V 形,则 N 原子的轨道杂化方式为 sp^2 杂化。 (　　)
(5) PCl_5(g)的空间构型为三角双锥,P 原子以 sp^3d 杂化轨道与 Cl 成键。 (　　)
(6) 双原子分子键能等于该物质的生成热(焓)。 (　　)
(7) 由分子轨道理论可推知 O_2、O_2^-、O_2^{2-} 键能的大小顺序为 $O_2>O_2^->O_2^{2-}$。 (　　)
(8) $[AlF_6]^{3-}$ 的空间构型为八面体,Al 原子采用 sp^3d^2 杂化。 (　　)
(9) 非极性分子中可以存在极性键。 (　　)
(10) 三卤化磷标准摩尔生成热的大小次序为 $PF_3<PCl_3<PBr_3<PI_3$。 (　　)

3. 单选题(每小题 2 分,共 26 分)

(1) 下列化合物中没有共价键的是(　　)。
A. PBr_3　　B. IBr　　C. HBr　　D. NaBr

(2) 用价层电子对互斥理论推测 ClO_2^- 的几何形状为(　　)。
A. 直线形　　B. V 形　　C. T 形　　D. 三角形

(3) 下列分子或离子中,其中心原子不是采用 sp^2 杂化轨道成键,空间构型不是三角形的是(　　)。
A. SO_3(g)　　B. NH_3　　C. CO_3^{2-}　　D. NO_3^-

(4) 下列分子或离子中,含有配位共价键的是(　　)。
A. NH_4^+　　B. N_2　　C. CCl_4　　D. CO_2

(5) 下列配离子的中心原子采用 sp 杂化轨道与配体成键且 $\mu=0$B. M. 的是(　　)。
A. $[Cu(en)_2]^{2+}$　　B. $[CuCl_2]^-$　　C. $[AuCl_4]^-$　　D. $[BeCl_4]^{2-}$

(6) 已知 HF 键能为 565kJ · mol^{-1},预计 HCl 的键能将是(　　)。
A. 大于 565kJ · mol^{-1}　　B. 等于 565kJ · mol^{-1}
C. 小于 565kJ · mol^{-1}　　D. 无法估计

(7) 按价层电子对互斥理论推测,下列各组物质中均具有直线形构型的是(　　)。
A. CO_2,HgI_2　　B. I_3^-,SCl_2　　C. I_3^-,$SnCl_2$　　D. SCl_2,CO_2

(8) 下列分子或离子空间构型为平面四方形的是(　　)。
A. ClO_4^-　　B. XeF_4　　C. CH_3Cl　　D. PO_4^{3-}

(9) 下列各组分子中,化学键均有极性,但分子偶极矩均为零的是(　　)。
A. NO_2、PCl_3、CH_4　　B. NH_3、BF_3、H_2S
C. N_2、CS_2、PH_3　　D. CS_2、BCl_3、PCl_5(g)

(10) 下列各组分子或离子中,均含有三电子 π 键的是(　　)。
A. O_2、O_2^+、O_2^-　　B. N_2、O_2、O_2^-　　C. B_2、N_2、O_2^-　　D. O_2^+、Be_2^+、F_2

(11) 用价层电子对互斥理论推测 $SnCl_2$ 的几何形状为(　　)。

A. 直线形　　B. 三角形　　C. V 形　　D. T 形

(12) 下列化合物中,既存在离子键和共价键,又存在配位键的是(　　)。

A. H_3PO_4　　B. $BaCl_2$　　C. NH_4F　　D. NaOH

(13) 下列分子中,键级为零的是(　　)。

A. O_2　　B. F_2　　C. N_2　　D. Ne_2

4. 解释简答题(每小题 10 分,共 30 分)

(1) 试从以下几个方面简要比较 σ 键和 π 键:①原子轨道的重叠方式;②成键电子的电子云分布;③原子轨道的重叠程度;④常见成键原子轨道类型(各举一例)。

(2) 试用分子轨道理论,写出第一、二周期各元素中能稳定存在的同核双原子分子,并按其键级推测其稳定性大小顺序。

(3) N_2 和 N_2^+ 相比,O_2 和 O_2^+ 相比以及 N_2 和 O_2 相比,其中哪一个解离能较大?试用分子轨道理论解释(需分别写出有关分子和离子的分子轨道排布式)。

5. 计算题(14 分)

高温时碘分子可解离为碘原子:$I_2(g) \rightleftharpoons 2I(g)$。该反应在 1473K 和 1173K 时标准平衡常数之比为 $K^\ominus(1473K)/K^\ominus(1173K)=24.30$,求 I—I 键能。

参考答案

1. 填空题

(1) 鲍林(Pauling),空间构型;(2) 3,sp^2,1,V 形;(3) 能量最低、泡利不相容、洪德,2;(4) $O_2^+>O_2>O_2^->O_2^{2-}$,O_2^+、O_2、O_2^-,O_2^{2-},$O_2^{2-}>O_2^->O_2>O_2^+$;(5) 零,三;(6) σ,π;(7) sp 杂化,sp 杂化。

2. 是非题

(1) ×;(2) √;(3) √;(4) ×;(5) √;(6) ×;(7) √;(8) √;(9) √;(10) ×。

3. 单选题

(1) D;(2) B;(3) B;(4) A;(5) B;(6) C;(7) A;(8) B;(9) D;(10) A;(11) C;(12) C;(13) D。

4. 解释简答题

(1) ① σ 键:沿键轴方向重叠,π 键:在垂直键轴方向重叠;

② σ 键:键轴方向电子云密度大,π 键:键轴两侧电子云密度大;

③ σ 键:重叠程度较大,π 键:重叠程度较小;

④ σ 键:$s\text{-}p_x$ 或 s-s,π 键:$p_y\text{-}p_y$ 或 $p_z\text{-}p_z$ 等。

(2) 可稳定存在者:H_2、Li_2、B_2、C_2、N_2、O_2、F_2;不能稳定存在者:He_2、Be_2、Ne_2;能存在的稳定性顺序:$N_2>C_2\approx O_2>F_2\approx B_2\approx Li_2\approx H_2$;其键级:$N_2$ 为 3,C_2、O_2 为 2,F_2、B_2、Li_2、H_2 均为 1。

(3) N_2 和 N_2^+ 相比,它们的分子轨道排布式和键级分别为

N_2:$[KK(\sigma_{2s})^2(\sigma_{2s}^*)^2(\pi_{2p})^4(\sigma_{2p})^2]$,键级为 3;

N_2^+:$[KK(\sigma_{2s})^2(\sigma_{2s}^*)^2(\pi_{2p})^4(\sigma_{2p})^1]$,键级为 2.5;

由于 N_2 键级较大,解离能也较大;

O_2:$[KK(\sigma_{2s})^2(\sigma_{2s}^*)^2(\sigma_{2p})^2(\pi_{2p})^4(\pi_{2p}^*)^2]$,键级为 2;

O_2^+:$[KK(\sigma_{2s})^2(\sigma_{2s}^*)^2(\sigma_{2p})^2(\pi_{2p})^4(\pi_{2p}^*)^1]$,键级为 2.5;

O_2^+ 解离能较大;N_2 键级为 3,O_2 的键级为 2,前者解离能较大。

5. 计算题

$$-R\ln[K^{\ominus}(1473\text{K})/K^{\ominus}(1173\text{K})]=\Delta H^{\ominus}/T_{1473}-\Delta H^{\ominus}/T_{1173}$$

则 I—I 键能

$$E_{\text{I—I}}=\Delta H^{\ominus}=152.8\text{kJ}\cdot\text{mol}^{-1}$$

（武汉理工大学　杨光正　雷家珩）

第11章　固体结构

一、学习要求

（1）熟悉晶体的类型、特征和微粒间的作用力，掌握7个晶系和14种点阵类型；

（2）了解金属键理论，掌握金属晶体的三种密堆积结构及其特征；

（3）熟悉离子键理论，掌握典型离子晶体的结构型式和半径比规则，了解晶格能及其热化学计算方法，熟悉晶格能对离子型化合物熔点、硬度的影响；

（4）熟悉离子半径的变化规律，掌握离子极化及其对键型、晶形及物质性质的影响；

（5）掌握键极性与分子极性的关系，了解分子的偶极矩和变形性及其变化规律，熟悉范德华力和氢键的特点及其对物质性质的影响，了解分子晶体的结构特征；

（6）了解原子晶体在结构和物性上的特点和混合型晶体的特殊性及其典型代表。

二、重难点解析

（一）金属能带理论

金属键是一种特殊的共价键，属多电子、多中心的化学键。金属键理论的量子力学模型称为能带理论，它是在分子轨道理论的基础上发展起来的。能带理论把金属晶体看成一个大分子，分子内所有原子的原子轨道通过相互作用线性组合成一系列分子轨道，其数目与形成它的原子轨道数目相同。由于金属晶体中原子数目极大，故这些分子轨道之间的能级间隔极小，几乎连成一片，称为能带，已充满电子的低能量能带称为满带；未充满电子的高能量能带称为导带；满带与导带之间的能量相差很大，电子不易逾越，故又称为禁带。

金属能带理论可很好地说明导体、半导体和绝缘体之间的区别。金属导体的价电子能带是半满的（如Li、Na），或价电子能带虽全满但可与能量间隔不大的空带发生部分重叠，当外电场存在时，价电子可跃迁到相邻的空轨道，因而导电。绝缘体中的价电子都处于满带，满带与相邻带之间存在禁带，能量间隔大（$E_g \geqslant 5eV$），故不能导电（如金刚石）。半导体的价电子也处于满带（如Si、Ge），其与相邻的空带间距小，能量相差也小（$E_g < 3eV$），低温时是电子的绝缘体，高温时电子能激发跃过禁带而导电，故半导体的导电性随温度的升高而升高。而金属却因升高温度，原子振动加剧，电子运动受阻等原因，使得金属导电性下降。

（二）金属晶体的密堆积结构

在金属晶体中，因金属原子间的金属键各向同性，原子的排列可近似看作等径圆球的紧密堆积。在一个平面上金属原子的排列有两种方式：一是“行列对齐”的方式，每个球被邻近的4个球包围，球间的空隙较大，称为非密置层；二是“行列相错”的方式，每个球被6个最邻近的球包围，球间的空隙较小，称为密置层。

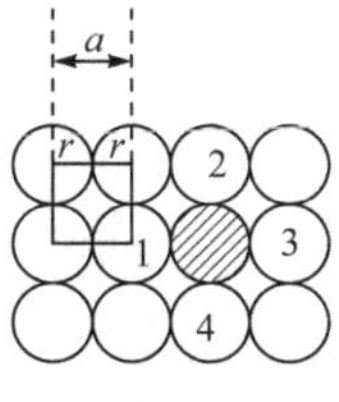

等径圆球的非密置层

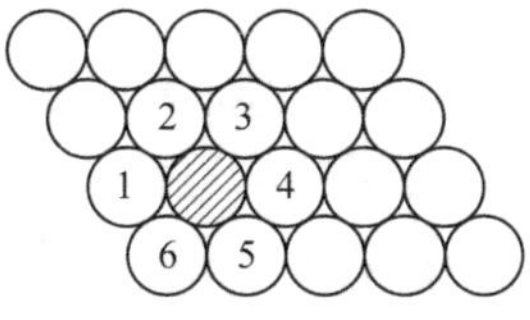

等径圆球的密置层

在金属晶体中金属原子有三种常见堆积方式，即面心立方最密堆积、六方最密堆积和体心立方密堆积。将密置层的金属原子，以上下相错的方式层层堆砌时，只能利用半数的空隙。由于空隙利用情况的不同，产生两种不同最密堆积方式，即面心立方最密堆积和六方最密堆积。面心立方最密堆积中，每一层的堆砌，都轮流使用不同类的空隙，空置另外一半的空隙。于是出现第二层(B)的每个球正好对准第一层(A)的半数空隙，第三层(C)的小球正好对准第一层另一半的空隙。这样，按 ABCABC…方式重复堆积下去，即得面心立方最密堆积结构，其晶胞为面心立方，原子的配位数为 12，堆积系数(空间利用率)为 0.7405。六方最密堆积中，每一层的堆砌都使用同类的半数空隙，于是出现第二层(B)的小球与第一层(A)相错，而第三层的小球与第一层对齐(重复第一层)的堆积，如此 ABAB…重复堆积下去，即得六方最密堆积，其晶胞为六方晶胞，原子的配位数也为 12，堆积系数为 0.7405。体心立方密堆积中，由非密置层的金属原子按各层之间以上下相错的方式堆砌，原子的配位数为 8，堆积系数为 0.6802，小于最密堆积。

(三) 键的离子性分数与元素电负性

以离子键结合的两种元素的离子之间并不是百分之百的静电作用，即使是 Cs^+ 与 F^- 结合，离子性成分也只有 92%，还有约 8%的共价性。同样，相同元素的原子间形成的共价键通常是非极性共价键，不同元素原子间形成的共价键是极性共价键，在极性键中也具有一定程度的离子性成分。

键的离子性分数可用成键两元素的电负性之差 $\Delta\chi$ 估计。元素的电负性差别越大，它们之间键的离子性成分就越大。对于 AB 型化合物，单键的离子性分数与电负性差值的关系可通过计算得出，电负性差值为 1.7 时，单键的离子性分数约为 50%。当 $\Delta\chi>1.7$ 时，一般可认为是离子型化合物。例如，多数碱金属卤化物中，离子性分数>50%。当 $\Delta\chi<1.7$ 时，则可以认为是共价型化合物。例如，卤化氢的离子性分数都小于 50%，但 HF 的 $\Delta\chi>1.7$。可见，这种划分方法有一定的误差。

(四) 离子晶体的三种典型结构形式

化合物中正负离子之间由静电引力所形成的化学键称为离子键，由离子键形成的化合物称为离子化合物，其存在的形式为离子晶体。决定离子晶体构型的主要因素为正、负离子的半径比值和离子的电子层构型。离子极化作用对离子晶体的结构和性质也有重要影响。离子键的强度可用晶格能 U 来衡量。U 数值可用玻恩-哈伯循环法间接测定，也可用玻恩-朗德公式理论计算得到。离子晶体具有硬度大，脆性、熔点、沸点高，熔化热、气化热高，熔化状态或水溶液能导电等性质。

AB 型离子化合物的三种主要结构形式如下。

1. CsCl 型结构

点阵型式是 Cs^+ 形成简单立方点阵，Cl^- 形成另一个立方点阵，两个简单立方点阵平行交错，交错方式是一个简单立方格子的结点位于另一个简单立方格子的体心。或者说，其晶胞由负离子按简单立方堆积，正离子填在立方体空隙中。属立方晶系，配位数为 8∶8，即每个正离子被 8 个负离子包围，同时每个负离子也被 8 个正离子所包围。

2. NaCl 型（岩盐型）结构

点阵型式是 Na^+ 的面心立方点阵与 Cl^- 的面心立方点阵平面交错，交错方式是一个面心立方格子的结点位于另一个面心立方格子的中央。或者说，其晶胞由负离子按面心立方密堆积，正离子填在八面体空隙中。属立方晶系，配位数为6∶6，即每个离子被 6 个相反电荷的离子所包围。NaCl 型的晶胞是面心立方，但质点分布与 CsCl 型不同。

3. 立方 ZnS 型（闪锌矿）结构

点阵型式是 Zn^{2+} 形成面心立方点阵，S^{2-} 也形成面心立方点阵。平行交错的方式比较复杂，是一个面心立方格子的结点位于另一个面心立方格子的体对角线的 1/4 处。或者说，其晶胞由负离子按面心立方密堆积，正离子则均匀地填在半数的四面体空隙中。属立方晶系，配位数为 4∶4，即每个 S^{2-} 周围与 4 个 Zn^{2+} 连成四面体，每个 Zn^{2+} 周围也是如此与 S^{2-} 相连。立方 ZnS 型又称闪锌矿型。

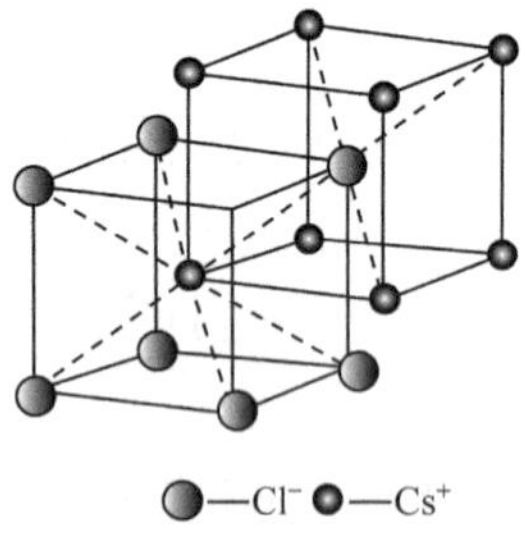

CsCl型结构

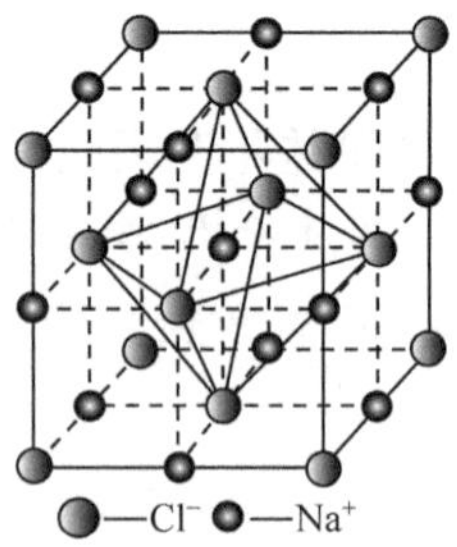

NaCl型结构

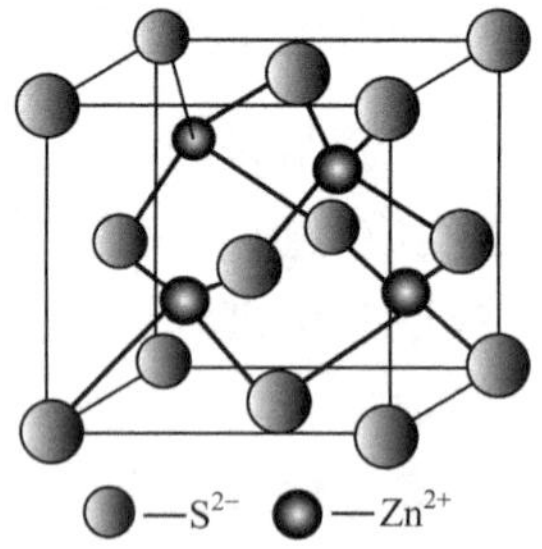

立方ZnS型结构

（五）离子的极化

在离子间除了静电引力外，诱导力也起着相当重要的作用。阳离子具有多余的正电荷，一般半径较小，对相邻的阴离子会起诱导作用，这种作用称为离子的极化作用；而阴离子半径一般较大，容易变形，在被诱导过程中能产生暂时的诱导偶极，这种性质称为离子的变形性。阴离子产生的诱导偶极又会反过来诱导阳离子，使之变形（如 18 电子构型、18＋2 电子构型和半径大的离子），同样产生偶极，这样使阳离子和阴离子之间发生额外的吸引力，称为附加极化。离子的极化作用使离子键向共价键过渡，缩短了离子间的距离，进而使晶体结构发生改变（配位数变小），相应的物理性质如熔点、溶解度、颜色等也会发生改变。

1. 极化作用的规律

（1）阳离子的电荷越高，极化作用越强。

（2）阳离子的电子层结构不同，极化作用大小也不同。一般规律是 18 或 18＋2 电子构型的离子>9～17电子构型的离子>8电子构型的离子。这是因为18电子构型的离子，其最外层中的d电子对原子核屏蔽作用较小。

(3) 电子层相似、电荷相等时，半径小的离子有较强的极化作用。例如，$Mg^{2+}>Ba^{2+}$，$Al^{3+}>La^{3+}$，$F^{-}>Cl^{-}$等。

(4) 阴离子的极化作用较小，但电荷高的复杂阴离子也有较明显的极化作用，如SO_4^{2-}和PO_4^{3-}。

2. 离子变形性的规律

(1) 对价电子层构型相同的阴离子，电子层数越多，半径越大，变形性越大，如$F^{-}<Cl^{-}<Br^{-}<I^{-}$。

(2) 对结构相同的阴离子，负电荷数越高，变形性越大，如$O^{2-}>F^{-}$。

(3) 复杂的阴离子的变形性不大，而且复杂阴离子中心原子氧化数越高，变形性越小，如$ClO_4^{-}<F^{-}<NO_3^{-}<OH^{-}<CN^{-}<Cl^{-}<Br^{-}<I^{-}$。

(4) 对半径相近的离子，18电子构型和不规则电子构型的阳离子，其变形性比惰性气体型的阳离子大得多，如$Ag^{+}>K^{+}>Hg^{2+}>Ca^{2+}$。

总之，易变形的离子是体积大的阴离子和18电子构型或不规则电子构型的少电荷阳离子。不易变形的离子是半径小、电荷高的8电子构型的阳离子。

(六) 影响晶体熔沸点的因素

分子间力即范德华力，包括色散力、诱导力、取向力。色散力主要与分子的变形性有关，取向力取决于分子的固有偶极矩，诱导力与分子的固有偶极矩和分子的变形性都有关。分子间力是决定物质沸点、熔点、溶解度等物性的主要因素。因分子间力较弱，分子晶体的熔点、沸点比原子晶体、离子晶体小得多。氢键是一种特殊的分子间作用力，一般只出现在F、O、N等电负性较大的元素与H之间。它对物质的熔点、沸点、溶解度、密度、黏度等物性和分子结构都有很大影响。

要使晶体熔化或液体沸腾必须提供足够的能量来克服质点间的作用力。这些作用力包括共价键、离子键、金属键、范德华力和氢键等。但是必须指出，熔化甚至沸腾并不意味着破坏质点间的全部作用力，在多数情况下只需破坏其中一小部分。下面按晶体类型的不同，分别讨论。

1. 分子晶体

低温下Ne晶体熔化时，需克服Ne原子间的部分色散力。Ne气化时，因气体Ne以单原子形式存在，故需克服Ne原子间全部色散力。而Ne的色散力很小，故Ne的熔沸点很低。但并非所有分子晶体气化时都要克服质点间的全部作用力，例如，HF气化时，HF蒸气并非单个分子，而是缔合分子$(HF)_n$。据测每个缔合分子大约由3.5个HF分子组成。可见，HF沸腾并不需破坏所有的氢键和范德华力。

2. 离子晶体

离子晶体气化也不需克服全部的晶格能，因为离子化合物在气相中并不是以单个离子而是以离子对形式存在的。气化离子晶体只要克服晶格能与离子对内部所具有的静电作用能之差即可。这个能量差可这样粗略估计：如果把离子看作刚性球体，则 1mol 离子处于气态和处于晶体其静电作用能的不同就在于马德隆常数 A 的不同。例如，NaF 在上述两种情况下 A 值分别为 1.00 和 1.75。可见处于气态下 NaF 的结合能几乎只是晶格能的一半。实际上还有一些使气态离子结合能变得更大，从而使晶体气化所需的能量变得更小的因素：①离子极化作用在离子对中比在晶体中强，它使离子对的共价键成分增加；②气态离子化合物除以离子对形式存在外，还存在一些小的离子群，因它含有较多的离子，故相互作用能也增大。再者，因离子晶体的晶格能本身很大，离子晶体气化所需的能量还是很大，故离子化合物有很高的熔点、沸点。

3. 原子晶体

因打断共价键要消耗很多能量，原子晶体的熔点、沸点一般很高。但其熔化甚至沸腾并不需要打断所有的共价键。例如，原子晶体 SiO_2 气化过程为

$$SiO_2(s) \longrightarrow O{=}S{=}O(g)$$

可见 SiO_2 的气化只不过把 SiO_2 晶体结构的基本单位“硅氧四面体”中 4 个强的“Si—O”σ 键变成 2 个 σ 键和 2 个较弱的 π 键。

4. 金属晶体

金属的熔化甚至沸腾一般也不需要克服全部的金属键键能。且金属的熔点、沸点高低悬殊，有熔点很高的 W、Re 等，也有熔点很低的 Hg(−38.87℃)、Ga(29.8℃)等。其原因除了金属键本身强度不同外，还与金属液化和气化后所呈现的状态不同有关。以金属镓为例，其晶格结构较为特殊，其结构中存在着原子对，原子对内部结合力大，原子对间结合力小。熔融态 Ga 仍以一定的原子对结合体形式存在，故 Ga 熔化只需克服部分原子对间弱的结合力。但气态 Ga 却以单原子形式存在，可见 Ga 沸腾时不仅要完全破坏原子对间的结合力，而且也要完全破坏原子对内部强大的结合力。这就是 Ga 沸点很高(2070℃)的原因。Ga 处于液态的温度区间特大，故常用来作液态温度计。

三、习题全解和重点练习题解

1(11-1). 指出下列物质哪些是金属晶体？哪些是离子晶体？哪些是共价键晶体(又称原子晶体)？哪些是分子晶体？

Au(s)	AlF_3(s)	Ag(s)	B_2O_3(s)	BCl_3(s)	$CaCl_2$(s)
H_2O(s)	BN(s)	C(石墨)	$H_2C_2O_4$(s)	Fe(s)	SiC(s)
CuC_2O_4(s)	KNO_3(s)	Al(s)	Si(s)		

解：

金属晶体	Au(s)	Ag(s)	Fe(s)	Al(s)
离子晶体	AlF_3(s)	$CaCl_2$(s)	CuC_2O_4(s)	KNO_3(s)
原子晶体	BN(s)	C(石墨)	SiC(s)	Si(s)
分子晶体	B_2O_3(s)	BCl_3(s)	H_2O(s)	$H_2C_2O_4$(s)

2(11-2). 大多数晶态物质都存在同质多晶现象。即在不同的热力学条件(温度、压力等)下，由于晶体内部粒子(原子、离子或分子)的热运动，它们在三维空间的排列方式将会发生一些变化。例如

$$\alpha\text{-Fe(体心立方)} \xrightleftharpoons{906℃} \gamma\text{-Fe(面心立方)}$$

$$\alpha\text{-CsCl (简单立方)} \xrightleftharpoons{445℃} \beta\text{-CsCl (面心立方,NaCl 型结构)}$$

$$\alpha\text{-}NH_4Cl\text{(简单立方)} \xrightleftharpoons{184℃} \beta\text{-}NH_4Cl\text{ (面心立方,NaCl 型结构)}$$

试问,同一种物质的不同类型的晶体,它们的晶面角是否相同或者守恒?晶面角守恒的本质原因是什么?

解:根据晶面角守恒定律,同一种晶体晶面大小和形状会随外界的条件不同而变化,但同一种晶体的相应晶面(或晶棱)间的夹角却不受外界条件的影响,它们保持恒定不变的值。晶面角守恒取决于晶体内部的周期性结构。

3(11-3). 根据下列物质的晶胞参数判断其所属的晶系。

物　质	a/nm	b/nm	c/nm	α	β	γ	晶　系
I_2	0.714	0.467	0.798	90°	90°	90°	
$H_2C_2O_4$	0.610	0.350	1.195	90°	105.78°	90°	
NaCl	0.564	0.564	0.564	90°	90°	90°	
β-$TiCl_3$	0.627	0.627	0.582	90°	90°	120°	
α-As	0.413	0.413	0.413	54.12°	54.12°	54.12°	
Sn(白锡)	0.583	0.583	0.318	90°	90°	90°	
$CuSO_4 \cdot 5H_2O$	0.612	1.069	0.596	97.58°	107.17°	77.55°	

答:I_2,正交晶系;$H_2C_2O_4$,单斜晶系;NaCl,立方晶系;β-$TiCl_3$,六方晶系;α-As,三方晶系;Sn(白锡),四方晶系;$CuSO_4 \cdot 5H_2O$,三斜晶系。

4(11-4). 试画出金属 Na 和 Mg 单质的分子轨道能级图,并据此解释其导电性。

解:根据金属能带理论,金属 Na 和 Mg 基态时的电子填充情况如下图所示

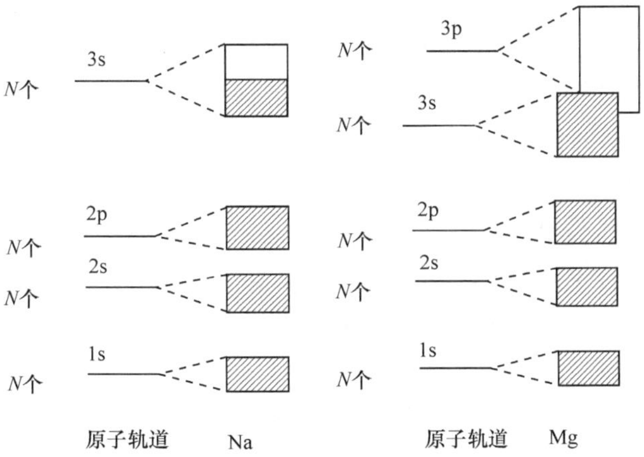

Na 的 3s 能带半充满,在电场的作用下其电子获得能量可借助空轨道发生定向移动,故能导电。Mg 的 3p 空带中没有电子,3s 能带全充满,似乎不具有导电性,但 Mg 原子的 3s 轨道与 3p 轨道的能级差很小,导致金属 Mg 的 3s 能带与 3p 能带部分重叠,3s 满带中的电子在电场的作用下可借助 3p 能带中的空轨道发生定向移动,因此,金属 Mg 也可以导电。

5(11-5). 试画出等径圆球密堆积模型中的二维密置层,以及二维密置层叠加形成的四面体空隙和八面体空隙,并计算四面体空隙和八面体空隙可容纳的圆球半径(原子半径)的大小。

它们对解释合金和离子晶体的结构是非常重要的。

解：

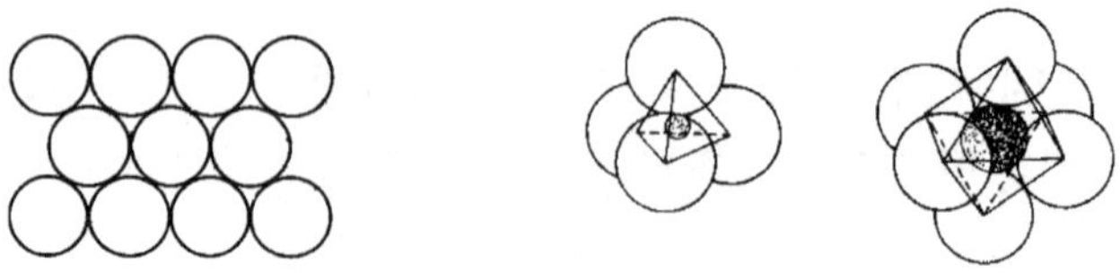

（1）图中等径圆球所组成的四面体为正四面体，每条边长为 $2r$，四面体空隙可容纳的圆球半径为正四面体的中心到每个面的距离，根据立体几何知识计算可得四面体空隙可容纳的圆球半径$=\left(\frac{\sqrt{6}}{2}-1\right)r=0.225r$。

（2）图中等径圆球所组成的八面体为正八面体，每条边长为 $2r$，八面体的中截面为正方形，边长为 $2r$，此正方形中心到正方形顶点的距离为等径圆球的半径与八面体可容纳圆球的半径之和，所以八面体空隙可容纳的圆球半径$=\sqrt{2}r-r=0.414r$。

6(11－6). 判断下列各组化合物中哪一化合物的化学键具有更强的极性。

（1）H_2O，H_2S　（2）CCl_4，$SiCl_4$　（3）NCl_3，PCl_3

（4）Na_2O，Ag_2O　（5）ZnO，ZnS　（6）$AlCl_3$，BF_3

解：可根据电负性差值判断题中各组化合物化学键的极性，电负性差值越大，则化学键极性越大。所以

（1）H_2O　$\Delta\chi=3.44-2.18=1.26$；　H_2S　$\Delta\chi=2.58-2.18=0.40$

则化学键的极性为 $H_2O>H_2S$。

（2）CCl_4　$\Delta\chi=3.16-2.55=0.61$；　$SiCl_4$　$\Delta\chi=3.16-1.90=1.26$

则化学键的极性为 $SiCl_4>CCl_4$。

（3）NCl_3　$\Delta\chi=3.16-3.04=0.12$；　PCl_3　$\Delta\chi=3.16-2.19=0.97$

则化学键的极性为 $PCl_3>NCl_3$。

（4）Na_2O　$\Delta\chi=3.44-0.93=2.51$；　Ag_2O　$\Delta\chi=3.44-1.93=1.51$

则化学键的极性为 $Na_2O>Ag_2O$。

（5）ZnO　$\Delta\chi=3.44-1.65=1.79$；　ZnS　$\Delta\chi=3.44-2.58=0.86$

则化学键的极性为 ZnO>ZnS。

（6）$AlCl_3$　$\Delta\chi=3.16-1.61=1.55$；　BF_3　$\Delta\chi=3.98-2.04=1.94$

则化学键的极性为 $BF_3>AlCl_3$。

7(11－7). 通过下列各 AB 型二元化合物中正、负离子的半径比的计算，推断其晶体的结构类型（NH_4^+、Cd^{2+}、Tl^+ 的鲍林离子半径分别为 151pm、97pm、140pm）。

（1）NaF，KF，RbF，CsF，KCl，RbCl

（2）CsBr，CsI，CsCl，TlCl，TlBr，NH_4Cl

（3）CuBr，CdS，MnS，BN，AlAs，AlP

解：根据离子晶体的半径比规则有

（1）NaF　$\frac{r(Na^+)}{r(F^-)}=\frac{95}{136}=0.70$　在 0.414～0.732　晶体结构为 NaCl 型

KF　$\frac{r(K^+)}{r(F^-)}=\frac{133}{136}=0.98$　在 0.732～1.00　晶体结构为 CsCl 型

RbF　$\frac{r(Rb^+)}{r(F^-)}=\frac{148}{136}=1.09$　实际晶体结构为 NaCl 型

CsF　$\frac{r(Cs^+)}{r(F^-)}=\frac{169}{136}=1.24$　实际晶体结构为 NaCl 型

KCl　$\frac{r(K^+)}{r(Cl^-)}=\frac{133}{181}=0.73$　在 0.414～0.732　晶体结构为 NaCl 型

RbCl　$\frac{r(Rb^+)}{r(Cl^-)}=\frac{149}{181}=0.82$　在 0.732～1.00　晶体结构为 CsCl 型

(2) CsBr　$\frac{r(Cs^+)}{r(Br^-)}=\frac{169}{195}=0.87$　在 0.732～1.00　晶体结构为 CsCl 型

CsI　$\frac{r(Cs^+)}{r(I^-)}=\frac{169}{216}=0.78$　在 0.732～1.00　晶体结构为 CsCl 型

CsCl　$\frac{r(Cs^+)}{r(Cl^-)}=\frac{169}{181}=0.93$　在 0.732～1.00　晶体结构为 CsCl 型

TlCl　$\frac{r(Tl^+)}{r(Cl^-)}=\frac{140}{181}=0.77$　在 0.732～1.00　晶体结构为 CsCl 型

TlBr　$\frac{r(Tl^+)}{r(Br^-)}=\frac{140}{195}=0.71$　在 0.414～0.732　晶体结构为 NaCl 型

NH_4Cl　$\frac{r(NH_4^+)}{r(Cl^-)}=\frac{151}{181}=0.83$　在 0.732～1.00　晶体结构为 CsCl 型

(3) CuBr　$\frac{r(Cu^+)}{r(Br^-)}=\frac{96}{195}=0.49$　在 0.414～0.732　晶体结构为 NaCl 型

CdS　$\frac{r(Cd^{2+})}{r(S^{2-})}=\frac{97}{184}=0.53$　在 0.414～0.732　晶体结构为 NaCl 型

MnS　$\frac{r(Mn^{2+})}{r(S^{2-})}=\frac{80}{184}=0.43$　在 0.414～0.732　晶体结构为 NaCl 型

BN　$\frac{r(B^{3+})}{r(N^{3-})}=\frac{20}{171}=0.12$　白石墨:层状,与石墨结构相似

立方 BN:原子晶体,与金刚石结构相似

AlAs　$\frac{r(Al^{3+})}{r(As^{3-})}=\frac{50}{222}=0.225$　在 0.225～0.414　晶体结构为 ZnS 型

AlP　$\frac{r(Al^{3+})}{r(P^{3-})}=\frac{50}{212}=0.24$　在 0.225～0.414　晶体结构为 ZnS 型

8(11-8). 写出下列各组离子的电子排布式,指出它们的外层电子属哪种构型[2 电子、8 电子、18 电子、(18+2)电子、(9～17)电子],并判断各组极化力的大小。

(1) Na^+,Ca^{2+}　(2) Pb^{2+},Bi^{3+}　(3) Ag^+,Hg^{2+}　(4) Ni^{2+},Fe^{3+}　(5) Li^+,Be^{2+}

解:(1) Na^+:$1s^2 2s^2 2p^6$　属 8 电子构型

Ca^{2+}:$1s^2 2s^2 2p^6 3s^2 3p^6$　属 8 电子构型

离子的电子构型相同，但因 Ca^{2+} 的电荷相对较高，故极化力 $Ca^{2+}>Na^+$。

(2) Pb^{2+}：$1s^2 2s^2 2p^6 3s^2 3p^6 3d^{10} 4s^2 4p^6 4d^{10} 4f^{14} 5s^2 5p^6 5d^{10} 6s^2$　　属(18+2)电子构型

Bi^{3+}：$1s^2 2s^2 2p^6 3s^2 3p^6 3d^{10} 4s^2 4p^6 4d^{10} 4f^{14} 5s^2 5p^6 5d^{10} 6s^2$　　属(18+2)电子构型

离子的电子构型相同，因 Bi^{3+} 的电荷高，故极化力 $Bi^{3+}>Pb^{2+}$。

(3) Ag^+：$1s^2 2s^2 2p^6 3s^2 3p^6 3d^{10} 4s^2 4p^6 4d^{10}$　　属 18 电子构型

Hg^{2+}：$1s^2 2s^2 2p^6 3s^2 3p^6 3d^{10} 4s^2 4p^6 4d^{10} 4f^{14} 5s^2 5p^6 5d^{10}$　　属 18 电子构型

离子的电子构型相同，因 Hg^{2+} 的电荷高，故极化力 $Hg^{2+}>Ag^+$。

(4) Ni^{2+}：$1s^2 2s^2 2p^6 3s^2 3p^6 3d^8$　　属(9～17)电子构型

Fe^{3+}：$1s^2 2s^2 2p^6 3s^2 3p^6 3d^5$　　属(9～17)电子构型

离子的电子构型相同，因 Fe^{3+} 的电荷高，故极化力 $Fe^{3+}>Ni^{2+}$。

(5) Li^+：$1s^2$　　属 2 电子构型

Be^{2+}：$1s^2$　　属 2 电子构型

离子的电子构型相同，因 Be^{2+} 的电荷高，故极化力 $Be^{2+}>Li^+$。

9(11-9). 离子的极化不仅可以使离子晶体中的共价键成分增多，而且使键长缩短，晶体结构发生变化，并影响到晶体的颜色、溶解性、熔点、沸点和导电性等。下表列出了一些 AB 型二元晶体的实际晶形，试根据阴、阳离子的半径比预测其理论晶形，并用离子极化理论解释两者的差别。

化合物	CuBr	CuI	AgCl	AgBr	AgI	CdS
实际晶形	ZnS 型	ZnS 型	NaCl 型	NaCl 型	ZnS 型	ZnS 型
颜色	白	白	白	浅黄色	棕黄色	黄色
r_+/r_-						
理论晶形						

解：Cu^+、Ag^+、Cd^{2+} 3 种离子都为 18 电子构型，离子的极化力强，与半径大、所带负电荷多的阴离子结合，其离子间的共价键成分增加，离子间距缩短，化学键表现出一定的方向性，晶体的构型向阳离子配位数较小的方向转变。因此理论上 CuBr、CuI、AgI、CdS 为 NaCl 型，但实际上却是四配位的 ZnS 型，且化合物的颜色一般也因离子极化而加深。

CuBr　$\dfrac{r(Cu^+)}{r(Br^-)}=\dfrac{96}{195}=0.49$　预测的理论晶形为 NaCl 型，实际为 ZnS 型，白色；

CuI　$\dfrac{r(Cu^+)}{r(I^-)}=\dfrac{96}{216}=0.44$　预测的理论晶形为 NaCl 型，实际为 ZnS 型，白色；

AgCl　$\dfrac{r(Ag^+)}{r(Cl^-)}=\dfrac{126}{181}=0.70$　预测的理论晶形为 NaCl 型，实际为 NaCl 型，白色；

AgBr　$\dfrac{r(Ag^+)}{r(Br^-)}=\dfrac{126}{195}=0.65$　预测的理论晶形为 NaCl 型，实际为 NaCl 型，浅黄色；

AgI　$\dfrac{r(Ag^+)}{r(I^-)}=\dfrac{126}{216}=0.58$　预测的理论晶形为 NaCl 型，实际为 ZnS 型，棕黄色；

CdS　$\dfrac{r(Cd^{2+})}{r(S^{2-})}=\dfrac{97}{184}=0.53$　预测的理论晶形为 NaCl 型，实际为 ZnS 型，黄色。

10(11－10). 根据离子极化理论解释下列两组化合物的溶解度大小变化。

(1) CuCl＞CuBr＞CuI

(2) AgF＞AgCl＞AgBr＞AgI

解:(1) 在 CuCl、CuBr、CuI 3 种化合物中,Cu^+ 的电子构型为 18 电子构型,极化能力强,随着阴离子的半径增大,阳离子对阴离子的极化作用增加,电子云重叠程度增大,化学键的共价成分增加,故晶体在水中的溶解度相应降低。

(2) 与(1)类似,也是由于离子极化作用,导致晶体中的离子键向共价键转化,晶体在水中的溶解度降低。

11(11－11). Cu^+ 与 Na^+ 的离子半径相近。试用离子极化理论解释 NaCl 在水中易溶(20℃时,每 100g 水中可以溶解 36.0g NaCl),而 CuCl 在水中难溶[$K_{sp}^{\ominus}(CuCl)=1.7\times10^{-7}$]。

解:虽然 Cu^+ 与 Na^+ 的离子半径相近,但 Cu^+ 为 18 电子构型,Na^+ 为 8 电子构型,Cu^+ 的极化作用比 Na^+ 的极化作用大,因此 NaCl 易溶于水,而 CuCl 难溶。

12(11－12). 根据石墨的结构,试说明利用石墨作电极和作润滑剂各与它的晶体中哪一部分结构有关。

解:石墨是层状晶体,层与层之间以范德华力结合。同一层内,碳原子以 sp^2 形式杂化,彼此之间以 σ 键连接在一起,每个碳原子还有一个未参与杂化的 2p 轨道,轨道中有一个未成对电子,这些轨道相互平行,形成 m 个中心 m 个电子的大 π 键,垂直于 sp^2 杂化轨道的平面,即层的方向。所以石墨晶体中既有层内共价键和大 π 键,又有层间的分子间作用力,实际上是一种混合键型晶体。石墨作电极与大 π 键有关,因为大 π 键中电子是非定域的,能起导电作用,又因石墨的化学性质较稳定,故通常用作惰性电极材料;作润滑剂是由于层间范德华力比较弱,层与层之间可以滑动。

13(11－13). 下列物质处于凝聚态时分子间有哪几种作用力?

$$He(l),I_2(s),CO_2(s),CHCl_3(l),NH_3(l),C_2H_5OH(l),BCl_3(l),H_2O(l)$$

解:He(l):色散力;$I_2(s)$:色散力;$CO_2(s)$:色散力;$CHCl_3(l)$:色散力,取向力,诱导力;$NH_3(l)$:色散力,取向力,诱导力,氢键;C_2H_5OH (l):色散力,取向力,诱导力,氢键;$BCl_3(l)$:色散力;$H_2O(l)$:色散力,取向力,诱导力,氢键。

14(11－14). 对下列各组物质的沸点差异给出合理解释。

(1) HF(20℃)与 HCl(－85℃)

(2) $TiCl_4$(136℃)与 LiCl (1360℃)

(3) CH_3OCH_3(25℃)与 CH_3CH_2OH(79℃)

解:(1) HF 分子间除了范德华力之外还存在氢键,所以沸点更高。

(2) $TiCl_4$ 是共价化合物,LiCl 是离子化合物,所以 LiCl 的沸点比 $TiCl_4$ 高得多。

(3) CH_3CH_2OH 分子间有氢键,而 CH_3OCH_3 没有,故乙醇沸点更高。

15(11－15). 试对下列物质熔点的变化规律进行解释。

物质	NaCl	$MgCl_2$	$AlCl_3$	$SiCl_4$	PCl_3	SCl_2	Cl_2
熔点/℃	800.7	714	192.6	－68.74	－93	－122	－101.5

解:在 NaCl、$MgCl_2$、$AlCl_3$ 3 种物质中,随着阳离子电荷的增多和半径的减小,离子极化作用依次增大,键的共价成分也增多。由于 Cl^- 是一价阴离子(试考虑 Cl^- 换为 O^{2-} 如何),离子极化作用的结果是 $MgCl_2$、$AlCl_3$倾向于形成小单元,特别是 $AlCl_3$明显倾向于形成分子晶体,

分子内作用力增强，分子间作用力减弱。所以 3 种物质的熔点随着键的共价成分增多而逐渐降低。

$SiCl_4$、PCl_3、SCl_2、Cl_2是共价化合物，分子间的作用力为范德华力，因此其熔点较低，且范德华力一般以色散力为主，随相对分子质量的增大而增大，因此 $SiCl_4$的熔点最高，PCl_3 次之、SCl_2再次之，Cl_2的熔点最低。

SCl_2的熔点比 Cl_2的低可能是由于 SCl_2的分子结构为 V 形，Cl_2的结构是线形，固态时后者分子间接触更紧密。但是 SCl_2的沸点为 59℃，比 Cl_2的沸点－34.01℃高得多，符合分子越大，分子间力越大的规律（SCl_2 液体在 25℃时密度为 $1.622g \cdot cm^{-3}$，Cl_2 液体在－35℃时密度为 $1.568g \cdot cm^{-3}$）。（数据见 CRC 理化手册 2010 版 p718～766 和兰氏手册 15 版 p25，p54）

16. 已知 KCl 和 NaCl 属同一晶格类型，已测 KCl 晶体密度为 $2004kg \cdot m^{-3}$，晶格中正、负离子的核间距为 313.8pm，求阿伏伽德罗常量。

解：KCl 和 NaCl 属同一晶格类型，因此其晶胞边长为(313.8×2)pm，$1m^3$ KCl 含晶胞个数为$\frac{1}{2\times313.8\times10^{-12}}$，$1m^3$ KCl 的物质的量为$\frac{2004\times10^3}{74.6}$mol。

每个晶胞含有 4 个 K^+和 Cl^-，则

$$N_A = 4\times\frac{2004\times10^3}{74.6}\Big/\frac{1}{2\times313.8\times10^{-12}} = 6.023\times10^{23}$$

17. 已知下列两类晶体的熔点(℃)。

(1) NaF： 993， NaCl： 801， NaBr： 747， NaI： 661。

(2) SiF_4： －902， $SiCl_4$： －70， $SiBr_4$： 5.4， SiI_4： 120.5。

为什么钠的卤化物的熔点比相应硅的卤化物熔点总是高？为什么钠的卤化物的熔点递变和硅的卤化物的不一致？

解：Na 的卤化物都是离子晶体，而离子键是由静电力引起的，作用力较强，而对应的 Si 的卤化物都是分子晶体，分子间作用力为范德华力，很弱，因此，Na 的卤化物熔点要比相应的 Si 的卤化物高；Si 的卤化物熔点是随着分子晶体晶格上的分子的相对分子质量变大而范德华力变强而升高的。

18. 已知 KBr 的 $\Delta_f H^\ominus = 390.4kJ \cdot mol^{-1}$，钾的原子化焓 $\Delta H_{sub}(K) = 89.9kJ \cdot mol^{-1}$，钾的第一电离能 $I_1(K) = 418.6kJ \cdot mol^{-1}$，$Br_2$ 的气化热 $\Delta H_{气} = 30.1kJ \cdot mol^{-1}$，$Br_2$ 的解离能 $\Delta H = 192.8kJ \cdot mol^{-1}$，第一电子亲和能 $A_1(Br_2) = -341.47kJ \cdot mol^{-1}$，求 KBr 的晶格能。

解：设有如下玻恩-哈伯循环

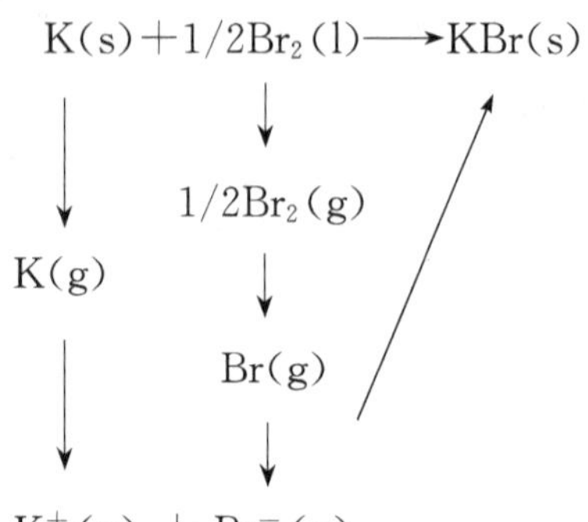
K(s)+1/2Br₂(l)⟶KBr(s)
1/2Br₂(g)
K(g)
Br(g)
K⁺(g) + Br⁻(g)

根据赫斯定律，有

$$\Delta H_{sub}(K)+I_1(K)+\Delta H_{气}/2+\Delta H/2+A_1(Br_2)-U=\Delta_f H^{\ominus}$$

则晶格能 $U=[\Delta H_{sub}(K)+I_1(K)+\Delta H_{气}/2+\Delta H/2+A_1(Br_2)]-\Delta_f H^{\ominus}$

$=(89.9+418.6+30.1/2+192.8/2-341.47+390.4)\text{kJ}\cdot\text{mol}^{-1}$

$=668.9\text{kJ}\cdot\text{mol}^{-1}$

19. 用电负性概念和离子极化理论，讨论下列物质的离子键向共价键的过渡情况。

$NaF, MgF_2, AlF_3, SiF_4, PCl_5, SF_6, F_2$

解：从 Na 到 F，电负性增强，化合物原子间电负性差值变小，最后 F_2 差值为 0。NaF、MgF_2、AlF_3 中元素的电负性差值很大，属离子晶体；但从 Na 到 Al 虽然离子极化作用增强，但 F^- 变形性很小，离子键向共价键过渡不明显；SiF_4、PCl_5、SF_6、F_2 属于分子晶体，分子内键的极性依次减弱，F_2 是非极性分子。

20. 比较下列各组物质熔点的高低，并说明理由。

(1) Si, I_2　(2) MgO, NaF　(3) HCl, HI

(4) W, Na　(5) CaF_2, $BaCl_2$　(6) $CaCl_2$, MgO

解：(1) Si 熔点较高，Si 为原子晶体，I_2 为分子晶体。

(2) MgO 熔点较高，Mg^{2+}、O^{2-} 都带两个电荷，比 Na^+、F^- 多。

(3) HI 熔点较高，与 HCl 同为分子晶体，但 HI 相对分子质量较大，故熔点较高。

(4) W 熔点较高，W 的金属晶体中成键电子数比 Na 金属晶体多，因此原子化焓较高，故熔点较高。

(5) CaF_2 熔点较高，CaF_2 中离子半径比 $BaCl_2$ 中离子半径小，离子间吸引力强，即离子键较强，因此熔点较高。

(6) MgO 熔点较高，MgO 中 Mg^{2+}、O^{2-} 都带两个电荷，而 $CaCl_2$ 中只有 Ca^{2+} 带两个电荷，而且 Mg^{2+}、O^{2-} 的离子半径比 Ca^{2+}、Cl^- 小，因此熔点较高。

21. 用能带理论定性解释锗晶体是半导体。

解：半导体能带的特点是禁带不宽($E_g=3\text{eV}$)，在室温下，满带顶部中能量较高的少数电子获得能量后，可越过禁带进入导带底部，同时在满带顶部留下相同数量的空穴，电子带负电荷，空穴带正电荷。在外加电场作用下，跃迁到空带中的电子可利用空轨道做定向运动，而满带中带正电的空穴也会发生定向移动，其移动的方向与空带中与电子移动方向相反。半导体的导电性是上述空带中的电子传递和满带中的空穴传递的综合结果。锗晶体就是这种结构，其禁带宽度 $E_g=0.67\text{eV}$。

22. 计算体心立方金属晶体的空间利用率。

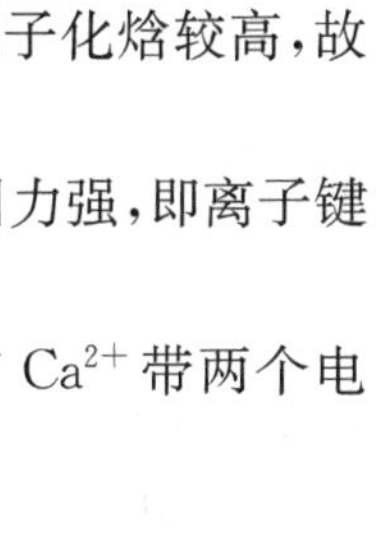

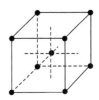

解：体心立方构型如图，设晶胞边长为 a，金属原子半径为 R，晶胞对角线长为 $4R$。根据勾股定理有 $a^2+a^2+a^2=(4R)^2$，所以 $a=\frac{4}{\sqrt{3}}R$，晶胞体积 $=a^3=\left(\frac{4}{\sqrt{3}}R\right)^3$，金属原子体积 $=2\times\frac{4}{3}\pi R^3$，空间利用率＝金属原子体积/晶胞体积 $=\left(2\times\frac{4}{3}\pi R^3\right)\Big/\left(\frac{4}{\sqrt{3}}R\right)^3=\frac{\sqrt{3}}{8}\pi=68.0\%$。

23. 指出下列说法的错误：

(1) HCl 分子溶于水后产生氢离子和氯离子，所以它是由离子键构成。

(2) CCl_4 的熔点、沸点低，所以分子不稳定。

解：(1) HCl 是共价型分子，在水分子的作用下电离成水合氢离子和氯离子。

(2) CCl_4 的分子稳定与否是由分子内的共价键所决定的，而熔点、沸点较低的原因是 CCl_4 分子间的作用力即范德华力决定的。

24. (1)金属钯(Pd)在标准状况下(STP)可吸收自身体积 935 倍的氢气(H_2)。试计算与之对应的经验式。(2)假定在 STP 条件下，被 H_2 所饱和的 α-Pd 的密度与 Pd 本身的密度相同($12.0g \cdot cm^{-3}$)，计算 Pd 中 H_2 的密度，并与相同条件下纯液氢的密度($0.070g \cdot cm^{-3}$)相比较[$M_r(Pd)=106.42$]。

解题思路：(1)由 Pd 的摩尔质量和密度可计算出它的摩尔体积，进而知道储存在 Pd 中氢气的体积，这个体积与理想气体摩尔体积之比就是氢气的物质的量。(2)同样的方法计算储氢钯的摩尔体积，不难计算储存在钯中氢气的密度。

解：(1) $V_m=\dfrac{M}{d}=\dfrac{106.42g \cdot mol^{-1}}{12.02g \cdot cm^{-3}}=8.8536cm^3 \cdot mol^{-1}$

$$V(H_2)=935 \times V_m=935 \times 8.8536cm^3=8278.09cm^3$$

$$n(H_2)=\frac{pV}{RT}=\frac{101.3kPa \times 8.27809dm^3}{8.314J \cdot mol^{-1} \cdot K^{-1} \times 273.15K}=0.3693mol$$

或

$$n(H_2)=\frac{V(H_2)}{V_m(H_2)}=\frac{8278.09cm^3}{22.414 \times 10^{-3}cm^3 \cdot mol^{-1}}=0.3693mol$$

$$1mol\ H_2 \cong 2mol\ H, n(H)=0.7386mol$$

储氢钯的经验式是 $PdH_{0.7386}$。

(2) $PdH_{0.7386}$的摩尔体积是

$$V_m=\frac{M}{d}=\frac{(106.42+1.0079 \times 0.7386)g \cdot mol^{-1}}{12.0g \cdot cm^{-3}}=8.9304cm^3 \cdot mol^{-1}$$

$$d(H_2)=\frac{M}{V_m}=\frac{(1.0079 \times 0.7386)g \cdot mol^{-1}}{8.9304cm^3 \cdot mol^{-1}}=0.083\ 36g \cdot cm^{-3}$$

计算表明，$PdH_{0.7386}$中 H_2的密度大于相同条件下纯 $H_2(l)$的密度($0.070g \cdot cm^{-3}$)

25. 浏览 Making Matter 网站 http://www.ill.eu/sites/3D-crystals/index.html。该网站介绍了无机材料的三维结构，内容包括球的密堆积、钙钛矿、键、沸石、宝石与矿物、超导体、磁铁、层状结构等。下载感兴趣的精美图片及相关的 *.wrl 文件到硬盘，甚至下载完全的 3D-晶体网页(3D-crystals.zip)，在安装 3D VRML 浏览器插件后即可 360°操纵晶体模型，仔细观察。

答案：略

26. 登录 http://www.webelements.com/网站，在呈现的周期表中选取你感兴趣的元素进入相关页面，了解该元素及其化合物的结构和性质。

参考答案：如感兴趣的元素若为 Li，则进入：

http://www.webelements.com/lithium/crystal_structure.html

获得的 Li 元素及其化合物的结构和性质如下表：

化学和化合物(chemistry and compounds)	
compounds	halides, oxides, sulfides, hydrides, and complexes; lattice energies; and reduction potentials
reactions of lithium	reactions of lithium with air; water; halogens; acids; and bases
electronegativities	Pauling; Sanderson; Allred Rochow; Mulliken-Jaffe and Allen
晶格能(lattice energies)	上述化合物的晶格能
单质性质(element properties)	
physics properties	boiling point; melting point; density; molar volume; thermal conductivity; and electrical resistivity; bulk modulus; critical temperature; superconductivity temperature; hardness ……
crystal structure	单质的晶体结构
热化学(thermochemistry)	enthalpies of atomization, fusion, and vaporization; thermodynamic properties
原子的性质(atom properties)	
electron shell properties	electronic configuration; term symbol; electron affinity; ionization energies; and atomic spectra
atom sizes	atomic radius; Shannon and Pauling ionic radii; covalent radius; metallic radius; element bond length; and Van der Waals radius
atomic orbital properties	effective nuclear charge; electron binding energies; and valence orbital radii maxima

四、自　测　题

1. 填空题(每空 1 分,共 10 分)

(1) NH_3、PH_3、AsH_3 的极化率由大到小的顺序是________。

(2) 金属键的特征:没有________性和________性。

(3) 在面心立方最密堆积的金属晶体中,金属原子的配位数为________,每个晶胞所包含的原子数目为________。

(4) 通常把________晶体的生长看作一个个刚性球体的密堆积过程,但这种模型对________晶体的生长完全不适用。

(5) 稀有气体的晶体都是由单个的原子堆积而成,它们属于________晶体,构成晶体的作用力为________,它们的沸点高低顺序为________。

2. 是非题(用"√"、"×"表示对、错,每小题 1 分,共 10 分)

(1) 具有相同电子层结构的单原子离子,阳离子的半径往往小于阴离子。　(　　)

(2) 一般来说,离子晶体的晶格能越大,该晶体的热稳定性就越低。　(　　)

(3) MgO 的晶格能约等于 NaCl 晶格能的 4 倍。　(　　)

(4) 所有层状晶体均可作为润滑剂和导电体使用。　(　　)

(5) Ag^+、Hg^{2+} 等 18 电子构型的离子,其极化力和极化率都较大,故当它们与变形性较大的阴离子构成晶体时,极化作用明显,而使键型、晶形改变。　(　　)

(6) 弱极性分子之间的分子间力均以色散力为主。　(　　)

(7) 金属单质的光泽、传导性、硬度等性质，都可用存在自由电子来解释。 (　　)

(8) 每个 NaCl 晶胞中含有 4 个 Na^+ 和 4 个 Cl^-。 (　　)

(9) 晶胞是组成晶体的最小单位。 (　　)

(10) 离子晶体的升华焓(热)在数值上与其晶格能相等。 (　　)

3. 单选题(每小题 2 分，共 20 分)

(1) 在离子极化过程中，通常正离子的主要作用是(　　)。

A. 使负离子极化

B. 被负离子极化

C. 形成正离子时放热

D. 正离子形成时吸收了负离子形成时放出的能量

(2) 下列晶体属于层状晶体的是(　　)。

A. 石墨　B. SiC　C. SiO_2　D. 干冰

(3) 在分子晶体中，分子内原子之间的结合力是(　　)。

A. 共价键　B. 离子键　C. 金属键　D. 范德华力

(4) 氯化钠晶体的结构为(　　)。

A. 四面体　B. 立方体　C. 八面体　D. 单斜体

(5) 下列物质中属于分子晶体的是(　　)。

A. 金刚砂　B. 石墨　C. 溴化钾　D. 氯化碘

(6) 下列物质的晶体，其晶格结点上粒子间以分子间力结合的是(　　)。

A. KBr　B. CCl_4　C. MgF_2　D. SiC

(7) $PbCl_2$ 为白色固体，PbI_2 为黄色固体，这是由于(　　)。

A. Pb^{2+} 和 Cl^- 均为无色，形成的 $PbCl_2$ 为白色

B. Pb^{2+} 为无色，I^- 为黄色，形成的 PbI_2 为黄色

C. $PbCl_2$ 中离子的极化作用比 PbI_2 的强

D. PbI_2 中离子的极化作用比 $PbCl_2$ 的强

(8) 金属钡(相对原子质量为 137)为体心立方结构，其单位晶胞的相对质量为(　　)。

A. 137　B. 274　C. 411　D. 548

(9) 下列密置层排列方式不能形成最密堆积的是(　　)。

A. abcabc　B. abab　C. abba　D. abcbc

(10) 下列晶体熔化时需要破坏共价键的是(　　)。

A. CO_2　B. SiO_2　C. Hg　D. $SiCl_4$

4. 解释简答题(每小题 8 分，共 40 分)

(1) 用离子极化理论解释：卤化锂在非极性溶剂中的溶解度为 LiI＞LiBr＞LiCl＞LiF。

(2) 取向力只存在于极性分子之间。色散力只存在于非极性分子之间。这两句话是否正确？试解释。

(3) 温度升高时，金属和半导体的导电性分别将如何变化？为什么？

(4) 石墨的熔点很高，说明石墨晶体中各粒子间作用力很强。石墨的硬度很低，说明石墨晶体中各粒子间作用力很弱。以上两种说法看似都有道理，却又互相矛盾，试辨析。

(5) 已知 NaF、MgO、ScN(氮化钪)的晶体构型都是 NaCl 型,其正、负离子核间距依次为 231pm、210pm、233pm。试估计它们的熔点和硬度的大小顺序,并简述理由。

5. 计算题(每小题 10 分,共 20 分)

(1) 试由下列数据计算 NaF 的晶格能。

	NaCl(s)	KF(s)	NaF(s)	KCl(s)
$\Delta_f H_m^\ominus/(kJ \cdot mol^{-1})$	−411.1	−567.3	−573.7	−436.7
$U/(kJ \cdot mol^{-1})$	788.1	802.5	?	703.5

晶格能指定为反应 $AB(a) \longrightarrow A^+(g) + B^-(g)$ 的 $\Delta_r H_m^\ominus$。

(2) 金属钋的晶体结构为简单立方。已知钋的原子半径为 0.1673nm,钋的相对原子质量为 210.0。求:①晶胞参数 a;②每个晶胞所含的原子数;③空间利用率;④金属钋的密度。

参考答案

1. 填空题

(1) $AsH_3 > PH_3 > NH_3$;(2) 方向,饱和;(3) 12,4;(4) 金属,原子;(5) 分子,范德华力,Xe>Kr>Ar>Ne>He。

2. 是非题

(1) √;(2) ×;(3) √;(4) ×;(5) √;(6) √;(7) ×;(8) √;(9) ×;(10) ×。

3. 单选题

(1) A;(2) A;(3) A;(4) B;(5) D;(6)B;(7) D;(8) B;(9) C;(10) B。

4. 解释简答题

(1) 阴离子的变形性随离子半径的增加而增大,故极化率大小顺序为 $I^- > Br^- > Cl^- > F^-$;按 LiF、LiCl、LiBr、LiI 顺序,共价键成分依次增加,分子的极性依次减弱,故卤化锂在非极性溶剂中的溶解度顺序为LiI>LiBr>LiCl>LiF。

(2) 第一句话正确,因取向力是由仅极性分子才有的固有偶极产生的;第二句话不正确,因色散力是由所有分子都具有的瞬时偶极产生的。

(3) 金属导电是由于其价电子是自由电子,可以在晶体中自由迁移。温度升高时金属晶体中正离子的振动增强,阻碍了自由电子的迁移,从而使导电性降低。

半导体导电性是由于其满带中的电子获得能量后跃迁至空带后产生的。温度升高时电子能量增加,更容易跃迁至空带,因此导电性提高。

(4) 石墨是一种层状的混合键型晶体。同层碳原子以 sp^2 杂化形成的 σ 共价键相连,每个碳原子剩下的一个单电子 p 轨道相互平行形成离域 π 键。故石墨晶体中碳原子之间结合力很强,熔点高;但层与层之间以范德华力相结合,易滑动,硬度很低。

(5) 构型相同的离子晶体,晶格能与核间距成反比,与离子电荷数乘积成正比。ScN、MgO、NaF 三者核间距较为接近,则晶格能随离子电荷增大而增大,熔点、硬度也随之增大。因此熔点、硬度大小顺序相同,均为 ScN>MgO>NaF。

5. 计算题

(1) $\Delta_r H_m^\ominus = \Delta_f H_m^\ominus(NaF,s) + \Delta_f H_m^\ominus(KCl,s) - \Delta_f H_m^\ominus(NaCl,s) - \Delta_f H_m^\ominus(KF,s)$

$= -31.6kJ \cdot mol^{-1}$

$U(NaF,s) = U(NaCl,s) + U(KF,s) - U(KCl,s) - \Delta_r H_m^\ominus = 918.7kJ \cdot mol^{-1}$

(2) ① $a = 2r = 2 \times 0.1673nm = 0.3346nm$;

② 每个晶胞所含的原子数＝8×1/8＝1，因 8 个顶点上每个原子为 8 个晶胞共享；

③ 空间利用率$=\dfrac{1\times\dfrac{4}{3}\pi 0.1673^3}{0.3346^3}=52.36\%$；

④ $\rho=\dfrac{M/N_A}{V}=\dfrac{210.1/(6.02\times10^{23})}{(0.3346\times10^{-9})^3}\text{g}\cdot\text{m}^{-3}=9.31\times10^6\text{g}\cdot\text{m}^{-3}$。

（武汉理工大学　雷家珩　杨光正）

第 12 章　配位化学基础

一、学 习 要 求

(1) 掌握配合物的定义、组成和系统命名，了解配合物的异构类型；

(2) 对于配合物的价键理论，掌握中心离子(或原子)价层空轨道的杂化方式与配离子的空间构型之间的对应关系，掌握利用配合物的磁性判断中心离子(或原子)的杂化方式、配离子的空间构型以及外轨型或内轨型配合物；

(3) 对于配合物的晶体场理论，了解 d 轨道在不同晶体场中的分裂情况，掌握在正八面体场中，中心离子(或原子)的 d 电子在分裂后的 d 轨道中重新排列的方式和晶体场稳定化能的计算方法，并据此判断配离子的稳定性；

(4) 对于配位平衡，了解配位平衡的特点，掌握配位平衡的有关计算，了解酸碱平衡、沉淀-溶解平衡、氧化还原平衡及配位平衡对配位平衡移动的影响。

二、重难点解析

(一) 配合物的空间构型与磁性

1. 配离子的空间构型

配离子的空间构型指配体在中心原子周围的排列方式。它与配离子的配位数以及中心离子(或原子)空轨道的杂化方式有关。一般来说，2 配位为直线形(sp 杂化)；3 配位为平面三角形(sp^2 杂化)；4 配位有正四面体形(sp^3 杂化)和平面正方形(dsp^2 杂化)；5 配位为三角双锥形(dsp^3 杂化)；6 配位为正八面体形(d^2sp^3 杂化或 sp^3d^2 杂化)。

2. 配合物的磁性

配合物的磁性主要由电子运动来表现，与配离子中的未成对电子数直接相关，未成对电子数目越大，磁矩越大，并符合下列关系：

$$\mu_m = \sqrt{n(n+2)}$$

式中，n 为体系中未成对电子数目；μ_m 为磁矩，单位为玻尔磁子，单位符号为 μ_B 或 B. M. 。通常将未成对电子数为零的配合物称为反磁性物质，将未成对电子数不为零的配合物称为顺磁性物质。

(二) 配合物的价键理论

配合物的化学键理论主要有价键理论、晶体场理论、分子轨道理论和配位场理论等。

1. 配合物的价键理论要点

(1) 中心离子(或原子)与配体之间以配位键相结合。

(2) 配位键是由配位原子提供孤对电子，填入由中心离子(或原子)提供的杂化后的价层空轨道中而形成的 σ 共价键(σ 配位键数才是中心原子配位数)。

(3) 中心离子(或原子)价层空轨道所采取的杂化方式决定了配离子的空间构型。

(4) 配位数相同的配离子可能采取不同的杂化方式，根据实验测出的磁矩 μ_m 来推算配合物中未成对的电子数 n，间接推测中心离子(或原子)内层 d 电子是否发生重排，从而判断其价层空轨道的杂化方式以及配合物的空间构型。

2. 内轨型和外轨型配合物

一般将全部动用最外层原子轨道进行杂化的配合物称为外轨型配合物，有 sp、sp^2、sp^3 和 sp^3d^2 等杂化方式。因外轨型配合物中心离子的电子一般不重排，故它们往往是高自旋配合物；同理，则将内层原子轨道参与杂化的配合物称为内轨型配合物，有 dsp^2、dsp^3 和 d^2sp^3 等杂化方式，又因内轨型配合物中，配体对中心离子影响大，一般中心离子的电子将发生重排而配对，故它们往往是低自旋配合物。通常，相同条件下内轨型配合物比外轨型配合物更稳定，这是由于参与杂化的内层轨道能量更低的缘故。

(三) 晶体场理论

1. 配合物的晶体场理论要点

(1) 将中心离子(或原子)与配体之间的相互作用，看作是配体的“静电力场”与中心离子(或原子)产生相互作用，这种作用类似离子晶体中正、负离子间的静电作用，所以称为晶体场。晶体场有正八面体场、正四面体场、平面正方形场等类型。

(2) 由于中心离子(或原子)一般为过渡元素离子(或原子)，其价电子层有 5 个 d 轨道，而它们在空间的伸展方向不同，导致它们在晶体场中受到的作用力不同，从而发生 d 轨道的能级分裂。但对不同的晶体场，d 轨道分裂的情况并不相同。例如，在配位数为 6 的八面体场中，原来能量简并的 5 个 d 轨道分裂成两组：第一组能量相对降低，包括 d_{xy}、d_{yz} 和 d_{xz} 3 个 d 轨道，统称为 t_{2g} 轨道；第二组能量相对升高，包括 $d_{x^2-y^2}$ 和 d_{z^2} 2 个 d 轨道，统称为 e_g 轨道。d 轨道能级分裂的大小程度可用分裂能 Δ_o 的大小来表示，Δ_o 是 e_g 与 t_{2g} 轨道的能级差：

$$\Delta_o = E(e_g) - E(t_{2g})$$

式中，Δ_o 的单位为 cm^{-1}，其大小与配体种类、中心离子(或原子)种类和电荷有关。

为了计算和讨论问题的方便，对于正八面体场，无论 Δ_o 的大小，都令分裂能 $\Delta_o = 10Dq$，则 $E(e_g) = 6Dq$、$E(t_{2g}) = -4Dq$。注意对不同的体系，Dq 所代表的能量值是不同的。

(3) d 电子在分裂的 d 轨道中将重新排列，其排布原则与原子核外电子排布原则基本一致。为了降低体系能量，对于强场配合物(分裂能 Δ_o 大于电子成对能 P)来说，应先排满 t_{2g} 轨道。再填充 e_g 轨道。由于 d 电子集中排列，这种方式所形成的配合物常为低自旋配合物；反之，对于弱场配合物(Δ_o 小于 P)来说，则应尽量分占不同的 d 轨道，由于 d 电子分散排列，所形成的配合物常为高自旋配合物(磁矩相应升高)。

2. 晶体场理论的应用

(1) 配离子的晶体场稳定化能(CFSE)。在晶体场中，中心离子(或原子)的 d 电子从假如未分裂的 d 轨道(能量为 E_s)进入分裂后的 d 轨道所产生的能量降低值，称为晶体场稳定化能

(CFSE)。根据d电子的排列情况可以计算正八面体配离子的晶体场稳定化能，如果考虑电子成对能(P)的影响，计算公式为

$$\mathrm{CFSE/cm^{-1}} = (-4n_1 + 6n_2)\Delta_o/10 + (m_1 - m_2)P$$

式中，Δ_o 为八面体场的分裂能(单位为 cm^{-1})；P 为电子成对能(单位为 cm^{-1})；n_1 为 t_{2g}轨道中的电子数；n_2 为 e_g 轨道中的电子数；m_1 为八面体场中 d 轨道的电子成对数；m_2 为球形场中(分裂前)d 轨道的电子成对数。

运用晶体场稳定化能可以解释不同配合物的稳定性顺序。

(2) 配离子的电子吸收光谱。d 轨道未充满电子的配离子往往具有特征的颜色，这是由于在外界能量(光能)的激发下，d 电子发生 d-d 跃迁的结果。电子吸收光谱上特征吸收峰所对应的波数/cm^{-1}就是该配离子的分裂能 Δ_o。

(四) 配位平衡

1. 配位平衡的计算

配位平衡有多种表示方法，使配位平衡的精确计算有一定困难。根据配离子稳定常数很大的特点，可对计算简化：当配体浓度大大过量时，可以认为配离子的平衡浓度等于金属离子总浓度，游离配体的平衡浓度就等于配体的总浓度，而设金属离子的平衡浓度为未知数 x 进行计算。

2. 配位平衡与其他平衡的相互影响

(1) 配位平衡与酸碱平衡。配离子的生成促使弱酸电离，使 pH 降低；溶液 pH 降低促使弱酸根生成加质子产物；溶液 pH 升高促使中心离子水解。

(2) 配位平衡与沉淀-溶解平衡。配离子的生成促使金属难溶盐溶解；中心离子发生沉淀，促使配离子解离。

(3) 配位平衡与氧化还原平衡。氧化型物质(或还原型物质)因形成配离子而浓度下降，导致电极电势下降(或上升)，从而降低氧化型物质(或还原型物质)的氧化性(或还原性)；氧化剂或还原剂的加入，导致中心离子的价态发生改变，促使配离子的解离。

(4) 配位平衡与配位平衡之间。两种不同的配体争夺同一种金属离子(或不同的金属离子争夺同一种配体)，平衡向生成更稳定的配离子的方向移动。

三、习题全解和重点练习题解

1(12-1). M 为中心原子，a，b，d 为单齿配体。下列各配合物中有顺反异构体的是(　　)。

A. Ma_2bd(平面四方)　　B. Ma_3b

C. Ma_2bd(四面体)　　D. Ma_2b(平面三角形)

答：A。

2(12-2). 在下列配合物中，其中分裂能最大的是(　　)。

A. $Rh(NH_3)_6^{3+}$　　B. $Ni(NH_3)_6^{3+}$　　C. $Co(NH_3)_6^{3+}$　　D. $Fe(NH_3)_6^{3+}$

答：A。

3(12－3). 在八面体强场中，晶体场稳定化能最大的中心离子d电子数为(　　)。

A. 9　　B. 6　　C. 5　　D. 3

答：B。

4(12－4). 化合物$[Co(NH_3)_4Cl_2]Br$的名称是________；化合物$[Cr(NH_3)(CN)(en)_2]SO_4$的名称是________。

答：溴化二氯·四氨合钴(Ⅲ)；硫酸氰·氨·二(乙二胺)合铬(Ⅲ)。

5(12－5). 四硫氰·二氨合铬(Ⅲ)酸铵的化学式是________；二氯·乙二酸根·乙二胺合铁(Ⅲ)离子的化学式是________。

答：$NH_4[Cr(SCN)_4(NH_3)_2]$；$[FeCl_2(C_2O_4)en]^-$。

6(12－6). 下列物质有什么几何异构体，并画出几何图形。

(1) $[Co(NH_3)_4Cl_2]^+$　(2) $[Co(NO_2)_3(NH_3)_3]$

答：(1) 顺、反异构(图略)；(2) 经式、面式异构(图略)。

7(12－7). 根据磁矩，判断下列配合物中心离子的杂化方式、几何构型，并指出它们属于何类配合物(内/外轨型)。

(1) $[Cd(NH_3)_4]^{2+}$　$\mu_m=0$　(2) $[Ni(CN)_4]^{2-}$　$\mu_m=0$

(3) $[Co(NH_3)_6]^{3+}$　$\mu_m=0$　(4) $[FeF_6]^{3-}$　$\mu_m=5.9B.M.$

答：

序　号	配离子	d电子数	磁矩μ_m/B. M.	杂化方式	几何构型	内/外轨
(1)	$[Cd(NH_3)_4]^{2+}$	10	0	sp^3	正四面体	外轨型
(2)	$[Ni(CN)_4]^{2-}$	8	0	dsp^2	平面正方形	内轨型
(3)	$[Co(NH_3)_6]^{3+}$	6	0	d^2sp^3	正八面体	内轨型
(4)	$[FeF_6]^{3-}$	5	5.9	sp^3d^2	正八面体	外轨型

8(12－8). 判断下列配离子属于何类配离子。

序　号	配离子	Δ_o与P关系	强/弱场	高/低自旋	内/外轨型
(1)	$[Fe(en)_3]^{2+}$	$\Delta_o<P$			
(2)	$[Mn(CN)_6]^{4-}$	$\Delta_o>P$			
(3)	$[Co(NO_2)_6]^{4-}$	$\Delta_o>P$			

答：(1) 弱场，高自旋，外轨型；(2) 强场，低自旋，内轨型；(3) 强场，低自旋，内轨型。

9(12－9). 配合物$K_3[Fe(CN)_5(CO)]$中配离子的电荷应为________，配离子的空间构型为________，配位原子为________，中心离子的配位数为________，d电子在t_{2g}和e_g轨道上的排布方式为________，中心离子所采取的杂化轨道方式为________，该配合物属________磁性分子。

答：－3，八面体，C(碳)，6，$t_{2g}^6e_g^0$，d^2sp^3，反。

10(12－10). 计算下列金属离子在形成八面体配合物时的CFSE/Dq。

(1) Cr^{2+}，高自旋　(2) Mn^{2+}，低自旋

(3) Fe^{2+}，强场　(4) Co^{2+}，弱场

解：(1) Cr^{2+}，高自旋：d^4，$t_{2g}^3e_g^1$，$(-4\times3+6\times1)Dq=-6Dq$。

(2) Mn^{2+}，低自旋：d^5，$t_{2g}^5e_g^0$，$(-4\times5)Dq+2P=-20Dq+2P$。

(3) Fe^{2+}，强场：d^6，$t_{2g}^6e_g^0$，$(-4\times6)Dq+2P=-24Dq+2P$。

(4) Co^{2+}，弱场：d^7，$t_{2g}^5e_g^2$，$(-4\times5+6\times2)Dq=-8Dq$。

11(12-11)．判断下列各对配合物的稳定性的高低(填"＞"或"＜")。

(1) $[Cd(CN)_4]^{2-}$，$[Cd(NH_3)_4]^{2+}$　(2) $[AgBr_2]^-$，$[AgI_2]^-$

(3) $[Ag(S_2O_3)_2]^{3-}$，$[Ag(CN)_2]^-$　(4) $[FeF]^{2+}$，$[HgF]^+$

(5) $[Ni(NH_3)_4]^{2+}$，$[Zn(NH_3)_4]^{2+}$

答：(1) $[Cd(CN)_4]^{2-}>[Cd(NH_3)_4]^{2+}$，$CN^-$是比 NH_3 更强的配体。

(2) $[AgBr_2]^-<[AgI_2]^-$，Ag^+属于软酸，I^-属于软碱，而 Br^-属于交界碱。

(3) $[Ag(S_2O_3)_2]^{3-}<[Ag(CN)_2]^-$，$CN^-$是比 $S_2O_3^{2-}$ 更强的配体。

(4) $[FeF]^{2+}>[HgF]^+$，F^-属于硬碱，Fe^{3+}属于硬酸，而 Hg^{2+}属于软酸。

(5) $[Ni(NH_3)_4]^{2+}<[Zn(NH_3)_4]^{2+}$，查表发现：$\lg K_f^\ominus[Zn(NH_3)_4^{2+}]=9.46$，而 $\lg K_f^\ominus[Ni(NH_3)_4^{2+}]=7.96$。

12(12-12)．已知 $\Delta_o\{[Co(NH_3)_6]^{3+}\}=23\,000cm^{-1}$，$\Delta_o\{[Co(NH_3)_6]^{2+}\}=10\,100cm^{-1}$，通过计算证明 $K_f^\ominus\{[Co(NH_3)_6]^{3+}\}>K_f^\ominus\{[Co(NH_3)_6]^{2+}\}$。

解：(1) 对于$[Co(NH_3)_6]^{3+}$，$1Dq=23\,000cm^{-1}/10=2300cm^{-1}$，属于强场配合物，$Co^{3+}$属于 d^6 构型，d 电子排列为 $t_{2g}^6e_g^0$，电子成对能 $P=17\,800cm^{-1}$

$$CFSE\{[Co(NH_3)_6]^{3+}\}=(-6\times4)Dq+2P=-24Dq+2P$$

$$CFSE\{[Co(NH_3)_6]^{3+}\}=-24\times2300cm^{-1}+2\times17\,800cm^{-1}=-19\,600cm^{-1}$$

(2) 对于$[Co(NH_3)_6]^{2+}$，$1Dq=10\,100cm^{-1}/10=1010cm^{-1}$，属于弱场配合物，$Co^{2+}$属于 d^7 构型，d 电子排列为 $t_{2g}^6e_g^1$，电子成对能 $P=17\,800cm^{-1}$

$$CFSE\{[Co(NH_3)_6]^{2+}\}=(-5\times4+2\times6)Dq=-8Dq$$

$$CFSE\{[Co(NH_3)_6]^{2+}\}=-8\times1010cm^{-1}=-8080cm^{-1}$$

(3) 因为 $CFSE\{[Co(NH_3)_6]^{3+}\}>CFSE\{[Co(NH_3)_6]^{2+}\}$，所以可以判断 $K_f^\ominus\{[Co(NH_3)_6]^{3+}\}>K_f^\ominus\{[Co(NH_3)_6]^{2+}\}$。

13(12-13)．$[Co(NH_3)_6]^{3+}$为低自旋配离子，其电子吸收光谱的最大吸收峰在 $23\,000cm^{-1}$处。该配离子的分裂能(分别以 cm^{-1}和 $kJ\cdot mol^{-1}$表示)是多少？吸收什么颜色的光，呈现什么颜色？

解：(1) 用电子吸收光谱的波数表示，分裂能 Δ_o 等于最大吸收峰值，所以 $\Delta_o\{[Co(NH_3)_6]^{3+}\}=23\,000cm^{-1}$。

(2) 用能量表示，根据 $\Delta_o=E=h\nu=hc/\lambda$，其中波数 $=1/\lambda=23\,000cm^{-1}=23\,000/10^{-2}m^{-1}=2\,300\,000m^{-1}$，所以 $\Delta_o=6.626\times10^{-34}J\cdot s\times1\times10^8m\cdot s^{-1}\times2\,300\,000m^{-1}=1.52\times10^{-19}J$；经单位换算：$\Delta_o=1.52\times10^{-19}J\times10^{-3}kJ\cdot J^{-1}\times6.023\times10^{23}mol^{-1}=275kJ\cdot mol^{-1}$。

(3) 吸收光波数为 $23\,000cm^{-1}$，属于蓝光，透过余下的光而使$[Co(NH_3)_6]^{3+}$溶液呈现酒红色。

14(12-14)．在 $0.10mol\cdot L^{-1}$ 的 $K[Ag(CN)_2]$溶液中，加入固体 KCN，使 CN^- 的浓度为 $0.10mol\cdot L^{-1}$，然后再分别加入以下物质。

(1) KI 固体，使 I^- 的浓度为 $0.10mol\cdot L^{-1}$。

(2) Na_2S 固体，使 S^{2-} 的浓度为 $0.10mol\cdot L^{-1}$。

计算体系的 J 值并判断是否能产生沉淀（忽略体积变化）。已知 $K_f^\ominus\{[Ag(CN)_2]^-\}=2.48\times10^{20}$，$K_{sp}^\ominus(AgI)=8.3\times10^{-17}$，$K_{sp}^\ominus(Ag_2S)=2.0\times10^{-49}$。

解：(1) 计算$[Ag^+]$：设平衡时有 $x$mol · L^{-1}的$[Ag(CN)_2]^-$解离，则$[Ag^+]=x$mol · L^{-1}。

$$Ag^+ + 2CN^- \rightleftharpoons [Ag(CN)_2]^-$$
$$x \quad 0.1+2x \qquad 0.1-x$$

$$K_f^\ominus\{[Ag(CN)_2]^-\}=2.48\times10^{20}=[Ag(CN)_2^-]/[Ag^+][CN^-]^2$$
$$=(0.1-x)/x(0.1+2x)^2\approx(0.1)/x\times(0.1)^2=1/0.1x$$
$$[Ag^+]=x=1/(2.48\times10^{19})=4.03\times10^{-20}(\text{mol}\cdot\text{L}^{-1})$$

计算$[I^-]$：加入 KI 固体，忽略体积变化，使$[I^-]=0.10$mol · L^{-1}。

计算反应商：$J=[Ag^+][I^-]=4.03\times10^{-20}\times0.10=4.03\times10^{-21}<K_{sp}^\ominus(AgI)=8.3\times10^{-17}$，故不能产生 AgI 沉淀。

(2) 计算$[Ag^+]$：方法和结果同上，即$[Ag^+]=4.03\times10^{-20}$(mol · L^{-1})。

计算$[S^{2-}]$：加入 Na_2S 固体，忽略体积变化，使$[S^{2-}]=0.10$mol · L^{-1}。

计算反应商：$J=[Ag^+]^2[S^{2-}]=(4.03\times10^{-20})^2\times0.10=1.62\times10^{-40}$。

$J>K_{sp}^\ominus(Ag_2S)=2.0\times10^{-49}$，所以会产生 Ag_2S 沉淀。

15 (12－15). Fe^{3+}能氧化 I^-，但$[Fe(CN)_6]^{3-}$不能氧化 I^-，由此推断：

(1) 下列电极电势的大小顺序：

(a) $E^\ominus(I^-/I_2)$　(b) $E^\ominus(Fe^{3+}/Fe^{2+})$　(c) $E^\ominus\{[Fe(CN)_6]^{3-}/[Fe(CN)_6]^{4-}\}$

(2) 下列配合物稳定常数的大小顺序：

(a) $K_f^\ominus\{[Fe(CN)_6]^{3-}\}$　(b) $K_f^\ominus\{[Fe(CN)_6]^{4-}\}$

解：(1) Fe^{3+}能氧化 I^-，证明(b) $E^\ominus(Fe^{3+}/Fe^{2+})>$(a) $E^\ominus(I^-/I_2)$；$[Fe(CN)_6]^{3-}$不能氧化 I^-，证明(a)$E^\ominus(I^-/I_2)>$(c)$E^\ominus\{[Fe(CN)_6]^{3-}/[Fe(CN)_6]^{4-}\}$。因此电极电势的大小顺序为(b)>(a)>(c)。

(2) 根据能斯特方程，则

$$E^\ominus\{[Fe(CN)_6]^{3-}/[Fe(CN)_6]^{4-}\}=E(Fe^{3+}/Fe^{2+})$$
$$=E^\ominus(Fe^{3+}/Fe^{2+})+0.0592\lg([Fe^{3+}]/[Fe^{2+}])$$
$$=E^\ominus(Fe^{3+}/Fe^{2+})+0.0592\lg(K_f^\ominus\{[Fe(CN)_6]^{4-}\}/K_f^\ominus\{[Fe(CN)_6]^{3-}\})$$

题意(b)$E^\ominus(Fe^{3+}/Fe^{2+})>(c)E^\ominus\{[Fe(CN)_6]^{3-}/[Fe(CN)_6]^{4-}\}$

$$\lg(K_f^\ominus\{[Fe(CN)_6]^{4-}\}/K_f^\ominus\{[Fe(CN)_6]^{3-}\})<0$$

即(a) $K_f^\ominus\{[Fe(CN)_6]^{3-}\}>$(b) $K_f^\ominus\{[Fe(CN)_6]^{4-}\}$，故配合物稳定常数的大小顺序为(a)>(b)。

16(12－16). 已知 $K_f^\ominus\{[Ag(CN)_2]^-\}=2.48\times10^{20}$，$K_f^\ominus\{[Ag(NH_3)_2]^+\}=1.67\times10^7$，在 1.0L 的 0.10mol · L^{-1}$[Ag(NH_3)_2]^+$溶液中，加入 0.20mol 的 KCN 晶体(忽略因加入固体而引起的溶液体积的变化)，求溶液中$[Ag(NH_3)_2]^+$、$[Ag(CN)_2]^-$、NH_3 及 CN^-的浓度。

解：由$[Ag(NH_3)_2]^+$转化为$[Ag(CN)_2]^-$反应为

$$[Ag(NH_3)_2]^+ + 2CN^- \rightleftharpoons [Ag(CN)_2]^- + 2NH_3$$

该反应的平衡常数与$[Ag(NH_3)_2]^+$和$[Ag(CN)_2]^-$的稳定常数 $K_f^\ominus$ 有关。

$$Ag^+ + 2CN^- \rightleftharpoons [Ag(CN)_2]^- \qquad K_f^\ominus\{[Ag(CN)_2]^-\}$$
$$-\quad Ag^+ + 2NH_3 \rightleftharpoons [Ag(NH_3)_2]^+ \qquad K_f^\ominus\{[Ag(NH_3)_2]^+\}$$

$$[Ag(NH_3)_2]^+ + 2CN^- \rightleftharpoons [Ag(CN)_2]^- + 2NH_3$$

根据同时平衡原则，则

$$K^{\ominus}=K_f^{\ominus}\{[Ag(CN)_2]^-\}/K_f^{\ominus}\{[Ag(NH_3)_2]^+\}=2.48\times10^{20}/1.67\times10^{7}=1.49\times10^{13}$$

$K^{\ominus}$值很大，表明转化相当完全。

设$[Ag(NH_3)_2]^+$全部转化为$[Ag(CN)_2]^-$后，平衡时溶液中$[Ag(NH_3)_2]^+$的浓度为$x$mol・L^{-1}。

	$[Ag(NH_3)_2]^+$	$+2CN^-$	$\rightleftharpoons[Ag(CN)_2]^-$	$+2NH_3$
平衡浓度/(mol・L^{-1})	x	$2x$	$0.10-x$	$0.20-2x$

因$K^{\ominus}$值很大，x值很小，故$0.10-x\approx0.10$，$0.20-2x\approx0.20$。

$$K^{\ominus}=[Ag(CN)_2^-][NH_3]^2/[Ag(NH_3)_2^+][CN^-]^2$$
$$=(0.10-x)(0.20-2x)^2/x(2x)^2$$
$$=(0.10)(0.20)^2/x(2x)^2=4.0\times10^{-3}/4x^3=1.49\times10^{13}$$
$$x=4.07\times10^{-6}$$

所以溶液中各物质的浓度为

$$[Ag(NH_3)_2^+]=x=4.07\times10^{-6}\text{mol}\cdot\text{L}^{-1}$$
$$[CN^-]=2x=(2\times4.07\times10^{-6})\text{mol}\cdot\text{L}^{-1}=8.14\times10^{-6}\text{mol}\cdot\text{L}^{-1}$$
$$[Ag(CN)_2^-]=(0.10-x)\text{mol}\cdot\text{L}^{-1}=0.10\text{mol}\cdot\text{L}^{-1}$$
$$[NH_3]=(0.20-2x)\text{mol}\cdot\text{L}^{-1}=0.20\text{mol}\cdot\text{L}^{-1}$$

计算结果表明，由于$[Ag(CN)_2]^-$稳定性远大于$[Ag(NH_3)_2]^+$，加入足量的CN^-时，$[Ag(NH_3)_2]^+$几乎全部转化为$[Ag(CN)_2]^-$。

17(12-17). 已知$K_f^{\ominus}\{[Ag(NH_3)_2]^+\}=1.67\times10^7$，$K_{sp}^{\ominus}(AgCl)=1.8\times10^{-10}$，$K_{sp}^{\ominus}(AgBr)=5.3\times10^{-13}$。将0.1mol・L^{-1} $AgNO_3$与0.1mol・L^{-1} KCl溶液以等体积混合，加入浓氨水(浓氨水加入体积变化忽略)使AgCl沉淀恰好溶解，试问：

(1) 混合溶液中游离的氨浓度是多少？

(2) 混合溶液中加入固体KBr，并使KBr浓度为0.2mol・L^{-1}，有无AgBr沉淀产生？

(3) 欲防止AgBr沉淀析出，氨水的浓度至少为多少？

解：(1) $AgNO_3$与KCl两种溶液等体积混合后，浓度为各自的一半。

$[Ag^+]=[Cl^-]=0.05$mol・L^{-1}，在1L该溶液中产生0.05mol的AgCl沉淀。根据题意，AgCl沉淀恰好全部溶解形成$[Ag(NH_3)_2]^+$，$[Ag(NH_3)_2^+]=0.05$mol・L^{-1}。

根据同时平衡规则，$AgCl+2NH_3\rightleftharpoons[Ag(NH_3)_2]^++Cl^-$，该反应的平衡常数为

$$K^{\ominus}=[Ag(NH_3)_2^+][Cl^-]/[NH_3]^2$$
$$=[Ag(NH_3)_2^+][Cl^-][Ag^+]/[NH_3]^2[Ag^+]$$
$$=K_f^{\ominus}\{[Ag(NH_3)_2]^+\}K_{sp}^{\ominus}(AgCl)$$
$$=1.67\times10^7\times1.80\times10^{-10}=3.0\times10^{-3}$$

设平衡时游离的NH_3浓度为$x$mol・L^{-1}，则

	$AgCl+2NH_3$	$\rightleftharpoons[Ag(NH_3)_2]^+$	$+Cl^-$
平衡浓度/(mol・L^{-1})	x	0.05	0.05

$$K^{\ominus}=[Ag(NH_3)_2^+][Cl^-]/[NH_3]^2=0.05\times0.05/x^2=3.0\times10^{-3}$$

$$x=\sqrt{\frac{0.05\times0.05}{3.0\times10^{-3}}}=0.91$$

即游离的氨浓度为 0.91mol · L^{-1}。

（2）设混合溶液中 Ag^{+} 的浓度为 $y$mol · L^{-1}，则

$$Ag^{+}+2NH_3 \rightleftharpoons [Ag(NH_3)_2]^{+}$$

平衡浓度/(mol · L^{-1})　　　y　　$0.91+2y$　　$0.05-y$

因 $K_f\{[Ag(NH_3)_2]^{+}\}$ 大，y 小，故 NH_3 浓度约为 0.91mol · L^{-1}，$[Ag(NH_3)_2]^{+}$ 浓度约为 0.05mol · L^{-1}，则

$$K_f^{\ominus}\{[Ag(NH_3)_2]^{+}\}=0.05/y\times(0.91)^2=1.67\times10^{7}$$

$$[Ag^{+}]=y=3.62\times10^{-9}\text{mol}\cdot L^{-1}$$

混合溶液中加入固体 KBr，使 $[Br^{-}]=0.2$mol · L^{-1}，则

$$J=[Ag^{+}][Br^{-}]=3.62\times10^{-9}\times0.2=7.24\times10^{-10}$$

已知 $K_{sp}^{\ominus}(AgBr)=1.8\times10^{-10}$，因为 $J>K_{sp}^{\ominus}(AgBr)$，所以将会产生 AgBr 沉淀。

（3）设欲防止 AgBr 沉淀，溶液中 NH_3 的浓度至少为 $z$mol · L^{-1}。

$$AgBr+2NH_3 \rightleftharpoons [Ag(NH_3)_2]^{+}+Br^{-}$$

平衡浓度/(mol · L^{-1})　　　z　　　0.05　　0.2

$$\begin{aligned}K^{\ominus}&=[Ag(NH_3)_2^{+}][Br^{-}][Ag^{+}]/[NH_3]^2[Ag^{+}]\\&=K_f^{\ominus}\{[Ag(NH_3)_2]^{+}\}\,K_{sp}^{\ominus}(AgBr)\\&=1.67\times10^{7}\times5.3\times10^{-13}=8.851\times10^{-6}\end{aligned}$$

由 $K^{\ominus}=[Ag(NH_3)_2]^{+}[Br^{-}]/[NH_3]^2=0.05\times0.2/z^2=8.851\times10^{-6}$，得

$$[NH_3]=z=33.6\text{mol}\cdot L^{-1}$$

理论上氨水的浓度至少为 34mol · L^{-1} 时，才能防止 AgBr 沉淀的产生，但因市售氨水浓度最浓仅达 17mol · L^{-1}，故加入氨水不能完全阻止 AgBr 沉淀的生成。

18. $[Pt(NH_2)(NO_2)(NH_3)_2]$ 属于何类配合物？写出它的配位数、中心离子电荷，并对它进行命名。

答：（1）$[Pt(NH_2)(NO_2)(NH_3)_2]$ 属于单核配合物中的简单配合物。

（2）因配体都是单齿配体，故配位原子数等于配体数，配位数等于 4。

（3）在配位个体中的 NH_3 分子为电中性，而 NH_2^{-} 和 NO_2^{-} 各显 −1 价，而整个配位个体为电中性，由此可以判断中心离子为 +2 价。

（4）该配合物的命名为氨基 · 硝基 · 二氨合铂(Ⅱ)。

19. 已知 $[Ni(NH_3)_4]^{2+}$ 和 $[Ni(CN)_4]^{2-}$ 的磁矩分别为 $2.83\mu_B$ 和 $0\mu_B$，分别判断它们的中心离子的杂化方式、配离子的空间构型以及内外轨型。

答：（1）$[Ni(NH_3)_4]^{2+}$ 的中心离子为 Ni^{2+}，属于 d^8 电子构型，由于 $\mu_m\{[Ni(NH_3)_4]^{2+}\}=2.83\mu_B$，根据 $\mu_m=\sqrt{n(n+2)}$ 计算，未成对电子数 $n=2$，由此判断 d 轨道电子的排列情况为

⇅	⇅	⇅	↑	↑

只能动用外层的 s、p 轨道杂化，所以中心离子的杂化方式为 sp^3 杂化，配离子的空间构型为正

四面体，属于外轨型配合物。

(2) $[Ni(CN)_4]^{2-}$ 的中心离子 Ni^{2+} 为 d^8 电子构型，因 $\mu_m\{[Ni(CN)_4]^{2-}\}=0\mu_B$，根据 $\mu_m=\sqrt{n(n+2)}$ 计算，未成对电子数 $n=0$，由此判断 d 轨道电子的排列情况为

⇅	⇅	⇅	⇅	

还有 1 个空的 d 轨道可以利用，所以中心离子的杂化方式为 dsp^2 杂化，配离子的空间构型为平面正方形，属于内轨型配合物。

20. 已知 $[Co(CN)_6]^{3-}$ 与 $[CoF_6]^{3-}$ 的电子成对能 P 都为 25 000cm^{-1}，分裂能分别为 46 000cm^{-1}和 23 000cm^{-1}。

(1) 分别判断强弱场属性并指出各中心离子的 d 电子的排列方式。

(2) 指出未成对的电子数、计算磁矩的理论值并判断高低自旋属性。

(3) 判断中心离子杂化方式并判断内外轨型属性。

(4) 计算分别用 Dq、cm^{-1}、J 和 $kJ\cdot mol^{-1}$ 为单位的晶体场稳定化能值，并比较稳定性相对高低（忽略 P 的影响）。

(5) 计算电子吸收光谱最大吸收峰的波数/cm^{-1}、波长/m 和频率/s^{-1}。

解：

序　号	配离子	$[Co(CN)_6]^{3-}$	$[CoF_6]^{3-}$
(1)	中心离子	Co^{3+}	Co^{3+}
	d 电子构型	d^6	d^6
	P/cm^{-1}	25 000	25 000
	Δ_o/cm^{-1}	46 000	23 000
	强弱场属性	Δ_o 大于 P，属强场	Δ_o 小于 P，属弱场
	d 电子的排布方式	$t_{2g}^6e_g^0$	$t_{2g}^4e_g^2$
(2)	未成对电子数 n	0	4
	理论磁矩 μ_m/μ_B	0	4.90
	高低自旋属性	低自旋	高自旋
(3)	杂化方式	d^2sp^3	sp^3d^2
	内外轨型属性	内轨型	外轨型
(4)	CFSE/Dq	$-4\times6=-24$	$-4\times4+6\times2=-4$
	$CFSE/cm^{-1}(Dq=\Delta_o/10)$	$-24\times46\,000/10=-1.104\times10^5$	$-4\times23000/10=-9.2\times10^3$
	$CFSE/m^{-1}$	-1.104×10^7	-9.2×10^5
	$CFSE/J(\Delta_o/J=h\nu)$	$6.626\times10^{-34}\times3\times10^8\times(-1.104\times10^7)$ $=-2.195\times10^{-18}$	$6.626\times10^{-34}\times3\times10^8\times(-9.2\times10^5)$ $=-1.829\times10^{-19}$
	$CFSE/(kJ\cdot mol^{-1})$	$-2.195\times10^{-18}\times6.022\times10^{23}/1000$ $=-1.322\times10^3$	$-1.829\times10^{-19}\times6.022\times10^{23}/1000$ $=-1.162\times10^2$
	稳定性高低比较	稳定性高	稳定性低
(5)	波数/cm^{-1}(注)	46 000	23 000
	波长/cm	2.17×10^{-5}	4.35×10^{-5}
	波长/m	2.17×10^{-7}	4.35×10^{-7}
	频率/$s^{-1}(\nu=c/\lambda)$	$3\times10^8/2.17\times10^{-7}=1.38\times10^{15}$	$3\times10^8/4.35\times10^{-7}=6.90\times10^{14}$

注：最大吸收峰所对应的波数就是它的分裂能。

21. 50mL、0.100$mol\cdot L^{-1}$ $AgNO_3$ 溶液中加入密度为 0.932$g\cdot cm^{-3}$、含 NH_3 18.2%的氨水

30.0mL 后，再加水稀释至 100mL。计算溶液中 Ag^+、$[Ag(NH_3)_2]^+$ 和 NH_3 的平衡浓度。已知 $K_f^\ominus\{[Ag(NH_3)_2]^+\}=1.67\times10^7$。

解：$[Ag^+]=(0.100mol\cdot L^{-1}\times0.050L)/0.10L=0.050mol\cdot L^{-1}$

$[NH_3]=0.932g\cdot cm^{-3}\times30cm^3\times0.182/(17g\cdot mol^{-1}\times0.10L)=3.0mol\cdot L^{-1}$

由于 $[NH_3]\gg[Ag^+]$，$K_f^\ominus\{[Ag(NH_3)_2]^+\}=1.67\times10^7$ 很大，故起始时刻

$$[Ag(NH_3)_2^+]_0=[Ag^+]_0=0.050mol\cdot L^{-1}$$

$$[NH_3]_0=3.0-2\times0.050=2.9(mol\cdot L^{-1})$$

反应达到平衡时，设 $[Ag^+]=x mol\cdot L^{-1}$，则

$$[NH_3]=(2.9+2x)\approx2.9mol\cdot L^{-1};[Ag(NH_3)_2^+]=(0.05-2x)\approx0.05mol\cdot L^{-1}$$

$$Ag^++2NH_3 \rightleftharpoons [Ag(NH_3)_2]^+$$

	Ag^+	$2NH_3$	$[Ag(NH_3)_2]^+$
开始浓度/$(mol\cdot L^{-1})$	0.00	2.90	0.050
平衡浓度/$(mol\cdot L^{-1})$	x	2.90	0.050

代入平衡常数表达式有

$$[Ag(NH_3)_2^+]/[Ag^+][NH_3]^2=0.05/(2.9)^2x=1.67\times10^7$$

求得 Ag^+ 的平衡浓度 $x=[Ag^+]=0.05/1.67\times10^7(2.9)^2=3.56\times10^{-10}(mol\cdot L^{-1})$。

四、自 测 题

1. 填空题(每空 1 分，共 20 分)

(1) 化合物 $[Co(NO_2)_3(NH_3)_3]$ 的名称是____________；

化合物 $[Pt(NO_2)(NH_3)(NH_2OH)(Py)]Cl$ 的名称是____________。

(2) 氯化五氨·水合钴(Ⅲ)的化学式是____________；氨基·硝基·二氨合铂的化学式是____________。

(3) 指出下列物质的几何异构体：

$[PtCl_2(NH_3)_2]$ 具有__________；$[PtCl_3(NH_3)_3]^+$ 具有__________；$[Co(en)_2(NO_2)_2]^+$ 具有________，其中的________还具有________。

(4) 配合物 $[Co(NO_2)_3(NH_3)_3]$ 中配离子的电荷应为______，配离子的空间构型为______，配位原子为______，中心离子的配位数为______，d 电子在 t_{2g} 和 e_g 轨道上的排布方式为______，中心离子所采取的杂化轨道方式为______，该配合物属______磁性分子。

(5) 填空：

序 号	配离子	Δ_o 与 P 关系	强/弱场	高/低自旋	内/外轨型
①	$[FeF_6]^{3-}$	$\Delta_o<P$			外轨型
②	$[Mn(NO_2)_6]^{4-}$	$\Delta_o>P$		低自旋	

2. 是非题(用"√"、"×"表示对、错，每小题 1 分，共 10 分)

(1) 因为 CN^- 为强场配体，故 $[Ag(CN)_2]^-$ 的稳定性大于 $[Ag(S_2O_3)_2]^{3-}$。 (　　)

(2) 因 $[FeF]^{2+}$ 为硬酸-硬碱结合，$[HgF]^+$ 为软酸-硬碱结合，故 $[HgF]^+$ 的稳定性大于 $[FeF]^{2+}$。 (　　)

(3) $[Co(NH_3)_5NO_2]^{2+}$与$[Co(NH_3)_5(ONO)]^{2+}$之间属于键合异构体。 (　　)

(4) $[Co(NH_3)_5Br]SO_4$ 与$[Co(NH_3)_5SO_4]Br$之间属于电离异构体。 (　　)

(5) 因为 CFSE$\{[Co(NH_3)_6]^{3+}\}$大于 CFSE$\{[Co(NH_3)_6]^{2+}\}$，所以得出$K_f^\ominus\{[Co(NH_3)_6]^{3+}\}$大于 $K_f^\ominus\{[Co(NH_3)_6]^{2+}\}$。 (　　)

(6) $[Fe(CN)_6]^{4-}$溶液能使 I_2 溶液褪色，故 $E^\ominus\{[Fe(CN)_6]^{3-}/[Fe(CN)_6]^{4-}\}>E^\ominus(I_2/I^-)$。 (　　)

(7) Fe^{2+}溶液不使 I_2 溶液褪色，故 $E^\ominus(Fe^{3+}/Fe^{2+})>E^\ominus(I_2/I^-)$。 (　　)

(8) 配合物溶液的 pH 升高，由于中心离子会发生水解而使配离子更加稳定。 (　　)

(9) 配合物溶液的 pH 降低，因弱酸根生成加质子产物而使配离子稳定性下降。 (　　)

(10) 配位效应使金属难溶盐在配体溶液中的溶解度增加。 (　　)

3. 单选题(每小题 2 分，共 20 分)

(1) 在$[Co(C_2O_4)_2(en)]^-$中，中心离子的配位数为(　　)。

A. 6　　B. 4　　C. 2　　D. 8

(2) 在$[PtCl(NO_2)(NH_3)_4]^{2+}$中，中心离子氧化数和配位数分别是(　　)。

A. 0 和 3　　B. +4 和 6　　C. +2 和 4　　D. +4 和 3

(3) 配合物$[CrCl_3(NH_3)_2(H_2O)]$的名称是(　　)。

A. 三氯化一水・二氨合铬(Ⅲ)　　B. 一水合三氯化二氨合铬(Ⅲ)

C. 三氯・二氨・水合铬(Ⅲ)　　D. 二氨・一水・三氯合铬(Ⅲ)

(4) 配合物 $Cu[SiF_6]$和$[CrCl_3(NH_3)_2(H_2O)]$的名称分别是(　　)。

A. 六氟硅酸铜(Ⅰ)，三氯化一水・二氨合铬(Ⅲ)

B. 六氟合硅(Ⅳ)酸铜，三氯・二氨・水合铬(Ⅲ)

C. 六氟硅化亚铜，一水合三氯化二氨合铬(Ⅲ)

D. 六氟合硅(Ⅳ)化亚铜，二氨・一水・三氯合铬(Ⅲ)

(5) 已知$[Fe(CN)_6]^{4-}$的 $\Delta_o>P$，它的 CFSE/Dq 正确的是(　　)。

A. $-4Dq+P$　　B. $-4Dq$　　C. $-24Dq+2P$　　D. $-24Dq+3P$

(6) 已知 $K_f^\ominus\{[Fe(CN)_6]^{3-}\}>K_f^\ominus\{[Fe(CN)_6]^{4-}\}$，以下判断正确的是(　　)。

A. $E^\ominus(Fe^{3+}/Fe^{2+})>E^\ominus\{[Fe(CN)_6]^{3-}/[Fe(CN)_6]^{4-}\}$

B. $E^\ominus(Fe^{3+}/Fe^{2+})=E^\ominus\{[Fe(CN)_6]^{3-}/[Fe(CN)_6]^{4-}\}$

C. $E^\ominus(Fe^{3+}/Fe^{2+})<E^\ominus\{[Fe(CN)_6]^{3-}/[Fe(CN)_6]^{4-}\}$

D. 无法判断大小

(7) 无论在八面体的强场或弱场中，都是外轨型配合物的 d 电子构型为(　　)。

A. $d^1\sim d^3$　　B. $d^7\sim d^{10}$　　C. $d^8\sim d^{10}$　　D. $d^1\sim d^{10}$

(8) 八面体配合物中既可为高自旋也可为低自旋的金属离子的电子构型为(　　)。

A. $d^1\sim d^3$　　B. $d^4\sim d^6$　　C. $d^8\sim d^{10}$　　D. 没有限制

(9) $[Cu(CN)_2]^-$的磁矩是(　　)μ_B。

A. 3.88　　B. 2.83　　C. 1.70　　D. 0

(10) $[PdCl_2(OH)_2]$结构为平面正方形，其中心离子的杂化轨道类型为(　　)。

A. sp^3　　B. d^2sp^3　　C. spd^2　　D. dsp^2

4. 解释简答题(每小题10分,共20分)

(1) 实验测得$[Fe(CN)_6]^{3-}$的磁矩为$2.3\mu_B$,试推测中心离子的杂化方式、配离子的空间构型和内外轨型配合物。(中心离子Fe^{3+}采取d^2sp^3杂化,配离子的空间构型为正八面体,属于内轨型配合物)

(2) 试解释反应$4Au+O_2+2H_2O+8CN^- \rightleftharpoons 4[Au(CN)_2]^- +4OH^-$为什么可以发生。已知$E^\ominus(Au^+/Au)=1.68V$,$E^\ominus(O_2/OH^-)=0.401V$,$K_f^\ominus\{[Au(CN)_2]^-\}=10^{38.3}$。

5. 计算题(每小题10分,共30分)

(1) $[Fe(H_2O)_6]^{2+}$的$\Delta_o=10\ 400cm^{-1}$,$[Fe(CN)_6]^{4-}$的$\Delta_o=33\ 000cm^{-1}$,它们的$P=15\ 000cm^{-1}$,分别计算它们的理论磁矩/μ_B、CFSE/Dq和CFSE/cm^{-1}。

(2) 25℃时,将0.010mol的$AgNO_3$固体溶于1.0L 0.030mol·L^{-1}的氨水中(设体积仍为1.0L),计算该溶液中游离的Ag^+,NH_3和配离子$[Ag(NH_3)_2]^+$的浓度。已知$K_f^\ominus\{[Ag(NH_3)_2]^+\}=1.67\times10^7$。

(3) 已知下列半反应的$E^\ominus$值,求$[HgI_4]^{2-}$的稳定常数。

$$Hg^{2+}+2e^- \rightleftharpoons Hg \qquad E^\ominus=0.851V$$

$$[HgI_4]^{2-}+2e^- \rightleftharpoons Hg+4I^- \qquad E^\ominus=-0.030V$$

参考答案

1. 填空题

(1)三硝基·三氨合钴(Ⅲ),氯化硝基·氨·羟氨·吡啶合铂(Ⅱ);(2)$[Co(NH_3)_5H_2O]Cl_3$,$[Pt(NH_2)(NO_2)(NH_3)_2]$;(3) 顺、反异构体,经式、面式异构体,顺、反异构体,顺-$[Co(en)_2(NO_2)_2]^+$,旋光异构体;(4) +3,八面体,N,6,$t_{2g}^6e_g^0$,d^2sp^3,反;(5)见下表:

序　号	配离子	Δ_o与P关系	强/弱场	高/低自旋	内/外轨型
①	$[FeF_6]^{3-}$		弱场	高自旋	
②	$[Mn(NO_2)_6]^{4-}$		强场		内轨型

2. 是非题

(1) √;(2) ×;(3) √;(4) √;(5) √;(6) ×;(7) √;(8) ×;(9) √;(10) √。

3. 单选题

(1) A;(2) B;(3) C;(4) B;(5) C;(6) A;(7) B;(8) B;(9) D;(10) D。

4. 解释简答题

(1) 已知$[Fe(CN)_6]^{3-}$的中心离子Fe^{3+}属于d^5电子构型,若电子分占不同的d轨道,未成对电子数$n=5$,其磁矩的理论值应为$5.92\mu_B$;若d电子集中排列,未成对电子数$n=1$,其磁矩的理论值应为$1.73\mu_B$。实验测得$[Fe(CN)_6]^{3-}$的磁矩为$2.3\mu_B$与$1.73\mu_B$更为接近,故Fe^{3+}的5个d电子集中排列,空出了2个d轨道。因此中心离子Fe^{3+}采取d^2sp^3杂化,配离子的空间构型为正八面体,属于内轨型配合物。

(2) 在标准态下,由于$E^\ominus(Au^+/Au)$大于$E^\ominus(O_2/OH^-)$,因此氧气不可能将Au氧化成为Au^+。但是在CN^-配体存在的情况下,由于反应产物Au^+形成$[Au(CN)_2]^-$配离子而浓度大大下降,使$E(Au^+/Au)$值大大下降,以致小于$E^\ominus(O_2/OH^-)$,使上述反应得以进行。

5. 计算题

(1) $[Fe(H_2O)_6]^{2+}$：$t_{2g}^4e_g^2$，$n_1=4$，$n_2=2$，$m_1=1$，$m_2=1$，$\Delta_o=10Dq$；

$\mu_m=\sqrt{n(n+2)}\mu_B=4.90\mu_B$，CFSE/Dq$=(-4n_1+6n_2)Dq+(m_1-m_2)P=-4$；

CFSE/cm$^{-1}=(-4\times4+6\times2)1040+(1-1)15\,000=-4160$；

$[Fe(CN)_6]^{4-}$：$t_{2g}^6e_g^0$，$n_1=6$，$n_2=0$，$m_1=3$，$m_2=1$，$\Delta_o=10Dq$；

$\mu_m=\sqrt{n(n+2)}\mu_B=0\mu_B$，CFSE/Dq$=-24Dq+2P$，CFSE/cm$^{-1}=-49\,200$。

(2) 假定$[Ag(NH_3)_2]^+$的生成完全，浓度为 0.010mol·L^{-1}，再考虑$[Ag(NH_3)_2]^+$解离。

$$K_f^{\ominus}=c[Ag(NH_3)_2^+]/c(Ag^+)\cdot c^2(NH_3)=1.67\times10^7$$

$$c(Ag^+)=6.0\times10^{-6}\,mol\cdot L^{-1},\ c(NH_3)=c[Ag(NH_3)_2^+]=0.010\,mol\cdot L^{-1}$$

(3) $E(Hg^{2+}/Hg)=E^{\ominus}\{[HgI_4]^{2-}\}=E^{\ominus}(Hg^{2+}/Hg)+\dfrac{0.0592}{n}\lg\dfrac{[ML_n]}{K_f^{\ominus}[L]^n}$，即

$$-0.030=0.851+\frac{0.0592}{2}\lg\frac{1}{K_f^{\ominus}}$$

$[HgI_4]^{2-}$的稳定常数 $K_f^{\ominus}=5.8\times10^{-29}$。

（中南大学　关鲁雄　张寿春）

第 13 章　氢和稀有气体

一、学 习 要 求

（1）了解氢及其同位素，熟悉氢原子的成键特征；

（2）掌握氢化物的类型、制备方法和主要的化学性质；

（3）了解稀有气体的性质、存在和分离方法、主要用途；

（4）了解稀有气体的氟化物和氧化物的制备方法和主要化学性质。

二、重难点解析

（一）氢化物的类型

氢化物按其结构和物理、化学性质大致可分为三种类型：离子型氢化物（或类盐型氢化物）、过渡金属氢化物和分子型氢化物（或共价型氢化物）。氢化物属于哪种类型，一般可根据氢化物中非氢元素电负性的大小来予以确定。电负性小于或约等于 1 的元素，与氢形成离子型氢化物，它们是 s 区的大部分元素；电负性大于或约等于 2 的元素，与氢形成共价型氢化物，这些元素主要位于 p 区；电负性介于 1～2 的元素，形成过渡金属氢化物，它们主要为过渡元素。各类氢化物之间并没有明显的界限，中间存在着一些过渡性质的氢化物。

（二）离子型氢化物

离子型氢化物可由氢与化学活性很高的碱金属和碱土金属中活泼性较强的 Ca、Sr、Ba 在高温下直接化合制得。

$$2M + H_2 = 2MH \qquad (M=\text{碱金属})$$

$$M + H_2 = MH_2 \qquad (M=Ca、Sr、Ba)$$

在水溶液中，$E^\ominus(H_2/H^-)=-2.25V$，因此离子型氢化物还原性很强，遇到含 H^+ 的物质（如水），就会迅速分解放出氢气。

$$LiH + H_2O = LiOH + H_2\uparrow$$

$$CaH_2 + 2H_2O = Ca(OH)_2 + 2H_2\uparrow$$

所以离子型氢化物不能在水溶液中进行制备。

离子型氢化物与盐的性质相似，都是白色晶体，有较高的熔点，不溶于有机溶剂，受热易分解，与一些缺电子化合物反应生成复合氢化物。

（三）分子型氢化物

1．分子型氢化物的还原性

除了 HF 外，其他分子型氢化物 AH_n 都具有还原性。氢化物 AH_n 的还原性取决于 A^{n-} 的失电子能力，而后者又与元素 A 的半径和电负性大小有关。在周期表中，从右至左、从上至下，元素 A 的半径增大，电负性减小，A^{n-} 失电子的能力依次增强，所以氢化物的还原性从右至左、从上至下依次增强。

2. 分子型氢化物的热稳定性

分子型氢化物的热稳定性，在同一周期中，从左至右逐渐增加；在同一族中，从上至下逐渐减小。这一变化规律与非金属元素电负性的变化规律一致。在同一族元素中，其变化规律还与键能越来越弱有关。

(四) Xe 的化合物

1. $XeOF_4$ 分子的几何构型

根据价层电子对互斥理论，中心原子 Xe 最外层有 8 个电子，作为配位原子时，F 原子提供 1 个电子，O 原子则计为零，因此 Xe 原子价层电子对数$=\frac{1}{2}(8+0+4\times1)=6$，这 6 对电子中有 5 对成键电子对，1 对孤对电子。6 对电子对在空间互相排斥，结果形成八面体几何构型。当其中 1 对为孤对电子并安排在轴向位置时（如 $XeOF_4$ 分子），分子的几何构型将为四方锥形。

2. Xe 的氟化物和氧化物的强氧化性

因为 Xe 的价层为 $5s^25p^6$ 的饱和结构，是化学惰性元素。虽然其最外层电子在 $n=5$ 的能级上，能量较高，可以在一定条件下与电负性较大的元素化合，生成氟化物、氧化物及含氧酸盐等，但这些化合物中的 Xe 的正氧化值较高，有强烈获得电子的趋势，使整个化合物变得很不稳定，表现出强烈地还原到原来的饱和结构的趋势，因此这些化合物都具有强氧化性。

三、习题全解和重点练习题解

1(13-1). 氢原子在化学反应中有哪些成键形式？

答：氢原子在化学反应中有以下几种成键形式：

(1) 离子键。当它与电负性很小的活泼金属反应生成氢化物时，氢从金属原子上获得 1 个电子形成 H^-，如 KH、NaH 等。

(2) 共价键。非极性共价键，如 H_2 分子；极性共价键，一般是与非金属原子形成的化合物（如 HF 分子），键的极性随非金属原子的电负性增大而增强。

(3) 独特的键型。金属氢化物：氢原子可以间充到许多过渡金属晶格的空隙中，形成一类非整比化合物，一般称为金属氢化物，如 $ZrH_{1.30}$、$LaH_{2.8}$、$TaH_{0.76}$ 和 $VH_{0.56}$ 等；氢桥键：在缺电子化合物（如硼氢化合物 B_2H_6）和某些过渡金属配合物如 $H[Cr(CO)_5]_2$ 中形成氢桥键。

(4) 氢键。与电负性极强的元素（如 F、O、N 等）相结合的氢原子易与其他电负性极强的原子形成氢键。

2(13-2). 稀有气体为什么不形成双原子分子？

答：稀有气体原子的价层均为饱和的 8 电子稳定结构（He 为 2 电子），电子亲和能都接近于零，而且均具有很高的电离能，因此稀有气体原子在一般条件下不易得失电子而形成化学键，在一般条件下以单原子分子形式存在。

从分子轨道理论看，由于稀有气体饱和的电子结构，两个稀有气体的单原子间形成的分子成键轨道和反键轨道均排满电子，故两原子之间的键级为0，也足以说明稀有气体不形成双原子分子。

3(13-3). 指出BaH_2、SiH_4、NH_3、AsH_3、$PdH_{0.9}$和HI的名称和分类。室温下各呈何种状态？哪种氢化物是电的良导体？

答：

物　质	BaH_2	SiH_4	NH_3	AsH_3	$PdH_{0.9}$	HI
名称	氢化钡	甲硅烷	氨	砷化氢	钯氢合物	碘化氢
氢化物类型	离子型	共价型	共价型	共价型	金属型	共价型
状态	固	液	气	气	固	气
是否电的良导体	否	否	否	否	是	否

4(13-4). He在宇宙中的丰度居第二位，为什么在大气中的含量却很低？

答：因为He是非常稳定的元素，很难与其他元素化合构成化合物而保留在地面；又因为He也是非常轻的元素，容易逃逸上升而在高空富集，所以氦在宇宙中丰度占第二位，而在地面上却几乎没有。

5(13-5). 哪种稀有气体可以用作低温制冷剂？哪种稀有气体的离子势低，可以作放电光源需要的安全气，哪种稀有气体最便宜？

答：(1) He的相对分子质量最低，是熔点、沸点最低的物质，可作低温制冷剂。

(2) Xe的原子半径最大，离子势最低，可以作放电光源需要的安全气。

(3) Ar在大气中含量最多，因而是最便宜的气体。

6(13-6). 什么是类盐型氢化物？哪类元素能形成类盐型氢化物？如何证明类盐型氢化物内存在H^-？

答：由H^-与阳离子形成的化合物，称为类盐型氢化物。形成这类氢化物的元素是活泼金属，如s区金属元素。电解这类盐的熔融液，阳极产生氢气，证明类盐型氢化物内存在H^-。

7(13-7). 下列氢化物分别属于哪种类型？请讨论它们的物理性质。

$$PH_3, CsH, HfH_{1.5}, B_2H_6$$

答：PH_3属分子型氢化物中的富电子化合物，是气体，有毒，易燃；CsH属类盐型氢化物，无挥发性，为不导电并具有一定结构的晶形固体化合物；B_2H_6属分子型氢化物中的缺电子化合物，是气体，有毒，易燃；$HfH_{1.5}$属金属型氢化物，具有非化学计量组成，显示金属导电性。

8(13-8). 填空题：

(1) $2XeF_2 + 2H_2O \longrightarrow 4HF + (\quad)$

(2) $3XeF_4 + 6H_2O \longrightarrow 2Xe + \frac{3}{2}O_2 + 12HF + (\quad)$

(3) 氢的三种同位素的名称和符号是(　　)，其中(　　)是氢弹的原料。

答：(1)$2Xe+O_2$；(2)XeO_3；(3)氕H、氘D、氚T，氚。

9(13-9). 为什么合成金属氢化物时总要用干法？在298K、1.03×10^5Pa下，将38kg氢化铝与水作用，可以生成氢气多少升？

解：(1) 金属氢化物与水会迅速反应放出氢气，所以合成时总要用干法。

(2) 设有 $n$mol 氢气生成，根据方程式：

$$AlH_3 + 3H_2O \xlongequal{} 3H_2 + Al(OH)_3$$

$$1 \qquad\qquad 3$$

$$38\times10^3/30 \qquad\qquad n$$

$$n = 3.8\times10^3\,mol$$

再根据理想气体状态方程，得到可以生成氢气的体积：

$$V = nRT/p = 9.14\times10^4\,L$$

10(13-10)．如何纯化由锌与酸反应所制得的氢气？写出反应方程式。

答：锌与酸反应所制得的氢气通常用排水集气法采集，因此在氢气中会混有少量酸雾和水蒸气，可以先通入到氢氧化钠溶液中去除酸雾，再通过无水氯化钙去除水蒸气。反应式为

酸雾去除：$HCl + NaOH \xlongequal{} NaCl + H_2O$

水蒸气去除：$xH_2O + CaCl_2 \xlongequal{} CaCl_2 \cdot xH_2O$

11(13-11)．试用化学方程式表示氙的氟化物 XeF_6 和氧化物 XeO_3 的合成方法与条件。

答：

$$Xe(g) + 3F_2(g) \xrightarrow[Xe:F_2=1:20]{573K,618kPa} XeF_6$$

$$Xe(g) + 2F_2(g) \xrightarrow[Xe:F_2=1:5]{873K,618kPa} XeF_4$$

$$6XeF_4 + 12H_2O \xlongequal{} 2XeO_3 + 4Xe + 24HF + 3O_2$$

12(13-12)．写出 XeO_3 在酸性介质中被 I^- 还原得到 Xe 的化学反应方程式。

答：

$$XeO_3 + 6H^+ + 6I^- \xlongequal{} Xe + 3H_2O + 3I_2$$

13(13-13)．巴特利特用 Xe 与 PtF_6 作用，制得 Xe 的第一种化合物。在某次实验中 PtF_6 的起始压力为 9.1×10^{-4} Pa，加入 Xe 直至压力为 1.98×10^{-3} Pa，反应后剩余 Xe 的压力为 1.68×10^{-4} Pa，推算产物的化学式。

解：参加反应的 Xe 的压力为

$$(1.98\times10^{-3} - 1.68\times10^{-4} - 9.1\times10^{-4})Pa = 9.0\times10^{-4}Pa$$

反应物 Xe 与 PtF_6 的比例为 $9.0\times10^{-4} : 9.1\times10^{-4} = 1:1$，因此产物的化学式为 $Xe[PtF_6]$。

14(13-14)．XeO_3 水溶液与 $Ba(OH)_2$ 溶液作用生成一种白色固体，此白色固体中各成分的质量分数分别为 71.75% 的 BaO、20.60% 的 Xe 和 7.05% 的 O。推算化合物的化学式。

解：由题意可知，白色固体中各成分的质量分数分别为 64.25% 的 Ba、20.60% 的 Xe、14.55% 的 O 和 0.6% 的 H，则 Ba、Xe、O、H 的原子个数比例为 2∶1∶7.5∶3，由此可知此化合物的化学式为 $Ba_2XeO_6 \cdot 1.5H_2O$。

15(13-15)．应用价层电子对互斥理论推断 XeF_2 的分子结构。

解：Xe 原子的价层电子数为 8，加上 2 个 F 原子的 2 个价电子，共 10 个电子，价电子对数为 5，故 XeF_2 中的 Xe 以 sp^3d 杂化轨道与 F 形成共价键。这是不等性杂化，3 对孤对电子分别指向等边三角形的 3 个顶角，F—Xe—F 在垂直于此平面的直线上时，体系最稳定，因此该分子为直线形分子。

16(13-16)．完成并配平下列反应方程式。

(1) $XeF_4 + ClO_3^- \longrightarrow$　　(2) $XeF_4 + Xe \longrightarrow$

(3) $Na_4XeO_6 + MnSO_4 + H_2O \xrightarrow{酸性}$　　(4) $XeF_4 + H_2O \longrightarrow$

(5) $XeO_3 + Ba(OH)_2 \longrightarrow$　　(6) $XeF_4 + SiO_2 \longrightarrow$

解:(1) $XeF_4 + 2ClO_3^- + 2H_2O \xlongequal{} Xe + 2ClO_4^- + 4HF$

(2) $XeF_4 + Xe \xlongequal{} 2XeF_2$

(3) $5Na_4XeO_6 + 2MnSO_4 + 7H_2O \xrightarrow{酸性} 2NaMnO_4 + 5NaHXeO_4 + 2Na_2SO_4 + 9NaOH$

(4) $6XeF_4 + 12H_2O \xlongequal{} 2XeO_3 + 4Xe + 24HF + 3O_2\uparrow$

(5) $4XeO_3 + 4Ba(OH)_2 \xlongequal{} 2Ba_2XeO_6 \cdot 1.5H_2O + 2O_2\uparrow + 2Xe + H_2O$

(6) $2XeF_6 + SiO_2 \xlongequal{} 2XeOF_4 + SiF_4$

17. 根据以下数据计算氢原子的电子亲和能。

	$\Delta_r H_m^\ominus/(kJ \cdot mol^{-1})$
$H_2(g) \longrightarrow 2H(g)$	436
$2K(s) + H_2(g) \longrightarrow 2KH(s)$	−118
$K(s) \longrightarrow K(g)$	83
$K(g) \longrightarrow K^+(g) + e^-$	417
$H^-(g) + K^+(g) \longrightarrow KH(s)$	−742

解:根据玻恩-哈伯循环,有

$$\Delta_f H_m^\ominus(KH) = \Delta_{sub} H_m^\ominus + I(K) + \frac{1}{2}D(H_2) + A(H) + U(KH)$$

$$-118/2 = 83 + 417 + \frac{436}{2} + A(H) + (-742)$$

$$A(H) = -35(kJ \cdot mol^{-1})$$

18. 如何分离各种稀有气体?

答:在低温下,稀有气体原子序数越大,越容易被液化,也越容易被活性炭所吸附。利用这一特性,可在不同温度下,用活性炭对稀有气体的混合体系进行吸附与解吸,便可将各种稀有气体逐一分离。

四、自　测　题

1. 填空题(每空 1.5 分,共 30 分)

(1) 第一个人工合成的稀有气体化合物是________;在已合成的稀有气体化合物中,稀有气体________的化合物最多;在稀有气体中,沸点最低的物质是________。

(2) 稀有气体常见的用途:________被用来制造"人造小太阳";________被广泛用于制造霓虹灯;________被用于代替空气供潜水员呼吸,以防止出水时发生"气塞病"。

(3) 试以 XeF_2 作为氧化剂,由 $NaBrO_3$ 制取 $NaBrO_4$:________________。

(4) 完成并配平下列反应方程式。

① $Na + H_2 \xrightarrow{\triangle}$________　　② 电解:LiH(熔融)$\longrightarrow$________

③ $CaH_2 + H_2O \longrightarrow$________　　④ $NaH + HCl \longrightarrow$________

⑤ $XeF_2 + I^- \longrightarrow$________　　⑥ $XeF_4 + H_2 \longrightarrow$________

⑦ $XeF_6 + SiO_2 \longrightarrow$________　　⑧ $XeF_4 + Pt \longrightarrow$________

⑨ $XeF_2 + SbF_5 \longrightarrow$________　　⑩ $CF_3CFCF_2 + XeF_4 \longrightarrow$________

(5) 写出水与 XeF_2、XeF_4 和 XeF_6 作用的反应方程式。

① $XeF_2+H_2O \longrightarrow$________　② $XeF_4+H_2O \longrightarrow$________

③ $XeF_6+H_2O \longrightarrow$________

2. 是非题(用"√"、"×"表示对、错,每小题 1 分,共 10 分)

(1) CaH_2 便于携带,遇水反应放出 H_2,故在野外常用它来制取氢气。(　)

(2) 如果某氢化物的水溶液为碱性,则此氢化物必为离子型氢化物。(　)

(3) 氢同位素形成的单质 H_2、D_2、T_2,在化学性质上完全相同,而物理性质上却有差别。(　)

(4) 储氢合金在一定温度和氢气压力下,能够可逆地吸收、储存和释放大量氢气。(　)

(5) 分子型氢化物由 p 区元素与氢形成,所以其水溶液均显酸性。(　)

(6) 氡是镭等放射性元素蜕变的产物,所以氡本身已经不再具有放射性。(　)

(7) 大气中含量最多的稀有气体是 Ar。(　)

(8) 在氢化物中,氢的氧化数都是-1。(　)

(9) 当温度在 2.2K 以下时,液氦会转变成具有超导作用的液体。(　)

(10) 高价态氟化物 XeF_6 具有强氧化性,低价态氟化物 XeF_2 具有强还原性。(　)

3. 单选题(每小题 2 分,共 20 分)

(1) H_2 不具备以下哪种性质(　)。

A. 极难溶于水　B. 极难溶于有机溶剂　C. 强氧化性　D. 强还原性

(2) 下列元素的氢化物中,不能与 H_2O 作用生成 H_2 的是(　)。

A. Ca　B. P　C. B　D. Na

(3) D_2O 的沸点为 101.4℃,这表明重水中的氢键比普通水中的氢键(　)。

A. 更强　B. 更弱　C. 相等　D. 无法判断

(4) 用金属氢化物 Pd-Ag 管制备超纯氢的原理是利用(　)。

A. 金属的导电性　B. 金属的导热性

C. H_2 的扩散作用　D. H_2 的还原性

(5) 根据价层电子对互斥理论可知,XeO_4 分子的几何构型为(　)。

A. 平面四方形　B. 四面体形　C. 三角锥形　D. 八面体形

(6) 下列氢化物中含有氢桥键的物质是(　)。

A. CaH_2　B. $PdH_{0.9}$　C. AsH_3　D. B_2H_6

(7) 离子型氢化物不具备以下哪种作用(　)。

A. 生成氢气　B. 还原作用　C. 提供质子　D. 去除少量水分

(8) 当用降温法分离下列稀有气体混合物时,最容易被活性炭吸附的是(　)。

A. Ne　B. Ar　C. Kr　D. Xe

(9) 首次成功合成稀有气体化合物 $XePtF_6$ 的科学家是(　)。

A. N. Bartlett　B. S. W. Ramsay　C. J. Rayleigh　D. L. Pauling

(10) 在下列氢化物中,还原性最强的是(　)。

A. HCl　B. NH_3　C. H_2S　D. AsH_3

4. 解释简答题(每小题 6 分,共 18 分)

(1) 试用价层电子对互斥理论推测 XeF_4、XeO_3、XeO_6^{4-} 的几何构型。

(2) 如何用 Xe 制备 XeF_2、XeF_4 和 XeF_6?

(3) 根据分子结构,判断下列化合物中有无氢键存在。如果存在氢键,判断是分子间氢键,还是分子内氢键。

$$NH_3, C_6H_6, H_3BO_3, HNO_3, C_2H_6$$

5. 计算题(每小题 11 分,共 22 分)

(1) 已知 $H_2(g)$ 的键能 $D(H_2)=436kJ\cdot mol^{-1}$,$H(g)$ 的电离能 $I(H,g)=1315kJ\cdot mol^{-1}$,试计算 $H^+(g)$ 的标准生成焓。

(2) 已知:$E_A^{\ominus}/V$

$$H_4XeO_6 \xrightarrow{+2.36} XeO_3 \xrightarrow{?} XeF_2 \xrightarrow{+2.64} Xe$$

$$\underbrace{XeO_3 \longrightarrow XeF_2 \longrightarrow Xe}_{+2.12}$$

① 试计算上述电势图中未知的电极电势。

② 上述哪些电对的电极电势与溶液的 pH 有关?

③ 上述哪种氧化态能发生歧化?

参考答案

1. 填空题

(1) $XePtF_6$,Xe,He;(2) Xe,Ne,He;(3) $NaBrO_3+XeF_2+H_2O = Xe+NaBrO_4+2HF$;

(4) ①$2Na+H_2 \xlongequal{\triangle} 2NaH$,② $2LiH$(熔融)$= 2Li+H_2$,③ $CaH_2+2H_2O = Ca(OH)_2+2H_2\uparrow$,④$NaH+HCl = NaCl+H_2$,⑤ $XeF_2+2I^- = Xe+I_2+2F^-$,⑥ $XeF_4+2H_2 = Xe+4HF$,⑦$2XeF_6+SiO_2 = 2XeOF_4+SiF_4$,⑧ $XeF_4+Pt = Xe+PtF_4$,⑨ $XeF_2+SbF_5 = [XeF][SbF_6]$,⑩$2CF_3CFCF_2+XeF_4 = 2CF_3CF_2CF_3+Xe$;

(5) ① $2XeF_2+2H_2O = 2Xe+O_2+4HF$,② $6XeF_4+12H_2O = 2XeO_3+4Xe+24HF+3O_2$,③$XeF_6+H_2O = XeOF_4+2HF$。

2. 是非题

(1) √;(2) ×;(3) √;(4) √;(5) ×;(6) ×;(7) √;(8) ×;(9) √;(10) ×。

3. 单选题

(1) C;(2) B;(3) A;(4) C;(5) B;(6) D;(7) C;(8) D;(9) A;(10) D。

4. 解释简答题

(1) 平面正方形;三角锥形;正八面体。

(2) ① 在 673K、1.03×10^5 Pa 下,将氙和氟在镍反应器内直接反应,可得到 XeF_2:

$$Xe(g)+F_2(g) = XeF_2(g)$$

② 在 873K、6.18×10^5 Pa 下氙和氟反应,使氟过量至 Xe 与 F_2 比例为 1∶5,可得到 XeF_4:

$$Xe(g)+2F_2(g) = XeF_4(g)$$

③ 在 573K、6.18×10^5 Pa 下氙和氟反应,再提高氟的比例,使 Xe 与 F_2 比例为 1∶20,则可制得 XeF_6:

$$Xe(g)+3F_2(g) = XeF_6(g)$$

(3) 存在氢键:NH_3,分子间氢键;H_3BO_3,分子间氢键;HNO_3,分子内氢键。

5. 计算题

(1) $1533kJ\cdot mol^{-1}$。

(2) ① 1.86V;

② H_4XeO_6/XeO_3,H_4XeO_6/XeF_2,H_4XeO_6/Xe,XeO_3/XeF_2,XeO_3/Xe;

③ XeF_2。

(中南大学　曾小玲　易小艺)

第 14 章　碱金属和碱土金属

一、学习要求

(1) 掌握碱金属和碱土金属元素的基本特征，了解碱金属和碱土金属元素的存在形式和单质的制备方法；

(2) 熟悉碱金属和碱土金属氢化物及各种氧化物的生成，掌握它们的基本性质；

(3) 熟悉碱金属和碱土金属重要盐类的晶形、溶解性和热稳定性、生成水合物和复盐的性质以及焰色反应特征；

(4) 熟悉锂、铍在同族元素中的特殊性，掌握对角线规则。

二、重难点解析

(一) 碱金属和碱土金属元素的通性

碱金属和碱土金属元素属于ⅠA 和ⅡA 族，是同周期元素中半径较大、质量较小的元素，因此其单质具有密度小、硬度小、熔点低的特点。它们的价层电子结构分别为 ns^1 和 ns^2，所以容易失去最外层 s 电子，化学性质活泼，具有强还原性，通常容易形成离子型化合物。碱金属相对于碱土金属而言，核外电子更少，故这些特点更为显著。随着同族元素从上往下半径依次增大，电离能和电负性依次减小，碱金属和碱土金属元素的金属活泼性依次增强。

在ⅠA 和ⅡA 族元素中，锂和铍比较特殊。由于它们原子半径相当小，电离能相对高于其他同族元素，故化学性质与其他同族元素差别显著，它们更易于形成共价键。

(二) 碱金属的成键特征

碱金属形成化合物时，以离子键为其主要成键特征，但也呈现出一定程度的共价性。即使最典型的离子化合物 CsF 也含有小部分共价性。

下列碱金属化合物具有较为显著的共价性：气态双原子分子 $Na_2(g)$、$Cs_2(g)$以共价键结合，其半径称为共价半径，比其金属半径小；碱金属化合物中，Li 的一些化合物共价成分最大，从 Li→Cs的化合物，共价倾向逐渐减小；某些碱金属的有机物具有共价特征，如甲基锂$Li_4(CH_3)_4$。

(三) 单质

1. 存在

由于碱金属和碱土金属都非常活泼，因此它们只能以盐或共生物的形式存在于矿物或海水之中，而不可能以单质的形式存在于自然界中。

2. 制备

因为碱金属和碱土金属单质具有强还原性，所以由它们的化合物制备单质通常需在高温下，用更强的还原剂甚至电解的方法才能实现。

（1）电解熔融氯化钠制金属钠 $2NaCl\text{熔融} \xrightarrow[600\sim650^\circ C]{\text{电解}} 2Na + Cl_2\uparrow$

（2）热还原法　　$K_2CO_3 + 2C \xlongequal{} 2K + 3CO$　（1473K）

$MgO(s) + C(s) \xlongequal{} CO(g) + Mg(g)$　（高温）

（3）金属置换法　　$2RbCl(l) + Ca \xlongequal{} CaCl_2 + 2Rb(g)$

说明：根据金属置换反应 $KCl(l) + Na(g) \rightleftharpoons NaCl(l) + K(g)$ 可以得到金属钾，但该反应不适宜作为金属钾的制备反应。

虽然钠的第一电离能大于钾，但通过上述反应可以得到金属钾。这是因为在高温下，将钠蒸气通入熔融 KCl 中，可得到一种钠-钾合金。由于钾的沸点（1047K）低于钠的沸点（1156K），钾在高温下更容易挥发。控制温度在钠和钾沸点之间，则生成的钾从反应体系中挥发出来，有利于平衡向生成钾的方向移动。另外，NaCl、KCl 属于同类型离子晶体，离子半径越小，晶格能越大，化合物越稳定，所以 NaCl 比 KCl 稳定。即使钠的第一电离能大于钾的第一电离能，上述反应在高温下仍能向右进行。

由于该反应是一个平衡过程，反应不够彻底；同时钾易溶于熔融的氯化物中或生成超氧化物等，故该反应不适宜作为金属钾的制备反应。

3. 性质

（1）通性。碱金属和碱土金属都是活泼金属，能直接或间接地与电负性较高的非金属元素化合，与卤素、硫、氧、磷、氮和氢等形成相应的化合物。除了铍和镁对水较为稳定外，这两族的其他元素都容易与水反应。碱金属（除锂外）遇水反应剧烈，甚至发生燃烧（钠）和爆炸（如钾、铷、铯）。

（2）Li、Na 与水反应的比较。Li 的标准电极电势比 Na 的低，但与水反应时 Li 却不如 Na 反应剧烈。

查 Li 的标准电极电势 $E^\ominus(Li^+/Li) = -3.045V$，Na 的 $E^\ominus(Na^+/Na) = -2.714V$，这表明在水溶液中 Li 的还原性比 Na 的还原性强，Li 与水反应的热力学趋势更大。但是由于 Na 与水反应的产物 NaOH 易溶于水，不会覆盖在金属 Na 的表面，因此 Na 能继续充分与水反应；另外 Na 的熔点较低（370.69K），反应时能熔化成液体而导致反应加剧。而 Li 则不同，一方面因为 Li 的熔点（453.69K）较高，升华焓很大，不易熔化，因而反应速率很小；另一方面，反应生成的 LiOH 溶解度较小，覆盖在金属表面阻隔了金属与水的接触，降低了反应速率，所以 Li 与水反应不如 Na 剧烈。

（3）金属钠的液氨溶液。在低温下金属钠能溶于液氨，由于反应生成氨合电子，故溶液呈蓝色

$$Na(s) + (x+y)NH_3(l) \xlongequal{} Na(NH_3)_x^+ + e(NH_3)_y$$

$$e(NH_3)_y \xrightarrow{h\nu} e^*(NH_3)_y \quad \text{（蓝色）}$$

该溶液有顺磁性、导电性和强还原性。对于浓的钠氨溶液，由于氨合电子的增加，形成电子对，表现出顺磁性降低的性质。

(四) 含氧化合物

1. 类型

碱金属和碱土金属的含氧化合物,有氧化物 M_2O、过氧化物 M_2O_2、超氧化物 MO_2 和臭氧化物 MO_3 等多种形式。

随着同族元素从上往下金属活泼性增强,碱金属在空气中燃烧时分别得到氧化物(Li_2O)、过氧化物(Na_2O_2)和超氧化物(KO_2、RbO_2、CsO_2)。而碱土金属的金属性比碱金属弱,故在空气中燃烧时一般生成氧化物,只有活泼性较强的钡生成过氧化物(BaO_2)。

2. 性质

(1) 在一定条件下,过氧化物 M_2O_2、超氧化物 MO_2 和臭氧化物 MO_3 都可以通过反应释放氧气。

(2) 氧化还原性。Na_2O_2 既有氧化性,又有还原性,但通常表现出较强的氧化性;Na_2O_2 可使金属和有机物氧化,前者常被用于冶炼,后者被用于漂白;Na_2O_2 可作为熔矿剂,与一些不溶于酸的矿石共熔,以使矿石氧化分解;遇到强氧化剂(如 $KMnO_4$ 等)时,Na_2O_2 表现出还原性。超氧化物 MO_2 是很强的氧化剂。

(五) 氢氧化物的碱性

碱金属与碱土金属氢氧化物的碱性从上至下依次增强。元素 M 的水合物一般可表示为 M—O—H 的键联形式,它可能发生酸式解离或碱式解离。该水合物发生何种解离,主要取决于 M 的电荷高低和半径大小,即 M 的电场强度。离子的电场强度又可用离子势 $\Phi=Z/r$ 来衡量。若 M^{n+} 的电荷越高,半径越小,则电场越强,M^{n+} 对 O 的吸引作用和对 H 的排斥作用越强,从而 M—O 键越强,同时削弱了 O—H 键,所以离子势 Φ 越大,越容易发生酸式解离,形成含氧酸根和 H^+。若 M^{n+} 的电荷越低,半径越大,离子势 Φ 越小,则 M^{n+} 对 O 的吸引能力越差,相对而言 O 对 H 的吸引较强,则越易发生碱式解离,形成金属离子和 OH^-。碱金属(或碱土金属)的氢氧化物,金属离子电荷数相等,但从上至下随着电子层数增加,离子半径显著增大,金属离子的离子势 Φ 逐渐减小,因此碱性依次增强。

(六) 盐类的性质

1. 离子型盐类的溶解性

离子型盐类的溶解性符合"相似相溶"的经验规则,并具有以下规律:

(1) 正离子半径越大、电荷越少的盐往往易溶,如 MF 的溶解度大于 MF_2 的溶解度。

(2) 阴离子半径较大时,其盐的溶解度常随金属元素原子序数的增大而减小,如 SO_4^{2-}、I^-、CrO_4^{2-} 的半径较大,从 $Li^+ \rightarrow Cs^+$、$Be^{2+} \rightarrow Ba^{2+}$ 的相应的盐溶解度减小。

(3) 阴离子半径较小时,其盐的溶解度常随金属元素原子序数的增大而增大。如 F^-、OH^- 的半径小,从 $Li^+ \rightarrow Cs^+$、$Be^{2+} \rightarrow Ba^{2+}$ 的相应化合物的溶解度增大。

2. 钠盐和钾盐的主要区别

(1) 溶解度。钠盐和钾盐的溶解度都较大,但一般钠盐(除 $NaHCO_3$ 外)比钾盐溶解度更大。另外，NaCl 的溶解度随温度的变化不大，这也比较特别。

(2) 吸湿性。钠盐和钾盐吸湿性都很强，但钠盐的吸湿性通常比相应的钾盐更强。

(3) 结晶水。含结晶水的钠盐比钾盐多。

3. LiH 和 LiOH、Li_2CO_3、$LiNO_3$ 的热稳定性

LiH 热稳定性较强，而 LiOH、Li_2CO_3、$LiNO_3$ 热稳定性较差，其原因都是因为 Li 的半径小，极化作用大。同一原因之所以会导致稳定性的差别，是因为极化使 Li—H 键增强，所以 LiH 稳定性较强；而含氧酸盐中，极化加强了 Li—O 键，削弱了氧与其他原子间的键，因此这些含氧酸盐容易受热分解。

$$Li_2CO_3 \longrightarrow Li_2O + CO_2\uparrow \quad (1000K 以上，部分分解)$$

$$4LiNO_3 \longrightarrow 2Li_2O + 2N_2O_4 + O_2\uparrow \quad (773K)$$

4. 熔融态的 $BeCl_2$ 与熔融态的 $CaCl_2$ 的导电性

熔融态的 $BeCl_2$ 导电能力低于 $CaCl_2$。因为 $BeCl_2$ 是共价型化合物，而 $CaCl_2$ 为离子型化合物，其熔融态会发生电离。

$$CaCl_2(l) \rightleftharpoons Ca^{2+} + 2Cl^-$$

(七) 离子鉴定

1. 焰色反应

利用焰色反应可以简便快捷地鉴定部分碱金属和碱土金属离子。

离　子	Li^+	Na^+	K^+	Rb^+	Cs^+	Ca^{2+}	Sr^{2+}	Ba^{2+}
焰色	红	黄	紫	紫红	紫红	橙红	洋红	黄绿
波长/nm	670.8	589.6	404.7	629.8	459.3	616.2	707.0	553.6

2. 沉淀反应

有些常见的碱金属和碱土金属离子，也可利用生成沉淀的方法予以鉴定。

$$2K^+ + Na^+ + [Co(NO_2)_6]^{3-} \longrightarrow K_2Na[Co(NO_2)_6]\downarrow (黄色)$$

$$Ca^{2+} + CO_3^{2-} \longrightarrow CaCO_3\downarrow (白色)$$

$$Ca^{2+} + C_2O_4^{2-} \longrightarrow CaC_2O_4\downarrow (白色)$$

$$Ba^{2+} + SO_4^{2-} \longrightarrow BaSO_4\downarrow (白色)$$

$$2Ba^{2+} + Cr_2O_7^{2-} + H_2O \longrightarrow 2BaCrO_4\downarrow (黄色) + 2H^+$$

(八) 对角线规则

在周期表中有几对处于相邻两族的对角线上的元素，具有十分相似的性质，如 Li 与 Mg、Be 与 Al、B 与 Si 等元素。这种元素性质的相似性，称为对角线规则或斜线关系。产生这种相似性的原因，主要是因为金属离子的离子势 Φ 相近，离子的电场强度相近，如 Li^+ 的半径小于 Be^{2+}，但 Be^{2+} 的电荷高于 Li^+。

三、习题全解和重点练习题解

1(14-1). 试说明为什么 Be^{2+}、Mg^{2+}、Ca^{2+}、Sr^{2+}、Ba^{2+} 的水合热依次减弱。

答:离子半径越小、正电荷越高的离子,结合水分子的能力越强,其水合热就越大,Be^{2+}、Mg^{2+}、Ca^{2+}、Sr^{2+}、Ba^{2+} 的电荷数都一样,而离子半径逐步增大,故水合热依次减弱。

2(14-2). 某酸性 $BaCl_2$ 溶液中含少量 $FeCl_3$ 杂质。若用 $Ba(OH)_2$ 或 $BaCO_3$ 调节溶液的 pH,均可将 Fe^{3+} 沉淀为 $Fe(OH)_3$ 而除去。为什么? 利用平衡移动原理进行讨论。

答:加入 $Ba(OH)_2$ 或 $BaCO_3$ 后能发生如下的反应:

$$2Fe^{3+}+3Ba(OH)_2 = 2Fe(OH)_3\downarrow+3Ba^{2+}$$

或

$$Fe^{3+}+3BaCO_3+3H_2O = Fe(OH)_3\downarrow+3HCO_3^-+3Ba^{2+}$$

由于 $Fe(OH)_3$ 沉淀的生成促使化学反应平衡向右移动,从平衡移动的原理可知,只要加入足够量的 $Ba(OH)_2$ 或 $BaCO_3$,就能使平衡不断向右移动而使 Fe^{3+} 沉淀完全。由于加入的阳离子是 Ba^{2+},故不会引入其他杂质。

3(14-3). 金属钠是强还原剂。试写出它与下列物质的反应方程式。

$$H_2O, NH_3, C_2H_5OH, Na_2O_2, NaNO_2, MgO, TiCl_4$$

解:

$$2Na+H_2O = 2NaOH+H_2\uparrow$$

$$2Na+2NH_3(g) \xlongequal[\triangle]{Fe/FeCl_3} 2NaNH_2+H_2\uparrow$$（纯 Na 与液态 NH_3 无催化剂作用下不放出 H_2）

$$2Na+2C_2H_5OH(\text{无水}) = 2C_2H_5ONa+H_2\uparrow$$

$$2Na+Na_2O_2 = 2Na_2O$$

$$2Na+2NaOH = 2Na_2O+H_2\uparrow$$

$$2Na+2NaNO_2 \xlongequal{\triangle} 2Na_2O_2+N_2\uparrow$$

$$2Na+MgO \xlongequal{\triangle} Na_2O+Mg$$

$$4Na+TiCl_4 = 4NaCl+Ti$$

4(14-4). 写出过氧化钠和下列物质的反应式。

$$NaCrO_2, CO_2, H_2O, H_2SO_4(\text{稀})$$

解:

$$3Na_2O_2+2NaCrO_2+2H_2O = 2Na_2CrO_4+4NaOH$$

$$2Na_2O_2+2CO_2 = 2Na_2CO_3+O_2\uparrow$$

$$2Na_2O_2+2H_2O = 4NaOH+O_2\uparrow$$

$$2Na_2O_2+2H_2SO_4(\text{稀}) = 2Na_2SO_4+2H_2O+O_2\uparrow$$

5(14-5). Rb_2SO_4 的晶格能是 $1729kJ\cdot mol^{-1}$,溶解热是 $24kJ\cdot mol^{-1}$,试利用这些数据计算 SO_4^{2-} 的水合热(已知 Rb^+ 的水合热为 $-289.5kJ\cdot mol^{-1}$)。

解:根据水合热定义,水合热为 1mol 气态金属离子与水作用生成 1mol 水合离子时释放出的热量,则

$$Rb^+(g) \xrightarrow{nH_2O} Rb^+(aq) \qquad \Delta H_{\text{水合},1} \tag{1}$$

根据晶格能定义有

$$2Rb^+(g)+SO_4^{2-}(g) \longrightarrow Rb_2SO_4(s) \qquad \Delta H=-U \tag{2}$$

$$Rb_2SO_4(s) \xrightarrow{nH_2O} 2Rb^+(aq)+SO_4^{2-}(aq) \qquad \Delta H_{\text{溶解}} \tag{3}$$

式(2)－2×式(1)，得

$$SO_4^{2-}(g) \xrightarrow{nH_2O} Rb_2SO_4(s) - 2Rb^+(aq) \qquad \Delta H_1 \tag{4}$$

式(4)＋式(3)，得

$$SO_4^{2-}(g) \xrightarrow{nH_2O} SO_4^{2-}(aq) \qquad \Delta H_{水合,2} \tag{5}$$

式(5)＝式(4)＋式(3)＝式(2)－2×式(1)＋式(3)

因此根据赫斯定律

$$\Delta H_{水合,2} = \Delta H_{溶解} + (-U - 2\Delta H_{水合,1})$$
$$= 24 + [-1729 - 2\times(-289.5)] = -1126(kJ \cdot mol^{-1})$$

6(14－6). 写出以食盐为原料制备金属钠、氢氧化钠、过氧化钠、碳酸钠的过程，以及所涉及的化学反应方程式。

解：电解熔融食盐制备金属钠 $2NaCl(熔融) \xrightarrow[600\sim650℃]{电解} 2Na + Cl_2\uparrow$

电解食盐水制备氢氧化钠　　$2NaCl + 2H_2O \xlongequal{电解} 2NaOH + H_2\uparrow + Cl_2\uparrow$

所得氢氧化钠与过氧化氢反应可制得过氧化钠

$$2NaOH + H_2O_2 \xlongequal{} Na_2O_2 + 2H_2O$$

在过氧化钠中通入 CO_2 气体可制得碳酸钠

$$2Na_2O_2 + 2CO_2 \xlongequal{} 2Na_2CO_3 + O_2\uparrow$$

7(14－7). 试说明为什么碱土金属的熔点比碱金属的高，硬度比碱金属的大？

答：由于各碱土金属原子中有 2 个价电子，而每个碱金属原子中只有 1 个价电子，因此碱土金属的金属键比碱金属的强得多，这导致碱土金属比同周期的各碱金属具有较高的熔点和较大的硬度。

8(14－8). Na_2O_2 可作为潜水密闭舱中的供氧剂，这是根据它的什么特点？写出有关反应式。

解：Na_2O_2 能同人们呼出的 CO_2 相作用放出氧气，供人呼吸。

$$2Na_2O_2 + 2CO_2 \xlongequal{} 2Na_2CO_3 + O_2\uparrow$$

9(14－9). 写出 M_2O、M_2O_2、MO_2 与水反应的方程式，并加以比较。

解：

$$M_2O + H_2O \xlongequal{} 2MOH$$
$$M_2O_2 + 2H_2O \xlongequal{} H_2O_2 + 2MOH$$
$$2MO_2 + 2H_2O \xlongequal{} O_2\uparrow + H_2O_2 + 2MOH$$

10(14－10). 镁在空气中燃烧所得的产物与水反应时放出大量的热，并能闻到氨的气味。写出有关反应式。

答：

$$3Mg + N_2 \xlongequal{} Mg_3N_2$$
$$Mg_3N_2 + 6H_2O \xlongequal{} 3Mg(OH)_2\downarrow + 2NH_3\uparrow$$

11(14－11). 说明为什么铍与其他非金属元素成键时，化学键带有较大的共价性，而其他碱土金属元素与非金属所成的键则带有较大的离子性。

答：Be 的电负性较大(1.57)，Be^{2+} 的半径较小(约 31pm)，使其极化能力很强，从而导致其化学键以共价键为主。例如，$BeCl_2$ 中 Be—Cl 键以共价性为主，$BeCl_2$ 为共价化合物。而其他碱土金属的电负性较小，但离子半径却比 Be^{2+} 大得多，其极化作用很小，故它们与非金属所成的键以离子性为主，化合物为离子化合物。

12(14－12). 如何利用镁和铍在性质上的差别来区分和分离下列各组物质？

(1) $Be(OH)_2$ 与 $Mg(OH)_2$　(2) $BeCO_3$ 与 $MgCO_3$　(3) BeF_2 与 MgF_2

答：(1) 利用 $Be(OH)_2$ 可溶于 NaOH，而 $Mg(OH)_2$ 却不溶，将两者分离。

(2) $BeCO_3$ 受热易分解，而 $MgCO_3$ 受热不易分解。

(3) BeF_2 可溶于水，而 MgF_2 不溶于水，将两者分离。

13(14－13). 写出以重晶石为原料制备 $BaCl_2$、$BaCO_3$、BaO、BaO_2 的过程以及反应式。

解：由重晶石 $BaSO_4$ 为原料生产 $BaCO_3$、$BaCl_2$ 的过程如下。

(1) 将重晶石粉末与煤粉混合，然后在转炉中于 1173～1473K 下进行还原焙烧，使难溶的 $BaSO_4$ 转化为易溶于水的化合物。

$$BaSO_4 + 4C \xlongequal{焙烧} BaS + 4CO\uparrow$$

$$BaSO_4 + 4CO \xlongequal{焙烧} BaS + 4CO_2\uparrow$$

(2) 用水浸取焙烧产物，BaS 水解转化为可溶性的化合物进入溶液。

$$2BaS + 2H_2O = Ba(HS)_2 + Ba(OH)_2$$

(3) 通入 CO_2，使溶液酸化，即得碳酸钡。

$$Ba(HS)_2 + CO_2 + H_2O = BaCO_3\downarrow + 2H_2S\uparrow$$

(4) 利用 $BaCO_3$ 可以制取各种钡盐，令其与盐酸反应，即可得 $BaCl_2$。

$$BaCO_3 + 2HCl = BaCl_2 + CO_2\uparrow + H_2O$$

$BaCO_3$ 加热分解可制备 BaO。

$$BaCO_3 \xlongequal{\triangle} BaO + CO_2\uparrow$$

$$2BaO + O_2 = 2BaO_2$$

14(14－14). 写出往 $BaCl_2$ 和 $CaCl_2$ 水溶液中分别加入碳酸铵，接着加入乙酸再加入铬酸钾时的反应式。

解：

$$BaCl_2 + (NH_4)_2CO_3 = BaCO_3\downarrow + 2NH_4Cl$$

$$BaCO_3 + 2CH_3COOH = (CH_3COO)_2Ba + CO_2\uparrow + H_2O$$

$$(CH_3COO)_2Ba + K_2CrO_4 = BaCrO_4\downarrow(\text{黄色}) + 2CH_3COOK$$

$$CaCl_2 + (NH_4)_2CO_3 = CaCO_3\downarrow + 2NH_4Cl$$

$$CaCO_3 + 2CH_3COOH = (CH_3COO)_2Ca + CO_2\uparrow + H_2O$$

$$(CH_3COO)_2Ca + K_2CrO_4 = CaCrO_4(Ca^{2+}\text{浓度足够高时为沉淀}) + 2CH_3COOK$$

15(14－15). 设用两种途径得到 NaCl(s)。用赫斯定律分别求算 NaCl(s) 的 $\Delta_f H_m^\ominus$ 并作比较。(温度为 298K)

(1) $Na(s) + H_2O(l) \longrightarrow NaOH(s) + \frac{1}{2}H_2(g)$　　$\Delta_r H_m^\ominus = -140.89kJ \cdot mol^{-1}$

$\frac{1}{2}H_2(g) + \frac{1}{2}Cl_2(g) \longrightarrow HCl(g)$　　$\Delta_r H_m^\ominus = -92.31kJ \cdot mol^{-1}$

$HCl(g) + NaOH(s) \longrightarrow NaCl(s) + H_2O(l)$　　$\Delta_r H_m^\ominus = -177.80kJ \cdot mol^{-1}$

(2) $\frac{1}{2}H_2(g) + \frac{1}{2}Cl_2(g) \longrightarrow HCl(g)$　　$\Delta_r H_m^\ominus = -92.31kJ \cdot mol^{-1}$

$Na(s) + HCl(g) \longrightarrow NaCl(s) + \frac{1}{2}H_2(g)$　　$\Delta_r H_m^\ominus = -318.69kJ \cdot mol^{-1}$

解:(1) 将三个反应式相加得

$$Na(s)+\frac{1}{2}Cl_2(g)=\!=\!=NaCl(s)$$

$$\Delta_f H_m^{\ominus}[NaCl(s)]=(-140.89-92.31-177.80)kJ\cdot mol^{-1}=-411.00kJ\cdot mol^{-1}$$

(2) 将两个反应式相加得

$$Na(s)+\frac{1}{2}Cl_2=\!=\!=NaCl(s)$$

$$\Delta_f H_m^{\ominus}[NaCl(s)]=(-92.31-318.69)kJ\cdot mol^{-1}=-411.00kJ\cdot mol^{-1}$$

两种途径得到的结果是相同的。

16(14-16). 解释下列事实:

(1) 尽管锂的电离能大于铯,但 $E^{\ominus}(Li^+/Li)$ 小于 $E^{\ominus}(Cs^+/Cs)$。

(2) LiCl 能溶于有机溶剂,而 NaCl 不溶。

(3) Li^+ 与 Cs^+ 相比,前者在水中有较低的迁移率和较低的电导性,这与 Li 的半径特别小是否矛盾?

(4) 电解熔融的 NaCl 常加入 $CaCl_2$,试从热力学观点出发加以解释。

(5) 在+1 价阳离子中 Li^+ 有最大的水合能。

(6) CsI_3 的稳定性高于 NaI_3。

(7) 往悬浮于水中的乙二酸钙溶液中加入 EDTA 的钠盐时,乙二酸钙便发生溶解。

答:(1) Li^+ 半径小,水合能大,故使得 $E^{\ominus}(Li^+/Li)$ 小于 $E^{\ominus}(Cs^+/Cs)$。

(2) LiCl 是以共价键为主的化合物,故易溶于有机溶剂,而 NaCl 是离子型化合物,故难溶于有机溶剂。

(3) 不矛盾。Li^+ 的水合性比 Cs^+ 强,携带了较多的水分子,因而迁移率较低。

(4) 氯化钠中加入氯化钙后,熔点由纯氯化钠的 1074K 降低至 873K。这样,在氯化钠熔化时,其温度远没有达到钠的沸点,因而可以防止钠的挥发。液态 Na 的密度小,浮在熔盐上面,易于收集。

(5) 半径小、电荷大的离子,水合趋势就大,对碱金属而言,水合趋势为 $Li^+>Na^+>K^+>Rb^+>Cs^+$。

(6) Cs^+ 的半径比 Na^+ 大,周围可容纳更多的负离子,故 CsI_3 的稳定性高于 NaI_3。

(7) EDTA 与 Ca^{2+} 形成更稳定的配合物,使乙二酸钙的解离平衡向右进行而溶解。

17(14-17). 用最简便的方法鉴别下列各组物质。

(1) LiCl 与 NaCl　　(2) CaH_2 与 $CaCl_2$

(3) NaOH 与 $Ba(OH)_2$　　(4) $CaCO_3$ 与 $Ca(HSO_3)_2$

(5) $NaNO_3$ 与 $Na_2S_2O_3$　　(6) Li_2CO_3 与 CsCl

(7) $BaSO_4$ 与 $BeSO_4$　　(8) $CaCO_3$ 与 $Ca(HCO_3)_2$

解:(1) 加入 Na_2CO_3,有沉淀生成的是 LiCl。

(2) 加入 $AgNO_3$,有沉淀生成的为 $CaCl_2$。

(3) 加入 H_2SO_4,有沉淀生成的为 $Ba(OH)_2$。

(4) 加入高锰酸钾溶液,使高锰酸钾溶液褪色的是 $Ca(HSO_3)_2$。

(5) 加入 I_2 的淀粉溶液,可使淀粉褪色的是 $Na_2S_2O_3$。

(6) 加入 $FeCl_3$ 的浓盐酸溶液中，有橙红色结晶生成的是 CsCl。

(7) 加入 $Ba(NO_3)_2$，有白色沉淀生成的是 $BeSO_4$。

(8) 溶于水中，可溶的是 $Ca(HCO_3)_2$。

18. 试说明为什么碱土金属氧化物的熔点会有如下变化。

	BeO	MgO	CaO	SrO	BaO
熔点/K	2803	3125	2887	2693	2191

答：碱土金属氧化物的熔点的变化总趋势是从 Mg 到 Ba 逐渐降低，这是由于从 Mg 到 Ba 金属离子半径依次增大、氧化物的晶格能依次减小所致。其中 BeO 熔点反常是因为铍离子半径过小、极化作用较大而使离子性成分降低。

19. 高温加热 $MgCl_2 \cdot 6H_2O$ 能否制得无水 $MgCl_2$？

答：$MgCl_2 \cdot 6H_2O$ 高温脱水时会发生水解：

$$MgCl_2 \cdot 6H_2O \xrightarrow{>800K} MgO + 2HCl\uparrow + 5H_2O$$

为制得无水 $MgCl_2$，可在 HCl(g)的气氛中加热 $MgCl_2 \cdot 6H_2O$，使之脱水

$$MgCl_2 \cdot 6H_2O \xrightarrow[<773K]{HCl(g)} MgCl_2 + 6H_2O$$

四、自　测　题

1. 填空题(每空 1 分，共 20 分)

(1) 周期表中处于斜线位置的 B 与 Si、________、________性质十分相似，人们习惯上把这种现象称为对角线规则。

(2) 写出下列物质的化学式。

① 生石膏________________　② 天青石________________

③ 芒硝________________　④ 方解石________________

⑤ 光卤石________________　⑥ 智利硝石________________

(3) 在无色火焰上灼烧钾、锶、钡的氯化物，火焰的颜色分别为________、________和________。

(4) 普通食盐容易潮解是因为含有少量________的缘故。

(5) $Be(OH)_2$ 与 $Mg(OH)_2$ 性质的最大差异是____________________。

(6) 电解熔盐法制得的金属钠一般含有少量________________________，其原因是______________________。

(7) 熔盐电解法生产金属铍时加入 NaCl 的作用是____________________。

(8) $Ba(OH)_2$ 试剂在空气中放置一段时间后，瓶内出现的一层白膜是________。

(9) ⅡA 族元素中性质表现特殊的元素是________，它与 p 区元素中的________性质极相似，如两者的氯化物都是________化合物，在有机溶剂中溶解度较大。

2. 是非题(用"√"、"×"表示对、错，每小题 1 分，共 10 分)

(1) 碱土金属的氢氧化物都是强碱。　(　　)

(2) 无水氯化钙是一种十分重要的干燥剂,可用来干燥氯气和氨气。 (　　)

(3) 因为氢原子外层结构为 $1s^1$,可以形成 H^+,所以可以把它列入ⅠA族。 (　　)

(4) 碱金属是很强的还原剂,所以碱金属的水溶液也是很强的还原剂。 (　　)

(5) 铍与同族元素相比离子半径小,极化作用强,故铍形成的化学键共价性较强。 (　　)

(6) 碱土金属碳酸盐的稳定性随金属离子半径的增大而增大。 (　　)

(7) 碱金属和碱土金属都很活泼,因此它们在自然界中不能以单质形式存在。 (　　)

(8) 由 Li 至 Cs 的原子半径逐渐增大,所以其第一电离能也逐渐增大。 (　　)

(9) 碱金属和碱土金属的氧化物从上至下晶格能依次增大,熔点依次升高。 (　　)

(10) 碳酸及碳酸盐的热稳定性次序是 $Na_2CO_3 > NaHCO_3 > H_2CO_3$。 (　　)

3. 单选题(每小题 1 分,共 10 分)

(1) 重晶石的化学式是(　　)。

A. $BaCO_3$　　B. $BaSO_4$　　C. Na_2SO_4　　D. Na_2CO_3

(2) 下列碳酸盐,溶解度最小的是(　　)。

A. $NaHCO_3$　　B. Na_2CO_3　　C. Li_2CO_3　　D. K_2CO_3

(3) $NaNO_3$ 受热分解的产物是(　　)。

A. Na_2O,NO_2,O_2　B. Na_2O,NO,O_2　C. $NaNO_2$,NO_2,O_2　D. $NaNO_2$,O_2

(4) 在潮湿空气中,过氧化钠吸收 CO_2 放出 O_2。过氧化钠在这个反应中(　　)。

A. 仅是氧化剂　　B. 仅是还原剂

C. 既是氧化剂,又是还原剂　　D. 既不是氧化剂,又不是还原剂

(5) 下列元素中第一电离能最小的是(　　)。

A. Li　　B. Be　　C. Na　　D. Mg

(6) 下列反应可用于制取 Na_2O_2 的是(　　)。

A. Na 在空气中燃烧　　B. 加热 $NaNO_3$

C. 加热 Na_2CO_3　　D. Na_2O 与 Na 反应

(7) 下列金属在空气中燃烧能生成超氧化物的是(　　)。

A. Ba　　B. Na　　C. Mg　　D. K

(8) 下列碳酸盐中热稳定性最差的是(　　)。

A. $BaCO_3$　　B. $CaCO_3$　　C. K_2CO_3　　D. Na_2CO_3

(9) 下列关于 s 区元素的性质叙述中,不正确的是(　　)。

A. s 区元素的电负性小,因此都形成典型的离子型化合物

B. 在 s 区元素中,Be、Mg 因表面形成致密的氧化物保护膜而对水较稳定

C. s 区元素的单质都有很强的还原性

D. 除 Be、Mg 外,其他 s 区元素的硝酸盐或氯酸盐都可作焰火材料

(10) 下列关于 Mg、Ca、Sr、Ba 及其化合物的性质描述中,不正确的是(　　)。

A. 单质都可以在氮气中燃烧生成氮化物 M_3N_2

B. 单质都易与水、水蒸气反应放出氢气

C. $M(HCO_3)_2$ 在水中的溶解度大于 MCO_3 的溶解度

D. 这些元素的 $M(OH)_2$ 具有强碱性

4. 判断题(每小题 10 分,共 30 分)

(1) 某固体混合物可能含有 $MgCO_3$、Na_2SO_4、$Ba(NO_3)_2$、$AgNO_3$ 和 $CuSO_4$。混合物投入水中得到无色溶液和白色沉淀;将溶液进行焰色试验,火焰呈黄色;沉淀可溶于稀盐酸并放出气体。试判断哪些物质肯定存在,哪些物质可能存在,哪些物质肯定不存在,并分析原因。

(2) 将 1.00g 白色固体 A 加强热,得到白色固体 B(加热至 B 的质量不再变化)和无色气体。将气体搜集在 450mL 的烧瓶中,温度为 25℃,压力为 27.9kPa,将该气体通入 $Ca(OH)_2$ 饱和溶液中得到白色固体 C。如果将少量 B 加入水中,所得 B 溶液能使红色石蕊试纸变蓝。B 的水溶液被盐酸中和后,经蒸发干燥得到白色固体 D。用 D 做焰色反应,火焰呈绿色。如果 B 的水溶液与 H_2SO_4 反应,则得到白色沉淀 E,E 不溶于盐酸。试确定 A～E 各为什么物质,并写出相关反应式。

(3) $Ba(OH)_2$、$Mg(OH)_2$、$MgCO_3$ 都是白色粉末,如何用简单的实验区别?

5. 解释简答题(每小题 5 分,共 10 分)

(1) 市售的 NaOH 中为什么常含有 Na_2CO_3 杂质?如何配制不含 Na_2CO_3 杂质的 NaOH 稀溶液?

(2) 为什么把 CO_2 通入 $Ba(OH)_2$ 溶液时有白色沉淀,而把 CO_2 通入 $BaCl_2$ 溶液时没有沉淀产生?

6. 计算题(每小题 10 分,共 20 分)

(1) 已知:K(s)的升华焓为 $+89kJ \cdot mol^{-1}$,K(g)的电离能为 $+425kJ \cdot mol^{-1}$,Cl_2(g)的解离能为 $+244kJ \cdot mol^{-1}$,Cl(g)的电子亲和能为 $-355kJ \cdot mol^{-1}$,KCl(s)的标准摩尔生成焓为 $-438kJ \cdot mol^{-1}$,试计算 KCl(s)的晶格能。

(2) 已知 CO_2(g)、MgO(s)的标准摩尔生成焓分别为 $-393.509kJ \cdot mol^{-1}$ 和 $-601.6kJ \cdot mol^{-1}$,试计算 298K 标准状态下金属镁在 CO_2 中燃烧时反应的焓变。根据反应结果说明能否用 CO_2 作为镁着火时的灭火剂。

参考答案

1. 填空题

(1) Be 与 Al,Li 与 Mg;(2) ①$CaSO_4 \cdot 2H_2O$,②$SrSO_4$,③$Na_2SO_4 \cdot 10H_2O$,④$CaCO_3$,⑤$KCl \cdot MgCl_2 \cdot 6H_2O$,⑥$NaNO_3$;(3) 紫色,深红色,绿色;(4) $MgCl_2$;(5) $Be(OH)_2$ 具有两性,既溶于酸又溶于强碱;$Mg(OH)_2$为碱性,只溶于酸;(6) 金属钙,电解时加入 $CaCl_2$ 助溶剂而有少量的钙析出;(7) 增加熔盐的导电性;(8) $BaCO_3$;(9) Be,Al,共价型。

2. 是非题

(1) ×;(2) ×;(3) √;(4) ×;(5) √;(6) √;(7) √;(8) ×;(9) ×;(10) √。

3. 单选题

(1) B;(2) C;(3) D;(4) C;(5) C;(6) A;(7) D;(8) B;(9) A;(10) B。

4. 判断题

(1) 肯定存在的物质：$MgCO_3$、Na_2SO_4。肯定不存在的物质：$Ba(NO_3)_2$、$AgNO_3$、$CuSO_4$。混合物投入水中得无色溶液和白色沉淀，则 $CuSO_4$ 肯定不存在。溶液在焰色反应时火焰呈黄色，则 Na_2SO_4 肯定存在。沉淀可溶于稀盐酸并放出气体，则肯定存在 $MgCO_3$。溶液中肯定不存在 $Ba(NO_3)_2$，因为 $Ba(NO_3)_2$ 遇 Na_2SO_4 将生成 $BaSO_4$ 白色沉淀，且不溶于稀盐酸。$AgNO_3$ 也肯定不存在，因为 $AgNO_3$ 遇 Na_2SO_4 将有 Ag_2SO_4 白色沉淀生成。沉淀 $MgCO_3$ 在稀盐酸中溶解，而 Ag_2SO_4 不溶。

(2) A：$BaCO_3$；B：BaO　$BaCO_3 \overset{\triangle}{=\!=\!=} BaO + CO_2\uparrow$

C：$CaCO_3$　$Ca(OH)_2 + CO_2 =\!=\!= CaCO_3\downarrow + H_2O$

D：$BaCl_2$　$BaO + H_2O =\!=\!= Ba(OH)_2$　（使红色石蕊试纸变蓝）

$Ba(OH)_2 + 2HCl =\!=\!= BaCl_2 + 2H_2O$

E：$BaSO_4$　$BaCl_2 + H_2SO_4 =\!=\!= BaSO_4\downarrow + 2HCl$

验证 A：$n(CO_2) = pV/RT = 27.9\text{kPa} \times 0.45\text{L}/(8.314\text{J} \cdot \text{mol}^{-1} \cdot \text{K}^{-1} \times 298\text{K})$

$= 5.07 \times 10^{-3}\text{mol}$

$n(BaCO_3) = m/M(BaCO_3) = 1.00\text{g}/(197.3\text{g} \cdot \text{mol}^{-1}) = 5.07 \times 10^{-3}\text{mol} = n(CO_2)$

计算结果符合反应式 $BaCO_3 \overset{\triangle}{=\!=\!=} BaO + CO_2\uparrow$ 的计量关系。

(3) ① 将三种物质分别加水溶解，能溶于水的是 $Ba(OH)_2$。

② 往不溶于水的两种物质中分别加入 HCl，有气体产生的是 $MgCO_3$，无气体产生的是$Mg(OH)_2$。

5. 解释简答题

(1) NaOH 是由 $Ca(OH)_2$ 溶液与 Na_2CO_3 反应而得到的，过滤除去 $CaCO_3$ 后即得 NaOH。NaOH 中可能残留少许 Na_2CO_3。同时，NaOH 吸收空气中的气体也引进一些 Na_2CO_3 杂质。欲配制不含杂质的 NaOH 溶液，可先配制浓的 NaOH 溶液。由于 Na_2CO_3 在浓 NaOH 溶液中溶解度极小，静置后析出 Na_2CO_3 沉淀，再取上层清液稀释后可以得到不含杂质的 NaOH 稀溶液。

(2) CO_2 通入水中生成 H_2CO_3 或 HCO_3^-，它们在溶液中存在着解离平衡：

$$HCO_3^- =\!=\!= H^+ + CO_3^{2-}$$

当遇到 $Ba(OH)_2$ 解离出的 OH^- 时，H^+ 和 OH^- 反应，使平衡向 HCO_3^- 解离方向移动，从而使溶液中的 CO_3^{2-} 浓度增大，生成 $BaCO_3$ 沉淀。而在 $BaCl_2$ 溶液中，无法生成大量 CO_3^{2-}，故不能生成 $BaCO_3$ 沉淀。

6. 计算题

(1) $\Delta_f H_m^\ominus = 1/2D + S + I + A + (-U)$，则

$$U = (1/2D + S + I + A) - \Delta_f H_m^\ominus = 719\text{kJ} \cdot \text{mol}^{-1}$$

(2) $2Mg(s) + CO_2(g) =\!=\!= 2MgO(s) + C(s)$

$$\Delta_r H_m^\ominus = 2\Delta_f H_m^\ominus(MgO,s) - \Delta_f H_m^\ominus(CO_2,g) = -809.7\text{mol} \cdot \text{L}^{-1}$$

该反应为放热反应，故不能用 CO_2 作为镁着火时的灭火剂。

（中南大学　曾小玲　周建良）

第 15 章　卤　　素

一、学习要求

(1) 掌握 p 区元素的主要特征，熟悉 p 区元素化合物的主要性质及其递变规律；

(2) 熟悉第二周期元素的反常性，了解第四周期和第六周期元素的异样性、“二次周期性”；

(3) 掌握卤素的通性、卤素单质的氧化性和卤离子还原性的变化规律，熟悉卤素单质的制备；

(4) 掌握卤化氢及氢卤酸的性质及其变化规律，掌握氯的含氧酸及其盐的性质和变化规律，熟悉溴、碘的重要含氧酸的基本性质；

(5) 了解常见的拟卤素及其主要性质。

二、重难点解析

(一) 第二周期元素的反常性

第二周期元素的反常性是指第二周期元素的某些性质表现出与同族其他元素相应性质的变化趋势不相符的现象。例如，通常单键键能自上而下依次减小，但第二周期元素氟的单键键能却小于第三周期同族元素氯。又如，ⅤA 族元素中，磷、砷、锑、铋元素都能形成五氟化物，而第二周期元素氮却只能形成三氟化物。

第二周期元素反常性的出现与元素的原子结构有关。第二周期元素的价层结构只有 s 和 p 轨道，它们通常是本族元素中半径最小的元素。例如，氟的价层结构为 $2s^2 2p^5$，在同族元素中原子半径最小。当形成 F—F 单键时，键长较短，原子中未成键电子对之间排斥作用较强，从而抵消了部分成键效果，使得氟的单键键能小于第三周期同族元素氯。又如，第二周期氮元素，成键时因其价层参与杂化的只有 2s 和 2p 轨道，没有 d 轨道，故配位数较低；而同族其他原子价层不仅有 s、p 轨道，还有 d 轨道可参与杂化，因此它们可通过不同杂化方式形成具有较高配位数的配合物。

(二) 第四周期和第六周期元素的异样性

第四周期和第六周期元素的异样性是由元素的电子层结构变化引起的。第四周期的 p 区元素与前几周期元素不同，电子填满 4s 轨道后，先填满 3d 轨道，再进入 4p 轨道，即在 s 区和 p 区之间出现了 d 区元素。d 区元素的插入使第四周期的 p 区元素与同周期 s 区元素相比，有效核电荷显著增大，原子半径显著减小。第四周期 p 区元素电子层结构上的显著变化，使其偏离原来的性质变化曲线，从而与同族元素相比在性质上出现显著差别，即“第四周期元素的异样性”。

第六周期元素由于其价电子层又出现了 f 电子，使原子结构再次突变，元素性质受到影响而表现异常。镧系收缩对第六周期 p 区元素的性质也有影响。

（三）二次周期性

门捷列夫元素周期表是按元素原子结构（电子层结构）的周期性变化规律排列而成的。若将这种周期性变化称为“一次周期性”，p区不同主族之间某些元素性质从上至下也呈现出周期性变化，则这种周期性变化就被称为“二次周期性”。例如，p区元素的电负性变化。下图为ⅢA～ⅦA族元素的电负性变化。从图中可以看到，不同主族元素的电负性变化具有相似的折线，即呈现出周期性的变化规律。

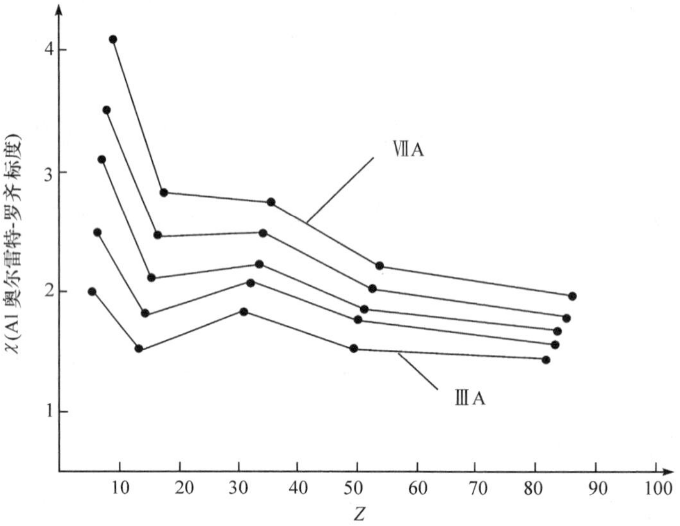

（四）惰性电子对效应及其产生原因

周期表从上至下，与族数对应的最高氧化态越来越不稳定，而具有（族数－2）的氧化态却越来越稳定，这种现象是西奇维克（Sidgwick）最早发现的，并称之为“惰性电子对效应”。位于p区的ⅢA～ⅤA族元素都表现出这种效应，如ⅢA族Ga^{3+}→In^{3+}→Tl^{3+}越来越不稳定，Ga^{+}→In^{+}→Tl^{+}越来越稳定；ⅣA族Ge、Sn、Pb的正四价越来越不稳定，正二价越来越稳定；ⅤA族As、Sb、Bi的正五价越来越不稳定，正三价越来越稳定。例如，ⅣA族第三周期元素Si的高价（Ⅳ）化合物很稳定（如SiO_2），而低价Si（Ⅱ）化合物却不稳定。同族第六周期元素Pb正好相反，其高价Pb（Ⅳ）的化合物很不稳定，如PbO_2氧化性很强，甚至可以将Mn^{2+}氧化为MnO_4^-，本身很容易被还原成稳定的低价Pb（Ⅱ）的化合物，也就是$6s^2$电子对惰性特别明显。

惰性电子对效应主要是由元素原子结构的变化引起的。随着原子序数的增加，即电子层数的增加，原子的价层结构相继出现了d电子和f电子，使得同族元素有效核电荷Z^*显著增加，对ns^2电子的吸引能力增强，致使ns^2电子活泼性逐渐减小，变得越来越不容易失去。$6s^2$表现尤为明显，呈现惰性。因此当周期数较大时，元素的高氧化态化合物比较容易得到2个电子，形成ns^2电子结构，从而转变为稳定性较大的低氧化态。

（五）卤素在碱性条件下的歧化反应类型

卤素在碱性条件下的歧化反应主要有以下两种类型：

(1) 生成次卤酸盐和卤化物——氯（室温或室温以下）。

$$Cl_2 + 2NaOH \xlongequal{} NaCl + NaClO + H_2O$$

(2) 生成卤酸盐和卤化物——氯(温度≥348K)、溴和碘。

$$3X_2 + 6OH^- \xlongequal{} 5X^- + XO_3^- + 3H_2O \quad (X = Cl, Br, I)$$

(六) 单质氟的制备

由于单质氟氧化性极强,因此无法像其他卤素一样,用强氧化剂氧化相应的卤化物来制备单质。工业上是通过电解无水氟化氢的方法制备氟。由于无水氟化氢不能导电,故所用电解液需加入氟氢化钾 KHF_2。电解反应为

阳极(无定形碳) $2F^- \xlongequal{} F_2\uparrow + 2e^-$

阴极(铜) $2HF_2^- \xlongequal{} H_2\uparrow + 4F^- - 2e^-$

实验室可通过分解含氟化合物制得少量氟:

$$K_2PbF_6 \xrightarrow{\triangle} K_2PbF_4 + F_2\uparrow$$

(七) 卤化氢和氢卤酸

1. 卤化氢的熔、沸点变化和 HF 的反常表现

卤化氢的熔、沸点按 HCl、HBr、HI 顺序依次升高。因为按此顺序它们的相对分子质量依次增加,色散力依次增大,分子间作用力依次增强。HF 的熔、沸点在卤化氢中表现反常,这是由于 HF 分子间形成了氢键,分子之间的缔合作用导致其熔点、沸点显著升高。

2. 氢卤酸的酸性及其变化规律

氢卤酸除 HF 外都是强酸,且酸性随着 HCl、HBr、HI 顺序依次增强。影响无机酸酸性强弱的因素很多,但主要取决于与质子相连的原子对质子的吸引作用的大小,而后者又与该原子的电子云密度密切相关。电子云密度的大小受到元素电负性、离子电荷和半径等因素影响。元素电负性越小,原子半径越大,所带负电荷越少,则其电子云密度越低,对质子的吸引作用越小,氢离子越容易发生解离,因此酸性越强,反之亦然。对于氢卤酸 HF、HCl、HBr、HI,由于与氢结合的 X^- 电荷数相同,随着原子序数增加,元素的电负性减小,原子半径增大,因此原子的电子云密度减小,氢卤酸的酸性增强。

3. 氢卤酸的还原性及其变化规律

由于氢卤酸的 $E^\ominus(HX/X_2)$ 按 HF、HCl、HBr、HI 顺序依次减小,因此其还原性依此顺序逐渐增强。例如,氢碘酸在室温下就可以被空气中的氧气所氧化。

$$4H^+ + 4I^- + O_2 \xlongequal{} 2I_2 + 2H_2O$$

氢溴酸则与氧反应很慢,盐酸不能被氧气氧化,而氢氟酸不具有还原性。

4. 氢氟酸的酸性强弱与其浓度大小有关

氢氟酸的酸性强弱随其浓度大小变化而变化,氢氟酸的浓度增大则其溶液酸性增强。

氟化氢溶于水得到氢氟酸,它是一种弱酸,存在解离平衡

$$HF \rightleftharpoons H^+ + F^- \qquad K_1^\ominus = 6.9\times10^{-4} \tag{1}$$

借助于形成氢键,F^- 与 HF 结合

$$HF + F^- \rightleftharpoons HF_2^- \qquad K_2^\ominus = 5.2 \qquad (2)$$

由于反应(2)的存在，F^-的浓度减小，引起反应(1)向右移动，因此 HF 的解离度随 HF 浓度的增大而增大。

溶液总的平衡关系式为

$$2HF \rightleftharpoons H^+ + HF_2^- \quad K^\ominus = K_1^\ominus K_2^\ominus = 3.6\times10^{-3} \qquad (3)$$

当氢氟酸的浓度增大时，反应(3)向右移动，H^+的浓度随之增大，溶液酸性随之增强。

(八) 卤化物

1. 氟化物的溶解性

氟化物的溶解性与相应的氯化物、溴化物和碘化物相反，如 AgCl、AgBr、AgI 难溶于水，而 AgF 却易溶于水。与之相反的是 MgF_2、CaF_2、SrF_2、BaF_2、AlF_3 等却难溶于水。这种溶解性的差别，与金属卤化物的键型有关。

F^-半径小，在极化力较强的重金属离子卤化物中，F^-几乎不被极化，因此 AgF 是离子型卤化物，溶解度较大。而氯化物、溴化物和碘化物中，X^-的半径较大且依次增大，极化率依次增强，它们与极化力较强、极化率较大的金属离子(如 Ag^+)形成卤化物时，共价性依次增强(如 AgI 就是典型的共价型卤化物)，因此均难溶于水，且溶解度依次减小。

2. $SiCl_4$ 可以水解而 CCl_4 不能水解

$SiCl_4$ 可以水解，其水解反应式为

$$SiCl_4 + 3H_2O = H_2SiO_3 + 4HCl$$

在此水解过程中，H_2O 分子向 $SiCl_4$ 进攻，形成以 Si 为中心原子的 5 配位的中间体，此时 Si 采用 dsp^3 杂化，然后在此基础上脱去一分子 HCl。经过类似步骤，$SiCl_4$ 上的 Cl 原子逐个被进攻的 H_2O 分子所留下的 OH^- 取代，$SiCl_4$ 水解为 H_4SiO_4。而对于 CCl_4，C 原子的 3d 轨道与 $n=2$ 轨道能量相差较大，3d 轨道无法参与杂化；加上 C 原子位于第二周期，半径较小，难以形成配位数为 5 的中间体，因此 CCl_4 不能水解。

(九) 卤素的含氧酸和含氧酸盐

1. 氯的含氧酸 HClO、$HClO_3$ 和 $HClO_4$ 的酸性强弱

氯的含氧酸酸性的相对强弱：$HClO_4 > HClO_3 > HClO$。

鲍林认为，若将含氧酸表示为$(OH)_mRO_n$形式(n 为非羟基氧原子数，即不与氢原子键合的氧原子数)，含氧酸的强度除了应考虑与 R^{x+} 相连的 OH^- 外，还应考虑与 R^{x+} 相连的其他原子的影响，特别是非羟基氧原子的影响。根据鲍林规则，具有$(OH)_mRO_n$形式的含氧酸中，非羟基氧原子数越少，即 n 值越小，则酸性越弱；n 值越大，则酸性越强。鲍林根据 n 值把含氧酸划分为四类：

第一类	$n=0$	弱酸	$K_{a_1}^\ominus = 10^{-11} \sim 10^{-8}$
第二类	$n=1$	中强酸	$K_{a_1}^\ominus = 10^{-4} \sim 10^{-2}$
第三类	$n=2$	强酸	$K_{a_1}^\ominus = 10^{-1} \sim 10^{3}$
第四类	$n=3$	极强酸	$K_{a_1}^\ominus > 10^{8}$

在含氧酸 $HClO$、$HClO_3$ 和 $HClO_4$ 中,非羟基氧原子数分别为 0、2 和 3。根据鲍林规则可知,$HClO$ 为弱酸,$HClO_3$ 为强酸,$HClO_4$ 为极强酸。事实上 $HClO_4$ 是最强的无机酸。

2. 卤酸盐、高卤酸盐氧化性的相对大小

查得在酸性介质中 XO_3^- 被还原为 X_2 的标准电极电势如下:

	ClO_3^-/Cl_2	BrO_3^-/Br_2	IO_3^-/I_2
$E_A^\ominus/V$	1.458	1.482	1.209

从标准电极电势可知,卤酸盐氧化性的大小为溴酸盐＞氯酸盐＞碘酸盐。

查得在酸性介质中 XO_4^-/XO_3^- 电对的标准电极电势如下:

	ClO_4^-/ClO_3^-	BrO_4^-/BrO_3^-	$H_3IO_6^{2-}/IO_3^-$
$E_A^\ominus/V$	1.189	1.76	1.60

比较 $E_A^\ominus$ 可知,高卤酸盐的氧化性大小顺序为高溴酸盐＞高碘酸盐＞高氯酸盐。

由上可知,位于第四周期元素的溴,其溴酸盐和高溴酸盐的氧化性强于其他卤酸盐和高卤酸盐。这一比较结果反映了"第四周期元素的异样性"。

三、习题全解和重点练习题解

1(15-1). 简要解释下列现象。

(1) 碘难溶于水,却易溶于碘化钾溶液。

(2) 碘能与溴酸钾溶液反应生成溴,溴又能从碘化钾溶液中取代出碘。

(3) 氟的电子亲和能小于氯,但氟的氧化能力大于氯。

(4) 将氯气持续通入含淀粉的 KI 溶液中,先看到溶液由无色变为蓝色,再看到蓝色消失。

答:(1) I_2 是非极性分子,故难溶于极性溶剂水。I_2 易溶于 KI 溶液是因为 $I_2 + I^- = I_3^-$。

(2) 因为 $E^\ominus(BrO_3^-/Br_2) > E^\ominus(IO_3^-/I_2)$,所以 $I_2 + 2BrO_3^- = Br_2 + 2IO_3^-$;又因为 $E^\ominus(Br_2/Br^-) > E^\ominus(I_2/I^-)$,所以 $Br_2 + 2I^- = 2Br^- + I_2$。

(3) 由于氟在卤素中半径最小,电子密度较大,与电子结合时产生较大斥力,使其结合能被部分抵消,因此氟的电子亲和能小于氯。由于氟的电负性大于氯,故 F_2 的氧化能力大于 Cl_2。从 $E^\ominus(X_2/X^-)$ 可知在水溶液中 F_2 的氧化性比 Cl_2 强。

(4) 发生的反应分别是 $2I^- + Cl_2 = 2Cl^- + I_2$ （I_2 遇淀粉显蓝色）

$I_2 + 5Cl_2 + 6H_2O = 2IO_3^- + 10Cl^- + 12H^+$ （蓝色消失）

2(15-2). 试根据元素电势图判断下列歧化反应能否发生。

(1) $Cl_2 + 2OH^- = Cl^- + ClO^- + H_2O$

(2) $3Br_2 + 6OH^- = 5Br^- + BrO_3^- + 3H_2O$

(3) $4ClO_3^- = 3ClO_4^- + Cl^-$

(4) $3HIO = 2I^- + IO_3^- + 3H^+$

答:(1) 可以歧化,因为 $E_B^\ominus(Cl_2/Cl^-) > E_B^\ominus(ClO^-/Cl_2)$。

(2) 可以歧化,因为 $E_B^\ominus(Br_2/Br^-) > E_B^\ominus(BrO_3^-/Br_2)$。

(3) 可以歧化,因为 $E_B^\ominus(ClO_3^-/Cl^-) > E_B^\ominus(ClO_4^-/ClO_3^-)$。

(4) 不能歧化,因为 $E_A^\ominus(HIO/I^-) < E_A^\ominus(IO_3^-/HIO)$。

3(15－3). 写出下列反应方程式。

(1) 用浓盐酸制取氯气。

(2) 把溴逐滴加到磷和少许水的混合物上。

(3) 四氯化硅在空气中冒烟。

(4) 氢氟酸可用来刻蚀玻璃。

(5) 硝酸汞溶液中加入过量碘化钾溶液。

解:(1) $4HCl(浓)+MnO_2 \xlongequal{} Cl_2\uparrow+MnCl_2+2H_2O$

(2) $3Br_2+2P+6H_2O \xlongequal{} 2H_3PO_3+6HBr\uparrow$

(3) $SiCl_4+3H_2O \xlongequal{} H_2SiO_3+4HCl$

(4) $CaSiO_3+6HF \xlongequal{} CaF_2+3H_2O+SiF_4\uparrow$

(5) $Hg^{2+}+2I^- \xlongequal{} HgI_2\downarrow$

$HgI_2(s)+2I^- \xlongequal{} [HgI_4]^{2-}$

4(15－4). 完成下列反应方程式。

(1) $H_2O_2+I^-+H^+ \longrightarrow$　　(2) $FeCl_3+KI \longrightarrow$

(3) $Cu^{2+}+I^- \longrightarrow$　　(4) $SnCl_2+H_2O \longrightarrow$

(5) $BiCl_3+H_2O \longrightarrow$　　(6) $H_5IO_6+Mn^{2+} \longrightarrow$

答:(1) $H_2O_2+2I^-+2H^+ \xlongequal{} I_2+2H_2O$

(2) $2FeCl_3+2KI \xlongequal{} 2FeCl_2+I_2+2KCl$

(3) $2Cu^{2+}+4I^- \xlongequal{} 2CuI\downarrow+I_2$

(4) $SnCl_2+H_2O \xlongequal{} Sn(OH)Cl\downarrow+HCl$

(5) $BiCl_3+H_2O \xlongequal{} BiOCl\downarrow+2HCl$

(6) $5H_5IO_6+2Mn^{2+} \xlongequal{} 2MnO_4^-+5IO_3^-+11H^++7H_2O$

5(15－5). 比较卤素和氢卤酸的相关性质(由强到弱)。

(1) F_2、Cl_2、Br_2、I_2 的氧化性。

(2) F^-、Cl^-、Br^-、I^- 的还原性。

(3) HF、HCl、HBr、HI 的酸性。

(4) HF、HCl、HBr、HI 的还原性。

(5) HF、HCl、HBr、HI 的热稳定性。

答:(1) 氧化性:$F_2>Cl_2>Br_2>I_2$。

(2) 还原性:$I^->Br^->Cl^->F^-$。

(3) 酸性:$HI>HBr>HCl>HF$。

(4) 还原性:$HI>HBr>HCl>HF$。

(5) 热稳定性:$HF>HCl>HBr>HI$。

6(15－6). 比较氯的各种含氧酸及含氧酸盐的相关性质(由强到弱)。

(1) $HClO$、$HClO_2$、$HClO_3$、$HClO_4$ 的酸性。

(2) ClO^-、ClO_3^-、ClO_4^- 的氧化性。

(3) 次氯酸与次氯酸盐的氧化性。

(4) 氯酸盐与高氯酸盐的热稳定性。

答:(1) 酸性:$HClO_4>HClO_3>HClO_2>HClO$。

(2) 氧化性:$ClO^->ClO_3^->ClO_4^-$。

(3) 氧化性:次氯酸>次氯酸盐。

(4) 热稳定性:高氯酸盐>氯酸盐。

7(15-7). 写出下列相关性质的强弱顺序。

(1) 卤酸根的氧化性。

(2) 高卤酸根的氧化性。

(3) 高卤酸的酸性。

答:(1) 氧化性:$BrO_3^- > ClO_3^- > IO_3^-$。

(2) 氧化性:$BrO_4^- > H_3IO_6^{2-} > ClO_4^-$。

(3) 酸性:$HClO_4 > HBrO_4 > H_5IO_6$。

8(15-8). 比较 AgF 与 AgCl 的溶解度的相对大小,并予以简要解释。

答:AgF 的溶解度大于 AgCl,这与卤离子的半径大小有关。由于 F^- 半径小,极化率小,故形成的 AgF 是离子型化合物,易溶于水。Cl^- 的半径比 F^- 的大,极化率较大,在形成 AgCl 时已有部分电子云发生重叠,键型发生了变化,因此 AgCl 在水中的溶解度小于 AgF。

9(15-9). 有三瓶白色固体分别是 KClO、$KClO_3$、$KClO_4$,现无标签。用什么方法可将它们区别开?

提示:先利用溶解性差异将 $KClO_4$ 与 KClO 和 $KClO_3$ 区别开,KClO、$KClO_3$ 易溶于水而 $KClO_4$ 难溶于水。再利用氧化性的差别将 KClO 和 $KClO_3$ 区别开,KClO 是强氧化剂而 $KClO_3$ 的氧化性相对较弱。

10(15-10). 将易溶于水的钠盐 A 与浓硫酸混合后微热得无色气体 B,B 通入酸性高锰酸钾溶液后有气体 C 生成,将 C 通入另一钠盐 D 的水溶液中则溶液变黄、变橙,最后变为棕色,说明有 E 生成。向 E 中加入 NaOH 溶液得无色溶液 F,当酸化该溶液时又有 E 出现。请给出 A～F的化学式。

解:A,NaCl;B,HCl　　$NaCl + H_2SO_4(浓) = HCl\uparrow + NaHSO_4$

C,Cl_2　　$2MnO_4^- + 10Cl^- + 16H^+ = 5Cl_2\uparrow + 2Mn^{2+} + 8H_2O$

D,NaBr;E,Br_2　　$Cl_2 + 2Br^- = 2Cl^- + Br_2$

F,NaBr 和 $NaBrO_3$　　$3Br_2 + 6OH^- = BrO_3^- + 5Br^- + 3H_2O$

$$BrO_3^- + 5Br^- + 6H^+ = 3Br_2 + 3H_2O$$

11(15-11). 为何实验室在 298.15K 下用盐酸与 MnO_2 制取 Cl_2 时,必须使用浓盐酸?试通过有关电极电势的计算予以说明。

答:(1) 查得 $E^\ominus(Cl_2/Cl^-) = 1.360V > E^\ominus(MnO_2/Mn^{2+}) = 1.224V$,因此在标准状态下不能用盐酸与 MnO_2 制取 Cl_2。

(2) 298.15K 时,浓盐酸 $c(H^+) = c(Cl^-) = 12mol \cdot L^{-1}$

$$E(Cl_2/Cl^-) = E^\ominus(Cl_2/Cl^-) + \frac{0.0592}{2}\lg\frac{[p(Cl_2)/p^\ominus]}{c^2(Cl^-)}$$

$$= 1.360 + \frac{0.0592}{2}\lg\frac{1}{12^2} = 1.30(V)$$

$$E(MnO_2/Mn^{2+}) = E^\ominus(MnO_2/Mn^{2+}) + \frac{0.0592}{2}\lg\frac{c^4(H^+)}{c(Mn^{2+})}$$

$$= 1.224 + \frac{0.0592}{2}\lg 12^4 = 1.35(V)$$

在浓盐酸条件下 $E(MnO_2/Mn^{2+})>E(Cl_2/Cl^-)$，故可用 MnO_2 与浓盐酸反应制取 Cl_2。

12(15－12). 举例说明拟卤素与卤素的相似性。

答:拟卤素与卤素的相似性主要有以下表现:

(1) 游离态容易挥发，如 $(CN)_2$ 的沸点为－21.17℃。

(2) 与氢形成酸，如 HCN($K_a^\ominus=5.8\times10^{-10}$)、HSCN($K_a^\ominus=0.14$)、HOCN ($K_a^\ominus=2\times10^{-4}$)。

(3) 与金属形成盐，如 NaCN、KSCN 等。

(4) 形成配合物，如 $K[Ag(CN)_2]$、$H[Au(CN)_4]$、$K_4[Fe(CN)_6]$等。

(5) 与水、碱性溶液均可发生歧化反应，如

$$(CN)_2+H_2O=\!=\!=HCN+HOCN$$

$$(CN)_2+2OH^-=\!=\!=CN^-+OCN^-+H_2O$$

(6) 阴离子具有还原性，如

$$2SCN^-+MnO_2+4H^+=\!=\!=Mn^{2+}+(SCN)_2+2H_2O$$

$$6CN^-+2Cu^{2+}=\!=\!=2Cu(CN)_2^-+(CN)_2$$

(7) 拟卤素具有氧化性，如

$$(SCN)_2+H_2S=\!=\!=2H^++2SCN^-+S\downarrow$$

$$(SCN)_2+2I^-=\!=\!=2SCN^-+I_2$$

$$(SCN)_2+2S_2O_3^{2-}=\!=\!=2SCN^-+S_4O_6^{2-}$$

13. 试确定 Fe 与盐酸反应的产物和 Fe 与氯气反应的产物，并解释不同的原因。

答:Fe 与盐酸反应的产物是 $FeCl_2$ 而不是 $FeCl_3$。

$$Fe+2HCl=\!=\!=FeCl_2+H_2$$

因为 $E^\ominus(H^+/H_2)>E^\ominus(Fe^{2+}/Fe)$，而 $E^\ominus(Fe^{3+}/Fe^{2+})>E^\ominus(H^+/H_2)$。

Fe 与 $Cl_2(g)$ 的反应产物为 $FeCl_3$。

$$2Fe+3Cl_2=\!=\!=2FeCl_3$$

因为 $E^\ominus(Cl_2/Cl^-)>E^\ominus(Fe^{3+}/Fe^{2+})>E^\ominus(Fe^{2+}/Fe)$。

14. 有标签不清的氯酸钾、碘酸钾和偏高碘酸钾三瓶白色晶体，请叙述进行鉴别的简要步骤，并写出主要化学方程式。

答:首先取三种固体分别溶于稀硫酸，再往各溶液中分别滴加少许 $MnSO_4$ 溶液，并微热，溶液显紫红色的是偏高碘酸钾 KIO_4。

$$5IO_4^-+2Mn^{2+}+3H_2O=\!=\!=2MnO_4^-+5IO_3^-+6H^+$$

再取余下两种固体分别加入浓盐酸，加热，并用湿润淀粉 KI 试纸检验有无 Cl_2 逸出。有 Cl_2 逸出者为氯酸钾 $KClO_3$。

$$KClO_3+6HCl\overset{\triangle}{=\!=\!=}3Cl_2\uparrow+KCl+3H_2O$$

将最后一种固体用稀硫酸溶解，加少量 $NaNO_2$ 溶液，有 I_2 生成者为碘酸钾 KIO_3。

$$2IO_3^-+5NO_2^-+2H^+=\!=\!=I_2+5NO_3^-+H_2O$$

15. 如何以食盐为基本原料制备 Cl_2、NaClO、$Ca(ClO)_2$、$KClO_3$、$HClO_4$?

答:

$$2NaCl+2H_2O\xrightarrow{\text{电解}}2NaOH+2H_2\uparrow+Cl_2\uparrow$$

$$Cl_2+2NaOH(\text{冷})\longrightarrow NaClO+NaCl+H_2O$$

$$2Cl_2+2Ca(OH)_2(\text{冷})\longrightarrow Ca(ClO)_2+CaCl_2+2H_2O$$

$$3Cl_2+6KOH(\text{热})\longrightarrow KClO_3+5KCl+3H_2O$$

$$4KClO_3 \xrightarrow{\triangle} 3KClO_4 + KCl$$

$$KClO_4 + H_2SO_4(浓) \xrightarrow{减压蒸馏} KHSO_4 + HClO_4$$

16. 用漂白粉漂白物料时，常采用以下步骤：

(1) 将物料浸入漂白粉溶液，然后暴露在空气中。

(2) 将物料浸在稀盐酸中。

(3) 将物料浸在大苏打溶液中，最后取出放在空气中干燥。

试说明每一步处理的作用，并写出有关的反应方程式。

答：(1) 吸收 CO_2 生成 HClO 而进行漂白：

$$ClO^- + CO_2 + H_2O = HClO + HCO_3^-$$

(2) 除掉 $Ca(OH)_2$ 和钙盐：

$$Ca(OH)_2 + 2HCl = CaCl_2 + 2H_2O$$

(3) 除掉漂白过程中放出的 Cl_2：

$$4Cl_2 + S_2O_3^{2-} + 5H_2O = 2SO_4^{2-} + 8Cl^- + 10H^+$$

17. 在酸性溶液中 $KBrO_3$ 能把 KI 氧化成 I_2 和 KIO_3，本身被还原为 Br_2 和 Br^-，而 KIO_3 和 KBr 反应生成 I_2 和 Br_2，KIO_3 和 KI 反应生成 I_2。现于酸性溶液中混合等物质的量的 $KBrO_3$ 和 KI，会生成哪些产物？它们的物质的量的比是多少？

答：

$$6KBrO_3 + 5KI + 3H_2SO_4 = 3Br_2 + 5KIO_3 + 3K_2SO_4 + 3H_2O$$

6mol　5mol　　3mol　5mol

剩余 1mol KI 将和(1/5)mol KIO_3 作用生成(3/5)mol I_2。

$$KIO_3 + 5KI + 3H_2SO_4 = 3I_2 + 3K_2SO_4 + 3H_2O$$

1/5mol　1mol　　3/5mol

故最终生成 Br_2、I_2、KIO_3，其物质的量比为 3∶(3/5)∶(24/5)。

18. 指出 PF_3、PCl_3、PBr_3、PI_3 分子中键角的变化规律，并说明原因。

答：PF_3、PCl_3、PBr_3、PI_3 分子的键角是依次增大的。因为同类型卤化物 PX_3 的键角大小与 X 元素的电负性大小有关。X 的电负性越大，P—X 间的成键电子对越偏向 X 原子，中心原子 P 表面的电子密度越小，因而 PX_3 分子的键角越小。卤素中 F 的电负性最大，I 的电负性最小，所以 PX_3 分子的键角按上述规律变化。

19. 下列卤化物中有的能发生水解反应，请写出相应的水解反应方程式。

NCl_3，PCl_3，$TiCl_4$，NF_3

答：$NCl_3 + 3H_2O = NH_3 + 3HOCl$；$PCl_3 + 3H_2O = H_3PO_3 + 3HCl$；

$TiCl_4 + (n+2)H_2O = TiO_2 \cdot nH_2O + 4HCl$；$NF_3$ 不水解。

四、自　测　题

1. 填空题(每空 1 分，共 20 分)

(1) 给出下列物质的化学式：萤石________，冰晶石________，氟磷灰石________。

(2) F、Cl、Br 三元素中电子亲和能最大的是________，单质的解离能最小的是________。

(3) 氢氟酸的酸性与其他氢卤酸明显不同，其原因主要是 F 原子________很小而________________特别大。

(4) 反应 $KX(s)+H_2SO_4$(浓)$=KHSO_4+HX$ 中，卤化物 KX 是指________和________。

(5) 氢卤酸 HX 的酸性按卤素原子半径的增大而________。

(6) 在浓 HCl、浓 H_2SO_4、浓 H_3PO_4 和浓 HNO_3 中，可用来与 KI(s)反应制取较纯 HI(g)的是________。

(7) Cl_2O 是________的酸酐；I_2O_5 是________的酸酐。

(8) 比较大小：氧化性，$HClO_3$ ________ HClO；酸性，$HClO_3$ ________ HClO。

(9) 高碘酸是多元________酸，其酸根离子的空间构型为______________，其中碘原子的杂化方式为________，高碘酸具有强________性。

(10) 不存在 FCl_3 的原因是______________________________。

2. 是非题(用"√"、"×"表示对、错，每小题 1 分，共 10 分)

(1) 所有卤素都有可变的氧化数。（　）

(2) 浓 HCl 具有还原性，它的盐也必有还原性。（　）

(3) 卤素单质的聚集状态、熔点、沸点都随原子序数增加而呈规律性变化，这是因为各卤素单质的分子间作用力有规律地增加的缘故。（　）

(4) 卤素单质性质相似，因此分别将 F_2 和 Cl_2 通入水中都能将水氧化。（　）

(5) 相同氧化数的不同卤素形成的含氧酸，其酸性随元素电负性增加而增强。（　）

(6) 含氧酸的热稳定性随卤素氧化数增加而提高，这是因为卤素氧化数增加，结合氧原子数增加，增加了含氧酸根的对称性。（　）

(7) HX 是强极性分子，其极性按 HF＞HCl＞HBr＞HI 顺序变化，因此 HX 的分子间力也按此顺序降低。（　）

(8) HX 中的卤素处在低氧化数状态，所有 HX 都能被其他物质所氧化。（　）

(9) 氢卤酸盐 MX 大多为离子晶体，氢卤酸 HX 为分子晶体，所以氢卤酸盐 MX 的熔点总比氢卤酸 HX 高。（　）

(10) 虽然 SF_4、XeF_2、IF_3 价层均有 5 对价电子对，但这些分子的空间构型却不相同。它们的空间构型分别为变形四面体、直线形和 T 形。（　）

3. 单选题(每小题 2 分，共 20 分)

(1) 由于 HF 分子间形成氢键而产生的现象有(　　)。

A. HF 的沸点高于 HCl

B. 除氟化物外，还有含 HF_2^- 的化合物

C. HF 是弱酸

D. 三种现象都有

(2) 氢氟酸应该储存在(　　)中。

A. 塑料瓶　B. 无色玻璃瓶　C. 金属容器　D. 棕色玻璃瓶

(3) 下列氯的含氧酸盐在碱性溶液中不会发生歧化反应的是(　　)。

A. 次氯酸盐　B. 亚氯酸盐　C. 氯酸盐　D. 高氯酸盐

(4) 氧呈现＋2 价氧化态的化合物是(　　)。

A. I_2O_7　B. Cl_2O　C. F_2O　D. HBrO

(5) 下列化合物与水反应放出 HCl 的是(　　)。

A. CCl_4　　B. NCl_3　　C. $POCl_3$　　D. Cl_2O_7

(6) 下列分子或离子中具有正四面体几何构型的是(　　)。

A. ClF_3　　B. ClO_4^-　　C. IF_5　　D. ICl_4^-

(7) 若要除去液溴中溶入的少量氯,应加入的试剂是适量的(　　)。

A. NaBr 溶液　　B. NaOH 溶液　　C. KI 溶液　　D. CCl_4

(8) ICl_2^- 的几何形状为直线形,其中心原子 I 采取的杂化类型为(　　)。

A. sp　　B. sp^2　　C. sp^3　　D. sp^3d

(9) 溴的沸点是 58.8℃,而氯化碘的沸点是 97.4℃,ICl 比 Br_2 的沸点高的主要原因是(　　)。

A. ICl 的相对分子质量远大于 Br_2

B. ICl 为极性分子,Br_2 为非极性分子

C. ICl 的蒸气压比 Br_2 高

D. ICl 为离子型化合物,Br_2 为共价型分子

(10) 下面氯氧化物中具有顺磁性的是(　　)。

A. Cl_2O　　B. ClO_2　　C. Cl_2O_6　　D. Cl_2O_7

4. 判断题(每小题 10 分,共 20 分)

(1) 有两种白色晶体 A 和 B 均为溶于水的钠盐。A 的水溶液呈中性,B 的水溶液呈碱性。A 溶液与 $FeCl_3$ 溶液作用呈红棕色,与 $AgNO_3$ 溶液作用出现黄色沉淀。晶体 B 与浓盐酸反应产生黄色气体,该气体与冷 NaOH 溶液作用得到含 B 的溶液。向 A 溶液滴加 B 溶液,开始溶液呈红棕色,若继续滴加过量 B 溶液,则溶液的红棕色消失。A 和 B 各为什么物质?试写出有关的离子反应方程式。

(2) 试根据 $E^\ominus$ 值的大小判断下列各组物质是否能够共存,并写出有关反应式:

① $FeCl_3$ 与 Br_2 水;② NaBr 与 $NaBrO_3$;③ $FeCl_3$ 与 KI;④ KI 与 KIO_3。

5. 解释简答题(每小题 5 分,共 15 分)

(1) 卤素分子 F_2、Cl_2、Br_2 和 I_2 的解离能分别为 155、240、190 和 149(单位均为 $kJ \cdot mol^{-1}$)。试简要说明为什么 F_2 的解离能小于 Cl_2 和 Br_2,而与 I_2 接近。

(2) 在酸性溶液中,$NaNO_2$ 与 KI 反应可得到 NO,现有两种操作步骤:①先将 $NaNO_2$ 酸化后再滴加 KI;②先将 KI 酸化后再滴加 $NaNO_2$。哪种方法制得的 NO 纯?为什么?

(3) 常温下测得卤化氢气体对空气的相对密度分别如下:

HF 1.78　　HCl 1.26　　HBr 2.79　　HI 4.44

由此计算出卤化氢的相对分子质量,HCl、HBr、HI 均接近理论值,唯有 HF 的相对分子质量与理论值 20 相差很大,试说明其原因。

6. 计算题(每小题 5 分,共 15 分)

(1) CaF_2 能用于使生活用水氟化。如果使水中氟离子浓度达到 $2.0\times10^{-5} mol \cdot L^{-1}$,那么应往 $1.0m^3$ 水中加入多少克的 CaF_2?

(2) 漂白粉在潮湿的空气中容易失效,写出相应的化学反应方程式,并计算反应的平衡常数。

$[K_{a_1}^\ominus(H_2CO_3)=4.3\times10^{-7}, K_a^\ominus(HClO)=2.95\times10^{-8}]$

(3) 现欲分离 Cl^-、Br^- 混合溶液：首先加入足量 $AgNO_3$ 溶液，使之生成 AgCl 和 AgBr。再经过滤、洗涤后加浓度为 $2.0\,mol\cdot L^{-1}$ 的 $NH_3\cdot H_2O$ 溶解 AgCl，而 AgBr 微溶。分离时 Cl^-、Br^- 的浓度比是多少？$[K_{sp}^\ominus(AgCl)=1.8\times10^{-10}, K_{sp}^\ominus(AgBr)=5.0\times10^{-13}]$

参考答案

1. 填空题

(1) CaF_2，Na_3AlF_6，$Ca_5(PO_4)_3F$；(2) Cl，F_2；(3) 半径，H—F 键的解离能；(4) KCl，KF；(5) 增强；(6) 浓 H_3PO_4；(7) HClO，HIO_3；(8) 小于，大于；(9) 弱，正八面体，sp^3d^2，氧化；(10) ①中心原子 F 无价层 d 轨道，不能进行 sp^3d 杂化；②F 的电负性远比 Cl 大且半径特别小。

2. 是非题

(1) ×；(2) ×；(3) √；(4) ×；(5) √；(6) √；(7) ×；(8) ×；(9) √；(10) √。

3. 单选题

(1) D；(2) A；(3) D；(4) C；(5) C；(6) B；(7) A；(8) D；(9) B；(10) B。

4. 判断题

(1) A，NaI；B，NaClO

$$ClO^- + H_2O = HClO + OH^-$$
$$2Fe^{3+} + 2I^- = 2Fe^{2+} + I_2(红棕)$$
$$Ag^+ + I^- = AgI\downarrow(黄)$$
$$NaClO + 2HCl(浓) = Cl_2(黄绿) + NaCl + H_2O$$
$$Cl_2 + 2NaOH = NaCl + NaClO + H_2O$$
$$ClO^- + 2I^- + 2H^+ = Cl^- + I_2(红棕) + H_2O$$
$$I_2 + 5ClO^- + H_2O = 5Cl^- + 2IO_3^- + 2H^+$$

(2) ① $FeCl_3$ 与 Br_2 水能共存。因为 $E^\ominus(BrO_3^-/Br_2)=1.5V > E^\ominus(Fe^{3+}/Fe^{2+})=0.771V$，所以 $FeCl_3$ 和 Br_2 不会发生氧化还原反应，也不发生其他反应，能共存。

② NaBr 与 $NaBrO_3$ 在酸性溶液中不能共存。因为 $E^\ominus(BrO_3^-/Br_2)=1.5V > E^\ominus(Br_2/Br^-)=1.065V$，故发生反应：$BrO_3^- + 5Br^- + 6H^+ = 3Br_2 + 3H_2O$。

③ $FeCl_3$ 与 KI 溶液不能共存。因为 $E^\ominus(Fe^{3+}/Fe^{2+})=0.771V > E^\ominus(I_2/I^-)=0.5355V$，故发生反应：$2Fe^{3+} + 2I^- = 2Fe^{2+} + I_2$。

④ KI 与 KIO_3 在酸性溶液中不能共存。因为 $E^\ominus(IO_3^-/I_2)=1.195V > E^\ominus(I_2/I^-)=0.5355V$，故发生反应：$IO_3^- + 5I^- + 6H^+ = 3I_2 + 3H_2O$。

5. 解释简答题

(1) 卤素原子通过共价键形成 X_2。从 F 到 I 随着原子序数的增加，原子半径增大，X_2 原子轨道的有效重叠减少，导致卤素分子的解离能降低。但是，由于 F 的半径特别小，F_2 分子中孤对电子之间有较大的排斥作用，F_2 分子的解离能较小。

(2) 第二种方法制得的 NO 纯。因为先将 $NaNO_2$ 酸化，可能发生下列反应：
$$2NO_2^- + 2H^+ = NO + NO_2 + H_2O$$
使 NO 中混有 NO_2。

(3) F 的原子半径小，电负性大，故 HF 分子间存在氢键，使 HF 分子发生缔合。在常温下，气体中有 $(HF)_2$ 和 $(HF)_3$ 等缔合分子存在，故测得的数值不是 HF 的相对分子质量。

6. 计算题

(1)
$$CaF_2 = Ca^{2+} + 2F^-$$

要使[F^-]$=2.0\times10^{-5}$ mol · L^{-1}，需使水中[CaF_2]$=2.0\times10^{-5}$ mol · $L^{-1}/2=1.0\times10^{-5}$ mol · L^{-1}，$m(CaF_2)=(1.0\times10^{-5}\times78.083\times10^3)g=0.78$g。

(2)
$$ClO^- + H_2CO_3 \xlongequal{\quad} HCO_3^- + HClO \qquad K^\ominus$$
$$\qquad\qquad\qquad\qquad \llcorner\xrightarrow{\text{分解}} HCl + O_2$$

$$K^\ominus=\frac{[HCO_3^-][HClO]}{[H_2CO_3][ClO^-]}=\frac{[HCO_3^-][HClO]}{[H_2CO_3][ClO^-]}\times\frac{[H^+]}{[H^+]}=\frac{K_{a_1}^\ominus(H_2CO_3)}{K_a^\ominus(HClO)}=\frac{4.3\times10^{-7}}{2.95\times10^{-8}}=15$$

(3) $AgX+2NH_3\cdot H_2O \xlongequal{\quad} [Ag(NH_3)_2]^+ + X^- + 2H_2O \qquad K_f^\ominus K_{sp}^\ominus=K^\ominus$

把 $K_{sp}^\ominus$ 代入，对于 AgCl

$$K^\ominus=1.8\times10^{-10}K_f^\ominus \tag{i}$$

对于 AgBr

$$K^\ominus=5.0\times10^{-13}K_f^\ominus \tag{ii}$$

式(ii)－式(i)得

$$AgBr+Cl^- \xlongequal{\quad} AgCl+Br^-$$

则[Br^-]/[Cl^-]$=K_{sp}^\ominus(AgBr)/K_{sp}^\ominus(AgCl)=5.0\times10^{-13}/1.8\times10^{-10}=2.8\times10^{-3}$。分离时，$Br^-$ 和 Cl^- 浓度之比为 $2.8\times10^{-3}:1$。

（中南大学 曾小玲 张寿春）

第16章　氧族元素

一、学习要求

(1) 熟悉氧族元素的通性，掌握氧元素的结构、性质，熟悉臭氧的结构、性质以及与环境的关系，掌握过氧化氢的结构、基本性质及其用途；

(2) 了解硫单质同素异形体的结构与性质，掌握硫元素和硫化氢的结构和基本性质；

(3) 熟悉金属硫化物的溶解性差异和特征颜色，了解多硫化物、二氧化硫、三氧化硫的结构和性质；

(4) 掌握硫酸及其盐的结构和性质，了解其他硫的含氧酸及其盐的结构和性质。

二、重难点解析

(一) 氧族元素的通性

氧族元素中，硫和氧为非金属，硒和碲为半金属性的，钋为典型的金属。本族元素的价层电子构型为 ns^2np^4，可能表现的氧化态为−2，0，+2，+4，+6。在氧和硫生成的所有共价化合物中，价层电子倾向全部参加成键，氧、硫一般都能形成 p π 键。因为硫、硒、碲和钋存在空的 d 轨道，所以在形成化合物时它们往往会形成 d-p π 键，有些还会形成离域的 π 键。如果有价电子没有参加成键，便以孤对电子的形式出现。本族元素从硒到钋的很多性质都平行于氮族、碳族、硼族，从而体现了惰性电子对效应的影响。同卤素相似，氧族元素的某些化学性质也存在一定的规律性。随着中心原子序数的增加，原子半径、单质的熔点和沸点增大，而电负性、电离能、单键键能减小。氧原子因半径特别小，某些性质不符合上述规律，如氧原子的电子亲和能小于硫原子，O—O 单键键能小于 S—S 键。本族元素的氢化物 H_2O、H_2S、H_2Se、H_2Te 性质的递变也与卤化氢相似。氢化物的熔点、沸点、酸性、还原性随着中心原子序数的增加而依次增加，而稳定性、键能则依次减小。氧的氢化物 H_2O 因能够形成氢键，其熔点、沸点比 H_2S 高。

(二) 重要氢化物的性质特点

1. 过氧化氢

(1) 热力学的不稳定性。H_2O_2 含有过氧链，热力学不稳定，易歧化分解。

(2) 动力学的稳定性。H_2O_2 的歧化分解反应，虽然能够自发进行，但反应速率很慢，因此从动力学的角度来看，过氧化氢是稳定的。只有在加热、光照或加入催化剂，如 MnO_2、Fe^{2+}、Cu^{2+} 等的条件下，反应才能加快进行。

(3) 氧化还原性。过氧化氢在酸性条件下是特强的氧化剂[$E^\ominus(H_2O_2/H_2O)=1.763V$]，而在碱性条件下是中强氧化剂[$E^\ominus(HO_2^-/HO^-)=0.867V$]。例如，在碱性介质中 H_2O_2 可以把 $[Cr(OH)_4]^-$ 氧化为 CrO_4^{2-}，而在酸性溶液中 CrO_4^{2-} 转化为 $Cr_2O_7^{2-}$，后者进而转化成 CrO_5。

$$Cr_2O_7^{2-}+4H_2O_2+2H^+\longrightarrow 2CrO_5+5H_2O$$

过氧化氢还具有较弱的还原性，当遇到比它更强的氧化剂时表现出还原性。由于过氧化氢被氧化或被还原的产物分别是氧气和水，不会给反应系统引入新的杂质，所以是最常用的氧化还原剂之一。

(4) 弱酸性。过氧化氢可以与某些金属氢氧化物反应生成过氧化物和水。

2. 硫化氢

H_2S 的表观性质包括：无色、有毒的气体，有腐臭鸡蛋气味。

(1) 还原性。根据标准电极电势，在酸性或碱性介质中，H_2S 都具有较强的还原性[酸性条件：$E^\ominus(S/H_2S)=0.144V$；碱性条件：$E^\ominus(S/S^{2-})=-0.407V$]。

(2) 弱酸性。硫化氢的水溶液称为氢硫酸，是很弱的二元酸，能和碱发生中和反应，生成相应的硫化物。

氢硫酸可被空气中的氧气氧化而析出硫，因此不能长久保存。H_2S 可以和金属化合物反应形成硫化物，而大多数的金属硫化物不溶于水，故 H_2S 是一种沉淀剂，用于检测金属离子。

(三) 金属硫化物

大多数金属硫化物难溶于水，并且在不同酸溶液中这些金属硫化物有不同的溶解性和特征颜色，据此可以作为定性分析溶液中阳离子的依据。

从结构方面看，S^{2-} 的半径较大，因而变形性也较大，在与金属离子结合时，由于离子相互极化作用，金属硫化物中的 M—S 键呈现共价性，造成了此类金属硫化物难溶于水。由此可知，金属离子的极化作用越强，硫化物的溶解度越小。

(四) 硫的氧化物及水溶酸

氧化物	SO_2	SO_3
成键特征	sp^2 不等性杂化，离域 π_3^4 键	sp^2 等性杂化，离域 π_4^6 键
空间构型	角形	平面三角形
氧化还原性	还原性＞氧化性	具有强氧化性

水溶酸	H_2SO_3	H_2SO_4
酸性	中强酸	强酸
氧化还原性	还原性＞氧化性	浓硫酸具有吸水性和强氧化性，稀硫酸只表现出酸性

(五) 硫的含氧酸及其盐

化学式	名　称	硫的氧化值	酸根结构式	存在形式
H_2SO_4	硫酸	$+6$	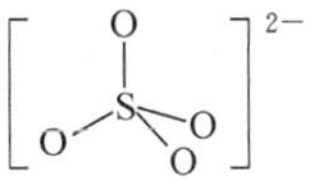	酸、盐

续表

化学式	名称	硫的氧化值	酸根结构式	存在形式
$H_2S_2O_3$	硫代硫酸	+2(平均值)	$\left[\begin{array}{c}S\\\|\\O-S-O\\\|\\O\end{array}\right]^{2-}$	盐
$H_2S_2O_7$	焦硫酸	+6	$\left[\begin{array}{c}O\quad O\\\|\quad\|\\O-S-O-S-O\\\|\quad\|\\O\quad O\end{array}\right]^{2-}$	酸、盐
H_2SO_3	亚硫酸	+4	$\left[O-S-O\atop\quad O\right]^{2-}$	盐
$H_2S_2O_4$	连二亚硫酸	+3	$\left[{O\atop O}S-S{O\atop O}\right]^{2-}$	盐
H_2SO_5	过一硫酸	+6	$\left[\begin{array}{c}O\\\|\\O-S-O-O\\\|\\O\end{array}\right]^{2-}$	酸、盐
$H_2S_2O_8$	过二硫酸	+6	$\left[\begin{array}{c}O\quad O\\\|\quad\|\\O-S-O-O-S-O\\\|\quad\|\\O\quad O\end{array}\right]^{2-}$	酸、盐

三、习题全解和重点练习题解

1(16-1). 完成下列化学方程式。

$H_2O_2+KI+H_2SO_4\longrightarrow$ $O_3(g)+H_2SO_4+KI\longrightarrow$

$H_2O_2+H_2S\longrightarrow$ $S+H_2SO_4(浓)\longrightarrow$

$H_2S+H_2SO_4\longrightarrow$ $SO_2+Cl_2+H_2O\longrightarrow$

$KHSO_4(s)+Al_2O_3\longrightarrow$ $Na_2S_2O_3+HCl\longrightarrow$

$MnCl_2+(NH_4)_2S_2O_8+H_2O\longrightarrow$

解： $H_2O_2+3KI+H_2SO_4=\!=\!=KI_3+2H_2O+K_2SO_4$

$5H_2O_2(过量)+KI_3=\!=\!=4H_2O+2HIO_3+KI$

$O_3(g)+H_2SO_4+2KI=\!=\!=I_2+O_2\uparrow+K_2SO_4+H_2O$

$H_2O_2+H_2S=\!=\!=S\downarrow+2H_2O$

$S+2H_2SO_4(浓)=\!=\!=3SO_2\uparrow+2H_2O$

$H_2S+H_2SO_4=\!=\!=S\downarrow+SO_2\uparrow+2H_2O$

$SO_2+Cl_2+2H_2O=\!=\!=H_2SO_4+2HCl$

$6KHSO_4(s)+Al_2O_3(s)=\!=\!=Al_2(SO_4)_3+3K_2SO_4+3H_2O$

$Na_2S_2O_3+2HCl=\!=\!=S\downarrow+SO_2\uparrow+H_2O+2NaCl$

$2MnCl_2+5(NH_4)_2S_2O_8+8H_2O=\!=\!=2NH_4MnO_4+4(NH_4)_2SO_4+6H_2SO_4+4HCl$

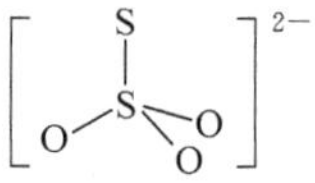

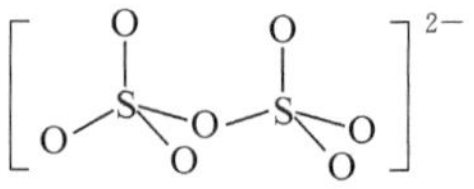

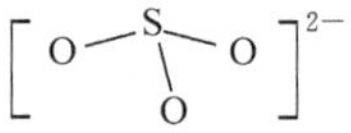

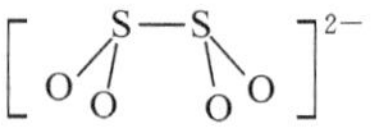

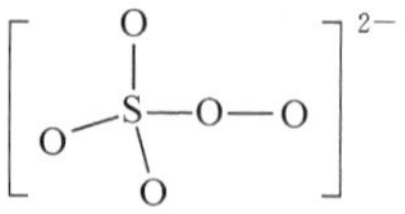

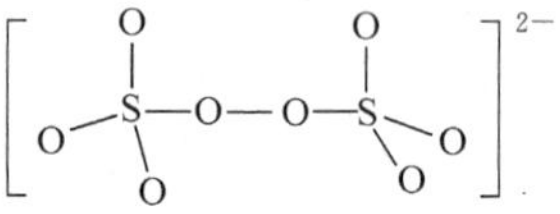

2(16-2). 选择题。

(1) 下列氧化物中单独加热到温度不太高时,能放出氧气的是(　　)

A. 所有的金属二价氧化物　　B. 所有的过氧化物

C. 所有的两性氧化物　　D. 所有的超氧化物

(2) 下列关于硫元素性质的叙述中错误的是(　　)

A. 单质硫既可作氧化剂,也可作还原剂

B. 硫有多种同素异形体

C. 由于硫原子有 d 轨道,所以与氧原子不同,硫配位数可达 6

D. CS_2 和 CO_2 都是非极性分子,因 CS_2 比 CO_2 熔、沸点高,故 C═S 的键能比 C═O 大

(3) 大气的臭氧层能保护生态环境,原因是(　　)

A. 臭氧层能起保温作用　　B. 臭氧层能防止地表水过快散失

C. 臭氧层能吸收对人体有害的紫外线　　D. 臭氧层能吸收大气中的氧气

(4) 下列关于 H_2O_2 分子结构的描述中正确的是(　　)

A. H_2O_2 分子处于同一平面上

B. 其中两个 O—H 键不在同一平面上

C. 其中两个 O—H 键处于相互垂直的两个平面上

D. O—H 键和 O—O 键之间的夹角互为 90°

(5) 单质硫在 113～119℃熔融而形成一种黄色液体,随着温度进一步升高,液体颜色变深而且黏度非常大,对此现象下列叙述正确的是(　　)

A. 在高温时离子键增强

B. 原来的 S_8 环破裂,从而形成长链分子

C. 有 S_λ 和 S_π 形式;前者作为溶质,可降低后者作为溶剂时的蒸气压

D. 随着温度升高,分子的复杂性降低

答:(1)B;(2)D;(3)C;(4)B;(5)B。

3(16-3). 氧原子除了以双原子分子 O_2 形式存在外,还能以 O_2^+ {如 $O_2[PtF_6]$}、O_2^-(如 KO_2)和 O_2^{2-}(如 H_2O_2)形式存在,试用分子轨道理论说明 O_2、O_2^+、O_2^-、O_2^{2-} 的键级、键长和键能的递变顺序。

解:分子轨道表达式分别为

O_2　$[KK(\sigma_{2s})^2(\sigma_{2s}^*)^2(\sigma_{2p})^2(\pi_{2p_y})^2(\pi_{2p_z})^2(\pi_{2p_y}^*)^1(\pi_{2p_z}^*)^1]$

O_2^+　$[KK(\sigma_{2s})^2(\sigma_{2s}^*)^2(\sigma_{2p})^2(\pi_{2p_y})^2(\pi_{2p_z})^2(\pi_{2p_y}^*)^1]$

O_2^-　$[KK(\sigma_{2s})^2(\sigma_{2s}^*)^2(\sigma_{2p})^2(\pi_{2p_y})^2(\pi_{2p_z})^2(\pi_{2p_y}^*)^2(\pi_{2p_z}^*)^1]$

O_2^{2-}　$[KK(\sigma_{2s})^2(\sigma_{2s}^*)^2(\sigma_{2p})^2(\pi_{2p_y})^2(\pi_{2p_z})^2(\pi_{2p_y}^*)^2(\pi_{2p_z}^*)^2]$

由分子轨道表达式可见,O_2^+ 反键轨道上电子最少,O_2^{2-} 反键轨道上电子最多,因此键级:$O_2^+ > O_2 > O_2^- > O_2^{2-}$,从而可推得键长:$O_2^+ < O_2 < O_2^- < O_2^{2-}$,键能:$O_2^+ > O_2 > O_2^- > O_2^{2-}$。

4(16-4). 简述过氧化氢的结构与化学性质,并说明 H_2O_2 是一个在反应体系中不引入杂质离子的试剂的原因。

解:过氧化氢的分子结构是 H—O—O—H,两个 H 原子在两个不同平面上,且键角∠HOO 均为 94.8°,这样的结构不稳定。

(1) H_2O_2 具有弱酸性

$H_2O_2 \rightleftharpoons H^+ + HO_2^-$　　$K_{a_1}^\ominus = 1.55\times10^{-12}$　　$K_{a_2}^\ominus = 1.0\times10^{-25}$

$H_2O_2+2NaOH \xlongequal{\text{乙醇}} Na_2O_2+2H_2O$

(2) $2H_2O_2 = 2H_2O+O_2$，当加热、光照或有重金属离子存在时，可对此反应起催化作用，大大加速 H_2O_2 的分解。因此 H_2O_2 应保存在棕色瓶子中。

(3) 在 H_2O_2 中，氧的氧化数为-1，属中间价态，因此 H_2O_2 既有氧化性又有还原性。

酸性介质：$H_2O_2+2H^++2e^- \rightleftharpoons 2H_2O$　　$E^\ominus=1.77V$

$O_2+2H^++2e^- \rightleftharpoons H_2O_2$　　$E^\ominus=0.68V$

碱性介质：$H_2O_2+2e^- \rightleftharpoons 2OH^-$　　$E^\ominus=0.87V$

$O_2+H_2O+2e^- \rightleftharpoons HO_2^-+OH^-$　　$E^\ominus=-0.076V$

由上述 $E^\ominus$ 值分析，在酸性或碱性介质中 H_2O_2 的氧化性比还原性要强得多，因此它主要作为氧化剂。H_2O_2 氧化产物是 H_2O 和 OH^-，还原产物是 O_2（逸出），在体系中没有带入其他离子，所以 H_2O_2 是一种很好的试剂。

5(16-5). 在硫酸酸化的双氧水中，加入适量的高锰酸钾（$KMnO_4$）溶液，会发生什么现象？试写出反应方程式。

解：加入高锰酸钾溶液后，溶液变为紫红色，但不久颜色褪去，并伴有气泡产生，有无色无味气体逸出。反应方程式如下：

$$2KMnO_4+5H_2O_2+3H_2SO_4 = 2MnSO_4+K_2SO_4+5O_2\uparrow+8H_2O$$

6(16-6). 在101.3kPa、20℃条件下，1体积水可溶解2.6体积的 H_2S 气体。试求此时的 H_2S 饱和水溶液的物质的量浓度以及pH。

解：假设 H_2S 气体符合理想气体定律，因此1L水中溶解的 H_2S 物质的量为

$$n(H_2S)=\frac{pV}{RT}=\frac{101.3\times2.6}{8.314\times293}\text{mol}=0.108\text{mol}$$

即 H_2S 饱和水溶液的物质的量浓度为 $0.108\text{mol}\cdot L^{-1}$，在常规计算中一般以 $0.1\text{mol}\cdot L^{-1}$ 处理。

查得 H_2S 的 $K_{a_1}^\ominus=1.3\times10^{-7}$，$K_{a_2}^\ominus=7.1\times10^{-15}$，对二元弱酸，计算溶液中 $c(H^+)$ 时只需考虑第一级解离，所以饱和 H_2S 水溶液中 H^+ 的浓度为

$$c(H^+)=\sqrt{c\cdot K_{a_1}^\ominus}=\sqrt{0.108\times1.3\times10^{-7}}\text{mol}\cdot L^{-1}=1.18\times10^{-4}\text{mol}\cdot L^{-1}$$

$$pH\approx4.0$$

7(16-7). Fe^{3+} 与 S^{2-} 作用的产物可能有哪些？试写出全部的化学方程式。

解：Fe^{3+} 与 S^{2-} 作用的产物与溶液的酸碱度有关。当 Fe^{3+} 与 $(NH_4)_2S$ 或 Na_2S 作用时，生成 Fe_2S_3 黑色沉淀，反应方程式如下：

$$2Fe^{3+}+3S^{2-} = Fe_2S_3\downarrow$$

虽然反应是在碱性条件下进行，但由于 $K_{sp}^\ominus(Fe_2S_3)=10^{-88}$，远小于 $K_{sp}^\ominus[Fe(OH)_3]=10^{-38}$，因此只能生成 Fe_2S_3 沉淀。如将 Fe^{3+} 溶液酸化后与 $(NH_4)_2S$ 或 Na_2S 作用，得到的是浅黄色硫沉淀。因为 Fe_2S_3 溶于酸产生 H_2S，H_2S 具还原性，Fe^{3+} 具氧化性，两者发生氧化还原反应，即

$$Fe_2S_3+6H^+ = 2Fe^{3+}+3H_2S$$

$$2Fe^{3+}+H_2S = 2Fe^{2+}+S\downarrow+2H^+$$

总反应：$$Fe_2S_3+4H^+ = 2Fe^{2+}+S\downarrow+2H_2S$$

如将 H_2S 气体通入 Fe^{3+} 溶液中，也得不到黑色沉淀，发生反应如下：

$$2Fe^{3+}+H_2S=\!=\!=2Fe^{2+}+S\downarrow+2H^+$$

8(16-8). 写出 S 在 Na_2S、$Na_2S_2O_3$、Na_2SO_3、H_2SO_4、$Na_2S_2O_8$ 中的氧化数，并从结构上分析它们的氧化还原性。

解：在 Na_2S 中硫为−2价，在 $Na_2S_2O_3$ 中硫为+2价，其常作还原剂使用；在 Na_2SO_3 中硫为+4价，属中间价态，既可作还原剂，也可作氧化剂；在 H_2SO_4 中，硫为+6价，浓硫酸中的S具强氧化性常被还原为 SO_2 气体放出；在 $Na_2S_2O_8$ 中由于有2个−1价氧原子存在，这种结构中—O—O—键不稳定，易中间断裂而生成 SO_4^{2-}，故 $Na_2S_2O_8$ 具有强氧化性。

而在 H_2SO_4 的结构中2个非羟基氧与S之间存在σ键，还存在p-d π键，S成键时，采用 sp^3 杂化，2对孤对电子分别与2个非羟基氧上的1个2p空轨道形成2个σ键，而氧原子2p轨道上其中1对孤对电子反馈到S的3d空轨道上，形成p-d π键。这样的结构为正四面体"MO_4"构型，相对较稳定。这也就可以说明稀 H_2SO_4 没有氧化性的原因。

9(16-9). 简述硫酸的结构和化学性质，并阐述在实验室中使用浓硫酸的注意事项。

解：硫酸的结构和化学性质见8(16-8)中的解答。

在实验室使用浓硫酸时，注意不要与皮肤、衣服、纸张等接触，否则会脱水炭化至黄黑色，如遇到这类情况时应立即用清水冲洗稀释。同时实验中需用浓硫酸配制稀硫酸时，切记一定是将浓硫酸慢慢加入水中，以防由于强烈水合作用，使硫酸飞溅而伤人。

10(16-10). 为什么在实验室中不能长时间地保存 H_2S、Na_2S、Na_2SO_3 的水溶液？试写出反应方程式。

答：在酸性介质中，H_2S 有中等还原性；碱性介质中，S^{2-} 还原性加强，它们均可被空气中的 O_2 氧化，析出S沉淀；而在 Na_2S 溶液中还会继续反应生成多硫化物，具有氧化性

$$2H_2S+O_2=\!=\!=2S\downarrow+2H_2O$$

$$2S^{2-}+O_2+2H_2O=\!=\!=2S\downarrow+4OH^-$$

$$S^{2-}+xS=\!=\!=S_{x+1}^{2-}$$

H_2S 水溶液还具有强挥发性，易逸出 $H_2S(g)$。因此，实验室中不能长期保存 H_2S 水溶液和 Na_2S 水溶液。

亚硫酸钠水溶液呈碱性，SO_3^{2-} 具有强还原性，很容易被空气中的 O_2 氧化为 SO_4^{2-}

$$2SO_3^{2-}+O_2=\!=\!=2SO_4^{2-}$$

因此，放置后的 Na_2SO_3 水溶液中含有 SO_4^{2-}，故不宜久存。

11(16-11). 请设计一个简便的分辨方案将以下固体物质区别开。

$$Na_2S, Na_2S_2, Na_2S_2O_3, Na_2SO_3, Na_2SO_4$$

解：分别加入盐酸，根据产生的现象加以区分。

(1) 有 H_2S 恶臭气体逸出，使 $Pb(Ac)_2$ 试纸变黑的，原试样是 Na_2S。

$$Na_2S+2HCl=\!=\!=H_2S\uparrow+2NaCl$$

$$H_2S+Pb(Ac)_2=\!=\!=PbS\downarrow+2HAc$$

(2) 有 H_2S 恶臭气体逸出，同时生成黄白色沉淀的，原试样是 Na_2S_2。

$$Na_2S_2+2HCl=\!=\!=2NaCl+H_2S\uparrow+S\downarrow$$

(3) 有无色气体逸出，可使酸性 $KMnO_4$ 溶液紫红色褪去的，原试样是 Na_2SO_3。

$$SO_3^{2-}+2H^+=\!=\!=SO_2\uparrow+H_2O$$

$$2MnO_4^-+5SO_2+2H_2O=\!=\!=5SO_4^{2-}+2Mn^{2+}+4H^+$$

(4) 有无色气体逸出，可使酸性 $KMnO_4$ 溶液紫红色褪去，同时生成浅黄色沉淀的，原试样是 $Na_2S_2O_3$。

$$S_2O_3^{2-}+2H^+ \longrightarrow S\downarrow +SO_2\uparrow +H_2O$$

(5) 无明显现象的，原试样是 Na_2SO_4。

12(16－12). 浓硫酸能干燥下列哪种气体?

$$H_2S, NH_3, Cl_2, CO_2, H_2, SO_2$$

答:因为 H_2S 与 NH_3 会与浓硫酸发生化学反应，所以可以用浓硫酸干燥的气体有 Cl_2、CO_2、H_2、SO_2。

13(16－13). 在水溶液中，Na_2S、Al_2S_3 和 As_2S_3 三者中哪种物质水解最彻底? 哪种最弱? 在加热条件下，Na_2S 的水解又怎样?

解:Na_2S 水解 $S^{2-}+2H_2O \longrightarrow H_2S+2OH^-$

$$K_{h_1}^{\ominus}=\frac{K_w^{\ominus 2}}{K_{a_1}^{\ominus}(H_2S)K_{a_2}^{\ominus}(H_2S)}=\frac{(1\times10^{-14})^2}{1.3\times10^{-7}\times7.1\times10^{-15}}=1.1\times10^{-7}$$

Al_2S_3 水解 $Al_2S_3+6H_2O \longrightarrow 2Al(OH)_3\downarrow +3H_2S$

$$K_{h_2}^{\ominus}=\frac{c^3(H_2S)}{c^2(Al^{3+})c^3(S^{2-})}\times\frac{c^6(H^+)c^6(OH^-)}{c^6(H^+)c^6(OH^-)}=\frac{K_w^{\ominus 6}}{\{K_{sp}^{\ominus}[Al(OH)_3]\}^2[K_{a_1}^{\ominus}(H_2S)K_{a_2}^{\ominus}(H_2S)]^3}$$

$$=\frac{(1\times10^{-14})^6}{(1.3\times10^{-33})^2\times(1.3\times10^{-7}\times7.1\times10^{-15})^3}=7.5\times10^{44}$$

$As_2S_3(s)$在水中溶解度极小，因此 As_2S_3 水解最弱，几乎不水解，而 Al_2S_3 水解最彻底。因水解吸热，不断加热 Na_2S 水溶液，将使它完全水解，生成 $H_2S(g)$和 NaOH。

14(16－14). 常温下，在容积一定的密闭容器内，使等物质的量的干燥气体 SO_2 和 H_2S 发生反应。待反应完全后恢复至初始温度，此时容器内的压强是原压强的几分之几? 并说明原因。

解:密闭容器中气体的分压比，即气体的物质的量比。SO_2 和 H_2S 发生反应

$$2H_2S(g)+SO_2(g) \longrightarrow 2H_2O(l)+3S(s)$$

设反应前气体总压为 p，因为是等物质的量的 SO_2 和 H_2S，则此时 $p(H_2S)=p(SO_2)=1/2p$。

反应中，SO_2 过量，H_2S 完全反应，反应完全后剩下 SO_2 气体，此时体系总压为

$$p'=p'(SO_2)=p(SO_2)-1/2p(H_2S)=1/2p-1/2\times1/2p=1/4p$$

此时容器内的压强是原压强的四分之一。

15(16－15). 一种盐 A 溶于水后，加入浓盐酸，有刺激性气体 B 产生，同时有淡黄色沉淀 C 析出；气体 B 能使高锰酸钾水溶液褪色；若将氯气通入 A 溶液中，氯气被吸收形成 D 溶液；D 与钡盐溶液发生反应生成难溶于酸的白色沉淀 E。试确定A～E 为何物，并写出反应方程式。

解:A. $Na_2S_2O_3$；B. SO_2；C. S；D. H_2SO_4；E. $BaSO_4$。

反应方程式如下：

$$Na_2S_2O_3+2HCl \longrightarrow 2NaCl+SO_2+S\downarrow +H_2O$$

$$5SO_2+2MnO_4^-+2H_2O \longrightarrow 5SO_4^{2-}+2Mn^{2+}+4H^+$$

$$Na_2S_2O_3+4Cl_2+5H_2O \longrightarrow 2NaCl+2H_2SO_4+6HCl$$

$$H_2SO_4+Ba^{2+} \longrightarrow BaSO_4\downarrow +2H^+$$

16. 选择题。

(1) 下列氧化物的熔点高低次序不正确的是(　　)。

A. $MgO>CaO>SrO>BaO$　　B. $BaO>SrO>CaO>MgO$

C. $BaO>B_2O_3>CO_2>N_2O_3$　　D. $OF_2<Cl_2O_7<SO_2<SiO_2$

答:B。

(2) 欲制备下列硫化物,采用通入 H_2S 气体到其相应盐类溶液的简单方法,其中不可行的是(　　)。

A. PbS　　B. HgS　　C. CuS　　D. FeS

答:D。

(3) 仅用一种试剂即可将 Zn^{2+}、Ag^+、Hg^{2+}、Ni^{2+}、Fe^{3+} 五种离子区分开,这种试剂可选用(　　)。

A. NaOH　　B. $NH_3 \cdot H_2O$　　C. H_2S　　D. Na_2S

提示:Ag^+ 与 H_2S 生成黑色的 Ag_2S 沉淀,此沉淀不溶于稀酸;Hg^{2+} 与 H_2S 生成黑色的 HgS 沉淀,此沉淀不溶于稀酸,但能溶于 S^{2-};Zn^{2+} 与 H_2S 生成白色的 ZnS 沉淀;Ni^{2+}、Fe^{3+} 在饱和 H_2S 溶液中不生成沉淀,但在不饱和 H_2S 溶液中 NiS 沉淀经烧灼,不溶于稀酸。

答:C。

17. 在标准状况下,750mL 含有 O_3 的氧气,当其中所含 O_3 完全分解后体积变为 780mL,若将此含有 O_3 的氧气 1L 通入 KI 溶液中,能析出多少克 I_2?

解:设 750mL 氧气中有 xmL O_3,则有

$$2O_3 \longrightarrow 3O_2 \qquad \text{增加的体积}$$

$$2 \qquad 3 \qquad 1$$

$$x \qquad\qquad 30$$

$$\frac{2}{x}=\frac{1}{30} \qquad x=60(\text{mL})$$

所以,此氧气中 O_3 百分比为 $\frac{60}{750}=8\%$,即 1L 氧气中含 80mL O_3。

设能析出 I_2 为 yg,已知 $M(I_2)=254\text{g}\cdot\text{mol}^{-1}$

$$2I^- + 2H^+ + O_3 = I_2 + O_2 + H_2O$$

$$1\text{mol} \qquad 254\text{g}$$

$$\frac{0.08}{22.4}\text{mol} \qquad y$$

则析出 I_2 的质量　　$y=\frac{254\times 0.08}{22.4}=0.91(\text{g})$

18. 大气层中臭氧是怎样形成的?哪些污染物引起臭氧层的破坏?如何鉴别 O_3?它有什么特征反应?

提示:大气中的臭氧主要是被 Cl 自由基所破坏,而不是 F。

解:(1) $O_2+h\nu \longrightarrow O+O \quad (\lambda<242\text{nm})$

$O+O_2 \longrightarrow O_3$

(2) 氟氯烃($CFCl_3$、CF_2Cl_2 等)以及氮氧化物(NO_2、NO 等)可引起臭氧层的破坏,如 NO_2、CF_2Cl_2 对臭氧层的破坏反应:

$$CF_2Cl_2 + h\nu \longrightarrow CF_2Cl\cdot + Cl\cdot \quad (\lambda < 221nm)$$
$$Cl\cdot + O_3 \longrightarrow ClO\cdot + O_2$$
$$ClO\cdot + O \longrightarrow Cl\cdot + O_2$$

即 $$O_3 + O \longrightarrow O_2 + O_2$$

$$NO_2 + h\nu \longrightarrow NO\cdot + O \quad (\lambda < 426nm)$$
$$NO\cdot + O_3 \longrightarrow NO_2 + O_2$$
$$NO_2 + O \longrightarrow NO\cdot + O_2$$

即 $$O_3 + O \longrightarrow O_2 + O_2$$

所以 Cl 原子或 NO_2 分子能消耗大量 O_3。

(3) 鉴别 O_3 时,只需将气体通入淀粉碘化钾的酸性溶液中或用湿淀粉碘化钾试纸检查,若显蓝色,即证明有 O_3,其反应式为

$$2I^- + O_3 + 2H^+ \longrightarrow I_2 + O_2 + H_2O \quad 或 \quad 2KI + O_3 + H_2O \longrightarrow 2KOH + I_2 + O_2$$

19. 写出 H_2O_2 与下列各化合物的反应方程式:$K_2S_2O_8$、O_3、Na_2CO_3(低温)。

解:(1) $S_2O_8^{2-} + H_2O_2 \longrightarrow 2SO_4^{2-} + O_2\uparrow + 2H^+$

(2) $O_3 + H_2O_2 \longrightarrow H_2O + 2O_2\uparrow$

(3) $2Na_2CO_3 + 3H_2O_2 \xrightarrow{低温} 2Na_2CO_3 \cdot 3H_2O_2$

四、自 测 题

1. 填空题(每空 1 分,共 20 分)

(1) 许多有氧和光参加的生物氧化过程及燃料光敏氧化反应过程中,都涉及单线态氧。单线态氧是指________。

(2) SO_2 的极化率比 O_3 的________。SO_2 分子和 O_3 分子中除含有 σ 键外,还都含有________键。

(3) 臭氧代替氯气作为饮用水消毒剂,其优点是杀菌快、无异味,其杀菌的有效成分是________。

(4) 反应 $2O_3 \rightleftharpoons 3O_2$ 的活化能为 $117kJ\cdot mol^{-1}$,O_3 的 $\Delta_f H^\ominus = 142kJ\cdot mol^{-1}$,则该反应的反应热是________,逆反应的活化能是________。

(5) H_2SO_3、Na_2SO_3、SO_2 的还原性从大到小的顺序为________。

(6) 自然界里以硫化物形式存在的硫矿有________________等。

(7) 硫的下列含氧酸盐:SO_4^{2-}、$S_4O_6^{2-}$、SO_3^{2-}、$S_2O_8^{2-}$、$S_2O_3^{2-}$、$S_2O_7^{2-}$,氧化能力最强的是________,还原能力最强的是________。

(8) H_2O、H_2S、H_2Se、H_2Te 键角由大到小的变化顺序为____________,这可以用____________来解释。

(9) 多硫化物通常具有________,可将 SnS、As_2S_3 转变为________。

(10) O_3 是________磁性物质,O_3^- 是________磁性物质。

(11) 一般,与质子直接相连的原子的电子密度是决定无机酸强度的直接因素,这个原子的电子密度________,它对质子________,因而酸性________。

(12) 过量 $Na_2S_2O_3$ 溶液和 $AgNO_3$ 溶液反应的方程式为____________。

2. 单选题(每小题2分,共30分)

(1) 比较下列各组氢化物酸性强弱,不正确的是(　　)。

A. $H_2O>NH_3$　B. $H_2S>PH_3$　C. $HF>H_2S$　D. $H_2Se>H_2Te$

(2) 下列物质中,氧化性最强的是(　　)。

A. H_2SO_4　B. $Te(OH)_6$　C. H_2SeO_4　D. H_2SO_3

(3) 酸性强弱关系正确的是(　　)。

A. $HClO>HClO_3$　B. $H_4SiO_4>H_3PO_4$

C. $H_6TeO_6>H_2SO_4$　D. $H_2SO_4<H_2S_2O_7$

(4) 下列分子或离子最稳定的是(　　)。

A. O_2　B. O_2^-　C. O_2^{2-}　D. O_2^+

(5) 在O_2、O_2^-、O_2^{2-}、O_3、O_3^-中,下列说法正确的是(　　)。

A. 具有顺磁性的仅有O_2、O_2^-、O_3

B. 具有顺磁性的仅有O_2^-、O_2^{2-}、O_3、O_3^-

C. 具有逆磁性的仅有O_2^{2-}、O_3

D. 具有逆磁性的仅有O_2、O_3^-

(6) 下列物质中氧化性最差的是(　　)。

A. SO_2　B. SeO_2　C. SeO_3　D. TeO_2

(7) 下列叙述中正确的是(　　)。

A. H_2O_2分子构型为直线形

B. H_2O_2既有氧化性又有还原性,主要用作还原剂

C. H_2O_2是弱酸,分子间有氢键

D. H_2O_2与$K_2Cr_2O_7$的酸性溶液反应生成稳定的CrO_5

(8) 单键键能大小顺序正确的是(　　)。

A. O—O>S—S>Se—Se　B. O—O<S—S>Se—Se

C. O—O<S—S<Se—Se　D. O—O>S—S<Se—Se

(9) 分子结构和中心原子杂化类型都与O_3相同的是(　　)。

A. SO_3　B. CO_2　C. SO_2　D. ClO_2

(10) H_2S的水溶液放置后变浑浊是因为(　　)。

A. 与水中杂质作用　B. 被空气氧化

C. 见光分解　D. 生成多硫化物

(11) 下列说法中错误的是(　　)。

A. SO_2为极性分子

B. H_2SO_3可使品红溶液褪色

C. SO_2溶于水可制纯H_2SO_3

D. H_2SO_3既有氧化性又有还原性

(12) 在一未知溶液中加入硝酸和$AgNO_3$溶液有气泡冒出,而没有沉淀产生,可能存在的离子是(　　)。

A. Cl^-　B. I^-　C. SO_3^{2-}　D. SO_4^{2-}

(13) 下列分子中，硫原子采取 sp^3 杂化的是(　　)。

A. $SOCl_2$　　B. SO_2　　C. SF_4　　D. SO_2Cl_2

(14) 将含某阴离子的溶液先用 H_2SO_4 酸化后，再加入 $KMnO_4$，在加 $KMnO_4$ 前后只观察到紫色褪去，说明该溶液可能存在的阴离子是(　　)。

A. NO_3^-　　B. PO_4^{3-}　　C. $S_2O_3^{2-}$　　D. SO_3^{2-}

(15) 用 $(NH_4)_2S_2O_8$ 将 Mn^{2+} 变为紫红色的 $KMnO_4$ 溶液，进行比色测定，使用的催化剂及介质条件为(　　)。

A. H_2O　　B. $AgNO_3$ 和 H_2SO_4 混合溶液

C. $AgNO_3$ 溶液　　D. H_2SO_4 溶液

3. 判断题(10 分)

白色的固体 A，加入油状无色液体 B，可得紫黑色固体 C，C 微溶于水，加入 A 后 C 的溶解度增大，成棕色溶液 D。将 D 分成两份，一份加入一种无色溶液 E，另一份通入气体 F，都褪成无色透明溶液，E 溶液遇酸有淡黄色沉淀，将气体 F 通入溶液 E，在所得的溶液中加入 $BaCl_2$ 溶液有白色沉淀，后者难溶于酸，A～F 各为什么物质？

4. 解释简答题(每小题 5 分，共 20 分)

(1) SO_2 和 Cl_2 的漂白机理有什么不同？

(2) 纯 H_2SO_4 是共价化合物，却有较高的沸点(657K)，为什么？

(3) 硫在固态、液态和气态时的化学式结构怎样？

(4) 某清液中可能存在 S^{2-}、SO_3^{2-}、S_x^{2-}、$S_2O_3^{2-}$、SO_4^{2-}、Cl^-。往此清液中滴加酸，只嗅到腐臭鸡蛋气味而未见浑浊，溶液中可能存在哪些离子？

5. 计算题(每小题 10 分，共 20 分)

(1) 已知 $\Delta_f H_m^\ominus(H_2O_2, aq) = -191.17 kJ \cdot mol^{-1}$，$\Delta_f H_m^\ominus(H_2O, l) = -285.83 kJ \cdot mol^{-1}$，$E^\ominus(O_2/H_2O_2) = 0.6945V$，$E^\ominus(H_2O_2/H_2O) = 1.763V$。试计算 25℃ 时反应 $2H_2O_2(aq) \rightleftharpoons 2H_2O(l) + O_2(g)$ 的 $\Delta_r H_m^\ominus$、$\Delta_r G_m^\ominus$、$\Delta_r S_m^\ominus$ 和标准平衡常数 $K^\ominus$。

(2) 对摄影胶卷和相片定影的化学反应为 $AgBr + 2S_2O_3^{2-} \longrightarrow [Ag(S_2O_3)_2]^{3-} + Br^-$，所用的定影液为 $1mol \cdot L^{-1} Na_2S_2O_3$ 溶液。定影液失效后，从每升废定影液中最多可回收多少克银(以 $g \cdot L^{-1}$ 表示)？已知 $K_{sp}^\ominus(AgBr) = 5.3 \times 10^{-13}$，$K_f^\ominus\{[Ag(S_2O_3)_2]^{3-}\} = 2.9 \times 10^{13}$。

参 考 答 案

1. 填空题

(1) 激发态的氧分子 $^1O_2$；(2) 大，π_3^4；(3) 原子氧(初生态氧)；(4) $-284kJ \cdot mol^{-1}$，$401kJ \cdot mol^{-1}$；(5) $Na_2SO_3 > H_2SO_3 > SO_2$；(6) 黄铁矿 FeS_2，黄铜矿 $CuFeS_2$，方铅矿 PbS，闪锌矿 ZnS，辉锑矿 Sb_2S_3；(7) $S_2O_8^{2-}$，$S_2O_3^{2-}$；(8) $H_2O > H_2S > H_2Se > H_2Te$，同一配位原子，中心原子的电负性越大，键角越大；(9) 氧化性，SnS_3^{2-}、AsS_4^{3-}；(10) 逆，顺；(11) 越大，吸引能力越强，越弱；(12) $Ag^+(aq) + 2S_2O_3^{2-}(aq) \longrightarrow [Ag(S_2O_3)_2]^{3-}(aq)$。

2. 单选题

(1) D;(2) C;(3) D;(4) D;(5) C;(6) A;(7) C;(8) B;(9) C;(10) B;(11) C;(12) C;(13) D;(14) D;(15) B。

3. 判断题

A. KI; B. 浓硫酸; C. I_2; D. KI_3; E. $Na_2S_2O_3$; F. Cl_2。

4. 解释简答题

(1) SO_2 的漂白作用是由于 SO_2 能和一些有机色素结合为无色的化合物。Cl_2 的漂白作用是由于 Cl_2 可与水反应生成 HClO,HClO 是一种强氧化剂,它分解出的原子氧能氧化有机色素,使其成为无色产物,属于氧化还原反应。

(2) 因为纯硫酸分子间除了有范德华力作用外,还存在分子间氢键,打开氢键需要较多的能量,所以沸点较高。

(3) 固态的硫晶体是 S_8 环状分子结构;液态硫当温度升高到 433K 时,S_8 环开始破裂变为开链,并且互相交缠在一起,故黏度增加,当进一步加热时,链的平均长度缩短,黏度降低;气态硫中存在 S_8、S_6、S_4 和 S_2 等分子,随着温度的升高,S_2 分子逐渐增多。到 1273K 时,蒸气几乎仅由 S_2 组成,继续升高温度,S_2 可分解为单原子。

(4) S_x^{2-}、$S_2O_3^{2-}$ 加酸后生成 S,所以不存在;因为有腐臭鸡蛋气味表明有 H_2S 气体生成,所以应有 S^{2-} 存在;SO_3^{2-} 在加酸后会和 S^{2-} 生成 S,所以不存在。溶液中只存在 S^{2-},不存在 SO_3^{2-}、S_x^{2-},不能确定是否存在 SO_4^{2-}、Cl^-。

5. 计算题

(1)
$$2H_2O_2(aq) \rightleftharpoons 2H_2O(l) + O_2(g)$$
$$\Delta_r H_m^\ominus(298K) = 2\times\Delta_f H_m^\ominus(H_2O,l) - 2\times\Delta_f H_m^\ominus(H_2O_2,aq) = -189.32kJ\cdot mol^{-1}$$
$$E^\ominus = E^\ominus(H_2O_2/H_2O) - E^\ominus(O_2/H_2O_2) = (1.763-0.6945)V = 1.069V$$
$$\lg K^\ominus = \frac{zE^\ominus}{0.0592V} = \frac{2\times1.069V}{0.0592V} = 36.1149 \quad K^\ominus = 1.30\times10^{36}$$
$$\Delta_r G_m^\ominus(298K) = -zFE^\ominus = -206.3kJ\cdot mol^{-1}$$
$$\Delta_r S_m^\ominus(298K) = \frac{(-189.32+206.3)\times10^3 J\cdot mol^{-1}}{298K} = 57.0J\cdot mol^{-1}\cdot K^{-1}$$

(2) 设定影液失效后,$[Ag(S_2O_3)_2]^{3-} = x mol\cdot L^{-1}$。
$$\frac{[Ag(S_2O_3)_2^{3-}][Br^-]}{[S_2O_3^{2-}]^2} = K_{sp}^\ominus \cdot K_f^\ominus$$
$$\frac{x^2}{(1-2x)^2} = 7.7\times10^{-13}\times2.9\times10^{13} = 22.33$$
$$x = 0.452(mol\cdot L^{-1})$$

Ag 的最大回收量为 $0.452\times108 = 49(g\cdot L^{-1})$。

(重庆大学 张云怀)

第 17 章　氮族元素

一、学习要求

(1) 掌握氮族元素的通性；

(2) 熟悉氮的氢化物、氧化物和含氧酸及其盐的结构与性质；

(3) 熟悉磷的同素异形体及磷的含氧酸及其盐的结构与性质；

(4) 了解砷、锑、铋的化合物及其性质。

二、重难点解析

(一) 氮族元素的通性

氮族元素的价层电子构型为 ns^2np^3，每个元素原子最外层 p 轨道上的电子处于半充满的稳定状态，因此氮族元素要获得 3 个电子形成－3 价离子比较困难，只有电负性较大的 N、P 能形成极少数的离子型化合物，如 Li_3N、Mg_3N_2、Na_3P、Ca_3P_2 等。而且因 N^{3-}、P^{3-} 的半径大，容易变形，遇水强烈水解生成 NH_3 和 PH_3。氮原子内层只有 1s 电子，半径小，价电子层中没有可用于成键的 d 轨道，因此其性质与同族其他元素的性质有显著差异。从第四周期开始，因惰性电子对效应的增强，元素的＋5 氧化态稳定性减弱，＋3 氧化态稳定性增强。

(二) 单质

1. 氮

虽然 N_2 的化学性质稳定，不易与其他物质发生反应，但常温下可与金属锂直接反应生成 Li_3N，高温时能和 Mg、Ca、Ba、Sr、Al、B、Si、H_2、O_2 等化合生成氮化物。工业上，通过分馏液态空气制备纯度为 99％的氮气。

2. 磷

磷有白磷、红磷和黑磷三种同素异形体。白磷是无色透明的剧毒晶体，不溶于水，易溶于 CS_2 中。红磷为暗红色的无毒固体，不溶于水、碱和 CS_2。黑磷的结构与石墨相似，不溶于有机溶剂。常温下，红磷的化学性质比较稳定，白磷却有很高的化学活性。磷能与氧气、卤素、硫直接化合，生成相应的化合物；与碱发生歧化反应，生成膦和次磷酸盐；能将 Au、Ag、Cu 等从其盐溶液中还原出来；还能与氧化性酸反应，工业上用磷与 HNO_3 反应制备 H_3PO_4。

3. 砷、锑、铋

砷和锑各有灰、黄、黑三种同素异形体，而铋没有。结构呈正四面体的黄砷(As_4)与黄锑(Sb_4)不稳定，温度高时分解为 As_2、Sb_2。常温下灰砷和灰锑是稳定单质。砷是非金属，锑、铋是金属，但熔点较低且易挥发。铋熔化时导电性能增强。

通常状况下，砷、锑、铋在水和空气中都比较稳定，不溶于稀酸和非氧化性酸，但能与 HNO_3、热浓 H_2SO_4 及王水反应；高温下，砷、锑、铋能和氧、硫、卤素反应，产物一般是+3 价，与氟反应，产物是+5 价。锑、铋都不与碱反应，但是，砷能与熔融碱反应：

$$2As+6NaOH(熔融)=\!=\!=2Na_3AsO_3+3H_2\uparrow$$

（三）氮的化合物

1. 氨及铵盐

NH_3 分子是结构不对称的极性分子。液氨能发生自偶电离，是一种常用的极性非水溶剂。

$$2NH_3 \rightleftharpoons NH_4^+ + NH_2^- \qquad K^\ominus=1.9\times10^{-30}(233K)$$

NH_4^+ 的几何构型为四面体。铵盐一般为无色晶体，易溶于水，易水解，受热易分解。

2. 氮的氧化物

氮有 N_2O、NO、N_2O_3、NO_2、N_2O_4、N_2O_5 等多种氧化物。其中，NO 是无色且较稳定的气体，常温下极易与氧反应生成红棕色 NO_2 气体，也能与 F_2、Cl_2、Br_2 等反应。NO 具有较强的配位能力，能与金属离子形成配合物：

$$FeSO_4+NO=\!=\!=[Fe(NO)]SO_4(棕色)$$

N_2O_4 是一种无色气体，极易分解成红棕色的有毒气体 NO_2，温度高于 150℃时，NO_2 分解成 NO 和 O_2。NO_2 中 N 处于中间氧化态，所以既有氧化性又有还原性，以氧化性为主，而且还是酸性氧化物，能和碱反应。

3. 氮的含氧酸及其盐

HNO_2 中 N 采取 sp^2 杂化；NO_2^- 中 N 也采取 sp^2 杂化，与氧原子形成 2 个σ键和 1 个 π_3^4 键，几何构型为"V"形。亚硝酸呈淡灰蓝色，显弱酸性，热稳定性差。亚硝酸盐一般为无色有毒晶体，易转化为致癌物质亚硝胺，一般溶于水（浅黄色的 $AgNO_2$ 除外），具有很高的热稳定性。亚硝酸及其盐的化学性质不稳定，由于分子中 N 处于中间氧化态，HNO_2 或 NO_2^- 既有氧化性又有还原性，且以氧化性为主。

NO_2^- 具有很强的配位能力，能与许多金属离子形成配合物，以 N 原子配位时称为硝基，以 O 原子配位时称为亚硝酸根。

HNO_3 分子中 N 采取 sp^2 杂化，与氧原子形成 3 个σ键和 1 个 π_3^4 键。NO_3^- 中 N 也采取 sp^2 杂化，与氧原子形成 3 个σ键和 1 个 π_4^6 键，空间构型呈平面三角形。

由于硝酸分子中 N 处于最高氧化态，且易分解放出 NO_2 和 O_2，故 HNO_3 具有很强的氧化性，能与许多的金属和非金属反应，且反应产物与硝酸的浓度及金属的活泼性有关。

多数硝酸盐是无色晶体，易溶于水、受热易分解。

（四）磷的化合物

1. 磷的氢化物

PH_3（膦）是一种无色、有大蒜臭味的剧毒气体。PH_3 稳定性和碱性都低于 NH_3，微溶于水。PH_4X 因为具有弱碱性，所以极易水解。PH_3 的还原性较强，能使 Cu^{2+}、Ag^+、Hg^{2+} 等还原成金属单质。

PH_3 能与许多过渡金属形成配合物，而且由于 P 原子还有空的 d 轨道，可接受过渡金属原子反馈的 d 电子而形成反馈 π 配键，因此 PH_3 的配位能力比 NH_3 的强得多。

2. 磷的氧化物

P_2O_3（P_4O_6 的简写）是白色、易吸湿的剧毒蜡状固体，能溶于苯、CS_2 和氯仿等非极性溶剂中。由于具有类似球状的结构，容易滑动，故 P_4O_6 具有滑腻感。虽然 P_4O_6 是亚磷酸的酸酐，但只有和冷水或碱溶液反应时才能缓慢地生成亚磷酸或亚磷酸盐，在热水中会发生歧化反应。

P_2O_5（P_4O_{10}的简写）是一种白色雪状、易升华的固体。对水有很强的亲和力，吸湿性强，是一种常用的化学干燥剂，干燥效率很高，甚至还能从许多化合物中夺取化合态的水。

3. 磷的含氧酸及其盐

无色晶体次磷酸（H_3PO_2）是一元中强酸，极易溶于水，常温常压下，比较稳定。但在高温下的碱性介质中易分解生成 H_2，且碱的浓度越大，分解速率越快。次磷酸和次磷酸盐都具有很强的还原性，因此主要用作化学镀银或化学镀镍的还原剂。

$$H_3PO_2 + 4Ag^+ + 2H_2O = H_3PO_4 + 4Ag\downarrow + 4H^+$$
$$H_3PO_2 + Ni^{2+} + H_2O = H_3PO_3 + Ni\downarrow + 2H^+$$

常温下，亚磷酸（H_3PO_3）是淡黄色晶体，易溶于水，易吸湿潮解，也是强还原剂，能还原中等强度的氧化剂，而自身被氧化成 H_3PO_4。受热时发生歧化反应：

$$4H_3PO_3 \xlongequal{\triangle} 3H_3PO_4 + PH_3\uparrow$$

H_3PO_3 是二元中强酸，能形成酸式盐和正盐，如 NaH_2PO_3、Na_2HPO_3 等。碱金属的亚磷酸盐易溶于水，但 $BaHPO_3$ 难溶。

纯磷酸（H_3PO_4）是无色晶体，是无氧化性、不挥发的三元中强酸。它配位能力很强，能与许多金属离子形成配合物。磷酸盐中 MH_2PO_4 均溶于水，而 M_3PO_4 和 M_2HPO_4 中除 K^+、Na^+、NH_4^+ 盐外，其余多难溶，因此向各类磷酸盐溶液中加 Ag^+ 时均生成黄色 Ag_3PO_4 沉淀。

磷酸盐在水中发生水解，M_2HPO_4 和 MH_2PO_4 会同时发生阴离子的解离，所以溶液的酸碱性由两种过程的竞争结果确定，故 NaH_2PO_4、Na_2HPO_4、Na_3PO_4 溶液的 pH 依次增大。磷酸的正盐比较稳定，受热一般不分解，但其一氢盐、二氢盐受热脱水分解成焦磷酸盐或偏磷酸盐。

焦磷酸是四元中强酸，常温下是无色晶体，易溶于水，在酸性溶液中水解生成磷酸。多数焦磷酸盐也难溶于水，Ag_3PO_4 为黄色沉淀，而 $Ag_4P_2O_7$ 为白色难溶盐，因此可以用 Ag^+ 来鉴别 PO_4^{3-} 与 $P_2O_7^{4-}$。

4. 磷的卤化物

磷的卤化物有 PX_5 和 PX_3 两种类型，但 PI_5 不易生成。PX_3 的配位能力很强，能与金属离子形成配合物。PX_3 容易与氧气和硫反应，分别生成三卤氧化磷（POX_3）和三卤硫化磷（PSX_3），极易水解，也易与醇类反应，在反应中，H_2O、ROH 的 OH、OR 基团取代了卤化物中的 X 原子。

在磷的卤化物中，最重要的有 PCl_3 和 PCl_5，室温下 PCl_3 是无色液体，PCl_5 是白色晶体，晶体中含有正四面体的$[PCl_4]^+$和正八面体的$[PCl_6]^-$。

(五) 砷、锑、铋的化合物

1. 氢化物

砷、锑、铋的氢化物都是无色剧毒气体，可由其金属化合物水解得到，也可用活泼金属还原其氧化物得到。它们的稳定性按 AsH_3、SbH_3、BiH_3 依次降低，酸性和还原性却依次增强。

胂(AsH_3)受热分解析出在玻璃上形成有金属光泽的“砷镜”(溶于 NaClO)，可用于检验砷中毒。SbH_3 也能形成“锑镜”，但不溶于 NaClO。

$$2AsH_3 \xlongequal{\triangle} 2As + 3H_2\uparrow$$

$$5NaClO + 2As + 3H_2O = 2H_3AsO_4 + 5NaCl$$

AsH_3 也能将 Ag^+ 还原为 Ag，也可以用于检验砷中毒。

$$2AsH_3 + 12AgNO_3 + 3H_2O = As_2O_3 + 12HNO_3 + 12Ag\downarrow$$

2. 氧化物

砷、锑、铋的氧化物有 As_2O_3(白色)、Sb_2O_3(白色)、Bi_2O_3(黑色)、As_2O_5(白色)、Sb_2O_5(淡红色)、Bi_2O_5(红棕色)。As_2O_3(俗称砒霜)为白色粉末状剧毒物，微溶于水，是两性偏酸性氧化物，易溶于碱生成亚砷酸盐，溶于浓盐酸生成 As(Ⅲ)盐；Sb_2O_3、Bi_2O_3 难溶于水，Sb_2O_3 是两性氧化物，Bi_2O_3 是弱碱性氧化物。As_2O_5、Sb_2O_5、Bi_2O_5 的氧化性依次增强，且都是酸性氧化物，其酸性均强于相应的+3 价氧化物。

3. 氢氧化物

H_3AsO_3 微溶于水，是两性偏酸性化合物。$Sb(OH)_3$ 呈两性偏碱性。$Bi(OH)_3$ 显弱碱性，难溶于水。三者的还原性按 H_3AsO_3、$Sb(OH)_3$、$Bi(OH)_3$ 顺序减弱。

砷酸 H_3AsO_4 是弱酸，易溶于水。锑酸 $H[Sb(OH)_6]$不溶于水和酸，易溶于碱，是两性偏酸性化合物。铋酸 $HBiO_3$ 呈两性偏酸，极不稳定，易分解成 Bi_2O_3 和 O_2。三者的氧化性按 H_3AsO_4、$H[Sb(OH)_6]$、$HBiO_3$ 顺序增强。氧化数为+5 的氢氧化物的酸性均强于对应氧化数为+3 的氢氧化物的酸性。

4. 砷、锑、铋的盐

砷、锑、铋有阴离子盐(MO_3^{3-}、MO_4^{3-})及阳离子盐(M^{3+}、M^{5+})两种形式的盐。砷、锑容易形成阴离子盐(MO_3^{3-})，铋主要形成 Bi^{3+} 盐。As(Ⅲ)、Sb(Ⅲ)、Bi(Ⅲ)的氯化物、硝酸盐极易水解。As(Ⅴ)、Sb(Ⅴ)具有氧化性，在酸性介质中 Sb(Ⅴ)能氧化 I^- 为 I_2，而 As(Ⅴ)要将 I^- 氧化成 I_2 需在强酸性条件下；在酸性介质中 $NaBiO_3$ 是强氧化剂，可以用于 Mn^{2+} 的鉴定。

5. 砷、锑、铋的硫化物

砷、锑、铋的硫化物都难溶于水。As_2S_3、As_2S_5 是两性偏酸性化合物，Sb_2S_3 为两性物质，Sb_2S_5 为两性偏酸性物质，Bi_2S_3 则是碱性化合物。所以，除 Bi_2S_3 外，砷、锑、铋的硫化物都能溶于 NaOH 和 Na_2S 溶液中，但不能溶于稀盐酸。

三、习题全解和重点练习题解

1(17-1). 利用化学平衡理论分析解释 Na_3PO_4、Na_2HPO_4 和 NaH_2PO_4 水溶液的酸碱性。

解:因为在 Na_3PO_4 溶液存在如下平衡

$$PO_4^{3-}+H_2O \rightleftharpoons HPO_4^{2-}+OH^- \qquad K_{b_1}^{\ominus}=1.5\times10^{-2}$$

所以,溶液因 PO_4^{3-} 的强烈水解而呈碱性(pH>7)。

在 Na_2HPO_4 溶液中既存在 HPO_4^{2-} 的水解,又存在 HPO_4^{2-} 的解离:

$$HPO_4^{2-}+H_2O \rightleftharpoons H_2PO_4^-+OH^- \qquad K_{b_2}^{\ominus}=1.6\times10^{-7}$$

$$HPO_4^{2-}+H_2O \rightleftharpoons PO_4^{3-}+H_3O^+ \qquad K_{a_3}^{\ominus}=4.4\times10^{-13}$$

因 $K_{b_2}^{\ominus}>K_{a_3}^{\ominus}$,所以溶液显碱性(pH>7);同样,在 $H_2PO_4^-$ 溶液中也存在如下平衡:

$$H_2PO_4^-+H_2O \rightleftharpoons HPO_4^{2-}+H_3O^+ \qquad K_{a_2}^{\ominus}=6.3\times10^{-8}$$

$$H_2PO_4^-+H_2O \rightleftharpoons H_3PO_4+OH^- \qquad K_{b_3}^{\ominus}=1.3\times10^{-12}$$

$K_{a_2}^{\ominus}>K_{b_3}^{\ominus}$,溶液显酸性(pH<7)。

所以,三种溶液的 pH 大小为 $Na_3PO_4>Na_2HPO_4>NaH_2PO_4$。

2(17-2). 写出下列盐热分解的化学方程式。

NH_4Cl,$(NH_4)_2SO_4$,$(NH_4)_2Cr_2O_7$,KNO_3,$Cu(NO_3)_2$,$AgNO_3$

解:

$$NH_4Cl \xlongequal{\triangle} NH_3\uparrow+HCl\uparrow \text{(遇冷又结合成 } NH_4Cl\text{)}$$

$$(NH_4)_2SO_4 \xlongequal{\triangle} NH_3\uparrow+NH_4HSO_4$$

$$(NH_4)_2Cr_2O_7 \xlongequal{\triangle} N_2\uparrow+Cr_2O_3+4H_2O$$

$$2KNO_3 \xlongequal{\triangle} 2KNO_2+O_2\uparrow$$

$$2Cu(NO_3)_2 \xlongequal{\triangle} 2CuO+4NO_2\uparrow+O_2\uparrow$$

$$2AgNO_3 \xlongequal{\triangle} 2Ag+2NO_2\uparrow+O_2\uparrow$$

3(17-3). 在实验室中,怎样配制 $SbCl_3$、$Bi(NO_3)_3$ 溶液?写出相关的化学方程式。

解:为了抑制 $SbCl_3$、$Bi(NO_3)_3$ 在水溶液中的水解,配制 $SbCl_3$、$Bi(NO_3)_3$ 溶液时必须将 $SbCl_3$、$Bi(NO_3)_3$ 溶解在相应的强酸中。具体方法是取适量的 $SbCl_3$、$Bi(NO_3)_3$ 于烧杯中,分别加入一定量的浓 HCl 和 HNO_3,待溶解后移入容量瓶中,稀释至刻度即可。水解反应式如下:

$$SbCl_3+H_2O \xlongequal{} SbOCl\downarrow+2HCl$$

$$Bi(NO_3)_3+H_2O \xlongequal{} BiONO_3\downarrow+2HNO_3$$

4(17-4). 如何鉴定 NH_4^+、NO_3^-、NO_2^-、PO_4^{3-}、$P_2O_7^{4-}$?写出其反应方程式。

解:NH_4^+,与碱可发生如下反应,生成的气体物质能使红色石蕊试纸变蓝。

$$NH_4^++OH^- \xlongequal{} NH_3\uparrow+H_2O$$

微量的 NH_4^+ 遇奈斯勒试剂会生成红棕色沉淀,所以少量的 NH_4^+ 可用奈斯勒试剂进行鉴定,反应式为

$$NH_4Cl+2K_2[HgI_4]+4KOH \xlongequal{} Hg_2NI\cdot H_2O\downarrow+KCl+7KI+3H_2O$$

NO_3^-,可采用棕色环实验进行鉴定,即在硝酸盐溶液中加入少量的硫酸亚铁晶体,沿试管

壁小心地加入浓硫酸，在浓硫酸与溶液的界面上会出现棕色环，反应式为

$$3Fe^{2+}+NO_3^-+4H^+ = 3Fe^{3+}+NO+2H_2O$$

$$[Fe(H_2O)_6]^{2+}+NO = [Fe(NO)(H_2O)_5]^{2+}(\text{棕色})+H_2O$$

NO_2^-，在乙酸溶液中可与硫酸亚铁反应生成$[Fe(NO)(H_2O)_5]SO_4$，使溶液呈棕色，利用这一反应可鉴定 NO_2^-，反应式与 NO_3^- 的鉴定反应方程式相同。

PO_4^{3-}，可以利用酸性条件下与钼酸铵反应生成黄色沉淀来进行鉴定，反应式为

$$PO_4^{3-}+3NH_4^++12MoO_4^{2-}+24H^+ = (NH_4)_3PO_4\cdot 12MoO_3\cdot 6H_2O\downarrow(\text{黄})+6H_2O$$

也可以利用与 Ag^+ 生成黄色沉淀来进行鉴定，反应式为

$$PO_4^{3-}+3Ag^+ = Ag_3PO_4\downarrow(\text{黄色})$$

$P_2O_7^{4-}$，利用与 Ag^+ 生成白色沉淀来进行鉴定，反应式为

$$P_2O_7^{4-}+4Ag^+ = Ag_4P_2O_7\downarrow(\text{白色})$$

5(17-5). 能否用 NH_4NO_3、$(NH_4)_2Cr_2O_7$、NH_4HCO_3 制备 NH_3？为什么？给出相关的化学方程式。

解：NH_4NO_3、$(NH_4)_2Cr_2O_7$ 加热分解不能生成 NH_3，而 NH_4HCO_3 热分解能产生 NH_3，反应式为

$$NH_4NO_3 \xlongequal{\sim 210℃} N_2O\uparrow+2H_2O$$

$$(NH_4)_2Cr_2O_7 \xlongequal{\triangle} N_2\uparrow+Cr_2O_3+4H_2O$$

$$NH_4HCO_3 \xlongequal{\triangle} NH_3\uparrow+CO_2\uparrow+H_2O$$

6(17-6). 从分子结构上讨论 H_3PO_4 的挥发性和酸性强弱，并判断下列酸的强弱。

$$H_3PO_4, H_4P_2O_7, HNO_3$$

解：H_3PO_4 分子的中心磷原子的 3s、3p 轨道进行 sp^3 杂化，4 个 sp^3 杂化与 4 个氧原子形成 4 个 σ 键，其中未与 H 原子相连的 1 个氧原子还可利用孤对电子与磷原子的 3d 轨道形成 p-d π配位键，这个磷原子与氧原子之间的键可以近似地看作双键，所以 H_3PO_4 是由稳定的磷氧四面体构成的。因此，H_3PO_4 不易挥发，在水溶液中易解离出氢离子，1 个磷酸分子最多能解离出 3 个 H^+，而且解离分步进行，逐级减弱，故 H_3PO_4 是三元中强酸。

三种酸的酸性强弱顺序为 $HNO_3>H_4P_2O_7>H_3PO_4$。

7(17-7). 试说明在 Na_2HPO_4 和 NaH_2PO_4 溶液中加入 $AgNO_3$ 溶液均析出黄色沉淀，而在 PCl_5 完全水解后的产物中，加入 $AgNO_3$ 只有白色沉淀，而无黄色沉淀。

解：因为在 Na_2HPO_4 和 NaH_2PO_4 溶液中加入 $AgNO_3$ 溶液后分别发生如下反应

$$HPO_4^{2-}+3Ag^+ = Ag_3PO_4\downarrow(\text{黄})+H^+$$

$$H_2PO_4^-+3Ag^+ = Ag_3PO_4\downarrow(\text{黄})+2H^+$$

而 PCl_5 水解的反应式为

$$PCl_5+H_2O = POCl_3+2HCl$$

$$POCl_3+3H_2O = H_3PO_4+3HCl$$

水解虽然能产生 H_3PO_4，但其解离而产生的 PO_4^{3-} 要比 Cl^- 少得多，所以溶液中加入 $AgNO_3$后只有 AgCl 白色沉淀，而不会产生黄色的 Ag_3PO_4 沉淀。

8(17-8). 试说明 $H_4P_2O_7$ 的酸性比 H_3PO_3 强。

解：根据鲍林规则可知，含氧酸的化学式 H_xRO_y 也可以写成通式$RO_{y-x}(OH)_x$，$y-x$ 为非

羟基氧原子数，非羟基氧原子的数目越多，含氧酸的酸性越强，所以 $H_4P_2O_7$ 的酸性比 H_3PO_3 强。

9(17-9)．在 N_2^+、NO^+、O_2^+、Li_2^+、Be_2^{2+} 5 种离子中，哪一种稳定性最高？为什么？

解： N_2^+ $(\sigma_{1s})^2(\sigma_{1s}^*)^2(\sigma_{2s})^2(\sigma_{2s}^*)^2(\pi_{2p_y})^2(\pi_{2p_z})^2(\sigma_{2p_x})^1$ 键级$=(9-4)/2=2.5$

NO^+ $(\sigma_{1s})^2(\sigma_{1s}^*)^2(\sigma_{2s})^2(\sigma_{2s}^*)^2(\pi_{2p_y})^2(\pi_{2p_z})^2(\sigma_{2p_x})^2$ 键级$=(10-4)/2=3$

O_2^+ $(\sigma_{1s})^2(\sigma_{1s}^*)^2(\sigma_{2s})^2(\sigma_{2s}^*)^2(\sigma_{2p_x})^2(\pi_{2p_y})^2(\pi_{2p_z})^2(\pi_{2p_y}^*)^1$ 键级$=(10-5)/2=2.5$

Li_2^+ $(\sigma_{1s})^2(\sigma_{1s}^*)^2(\sigma_{2s})^1$ 键级$=(3-2)/2=0.5$

Be_2^{2+} $(\sigma_{1s})^2(\sigma_{1s}^*)^2(\sigma_{2s})^2$ 键级$=(4-2)/2=1$

所以，NO^+ 的稳定性最高。

10(17-10)．Na_3PO_4 溶液中加入过量的 HCl、H_3PO_4、CH_3COOH 时产物是什么？写出相关的化学反应方程式。

解：产物分别是 H_3PO_4、NaH_2PO_4、Na_2HPO_4，相关的化学反应方程式为

$$Na_3PO_4+3HCl = H_3PO_4+3NaCl$$

$$Na_3PO_4+2H_3PO_4 = 3NaH_2PO_4$$

$$Na_3PO_4+CH_3COOH = Na_2HPO_4+CH_3COONa$$

11(17-11)．计算(1)$0.1mol\cdot L^{-1}$ K_2HPO_4、KH_2PO_4、K_3PO_4 溶液的 pH；(2)KH_2PO_4 和等体积、等物质的量的 K_2HPO_4 混合液的 pH。

提示：(1) 参考第 6 章盐溶液的酸碱平衡原理进行计算。

(2) 等体积、等物质的量的 KH_2PO_4、K_2HPO_4 混合液为一缓冲溶液，参考第 6 章缓冲溶液的 pH 计算式，有 $pH=pK_{a_2}^{\ominus}(H_3PO_4)$。

12(17-12)．比较 As_2O_3、Sb_2O_3、Bi_2O_3 及其水合物的酸碱性。

解：酸性，$As_2O_3>Sb_2O_3>Bi_2O_3$。

酸性，$H_3AsO_3>Sb(OH)_3>Bi(OH)_3$。

13(17-13)．利用电极电势讨论在酸性介质中 Bi(Ⅴ)氧化 Cl^- 为 Cl_2，在碱性介质中 Cl_2 可将 Bi(Ⅲ)氧化为 Bi(Ⅴ)。

解：因在酸性介质中，$E^{\ominus}(BiO_3^-/BiO^+)=1.59V$，$E^{\ominus}(Cl_2/Cl^-)=1.396V$，故 Bi(Ⅴ)能氧化 Cl^- 为 Cl_2。

BiO_3^-/BiO^+ 的电极反应为

$$BiO_3^-+4H^++2e^- = BiO^++2H_2O$$

则其能斯特方程为

$$E(BiO_3^-/BiO^+)=E^{\ominus}(BiO_3^-/BiO^+)+\frac{0.0592}{2}\lg\frac{c(BiO_3^-)c^4(H^+)}{c(BiO^+)}$$

假设 $c(BiO_3^-)=c(BiO^+)=1.0mol\cdot L^{-1}$，则能斯特方程变为

$$E(BiO_3^-/BiO^+)=E^{\ominus}(BiO_3^-/BiO^+)-0.1184pH$$

故 pH 增大，BiO_3^-/BiO^+ 的电极电势将减小，当 $pH\geqslant7$ 时，$E(BiO_3^-/BiO^+)\leqslant1.176V$，且在碱性介质中 Cl_2 可将 Bi(Ⅲ)氧化为 Bi(Ⅴ)，发生如下反应：

$$Bi(OH)_3+Cl_2+3NaOH = NaBiO_3+2NaCl+3H_2O$$

14(17-14)．比较 As、Sb、Bi 的硫化物在浓 HCl、NaOH 或 Na_2S 溶液中的溶解情况，并讨论它们的硫代酸盐的生成和分解。

解：As、Sb、Bi 的硫化物在浓 HCl、NaOH 或 Na_2S 溶液中的溶解情况见下表：

硫化物	As_2S_3	As_2S_5	Sb_2S_3	Sb_2S_5	Bi_2S_3
浓 HCl	不溶	不溶	溶	溶	溶
NaOH	溶	溶	溶	溶	不溶
Na_2S	溶	溶	溶	溶	不溶

As、Sb 的硫化物能溶于碱性硫化物[如 Na_2S、$(NH_4)_2S$ 等]中生成相应的硫代酸盐，反应方程式为

$$As_2S_3 + 3S^{2-} = 2AsS_3^{3-}$$
$$Sb_2S_3 + 3S^{2-} = 2SbS_3^{3-}$$
$$As_2S_5 + 3S^{2-} = 2AsS_4^{3-}$$
$$Sb_2S_5 + 3S^{2-} = 2SbS_4^{3-}$$

这些硫代酸盐与酸反应生成相应的硫代酸，硫代酸很不稳定，立即分解为相应的不溶性硫化物并放出硫化氢气体：

$$2MS_3^{3-} + 6H^+ = M_2S_3\downarrow + 3H_2S\uparrow \quad (M=As、Sb)$$
$$2MS_4^{3-} + 6H^+ = M_2S_5\downarrow + 3H_2S\uparrow \quad (M=As、Sb)$$

15(17-15)．某工业废液中含有2%～5%的 $NaNO_2$，直接排放将对环境造成污染，下列5种试剂中：(1)NH_4Cl；(2)H_2O_2；(3)$FeSO_4$；(4)$CO(NH_2)_2$；(5)$NH_2SO_3^-$（氨基磺酸盐），哪些能消除 $NaNO_2$ 而不会引起二次污染？用相关化学方程式说明理由。

解：NH_4Cl $\quad NH_4Cl + NaNO_2 = NH_4NO_2 + NaCl$

$$NH_4NO_2 = N_2\uparrow + 2H_2O$$

H_2O_2 $\quad H_2O_2 + NaNO_2 = NaNO_3 + H_2O$

$FeSO_4$ $\quad NO_2^- + Fe^{2+} + 2H^+ = NO\uparrow + H_2O + Fe^{3+}$

$CO(NH_2)_2$ $\quad 2NaNO_2 + CO(NH_2)_2 + 2HCl = CO_2\uparrow + 2N_2\uparrow + 2NaCl + 3H_2O$

$NH_2SO_3^-$ $\quad SO_3NH_2^- + NO_2^- = N_2\uparrow + SO_4^{2-} + H_2O$

所以，NH_4Cl、H_2O_2、$NH_2SO_3^-$、$CO(NH_2)_2$ 能消除污染，而且不会引起二次污染；$FeSO_4$ 能消除污染，但会引起二次污染。

16(17-16)．怎样除去空气中 PH_3 带来的污染？写出相关的化学方程式。

解：将污染空气通过 $CuSO_4$ 溶液，可以发生如下反应而除去 PH_3：

$$PH_3 + 4CuSO_4 + 4H_2O = 4Cu + 4H_2SO_4 + H_3PO_4$$

17(17-17)．为什么 NH_3 的沸点高(－33℃)，是一种典型的路易斯碱？而 NF_3 的沸点低(－129℃)，且不显碱性？

解：NH_3 和 NF_3 的空间几何构型都是三角锥形，N 原子处于三角锥形顶端，N 原子上都有一对孤对电子。NH_3 分子中，由于 H 的电负性小于 N，所以 NH_3 分子中的 N 原子给出电子对的能力较强，是一种典型的路易斯碱，而且 NH_3 分子间易于形成氢键使其具有较高的沸点。而 NF_3 分子中，因 F 的电负性比 N 大，NF_3 分子中 N 给出电子对的能力降低，故不显碱性。另外 NF_3 分子间不存在氢键，分子间相互作用力低，导致其沸点低。

18(17-18)．试举例说明亚硝酸及其盐既有氧化性又有还原性，并解释为什么。

解：因为亚硝酸中 N 元素的氧化数处于中间，在化学反应中既可得到电子，也可失去电子，所以亚硝酸盐既具有氧化性，又具有还原性，如

氧化性 $\quad NO_2^- + Fe^{2+} + 2H^+ = NO\uparrow + Fe^{3+} + H_2O$

还原性 $\quad 5NO_2^- + 2MnO_4^- + 6H^+ = 5NO_3^- + 2Mn^{2+} + 3H_2O$

19(17－19). 向镁盐溶液中加入 Na_2HPO_4、氨水、NH_4^+ 溶液可以制备 $MgNH_4PO_4$，写出有关离子反应方程式，并说明为什么要加入铵盐。

解：相关的反应离子方程式为

$$HPO_4^{2-}+H_2O \rightleftharpoons H_2PO_4^- +OH^-$$

$$HPO_4^{2-} \rightleftharpoons PO_4^{3-}+H^+$$

$$NH_3 \cdot H_2O \rightleftharpoons NH_4^+ +OH^-$$

$$OH^- +H^+ \rightleftharpoons H_2O$$

$$Mg^{2+}+PO_4^{3-}+NH_4^+ \rightleftharpoons MgNH_4PO_4$$

加入铵盐是为了抑制 NH_3 的解离，控制溶液的 OH^- 浓度，防止生成$Mg(OH)_2$沉淀，而影响 $MgNH_4PO_4$ 的产生。

20(17－20). 汽车尾气中的 NO 和 CO 均为有害气体，请利用热力学理论论述可否通过下列反应实现对这两种废气污染的治理：

$$2CO(g)+2NO(g) \longrightarrow 2CO_2(g)+N_2(g)$$

解：汽车尾气中 CO、NO 之间能发生反应

	2CO(g)	+2NO(g)	══2CO₂(g)	+N₂(g)
$\Delta_f G_m^\ominus(298.15K)/(kJ \cdot mol^{-1})$	−137.168	86.55	−394.359	0

$$\Delta_r G_m^\ominus(298.15K)=(-394.359\times 2)-[(-137.168\times 2)+86.55\times 2]$$

$$=-677.482(kJ \cdot mol^{-1})$$

因为 $\Delta_r G_m^\ominus(298.15K)<0$，所以在常温下 CO、NO 之间可以自发反应生成无污染的物质。但热力学理论的讨论只能说明反应的可能性，事实上这个反应的反应速率很小，很难实现对两种废气污染的治理。

21(17－21). 试说明为什么生物化学上将三磷酸腺苷(ATP)称为储能化合物。

解：生物体在其生命活动过程中通过三磷酸腺苷(ATP)的不断生成和消耗来实现能量的储存和释放，如氧化磷酸化过程中的 ATP 形成

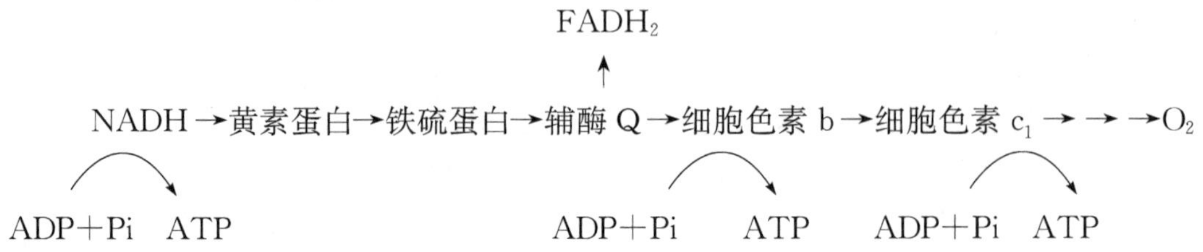

22(17－22). 完成并配平下列反应方程式。

(1) $S+HNO_3$(浓)$\longrightarrow$　　　　(2) $Zn+HNO_3$(很稀)$\longrightarrow$

(3) $Cu+HNO_3$(浓)$\longrightarrow$　　　　(4) $Cu+HNO_3$(稀)$\longrightarrow$

(5) $CuS+HNO_3 \xrightarrow{\triangle}$　　　　(6) $(NH_4)_2Cr_2O_7(s) \xrightarrow{\triangle}$

(7) $AsO_3^{3-}+H_2S+H^+ \longrightarrow$　　　　(8) $AsO_4^{3-}+I^-+H^+ \longrightarrow$

(9) $NaBiO_3+Mn^{2+}+H^+ \longrightarrow$　　　　(10) $Sb_2S_3+S^{2-} \longrightarrow$

(11) $NH_4Cl+NaNO_2 \longrightarrow$　　　　(12) $NaNO_2+KI+H_2SO_4 \longrightarrow$

(13) $PCl_3+H_2O \longrightarrow$　　　　(14) $P+NaOH+H_2O \longrightarrow$

(15) $AsCl_3+Zn+HCl \longrightarrow$　　　　(16) $Sb_2S_5+(NH_4)_2S \longrightarrow$

(17) $KMnO_4+NaNO_2+H_2SO_4 \longrightarrow$　　　　(18) $Bi(OH)_3+Cl_2+NaOH \longrightarrow$

(19) $Al(NO_3)_3(s) \xrightarrow{\triangle}$ (20) $Fe(NO_3)_2(s) \xrightarrow{\triangle}$

解:(1) $S + 6HNO_3(浓) = H_2SO_4 + 6NO_2\uparrow + 2H_2O$

(2) $4Zn + 10HNO_3(很稀) = 4Zn(NO_3)_2 + NH_4NO_3 + 3H_2O$

(3) $Cu + 4HNO_3(浓) = Cu(NO_3)_2 + 2NO_2\uparrow + 2H_2O$

(4) $3Cu + 8HNO_3(稀) = 3Cu(NO_3)_2 + 2NO\uparrow + 4H_2O$

(5) $3CuS + 8HNO_3 \xlongequal{\triangle} 3Cu(NO_3)_2 + 2NO\uparrow + 3S\downarrow + 4H_2O$

(6) $(NH_4)_2Cr_2O_7(s) \xlongequal{\triangle} N_2\uparrow + Cr_2O_3 + 4H_2O$

(7) $2AsO_3^{3-} + 3H_2S + 6H^+ = As_2S_3\downarrow + 6H_2O$

(8) $AsO_4^{3-} + 2I^- + 2H^+ = AsO_3^{3-} + I_2 + H_2O$

(9) $5NaBiO_3(s) + 2Mn^{2+} + 14H^+ = 2MnO_4^- + 5Bi^{3+} + 5Na^+ + 7H_2O$

(10) $Sb_2S_3 + 3S^{2-} = 2SbS_3^{3-}$

(11) $NH_4Cl + NaNO_2 = N_2\uparrow + NaCl + 2H_2O$

(12) $2NaNO_2 + 2KI + 2H_2SO_4 = 2NO\uparrow + I_2 + 2H_2O + K_2SO_4 + Na_2SO_4$

(13) $PCl_3 + 3H_2O = H_3PO_3 + 3HCl$

(14) $4P + 3NaOH + 3H_2O = 3NaH_2PO_2 + PH_3$

(15) $2AsCl_3 + 3Zn = 2As\downarrow + 3ZnCl_2$

此反应包括两个反应:$2AsCl_3 + 6H_2O = 2H_3AsO_3 + 6HCl$

$2H_3AsO_3 + 3Zn + 6HCl = 2As\downarrow + 3ZnCl_2 + 6H_2O$

(16) $Sb_2S_5 + 3(NH_4)_2S = 2(NH_4)_3SbS_4$

(17) $2KMnO_4 + 5NaNO_2 + 3H_2SO_4 = 5NaNO_3 + 2MnSO_4 + 3H_2O + K_2SO_4$

(18) $Bi(OH)_3 + Cl_2 + 3NaOH = NaBiO_3 + 2NaCl + 3H_2O$

(19) $4Al(NO_3)_3(s) \xlongequal{\triangle} 2Al_2O_3 + 12NO_2\uparrow + 3O_2\uparrow$

(20) $4Fe(NO_3)_2(s) \xlongequal{\triangle} 2Fe_2O_3 + 8NO_2\uparrow + O_2\uparrow$

23(17-23). 有一白色固体化合物A,微溶于水,但易溶于氢氧化钠溶液和浓盐酸中。A溶于浓盐酸得到溶液B,向其中通入硫化氢气体得黄色沉淀C。C难溶于盐酸,易溶于氢氧化钠溶液,C溶于硫化钠溶液得一无色溶液D,若将C溶于Na_2S_2溶液中则得无色溶液E。向B中滴加溴水,则溴水褪色,同时B转为无色溶液F,向F的酸性溶液中加入淀粉碘化钾溶液,溶液变蓝。试确定A~F各代表什么物质,并写出相关的化学方程式。

解:A. As_2O_3;B. $AsCl_3$;C. As_2S_3;D. Na_3AsS_3;E. Na_3AsS_4;F. H_3AsO_4。

相关反应式略。

24(17-24). 将无色金属硝酸盐晶体A加入水中可得白色沉淀B和无色溶液C,经过滤分离后,将C溶液分成三份:第一份通入硫化氢气体生成黑色沉淀D,D不溶于氢氧化钠溶液,但溶于盐酸;第二份滴加氢氧化钠溶液有白色沉淀E产生,E不溶于过量的氢氧化钠溶液;第三份滴加到二氯化锡的强碱溶液中,有黑色沉淀F生成。试确定A~F各代表什么物质,并写出相关步骤的化学反应方程式。

解:A. $Bi(NO_3)_3$;B. $BiONO_3$;C. Bi^{3+};D. Bi_2S_3;E. $Bi(OH)_3$;F. Bi。

反应化学方程式:$Bi(NO_3)_3 + H_2O = BiONO_3\downarrow + 2HNO_3$

$2Bi^{3+} + 3H_2S = Bi_2S_3\downarrow + 6H^+$

$$Bi^{3+}+3OH^{-}=\!=\!=Bi(OH)_3\downarrow$$

$$2Bi(OH)_3+3Na_2[Sn(OH)_4]=\!=\!=2Bi\downarrow+3Na_2[Sn(OH)_6]$$

25. Na_3AsO_4 溶液中加入盐酸和 H_2S 作用生成的是 As_2S_5 还是 As_2S_3？

提示: As(Ⅴ)既有两性(酸性、碱性)又有氧化性。在酸性条件下,两种反应都可能发生,所以,应根据反应的温度和酸度具体分析。

解:向 Na_3AsO_4 溶液中加入盐酸和 H_2S,生成物是 As_2S_5 还是 As_2S_3 与盐酸的浓度和反应温度有关。

(1) 在冷却条件下,若盐酸的浓度不大,反应产物是 As_2S_3 和 S:

$$H_2AsO_4^-+H_2S\longrightarrow H_2AsO_3S^-+H_2O$$

$$H_2AsO_3S^-+H^+\longrightarrow HAsO_2+H_2O+S\downarrow$$

$$HAsO_2+H_2O\longrightarrow H_3AsO_3$$

$$2H_3AsO_3+3H_2S\longrightarrow As_2S_3\downarrow+6H_2O$$

总反应:　$2H_2AsO_4^-+5H_2S+2H^+\longrightarrow As_2S_3\downarrow+2S\downarrow+8H_2O$

此条件下主要进行氧化还原反应,且反应速率较小。升高温度和提高反应体系的酸度,能加速反应的进行。

(2) 若盐酸的浓度很大(不小于 $12mol\cdot L^{-1}$),向冷溶液中快速通入 H_2S,则直接产生 As_2S_5 沉淀:

$$H_2AsO_4^-+6H^++6Cl^-\longrightarrow AsCl_6^-+4H_2O$$

$$2AsCl_6^-+5H_2S\longrightarrow As_2S_5\downarrow+10H^++12Cl^-$$

总反应:　$2H_2AsO_4^-+5H_2S+2H^+\longrightarrow As_2S_5\downarrow+8H_2O$

此条件下主要进行酸碱反应。在 H^+ 浓度很大的条件下,As(Ⅴ)以 As^{5+} 的形式存在,与快速通入的 H_2S 气体相遇,形成 As_2S_5 沉淀。

(3) 若盐酸浓度很大(不小于 $12mol\cdot L^{-1}$),加热后通入 H_2S,则得到 As_2S_5、As_2S_3 的混合物沉淀。因为此条件下,前面两类反应均存在。高酸度下有利于 As(Ⅴ)以 As^{5+} 形式存在,形成 As_2S_5 沉淀;同时由于加热促使氧化还原反应速率增大而产生 As_2S_3 沉淀。

26. 从结构观点说明:氮气的化学性质不活泼,需要在很高温度时才能与空气中的 O_2 反应,而白磷很活泼,在室温下与空气接触即可自燃。

提示:从 N_2、P_4 分子结构和化学键键能的高低来分析它们的化学性质差异。

解:N_2 的分子轨道为 $(\sigma_{1s})^2(\sigma_{1s}^*)^2(\sigma_{2s})^2(\sigma_{2s}^*)^2(\pi_{2p_y})^2(\pi_{2p_z})^2(\sigma_{2p_x})^2$。

所以,N_2 是叁键分子,N 原子核间距为 109.5pm,键能约为 $945kJ\cdot mol^{-1}$,比任何其他双原子分子的键能都高,甚至在 3000℃时,N_2 分子的解离度仅有 0.1%。白磷单质以 P_4 形式存在,4 个 P 原子通过单键相互结合成四面体结构,P—P—P 的夹角为 60°,而纯 P 轨道之间的夹角应为 90°,所以 P_4 分子中存在较大的张力,而使 P—P 键能降低。正常 P—P 键能一般为 $240kJ\cdot mol^{-1}$左右,而 P_4 分子中的 P—P 键能为 $201kJ\cdot mol^{-1}$,因此,P—P 键容易断裂至 P_4 开环。同时,P—O 键能为 $368kJ\cdot mol^{-1}$,比 P—P 键能大得多,故白磷在空气中易自燃。

四、自　测　题

1. 单选题(每小题 2 分,共 20 分)

(1) 基元反应 $2NO+O_2 \longrightarrow 2NO_2$ 在一定温度下,$p(O_2)$不变,$p(NO)$增至原来的 2 倍,则反应速率增到原来的(　　)。

A. 2 倍　　B. 4 倍　　C. 9 倍　　D. 1/4

(2) PO_4^{3-} 在水溶液中的水解常数等于(　　)。

A. $\dfrac{1}{K_{a_1}^{\ominus}(H_3PO_4)}$　　B. $\dfrac{K_w^{\ominus}}{K_{a_3}^{\ominus}(H_3PO_4)}$　　C. $\dfrac{1}{K_{a_3}^{\ominus}(H_3PO_4)}$　　D. $\dfrac{K_w^{\ominus}}{K_{a_2}^{\ominus}(H_3PO_4)}$

(3) NH_4^+ 的共轭碱是(　　)。

A. OH^-　　B. NH_3　　C. KOH　　D. NH_2^-

(4) $N_2(g)+3H_2(g) \rightleftharpoons 2NH_3(g)$的 $K^{\ominus}=0.63$,反应达到平衡时,若再通入一定量的 $N_2(g)$,则 $K^{\ominus}$和 $\Delta_r H_m^{\ominus}$ 分别为(　　)。

A. $J=K^{\ominus}, \Delta_r H_m^{\ominus}=0$　　B. $J>K^{\ominus}, \Delta_r H_m^{\ominus}>0$

C. $J<K^{\ominus}, \Delta_r H_m^{\ominus}<0$　　D. $J<K^{\ominus}, \Delta_r H_m^{\ominus}>0$

(5) 白磷的分子式是(　　)。

A. P_2　　B. P_8　　C. $(P_2)_n$　　D. P_4

(6) 下列几种物质中能用来干燥氨的是(　　)。

A. 浓 H_2SO_4　　B. 无水 $CaCl_2$　　C. P_2O_5　　D. CaO

(7) 下列关系不正确的是(　　)。

A. 酸性 $H_3PO_4>H_4P_2O_7$　　B. 氧化性 $AsO_4^{3-}>AsO_3^{3-}$

C. 还原性 $H_3PO_2>H_3PO_3$　　D. 还原性 $AsO_3^{3-}>SbO_3^{3-}$

(8) 固态铵盐加热分解,其产物为(　　)。

A. 一定含有 NH_3　　B. 一定含有 N_2　　C. 一定含有 N_2O　　D. 不能确定

(9) 下列关系正确的是(　　)。

A. 碱性 $NH_2^->PH_2^-$　　B. 水解性 $NH_4^+>PH_4^+$

C. 热稳定性 $NH_4Cl>NH_4Br$　　D. 酸性 $H_3AsO_3>H_3AsO_4$

(10) 向含有 $Ca(OH)_2$ 3.7g 的石灰水中加入 150mL、0.5mol · L^{-1}的 H_3PO_4,下面结论正确的是(　　)。

A. 只有 $CaHPO_4$ 沉淀生成

B. 有 $CaHPO_4$ 沉淀和 $Ca(H_2PO_4)_2$ 生成

C. 有 $Ca_3(PO_4)_2$ 和 $CaHPO_4$ 两沉淀生成

D. 有 $Ca_3(PO_4)_2$ 沉淀和 $Ca(H_2PO_4)_2$ 生成

2. 完成并配平下列方程式(每小题 1 分,共 8 分)

(1) $P_4+I_2+H_2O \longrightarrow$　　(2) $HNO_3+I_2 \longrightarrow$

(3) $P_4+NaOH+H_2O \longrightarrow$　　(4) $NaBiO_3+MnSO_4+H_2SO_4 \longrightarrow$

(5) $AsCl_3+Zn+HCl \longrightarrow$ (6) $(NH_4)_2Cr_2O_7(s) \xrightarrow{\triangle}$

(7) $KMnO_4+NaNO_2+H_2SO_4 \longrightarrow$ (8) $NaNO_2+KI+H_2SO_4 \longrightarrow$

3. 填空题(每空 1 分,共 12 分)

(1) 中心原子氮(N)采取______杂化形成______条杂化轨道,其中有一条轨道被______占据,其余三条与氢原子的 1 条 s 轨道重叠形成键,所以,NH_3呈______结构。

(2) N_2^+、NO^+、O_2^+、Li_2^+、Be_2^{2+} 五种离子中,有磁性的是__________;最稳定是__________;最不稳定的是__________。

(3) HNO_3、$H_4P_2O_7$、H_3PO_4三种酸从强到弱的顺序是__________。

(4) 将 $AgNO_3$溶液滴加到 PCl_5溶液中时,由于__________,而会有__________产生;但加到 Na_2HPO_4 和 NaH_2PO_4 溶液中,则产生__________,这是因为__________和__________。

4. 解释简答题(每小题 7 分,共 28 分)

(1) 为什么向 NaH_2PO_4 或 Na_2HPO_4 溶液中加入 $AgNO_3$ 溶液均析出黄色 Ag_3PO_4 沉淀?

(2) 为什么 N(Ⅴ)和 Bi(Ⅴ)的氧化能力比介于两者之间的 P(Ⅴ)、As(Ⅴ)、Sb(Ⅴ)均强?

(3) NO 和 $FeSO_4$ 反应生成 $Fe(NO)SO_4$(棕色环反应)可用于鉴定 NO_2^- 和 NO_3^-,但为什么鉴定 NO_3^- 要用浓 H_2SO_4,而鉴定 NO_2^- 可用 CH_3COOH?

(4) 为什么配制 $SbCl_2$、$Bi(NO_3)_3$ 溶液必须使用浓酸?

5. 判断题(12 分)

A 为无色气体,能使热的 CuO 还原,生成无色气体 B 和水蒸气。将 A 通过灼热的金属钠,得到固体 C,同时生成可燃性气体 D。气体 B 通过加热的金属钙,生成固体 E,E 遇水又生成气体 A。A 能分步地与 Cl_2 反应得到一种易爆炸的液体 F,F 遇水又生成气体 A。A～F 分别为何物?写出相关反应方程式。

6. 计算题(每小题 10 分,共 20 分)

(1) 计算 $1.00\times10^{-6}\,mol\cdot L^{-1}$ NH_4Cl 溶液中 H_3O^+、OH^-、NH_4^+ 和 NH_3 的浓度。已知 $K_w^\ominus=1.00\times10^{-14}$,$NH_4^++H_2O \rightleftharpoons NH_3+3H_3O^+$ 的 $K_a^\ominus=5.52\times10^{-10}$。

(2) $4NH_3(g)+5O_2(g) \xrightarrow[催化剂]{\triangle} 4NO(g)+6H_2O(g)$是生产硝酸的重要反应。①通过热力学计算说明该反应在常温下可以自发进行;②生产上一般选择反应温度在 800℃左右,试分析原因。

参考答案

1. 单选题

(1) B;(2) B;(3) B;(4) C;(5) D;(6) D;(7) A;(8) D;(9) A;(10) B。

2. 完成并配平下列方程式

(1) $P_4+6I_2+12H_2O=\!=\!=4H_3PO_3+12HI$

(2) $10HNO_3+3I_2=\!=\!=6HIO_3+10NO\uparrow+2H_2O$

(3) $P_4+3NaOH+3H_2O=\!=\!=3NaH_2PO_2+PH_3\uparrow$

(4) $10NaBiO_3+4MnSO_4+16H_2SO_4=\!=\!=5Na_2SO_4+5Bi_2(SO_4)_3+14H_2O+4HMnO_4$

(5) $AsCl_3+3Zn+3HCl=\!=\!=AsH_3+3ZnCl_2$

(6) $(NH_4)_2Cr_2O_7(s)\overset{\triangle}{=\!=\!=}N_2\uparrow+Cr_2O_3+4H_2O$

(7) $2KMnO_4+5NaNO_2+3H_2SO_4=\!=\!=2MnSO_4+K_2SO_4+5NaNO_3+3H_2O$

(8) $2NaNO_2+2KI+2H_2SO_4=\!=\!=Na_2SO_4+K_2SO_4+I_2+2H_2O+2NO$

3. 填空题

(1) sp^3;4;三角锥形

(2) N_2^+、O_2^+、Li_2^+;NO^+;Li_2^+

(3) $HNO_3>H_4P_2O_7>H_3PO_4$

(4) 白色 AgCl 沉淀;$PCl_5+4H_2O=\!=\!=H_3PO_4+5HCl$;黄色 Ag_3PO_4 沉淀;
$HPO_4^{2-}+3Ag^+=\!=\!=Ag_3PO_4\downarrow$(黄)$+H^+$;$H_2PO_4^-+3Ag^+=\!=\!=Ag_3PO_4\downarrow$(黄)$+2H^+$

4. 解释简答题

(1) 因为 Ag_3PO_4 的溶解度比 Ag_2HPO_4 和 AgH_2PO_4 小得多,而溶液中存在如下平衡:

$$H_2PO_4^-+H_2O\rightleftharpoons HPO_4^{2-}+H_3O^+$$

$$HPO_4^{2-}+H_2O\rightleftharpoons PO_4^{3-}+H_3O^+$$

加入 $AgNO_3$ 后,由于生成 Ag_3PO_4 沉淀使上述平衡向右移动。

(2) 因为 N 的电负性最大,其+5 价氧化态易得电子,为常见的氧化剂;Bi(Ⅴ)主要是因为 ns^2 惰性电子对效应,故呈强氧化性。

(3) NO_2^- 的鉴定反应为

$$2NO_2^-+2H^+=\!=\!=2HNO_2=\!=\!=H_2O+NO\uparrow+NO_2\uparrow$$

$$NO+Fe^{2+}=\!=\!=FeNO^{2+}\text{(棕色)}$$

NO_3^- 的鉴定反应为

$$3Fe^{2+}+NO_3^-+4H^+=\!=\!=3Fe^{3+}+NO\uparrow+2H_2O$$

$$NO+Fe^{2+}=\!=\!=FeNO^{2+}\text{(棕色)}$$

由于 NO_2^- 不稳定,在弱酸性介质中就可歧化生成鉴定所需要的 NO,而 NO_3^- 需要在强酸性溶液中被 Fe^{2+} 还原生成鉴定所需的 NO。

(4) 因为 Sb^{3+}、Bi^{3+} 在水溶液中发生强烈水解,所以配制 $SbCl_3$ 和 $Bi(NO_3)_3$ 溶液时,必须将 $SbCl_3$、$Bi(NO_3)_3$ 固体分别溶在浓 HCl、浓 HNO_3 中。

5. 判断题

A. NH_3;B. N_2;C. $NaNH_2$;D. H_2;E. Ca_3N_2;F. NCl_3。

相关反应式略。

6. 计算题

(1) 设 $c(H_3O^+)=a$,$c(OH^-)=x$,$c(NH_4^+)=y$,$c(NH_3)=b$

$$K_w^\ominus=c(H_3O^+)c(OH^-)=ax$$

$$K_a^\ominus(NH_4^+)=\frac{c(NH_3)c(H_3O^+)}{c(NH_4^+)}=\frac{ba}{y}=5.52\times10^{-10}$$

$$\begin{cases}y+a=1.00\times10^{-6}+x\\y+b=1.00\times10^{-6}\end{cases}$$

解方程，得　$c(H_3O^+)=1.03\times10^{-7}\,mol\cdot L^{-1}$，　$c(OH^-)=9.75\times10^{-3}\,mol\cdot L^{-1}$

$c(NH_4^+)=9.95\times10^{-7}\,mol\cdot L^{-1}$，　$c(NH_3)=5.35\times10^{-9}\,mol\cdot L^{-1}$

(2) ① $\Delta_r G_m^\ominus=[4\times(86.55)+6\times(-228.75)-4\times(-16.45)]=-959.43(kJ\cdot mol^{-1})$

因为 $\Delta_r G_m^\ominus<0$，故该反应在常温下可以自发进行。

② $\Delta_r H_m^\ominus=4\times90.25+6\times(-241.818)-4\times(-46.11)=-905.47(kJ\cdot mol^{-1})$

$\Delta_r S_m^\ominus=4\times210.761+6\times188.825-(4\times192.45+5\times205.138)=180.50(J\cdot mol^{-1}\cdot K^{-1})$

因为 $\Delta_r H_m^\ominus<0$，$\Delta_r S_m^\ominus>0$，升高温度不利于反应正向进行，但升温有利于提高反应的速率，所以生产上一般选择反应温度在800℃左右。

（重庆大学　余丹梅）

第 18 章　碳族元素

一、学习要求

(1) 了解碳族元素的通性，碳族单质的结构和性质；
(2) 掌握碳、硅的氧化物、卤化物、含氧酸及其盐的结构和性质；
(3) 熟悉锡、铅的重要化合物的性质和用途；
(4) 了解反极化作用，硅氧四面体，分子筛。

二、重难点解析

(一) 单质

1. 碳

碳有三种同素异形体——金刚石、石墨和无定形碳。金刚石是典型的原子晶体，也是最硬的物质，在单质中它的熔点最高，不导电，化学性质不活泼。金刚石在工业上用作钻头、摩擦剂和拉金属丝的模具等；石墨则是原子晶体、金属晶体和分子晶体之间的一种过渡型晶体，为层状结构，并具有共价键、类似金属键那样的离域 π 键和范德华力三种不同的键和作用力。石墨有光泽，可导电、导热，可用来作电极、坩埚等；当隔绝空气加热含碳化合物时，碳从这些化合物中析出的黑色物质称为无定形碳，或简称炭、焦炭、骨炭等。

在常温下，碳的化学性质不活泼，但随着温度的升高它的活泼性迅速增加。碳的电负性居中，它既能与电负性比它大的元素化合，又能与电负性比它小的元素化合，所以碳表现出多种氧化值。碳也是有机世界的主角，不属于有机化学范围的含碳化合物主要是氧化物(CO 和 CO_2)和碳酸盐。

2. 硅和锗

单质硅有无定形(呈黑色粉末状)和晶态(呈银灰色)两种形态。硅在化学性质方面主要表现为非金属性，晶态硅不活泼，无定形硅比晶态硅活泼，加热时无定形硅能和许多金属和非金属化合。硅不与任何酸作用，但能溶于 HF 和 HNO_3 的混合液中，强碱能与硅作用生成偏硅酸盐和氢气。硅具有半导体特性。

锗是一种浅灰色的金属，锗晶体中原子的排列方式与金刚石相同，所以它硬而脆。锗也具有半导体特性。

3. 锡和铅

锡和铅是低熔点金属，常用作低温合金。在空气中，锡很稳定，不易被氧化。锡无毒，因此主要用来制造食品罐头的马口铁(镀锡铁)。铅在表面生成一层很致密的氧化物薄膜而不继续氧化。铅可用于电缆、蓄电池、硫酸等工业。铅有毒，但可以有效地吸收 γ 射线，因此可用作防护材料。

(二) 碳的化合物

1. 氧化物

CO 中的碳与氧通过叁键结合，其中 1 个 σ 键，1 个双方各提供 1 个价电子的共价 π 键，还有 1 个是由氧原子单独提供 1 对电子的配位 π 键。由于在 C 原子上有较多的负电荷，故 CO 中的 C 原子中的孤对电子容易进入其他原子的空轨道而发生加合反应，CO 与一些过渡金属加合生成羰基配合物，如四羰基合镍 $Ni(CO)_4$、五羰基合铁 $Fe(CO)_5$ 等。CO 是常见的还原剂，在高温下能把许多金属从它们的氧化物中还原出来，工业上常用来冶炼金属，如铁、铜等。另外，CO 有毒。

CO_2 是直线形结构，偶极矩为零。C—O 之间的键长介于双键和叁键之间，且更接近于叁键。CO_2 分子中含有 2 个 σ 键和 2 个大 π 键。这 2 个大 π 键均由 3 个原子（1 个碳原子、2 个氧原子）提供的 4 个电子组成，称为三中心四电子键，以 π_3^4 表示。

2. 碳化物

碳与电负性较小的元素形成的二元化合物称为碳化物。由原子外层电子的排布可知，碳既可以有离子型碳化物，也可以有共价型碳化物。又因碳原子半径不大，同时其电负性和过渡元素相差不多，碳原子可以填充到金属晶体中，形成金属化合物，或称间隙化合物，这种化合物一般不符合化合价规律。

离子型碳化物分为两种类型。一种是含有 C_2^{2-} 的碳化物，如 CaC_2；另一种是含有 C^{4-} 的碳化物，它们大都易被水分解，生成乙炔或甲烷。

碳与电负性相接近的元素化合，或与某些过渡元素化合形成共价型碳化物，如 SiC、B_4C 等，是由共价键形成的原子晶体，它们的特点是硬度大、熔点高。

金属碳化物是由碳与过渡元素中半径较大的金属所形成。这些化合物的特点是具有金属光泽，能传热导电，熔点高，硬度大（但脆性也较大）。金属型碳化物是许多合金钢中的重要组成物质，对合金钢的性能有重要影响。例如，WC 用于制造高速切削工具，TiC 用于耐高温涂层。

3. 碳酸及其盐

碳酸是 CO_2 溶于水的产物，是二元弱酸，很不稳定，只存在于水溶液中。

碳酸盐中，除铵盐和碱金属盐（除 Li_2CO_3 外）以外，都难溶于水，一般是难溶碳酸盐对应的碳酸氢盐的溶解度较大，如 $Ca(HCO_3)_2$ 溶解度大于 $CaCO_3$，对易溶的碳酸盐，它对应的碳酸氢盐的溶解度反而小，如 $NaHCO_3$ 溶解度小于 Na_2CO_3。

因为碳酸的酸性很弱，所以碳酸盐溶液易水解。重金属的碳酸盐，在水溶液中会部分水解生成碱式碳酸盐。例如，将碳酸钠溶液和锌盐、铜盐、铅盐等溶液混合时，将得到碱式碳酸盐沉淀：

$$2Cu^{2+} + 2CO_3^{2-} + H_2O = Cu_2(OH)_2CO_3\downarrow + CO_2\uparrow$$

某些金属的碳酸盐几乎完全水解，如用碳酸盐处理三价铁、铝、铬盐时将得到氢氧化物沉淀：

$$2Fe^{3+} + 3CO_3^{2-} + 3H_2O = 2Fe(OH)_3\downarrow + 3CO_2\uparrow$$

碳酸盐和碳酸氢盐的热稳定性较差，它们在高温下均会分解：

$$M(HCO_3)_2 \xlongequal{\triangle} MCO_3 + H_2O + CO_2\uparrow$$

$$MCO_3 \xlongequal{\triangle} MO + CO_2\uparrow$$

碳酸和碳酸盐的热稳定性与阳离子的反极化作用有关。以碳酸为例说明 H^+ 对碳酸根的反极化作用，如下所示：

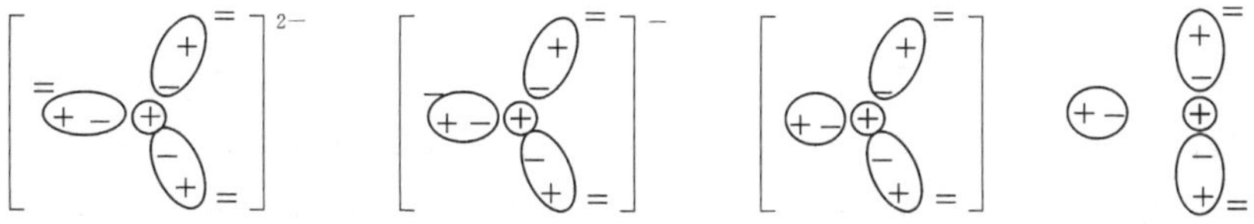

CO_3^{2-}　HCO_3^-　H_2CO_3　H_2O+CO_2

(a)　(b)　(c)　(d)

在 CO_3^{2-} 中碳和 3 个氧原子之间的化学键是等同的，碳用 sp^2 杂化轨道与 3 个氧原子结合，4 个原子在同一平面上形成 1 个三角形[图(a)]。在 CO_3^{2-} 中，位于中心的 C^{4+} 对周围的 O^{2-} 有较强的极化作用，导致 O^{2-} 极化变形，原子轨道重叠，形成强共价键。当 H^+ 靠近 O^{2-} 时，H^+ 对 O^{2-} 有极化作用。H^+ 极化作用和中心离子的极化作用方向相反，称为反极化作用。H^+ 的体积很小，且没有带负电荷的电子云，它可以钻入碳酸根 O^{2-} 的电子云中，降低 O^{2-} 的负电荷，同时降低 O^{2-} 的变形性，削弱 C^{4+} 与 O^{2-} 间的共价键[图(b)]。在 HCO_3^- 中，由于其中 1 个 O^{2-} 的电荷降低，变形性降低，因此它和中心离子 C^{4+} 间的键变得不稳定。当再有 1 个 H^+ 钻入 O^{2-} 电子云中时，就形成 H_2CO_3 分子[图(c)]。因为 C^{4+} 中心离子对电中性分子作用不大，碳酸分解成为 CO_2 和 H_2O[图(d)]。

这一过程也可以理解为外来阳离子和 C^{4+} 对 O^{2-} 的争夺。外来阳离子的极化能力越强，反极化作用越强，酸或盐的热稳定性越差。

H^+ 的反极化作用强于金属离子；电荷密度高的金属离子的反极化作用强于电荷密度低的金属离子；氧化数相同时，非稀有气体构型的离子的反极化作用强于稀有气体构型的离子。

因而碳酸及其盐的热稳定性有如下规律：①碳酸、碳酸氢盐和碳酸盐的热稳定性：$H_2CO_3 < NaHCO_3 < Na_2CO_3$；②金属离子电荷越高，碳酸盐越不稳定，$CaCO_3 < Na_2CO_3$；③离子外层电子构型相同，离子半径越小，碳酸盐越不稳定，$MgCO_3 < CaCO_3 < SrCO_3 < BaCO_3$。

（三）硅的化合物

1. 硅的卤化物

硅的卤化物 SiX_4 可以用硅与卤素直接合成。四氟化硅可通过 SiO_2 和 HF 反应，或用浓 H_2SO_4 处理萤石和石英砂来制备。$SiCl_4$ 则常用 SiO_2 与碳的混合物在氯气流中加热而制得。

常温下，SiF_4 是无色气体，$SiCl_4$ 和 $SiBr_4$ 是液体，SiI_4 是固体。它们都易水解生成 H_2SiO_3 和相应的卤化氢。

2. 二氧化硅

二氧化硅常称硅石，有晶体和无定形两种形态。二氧化硅为大分子原子晶体，在二氧化硅晶体中结构的基本单位是“硅氧四面体”。在结晶的 SiO_2 中，硅氧四面体整齐地按一定规则排列，根据排列形式的不同，可有石英、鳞石英、方石英等不同变体。而在无定形的二氧化硅中，硅氧四面体作杂乱的堆积。

二氧化硅化学性质很不活泼，又不溶于水，在室温下仅与氢氟酸反应，生成四氟化硅和水。二氧化硅的熔点为1710℃。石英玻璃烧至1400℃时也不发软，而且膨胀系数小，常用于制造耐高温仪器。无定形 SiO_2 粉末称为白炭黑，作为填料广泛应用在造纸、橡胶工业中。

3. 硅酸及硅酸盐

硅酸，即 SiO_2 的水合物，根据形成条件的不同，可得到多种硅酸，如正硅酸（H_4SiO_4）、偏硅酸（H_2SiO_3）、二偏硅酸（$H_2Si_2O_5$）等。用通式表示为 $xSiO_2 \cdot yH_2O$。当 $x/y>1$ 时，称为多硅酸。

实际上见到的硅酸常是各种硅酸的混合物。由于在各种硅酸中以偏硅酸 H_2SiO_3 的分子式最简单，因此习惯采用 H_2SiO_3 作为硅酸的代表。硅酸是一种极弱的二元酸，$K_{a_1}^{\ominus}\approx10^{-10}$，$K_{a_2}^{\ominus}\approx10^{-12}$。

新鲜制备的硅酸是单个分子，能溶于水，在存放过程中，逐渐失水聚合，形成各种多硅酸，成为硅溶胶。硅溶胶遇到电解质时，会失水转为硅凝胶，硅凝胶烘干得到硅胶。硅胶是一种多孔性物质，具有良好的吸水性，而且吸水后还能烘干重复使用，故常用作干燥剂。

硅酸盐中只有碱金属盐能溶于水。将 SiO_2 和 Na_2CO_3 共熔可得到硅酸钠，其透明浆状溶液称为“水玻璃”，俗称“泡花碱”。水玻璃有相当强的黏结能力，是工业上重要的黏结剂。

除碱金属硅酸盐外，其他的硅酸盐均不溶于水。地表主要就是由各种硅酸盐组成的，如长石、云母、石棉、滑石等。

硅氧四面体 SiO_4 是硅酸盐的基本结构单位。只有少数硅酸盐是由单个或少量几个 SiO_4 构成硅酸根或多硅酸根离子与晶体中正离子相结合。大部分硅酸盐中 SiO_4 都通过共用氧原子组成链式（如石棉）、层式（如滑石）或三维空间骨架的大型结构（如长石）。在硅酸盐中，Si^{4+}（41pm）可以被半径相近的 Al^{3+}（50pm）取代，构成铝硅酸盐。铝硅酸盐结构单元仍是四面体，当1个 Al^{3+} 代替1个 Si^{4+} 时，为保持分子电中性，在结构中又引入1个 Na^+ 或 K^+。所以，硅酸盐和铝硅酸盐的成分都比较复杂，现已经知道的矿石多达数千种。

4. 分子筛

分子筛是一类含有结晶水的重要硅酸盐晶体，具有多孔结构。分子筛能把某些直径比孔道孔径小的分子吸附到孔道内部，而直径比孔道孔径大的分子进不去，因而起着分子筛分作用。在分子筛中，有两种结构基元，一种是硅氧四面体 SiO_4，另一种是和它相似的铝氧四面体 AlO_4。硅氧四面体与铝氧四面体间，或两个硅氧四面体间可以通过共用氧原子相连接，又由于连接方式的不同，形成不同类型的分子筛，如A型、X型、Y型。每一种类型中又分若干种，如A型分3A、4A、5A，X型分10X、13X。各种分子筛由于结构和孔径不同，吸附能力自然也不同。

利用分子筛的强吸附性，可作干燥剂、离子交换剂和催化剂载体。

（四）锡、铅化合物

Sn、Pb的价电子结构为 ns^2np^2，可以形成＋2、＋4氧化态。Sn的＋4氧化态和Pb的＋2氧化态较稳定。

锡的氧化物有 SnO_2（白色）、SnO（黑绿色）。铅的氧化物除PbO（橙红色）、PbO_2（棕黑色）

外，还有混合氧化物 Pb_2O_3、Pb_3O_4。

锡和铅的氧化物、氢氧化物均呈两性。酸碱性的大小为碱性 $SnO < PbO$，酸性 $SnO_2 > PbO_2$。

SnO 易被氧化成 SnO_2，故 SnO 是还原剂，而 PbO_2 易被还原成 PbO，故 PbO_2 是氧化剂。PbO_2 的氧化性还表现在它与 H_2SO_4 反应时放出 O_2：

$$2PbO_2 + 2H_2SO_4 = 2PbSO_4\downarrow + O_2\uparrow + 2H_2O$$

$PbCl_4$ 在低温下稳定，常温下即分解为 $PbCl_2$ 和 Cl_2，这是由于 Pb(Ⅳ)具有强氧化性。

$SnCl_2$ 和 $Na_2[Sn(OH)_4]$都是常见的还原剂。$[Sn(OH)_4]^{2-}$ 的还原能力在碱性介质中比酸性介质中的 Sn^{2+} 强。

$SnCl_2$ 易水解，所以配制 $SnCl_2$ 溶液时，先将 $SnCl_2$ 固体溶于少量浓盐酸中，再加水稀释，才能得到澄清溶液。$SnCl_4$ 遇水剧烈水解，在潮湿空气中会发烟。

铅盐大部分都难溶于水，且具有特征颜色，如 $PbCl_2$（白色）、$PbSO_4$（白色）、PbI_2（金黄色）、$PbCrO_4$（黄色）、PbS（黑色），其中 $PbCl_2$ 比较易溶（能溶于热水中）。

锡、铅的硫化物均不溶于水和稀酸，它们的硫化物也有特征颜色，同样也具有高氧化态显酸性，低氧化态显碱性的性质。用 H_2S 与相应盐作用可得到硫化物。

SnS_2（黄色）可溶于 Na_2S 或 $(NH_4)_2S$，SnS（棕色）可溶于多硫化铵 $(NH_4)_2S_x$。PbS 能溶于浓 HCl 和 HNO_3 中，也可与 H_2O_2 反应。

（五）重要反应

1. 制备反应

实验室制备纯 CO 的方法是将甲酸与浓硫酸共热，硫酸可用作脱水剂：

$$HCOOH(l) + H_2SO_4(l) \xlongequal{\triangle} CO(g) + H_2O(l) + H_2SO_4(aq)$$

碳化钙（CaC_2），俗称电石，由焦炭和氧化钙在电弧炉中高温焙烧而制得：

$$CaO + 3C = CaC_2 + CO\uparrow$$

工业上用焦炭在电炉中还原 SiO_2 制备晶态硅：

$$SiO_2 + 2C = Si + 2CO\uparrow$$

碳化硅的工业产品称金刚砂，由石英砂和焦炭的混合物在电炉内加热制成：

$$SiO_2 + 3C = SiC + 2CO\uparrow$$

SiO_2 与热的强碱溶液或与熔化的碱反应可制得硅酸钠：

$$SiO_2(s) + 2NaOH(aq) \xlongequal{\triangle} Na_2SiO_3(aq) + 2H_2O(l)$$

$$SiO_2(s) + Na_2CO_3(s) \xlongequal{\triangle} Na_2SiO_3(s) + CO_2(g)$$

2. 离子鉴定反应

检验 Mn^{2+}：在酸性介质中，PbO_2 能将 Mn^{2+} 氧化成紫色 MnO_4^-。

$$2Mn^{2+} + 5PbO_2 + 4H^+ = 2MnO_4^- + 5Pb^{2+} + 2H_2O$$

检验 Bi^{3+}：在碱性介质中，$[Sn(OH)_4]^{2-}$ 能将 $Bi(OH)_3$ 还原成黑色金属 Bi。

$$2Bi(OH)_3 + 3Na_2[Sn(OH)_4] = 2Bi\downarrow + 3Na_2[Sn(OH)_6]$$

检验 Sn^{2+}：$SnCl_2$ 能将汞盐还原为亚汞盐，当 $SnCl_2$ 过量时，亚汞盐被还原为黑色的金属汞。

$$SnCl_2+2HgCl_2 = SnCl_4+Hg_2Cl_2\downarrow(白)$$
$$SnCl_2+Hg_2Cl_2 = SnCl_4+2Hg\downarrow(黑)$$

三、习题全解和重点练习题解

1(18-1). Pb 元素的低价化合物稳定，这是由于(　　)引起的。

A. 惰性电子对效应　B. 电极电位低　C. 电子亲和能大　D. 电离能大

答：A。

2(18-2). 下列各组元素中(　　)组元素性质较为相似。

A. B,Al　B. B,Si　C. C,Si　D. B,C

答：A。

3(18-3). 下列化合物中不含有叁键的是(　　)。

A. CO　B. HCN　C. H_2C_2　D. CO_2

答：D。

4(18-4). $KMnO_4$ 溶液中加入 $SnCl_2$ 溶液，二者有无反应发生？若有，则写出反应方程式。

答：有，反应方程式为 $2MnO_4^-+5Sn^{2+}+16H^+ = 2Mn^{2+}+5Sn^{4+}+8H_2O$。

5(18-5). 在 $0.5mol\cdot L^{-1}$ $SnCl_2$ 溶液中加入 H_2S 饱和溶液至有大量沉淀生成，将沉淀去除一部分加入 $6mol\cdot L^{-1}$ HCl 后，沉淀溶解，沉淀的另一部分加入足量多硫化铵溶液，沉淀也溶解，向溶液中加入 $6mol\cdot L^{-1}$ 的 HCl，又生成沉淀，同时又有臭鸡蛋味气体生成。写出各步反应方程式。

解：
$$Sn^{2+}+S^{2-} = SnS\downarrow$$
$$SnS+2H^+ = Sn^{2+}+H_2S\uparrow$$
$$SnS+S_2^{2-} = SnS_3^{2-}$$
$$SnS_3^{2-}+2H^+ = SnS_2\downarrow+H_2S\uparrow$$

6(18-6). 在 25℃时，$HCO_3^-(aq)$ 和 $CO_3^{2-}(aq)$ 的 $\Delta_f G_m^\ominus$ 分别为 $-587.06kJ\cdot mol^{-1}$ 和 $-528.10kJ\cdot mol^{-1}$，求反应 $HCO_3^- \rightleftharpoons H^+ + CO_3^{2-}$ 的 $\Delta_r G_m^\ominus$ 和平衡常数。

解：$\Delta_r G_m^\ominus = -528.10-(-587.06) = 58.96(kJ\cdot mol^{-1})$

$$\lg K^\ominus = \frac{-\Delta_r G_m^\ominus}{2.303RT} = \frac{-58.96\times 10^3}{2.303\times 8.314\times 298.15} = -10.33$$
$$K^\ominus = 4.4\times 10^{-11}$$

7(18-7). 完成下列方程式。

(1) $PbO_2+Mn(NO_3)_2 \longrightarrow$　(2) $HgCl_2+SnCl_2$(少量)$\longrightarrow$

(3) $HgCl_2+SnCl_2$(多量)$\longrightarrow$　(4) SiO_2+NaOH (熔融)$\longrightarrow$

(5) $SiO_2+HF \longrightarrow$　(6) $PbO_2+HCl \longrightarrow$

(7) $SnCl_2+H_2O \longrightarrow$　(8) $SnS_2+(NH_4)_2S \longrightarrow$

解：(1) $2Mn^{2+}+5PbO_2+4H^+ = 2MnO_4^-+5Pb^{2+}+2H_2O$

(2) $2HgCl_2+SnCl_2$(少量)$= SnCl_4+Hg_2Cl_2\downarrow$(白)

(3) $HgCl_2+SnCl_2$(多量)$= SnCl_4+Hg\downarrow$(黑)

(4) $SiO_2(s)+2NaOH$(熔融)$\longrightarrow Na_2SiO_3(l)+H_2O(g)$

(5) $SiO_2+4HF = SiF_4\uparrow+2H_2O$

(6) PbO_2+4HCl ══ $PbCl_2\downarrow+Cl_2\uparrow+2H_2O$

(7) $SnCl_2+H_2O$ ══ $Sn(OH)Cl\downarrow+HCl$

(8) $SnS_2+(NH_4)_2S$ ══ $(NH_4)_2SnS_3$

8(18-8). 比较下列物质的有关性质,并加以解释。

(1) 热稳定性:$SrCO_3$ 和 $CdCO_3$;

(2) 还原性:Ge^{2+} 和 Sn^{2+};

(3) 氧化性:Pb^{2+} 和 Pb^{4+};

(4) 在水中溶解度:$Ca(HCO_3)_2$ 和 $CaCO_3$,$NaHCO_3$ 和 Na_2CO_3。

解:(1) 热稳定性:$SrCO_3>CdCO_3$;过渡金属离子的反极化作用大于碱土金属离子。

(2) 还原性:$Ge^{2+}>Sn^{2+}$;$E^\ominus(Sn^{4+}/Sn^{2+})=0.15V>E^\ominus(GeO_2/Ge^{2+})=-0.29V$。

(3) 氧化性:$Pb^{2+}<Pb^{4+}$;$E^\ominus(PbO_2/Pb^{2+})=1.45V>E^\ominus(Pb^{2+}/Pb)=-0.13V$。

(4) 在水中溶解度:$Ca(HCO_3)_2>CaCO_3$,$NaHCO_3<Na_2CO_3$。

9(18-9). 比较下列各组内物质的热稳定性。

(1) $Mg(HCO_3)_2$,$MgCO_3$,H_2CO_3;

(2) $(NH_4)_2CO_3$,$CaCO_3$,Ag_2CO_3,K_2CO_3,NH_4HCO_3;

(3) $MgCO_3$,$MgSO_4$。

解:(1) $MgCO_3>Mg(HCO_3)_2>H_2CO_3$;

(2) $K_2CO_3>CaCO_3>Ag_2CO_3>(NH_4)_2CO_3>NH_4HCO_3$;

(3) $MgCO_3<MgSO_4$。

10(18-10). 将锡溶于 HCl,得到的是 $SnCl_2$,而不是 $SnCl_4$。试用有关电对的电势加以说明。又如何用锡制取 $SnCl_4$?

解:$E^\ominus(Sn^{2+}/Sn)=-0.14V<E^\ominus(H^+/H_2)=0V$,$H^+$ 可将 Sn 氧化为 Sn^{2+};$E^\ominus(Sn^{4+}/Sn^{2+})=0.15V>E^\ominus(H^+/H_2)=0V$,$H^+$ 不能将 Sn^{2+} 氧化为 Sn^{4+}。

$E^\ominus(Cl_2/Cl^-)=1.36V$,可用金属锡与氯气反应制备 $SnCl_4$。

11(18-11). 鉴别下列各对离子。

(1) Sn^{2+},Sn^{4+}

(2) Pb^{2+},Sn^{2+}

解:(1) $Sn^{2+}+S^{2-}$ ══ $SnS\downarrow$(黄)

$Sn^{4+}+2S^{2-}$ ══ $SnS_2\downarrow$(棕)

(2) $Sn^{2+}+S^{2-}$ ══ $SnS\downarrow$(黄)

$Pb^{2+}+S^{2-}$ ══ $PbS\downarrow$(黑)

12(18-12). 今有 Fe、Na_2CO_3、NaCl、NaOH、MgO 等各种物质,能否在石英器皿中熔融?为什么?

答:石英玻璃为非晶态 SiO_2。晶体 SiO_2 熔点 1710℃。SiO_2 与熔融状态的 NaOH 和 Na_2CO_3 反应生成硅酸钠:

$$SiO_2(s)+2NaOH(l) \xlongequal{\triangle} Na_2SiO_3(l)+2H_2O(g)$$

$$SiO_2(s)+Na_2CO_3(l) \xlongequal{\triangle} Na_2SiO_3(l)+CO_2(g)$$

Fe 的熔点 1535℃,接近石英玻璃的软化温度,MgO 的熔点 2800℃,高于石英的熔点。所以,除 NaCl 外,Fe、Na_2CO_3、NaOH 和 MgO 都不能在石英器皿中熔融。

13(18－13). 下列化合物是以什么键结合的？

$$CaC_2, SiC, Al_4C_3$$

答：CaC_2，离子键；SiC，共价键；Al_4C_3，离子键。

14(18－14). 下列化合物哪个是离子型化合物？哪个是共价型化合物或金属化合物？

$$Al_4C_3, WC, Fe_3C, SiC, B_4C, TiC$$

答：离子化合物：Al_4C_3；共价型化合物：SiC，B_4C；金属化合物：WC，Fe_3C，TiC。

15(18－15). CO_2 比 SiO_2 熔点低得多，是否 CO_2 的热稳定性也比 SiO_2 的差得多？

答：晶体 CO_2 为分子型晶体，熔化时克服分子间作用力，熔点很低；SiO_2 为原子晶体，熔化时需克服晶格能，故而熔点很高。

CO_2 和 SiO_2 的分解都需要完全克服共价键。这和熔点没有直接的联系，因而不能说 CO_2 的热稳定性比 SiO_2 差。

16(18－16). 锌、镉、镁三种元素的碳酸盐的热稳定性次序怎样？如何解释？

答：热稳定性：碳酸镁＞碳酸镉＞碳酸锌。

金属离子的反极化作用越强，其碳酸盐的热稳定性越差。碱土金属离子的反极化作用弱于过渡金属离子；Zn^{2+} 与 Cd^{2+} 相比，离子半径较小，反极化作用更强。

17(18－17). 不采用加酸的方法，如何使难溶的碱土金属碳酸盐发生溶解？

答：通入过量 CO_2，碱土金属的难溶碳酸盐形成碳酸氢盐而溶解：

$$MCO_3 + CO_2 + H_2O = M(HCO_3)_2$$

18. 简要说明溶洞和钟乳石的形成过程。

解：在 CO_2 和 H_2O 的存在下，难溶的 $CaCO_3$ 和可溶的 $Ca(HCO_3)_2$ 之间存在如下平衡：

$$CaCO_3(s) + CO_2(g) + H_2O(l) \rightleftharpoons Ca(HCO_3)_2(aq)$$

在地壳深处，随着压力增大，CO_2 在地下水中的分压也随之变大，上述平衡向右移动，使 $CaCO_3$ 以 $Ca(HCO_3)_2$ 的形式溶于地下水中。长期被含 CO_2 的地下水侵蚀的石灰岩地带因溶解而出现溶洞。含有 $Ca(HCO_3)_2$ 的地下水流出地表后，压力大大减小，水中 CO_2 的分压减小，上述平衡向左移动，$CaCO_3$ 沉淀下来而逸出 CO_2。日积月累，年复一年，$CaCO_3$ 缓慢而不断地聚积，形成了钟乳石或石笋。

19. 硅单质结构类似于金刚石，其熔点、硬度却比金刚石差得多，请解释原因。

解：Si 和 C 单质都可采取 sp^3 杂化，形成金刚石型结构。但 Si 的半径比 C 大得多，Si—Si 键较弱，键能小，因而单质硅的熔点、硬度比金刚石低得多。

20. 用四种方法鉴别 $SnCl_4$ 和 $SnCl_2$ 溶液。

解：方法 1. 在酸性条件下分别加入少量 $FeCl_3$ 溶液，充分反应后加入 KSCN 溶液。$SnCl_2$ 溶液使 Fe^{3+} 还原为 Fe^{2+}（$2Fe^{3+} + Sn^{2+} = 2Fe^{2+} + Sn^{4+}$），KSCN 加入后，没有红色出现。$FeCl_3$ 与 $SnCl_4$ 不反应，遇 KSCN 后，溶液变红。因此，溶液变红的未知液为 $SnCl_4$，另一液为 $SnCl_2$。

方法 2. 将少量未知溶液加入 $HgCl_2$ 溶液中，若产生白色沉淀，则未知液为 $SnCl_2$；不产生沉淀的未知液为 $SnCl_4$。

$$2HgCl_2 + SnCl_2 = Hg_2Cl_2(s,\text{白}) + SnCl_4$$

方法 3. 向未知液中加入 $(NH_4)_2S$ 溶液，产生黄色沉淀的为 $SnCl_4$，产生棕色沉淀的为 $SnCl_2$。

$$SnCl_4 + 2(NH_4)_2S = SnS_2(s,\text{黄}) + 4NH_4Cl$$

$$SnCl_2 + (NH_4)_2S \longrightarrow SnS\ (s,棕) + 2NH_4Cl$$

方法 4. 向未知液中加入过量的 NaOH 溶液至生成的白色沉淀全部溶解，再加入 $BiCl_3$ 溶液，有黑色沉淀生成的溶液为 $SnCl_2$，另一溶液为 $SnCl_4$。

$$SnCl_4 + 6NaOH \longrightarrow Na_2[Sn(OH)_6] + 4NaCl$$

$$SnCl_2 + 4NaOH \longrightarrow Na_2[Sn(OH)_4] + 2NaCl$$

$$3[Sn(OH)_4]^{2-} + 2Bi^{3+} + 6OH^- \longrightarrow 2Bi(s,黑) + 3[Sn(OH)_6]^{2-}$$

21. 金属 M 与过量的干燥氯气共热得到无色液体 A，A 与金属 M 作用转化为固体 B，将 A 溶于盐酸后通入 H_2S 得黄色沉淀 C，C 溶于 Na_2S 溶液得无色溶液 D；将 B 溶于稀盐酸后加入适量 $HgCl_2$，有白色沉淀 E 生成；向 B 的盐酸溶液中加入适量 NaOH 溶液有白色沉淀 F 生成，F 溶于过量的 NaOH 溶液得无色溶液 G；向 G 中加入 $BiCl_3$ 溶液有黑色沉淀 H 生成。试确定 M、A～H 各为何种物质。

答： M. Sn； A. $SnCl_4$； B. $SnCl_2$； C. SnS_2； D. Na_2SnS_3； E. Hg_2Cl_2； F. $Sn(OH)_2$； G. $Na_2[Sn(OH)_4]$； H. Bi。

四、自　测　题

1. 填空题(每空 1 分，共 20 分)

(1) 二氧化铅是很强的氧化剂，它与硫酸的反应中作为还原剂的是________，氧化产物是________，反应方程式为________。

(2) 金刚石中，C—C 间以________杂化轨道相互成键，其空间构型为________。石墨中，C—C间以________杂化轨道相互成键。石墨中除________键外，还有________键，故石墨有导电性。

(3) $Pb(OH)_2$是________性氢氧化物，在过量的 NaOH 溶液中 Pb(Ⅱ)以________形式存在。$Pb(OH)_2$溶于________得到无色溶液。

(4) 用“>”或“<”符号表示下列各对化合物中键的离子性相对大小：SnO ________ SnS，$FeCl_2$________ $FeCl_3$，SnO ________ SnO_2。

(5) 在下列物质中：$BiCl_3$、CCl_4、BCl_3、$SnCl_2$、Na_2S，水解产物为碱式盐的是________，水解产物为含氧酸的是________，完全不水解的是________。

(6) 用“>”或“<”符号比较下列各对碳酸盐热稳定性的大小：Na_2CO_3 ________ $BeCO_3$；$NaHCO_3$________ Na_2CO_3；$MgCO_3$________ $BaCO_3$；$PbCO_3$________ $CaCO_3$。

2. 是非题(用“√”、“×”表示对、错，每小题 2 分，共 10 分)

(1) 用 Sn^{2+} 鉴定 Hg^{2+} 和 Bi^{3+} 是利用 Hg^{2+} 和 Bi^{3+} 的还原性。　(　　)

(2) 活性炭用于食用油和蔗糖的脱色，是利用碳的还原性。　(　　)

(3) 将锡溶于浓盐酸，得到的是 $H_2[SnCl_4]$，而不是 $H_2[SnCl_6]$。　(　　)

(4) SiF_4、$SiCl_4$、$SiBr_4$ 和 SiI_4 都能水解，水解产物都应该是硅酸(H_2SiO_3)和相应的氢卤酸(HX)。　(　　)

(5) 为了防止制备的锡盐溶液发生水解而产生沉淀，可将 $SnCl_2$ 加到水中后加酸使溶液呈酸性。　(　　)

3. 单选题(每小题 1 分,共 10 分)

(1) 下列化学式中代表金刚砂的是(   )。

A. Al_2O_3　B. SiC　C. SiO_2　D. CaC_2

(2) 碳化铝固体与水作用产生的气体是(   )。

A. C_2H_2　B. C_2H_6　C. CO_2　D. CH_4

(3) 下列物质在水中溶解度最小的是(   )。

A. Na_2CO_3　B. $NaHCO_3$　C. $Ca(HCO_3)_2$　D. $KHCO_3$

(4) 下列含氧酸根中具有环状结构的是(   )。

A. $Si_3O_9^{6-}$　B. SiO_4^{4-}　C. $Si_2O_7^{6-}$　D. $S_4O_6^{2-}$

(5) 常温下不能稳定存在的是(   )。

A. $GaCl_3$　B. $SnCl_4$　C. $PbCl_4$　D. $GeCl_4$

(6) 与 Na_2CO_3 溶液反应生成碱式盐沉淀的离子是(   )。

A. Al^{3+}　B. Ba^{2+}　C. Cu^{2+}　D. Hg^{2+}

(7) 下列物质中还原性最强的是(   )。

A. GeH_4　B. AsH_3　C. H_2Se　D. HBr

(8) 下列各对物质中中心原子的轨道杂化类型不同的是(   )。

A. CH_4 与 SiH_4　B. H_3O^+ 与 NH_3

C. CH_4 与 NH_4^+　D. CF_4 与 SF_4

(9) 下列氧化物中氧化性最强的是(   )。

A. SiO_2　B. GeO_2　C. SnO_2　D. Pb_2O_3

(10) 下列化合物中不水解的是(   )。

A. $SiCl_4$　B. CCl_4　C. BCl_3　D. PCl_5

4. 完成并配平下列反应的反应方程式(每小题 2 分,共 10 分)

(1) 硫化铅加入双氧水溶液中。

(2) 石英砂和焦炭混合后放入电炉中加强热。

(3) 向硅酸钠溶液中滴加饱和氯化铵溶液。

(4) 硅石与焦炭在氯气中加热。

(5) 向氯化汞溶液中滴加少量氯化亚锡溶液。

5. 判断题(14 分)

无色晶体 A 易溶于水,将 A 在煤气灯上加热得到黄色固体 B 和棕色气体 C,B 溶于硝酸后得到 A 的水溶液。在碱性条件下 A 与次氯酸钠溶液作用得黑色沉淀 D,D 不溶于硝酸,向 D 中加入盐酸有白色沉淀 E 和气体 F 生成。F 可使淀粉碘化钾试纸变色。将 E 和 KI 溶液共热冷却后有黄色沉淀 G 生成。试确定 A~G 各为何物质。

6. 解释简答题(每小题 4 分,共 16 分)

(1) C 和 O 的电负性相差较大,但 CO 分子的偶极矩却很小。

(2) CCl_4 遇水不水解，而 $SiCl_4$ 易水解。

(3) 铅易溶于浓盐酸和稀硝酸中，而难溶于稀盐酸和冷的浓硝酸。

(4) 向烧红的炭火炉中泼少量水，瞬间炉火烧得更旺。

7. 计算题(每小题 10 分，共 20 分)

(1) 将含有 Na_2CO_3 和 $NaHCO_3$ 的固体混合物 60.0g 溶于少量水后稀释到 2.00L，测得该溶液的 pH 为 10.60，试计算原来的混合物中含 Na_2CO_3 及 $NaHCO_3$ 各多少克。[已知 $K^{\ominus}_{a_2}(H_2CO_3) = 4.7\times10^{-11}$]

(2) 实验测得，在标准状态下，碳酸钙的分解温度为 910℃，在空气中，在 530℃ 即开始分解。试通过热力学计算解释之。已知：25℃ 时，$CaCO_3 = CaO + CO_2$，$\Delta_r H^{\ominus}_m = 179.2kJ \cdot mol^{-1}$，$\Delta_r S^{\ominus}_m = 160.2J \cdot mol^{-1} \cdot K^{-1}$。空气中 CO_2 的体积分数为 0.03%。

参考答案

1. 填空题

(1) H_2O，O_2，$2PbO_2 + 2H_2SO_4 = 2PbSO_4 + O_2\uparrow + 2H_2O$；(2) sp^3，正四面体，sp^2，σ，大 π；(3) 两，$Pb(OH)_4^{2-}$，乙酸(硝酸)；(4) >，>，>；(5) $SnCl_2$，BCl_3，CCl_4；(6) >，<，<，<。

2. 是非题

(1) ×；(2) ×；(3)√；(4) ×；(5) ×。

3. 单选题

(1) B；(2) D；(3) C；(4) A；(5) C；(6) C；(7) A；(8) D；(9) D；(10) B。

4. 完成并配平下列反应的反应方程式

(1) $PbS + 4H_2O_2 = PbSO_4 + 4H_2O$

(2) $SiO_2 + 3C = SiC + 2CO\uparrow$

(3) $Na_2SiO_3 + 2NH_4Cl = H_2SiO_3 + 2NaCl + 2NH_3\uparrow$

(4) $SiO_2 + 2C + 2Cl_2 = SiCl_4 + 2CO\uparrow$

(5) $SnCl_2 + 2HgCl_2 = SnCl_4 + Hg_2Cl_2$

5. 判断题

A. $Pb(NO_3)_2$；B. PbO；C. NO_2；D. PbO_2；E. $PbCl_2$；F. Cl_2；G. PbI_2。

6. 解释简答题

(1) CO 分子中，C 与 O 间为三重键，1 个 σ 键，2 个 π 键。其中 1 个 π 键是 π 配键，由氧提供电子对向 C 的空轨道配位。该 π 配键的存在，使电负性大的氧原子周围电子密度降低，造成 CO 偶极矩很小。

(2) C 为第二周期元素，只有 2s、2p 轨道可以成键，最大配位数为 4，CCl_4 分子中没有空轨道可以接受水的配位，因而不水解。Si 为第三周期元素，在 $SiCl_4$ 分子中，Si 有空的 3d 轨道，d 轨道接受水分子中氧原子的孤对电子，形成配位键而水解。

(3) Pb 与稀盐酸反应生成难溶的 $PbCl_2$ 附在 Pb 的表面，阻止反应的进一步进行，故 Pb 难溶于稀盐酸。但在浓盐酸中，$PbCl_2$ 与 HCl 生成配合物 H_2PbCl_4 而溶解，Pb 的氧化反应能持续进行。

在稀硝酸中，Pb 被氧化为可溶性的 $Pb(NO_3)_2$，反应持续进行。但在冷的浓硝酸中，Pb 表面生成致密的氧化膜，使反应难以继续进行。因而 Pb 易溶于稀硝酸而难溶于冷的浓硝酸。

(4) 炭火上泼少量水时，水变成蒸汽，并与红热的炭反应，$C + H_2O = CO\uparrow + H_2\uparrow$，产生的 H_2 和 CO 易燃，在其产生的瞬间，炉火烧得更旺。

7. 计算题

(1) **解：** $[H^+]=10^{-pH}=10^{-10.60}=2.5\times10^{-11}\,mol\cdot L^{-1}$

Na_2CO_3和$NaHCO_3$溶于水构成缓冲溶液。设固体混合物中Na_2CO_3和$NaHCO_3$各为xg和yg。

$$HCO_3^- \rightleftharpoons H^+ + CO_3^{2-} \qquad K_{a_2}^{\ominus}(H_2CO_3)=4.7\times10^{-11}$$

$$[H^+]=K_{a_2}^{\ominus}\frac{[HCO_3^-]}{[CO_3^{2-}]} \qquad 2.5\times10^{-11}=4.7\times10^{-11}\times\frac{\frac{y}{84}}{\frac{x}{106}}$$

得到$\frac{y}{x}=0.42$，又有$x+y=60.0$，解得$x=42$g，$y=18$g。混合物中含Na_2CO_3 42g，$NaHCO_3$ 18g。

(2) **解：** 在标准状态下，$CaCO_3$的分解温度由下式计算

$$T_1=\frac{\Delta_r H_m^{\ominus}}{\Delta_r S_m^{\ominus}}=\frac{179.2\times10^3}{160.2}=1119(K)=846℃$$

在空气中，$p(CO_2)=30Pa$，设$CaCO_3$的分解温度为T_2，有

$$\Delta G=\Delta_r H_m^{\ominus}-T_2\Delta_r S_m^{\ominus}+RT_2\ln J$$

$$0=179.2\times10^3-T_2\times160.2+8.314\times T_2\times\ln0.0003$$

解得 $T_2=787K=514℃$

根据热力学计算，标准状态下，分解反应自发进行的温度是846℃，在空气中，分解反应自发进行的温度是514℃。与实验测量值的差异缘于理论计算时把反应的焓变和熵变看作是常数。

（东北大学　王林山）

第 19 章　硼族元素

一、学习要求

(1) 掌握硼、铝的单质及其化合物的结构、性质、用途；

(2) 掌握 p 区元素氧化物及含氧酸盐性质的规律性；

(3) 熟悉乙硼烷的结构，掌握缺电子原子、缺电子化合物、氢桥键、复盐等概念。

(4) 了解镓、铟、铊单质及化合物的性质和应用。

二、重难点解析

(一) 单质

硼族(ⅢA)元素包括硼、铝、镓、铟、铊，其中镓、铟、铊属于稀有分散元素。

硼单质为原子晶体，硬度大，熔点、沸点高。硼的成键特征表现为共价性和缺电子性。硼的所有化合物都是共价化合物。硼是缺电子原子。硼的价电子层结构为 $2s^2 2p^1$，有 3 个价电子，但 2s 和 2p 总共有 4 个价电子轨道，价电子数少于价电子轨道数目，这类原子称缺电子原子。缺电子原子形成的共价化合物一般只有 3 个共用电子对，比稀有气体结构少一对电子，多一个空轨道，这样的化合物称为“缺电子化合物”。缺电子化合物具有很强的接受电子能力，易于聚合，或与电子对给予体形成配合物。

铝是活泼金属，易与氧、酸和强碱反应。生产上利用 Al 作还原剂冶炼一些难被还原的金属。铝在空气中生成一层致密的氧化物薄膜，保护下层金属不再被氧化。

铝和硼虽同族，但它们性质相差很大。铝是活泼金属，但由于 Al^{3+} 带 3 个正电荷，电荷高而半径小，具有很强的极化力，故铝化合物常显示共价性。在形成共价化合物时，铝是缺电子原子，铝的化合物是缺电子化合物。

镓、铟、铊属于稀有分散元素，难以提炼，金属单质在空气中均生成致密氧化膜而阻止进一步氧化。镓的金属性与锌相近，铟的金属性与铁相似。镓用于制造新型半导体材料，铟主要用于制造 ITO 靶材。镓、铟、铊单质及其化合物都有一定的毒性。

(二) 乙硼烷

由于硼原子的缺电子性质，硼烷分子具有独特的结构。乙硼烷的分子式为 B_2H_6，其分子结构见图 19-1。

在 B_2H_6 分子中，共有 14 个价轨道(2 个硼原子有 8 个价轨道，6 个氢原子有 6 个价轨道)，但只有 12 个价电子(2 个硼原子有 6 个价电子，6 个氢原子有 6 个价电子)，所以它是缺电子分子。在此分子中，有 8 个价电子用于 2 个硼原子各与 2 个氢原子形成 2 个 B—Hσ 键，这

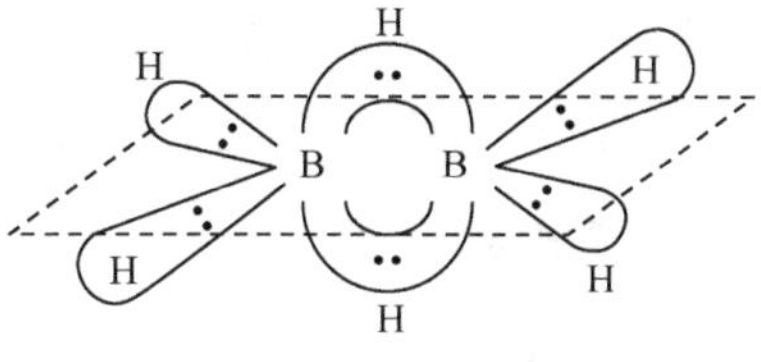

图 19-1　B_2H_6 分子结构

4 个 σ 键在同一平面。剩下的 4 个价电子在 2 个硼原子和 2 个氢原子之间形成垂直于上述平面的 2 个三中心两电子键，一个在平面之上，另一个在平面之下(图 19-1)。每个三中心两电子键是由 1 个氢原子和 2 个硼原子共用 2 个电子构成的，这个氢原子具有桥状结构，称为“桥氢原子”。三中心两电子键是一种离域共价键。

(三) 氧化物

B_2O_3 溶于水放出少量的热，在热的水蒸气中形成偏硼酸，在水中形成硼酸：

$$B_2O_3(s)+H_2O(g)\xlongequal{\quad}2HBO_2(g)$$

$$B_2O_3(s)+3H_2O(l)\xlongequal{\quad}2H_3BO_3(aq)$$

熔融状态的 B_2O_3 可溶解许多金属氧化物，可用于制备有色硼玻璃。硼玻璃耐高温，不但可作耐高温化学实验仪器、耐高温玻璃纤维、火箭防护材料，还可以用于制光学仪器设备、绝缘器材及建筑、机械、军工方面所需的新型材料。

氧化铝是离子晶体，在不同条件下制得的 Al_2O_3 有不同的形态和不同的用途，常见的有 α-Al_2O_3 和 γ-Al_2O_3。氧化铝及其水合物是典型的两性物质，其碱性略强于酸性，但仍属弱碱。

镓、铟、铊都能生成＋3 价的氧化物。Ga_2O_3 及其水合物显两性，In_2O_3 的两性特征不明显，$In(OH)_3$ 在浓氢氧化钠中有少量溶解。铊的稳定氢氧化物是 TlOH。

(四) 卤化物

卤化硼是共价化合物，熔点、沸点都较低并随相对分子质量增大而升高。BCl_3 强烈水解生成两种酸(H_3BO_3 和 HCl)，BF_3 仅部分水解，生成硼酸和氟硼酸 $H[BF_4]$。卤化硼是路易斯酸，易与 H_2O、NH_3 等路易斯碱作用生成配合物。

Al^{3+} 具有很强的极化力，因此，除 AlF_3 是离子化合物，$AlCl_3$、$AlBr_3$ 和 AlI_3 均为共价化合物。蒸气密度的测定表明 $AlCl_3$、$AlBr_3$、AlI_3 为双聚分子 Al_2X_6(X=Cl、Br、I)。

Al 是缺电子原子。以 Al_2Cl_6 为例，在其分子中 Al 存在空轨道，而 Cl 原子上有孤对电子。一个 $AlCl_3$ 结构单元中 Cl 原子上的孤对电子进入另一个 $AlCl_3$ 结构单元中 Al 原子的空轨道，形成配位键，通过这样的配位键聚合成为 Al_2Cl_6 分子，见图 19-2。

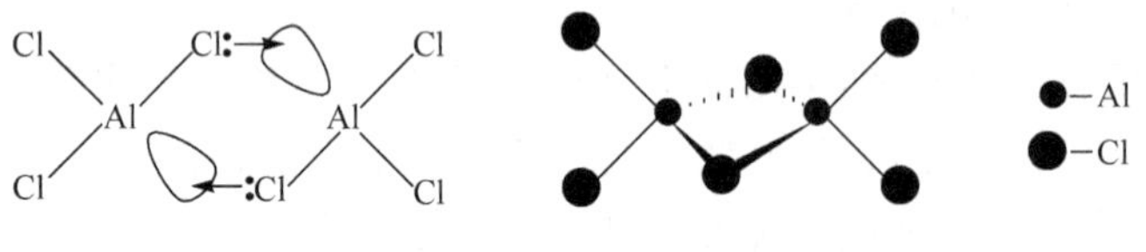

(a) 化学键　　(b) 几何结构

图 19-2　Al_2Cl_6 分子结构示意图

作为路易斯酸，BF_3 和 $AlCl_3$ 在石油化工和有机合成中常被用作催化剂。

镓、铟、铊的三氟化物是离子型化合物，其余三卤化物是过渡性化合物。MF_3(除 GaF_3 外)都是强的路易斯酸。铊与卤素形成稳定的 TlX。

(五) 含氧酸及其盐

1. 硼酸

常温下硼酸是白色晶体。在 H_3BO_3 晶体中，每个硼原子用 3 个 sp^2 杂化轨道与 3 个

OH^- 中的氧原子以共价键结合，每个氧原子除以共价键与1个硼原子和1个氢原子结合外，还通过氢键同另一 H_3BO_3 单元中的氢原子结合，从而连成片状结构。层与层之间则以范德华力相吸引，故硼酸可用作润滑剂。

H_3BO_3 是一元弱酸，$K_a^\ominus = 5.8 \times 10^{-10}$。它的酸性是由于其为缺电子原子，结合了来自 H_2O 分子中的 OH^-，而释放出 H^+，并不是它本身给出质子。

$$H_3BO_3 + H_2O \xlongequal{} B(OH)_4^- + H^+$$

H_3BO_3 被大量用于玻璃、搪瓷工业，由于硼酸是一种没有氧化还原性的弱酸，因此也是医药上常用的消毒剂之一。

2. 硼砂

硼砂的成分是四硼酸钠，其分子结构式为 $Na_2B_4O_5(OH)_4 \cdot 8H_2O$。在它的晶体中 $[B_4O_5(OH)_4]^{2-}$ 通过氢键连接成链状结构，链与链之间通过 Na^+ 以离子键结合，水合分子存在于链与链之间。

硼砂能在熔融状态溶解一些金属氧化物，硼砂的水溶液显弱碱性，硼砂的这些性质使它成为重要的化工原料，用于搪瓷、玻璃和洗涤剂工业。

3. 铝盐及铝酸盐

金属铝、氧化铝、氢氧化铝同酸反应均可得铝盐，与碱反应可得铝酸盐。

硫酸铝同碱金属的硫酸盐生成复盐，称为矾，它们的组成通式为 $MAl(SO_4)_2 \cdot 12H_2O$（M为碱金属），如铝钾矾（俗称明矾）$KAl(SO_4)_2 \cdot 12H_2O$。硫酸铝和明矾是工业上的重要铝盐，由于它们水解生成 $Al(OH)_3$ 胶状沉淀，具有很强的吸附性能，常被用作净水剂。

常见固态铝酸盐有 $NaAlO_2$ 和 $KAlO_2$ 等。铝酸盐水解使溶液显碱性：

$$AlO_2^- + 2H_2O \xlongequal{} Al(OH)_3 + OH^-$$

在 $NaAlO_2$ 溶液中通 CO_2 促进水解而得到氢氧化铝沉淀，工业上应用此反应从铝矾土制备氧化铝。

（六）p区元素氧化物

1. 氧化物

根据氧化物的结构，可将p区元素氧化物分为离子型、原子型、分子型和过渡型氧化物。金属性强的元素的氧化物（如 Al_2O_3、SnO 等）是离子晶体，熔点较高。非金属性强的元素的氧化物大多是分子型，如 SO_2、N_2O_5、CO_2 等，固态时是分子晶体，熔点、沸点低。金属性和非金属性都不太强的元素的氧化物是过渡型化合物，其中低价态的氧化物偏向于离子型，熔点较高，如PbO、Te_2O_3、FeO、MnO等；高价态的氧化物偏向于共价型分子晶体，熔点、沸点较低，如 PbO_2、TeO_3 等。硅的氧化物 SiO_2（石英）是原子晶体，熔点、沸点较高。

根据氧化物对酸、碱的反应不同，可将p区氧化物分为酸性、碱性、两性和惰性四类。惰性氧化物与水、酸或碱不反应，又称为不成盐氧化物，如CO、NO、N_2O 等。

2. 酸碱性递变规律

在同一周期中，各主族元素最高价态氧化物及其水合物，从左到右酸性增强，碱性减弱。

同一主族元素的相同价态氧化物及其水合物，从上到下酸性减弱，碱性增强。

同一 p 区元素形成不同价态的氧化物及其水合物时，高价态的酸性比低价态的要强。

3. $R(OH)_x$ 模型

氧化物的水合物不论是酸性、碱性还是两性，都可以看作氢氧化物，即可用一个通式 $R(OH)_x$ 来表示，其中 x 是元素 R 的氧化数。氧化物的水合物酸碱性变化规律，可以粗略地用 $R(OH)_x$ 模型来说明。

$R(OH)_x$ 模型化合物总起来说可以按Ⅰ、Ⅱ两种方式解离：

$$\mathrm{R} \overset{}{\underset{\text{Ⅰ}}{\vdots}} \mathrm{O} \overset{}{\underset{\text{Ⅱ}}{\vdots}} \mathrm{H}$$

如果在Ⅰ处（R—O 键）断裂，化合物发生碱式解离；如果在Ⅱ处（O—H 键）断裂，就发生酸式解离。在 $R(OH)_x$ 模型中，把 R、O、H 都看成离子，R^{x+} 的电荷数越大，半径越小，则它与 O^{2-} 之间的吸引力越大，它与 H^+ 之间的排斥力也越大，越易发生酸式解离，酸性越强。反之，越易发生碱式电离，碱性越强。

4. 鲍林规则

规则一：多元含氧酸连续的两个解离常数的比值 $K^{\ominus}_{a_n}/K^{\ominus}_{a_{n-1}}$ 为 $10^{-4} \sim 10^{-5}$。例如，磷酸的三级解离常数分别为 $K^{\ominus}_{a_1}=7.5\times10^{-3}$，$K^{\ominus}_{a_2}=6.2\times10^{-8}$，$K^{\ominus}_{a_3}=2.2\times10^{-12}$。又如，亚硫酸的二级解离常数分别为 $K^{\ominus}_{a_1}=1.5\times10^{-2}$，$K^{\ominus}_{a_2}=1.2\times10^{-7}$。

规则二：具有 $(OH)_mRO_n$（n 为非羟基氧原子数，即不与氢原子键合的氧原子数）形式的含氧酸，n 值越小，酸性越弱；n 值越大，酸性越强。

根据 n 值把含氧酸划分为四类：

第一类	$n=0$	弱酸	$K^{\ominus}_{a_1}=10^{-11}\sim10^{-8}$
第二类	$n=1$	中强酸	$K^{\ominus}_{a_1}=10^{-4}\sim10^{-2}$
第三类	$n=2$	强酸	$K^{\ominus}_{a_1}=10^{-1}\sim10^{3}$
第四类	$n=3$	极强酸	$K^{\ominus}_{a_1}>10^{8}$

（七）p 区元素含氧酸盐的热稳定性

p 区元素含氧酸盐的热稳定性有如下规律：①含氧酸不稳定，其对应的盐也不稳定；含氧酸较稳定，其盐也稳定；②同一种含氧酸，其正盐的稳定性大于酸式盐，而酸式盐的稳定性又大于该含氧酸；③同一种含氧酸，其正盐的稳定性的顺序一般是碱金属盐>碱土金属盐>过渡金属盐>铵盐；④同一种元素的含氧酸，其高氧化值比低氧化值含氧酸稳定，它们相应的含氧酸盐的稳定顺序也是这样。

（八）重要反应

1. 制备反应

在工业上用 H_2SO_4 分解硼矿物制备 H_3BO_3：

$$Na_2B_4O_7 \cdot 7H_2O + H_2SO_4 = 4H_3BO_3 + Na_2SO_4 + 2H_2O$$

$$Mg_2B_2O_5 \cdot H_2O + 2H_2SO_4 = 2H_3BO_3 + 2MgSO_4$$

工业上从铝矾土制备电解铝原料氧化铝：

$$Al_2O_3 + 2NaOH = 2NaAlO_2 + H_2O$$

$$2NaAlO_2 + CO_2 + 3H_2O = 2Al(OH)_3\downarrow + Na_2CO_3$$

$$2Al(OH)_3 \xlongequal{\triangle} Al_2O_3 + 3H_2O$$

2. 硼

$$B_2H_6 + 3O_2 = B_2O_3 + 3H_2O$$

$$B_2H_6 + 6H_2O = 2H_3BO_3 + 6H_2$$

$$B_2O_3(s) + H_2O(g) = 2HBO_2(g)$$

$$B_2O_3(s) + 3H_2O(l) = 2H_3BO_3(aq)$$

$$Mg_2B_2O_5 \cdot H_2O + 2NaOH = 2NaBO_2 + 2Mg(OH)_2\downarrow$$

$$4NaBO_2 + CO_2 + 10H_2O = Na_2B_4O_5(OH)_4 \cdot 8H_2O + Na_2CO_3$$

$$Na_2B_4O_7 \cdot 7H_2O + 2HCl = 4H_3BO_3 + 2NaCl + 2H_2O$$

$$Na_2B_4O_7 + CoO = 2NaBO_2 \cdot Co(BO_2)_2\text{（蓝宝石色）}$$

$$BCl_3 + 3H_2O = H_3BO_3 + 3HCl$$

$$4BF_3 + 3H_2O = H_3BO_3 + 3H[BF_4]$$

$$BF_3 + F^- = [BF_4]^-$$

$$BF_3 + NH_3 = BF_3 \cdot NH_3$$

$$2B + 3X_2 = 2BX_3$$

$$B_2O_3 + 3CaF_2 + 3H_2SO_4 = 2BF_3 + 3CaSO_4 + 3H_2O$$

$$Na_2B_4O_7 + 6CaF_2 + 8H_2SO_4 = 4BF_3 + 6CaSO_4 + 2NaHSO_4 + 7H_2O$$

$$B_2O_3 + 3C + 3Cl_2 = 2BCl_3 + 3CO$$

3. 铝

$$8Al + 3Fe_3O_4 = 4Al_2O_3 + 9Fe$$

$$2Al + 6HCl = 2AlCl_3 + 3H_2\uparrow$$

$$2Al + 2NaOH + 2H_2O = 2NaAlO_2 + 3H_2\uparrow$$

$$2Al^{3+} + 3S^{2-} + 6H_2O = 2Al(OH)_3\downarrow + 3H_2S\uparrow$$

$$2Al^{3+} + 3CO_3^{2-} + 3H_2O = 2Al(OH)_3\downarrow + 3CO_2\uparrow$$

$$AlO_2^- + 2H_2O = Al(OH)_3\downarrow + OH^-$$

三、习题全解和重点练习题解

1(19－1). 选择一个最合适的答案。

(1) 下列物质中，熔点最高的是（　　）。

A. AlF_3　　B. $AlCl_3$　　C. $AlBr_3$　　D. AlI_3

(2) BF_3 与 NH_3 化合是因为它们之间形成（　　）。

A. 氢键　　B. 配位键　　C. 大 π 键　　D. 分子间作用力

(3) 下列物质中酸性最弱的是（　　）。

A. H_3PO_4　　B. $HClO_4$　　C. H_3AsO_4　　D. H_3AsO_3

(4) 下列物质中热稳定性最好的是（　　）。

A. $Mg(HCO_3)_2$　B. $MgCO_3$　　C. $SrCO_3$　　D. $BaCO_3$

解:(1) A;(2) B;(3) D;(4) D。

2(19-2). 写出下列各物质的化学式(或主要成分),并分别指出其重要用途。

金刚砂,渗碳体,白色石墨

解:金刚砂,SiC,硬度高,主要用作磨料;渗碳体,Fe_3C,主要用作碳钢体的强化相;白色石墨,BN,可用作高温半导体材料、磨削材料。

3(19-3). 向 Al^{3+} 溶液中分别加入 Na_2CO_3 溶液和 $(NH_4)_2S$ 溶液,分别写出其反应式。

解:

$$2Al^{3+}+3S^{2-}+6H_2O=2Al(OH)_3\downarrow+3H_2S\uparrow$$

$$2Al^{3+}+3CO_3^{2-}+3H_2O=2Al(OH)_3\downarrow+3CO_2\uparrow$$

4(19-4). 下面的酸哪些是一元弱酸?

H_3BO_3, HClO, H_3PO_4, H_2SO_3

答:H_3BO_3,HClO。

5(19-5). 完成下列反应方程式。

(1) $BBr_3+H_2O\longrightarrow$　　(2) $B_2H_6(g)+H_2O(l)\longrightarrow$

(3) $Na_2B_4O_7+CuO\longrightarrow$　　(4) $Al_2S_3+H_2O\longrightarrow$

(5) $SbCl_3+H_2O\longrightarrow$　　(6) $Ca_2C+H_2O\longrightarrow$

解:(1) $BBr_3+3H_2O=H_3BO_3+3HBr$

(2) $B_2H_6+6H_2O=2H_3BO_3+6H_2\uparrow$

(3) $Na_2B_4O_7+CuO=2NaBO_2\cdot Cu(BO_2)_2$(蓝色)

(4) $Al_2S_3+6H_2O=2Al(OH)_3\downarrow+3H_2S\uparrow$

(5) $SbCl_3+H_2O=SbOCl\downarrow+2HCl$

(6) $CaC_2+2H_2O=Ca(OH)_2\downarrow+C_2H_2\uparrow$

6(19-6). 比较 $AlCl_3$ 和 $SiCl_4$ 的水解性。

解:$AlCl_3$ 部分水解,$SiCl_4$ 完全水解

$$Al^{3+}+H_2O\rightleftharpoons Al(OH)^{2+}+H^+$$

$$SiCl_4+3H_2O=H_2SiO_3\downarrow+4HCl$$

7(19-7). 如何鉴别 Sn^{2+} 和 Al^{3+}? 写出反应方程式。

答:向溶液中加入 $HgCl_2$,先有白色沉淀,后有黑色沉淀,证明有 Sn^{2+} 存在。

$$SnCl_2+2HgCl_2=SnCl_4+Hg_2Cl_2\downarrow(白)$$

$$SnCl_2+Hg_2Cl_2\downarrow=SnCl_4+2Hg\downarrow(黑)$$

向溶液中加入氨水和铝试剂,有红色沉淀生成,证明有 Al^{3+}。

$$Al^{3+}+3NH_3\cdot H_2O=Al(OH)_3+3NH_4^+$$

$$Al(OH)_3+3C_{14}H_6O_2(OH)_2=Al(C_{14}H_7O_4)_3\downarrow(红)+3H_2O$$

8(19-8). 试分离下列各组离子,写出反应方程式。

(1) Al^{3+}, Pb^{2+}　　(2) Mg^{2+}, Al^{3+}, Sn^{2+}　　(3) Al^{3+}, Cr^{3+}, Fe^{3+}

解:(1) 加入 NaCl,Pb^{2+} 沉淀,Al^{3+} 仍留在溶液中。

$$Pb^{2+}+2Cl^-=PbCl_2\downarrow$$

(2) 加入过量 NaOH,Mg^{2+} 沉淀,Al^{3+} 和 Sn^{2+} 先沉淀,后溶解。

$$Mg^{2+}+2OH^- = Mg(OH)_2\downarrow$$
$$Al^{3+}+3OH^- = Al(OH)_3\downarrow$$
$$Sn^{2+}+2OH^- = Sn(OH)_2\downarrow$$
$$Al(OH)_3+OH^- = AlO_2^-+2H_2O$$
$$Sn(OH)_2+2OH^- = SnO_2^{2-}+2H_2O$$

向去除 Mg^{2+} 的溶液中加稀盐酸，然后加入 Na_2S，Sn^{2+} 沉淀，Al^{3+} 仍在溶液中。

$$AlO_2^-+4H^+ = Al^{3+}+2H_2O$$
$$SnO_2^{2-}+4H^+ = Sn^{2+}+2H_2O$$
$$Sn^{2+}+S^{2-} = SnS\downarrow\text{（黄）}$$

(3) 加入过量浓氨水，Al^{3+} 和 Fe^{3+} 以氢氧化物形式沉淀，Cr^{3+} 生成配离子留在溶液中。向沉淀中加入过量 NaOH，$Al(OH)_3$ 溶解，$Fe(OH)_3$ 仍为沉淀。

$$Al^{3+}+3NH_3\cdot H_2O = Al(OH)_3\downarrow+3NH_4^+$$
$$Fe^{3+}+3NH_3\cdot H_2O = Fe(OH)_3\downarrow+3NH_4^+$$
$$Cr^{3+}+6NH_3 = [Cr(NH_3)_6]^{3+}$$
$$Al(OH)_3+OH^- = AlO_2^-+2H_2O$$

9(19-9). 硫和铝在高温下反应可得 Al_2S_3，但用 Na_2S 和铝盐作用得不到 Al_2S_3，为什么？写出反应方程式。

答：在水溶液中，Al^{3+} 和 S^{2-} 共存时，发生水解

$$2Al^{3+}+3S^{2-}+6H_2O = 2Al(OH)_3\downarrow+3H_2S\uparrow$$

10(19-10). B_2H_6 和 C_2H_6 分子中的化学键有什么不同？它们的化学性质哪个比较活泼？

答：C_2H_6 分子中有 7 个 σ 键。而在 B_2H_6 分子中，2 个硼原子各与 2 个氢原子形成 4 个 σ 键(B—H)，这 4 个 σ 键在同一个平面。剩下的 4 个价电子在 2 个硼原子和 2 个氢原子之间形成了垂直于上述平面的 2 个三中心两电子键，1 个在平面之上，另 1 个在平面之下。每个三中心两电子键是由 1 个氢原子和 2 个硼原子共用 2 个电子构成的。因此，B_2H_6 的化学性质更活泼。

11(19-11). 硼酸 H_3BO_3 为什么是一元酸？

答：硼酸是路易斯酸，本身并不给出质子。在水中，它加合了来自 H_2O 分子中的 OH^- 而释放出 1 个 H^+，因而是一元酸。

$$B(OH)_3+H_2O = B(OH)_4^-+H^+$$

12(19-12). 焊接金属常用硼砂作焊药，其化学原理是什么？

答：焊药中的硼砂在 900℃左右熔化后，可以和金属表面的氧化物反应生成复合的玻璃态硼酸盐，起到清洗金属表面的作用，提高焊接质量。

13(19-13). 硫酸铝或明矾为什么可以用作净水剂？

答：硫酸铝或明矾水解生成 $Al(OH)_3$ 胶状沉淀，具有很强的吸附性能，可以吸附水中悬浮杂质。另外，如在地下水泥土含量高的陕北高原，Al^{3+} 还能有效中和泥土胶粒的负电荷，加速泥土的聚沉，达到净化水的目的。

14(19-14). 已知 $Tl^++e^- = Tl \quad E^\ominus=-0.34V$

$Tl^{3+}+2e^- = Tl^+ \quad E^\ominus=1.25V$

计算：(1) $E^\ominus(Tl^{3+}/Tl)$。

(2) 25℃时反应 $Tl^{3+}+2Tl = 3Tl^+$ 的 $K^\ominus$。

解:(1) 根据题意可画出如下元素电势图:

$$Tl^{3+}\xrightarrow{1.25V}Tl^{+}\xrightarrow{-034V}Tl$$

$$E^{\ominus}(Tl^{3+}/Tl)=\frac{2\times E^{\ominus}(Tl^{3+}/Tl^{+})+E^{\ominus}(Tl^{+}/Tl)}{3}=\frac{2\times 1.25-0.34}{3}=0.72(V)$$

(2) 正极反应:$Tl^{3+}+2e^{-}=\!=\!=Tl^{+}$ $E_{+}^{\ominus}=1.25V$

负极反应:$Tl^{+}+e^{-}=\!=\!=Tl$ $E_{-}^{\ominus}=-0.34V$

$$E^{\ominus}=E_{+}^{\ominus}-E_{-}^{\ominus}=1.25-(-0.34)=1.59(V)$$

$$\lg K^{\ominus}=\frac{nE^{\ominus}}{0.0592}=\frac{2\times 1.59}{0.0592}=53.72$$

$$K^{\ominus}=5.2\times 10^{53}$$

15(19-15). 硼砂[$Na_2B_4O_5(OH)_4$]的水溶液是很好的缓冲溶液,试用反应式说明其溶液为什么具有缓冲作用并计算其 pH。[$K_a^{\ominus}(H_3BO_3)=5.8\times 10^{-10}$]

解:硼砂的水解反应为

$$B_4O_5(OH)_4^{2-}+5H_2O=\!=\!=2B(OH)_3+2B(OH)_4^{-}$$

硼砂水解生成等物质的量的硼酸和硼酸盐,构成缓冲溶液,所以该溶液具有缓冲作用。

硼酸是路易斯酸,在水中的解离反应为

$$B(OH)_3+H_2O=\!=\!=H^{+}+B(OH)_4^{-}$$

弱酸型缓冲溶液 $pH=pK_a^{\ominus}-\lg\frac{c_{酸}}{c_{盐}}$,因为 $c_{酸}=c_{盐}$,所以

$$pH=pK_a^{\ominus}=-\lg(5.8\times 10^{-10})=9.24$$

16. 以 $R(OH)_x$ 模型解释:NaOH 的碱性大于 $Mg(OH)_2$,H_2SO_4 的酸性大于 H_2SO_3。

解:Na^{+} 电荷数比 Mg^{2+} 少,离子半径比 Mg^{2+} 大,故 Na^{+} 和 O^{2-} 之间的引力比 Mg^{2+} 和 O^{2-} 之间的引力小,NaOH 比 $Mg(OH)_2$ 更容易进行碱式解离,因而 NaOH 的碱性大于 $Mg(OH)_2$。

S^{6+} 电荷比 S^{4+} 多,半径比 S^{4+} 小,故 S^{6+} 和 O^{2-} 之间的引力大于 S^{4+} 和 O^{2-} 之间的引力,同时 S^{6+} 和 H^{+} 之间的斥力大于 S^{4+} 和 H^{+} 之间的斥力,H_2SO_4 比 H_2SO_3 更容易进行酸式解离,故 H_2SO_4 的酸性大于 H_2SO_3。

17. 试解释为什么 Al 可形成 6 配位化合物,而 B 不能。

解:Al 有 3s、3p、3d 共 6 个价电子轨道,故可形成 6 配位的化合物,如$[Al(OH)_6]^{3-}$和$[AlF_6]^{3-}$;B 最外层仅有 2s 和 2p 共 4 个价电子轨道,只能形成 4 配位的化合物,如$[B(OH)_4]^{-}$和$[BF_4]^{-}$,而不能形成配位数为 6 的化合物。

四、自 测 题

1. 填空题(每空 1 分,共 20 分)

(1) 在气相或非极性溶剂中,三氯化铝是以________的形式存在,在这种构型的分子中,由于铝原子有________,而氯原子有________ 。

(2) 硼的卤化物以________形式存在。氟化硼水解生成________和________,氯化硼水解生成________和________。

(3) 硼酸为________状晶体,分子间以________键结合,层与层之间以________结合。故硼酸

晶体具有________性，可以作为________剂。

(4) 最简单的硼氢化合物是________，它是________化合物。B原子的杂化方式为________，B与B之间存在________。

(5) $AlCl_3$ 在气态或在 CCl_4 溶液中是________体，其中有________桥键。

(6) 将 $HClO_4$、H_2SiO_3、H_2SO_4、H_3PO_4 按酸性由高到低排列顺序为________________。

2. 是非题(用"√"、"×"表示对、错，每小题1分，共10分)

(1) 硼酸的结构是分子间通过氢键形成接近六角形的对称层状结构。 ( )

(2) 在 BF_3 分子中，B以 sp^2 杂化轨道成键。当 BF_3 用B的空轨道与 NH_3 的孤对电子形成配位键而生成 $BF_3 \cdot NH_3$ 时，B以 sp^3 杂化轨道成键。 ( )

(3) H_3BO_3 分子中有3个氢，因此是三元弱酸。 ( )

(4) 单质硼能与盐酸反应。 ( )

(5) 卤化硼水解的产物均为 H_3BO_3 和 HX。 ( )

(6) 硼的缺电子性表现在易形成缺电子多中心键及配合物。 ( )

(7) 铝离子的半径很小，极化力强，铝的卤化物都是共价化合物。 ( )

(8) 金属铝比铁活泼，因而铝制品比铁制品更易腐蚀。 ( )

(9) 硼砂($Na_2B_4O_7 \cdot 7H_2O$)含有结晶水，因而不能作为基准物质。 ( )

(10) 铝是地壳中丰度最大的金属元素。 ( )

3. 单选题(每小题2分，共20分)

(1) 下列关于 BF_3 的叙述中正确的是( )。

A. BF_3 易形成二聚体　　B. BF_3 为离子化合物

C. BF_3 为路易斯酸　　D. BF_3 常温下为液体

(2) 下列含氧酸中属于一元酸的是( )。

A. H_3AsO_3　　B. H_3BO_3　　C. H_3PO_3　　D. H_2CO_3

(3) 下列化合物属于缺电子化合物的是( )。

A. B_2H_6　　B. $H[BF_4]$　　C. B_2O_3　　D. $Na[Al(OH)_4]$

(4) 硼族元素最重要的特征是( )。

A. 共价性特征　　B. 缺电子性特征

C. 共价性特征和缺电子性特征　　D. 易形成配合物和自身聚合的特征

(5) 硼砂的水溶液呈( )。

A. 碱性　　B. 中性　　C. 强酸性　　D. 弱酸性

(6) 能够制得无水 $AlCl_3$ 的方法是( )。

A. 将六水合氯化铝直接加热脱水

B. 将六水合氯化铝放在 HCl 气雾中加热脱水

C. 将铝溶解在盐酸中，再将溶液浓缩结晶

D. 将 $Al(OH)_3$ 与盐酸中和，再将溶液浓缩结晶

(7) 1mol 下列物质溶于1L水中，生成的溶液中 H^+ 浓度最大的是( )。

A. B_2O_3　　B. P_4O_{10}　　C. N_2O_4　　D. SO_3

(8) 下列化合物中不水解的是(　　)。

A. $SiCl_4$　　B. CCl_4　　C. BCl_3　　D. PCl_5

(9) 下列分子中偶极矩不为零的是(　　)。

A. BCl_3　　B. $SiCl_4$　　C. PCl_5　　D. $SnCl_2$

(10) 硼酸与多元醇反应,生成配位酸,使其酸性(　　)。

A. 减弱　　B. 增强　　C. 不变　　D. 变化不定

4. 完成并配平下列反应的反应方程式(每小题 2 分,共 10 分)

(1) 乙硼烷气体通入水中。
(2) 固体碳酸铝遇水。
(3) 盐酸滴定硼砂的反应。
(4) 氧化铝和焦炭混合后,在氯气中加热。
(5) 乙硼烷在空气中燃烧。

5. 解释简答题(每小题 5 分,共 20 分)

(1) H_3BO_3 和 H_3PO_3 化学式相似,但 H_3BO_3 为一元酸,而 H_3PO_3 为二元酸。
(2) 不存在 BH_3,而只存在其二聚体 B_2H_6。$AlCl_3$ 气态时为二聚体,但 BCl_3 不能形成二聚体。
(3) 铝不溶于水,却易溶于浓 NH_4Cl 或浓 Na_2CO_3 溶液。
(4) 甘油用于强碱滴定 H_3BO_3。

6. 判断题(20 分)

某元素单质 A 难溶于浓硝酸①,与 NaOH 溶液作用放出气体 B,得到溶液 C②;C 通 CO_2 气体得到白色沉淀 D③,D 溶于过量盐酸④;若将 A 与盐酸反应也能放出气体 B,同时生成溶液 E⑤,用 NaOH 将 E 小心碱化,得到沉淀 D⑥,D 溶于过量的 NaOH⑦。如果在 E 中加入 $Na_2CO_3$⑧或$(NH_4)_2S$⑨也能得到沉淀 D。问 A～E 各是何物,写出①～⑨有关反应式。

参考答案

1. 填空题

(1)二聚体,空的轨道,孤对电子;(2) BX_3,H_3BO_3,$H[BF_4]$,H_3BO_3,HCl;(3) 片,氢,分子间力,解理,润滑;(4) 乙硼烷,缺电子,sp^3,三中心两电子氢桥键;(5) 双聚,氯;(6) $HClO_4>H_2SO_4>H_3PO_4>H_2SiO_3$。

2. 是非题

(1) √;(2) √;(3) ×;(4) ×;(5) ×;(6) √;(7) ×;(8) ×;(9) ×;(10) √。

3. 单选题

(1) C;(2) B;(3) A;(4) C;(5) A;(6) B;(7) C;(8) B;(9) D;(10) B。

4. 完成并配平下列反应的反应方程式

(1) $B_2H_6+6H_2O=2H_3BO_3+6H_2\uparrow$

(2) $Al_2(CO_3)_3+3H_2O=2Al(OH)_3\downarrow+3CO_2\uparrow$

(3) $Na_2B_4O_7\cdot 7H_2O+2HCl=4H_3BO_3+2NaCl+2H_2O$

(4) $Al_2O_3 + 3C + 3Cl_2 =\!=\!= 2AlCl_3 + 3CO\uparrow$

(5) $B_2H_6 + 3O_2 =\!=\!= B_2O_3 + 3H_2O$

5. 解释简答题

(1) H_3BO_3 为缺电子化合物，O—H 键不解离。B 有空轨道，接受一个水分子的 OH^- 后释放出一个 H^+ 因而为一元酸，即

$$H_3BO_3 + H_2O =\!=\!= [B(OH)_4]^- + H^+$$

而 H_3PO_3 的结构式为

$$\begin{array}{c} H \\ | \\ HO-P-OH \\ \| \\ O \end{array}$$

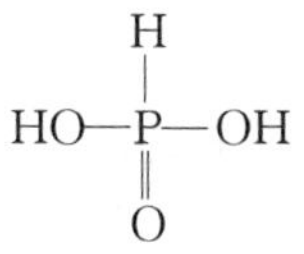

在水中 2 个羟基(OH)氢可以解离或被置换，而与中心原子 P 以共价键相连的 H 不能解离或被置换，因而 H_3PO_3 为二元酸。

(2) BH_3、$AlCl_3$、BCl_3 都是缺电子化合物，都有形成二聚体的倾向，BH_3 由于形成二聚体的倾向特别大，只以二聚体 B_2H_6 形式存在。$AlCl_3$ 气态时也以二聚体形式存在。BCl_3 中存在 π_4^6 键缓解了其缺电子问题，同时 B 半径小，Cl 半径大，在 B 周围不能容纳 4 个 Cl，因而 BCl_3 不能形成二聚体。

(3) $E^{\ominus}(H^+/H_2)=0V$, $E^{\ominus}(H_2O/H_2)=-0.85V$, $E^{\ominus}(Al^{3+}/Al)=-1.66V$, $E^{\ominus}(AlO_2^-/Al)=-2.31V$，由此可知，Al 在酸性或中性条件下都可置换出 H_2。但 Al 在空气中迅速形成致密的氧化膜，阻止水与 Al 的反应，因而在水中不溶。在浓 NH_4Cl 或浓 Na_2CO_3 溶液中，致密的氧化膜 Al_2O_3 被溶解，使反应能持续进行。

$$Al_2O_3 + 6NH_4Cl =\!=\!= 6NH_3 + 2AlCl_3 + 3H_2O$$
$$Al_2O_3 + 2Na_2CO_3 + H_2O =\!=\!= 2NaAlO_2 + 2NaHCO_3$$

(4) H_3BO_3 的酸性极弱，不能直接用 NaOH 滴定。甘油与之反应生成稳定配合物而使其显强酸性，从而可用强碱，如 NaOH，直接滴定硼酸的浓度。

$$\begin{array}{c} OH \\ | \\ HO-B \\ | \\ OH \end{array} + 2 \begin{array}{c} HO-CH_2 \\ | \\ CH-OH \\ | \\ HO-CH_2 \end{array} \longrightarrow \left[\begin{array}{c} H_2C-O \quad O-CH_2 \\ | \quad\quad\backslash\;/ \quad\quad | \\ HO-CH \quad B \quad CH-OH \\ | \quad\quad/\;\backslash \quad\quad | \\ H_2C-O \quad O-CH_2 \end{array}\right]^- + 3H_2O + H^+$$

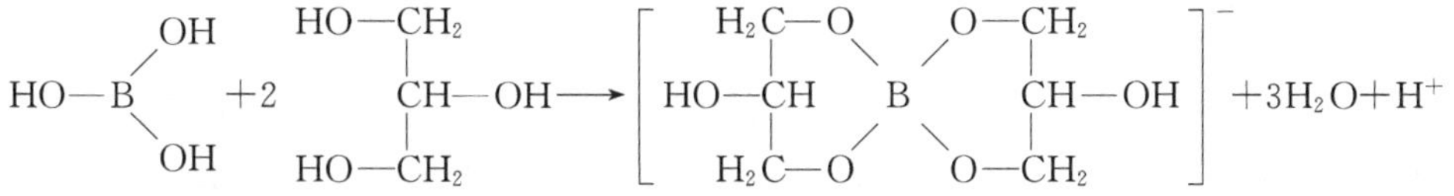

6. 判断题

A. Al; B. H_2; C. $NaAlO_2$; D. $Al(OH)_3$; E. $AlCl_3$。

① Al 在浓硝酸中发生钝化，因为不发生反应；② $2Al + 2NaOH + 2H_2O =\!=\!= 2NaAlO_2 + 3H_2\uparrow$；③ $2NaAlO_2 + CO_2 + 3H_2O =\!=\!= 2Al(OH)_3\downarrow + Na_2CO_3$；④ $Al(OH)_3 + 3HCl =\!=\!= AlCl_3 + 3H_2O$；⑤ $2Al + 6HCl =\!=\!= 2AlCl_3 + 3H_2\uparrow$；⑥ $AlCl_3 + 3NaOH =\!=\!= Al(OH)_3\downarrow + 3NaCl$；⑦ $Al(OH)_3 + NaOH =\!=\!= NaAlO_2 + 2H_2O$；⑧ $AlCl_3 + 3Na_2CO_3 + 3H_2O =\!=\!= 2Al(OH)_3\downarrow + 6NaCl + 3CO_2\uparrow$；⑨ $AlCl_3 + 3(NH_4)_2S + 6H_2O =\!=\!= 2Al(OH)_3\downarrow + 6NH_4Cl + 3H_2S\uparrow$

(东北大学 王林山)

第 20 章　过渡元素(Ⅰ)

一、学 习 要 求

(1) 熟悉过渡元素通性与递变规律；

(2) 熟悉钛、钒、铬、锰各分族元素单质及化合物的性质及制备。

二、重难点解析

(一) 过渡元素通性与递变规律

过渡元素包括 d 区元素和 ds 区元素，不包括镧系和锕系元素，均为金属。价电子构型为 $(n-1)d^{1\sim10}ns^{1\sim2}$(Pd 除外，为 $5s^0$)。

1. 原子半径、离子半径、电离能与金属性

同一周期过渡元素原子半径从左至右缓慢地递减，幅度平均为 5pm，小于主族的 10pm。ds 区元素由于闭壳层结构，对原子核的屏蔽作用较大，原子半径略有增大。同族元素从上到下，原子半径增大，但不显著，原因在于“钪系收缩”和“镧系收缩”。离子半径与原子半径变化规律相似。同一周期电离能变化趋势增大，但存在 d 电子半充满、全充满导致的电离能不规则变化，金属性变化也有起伏。

2. 单质

多呈银白色或灰白色，有光泽。除钪和钛属轻金属外，其余均属重金属，其中以重铂组元素最重。多数过渡金属(ⅡB 族元素除外)的熔点、沸点高，硬度大。熔点、沸点最高的是钨(熔点 3410℃，沸点 5660℃)，硬度最大的是铬(仅次于金刚石)，这与金属原子中未成对的 $(n-1)d$ 电子也参与成键有关。

3. 氧化态与稳定性

过渡元素具有可连续变化的多种氧化态，从左到右最高氧化态先逐渐升高，随后又逐渐变低。与主族元素不同，同一族中自上而下高价氧化态趋于稳定。原因在于随着周期数的增大，$(n-1)d$ 和 ns 能量越来越接近，且 $(n-1)d$ 更易全部参与成键。

中等氧化态的氧化性较弱(Co^{3+}、Ni^{3+}、Mn^{3+} 除外)，另外在配合物中还存在+1、0、-1、-2、-3 的低氧化态化合物。

4. 配合物

由于过渡元素的离子(原子)具有 $(n-1)d$、ns 和 np 共 9 个价轨道，其中 ns 和 np 轨道是空的，$(n-1)d$ 轨道是部分空的，因而具有很强的形成配合物的倾向，如氨的配合物、氰的配合物、羰基配合物等，有些多核配合物还存在金属-金属键。简单离子形成配合物后其物理化学

性质，如氧化还原性、溶解性、磁性、颜色等，均发生变化。

5. 化合物

过渡元素最高氧化态氧化物、含氧酸的酸碱性变化规律与主族元素相应化合物酸碱性变化规律相似，从左到右酸性增强，从上到下碱性增强。同一元素氧化物和水合物随着氧化态升高酸性增强，一般低氧化态呈碱性。

除ⅦA 族 BrO_4^- 的氧化能力比 MnO_4^- 强外，其余过渡元素最高氧化态的氧化能力均比同周期相应的主族元素强。从左到右氧化性增强，与主族元素一致；而从上到下氧化性减弱，与主族元素相反，这是由于过渡元素的 d 电子容易电离导致的。

Ⅳ～Ⅶ主、副族元素最高氧化态卤化物的热稳定性变化规律相反，主族元素从上到下稳定性减弱，而副族元素从上到下稳定性增强，且主族第四、五周期元素稳定性相近(低价化合物均为 ns^2 电子构型)，副族第五、六周期元素稳定性相似(镧系收缩)。

6. 过氧化物

和主族元素相比，副族元素更容易形成过氧化物和过氧酸盐。从左到右，随着最高氧化态化合物氧化性的增强，过氧化物的稳定性降低，CrO_5 很容易分解，Mn 基本不能形成过氧化物。

(二) 同周期 M^{2+} 的稳定性

第一过渡系金属+2 氧化态的稳定性从左到右增强，Ti^{2+} 不常见，V^{2+} 可由V(Ⅴ)被 Zn 还原得到，Cr^{2+} 可还原水中的 H^+ 为 H_2，均表现为不稳定性。但从 Cr^{2+} 到 Mn^{2+} 稳定性发生突增，$E^\ominus(Cr^{3+}/Cr^{2+})=-0.41V$，$E^\ominus(Mn^{3+}/Mn^{2+})=+1.51V$，原因在于 $3d^5$ 的半充满结构导致 Mn 的第三电离能特别高。

(三) 单质的制备

单质的制备一般要涉及矿的焙烧(把硫化物烧成氧化物)、杂质的去除、还原成单质等步骤，有些还需要转化为可溶性盐，因此需要根据不同的元素和矿的特点采用不同的方法。本章需要掌握的是 Ti、Cr、Mo、W 的制备。

(四) Cr(Ⅲ)与 Cr(Ⅵ)的转化

在酸性溶液中，$Cr_2O_7^{2-}$ 是强氧化剂：$Cr_2O_7^{2-}+14H^++6e^- = 2Cr^{3+}+7H_2O$，$E_A^\ominus=1.36V$。但其氧化能力受酸度的影响很大，根据 Nernst 方程：$E=E^\ominus-\frac{0.0592}{z}\lg J=E^\ominus-\frac{0.0592}{6}\lg\frac{c^2(Cr^{3+})}{c(Cr_2O_7^{2-})\cdot c^{14}(H^+)}$，可见，随溶液酸度降低，$Cr_2O_7^{2-}$ 的氧化能力减弱，在碱性条件下，其电极电势为 $E_B^\ominus=-0.12V$，故制备 Cr(Ⅵ)的化合物应在碱性条件下进行。例如，定性分析实验中分离检出 Cr^{3+} 即是在碱性溶液中用 H_2O_2 或 Br_2(或 Cl_2)将 $[Cr(OH)_4]^-$ 氧化为 CrO_4^{2-}，而处理含铬废水时需在酸性条件下进行还原，然后再加碱沉淀。

(五) Mn 元素价态互变

Mn 元素氧化态可从－1 到＋7 连续变化，其主要氧化态之间的转变如图 20-1 所示。

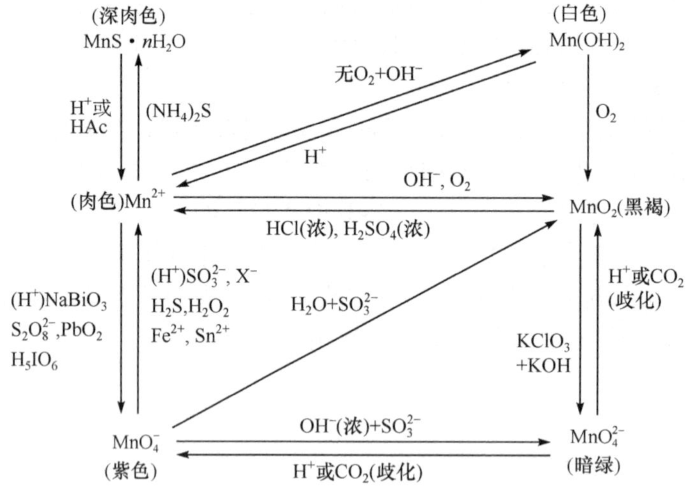

图 20-1　Mn 元素氧化态

三、习题全解和重点练习题解

1(20－1). 完成并配平下列反应方程式。

(1) $TiCl_4+H_2O \longrightarrow$　　(2) $Ti+HCl \longrightarrow$

(3) V_2O_5+HCl(浓) $\longrightarrow$　　(4) $NH_4VO_3+H_2SO_4$(浓) $\longrightarrow$

(5) $VO_2^+ +Fe^{2+} \longrightarrow$　　(6) $NH_4VO_3 \xrightarrow{\triangle}$

(7) $Cr_2O_7^{2-}+H_2S \longrightarrow$　　(8) $(NH_4)_2Cr_2O_7 \xrightarrow{\triangle}$

(9) $K_2Cr_2O_7+H_2SO_4$(浓) $\longrightarrow$　　(10) $K_2Cr_2O_7+HCl$(浓) $\longrightarrow$

(11) $PbO_2+Mn^{2+}+H^+ \longrightarrow$　　(12) $NaBiO_3+Mn^{2+}+H^+ \longrightarrow$

(13) $MnO_4^-+H_2S \longrightarrow$　　(14) $MnO_4^-+Mn^{2+} \longrightarrow$

(15) $MnO_4^-+H_2O_2+H^+ \longrightarrow$　　(16) $[Cr(OH)_4]^-+Cl_2+OH^- \longrightarrow$

答: (1) $TiCl_4+3H_2O = H_2TiO_3+4HCl$

(2) $2Ti+6HCl = 2TiCl_3+3H_2\uparrow$

(3) V_2O_5+6HCl(浓) $= 2VOCl_2+Cl_2\uparrow+3H_2O$

(4) $2NH_4VO_3+2H_2SO_4$(浓) $= (VO_2)_2SO_4+(NH_4)_2SO_4+2H_2O$

(5) $VO_2^+ +Fe^{2+}+2H^+ = VO^{2+}+Fe^{3+}+H_2O$

(6) $2NH_4VO_3 \xrightarrow{\triangle} 2NH_3+V_2O_5+H_2O$

(7) $Cr_2O_7^{2-}+H_2S+8H^+ = 2Cr^{3+}+SO_2\uparrow+5H_2O$

(8) $(NH_4)_2Cr_2O_7 \overset{\triangle}{=} N_2\uparrow+Cr_2O_3+4H_2O$

(9) $K_2Cr_2O_7+H_2SO_4$(浓) $= 2CrO_3+K_2SO_4+H_2O$

(10) $K_2Cr_2O_7+14HCl$(浓) $= 2CrCl_3+2KCl+3Cl_2\uparrow+7H_2O$

(11) $5PbO_2+2Mn^{2+}+4H^+ = 5Pb^{2+}+2MnO_4^-+2H_2O$

(12) $5NaBiO_3+2Mn^{2+}+14H^+ = 5Bi^{3+}+5Na^++2MnO_4^-+7H_2O$

(13) $8MnO_4^-+5H_2S+14H^+ = 8Mn^{2+}+5SO_4^{2-}+12H_2O$

(14) $2MnO_4^-+3Mn^{2+}+2H_2O = 5MnO_2+4H^+$

(15) $2MnO_4^-+5H_2O_2+6H^+ = 2Mn^{2+}+5O_2\uparrow+8H_2O$

(16) $2[Cr(OH)_4]^-+3Cl_2+8OH^- = 2CrO_4^{2-}+6Cl^-+8H_2O$

2(20－2). 填空题。

(1) 在 $Cr_2(SO_4)_3$ 和 $MnSO_4$ 溶液中分别加入 $(NH_4)_2S$ 溶液，将分别产生______色______和______色______；把后者放置在空气中，最后会变成______色______。

(2) 写出下列物质的化学式：金红石______；辉钼矿______；黑钨矿______；铬铁矿______；软锰矿______；红矾钾______；12-钼磷杂多酸______。

(3) $K_2Cr_2O_7$ 溶液分别与 $BaCl_2$、KOH、浓 HCl(加热)和 H_2O_2(乙醚)作用，将分别转变为______，______，______，______。

(4) 在 d 区元素(第四、五、六周期)最高氧化态的氧化物水合物中，碱性最强的是______，酸性最强的是______。

(5) $[SiMo_{12}O_{40}]^{4-}$ 杂多酸根离子的结构是以一个______四面体为中心，分别连接四组______基团组成基本骨架。

答：(1) 灰绿，$Cr(OH)_3$，肉，MnS；棕褐，MnO_2。

(2) TiO_2；MoS_2；$(Fe,Mn)WO_4$；$FeCr_2O_4$；MnO_2；$K_2Cr_2O_7$；$H_3[PMo_{12}O_{40}]$。

(3) $BaCrO_4$，K_2CrO_4，$CrCl_3$，CrO_5。

(4) $Sc(OH)_3$，$HMnO_4$。

(5) $[SiO_4]$，Mo_3O_{10}。

3(20－3). 写出制备下列物质的各步反应方程式：(1)由金红石制备金属 Ti；(2)由钨矿制备金属钨；(3)由软锰矿制备高锰酸钾；(4)由铬铁矿和 $Pb(NO_3)_2$ 制备铬黄染料($PbCrO_4$)。

答：(1) $TiO_2(s)+2Cl_2(g) = TiCl_4(l)+O_2(g)$

$TiO_2(s)+C(s)+2Cl_2(g) = TiCl_4(l)+CO_2(g)$

或 $TiO_2(s)+2C(s)+2Cl_2(g) = TiCl_4(l)+2CO(g)$

$TiCl_4(g)+2Mg(s) = Ti(s)+2MgCl_2(s)$

(2) $CaWO_4+Na_2CO_3 = Na_2WO_4+CaCO_3$

$4FeWO_4+4Na_2CO_3+O_2 = 4Na_2WO_4+2Fe_2O_3+4CO_2\uparrow$

$6MnWO_4+6Na_2CO_3+O_2 = 6Na_2WO_4+2Mn_3O_4+6CO_2\uparrow$

$WO_4^{2-}+2H^+ \xrightarrow{pH<1} H_2WO_4\downarrow \xrightarrow{NH_3\cdot H_2O} (NH_4)_2WO_4$

$(NH_4)_2WO_4 \xrightarrow{\triangle} WO_3+H_2O\uparrow+2NH_3\uparrow$

$WO_3+3H_2 = W+3H_2O$

(3) $2MnO_2+4KOH+O_2 \xrightarrow{\triangle} 2K_2MnO_4+2H_2O$

$3MnO_2+6KOH+KClO_3 \xrightarrow{\triangle} 3K_2MnO_4+KCl+3H_2O$

$3K_2MnO_4+4CO_2+2H_2O = 2KMnO_4+MnO_2+4KHCO_3$

$K_2MnO_4+\frac{1}{2}Cl_2 = KMnO_4+KCl$

$2MnO_4^{2-}+2H_2O = 2MnO_4^-+H_2+2OH^-$

(4) $4FeCr_2O_4+8Na_2CO_3+7O_2 = 8Na_2CrO_4+2Fe_2O_3+8CO_2\uparrow$

$Pb(NO_3)_2+Na_2CrO_4 = PbCrO_4+NaNO_3$

4(20-4). 如何实现Cr(Ⅵ)和Cr(Ⅲ)相互间的转化？写出反应方程式。

答:Cr(Ⅵ)→Cr(Ⅲ)，酸性介质中

$$Cr_2O_7^{2-}+3SO_2+2H^+ = 2Cr^{3+}+3SO_4^{2-}+H_2O$$

$$2Cr_2O_7^{2-}+3CH_3CH_2OH+16H^+ = 4Cr^{3+}+3CH_3COOH+11H_2O$$

$$Cr_2O_7^{2-}+6Fe^{2+}+14H^+ = 2Cr^{3+}+6Fe^{3+}+7H_2O$$

Cr(Ⅲ)→Cr(Ⅵ)，碱性介质中

$$2[Cr(OH)_4]^-+3H_2O_2+2OH^- = 2CrO_4^{2-}+8H_2O$$

$$2[Cr(OH)_4]^-+3Br_2+8OH^- = 2CrO_4^{2-}+6Br^-+8H_2O$$

5(20-5). 写出在不同介质中，钒(Ⅴ)和 H_2O_2 反应的方程式。

答:酸性　$VO_2^++H_2O_2+2H^+ = [V(O_2)]^{3+}$(红棕色)$+2H_2O$

中性、弱酸性和弱碱性　$VO_4^{3-}+2H_2O_2 = [VO_2(O_2)_2]^{3-}+2H_2O$

碱性　$VO_4^{3-}+4H_2O_2 = [V(O_2)_4]^{3-}+4H_2O$

6(20-6). 计算 Cr^{2+} 在正八面体弱场和强场中的CFSE。

解:Cr^{2+}　d^4

	正八面体弱场	正八面体强场
电子排布	$t_{2g}^3e_g^1$	t_{2g}^4
CFSE	$-6Dq$	$-16Dq+P$

7(20-7). 当将 $K_2Cr_2O_7$ 溶液分别加入到下列溶液中时将发生什么现象？

(1) F^-、Cl^-、Br^-、I^-；(2) OH^-；(3) NO_2^-；(4) SO_4^{2-}；(5) H_2O。

答:(1) $Cr_2O_7^{2-}$ 的橙红色褪去，出现紫黑色 I_2 沉淀，溶液为绿色 Cr^{3+}。继续加 $K_2Cr_2O_7$，继而出现棕黄色 Br_2。能否产生黄绿色 Cl_2 与浓度有关。

(2) 由橙红色的 $Cr_2O_7^{2-}$ 变为黄色的 CrO_4^{2-}。

(3) $Cr_2O_7^{2-}$ 的橙红色褪为绿色 Cr^{3+}。

(4) 无变化。

(5) 颜色变浅。

8(20-8). 解释下列现象：(1) 在敞开的容器中，被HCl酸化的 $TiCl_3$ 紫色溶液会逐渐褪色；(2) 新沉淀出的 $Mn(OH)_2$ 呈白色，在空气中转化为暗棕色；(3) 在 $K_2Cr_2O_7$ 的饱和溶液中加入浓 H_2SO_4 并加热到200℃，溶液颜色变为蓝绿色，反应开始时并无任何还原剂存在；(4) 酸化 K_2CrO_4 溶液，由黄色变为橙色，加入 Na_2S 溶液变为绿色；继续加入 Na_2S 出现灰绿色沉淀。

提示:根据性质解释实验现象，注意实际现象可能是综合效应。

答:(1) Ti^{3+} 还原性较强，被空气中的 O_2 氧化成无色的Ti(Ⅳ)。

$$4Ti^{3+}+O_2+2H_2O = 4TiO^{2+}+4H^+$$

(2) Mn(Ⅱ)在碱性条件下具有很强的还原性，易被氧化成暗棕色的 $MnO(OH)_2$(MnO_2)。

$$2Mn(OH)_2+O_2 \xlongequal{} 2MnO(OH)_2$$

(3)$K_2Cr_2O_7$ 与浓 H_2SO_4 生成的紫红色固体 CrO_3 在198℃逐步分解成 Cr_2O_3，被 H_2SO_4 溶解后生成蓝绿色的 Cr^{3+}。

$$K_2Cr_2O_7(\text{饱和})+\text{浓}\ H_2SO_4 \xlongequal{} K_2SO_4+2CrO_3+H_2O$$

$$4CrO_3 \xrightarrow{200℃} 2Cr_2O_3+3O_2$$

$$Cr_2O_3+6H^+ \xlongequal{} 2Cr^{3+}+3H_2O$$

(4) 酸化，由黄色 K_2CrO_4 变为橙色 $Cr_2O_7^{2-}$，被 S^{2-} 还原为绿色 Cr^{3+}，Cr^{3+} 与继续加入的 Na_2S 发生双水解生成灰绿色 $Cr(OH)_3$ 沉淀。

$$2CrO_4^{2-}+2H^+ \xlongequal{} Cr_2O_7^{2-}+H_2O$$

$$Cr_2O_7^{2-}+S^{2-}+10H^+ \xlongequal{} 2Cr^{3+}+SO_2\uparrow+5H_2O$$

$$2Cr^{3+}+3S^{2-}+6H_2O \xlongequal{} 2Cr(OH)_3\downarrow+3H_2S$$

9(20-9). 根据下列实验写出有关的反应式。

(1) 将装有 $TiCl_4$ 的瓶塞打开立即冒出白烟。

(2) 向 $TiCl_4$ 溶液中加入浓 HCl 和金属锌时生成紫色溶液。

(3) 向(2)的紫色溶液中慢慢加入 NaOH 至溶液呈碱性，出现紫色沉淀。

(4) 先用 HNO_3 处理沉淀，使其溶解，然后用稀碱溶液处理，生成白色沉淀。

(5) 将白色沉淀过滤并灼烧，再与等物质的量的 MgO 共熔。

答:(1) $TiCl_4+3H_2O \xlongequal{} H_2TiO_3+4HCl$

(2) $2Ti^{4+}+Zn \xlongequal{} 2Ti^{3+}+Zn^{2+}$

(3) $Ti^{3+}+3OH^- \xlongequal{} Ti(OH)_3\downarrow$

(4) $3Ti(OH)_3+7HNO_3 \xlongequal{} 3TiO(NO_3)_2+NO\uparrow+8H_2O$

$TiO^{2+}+2OH^-+H_2O \xlongequal{} Ti(OH)_4\downarrow$

(5) $Ti(OH)_4 \xrightarrow{\text{灼烧}} TiO_2+2H_2O$

$TiO_2+MgO \xrightarrow{\text{熔融}} MgTiO_3$

10(20-10). (1) $[Ti(H_2O)_6]^{3+}$ 在约490nm处显示一个较强吸收，预测 $[Ti(NH_3)_6]^{3+}$ 将吸收较长波长还是较短波长的光，为什么？(2) 已知 $[TiCl_6]^{3-}$ 在784nm处有一宽吸收峰，这是由什么跃迁引起的？该配离子的分裂能为多少？

答:(1) 预测 $[Ti(NH_3)_6]^{3+}$ 将吸收比490nm短的波长的光，因为 NH_3 比 H_2O 产生的晶体场强，分裂能增大，吸收光能量增加，波长蓝移。

(2) d-d跃迁($t_{2g}\rightarrow e_g$ 跃迁)

$$\Delta_o=N_A hc/\lambda=6.02\times10^{23}\times6.626\times10^{-34}\times3.0\times10^8/(784\times10^{-9})$$
$$=153(kJ\cdot mol^{-1})$$

11(20-11). 写出钒三种同多酸的化学式。在酸性介质中，钒(Ⅴ)和足量 Zn 作用逐步生成什么产物？

答:$H_4V_2O_7$、$H_6V_4O_{13}$、$H_7V_5O_{16}$(在溶液中一般以酸式酸根的形式存在)。

钒(Ⅴ)和足量 Zn 作用逐步被还原为蓝色 VO^{2+}、绿色 V^{3+}，最终为紫色的 V^{2+}。

12(20-12). 如何分离下述离子？写出相关的反应方程式。

(1) Cr^{3+} 和 Al^{3+}；(2) Cr^{3+}、Mn^{2+} 和 Zn^{2+}。

答:(1) 碱性条件下加 H_2O_2

$$2Cr(OH)_3+3H_2O_2+4OH^- = 2CrO_4^{2-}+8H_2O$$

$$Al(OH)_3+OH^- = [Al(OH)_4]^-$$

再加入 NH_4Cl： $[Al(OH)_4]^- + NH_4^+ = Al(OH)_3+NH_3 \cdot H_2O$ 过滤

(2) 碱性条件下加 H_2O_2

$$2Cr(OH)_3+3H_2O_2+4OH^- = 2CrO_4^{2-}+8H_2O$$

$$Zn(OH)_2+2OH^- = [Zn(OH)_4]^{2-}$$

$$Mn(OH)_2+H_2O_2 = MnO_2+2H_2O$$

过滤，沉淀酸化，加 H_2O_2

$$MnO_2+H_2O_2+2H^+ = Mn^{2+}+O_2\uparrow+2H_2O$$

滤液酸化(控制酸度)，加 $BaCl_2$，过滤：

$$CrO_4^{2-}+Ba^{2+} = BaCrO_4\downarrow$$

$$[Zn(OH)_4]^{2-}+4H^+ = Zn^{2+}+4H_2O$$

13(20-13). 取某钒酸盐溶液 25.00mL 加 H_2SO_4 酸化后通入 SO_2 进行还原，反应完成后，过量的 SO_2 通过加热煮沸除去。然后用 0.018 73mol·L^{-1}的 $KMnO_4$ 溶液滴定至出现微红色，共用去 23.20mL $KMnO_4$ 溶液。另取 10.00mL 同样的溶液，酸化后，加入 Zn 片进行充分还原，然后用同样的 $KMnO_4$ 溶液滴定至微红色。写出还原反应和滴定反应的化学反应方程式。计算原钒酸盐溶液中钒的浓度及第二次滴定所消耗的 $KMnO_4$ 溶液的体积。

提示：元素性质部分的计算题是比较简单的，关键在于准确掌握反应方程式并配平，然后根据化学计量比计算。本题第一步还原 SO_2 只能把 VO_2^+ 还原到 VO^{2+}；而第二步还原 Zn 可以把 VO_2^+ 还原到 V^{2+}。

解：

$$2VO_2^++SO_2 = 2VO^{2+}+SO_4^{2-}$$

$$10VO^{2+}+2MnO_4^-+2H_2O = 10VO_2^++2Mn^{2+}+4H^+$$

$$n(VO_4^{3-}):n(MnO_4^-)=5:1$$

$$c(VO_4^{3-})=0.018\,73\times 23.20/25.00\times 5=0.086\,91(mol\cdot L^{-1})$$

$$2VO_2^++3Zn(过量)+8H^+ = 2V^{2+}+3Zn^{2+}+4H_2O$$

$$5V^{2+}+3MnO_4^-+4H^+ = 5VO_2^++3Mn^{2+}+2H_2O$$

$$n(VO_4^{3-}):n'(MnO_4^-)=5:3$$

$$V(KMnO_4)=0.086\,91\times 10.00/0.018\,73\times 3/5=27.84(mL)$$

14(20-14). 称取 0.5000g 铬铁矿 $Fe(CrO_2)_2$ 样品，以 Na_2O_2 熔融，然后加入6mol·L^{-1}的 H_2SO_4 酸化溶液，以 50.00mL 0.1200mol·L^{-1}的硫酸亚铁铵溶液处理，过量的 Fe^{2+} 需 15.05mL $K_2Cr_2O_7$(1mL $K_2Cr_2O_7$ 和 0.006 00g Fe^{2+} 反应)标准溶液氧化。计算样品中铬的含量。

解：

$$2Fe(CrO_2)_2+7Na_2O_2 = Fe_2O_3\downarrow+4Na_2CrO_4+3Na_2O$$

$$2Na_2CrO_4+H_2SO_4 = Na_2Cr_2O_7+Na_2SO_4+H_2O$$

$$6Fe^{2+}+Cr_2O_7^{2-}+14H^+ = 6Fe^{3+}+2Cr^{3+}+7H_2O$$

样品中 Cr 的质量分数为

$$\frac{1/3\times(0.1200\times 0.050\,00-15.05\times 0.006\,00/55.85)\times 52.00}{0.5000}\times 100\%=15.21\%$$

15(20-15). 有一橙红色固体 A 受热后得绿色的固体 B 和无色的气体 C，加热时 C 能与镁反应生成灰色的固体 D。固体 B 溶于过量的 NaOH 溶液生成绿色的溶液 E，在 E 中加适量 H_2O_2 则生成黄色溶液 F。将 F 酸化变为橙色的溶液 G，在 G 中加 $BaCl_2$ 溶液，得黄色沉淀 H。在 G 中加 KCl 固体，反应完全后则有橙红色晶体 I 析出，滤出 I 烘干并强热则得到的固体产物中有 B，同时得到能支持燃烧的气体 J。A～J 各代表什么物质？写出有关的反应方程式。

提示：未知物分析的关键在于找出最明显的反应现象所给的突破口，再依据题目所给的其他线索一一鉴别。本题的突破口在于，溶于过量的 NaOH 溶液生成绿色溶液的物质 B 只能为 Cr(Ⅲ)的化合物，那么橙红色固体 A 只能是含有 $Cr_2O_7^{2-}$ 的化合物。与镁反应的气体有 O_2 和 N_2，但 MgO 为白色固体，因此 C 为 N_2，则 A 为能发生“火山爆发”反应的$(NH_4)_2Cr_2O_7$。橙红色晶体 I 的生成是钢中除铬的反应，因而为铬酰氯 CrO_2Cl_2，其分解产生的 O_2 可支持燃烧。本题也可由黄色溶液 F 酸化变为橙色的溶液 G 作为突破口，这种变化表明 Cr(Ⅵ)的存在。

答：A. $(NH_4)_2Cr_2O_7$；B. Cr_2O_3；C. N_2；D. Mg_3N_2；E. $[Cr(OH)_4]^-$；F. CrO_4^{2-}；G. $Cr_2O_7^{2-}$；H. $BaCrO_4$；I. CrO_2Cl_2；J. O_2。

相关反应方程式如下：

$A \xrightarrow{\triangle} B+C$：

$$(NH_4)_2Cr_2O_7 \xrightarrow{\triangle} Cr_2O_3 + N_2\uparrow + 4H_2O$$

$C+Mg \xrightarrow{\triangle} D$：

$$N_2 + 3Mg \xrightarrow{\triangle} Mg_3N_2$$

$B+NaOH \longrightarrow E$：

$$Cr_2O_3 + 2OH^- + 3H_2O = 2[Cr(OH)_4]^-$$

$E+H_2O_2 \longrightarrow F$：

$$2[Cr(OH)_4]^- + 3H_2O_2 + 2OH^- = 2CrO_4^{2-} + 8H_2O$$

$F+H^+ \longrightarrow G$：

$$2CrO_4^{2-} + 2H^+ = Cr_2O_7^{2-} + H_2O$$

$G+BaCl_2 \longrightarrow H$：

$$Cr_2O_7^{2-} + 2Ba^{2+} + H_2O = 2BaCrO_4\downarrow + 2H^+$$

$G+KCl(s) \longrightarrow I$：

$$Na_2Cr_2O_7 + 4KCl(s) + 3H_2SO_4 \overset{\triangle}{=} 2CrO_2Cl_2 + 2K_2SO_4 + Na_2SO_4 + 3H_2O$$

$I \xrightarrow{强热} B+J$：

$$4CrO_2Cl_2 \overset{强热}{=} 2Cr_2O_3 + 4Cl_2\uparrow + O_2\uparrow$$

16(20-16). 棕黑色粉末状物质 A，不溶于水和稀 HCl，但溶于浓 HCl，生成浅粉红色溶液 B 及气体 C，将 C 除净后加入 NaOH，生成白色沉淀 D，振荡 D 又转变为 A，将 A 加入 $KClO_3$、浓碱并加热得到绿色溶液 E，加入少量酸，绿色随即褪去，变为紫色溶液 F，还有少量 A 沉出。经分离后，在 F 中加入酸化的 Na_2SO_3，紫色褪去变为 B。加入少量 $NaBiO_3$ 固体及 HNO_3，振荡并离心，又得到紫色溶液 F。确定 A～F 所代表的物质。

答：A. MnO_2；B. $MnCl_2$；C. Cl_2；D. $Mn(OH)_2$；E. K_2MnO_4；F. $KMnO_4$。

17(20-17). 根据下列元素电势图：

$$MnO_4^- \xrightarrow{1.69V} MnO_2 \xrightarrow{1.22V} Mn^{2+}；\ IO_3^- \xrightarrow{1.20V} I_2 \xrightarrow{0.54V} I^-$$

说明当 pH=0 时，分别在条件：(1)KI 过量；(2)$KMnO_4$ 过量时，$KMnO_4$ 与 KI 溶液将会发生哪些反应(用反应方程式表示)，为什么？

提示：先根据电极电势判断哪些反应能够发生，再考察反应产物能否和过量的试剂继续发生反应。如(1)中的 KI 过量，从电极电势看，$KMnO_4$ 可以将 KI 氧化为 IO_3^-［需计算 $E^\ominus(MnO_4^-/Mn^{2+})$］，但过量的 I^- 会与 IO_3^- 发生归中反应生成 I_2，即 $KMnO_4$ 只将 I^- 氧化为单质 I_2。进一步考察，过量的 I^- 会和单质 I_2 生成 I_3^-。第(2)问要注意元素 Mn 的归中反应，除把 I^- 氧化为 IO_3^- 外，还会和其还原产物反应生成 MnO_2。

答：(1) KI 过量：$2MnO_4^- + 15I^- + 16H^+ \longrightarrow 2Mn^{2+} + 5I_3^- + 8H_2O$

$$E^\ominus(IO_3^-/I_2) > E^\ominus(I_2/I^-)$$

(2) $KMnO_4$ 过量：$6MnO_4^- + 5I^- + 18H^+ \longrightarrow 6Mn^{2+} + 5IO_3^- + 9H_2O$

$$E^\ominus(MnO_4^-/Mn^{2+}) > E^\ominus(IO_3^-/I_2)$$

$$E^\ominus(MnO_4^-/Mn^{2+}) = \frac{3E^\ominus(MnO_4^-/MnO_2) + 2E^\ominus(MnO_2/Mn^{2+})}{5} = 1.50V$$

$$2MnO_4^- + 3Mn^{2+} + 2H_2O \longrightarrow 5MnO_2 + 4H^+$$

$$E^\ominus(MnO_4^-/MnO_2) > E^\ominus(MnO_2/Mn^{2+})$$

18(20－18)．已知电对的电极电势值：$E^\ominus(Mn^{3+}/Mn^{2+}) = 1.541V$，$E^\ominus\{[Mn(CN)_6]^{3-}/[Mn(CN)_6]^{4-}\} = -0.233V$。通过计算说明锰的这两种氰配合离子的 $K_f^\ominus$ 哪个较大。

解：根据能斯特方程：$E = E^\ominus - \frac{0.0592}{z}\lg J$，$c\{[Mn(CN)_6]^{3-}\} = c\{[Mn(CN)_6]^{4-}\} = 1.00mol \cdot L^{-1}$，$c(CN^-) = 1.00mol \cdot L^{-1}$，则

$$E^\ominus\{[Mn(CN)_6]^{3-}/[Mn(CN)_6]^{4-}\} = E^\ominus(Mn^{3+}/Mn^{2+}) - \frac{0.0592}{z}\lg\frac{c(Mn^{2+})}{c(Mn^{3+})}$$

$$= 1.541 - 0.0592\lg\frac{K_f^\ominus\{[Mn(CN)_6]^{3-}\}}{K_f^\ominus\{[Mn(CN)_6]^{4-}\}} = -0.233V$$

$$\frac{K_f^\ominus\{[Mn(CN)_6]^{3-}\}}{K_f^\ominus\{[Mn(CN)_6]^{4-}\}} = 2.8\times 10^{29}$$

表明$[Mn(CN)_6]^{3-}$的 $K_f^\ominus$ 较大。

19(20－19)．已知下列配合物的磁矩：$[Mn(C_2O_4)_3]^{3-}$，4.9B. M.；$[Mn(CN)_6]^{3-}$，2.8B. M.，试回答：(1)中心离子的价层电子分布；(2)中心离子的配位数；(3)估计哪种配合物较稳定。

提示：高低自旋(内轨与外轨、强场与弱场)的表现之一就是磁性的不同。本题采用晶体场理论处理磁性问题。根据测量磁矩计算单电子数目，进而确定中心离子 d 电子排布方式并判断配合物的稳定性。

答：Mn^{3+}，d^4，根据 $\mu = \sqrt{n(n+2)}$，计算单电子个数。

	磁矩	单电子个数	电子排布	配位数	稳定性
$[Mn(C_2O_4)_3]^{3-}$	4.9B. M.	4	$t_{2g}^3 e_g^1$	6	稳定
$[Mn(CN)_6]^{3-}$	2.8B. M.	2	t_{2g}^4	6	较稳定

20. 正常人血钙含量为 10mg%（mg%为毫克百分浓度，即每 100mL 溶液中，所含溶质的毫克数），今检验某患者血液中血钙，取 10.00mL 血液，稀释后加入$(NH_4)_2C_2O_4$溶液，使血钙生成CaC_2O_4沉淀，过滤该沉淀，再将该沉淀溶解于H_2SO_4溶液中，然后用 0.1000mol·L^{-1} $KMnO_4$溶液滴定，用去$KMnO_4$溶液 5.00mL。写出各步骤的反应式，此患者血钙毫克百分浓度是多少？此患者血钙是否正常？（已知 Ca 的相对原子质量为 40）

解：各步化学反应为

(1) $Ca^{2+} + C_2O_4^{2-} = CaC_2O_4 \downarrow$

(2) $CaC_2O_4 + H_2SO_4 = CaSO_4 + H_2C_2O_4$

(3) $5H_2C_2O_4 + 2KMnO_4 + 3H_2SO_4 = K_2SO_4 + 2MnSO_4 + 10CO_2 \uparrow + 8H_2O$

$$n(Ca^{2+}) : n(KMnO_4) = 5 : 2$$

10.00mL 血液中含血钙：0.1000×5.00×5/2×40＝50(mg)。

病人 100mL 血液中含血钙：50×10＝500(mg)。

病人血钙毫克百分浓度：500mg%。

500mg%≫10mg%，比正常人血钙高 50 倍，不正常。

21. 钨具有体心立方格子，每个格子顶点被 1 个原子占据，试计算钨原子的金属半径。（钨的密度为 19.30g·cm^{-3}，相对原子质量为 183.9）

提示：晶体结构的计算涉及晶胞参数、半径、密度、晶胞中的点阵点数目等，均为简单的几何计算。本题的体心立方格子意味着立方体对角线上的原子是相连的，即体对角线长度为钨原子金属半径的 4 倍。

解：设晶胞的棱长为 $a$cm，其中有 2 个钨原子，因此 1mol 钨原子所占体积为

$$\frac{a^3 \times 6.023 \times 10^{23}}{2}(\text{cm}^3)$$

所以钨的密度为

$$\frac{183.9 \times 2}{6.023 \times 10^{23} \times a^3} = 19.30(\text{g} \cdot \text{cm}^{-3})$$

因而　$a = 3.163 \times 10^{-8}\text{cm}$

在体心立方格子中，在顶角上的原子和体心原子相接触，因此钨原子的金属半径等于晶胞对角线长度的 1/4，即 $r = \frac{\sqrt{3}}{4}a = 0.1370\text{nm}$。

四、自　测　题

1. 填空题（每空 1 分，共 30 分）

(1) $HMnO_4$、$HTcO_4$、$HReO_4$ 的酸性由强到弱的次序为____________，氧化性递增的顺序为____________。

(2) Sc 的价层电子构型为________；Ti 的价层电子构型为________；V 的价层电子构型为__________；Cr 的价层电子构型为________。

(3) 俗称灰锰氧的物质是________，其溶液应保存在________色瓶中，这是因为在__________下，该物质的________反应会加速。

(4) 五氧化二钒溶解在浓盐酸中,发生反应的化学方程式是______________。

(5) 钒酸根与铬酸根相比,开始缩合时 pH 较大的是______________,二者缩合形成的氧化物分别是______________和______________。

(6) $K_2Cr_2O_7$ 具有________性,实验室中可将 $K_2Cr_2O_7$ 的饱和溶液与浓 H_2SO_4 配成铬酸洗液,若使用后的洗液颜色从________色变为________色,则表明________,洗液失效。

(7) 写出下列我国丰产矿物主要化学成分的化学式:辉钼矿________;黑钨矿________;白钨矿________。

(8) 选用一种物质可将 Cr^{3+} 氧化为 $Cr_2O_7^{2-}$,其反应方程式是________,选用一种物质可将 $[Cr(OH)_4]^-$ 氧化为 CrO_4^{2-},其反应方程式是________。

(9) 在三份 $Cr_2(SO_4)_3$ 溶液中分别加入下列溶液,得到的沉淀是:①加入 Na_2S 得到________;②加入 Na_2CO_3 得到________;③加入 NaOH 得到________;加入过量 NaOH 生成________。

(10) 以钼酸铵为原料制备金属钼的化学方程式是____________________;____________________;____________________。

2. 是非题(用"√"、"×"表示对、错,每小题 1 分,共 10 分)

(1) CrO_5 在水溶液中不稳定,易分解生成 Cr^{3+} 和 O_2。 (　　)

(2) 配位数为 4 的 Ni(Ⅱ)的配合物都是顺磁性物质。 (　　)

(3) 铬的最高氧化值等于其族序数。 (　　)

(4) V_2O_5 能溶于浓 HCl 生成钒氧基 VO_2^+。 (　　)

(5) 过氧铬酸盐 K_3CrO_8 的二聚体$(K_3CrO_8)_2$ 中,Cr 的氧化数为+5。 (　　)

(6) Mn^{2+} 的水合离子几乎是无色的,表明其晶体场分裂能很大,吸收波长不在可见光范围内。 (　　)

(7) 由于 MnO_4^- 的氧化性很强和碱性条件下不稳定,因此其制备只能采用在酸性条件下使用更强的氧化剂氧化低价锰化合物的方法。 (　　)

(8) 由 TiO_2 氯化法制备 $TiCl_4$ 时需加入偶联剂以促进反应的顺利进行。 (　　)

(9) 第一过渡元素最高价化合物的氧化性均强于同周期相应主族的元素。 (　　)

(10) 处理含铬废水时,为了能够使 Cr^{3+} 以 $Cr(OH)_3$ 的形式沉淀而除去,应该在碱性条件下还原 Cr(Ⅵ)。 (　　)

3. 单选题(每小题 1 分,共 10 分)

(1) 下列物质中能从水中置换出 H_2 的是(　　)。

A. Ti^{2+}　　B. Ti^{3+}　　C. TiO^{2+}　　D. Ti

(2) 下列离子能发生歧化反应的是(　　)。

A. Ti^{3+}　　B. V^{3+}　　C. Cr^{3+}　　D. Mn^{3+}

(3) 下列各组元素中,性质最相似的两个元素是(　　)。

A. Mg 和 Al　　B. Zr 和 Hf　　C. Ag 和 Au　　D. Fe 和 Co

(4) 在强碱性介质中,钒(Ⅴ)存在的形式是(　　)。

A. VO^{2+}　　B. VO^{3+}　　C. $V_2O_5 \cdot nH_2O$　　D. VO_4^{3-}

(5) 将 K_2MnO_4 溶液调节到酸性时，可以观察到的现象是(　　)。

A. 紫红色褪去　　B. 绿色加深

C. 有棕色沉淀生成　　D. 溶液变成紫红色且有棕色沉淀生成

(6) 下列锰的氧化物中酸性最强的是(　　)。

A. MnO　　B. Mn_2O_3　　C. MnO_2　　D. Mn_2O_7

(7) 用 Cr_2O_3 为原料制备铬酸盐应选用的试剂是(　　)。

A. 浓硝酸　　B. $KOH(s)+KClO_3(s)$

C. Cl_2　　D. H_2O_2

(8) 在硝酸介质中，欲使 Mn^{2+} 氧化为 MnO_4^- 可加的氧化剂是(　　)。

A. $KClO_3$　　B. $(NH_4)_2S_2O_8$(Ag^+ 催化)

C. $K_2Cr_2O_7$　　D. 王水

(9) 欲将 K_2MnO_4 转变为 $KMnO_4$，下列方法中可得到产率高、质量好的是(　　)。

A. CO_2 通入碱性 K_2MnO_4 溶液　　B. 用 Cl_2 氧化 K_2MnO_4 溶液

C. 电解氧化 K_2MnO_4 溶液　　D. 用 HAc 酸化 K_2MnO_4

(10) CrO_5 中 Cr 的氧化数为(　　)。

A. 4　　B. 6　　C. 8　　D. 10

4. 判断题(每小题 10 分，共 20 分)

(1) 某化合物 A 是紫色晶体，化合物 B 是浅绿色晶体。将 A、B 混合溶于稀 H_2SO_4 中得黄棕色溶液 C；在 C 中加 KOH 溶液得深棕色沉淀 D；在 D 中加稀 H_2SO_4，沉淀部分溶解得黄棕色溶液 E；在 E 中加过量 NH_4F 溶液得无色溶液 F。在不溶于稀 H_2SO_4 的沉淀中加 KOH、$KClO_3$ 固体加热得绿色物质 G；将 G 溶于水通入 Cl_2，蒸发结晶又得化合物 A。问 A～G 各为何物质。写出各反应的离子方程式。

(2) 某一氧化物矿含有金属 M^1、M^2、M^3、M^4，M^1 是此矿物的主要元素。①用盐酸加热处理可得 M^1、M^2、M^3、M^4 的+2 价氯化物，其中 M^2 的氯化物溶解度较小，但加热溶解度迅速增加。②如用浓盐酸与矿料共热，有 $Cl_2(g)$ 产生。在试样处理后的酸性稀溶液中，通入 H_2S，M^2、M^3 将产生硫化物沉淀，而 M^1 和部分 M^4 仍留在溶液中。③ 将矿物加 KOH(s)和氧化剂高温熔融后，可生成一种绿色化合物，此化合物溶于酸后得一紫色溶液和棕色沉淀；紫色溶液浓缩结晶后，得紫黑色晶体，该晶体与浓 HCl 反应有 $Cl_2(g)$ 产生。④M^2、M^3、M^4 的硫化物经过焙烧后，可溶于 HNO_3，此溶液加稀 H_2SO_4 可生成 M^2SO_4 沉淀。⑤经过计量分析，M^3 和 M^4 两种金属的原子质量虽然差不多，但性质很不相同。M^3 可产生如下反应：

$$M^3(s)+M^3Cl_2(aq)\xrightarrow[\triangle]{\text{浓 HCl}}H[M^3Cl_2]\xrightarrow{H_2O}M^3Cl\downarrow$$

M^4 没有类似的反应，但加 KOH 溶液，M^4 可生成 $M^4(OH)_2$ 白色沉淀。该沉淀可溶于过量 KOH 中，但 KOH 不能使 $M^3(OH)_2$ 全部溶解。根据上述的实验事实，判断 M^1、M^2、M^3、M^4 各是什么金属。写出有关的反应方程式。

5. 解释简答题(每小题 5 分，共 10 分)

(1) 物质磁性研究表明：金属阳离子含单电子越多，磁性越大，磁性大小又与音响直接有关。

这是选择录音磁带制造材料时的因素之一。写出下列氧化物(基本上是离子型)有关阳离子的核外电子结构,并讨论哪种氧化物适合作录音带磁粉原料。

① V_2O_5;② CrO_2;③ AgO;④ SnO_2

(2) 某同学欲进行如下实验:向无色$(NH_4)_2S_2O_8$ 酸性溶液中加入少许 Ag^+,再加入 $MnSO_4$ 溶液,经加热溶液变为紫红色。然而实验结果是产生了棕色沉淀。请解释出现上述现象的原因,写出有关反应方程式。要使实验成功应注意哪些问题?[$E^{\ominus}(MnO_4^-/Mn^{2+})=1.51V$,$E^{\ominus}(MnO_2/Mn^{2+})=1.23V$]

6. 计算题(每小题 10 分,共 20 分)

(1) 25℃时在酸性溶液中有下列电对的标准电势:

$E^{\ominus}(MnO_4^-/MnO_4^{2-})=+0.56V$;$E^{\ominus}(MnO_4^-/MnO_2)=+1.695V$;$E^{\ominus}(MnO_2/Mn^{2+})=+1.23V$,试解答以下问题:

① 列出标准电势图,并算出 $E^{\ominus}(MnO_4^{2-}/MnO_2)$。

② 据此说明 MnO_4^{2-} 在酸性溶液中是否稳定,并写出化学方程式。

③ 据此说明 MnO_4^- 溶液与 Mn^{2+} 溶液混合时将发生什么反应,并写出化学方程式。

(2) 称取 0.5000g 铬铁矿 $Fe(CrO_2)_2$ 样品,以 Na_2O_2 熔融,然后加入 $6mol\cdot L^{-1}$ 的 H_2SO_4 酸化溶液,以 50.00mL $0.1200mol\cdot L^{-1}$ 的硫酸亚铁铵溶液处理,过剩的 Fe^{2+} 需 15.05mL $K_2Cr_2O_7$(1mL $K_2Cr_2O_7$ 和 0.006 00g Fe^{2+} 反应)标准溶液氧化。计算样品中铬的含量。

参考答案

1. 填空题

(1) $HMnO_4>HTcO_4>HReO_4$,$HReO_4<HTcO_4<HMnO_4$;(2) $3d^24s^1$,$3d^24s^2$,$3d^34s^2$,$3d^54s^1$;(3) $KMnO_4$,棕,光线照射,分解;(4) $V_2O_5+6H^++2Cl^-\longrightarrow 2VO^{2+}+Cl_2\uparrow+3H_2O$;(5) 钒酸根,$V_2O_5$,$CrO_3$;(6) 强氧化性,橙,黄,$Cr_2O_7^{2-}$生成 CrO_4^{2-};(7) MoS_2,$(Mn,Fe)WO_4$,$CaWO_4$;(8) $2Cr^{3+}+3S_2O_8^{2-}+7H_2O\longrightarrow Cr_2O_7^{2-}+6SO_4^{2-}+14H^+$,$2OH^-+2[Cr(OH)_4]^-+3ClO^-\longrightarrow 2CrO_4^{2-}+3Cl^-+5H_2O$;(9) ① Cr_2S_3,② $Cr(OH)_3$,③ $Cr(OH)_3$,$[Cr(OH)_4]^-$;(10) $(NH_4)_2MoO_4+2HCl\longrightarrow H_2MoO_4\downarrow+2NH_4Cl$,$H_2MoO_4(s)\xrightarrow{\triangle}MoO_3+H_2O$,$MoO_3+3H_2\xrightarrow{600℃}Mo+3H_2O$。

2. 是非题

(1) √;(2) ×;(3) √;(4) ×;(5) ×;(6) ×;(7) ×;(8)√;(9) ×;(10) ×。

3. 单选题

(1) A;(2) D;(3) B;(4) D;(5) D;(6) D;(7) A;(8) B;(9) C;(10) B。

4. 判断题

(1) A. $KMnO_4$;B. $FeSO_4\cdot 7H_2O$;C. $MnSO_4$、$Fe_2(SO_4)_3$混合溶液;D. $Fe(OH)_3$、$MnO(OH)_2$混合沉淀;E. $Fe_2(SO_4)_3$溶液;F. $[FeF_6]^{3-}$溶液;G. K_2MnO_4。

$$MnO_4^-+5Fe^{2+}+8H^+=\!=\!=Mn^{2+}+5Fe^{3+}+4H_2O$$

$$Fe^{3+}+3OH^-=\!=\!=Fe(OH)_3\downarrow$$

$$Mn^{2+}+\frac{1}{2}O_2+2OH^-=\!=\!=MnO(OH)_2\downarrow$$

$$Fe(OH)_3 + 3H^+ \xlongequal{} Fe^{3+} + 3H_2O$$

$$Fe^{3}+ + 6F^- \xlongequal{} FeF_6^{3-}$$

$$3MnO_2 + KClO_3 + 6KOH \xrightarrow{\triangle} 3K_2MnO_4 + KCl + 3H_2O$$

$$2MnO_4^{2-} + Cl_2 \xlongequal{} 2MnO_4^- + 2Cl^-$$

(2)
$$M^1 = Mn,\quad M^2 = Pb,\quad M^3 = Cu,\quad M^4 = Zn$$

$$Pb(\text{Ⅱ}), Zn(\text{Ⅱ}), Cu(\text{Ⅱ}) \xrightarrow{\triangle} PbCl_2 + ZnCl_2 + CuCl_2 + H^+ \text{(未配平)}$$

$$MnO_2(s) + 4HCl \xrightarrow{\triangle} MnCl_2 + 2H_2O + Cl_2\uparrow$$

$$MnO_2(s) + 2KOH(s) + \frac{1}{2}O_2\text{(氧化剂)} \xrightarrow[\text{(绿色)}]{\text{熔融}} K_2MnO_4 + H_2O$$

$$2MnO_4^{2-} + 4H^+ \xlongequal{} MnO_2\downarrow + MnO_4^- + 2H_2O$$

$$PbCl_2(s) + aq \xrightarrow{\triangle} PbCl_2(aq)$$

$$Pb^{2+} + SO_4^{2-} \longrightarrow PbSO_4\downarrow$$

$$Zn^{2+} + 2OH^- \longrightarrow Zn(OH)_2\downarrow\text{(白色)} \xrightarrow{2KOH} K_2ZnO_2 + 2H_2O$$

$$Cu(s) + CuCl_2(aq) \xrightarrow[\triangle]{\text{浓 HCl}} H[CuCl_2] \xrightarrow{H_2O} CuCl\downarrow\text{(白色)}$$

5. 解释简答题

(1) ①V^{5+}:[Ar]

② Cr^{4+}:[Ar] $3d^2$(↑ ↑ _ _ _)

③ Ag^{2+}:[Kr] $4d^9$(⇅ ⇅ ⇅ ⇅ ↑)

④ Sn^{4+}:[Kr] $4d^{10}$(⇅ ⇅ ⇅ ⇅ ⇅)

CrO_2 适合作磁粉原料,因为其中 Cr^{4+} 有 2 个未成对电子。

(2) 该同学欲进行实验的反应方程式为

$$5S_2O_8^{2-} + 2Mn^{2+} + 8H_2O \xrightarrow{Ag^+} 10SO_4^{2-} + 2MnO_4^- + 16H^+$$

可实际上看到的是棕色 MnO_2 沉淀的生成反应,其反应方程式

$$2MnO_4^- + 3Mn^{2+} + 2H_2O \xlongequal{} 5MnO_2\downarrow + 4H^+$$

$$MnO_4^- \xrightarrow{1.70V} MnO_2 \xrightarrow{1.23V} Mn^{2+}$$

$$MnO_4^- \xrightarrow{1.51V} Mn^{2+}$$

Mn^{2+} 一旦与 $S_2O_8^{2-}$ 生成 MnO_4^- 后,MnO_4^- 立即与加入较多而过剩的 Mn^{2+} 反应产生 MnO_2 沉淀。故实验时,Mn^{2+} 浓度要小,且加入的量要少,速度要慢。

6. 计算题

(1) ① $E^{\ominus}(MnO_4^{2-}/MnO_2) = +2.26(V)$

② MnO_4^{2-} 会发生歧化反应: $3MnO_4^{2-} + 4H^+ \xlongequal{} 2MnO_4^- + MnO_2\downarrow + 2H_2O$

③ MnO_4^{2-} 能与 Mn^{2+} 作用: $2MnO_4^{2-} + 3Mn^{2+} + 2H_2O \xlongequal{} 5MnO_2\downarrow + 4H^+$

(2) 15.21%。

(北京科技大学　王明文)

第21章　过渡元素(Ⅱ)

一、学习要求

(1) 了解铁系、铂系元素的单质的性质；

(2) 掌握铁、钴、镍重要化合物的组成、结构和性质。

二、重难点解析

(一) 铁、钴、镍单质及其重要化合物的主要性质

1. 铁系元素的性质和用途

铁、钴、镍价电子构型分别是 $3d^64s^2$、$3d^74s^2$、$3d^84s^2$。它们最外层都有 2 个电子，原子半径很相近，因此它们的性质很相似。一般条件下，铁为+2、+3 氧化态，钴为+2 氧化态，镍为+2 氧化态。铁、钴、镍都具有金属光泽，密度大，熔点高，具有磁性，是很好的磁性材料。铁是最重要的结构材料，钴、镍用于制造合金。铁、钴、镍是中等活泼的金属，高温下易与氧、硫、氯等非金属发生反应。铁易溶于稀酸中，浓硝酸能使铁钝化。

2. 铁系元素的重要化合物

(1) 氧化物和氢氧化物。+2 价的氧化物有 FeO(黑色)、CoO(灰绿色)、NiO(暗绿色)。+2 价的氢氧化物有 $Fe(OH)_2$(白色)、$Co(OH)_2$(粉红色)、$Ni(OH)_2$(蓝绿色)；它们的碱性和还原性按 $Fe(OH)_2$、$Co(OH)_2$、$Ni(OH)_2$ 顺序递减。+3 价的氢氧化物 $Fe(OH)_3$(红棕色)、$Co(OH)_3$(棕褐色)、$Ni(OH)_3$(黑色)均为两性偏碱的物质，其氧化性按 $Fe(OH)_3$、$Co(OH)_3$、$Ni(OH)_3$ 顺序递增，其中 $Co(OH)_3$、$Ni(OH)_3$ 是强氧化剂。

(2) 铁、钴、镍的盐类。在 Fe^{2+}、Co^{2+}、Ni^{2+} 中都有未成对的 d 电子，因此它们的离子在水溶液中都显颜色，如 $[Fe(H_2O)_6]^{2+}$ 为浅绿色、$[Co(H_2O)_6]^{2+}$ 为粉红色、$[Ni(H_2O)_6]^{2+}$ 为亮绿色。$CoCl_2$ 有 4 种不同颜色的主要水合物：

$$CoCl_2 \cdot 6H_2O\ (\text{粉红}) \rightleftharpoons CoCl_2 \cdot 2H_2O\ (\text{紫红}) \rightleftharpoons CoCl_2 \cdot H_2O\ (\text{蓝紫}) \rightleftharpoons CoCl_2\ (\text{蓝})$$

因此 $CoCl_2$ 可用作干燥剂硅胶中的含水指示剂，当干燥硅胶吸水后，逐渐变为粉红色。烘干失水则由粉红色变为蓝色。+3 价铁系元素的盐都有较强的氧化性。

(3)铁系元素的配合物。氧化态为+2、+3 的铁、钴、镍离子，由于它们的半径较小，d 轨道又未充满，因此易形成配合物，如 $[FeCl_4]^{2-}$、$[Fe(CN)_6]^{3-}$、$[CoCl_4]^{2-}$、$[Ni(CO)_4]$、$[NiCl_4]^{2-}$、$[Co(SCN)_4]^{2-}$、$[Co(NH_3)_6]^{3+}$、$[Co_2(CO)_8]$ 等。铁系元素重要配合物的颜色如表 21-1所示。

表 21-1　铁系元素重要配合物的颜色

配合物	颜　色	配合物	颜　色	配合物	颜　色
$K_3[Fe(CN)_6]$	深红	$K_4[Fe(CN)_6]\cdot 3H_2O$	黄	$[Fe(NCS)_n]^{3-n}$	血红
$[Co(NH_3)_6]^{2+}$	土黄	$[Co(CN)_6]^{3-}$	黄	$[Co(NCS)_4]^{2-}$	蓝
$[Ni(NH_3)_6]^{2+}$	蓝紫	$[Ni(CN)_4]^{2-}$	橙黄	$[Ni(CO)_4]$	无色

(二) 溶液中重要反应及离子鉴定

1. 溶液中 Fe(Ⅱ)和 Fe(Ⅲ)的重要反应

溶液中 Fe(Ⅱ)和 Fe(Ⅲ)的重要反应见图 21-1①。

2. 溶液中 Co(Ⅱ)的重要反应

$$Co^{2+}\underset{H^+}{\overset{HCO_3^-}{\rightleftharpoons}}CoCO_3\text{(粉红色)}$$

$$Co^{2+}\underset{H^+}{\overset{CO_3^{2-}}{\rightleftharpoons}}\text{碱式碳酸钴}\downarrow\text{(蓝色)}$$

$$Co^{2+}\xrightarrow{OH^-+ClO^-}Co(OH)_3\xrightarrow{HCl}Co^{2+}+Cl_2\text{(}Cl^-\text{浓度大时,有天蓝色}[CoCl_4]^{2-}\text{生成)}$$

$$Co^{2+}\xrightarrow{OH^-\text{,过量}}Co(OH)_2\text{(由蓝色变为粉红色)}$$

$$Co^{2+}\xrightarrow[NH_4^+]{NH_3\text{ 过量}}[Co(NH_3)_6]^{2+}\text{(土黄色)}\xrightarrow{O_2}[Co(NH_3)_6]^{3+}\text{(红色)}$$

$$Co^{2+}\xrightarrow{CN^-}Co(CN)_2(s)\xrightarrow{CN^-\text{ 过量}}[Co(CN_6)]^{4-}\xrightarrow{O_2}[Co(CN)_6]^{3-}$$

$$Co^{2+}\underset{H^+}{\overset{S^{2-}}{\rightleftharpoons}}CoS\text{(黑色)}\xrightarrow{O_2}Co(OH)S$$

$$Co^{2+}\xrightarrow{NaNO_2+HAc}[Co(NO_2)_6]^{3-}\xrightarrow{K^+}K_2Na[Co(NO_2)_6]\text{(黄色)}$$

$$Co^{2+}\xrightarrow[\text{丙酮}]{NCS^-\text{ 过量}}[Co(NCS)_4]^{2-}\text{(淡蓝色)}$$

3. 溶液中 Ni(Ⅱ)的重要反应

$$Ni^{2+}\underset{H^+}{\overset{HCO_3^-}{\rightleftharpoons}}NiCO_3$$

$$Ni^{2+}\xrightarrow{CO_3^{2-}}\text{碱式盐[如 }NiCO_3\cdot Ni(OH)_2\text{ 沉淀]}$$

$$Ni^{2+}\xrightarrow[Cl^-]{OH^-}Ni(OH)Cl\downarrow\text{(绿色)}\xrightarrow{OH^-}Ni(OH)_2\downarrow\text{(苹果绿)}$$

$$Ni^{2+}\xrightarrow[ClO^-]{OH^-\text{(浓)}}NiO(OH)\text{(黑色)}\xrightarrow{HCl}Ni^{2+}+Cl_2$$

---

① 大连理工大学无机化学教研室. 2006. 无机化学. 5 版. 北京:高等教育出版社.

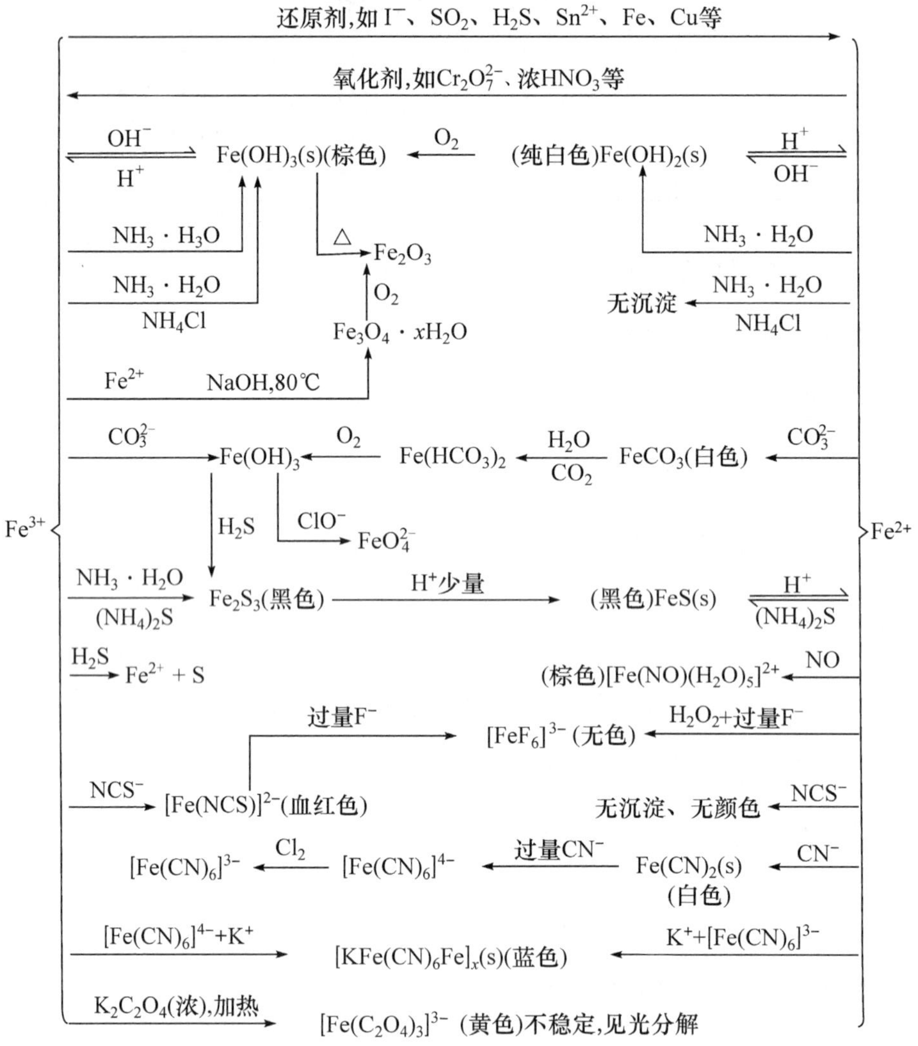

图 21-1　溶液中 Fe(Ⅱ)和 Fe(Ⅲ)的重要反应

$Ni^{2+}\xrightarrow{NH_3\ \text{过量}}[Ni(NH_3)_6]^{2+}$(蓝色)

$Ni^{2+}\underset{H^+}{\overset{S^{2-}}{\rightleftharpoons}}NiS\downarrow$(黑色)$\xrightarrow{\text{氧化剂}}NiSO_4$

$Ni^{2+}\xrightarrow{CN^-}Ni(CN)_2\downarrow$(绿色)$\xrightarrow{\text{过量}\ CN^-}[Ni(CN)_4]^{2-}$(黄色)或$[Ni(CN)_5]^{3-}$

$Ni^{2+}\xrightarrow{NCS^-}[Ni(NCS)_4]^{2-}$

$Ni^{2+}\xrightarrow[H_2O_2]{KOH}NiO(OH)\xrightarrow{Co^{2+}}Ni+Co_2O_3(s)$

$Ni^{2+}\xrightarrow[\text{弱碱}]{\text{丁二酮肟}}Ni(DMG)_2\downarrow$(红色)

三、习题全解和重点练习题解

1(21－1). 完成并配平下列反应方程式。

(1) $FeSO_4+Br_2+H_2SO_4 \longrightarrow$　　(2) $FeCl_3+H_2S \longrightarrow$

(3) $FeCl_3+KI \longrightarrow$　　(4) $Fe(OH)_3+KClO_3+KOH \longrightarrow$

(5) $Co(OH)_2+H_2O_2 \longrightarrow$　　(6) $Co_2O_3+HCl \longrightarrow$

(7) $K_4[Co(CN)_6]+O_2+H_2O \longrightarrow$　　(8) $Ni(OH)_2+Br_2 \longrightarrow$

(9) $Ni^{2+}+HCO_3^- \longrightarrow$　　(10) $Ni^{2+}+NH_3$(过量) $\longrightarrow$

(11) 将 SO_2 通入 $FeCl_3$ 溶液中。

(12) 向硫酸亚铁溶液加入 Na_2CO_3 后滴加碘水。

(13) 硫酸亚铁溶液与赤血盐混合。　　(14) 过量氯水滴入 FeI_2 溶液中。

(15) 硫酸亚铁受热分解。　　(16) 用浓硫酸处理 $Co(OH)_3$。

(17) 向 $K_4[Co(CN)_6]$晶体滴加水。

(18) 向 $CoCl_2$ 和溴水的混合溶液中滴加 NaOH 溶液。

(19) 弱酸性条件下向 $CoSO_4$ 溶液中滴加饱和 KNO_2 溶液。

(20) 碱性条件下向 $NiSO_4$ 溶液中加入 NaClO 溶液。

(21) $Ni(OH)_3$ 在煤气灯上灼烧。　　(22) 铂溶于王水。

(23) 将一氧化碳通入 $PdCl_2$ 溶液。　　(24) 向黄血盐溶液中滴加碘水。

解:(1) $2FeSO_4+Br_2+H_2SO_4 = Fe_2(SO_4)_3+2HBr$

(2) $2FeCl_3+H_2S = 2FeCl_2+S\downarrow+2HCl$

(3) $2FeCl_3+2KI = 2FeCl_2+I_2+2KCl$

(4) $2Fe(OH)_3+KClO_3+4KOH = 2K_2FeO_4+KCl+5H_2O$

(5) $2Co(OH)_2+H_2O_2 = 2Co(OH)_3\downarrow$

(6) $Co_2O_3+6HCl = 2CoCl_2+Cl_2\uparrow+3H_2O$

(7) $4K_4[Co(CN)_6]+O_2+2H_2O = 4K_3[Co(CN)_6]+4KOH$

(8) $2Ni(OH)_2+Br_2+2OH^- = 2Ni(OH)_3\downarrow+2Br^-$

(9) $Ni^{2+}+2HCO_3^- = NiCO_3\downarrow+CO_2\uparrow+H_2O$

(10) $Ni^{2+}+6NH_3$(过量) $= [Ni(NH_3)_6]^{2+}$

(11) $2Fe^{3+}+SO_2+2H_2O = 2Fe^{2+}+SO_4^{2-}+4H^+$

(12) $Fe^{2+}+2CO_3^{2-}+2H_2O = Fe(OH)_2\downarrow+2HCO_3^-$

$2Fe(OH)_2+2CO_3^{2-}+I_2+2H_2O = 2Fe(OH)_3\downarrow+2I^-+2HCO_3^-$

(13) $Fe^{2+}+[Fe(CN)_6]^{3-}+K^+ = KFe[Fe(CN)_6]\downarrow$(普鲁士蓝)

(14) $2FeI_2+13Cl_2+12H_2O = 2FeCl_3+4HIO_3+20HCl$

(15) $2FeSO_4 \cdot 7H_2O \xlongequal{\triangle} Fe_2O_3 + SO_2\uparrow + SO_3\uparrow + 14H_2O$

(16) $2Co(OH)_3 + 3H_2SO_4 \xlongequal{} Co_2(SO_4)_3 + 6H_2O$

(17) $4K_4[Co(CN)_6] + O_2 + 2H_2O \xlongequal{} 4K_3[Co(CN)_6] + 4KOH$

(18) $2Co^{2+} + Br_2 + 6OH^- \xlongequal{} 2Co(OH)_3\downarrow + 2Br^-$

(19) $Co^{2+} + NO_2^- + 2H^+ \xlongequal{} Co^{3+} + NO\uparrow + H_2O$

(20) $2Ni^{2+} + ClO^- + 4OH^- \xlongequal{} 2NiO(OH)\downarrow + Cl^- + H_2O$

(21) $4Ni(OH)_3 \xlongequal{\triangle} 4NiO + O_2\uparrow + 6H_2O$

(22) $3Pt + 4HNO_3 + 18HCl \xlongequal{} 3H_2PtCl_6 + 4NO\uparrow + 8H_2O$

(23) $CO + PdCl_2 \cdot 2H_2O \xlongequal{} CO_2\uparrow + Pd\downarrow + 2HCl + H_2O$

(24) $2K_4[Fe(CN)_6] + I_2 \xlongequal{} 2KI + 2K_3[Fe(CN)_6]$

2(21－2). 解释现象，写出相应的反应方程式。

(1) 向 $FeCl_3$ 溶液中加入 Na_2CO_3 时生成 $Fe(OH)_3$ 沉淀而得不到 $Fe_2(CO_3)_3$。

(2) I_2 不能氧化 $FeCl_2$ 溶液中的 Fe(Ⅱ)，但是在 KCN 存在下 I_2 能够氧化Fe(Ⅱ)。

(3) 在含有 Fe(Ⅲ)的溶液中加入氨水，得不到 Fe(Ⅲ)的氨合物。

(4) 在 Fe^{3+} 的溶液中加入 KSCN 时出现血红色，若再加入少许铁粉或 NH_4F 固体则血红色消失。

(5) $Co_2(SO_4)_3$ 溶于水。

(6) $K_4[Co(CN)_6]$溶于水。

(7) 向硫酸铁溶液中依次加入适量的 HCl、NH_4SCN、NH_4F。

(8) 蓝色的变色硅胶吸水后变成粉红色。

解：(1) Na_2CO_3 溶液中 CO_3^{2-} 水解产生 OH^- 使 $FeCl_3$ 水解，生成 $Fe(OH)_3$ 沉淀。

(2) 因为 $FeCl_2$ 与 KCN 反应可以生成黄血盐，当加入 I_2 时，由于生成的$K_3[Fe(CN)_6]$的电极电势较低，可以逐步将黄血盐氧化，反应方程式如下：

$$Fe^{2+} + 6CN^- \xlongequal{} [Fe(CN)_6]^{4-}$$

$$2K_4[Fe(CN)_6] + I_2 \xlongequal{} 2KI + 2K_3[Fe(CN)_6]$$

(3) $Fe^{3+} + 3OH^- \xlongequal{} Fe(OH)_3\downarrow$

(4) $Fe^{3+} + nSCN^- \xlongequal{} [Fe(SCN)_n]^{3-n}$(血红色)

加入 Fe 粉，$2Fe^{3+} + Fe \xlongequal{} 3Fe^{2+}$，则血红色消失。

加入 NH_4F 固体，$[Fe(SCN)_n]^{3-n} + 6F^- \xlongequal{} [FeF_6]^{3-} + nNCS^-$，血红色消失。

(5) $2Co_2(SO_4)_3 + 2H_2O \xlongequal{} 2H_2SO_4 + 4CoSO_4 + O_2\uparrow$

(6) $2K_4[Co(CN)_6] + 2H_2O \xlongequal{} 2K_3[Co(CN)_6] + 2KOH + H_2\uparrow$

(7) $Fe^{3+} + H_2O \xlongequal{} [Fe(OH)]^{2+} + H^+$

$Fe^{3+} + nSCN^- \xlongequal{} [Fe(SCN)_n]^{3-n}$

$[Fe(SCN)_n]^{3-n}+6F^- \xlongequal{\quad} [FeF_6]^{3-}+nSCN^-$

(8)

$CoCl_2 \cdot 6H_2O$(粉红)$\underset{}{\overset{325K}{\rightleftharpoons}}CoCl_2 \cdot 2H_2O$(紫红)$\overset{363K}{\rightleftharpoons}CoCl_2 \cdot H_2O$(蓝紫)$\overset{393K}{\rightleftharpoons}CoCl_2$(蓝)

3(21-3). 写出以下过程的反应式:将$[Ni(NH_3)_6]SO_4$溶液水浴加热一段时间再加氨水。

解:

$$[Ni(NH_3)_6]^{2+} \xlongequal{\triangle} Ni^{2+}+6NH_3\uparrow$$

$$Ni^{2+}+6NH_3 \xlongequal{\triangle} [Ni(NH_3)_6]^{2+}$$

4(21-4). 设计一分离Fe^{3+}、Al^{3+}、Cr^{3+}、Ni^{2+}的方案。

解:

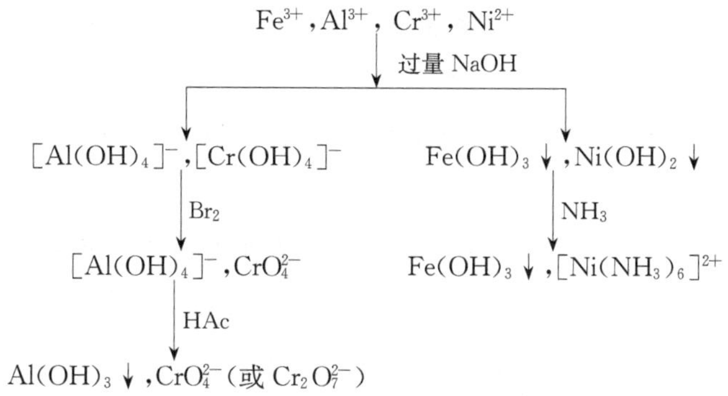

5(21-5). $K_4[Fe(CN)_6]$可用$FeSO_4$与 KCN 直接在溶液中制备,但$K_3[Fe(CN)_6]$却不能由$Fe_2(SO_4)_3$和 KCN 直接在水溶液中制备,为什么? 应如何制备$K_3[Fe(CN)_6]$?

答:$K_4[Fe(CN)_6]$可由Fe^{2+}与 KCN 直接在水溶液中制备

$$Fe^{2+}+6KCN \xlongequal{\quad} K_4[Fe(CN)_6]+2K^+$$

但$K_3[Fe(CN)_6]$却不能由Fe^{3+}与 KCN 直接在水溶液中制备,是因Fe^{3+}能将CN^-氧化,并有杂质$K_4[Fe(CN)_6]$生成

$$2Fe^{3+}+2CN^- \xlongequal{\quad} 2Fe^{2+}+(CN)_2$$

$$Fe^{2+}+6CN^-+4K^+ \xlongequal{\quad} K_4[Fe(CN)_6]$$

正确制备$K_3[Fe(CN)_6]$的方法是将$K_4[Fe(CN)_6]$氧化

$$2K_4[Fe(CN)_6]+H_2O_2 \xlongequal{\quad} 2K_3[Fe(CN)_6]+2KOH$$

6(21-6). 某氧化物 A,溶于浓盐酸得溶液 B 和气体 C,C 通入 KI 溶液后用CCl_4萃取生成物,CCl_4层呈现紫色。B 加入 KOH 溶液后析出桃红色沉淀。B 遇过量氨水,得不到沉淀而得土黄色溶液,放置则变为红褐色。B 中加入 KSCN 及少量丙酮时成蓝色溶液。判断 A~C 各为什么物质。写出有关反应式。

解:A. Co_2O_3;B. $CoCl_2$;C. Cl_2。

有关反应式略。

7(21-7). 将浅蓝绿色晶体 A 溶于水后加入氢氧化钠溶液和H_2O_2并微热,得到棕色沉淀 B 和溶液 C。B 和 C 分离后将溶液 C 加热有碱性气体 D 放出。B 溶于盐酸得黄色溶液 E。向 E

中加入 KSCN 溶液有红色的 F 生成。向 F 中滴加 $SnCl_2$ 溶液则红色褪去，F 转化为 G。向 G 中滴加赤血盐溶液有蓝色沉淀 H 生成。向 A 的水溶液中滴加 $BaCl_2$ 溶液有不溶于硝酸的白色沉淀生成。给出 A～H 代表的化合物或离子，并写出各步反应方程式。

解： A. $FeSO_4 \cdot (NH_4)_2SO_4 \cdot 6H_2O$； B. $Fe(OH)_3$； C. NH_4^+； D. NH_3； E. Fe^{3+}；F. $[Fe(SCN)_n]^{3-n}$；G. Fe^{2+}；H. $KFe[Fe(SCN)_6]$。

有关反应式略。

8(21－8). 蓝色化合物 A 溶于水得粉红色溶液 B。向 B 中加入过量氢氧化钠溶液得粉红色沉淀 C。用次氯酸钠溶液处理 C 则转化为黑色沉淀 D，洗涤、过滤后将 D 与浓盐酸作用得蓝色溶液 E。将 E 用水稀释后又得到粉红色溶液 B。写出A～E所代表的物质，写出相应的反应方程式。

解： A. $CoCl_2$；B. $CoCl_2 \cdot 6H_2O$；C. $Co(OH)_2$；D. $Co(OH)_3$；E. $CoCl_2$

有关反应式略。

9(21－9). 混合溶液 A 为紫红色。向 A 中加入浓盐酸并微热得到蓝色溶液 B 和气体 C。向 A 中加入 NaOH 溶液则得到棕黑色沉淀 D 和绿色溶液 E。向 A 中通入过量 SO_2 则溶液最后变为粉红色溶液 F。向 F 中加入过量氨水得到白色沉淀 G 和棕黄色溶液 H。G 在空气中缓慢转变为棕黑色沉淀。将 D 与 G 混合后加入硫酸又得到溶液 A。A～H 各为什么化合物或离子？并给出相关的反应方程式。

解： A. Co^{2+}/MnO_4^-；B. $[CoCl_4]^{2-}$ 和 Mn^{2+}；C. Cl_2；D. $Co(OH)_3$；E. MnO_4^{2-}；F. Co^{2+} 和 Mn^{2+}；G. $Mn(OH)_2$；H. $[Co(NH_3)_6]^{2+}$。

$$2MnO_4^- + 16HCl \longequal 2Mn^{2+} + 5Cl_2\uparrow + 8H_2O + 6Cl^-$$

$$Co^{2+} + 4Cl^- \longequal 2CoCl_4^{2-}$$

$$Co^{2+} + 2OH^- \longequal Co(OH)_2\downarrow$$

$$MnO_4^- + Co(OH)_2 + OH^- \longequal MnO_4^{2-} + Co(OH)_3$$

$$2MnO_4^- + 5SO_2 + 4OH^- \longequal 5SO_4^{2-} + 2Mn^{2+} + 2H_2O$$

$$Mn^{2+} + 2NH_3 \cdot H_2O \longequal Mn(OH)_2\downarrow + 2NH_3 + 2H^+$$

$$Co^{2+} + 6NH_3 \cdot H_2O \longequal [Co(NH_3)_6]^{2+} + 6H_2O$$

$$4[Co(NH_3)_6]^{2+} + O_2 + 2H_2O \longequal 4[Co(NH_3)_6]^{3+} + 4OH^-$$

$$2H^+ + Mn(OH)_2 + O_2 \longequal Mn(OH)_2\downarrow + H_2O$$

10(21-10). 已知下列条件：$[Fe(bipy)_3]^{3+} + e^- \rightleftharpoons [Fe(bipy)_3]^{2+}$，$E^\ominus = 1.03V$，$K_f^\ominus\{[Fe(bipy)_3]^{3+}\} = 1.82 \times 10^{14}$。求 $K_f^\ominus\{[Fe(bipy)_3]^{2+}\}$，并比较两个配合物的稳定性。

解： 将电对 Fe^{3+}/Fe^{2+} 和电对 $[Fe(bipy)_3]^{3+}/[Fe(bipy)_3]^{2+}$ 组成原电池，电对 Fe^{3+}/Fe^{2+} 为原电池的负极，电对 $[Fe(bipy)_3]^{3+}/[Fe(bipy)_3]^{2+}$ 为原电池的正极。根据能斯特方程，各电对的电极电势分别为

$$E(Fe^{3+}/Fe^{2+})=E^{\ominus}(Fe^{3+}/Fe^{2+})-\frac{0.0592}{z}\lg\frac{c(Fe^{2+})}{c(Fe^{3+})}$$

$$E\{[Fe(bipy)_3]^{3+}/[Fe(bipy)_3]^{2+}\}=E^{\ominus}\{[Fe(bipy)_3]^{3+}/[Fe(bipy)_3]^{2+}\}-\frac{0.0592}{z}\lg\frac{c\{[Fe(bipy)_3]^{2+}\}}{c\{[Fe(bipy)_3]^{3+}\}}$$

当反应达到平衡时,原电池电动势 $E=0V$,即

$$E\{[Fe(bipy)_3]^{3+}/[Fe(bipy)_3]^{2+}\}=E(Fe^{3+}/Fe^{2+})$$

$$E^{\ominus}(Fe^{3+}/Fe^{2+})-\frac{0.0592}{z}\lg\frac{c(Fe^{2+})}{c(Fe^{3+})}=E^{\ominus}\{[Fe(bipy)_3]^{3+}/[Fe(bipy)_3]^{2+}\}-\frac{0.0592}{z}\lg\frac{c\{[Fe(bipy)_3]^{2+}\}}{c\{[Fe(bipy)_3]^{3+}\}}$$

$$E^{\ominus}\{[Fe(bipy)_3]^{3+}/[Fe(bipy)_3]^{2+}\}=E^{\ominus}(Fe^{3+}/Fe^{2+})-\frac{0.0592}{z}\lg\frac{c(Fe^{2+})}{c(Fe^{3+})}+\frac{0.0592}{z}\lg\frac{c\{[Fe(bipy)_3]^{2+}\}}{c\{[Fe(bipy)_3]^{3+}\}}$$

$$=E^{\ominus}(Fe^{3+}/Fe^{2+})-\frac{0.0592}{z}\lg\frac{c(Fe^{2+})}{c\{Fe^{3+}\}}\times\frac{c\{[Fe(bipy)_3]^{3+}\}}{c\{[Fe(bipy)_3]^{2+}\}}$$

$$=E^{\ominus}(Fe^{3+}/Fe^{2+})-\frac{0.0592}{z}\lg\frac{K_f^{\ominus}\{[Fe(bipy)_3]^{3+}\}}{K_f^{\ominus}\{[Fe(bipy)_3]^{2+}\}}$$

$$1.03=0.771-\frac{0.0592}{1}\lg\frac{1.82\times10^{14}}{K_f^{\ominus}\{[Fe(bipy)_3]^{2+}\}}$$

$$K_f^{\ominus}\{[Fe(bipy)_3]^{2+}\}=4.32\times10^{18}$$

$K_f^{\ominus}\{[Fe(bipy)_3]^{2+}\}$为 4.32×10^{18},因为 $K_f^{\ominus}\{[Fe(bipy)_3]^{2+}\}>K_f^{\ominus}\{[Fe(bipy)_3]^{3+}\}$,所以配合物$[Fe(bipy)_3]^{2+}$性质比较稳定。

11(21-11). 已知反应:

$$Co^{2+}+6NH_3 \rightleftharpoons [Co(NH_3)_6]^{2+} \qquad K^{\ominus}=1.3\times10^5$$

$$Co^{3+}+6NH_3 \rightleftharpoons [Co(NH_3)_6]^{3+} \qquad K^{\ominus}=1.6\times10^{35}$$

$$Co^{3+}+e^- \rightleftharpoons Co^{2+} \qquad E^{\ominus}(Co^{3+}/Co^{2+})=1.808V$$

求反应$[Co(NH_3)_6]^{3+}+e^- \rightleftharpoons [Co(NH_3)_6]^{2+}$的标准电极电势 $E^{\ominus}$。

解:$E^{\ominus}\{[Co(NH_3)_6]^{3+}/[Co(NH_3)_6]^{2+}\}=E^{\ominus}(Co^{3+}/Co^{2+})-0.0592\lg[c(Co^{2+})/c(Co^{3+})]$

$=1.808+0.0592\lg\{K_f^{\ominus}[Co(NH_3)_6]^{2+}/K_f^{\ominus}[Co(NH_3)_6]^{3+}\}$

$=1.808+0.0592\lg[(1.29\times10^5)/(1.58\times10^{35})]$

$=0.027(V)$

12. 某混合溶液中,含有 $0.20mol\cdot L^{-1}$ 的 Ni^{2+} 和 $0.30mol\cdot L^{-1}$ 的 Fe^{3+},若向溶液逐滴加入浓

NaOH(忽略溶液体积的变化)。已知:$K_{sp}^{\ominus}[Fe(OH)_3]=4.0\times10^{-38}$,$K_{sp}^{\ominus}[Ni(OH)_2]=2.0\times10^{-15}$。问:

(1) 哪种离子先沉淀出来?

(2) 若要分离这两种离子,溶液的 pH 应控制在什么范围?

解:(1) 生成 $Ni(OH)_2$ 沉淀时,需 OH^- 的最小浓度为

$$c(OH^-)\geqslant\sqrt{\frac{K_{sp}^{\ominus}[Ni(OH)_2]}{c(Ni^{2+})}}=\sqrt{\frac{2\times10^{-15}}{0.20}}=10^{-7}(mol\cdot L^{-1})$$

生成 $Fe(OH)_3$ 沉淀时,需 OH^- 的最小浓度为

$$c(OH^-)\geqslant\sqrt[3]{\frac{K_{sp}^{\ominus}[Fe(OH)_3]}{c(Fe^{3+})}}=\sqrt[3]{\frac{4\times10^{-38}}{0.30}}=5.1\times10^{-13}(mol\cdot L^{-1})$$

则 $Fe(OH)_3$ 先沉淀。

(2) 分离两种离子,即要使 Fe^{3+} 全部沉淀,而 $Ni(OH)_2$ 不沉淀,即 $c(OH^-)<10^{-7}mol\cdot L^{-1}$,pH<7。

当 Fe^{3+} 完全沉淀,$c(Fe^{3+})<10^{-5}mol\cdot L^{-1}$,此时

$$c(OH^-)\geqslant\sqrt[3]{\frac{K_{sp}^{\ominus}[Fe(OH)_3]}{c(Fe^{3+})}}=\sqrt[3]{\frac{4\times10^{-38}}{1.0\times10^{-5}}}=1.58\times10^{-11}(mol\cdot L^{-1})\quad pH>3.2$$

因此,溶液的 pH 控制为 3.2～7.0。

13. 试解释为什么 Co(Ⅲ)盐不稳定而其配离子稳定,Co(Ⅱ)盐则相反。

解:钴的价电子层构型为 $3d^74s^2$,当形成简单离子时,由于 d 电子数已过半,失去外层 2 个 s 电子形成 Co(Ⅱ) 相对容易,而再失去 1 个 d 电子形成 Co(Ⅲ) 就较难。而高价态又易于得到电子形成低价态,所以 Co(Ⅲ)由于强的氧化性而不如 Co(Ⅱ) 稳定。形成配离子后,它们的价电子构型为

$$Co(Ⅲ):3d^64s^0\quad Co(Ⅱ):3d^74s^0$$

Co(Ⅲ)可以采取 d^2sp^3 的内轨型杂化,形成低自旋配合物,而 Co(Ⅱ)难以采取 d^2sp^3 的内轨型杂化,一般只能进行 sp^3d^2 的外轨型杂化,形成高自旋配合物,因此形成配合物后,Co(Ⅲ)反而比 Co(Ⅱ)更稳定。

四、自 测 题

1. 单选题(每空 2 分,共 30 分)

(1) 对于下面两个反应方程式,说法完全正确的是(　　)。

$$2Fe^{3+}+Sn^{2+}\rightleftharpoons Sn^{4+}+2Fe^{2+}$$

$$Fe^{3+}+\frac{1}{2}Sn^{2+}\rightleftharpoons\frac{1}{2}Sn^{4+}+Fe^{2+}$$

A. 两式的 $E^{\ominus}$、$\Delta_r G_m^{\ominus}$、K_c 都相等　　B. 两式的 $E^{\ominus}$、$\Delta_r G_m^{\ominus}$、K_c 都不等

C. 两式的 $\Delta_r G_m^{\ominus}$ 相等，$E^{\ominus}$、K_c 不等　　D. 两式的 $E^{\ominus}$ 相等，$\Delta_r G_m^{\ominus}$、K_c 不等

(2) 可用来检验 Fe^{3+} 的试剂是(　　)。

A. NH_4SCN　　B. KI　　C. $K_3[Fe(CN)_6]$　　D. NH_3

(3) 电池 Cu|Cu^+ ‖ Cu^+，Cu^{2+}|Pt 和电池 Cu|Cu^{2+} ‖ Cu^{2+}，Cu^+|Pt 的反应均可写成 $Cu + Cu^{2+} \rightleftharpoons 2Cu^+$，此两电池的(　　)。

A. $\Delta_r G_m^{\ominus}$，$E^{\ominus}$ 均相同　　B. $\Delta_r G_m^{\ominus}$ 相同，$E^{\ominus}$ 不同

C. $\Delta_r G_m^{\ominus}$ 不同，$E^{\ominus}$ 相同　　D. $\Delta_r G_m^{\ominus}$，$E^{\ominus}$ 均不同

(4) 与浓盐酸作用，不产生 Cl_2 的物质是(　　)。

A. V_2O_5　　B. MnO_2　　C. Fe_2O_3　　D. Co_2O_3

(5) 不用惰性电极的电池反应是(　　)。

A. $H_2 + Cl_2 \longrightarrow 2HCl(aq)$　　B. $Ce^{4+} + Fe^{2+} \longrightarrow Ce^{3+} + Fe^{3+}$

C. $Ag^+ + Cl^- \longrightarrow AgCl(s)$　　D. $2Hg^{2+} + Sn^{2+} + 2Cl^- \longrightarrow Hg_2Cl_2 + Sn^{4+}$

(6) 在碱性溶液中，氧化能力最强的是(　　)。

A. MnO_4^-　　B. $Cr_2O_7^{2-}$　　C. PbO_2　　D. Co_2O_3

(7) 下列物质不能大量在溶液中共存的是(　　)。

A. $[Fe(CN)_6]^{3-}$ 和 OH^-　　B. $[Fe(CN)_6]^{3-}$ 和 I^-

C. $[Fe(CN)_6]^{4-}$ 和 I_2　　D. Fe^{3+} 和 Br^-

(8) 某金属离子在八面体弱场中的磁矩 $\mu = 4.90$B. M.，而在八面体强场中的磁矩 $\mu = 0$，该中心金属离子可能是(　　)。

A. Cr^{2+}　　B. Mn^{2+}　　C. Fe^{2+}　　D. Co^{2+}

(9)下列离子中氧化性最强的是(　　)。

A. $[CoF_6]^{3-}$　　B. $[Co(NH_3)_6]^{3+}$

C. $[Co(CN)_6]^{3-}$　　D. Co^{3+}

(10) 在$[Co(en)(C_2O_4)_2]$配离子中，中心离子的配位数为(　　)。

A. 3　　B. 4　　C. 5　　D. 6

(11) Co(Ⅲ)的三种配离子：① $[Co(H_2O)_6]^{3+}$，②$[Co(NH_3)_6]^{3+}$，③$[Co(CN)_6]^{3-}$，它们的氧化能力从强到弱顺序正确的是(　　)。

A. ①>②>③　　B. ③>②>①　　C. ①>③>②　　D. ②>③>①

(12) $[Fe(H_2O)_6]^{2+}$ 的晶体场稳定化能(CFSE)是(　　)。

A. －4Dq　　B. －12Dq　　C. －6Dq　　D. －8Dq

(13) $Fe(OH)_3$、$Co(OH)_3$、$Ni(OH)_3$ 与盐酸反应，其中属于酸碱中和反应的是(　　)。

A. $Fe(OH)_3$　　B. $Co(OH)_3$　　C. $Ni(OH)_3$　　D. 都是中和反应

(14) 下列配合物为顺磁性的是(　　)。

A. $[NiCl_4]^{2-}$　B. $Ni(CO)_4$　C. $[Ni(CN)_4]^{2-}$　D. 三个都不是

(15) 对于 d^8 型阳离子作中心原子形成 4 配位的配合物,下列叙述不对的是(　　)。

A. $Ni(CO)_4$ 为四面体形,$[Ni(CN)_4]^{2-}$ 为平面正方形

B. $PdCl_2(NH_3)_2$ 为四面体形,$[Pd(NH_3)_4]^{2+}$ 为平面正方形

C. $[NiCl_4]^{2-}$ 为四面体形,$[PtCl_4]^{2-}$ 为平面正方形

D. $[PtCl_4]^{2-}$ 和 $[Pt(NH_3)_4]^{2+}$ 都为平面正方形

2. 判断题(12 分)

金属 M 溶于稀盐酸时生成 MCl_2,其磁矩为 5.0B. M. 。在无氧操作条件下,MCl_2 溶液遇 NaOH 生成一白色沉淀 A。A 接触空气逐渐变绿,最后变成棕色沉淀 B。灼烧时,B 生成棕红色粉末 C,C 经不彻底还原而生成铁磁性的黑色物质 D。B 溶于稀盐酸生成溶液 E,它使 KI 溶液氧化成 I_2,但在加入 KI 前先加入 NaF,则 KI 将不被 E 氧化。若向 B 的浓 NaOH 悬浮液中通入氯气,可得到一红色溶液 F,加入 $BaCl_2$ 时会沉淀出红棕色固体 G,G 是一种强氧化剂。试确认A～G 代表的化合物。

3. 解释简答题(每小题 10 分,共 30 分)

(1) 制备 $Fe(OH)_2$ 时,要除去试剂中的氧。

(2) 在水溶液中由 Fe^{3+} 和 KI 得不到 FeI_3。

(3) 在有 $Co(OH)_2$ 沉淀的溶液中,通入 Cl_2 会生成 CoO(OH);反之,若使 CoO(OH) 与浓盐酸作用又可放出 Cl_2,试解释上述现象。

4. 计算题(共 28 分)

(1) 在 1.0mol·L^{-1}的 HCl 溶液中加入 0.010mol·L^{-1}的 $Fe(NO_3)_3$ 后,溶液中有关配离子中哪种配离子浓度最大?(已知该体系逐级稳定常数为 $K_1^\ominus=4.2$,$K_2^\ominus=1.3$,$K_3^\ominus=0.040$,$K_4^\ominus=0.012$)(8 分)

(2) 当 NH_4SCN 及少量 Fe^{3+} 共存于溶液中达到平衡时,加入 NH_4F 使 $c(F^-)=c(SCN^-)=1mol\cdot L^{-1}$,此时溶液中$[FeF_6]^{3-}$与$[Fe(SCN)_3]$的浓度比为多少?{$K_f^\ominus[Fe(SCN)_3]=2.0\times10^3$,$K_f^\ominus([FeF_6]^{3-})=1\times10^{16}$}(8 分)

(3) 已知

$$Co^{3+}+e^-\longrightarrow Co^{2+}\qquad E^\ominus=1.808V$$

$$O_2+4H^++4e^-\longrightarrow 2H_2O\qquad E^\ominus=1.229V$$

$K_f^\ominus\{[Co(NH_3)_6]^{3+}\}=1.6\times10^{35}$,$K_f^\ominus\{[Co(NH_3)_6]^{2+}\}=1.3\times10^5$,$K_b^\ominus(NH_3)=1.8\times10^{-5}$。

① 试确定 Co^{3+} 在水溶液中能否稳定存在。

② 当体系中加入氨水后，试确定$[Co(NH_3)_6]^{3+}$在 1.0mol · L^{-1}氨水中能否稳定存在。(设各物质浓度均为 1.0mol · L^{-1})(12 分)

参考答案

1. 单选题

(1) D;(2) A;(3) B;(4) C;(5) C;(6) A;(7) C;(8) C;(9) D;(10) D;(11) A;(12) A;(13) A;(14) A;(15) B。

2. 判断题

A. $Fe(OH)_2$;B. $Fe(OH)_3$;C. Fe_2O_3;D. Fe_3O_4;E. $FeCl_3$;F. Na_2FeO_4;G. $BaFeO_4$。

3. 解释简答题

(1) 因为 $Fe(OH)_2$ 易被氧化为三价铁。

(2) 因为 $E^\ominus(Fe^{3+}/Fe^{2+}) > E^\ominus(I_2/I^-)$，在水溶液中 Fe^{3+} 将 I^- 氧化，因而到不到 FeI_3。

(3) 在碱性条件下 Co^{3+} 以 CoO(OH)形式存在，氧化能力弱，故不能氧化 Cl^-；而 Co^{3+} 在酸性条件下氧化能力很强，能氧化溶液中的 Cl^-，放出 Cl_2。

4. 计算题

(1) $[FeCl_2]^+$的浓度最大。

(2) 溶液中$[FeF_6]^{3-}$与$[Fe(SCN)_3]$的浓度比为 5×10^{12}。

(3) ① 不能。因为 $E^\ominus(Co^{3+}/Co^{2+})=1.808V > E^\ominus(O_2/H_2O)=1.229V$，在水溶液中，$Co^{3+}$ 能氧化水。

② 根据能斯特方程计算可知，$E^\ominus\{[Co(NH_3)_6]^{3+}/[Co(NH_3)_6]^{2+}\} < E^\ominus(O_2/H_2O)$，因此$[Co(NH_3)_6]^{3+}$不能氧化水，$[Co(NH_3)_6]^{3+}$能稳定存在。

（中南大学　刘又年）

第 22 章 铜副族和锌副族元素

一、学 习 要 求

(1) 掌握铜、银、锌、汞的单质及重要化合物的性质;

(2) 了解铜副族元素的电子结构、活泼性,氢氧化物酸碱性变化规律,金属离子的氧化性以及配位能力;

(3) 掌握锌副族元素的电子结构、活泼性,氢氧化物酸碱性的变化规律,金属离子的配位能力,汞的特殊性;

(4) 掌握 Cu(Ⅰ)、Cu(Ⅱ)及 Hg(Ⅰ)、Hg(Ⅱ)之间的相互转化规律;

(5) 比较ⅠA 和ⅠB、ⅡA 和ⅡB 族元素在性质上的差异。

二、重难点解析

(一) Cu、Ag、Zn、Hg 重要化合物的主要性质

1. 金属的酸溶性

Zn 可溶于非氧化性酸,Cu、Ag 可溶于硝酸或热硫酸,Hg 可溶于硝酸,Au 只能溶于王水。

2. 化合物的稳定性

Cu_2O(暗红色或黄色)>CuO(黑色)>Ag_2O(暗棕色);AgX 见光分解;ZnO(白色)>HgO(红色或黄色);AgOH、$Hg(OH)_2$ 不存在。

3. 氢氧化物酸碱性

$Cu(OH)_2$(浅蓝色)为两性偏碱,$Zn(OH)_2$ 为两性。

4. Ag^+ 的配位能力

与氨水、$S_2O_3^{2-}$、CN^- 的配位反应。

5. Hg^{2+} 盐的反应特性

水解性、氧化性以及与 NH_3、OH^-、I^-、S^{2-} 的反应。

(二) ds 区元素与 s 区元素的比较

铜、银、金和锌、镉、汞分别位于周期表ⅠB 族和ⅡB 族,这两族元素属于 ds 区,它们的价电子构型为$(n-1)d^{10}ns^{1\sim2}$。铜副族的最外层电子,和ⅠA 族的碱金属元素一样都只有 1 个电子,失去 s 电子后都呈现+1 氧化态;锌族和ⅡA 族的碱土金属元素都有 2 个 s 电子,失去 s 电子后都能呈+2 氧化态。因此在氧化态和某些化合物的性质方面,ⅠB 与ⅠA、ⅡB 与ⅡA 族

元素有一些相似之处，但由于ⅠB与ⅡB族元素的次外层比ⅠA与ⅡA族元素多出10个d电子，它们又有一些显著的差异。

(三) Cu(Ⅱ)与Cu(Ⅰ)，Hg(Ⅱ)与Hg(Ⅰ)的相互转化

1. Cu(Ⅱ)与Cu(Ⅰ)的相互转化

铜的元素电势图如下：

$$Cu^{2+} \xrightarrow{+0.159V} Cu^{+} \xrightarrow{+0.518V} Cu$$

由此可知，因 E(右)>E(左)，Cu^+ 易歧化，不稳定。

$$2Cu^+ \longrightarrow Cu^{2+} + Cu \qquad K^\ominus = 1.0\times 10^6$$

因此，在水溶液中，Cu(Ⅰ)的稳定性小于Cu(Ⅱ)。但是，有配体、沉淀剂时，Cu(Ⅰ)稳定性提高；在高温固态时，Cu(Ⅰ)的稳定性反而比Cu(Ⅱ)大。

2. Hg(Ⅱ)与Hg(Ⅰ)的相互转化

汞的元素电势图如下：

$$Hg^{2+} \xrightarrow{0.920V} Hg_2^{2+} \xrightarrow{0.797V} Hg$$

由此可知，Hg_2^{2+} 不容易发生歧化反应，在溶液中能够稳定存在。相反，在溶液中 Hg^{2+} 可氧化Hg而生成 Hg_2^{2+}，如

$$Hg(NO_3)_2 + Hg \longrightarrow Hg_2(NO_3)_2 \qquad K^\ominus = 81.28$$

为了使 Hg_2^{2+} 的歧化反应能够进行，即Hg(Ⅰ)转化为Hg(Ⅱ)，最简单的方法是将 Hg^{2+} 转变为某些难溶物或难解离的配合物来降低溶液中 Hg^{2+} 的浓度，从而使平衡向消耗 Hg_2^{2+} 的方向移动。

(四) 重要反应及离子鉴定

1. 溶液中 Cu^{2+} 的重要反应及离子鉴定

$$Cu^{2+} \underset{H^+}{\overset{OH^-}{\rightleftharpoons}} Cu(OH)_2\downarrow(\text{浅蓝色}) \xrightarrow{\triangle} CuO(\text{黑色})$$

$$Cu(OH)_2 \xrightarrow{OH^-(\text{过量})} [Cu(OH)_4]^{2-}(\text{深蓝色})$$

$$Cu^{2+} \xrightarrow[SO_4^{2-}]{NH_3} Cu_2(OH)_2SO_4(s) \xrightarrow{NH_3(\text{过量})} [Cu(NH_3)_4]^{2+} \xrightarrow{Cu} [Cu(NH_3)_2]^+$$

$$Cu^{2+} \xrightarrow[\text{加热}]{OH^-(\text{过量}),\text{葡萄糖}} Cu_2O\downarrow \xrightarrow{H^+} Cu^{2+} + Cu$$

$$Cu^{2+} \xrightarrow{H_2S} CuS(s)$$

$$Cu^{2+} \xrightarrow{CO_3^{2-}} Cu_2(OH)_2CO_3(s)$$

$$Cu^{2+} \xrightarrow{Cu+HCl} [CuCl_2]^- \xrightarrow{\text{足量水}} CuCl(s)$$

$$Cu^{2+} \xrightarrow{I^-} CuI(s) \xrightarrow{I^-(\text{过量})} [CuI_2]^-$$

$$Cu^{2+} \xrightarrow{CN^-} [Cu(CN)_4]^{2-} \xrightarrow{\text{迅速分解}} [Cu(CN)_2]^- + (CN)_2\uparrow$$

$$Cu^{2+} \xrightarrow{SCN^-} CuSCN(s) \xrightarrow{SCN^-(过量)} [Cu(SCN)_2]^-$$

$$Cu^{2+} \xrightarrow{S_2O_3^{2-}} Cu_2S\downarrow + S\downarrow + SO_4^{2-}$$

$$Cu^{2+} \xrightarrow{CrO_4^{2-}} CuCrO_4(s)$$

$$Cu^{2+} \xrightarrow{[Fe(CN)_6]^{4-}} Cu_2[Fe(CN)_6](s)(红棕色)$$

2. 溶液中 Ag^+ 的重要反应及离子鉴定

$$Ag^+ \underset{H^+}{\overset{CO_3^{2-}或HCO_3^-}{\rightleftharpoons}} Ag_2CO_3(s)$$

$$Ag^+ \xrightarrow{OH^-} Ag_2O(s) \xrightarrow{OH^-(过量)} 无反应$$

$$Ag^+ \xrightarrow{NH_3} Ag_2O(s) \xrightarrow{NH_3(过量)} [Ag(NH_3)_2]^+ \xrightarrow{H_2S} Ag_2S(s)$$

$$Ag^+ \xrightarrow{H_2S} Ag_2S(s)$$

$$[Ag(NH_3)_2]^+ \xrightarrow{HCHO} Ag\downarrow + HCOONH_4$$

$$[Ag(NH_3)_2]^+ \xrightarrow{放置} Ag_3N$$

$$[Ag(NH_3)_2]^+ \xrightarrow{C_2H_2} Ag_2C_2(s)$$

$$Ag^+ \xrightarrow{X^-(Cl^-,Br^-,I^-)} AgX(s) \xrightarrow{光} Ag + \frac{1}{2}X_2$$

$$AgX \xrightarrow{Cl^-,Br^-,I^-(过量)} [AgX_2]^-$$

$$Ag^+ \xrightarrow{S_2O_3^{2-}} Ag_2S_2O_3(s) \xrightarrow{S_2O_3^{2-}(过量)} [Ag(S_2O_3)_2]^{3-}$$

$$Ag_2S_2O_3 \xrightarrow{放置} Ag_2S\downarrow(白\rightarrow黄\rightarrow棕\rightarrow黑)$$

$$Ag^+ \xrightarrow{CN^-} AgCN(s) \xrightarrow{CN^-(过量)} [Ag(CN)_2]^-$$

$$Ag^+ \xrightarrow{SCN^-} AgSCN(s) \xrightarrow{SCN^-(过量)} [Ag(SCN)_2]^-$$

$$Ag^+ \xrightarrow{CrO_4^{2-}} Ag_2CrO_4(s)(砖红色) \xrightarrow{NH_3} [Ag(NH_3)_2]^+$$

$$Ag^+ \xrightarrow{HSO_3^-} Ag_2SO_3(s)(白色)$$

$$Ag^+ \xrightarrow{C_2H_4} [Ag(C_2H_4)]^+$$

3. 溶液中 Zn^{2+} 的重要反应及离子鉴定

$$Zn^{2+} \underset{H^+}{\overset{OH^-}{\rightleftharpoons}} Zn(OH)_2(s) \underset{H^+}{\overset{OH^-(过量)}{\rightleftharpoons}} [Zn(OH)_4]^{2-}$$

$$Zn^{2+} \xrightarrow{NH_3} Zn(OH)_2(s) \xrightarrow{NH_3(过量)} [Zn(NH_3)_4]^{2+}$$

$$Zn^{2+} \xrightarrow{CN^-} Zn(CN)_2(s) \xrightarrow{CN^-(\text{过量})} [Zn(CN)_4]^{2-}$$

$$Zn^{2+} \underset{H^+}{\overset{CO_3^{2-}}{\rightleftharpoons}} xZnCO_3 \cdot yZn(OH)_2 \downarrow$$

$$Zn^{2+} \underset{H^+}{\overset{HCO_3^-}{\rightleftharpoons}} ZnCO_3(s)$$

$$Zn^{2+} \xrightarrow{HPO_4^{2-}} Zn_3(PO_4)_2(s)$$

$$Zn^{2+} \xrightarrow{K_4[Fe(CN)_6]} K_2Zn_3[Fe(CN)_6]_2(s)(\text{白色})$$

$$Zn^{2+} \xrightarrow{[Fe(CN)_6]^{3-}} Zn_3[Fe(CN)_6]_2(s)(\text{黄褐色})$$

$$Zn^{2+} \underset{H^+}{\overset{H_2S[c(H^+)<0.3mol \cdot L^{-1}]}{\rightleftharpoons}} ZnS(s)$$

$$Zn^{2+} \xrightarrow{F^-} ZnF_2(s)$$

4. 溶液中 Cd^{2+} 的重要反应及离子鉴定

$$Cd^{2+} \underset{H^+}{\overset{OH^-}{\rightleftharpoons}} Cd(OH)_2(s)$$

$$Cd^{2+} \xrightarrow{NH_3} Cd(OH)_2(s) \xrightarrow{NH_3\ \text{过量}} [Cd(NH_3)_4]^{2+}$$

$$Cd^{2+} \xrightarrow{CN^-} Cd(CN)_2(s) \xrightarrow{CN^-\ \text{过量}} [Cd(CN)_4]^{2-}$$

$$Cd^{2+} \underset{H^+}{\overset{CO_3^{2-}}{\rightleftharpoons}} xCdCO_3 \cdot yCd(OH)_2(s)$$

$$Cd^{2+} \underset{H^+}{\overset{HCO_3^-}{\rightleftharpoons}} CdCO_3(s)$$

$$Cd^{2+} \xrightarrow{I^-(\text{过量})} [CdI_4]^{2-}$$

$$Cd^{2+} \xrightarrow{Br^-(\text{过量})} [CdBr_4]^{2-}$$

$$Cd^{2+} \xrightarrow{SCN^-(\text{过量})} [Cd(SCN)_4]^{2-}$$

$$Cd^{2+} \xrightarrow{S_2O_3^{2-}(\text{过量})} [Cd(S_2O_3)_4]^{6-}$$

$$Cd^{2+} \xrightarrow{H_2S} CdS(s)(\text{黄色})$$

三、习题全解和重点练习题解

1(22-1). 完成并配平下列反应方程式。

(1) $Cu_2O + H_2SO_4(\text{稀}) \longrightarrow$　(2) $Cu^{2+} + NaOH(\text{浓}) \longrightarrow$

(3) $Cu^{2+} + I^- \longrightarrow$　(4) $Cu + CN^- + H_2O \longrightarrow$

(5) $Cu^{2+} + CN^- \longrightarrow$　(6) $CuCl_2 + KI(\text{过量}) \longrightarrow$

(7) $CuCl_2 + OH^- + C_6H_{12}O_6 \longrightarrow$　(8) $CuS + HNO_3(\text{浓}) \longrightarrow$

(9) $Au + HNO_3 + HCl \longrightarrow$　(10) $Zn + NaOH(\text{浓}) \longrightarrow$

(11) $Hg^{2+} + Sn^{2+} + Cl^- \longrightarrow$　(12) $Zn + HNO_3(\text{极稀}) \longrightarrow$

(13) $AgBr + Na_2S_2O_3 \longrightarrow$　(14) $[Ag(NH_3)_2]^+ + CH_3CHO + OH^- \longrightarrow$

(15) $Hg_2Cl_2+NH_3 \longrightarrow$　　(16) $HgS+HCl$(浓)$+HNO_3$(浓)$\longrightarrow$

(17) $HAuCl_4+FeSO_4 \longrightarrow$　　(18) $Au+O_2+CN^-+H_2O \longrightarrow$

解:(1) $Cu_2O+H_2SO_4$(稀)$=CuSO_4+Cu+H_2O$

(2) $Cu^{2+}+4OH^-=[Cu(OH)_4]^{2-}$

(3) $2Cu^{2+}+4I^-=2CuI(s)+I_2$

(4) $2Cu+8CN^-+2H_2O=2[Cu(CN)_4]^{3-}+2OH^-+H_2\uparrow$

(5) $2Cu^{2+}+6CN^-=2[Cu(CN)_2]^-+(CN)_2\uparrow$

(6) $2CuCl_2+6KI$(过量)$=2K[CuI_2]+4KCl+I_2$

或 $2CuCl_2+4KI$(过量)$=2CuI+I_2+4KCl$

(7) $2Cu^{2+}+4OH^-+C_6H_{12}O_6=Cu_2O\downarrow+2H_2O+C_6H_{12}O_7$

(8) $3CuS+8HNO_3$(浓)$=3Cu(NO_3)_2+2NO\uparrow+3S\downarrow+4H_2O$

(9) $Au+HNO_3+4HCl=HAuCl_4+NO_2\uparrow+2H_2O$

(10) $Zn+2NaOH$(浓)$+2H_2O=Na_2[Zn(OH)_4]+H_2\uparrow$

(11) $2Hg^{2+}+Sn^{2+}+6Cl^-=Hg_2Cl_2\downarrow+SnCl_4$

(12) $4Zn+10HNO_3$(极稀)$=4Zn(NO_3)_2+NH_4NO_3+3H_2O\uparrow$

(13) $AgBr+2Na_2S_2O_3=Na_3[Ag(S_2O_3)_2]+NaBr$

(14) $2[Ag(NH_3)_2]^++CH_3CHO+3OH^-=2Ag\downarrow+CH_3COO^-+4NH_3+2H_2O$

(15) $Hg_2Cl_2+2NH_3=HgNH_2Cl\downarrow+Hg\downarrow+NH_4Cl$

(16) $3HgS+12HCl$(浓)$+2HNO_3$(浓)$=3H_2[HgCl_4]+3S\downarrow+2NO\uparrow+4H_2O$

(17) $HAuCl_4+3FeSO_4=Au\downarrow+FeCl_3+Fe_2(SO_4)_3+HCl$

(18) $4Au+O_2+8CN^-+2H_2O=4[Au(CN)_2]^-+4OH^-$

2(22-2). 解释下列现象,并写出相关的反应方程式。

(1) 加热 $CuCl_2\cdot 2H_2O$ 得不到 $CuCl_2$。

(2) 焊接金属时,常用浓 $ZnCl_2$ 溶液处理金属的表面。

(3) 有空气存在时,铜能溶于氨水。

(4) 从废的定影液中回收银常用 Na_2S 作沉淀剂,而不用 NaCl 作沉淀剂。

(5) $HgCl_2$ 溶液中逐滴加入 KI 溶液。

(6) 硫酸亚铜与水的作用。

(7) $CuCl_2$ 加水稀释。

(8) 往硝酸银溶液中滴加氰化钾时,首先形成白色沉淀,而后溶解,再加入 NaCl 时,无沉淀形成,但加入少许的 Na_2S 时,析出黑色沉淀。

(9) HgS 不溶于盐酸、硝酸和$(NH_4)_2S$ 中,而能溶于王水或 Na_2S 中。

(10) HgC_2O_4 难溶于水,却可以溶于含有 Cl^- 的溶液中。

(11) 铜器在潮湿的空气中表面慢慢地生成一层铜绿。

(12) 银器在含有 H_2S 的空气中表面会慢慢变黑。

解:(1) Cu^{2+} 的极化能力较强,而 HCl 为挥发性酸,$CuCl_2 \cdot 2H_2O$ 受热时,发生水解,生成碱式盐 Cu(OH)Cl,最后形成氧化物,所以得不到无水 $CuCl_2$。

$$CuCl_2 \cdot 2H_2O \xlongequal{\triangle} Cu(OH)Cl + H_2O\uparrow + HCl\uparrow$$

$$Cu(OH)Cl \xlongequal{\triangle} CuO + HCl\uparrow$$

(2) 因为发生下列反应:

$$FeO + 2H[ZnCl_2(OH)] = Fe[ZnCl_2(OH)]_2 + H_2O$$

(3) $2Cu + 8NH_3 + O_2 + 2H_2O = 2[Cu(NH_3)_4]^{2+} + 4OH^-$

(4) 因为废定影液中含有大量的$[Ag(S_2O_3)_2]^{3-}$,在此体系中加入过量的 NaCl,不会形成 AgCl 沉淀,只有加入 Na_2S 才会使$[Ag(S_2O_3)_2]^{3-}$ 转化为 Ag_2S 沉淀。

(5) 在 $HgCl_2$ 溶液中,逐滴加入 KI 溶液,先生成橘红色 HgI_2 沉淀,随着 KI 溶液的不断加入,橘红色沉淀消失,变为$[HgI_4]^{2-}$ 无色溶液。

(6) 发生歧化反应:$2Cu^+ = Cu^{2+} + Cu$。

(7) 在 $CuCl_2$ 浓溶液中,有黄棕色$[CuCl_4]^{2-}$ 存在,当加水稀释时,$[CuCl_4]^{2-}$ 容易解离为$[Cu(H_2O)_4]^{2+}$ 和 Cl^-,溶液的颜色由黄棕色变为绿色{这是$[CuCl_4]^{2-}$ 和$[Cu(H_2O)_4]^{2+}$ 的混合色},最后变为蓝色的$[Cu(H_2O)_4]^{2+}$:

$$[CuCl_4]^{2-} + 4H_2O = [Cu(H_2O)_4]^{2+} + 4Cl^-$$

(8) 在 $AgNO_3$ 溶液中,滴加过量的 KCN 会生成$[Ag(CN)_2]^-$,在$[Ag(CN)_2]^-$ 中加入 NaCl,若有 AgCl 沉淀生成,则有以下反应发生:

$$[Ag(CN)_2]^- + Cl^- = AgCl\downarrow + 2CN^-$$

$$\begin{aligned} K^\ominus &= \frac{c^2(CN^-)}{c\{[Ag(CN)_2]^-\}c(Cl^-)} \times \frac{c(Ag^+)}{c(Ag^+)} \\ &= \frac{1}{K_f^\ominus\{[Ag(CN)_2]^-\} \cdot K_{sp}^\ominus(AgCl)} = \frac{1}{2.48\times10^{20}\times1.8\times10^{-10}} \\ &= 2.3\times10^{-11} \end{aligned}$$

平衡常数如此小,说明反应根本不能发生,即加入 NaCl 时,$[Ag(CN)_2]^-$ 不能转换成 AgCl 沉淀,而对于以下反应:

$$2[Ag(CN)_2]^- + S^{2-} = Ag_2S\downarrow + 4CN^-$$

$$\begin{aligned} K^\ominus &= \frac{c^4(CN^-)}{c^2\{[Ag(CN)_2]^-\}c(S^{2-})} \times \frac{c^2(Ag^+)}{c^2(Ag^+)} = \frac{1}{K_f^\ominus\{[Ag(CN)_2]^-\}K_{sp}^\ominus(Ag_2S)} \\ &= \frac{1}{(2.48\times10^{20})^2\times2.0\times10^{-49}} = 8.1\times10^7 \end{aligned}$$

平衡常数大,$[Ag(CN)_2]^-$ 转换得非常完全,加入少许的 Na_2S 便可析出 Ag_2S。

(9) $3HgS + 12HCl(浓) + 2HNO_3(浓) = 3H_2[HgCl_4] + 3S\downarrow + 2NO\uparrow + 4H_2O$

$$HgS + Na_2S = Na_2[HgS_2]$$

(10) $HgC_2O_4 + 4NaCl = Na_2[HgCl_4] + Na_2C_2O_4$

(11) $2Cu + O_2 + H_2O + CO_2 = Cu(OH)_2 \cdot CuCO_3\downarrow$

(12) 常温下银在空气中是稳定的,但在有 H_2S 存在的空气中表面会生成黑色 Ag_2S,反应方程式为 $4Ag + 2H_2S + O_2 = 2Ag_2S + 2H_2O$。

3(22-3). CuCl、AgCl、Hg_2Cl_2 均为难溶于水的白色粉末,试用最简便的方法区分。

解:首先分别加入 $NH_3 \cdot H_2O$,粉末能溶解的为 CuCl 和 AgCl,反应且变灰黑色沉淀的是 Hg_2Cl_2。再在余下的两种溶液中通入空气,变蓝的物质是 CuCl,另一种无变化的为 AgCl。

4(22-4). 在一混合溶液中,含有 Ag^+、Cu^{2+}、Zn^{2+}、Hg^{2+}、Hg_2^{2+}、Mg^{2+}、Cd^{2+},如何将它们分离并加以鉴定?

解:

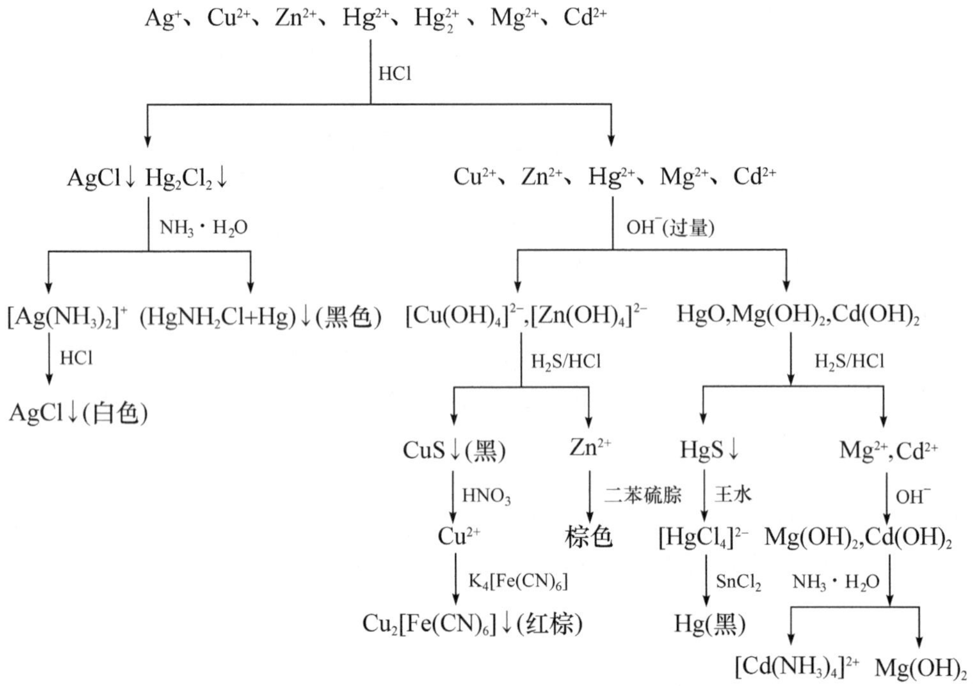

5(22-5). 化合物 A 是一种黑色固体,不溶于水、稀 HAc 及稀 NaOH 溶液中,而易溶于热 HCl 溶液中,生成一种绿色的溶液 B;如果溶液 B 与铜丝一起煮沸,逐渐生成土黄色溶液 C;若用大量水稀释溶液 C,生成白色沉淀 D。D 可溶于氨水生成无色溶液 E;无色溶液 E 在空气中迅速变成蓝色溶液 F;往 F 中加入 KCN 时,生成无色溶液 G;往 G 中加入锌粉则生成红色沉淀 H;H 不溶于稀酸或稀碱中,但可溶于热 HNO_3 中,生成蓝色溶液 I;往 I 中慢慢加入 NaOH 溶液则生成沉淀 J;将 J 过滤、取出后,强热又得到原化合物 A。写出 A～J 的化学式。

解:A. CuO; B. $CuCl_2$; C. $H[CuCl_2]$; D. CuCl; E. $[Cu(NH_3)_2]^+$; F. $[Cu(NH_3)_4]^{2+}$; G. $[Cu(CN)_4]^{2-}$; H. Cu; I. $Cu(NO_3)_2$; J. $Cu(OH)_2$。

6(22-6). 白色固体物质不溶于水,也不溶于 NaOH 溶液。溶于 HCl 溶液形成无色溶液 B,并放出气体 C。向溶液 B 中滴加氨水,首先形成白色沉淀,继续滴加氨水,沉淀消失形成无色溶液 E;将气体 C 通入 $CdSO_4$ 溶液中,得黄色沉淀 F,若将 C 通入溶液 E 中则析出固体 A。

解:A. ZnS; B. $ZnCl_2$; C. H_2S; D. $Zn(OH)_2$; E. $[Zn(NH_3)_4]^{2+}$; F. CdS。

7(22-7). 在硝酸铜固体中混有少量的硝酸银,用两种方法来除去硝酸银杂质。

解:将样品溶解后

方法一:加盐酸　　$HCl + AgNO_3 = HNO_3 + AgCl\downarrow$

方法二:加铜粉　　$AgNO_3 + Cu = Cu(NO_3)_2 + 2Ag\downarrow$

8(22-8). 某一化合物 A 溶于水得到一浅蓝色溶液。在 A 溶液中加入 NaOH 溶液可得浅蓝色沉淀 B,B 能溶于 HCl 溶液,也能溶于氨水。A 溶液中通入 H_2S,有黑色沉淀 C 生成。C 难溶于 HCl 溶液而易溶于热浓 HNO_3 中；在 A 溶液中加入 $Ba(NO_3)_2$ 溶液，无沉淀产生，而加入 $AgNO_3$ 溶液时，有白色沉淀 D 生成，D 溶于氨水。试写出 A～D 的名称以及各步骤的有关反应式。

解：A. $CuCl_2$；B. $Cu(OH)_2$；C. CuS；D. AgCl。

$CuCl_2$ 溶于水后得水合铜离子，呈浅蓝色；在氯化铜溶液中加入 NaOH 溶液可得浅蓝色 $Cu(OH)_2$ 沉淀，$Cu(OH)_2$ 能溶于盐酸，也能溶于氨水生成铜氨配离子。$CuCl_2$ 溶液中通入 H_2S，有黑色 CuS 沉淀生成，CuS 难溶于盐酸而溶于热浓 HNO_3 中。$CuCl_2$ 溶液中加入 $Ba(NO_3)_2$ 溶液，无沉淀生成，加入 $AgNO_3$ 溶液时有白色 AgCl 沉淀生成，AgCl 溶于氨水生成银氨配离子。

有关反应式略。

9(22－9)．化合物 A 是一白色固体，可溶于水，A 的溶液可起下列反应：(1)加碱于 A 的水溶液中产生黄色沉淀 B，B 不溶于碱，可溶于酸；(2)通 H_2S 于 A 的溶液中产生黑色沉淀 C，此沉淀不溶于硝酸但可溶于王水得黄色固体 D、气体 E 和溶液 F，气体 E 无色，在空气中变为红棕色；(3)加 $AgNO_3$ 于 A 的溶液产生白色沉淀 G，G 不溶于稀硝酸而溶于氨水，得溶液 H；(4)在 A 的溶液中滴加 $SnCl_2$ 产生白色沉淀 I，继续滴加，最后得到黑色沉淀 J。试确定 A～J各为何物质，写出反应方程式。

解：A. $HgCl_2$；B. HgO；C. HgS；D. S；E. NO；F. $[HgCl_4]^{2-}$；G. AgCl；H. $[Ag(NH_3)_2]^+$；I. Hg_2Cl_2；J. Hg。

有关反应式略。

10(22－10)．有一无色溶液 A。(1)加入氨水时有白色沉淀生成；(2)若加入稀碱则有黄色沉淀生成；(3)若滴加 KI 溶液，则先析出橘红色沉淀，当 KI 过量时，橘红色沉淀消失；(4)若在此无色溶液中加入数滴汞并振荡，汞逐渐消失，仍变为无色溶液，此时加入氨水得灰黑色沉淀。问此无色溶液中含有哪种化合物？写出各有关反应式。

解：此无色溶液中含有 $Hg(NO_3)_2$。有关反应式为

(1) $2Hg(NO_3)_2+4NH_3+H_2O \xlongequal{} HgO\cdot NH_2HgNO_3\downarrow$(白色)$+3NH_4NO_3$

(2) $Hg^{2+}+2OH^- \xlongequal{} HgO\downarrow$(黄色)$+H_2O$

(3) $Hg^{2+}+2I^- \xlongequal{} HgI_2\downarrow$(橘红色)　　$HgI_2+2I^- \xlongequal{} [HgI_4]^{2-}$(无色)

(4) $Hg(NO_3)_2+Hg \xlongequal{} Hg_2(NO_3)_2$

$2Hg_2(NO_3)_2+4NH_3+H_2O \xlongequal{} HgO\cdot NH_2HgNO_3\downarrow$(白色)$+2Hg\downarrow$(黑色)$+3NH_4NO_3$

此溶液中不含 $HgCl_2$，因为 $HgCl_2+Hg \xlongequal{} Hg_2Cl_2\downarrow$(白色)，而只有 $Hg(NO_3)_2+Hg \xlongequal{} Hg_2(NO_3)_2$ 生成的 $Hg_2(NO_3)_2$ 才为无色溶液。

另外，溶液中含有 Hg(Ⅰ)的化合物也是不合题意的，$Hg_2^{2+}+2OH^- \xlongequal{} Hg_2O\downarrow$(深褐色)$+H_2O$，深褐色的 Hg_2O 不稳定，见光后分解为 HgO 和 Hg，$Hg_2O \xlongequal{} HgO+Hg\downarrow$(黑色)，只有 $Hg^{2+}+2OH^- \xlongequal{} HgO\downarrow$(黄色)$+H_2O$ 才符合题意。

11(22－11)．无色晶体 A 溶于水后加入盐酸得白色沉淀 B。分离后将 B 溶于 $Na_2S_2O_3$ 溶液得无色溶液 C。向 C 中加入盐酸得白色沉淀混合物 D 和无色气体 E。E 与碘水作用后转化为无色溶液 F。向 A 的水溶液中滴加少量 $Na_2S_2O_3$ 溶液立即生成白色沉淀 G，该沉淀由白变黄、变橙、变棕最后转化为黑色，说明有 H 生成。请给出 A～H 所代表的化合物或离子，并给出相关的反应方程式。

解:A. $AgNO_3$；B. AgCl；C. $[Ag(S_2O_3)_2]^{3-}$；D. S＋AgCl；E. SO_2；F. SO_4^{2-}；G. $Ag_2S_2O_3$；H. Ag_2S。

有关反应式略。

12(22-12). 计算电对$[Cu(NH_3)_4]^{2+}/Cu$ 的 $E^\ominus\{[Cu(NH_3)_4]^{2+}/Cu\}$。在有空气存在的条件下，铜能否溶于 1.0mol·L^{-1}的氨水中形成 0.010mol·L^{-1}的$[Cu(NH_3)_4]^{2+}$？

解:铜在 1.0mol·L^{-1}的氨水中形成 0.010mol·L^{-1}的$[Cu(NH_3)_4]^{2+}$，反应方程式为

$$[Cu(NH_3)_4]^{2+}+2e^- \rightleftharpoons Cu+4NH_3$$

所以消耗氨水 0.04mol·L^{-1}，因此氨水的浓度由 1.0mol·L^{-1}变为 0.96mol·L^{-1}。

$$E^\ominus\{[Cu(NH_3)_4]^{2+}/Cu\}=E^\ominus(Cu^{2+}/Cu)-\frac{0.0592}{2}\lg K_f^\ominus\{[Cu(NH_3)_4]^{2+}\}$$

$$=-0.024(V)$$

$$E\{[Cu(NH_3)_4]^{2+}/Cu\}=E^\ominus\{[Cu(NH_3)_4]^{2+}/Cu\}-\frac{0.0592}{2}\lg\frac{c^4(NH_3)}{c\{[Cu(NH_3)_4]^{2+}\}}$$

$$=-0.024-\frac{0.0592}{2}\lg\frac{(0.96)^4}{0.010}=-0.081(V)$$

在 0.96mol·L^{-1} 的氨水中，$K_b^\ominus(NH_3)=1.8\times10^{-5}$，则 $c(OH^-)=\sqrt{K_b^\ominus(NH_3)\cdot c(NH_3)}=\sqrt{1.8\times10^{-5}\times0.96}=4.2\times10^{-3}(mol\cdot L^{-1})$。

在空气中　　$O_2+2H_2O+4e^- \rightleftharpoons 4OH^-$

$E(O_2/OH^-)=E^\ominus(O_2/OH^-)+\frac{0.0592}{4}\lg\left[\frac{p(O_2)/p^\ominus}{c(OH^-)}\right]=0.53V$，则 $E(O_2/OH^-)>E\{[Cu(NH_3)_4]^{2+}/Cu\}$。

因此，铜可以溶于氨水形成 0.01 mol·L^{-1}的$[Cu(NH_3)_4]^{2+}$。

13(22-13). 根据有关电对的标准电极电势和有关物质的溶度积常数，计算 298.15K 时反应

$$Ag_2Cr_2O_7(s)+8Cl^-+14H^+ \rightleftharpoons 2AgCl(s)+3Cl_2(g)+2Cr^{3+}+7H_2O$$

的标准平衡常数，并说明反应能否正向进行。

解:反应 $Ag_2Cr_2O_7(s)+8Cl^-+14H^+ \rightleftharpoons 2AgCl(s)+3Cl_2(g)+2Cr^{3+}+7H_2O$，由下列三个反应组成

$Cr_2O_7^{2-}+6Cl^-+14H^+ \rightleftharpoons 2Cr^{3+}+3Cl_2(g)+7H_2O$　　$K_1^\ominus$

$Ag_2Cr_2O_7(s) \rightleftharpoons 2Ag^++Cr_2O_7^{2-}$　　$K_2^\ominus=K_{sp}^\ominus(Ag_2Cr_2O_7)$

$2Ag^++2Cl^- \rightleftharpoons 2AgCl(s)$　　$K_3^\ominus=\frac{1}{[K_{sp}^\ominus(AgCl)]^2}$

$$\lg K_1^\ominus=\frac{n[E^\ominus(Cr_2O_7^{2-}/Cr^{3+})-E^\ominus(Cl_2/Cl^-)]}{0.0592}$$

$$\lg K_1^\ominus=\frac{6\times(1.33-1.36)}{0.0592}=-3.014$$

$$K_1^\ominus=9.10\times10^{-4}$$

$$K_2^\ominus=K_{sp}^\ominus(Ag_2Cr_2O_7)=2.0\times10^{-7}$$

$$K_3^\ominus=\frac{1}{[K_{sp}^\ominus(AgCl)]^2}=\frac{1}{(1.8\times10^{-10})^2}=3.09\times10^{19}$$

$$Ag_2Cr_2O_7(s)+8Cl^-+14H^+ \rightleftharpoons 2AgCl(s)+3Cl_2(g)+2Cr^{3+}+7H_2O$$

$$K^\ominus=K_1^\ominus \cdot K_2^\ominus \cdot K_3^\ominus=9.10\times10^{-4}\times2.0\times10^{-7}\times3.09\times10^{19}=5.6\times10^9$$

$K^\ominus$如此之大，反应能正向进行。

14(22－14). 已知　$Hg^{2+}+2e^- \rightleftharpoons Hg$　$E^\ominus=0.85V$

$Hg_2^{2+}+2e^- \rightleftharpoons 2Hg$　$E^\ominus=0.80V$

(1) 试判断反歧化反应 $Hg^{2+}+Hg \rightleftharpoons Hg_2^{2+}$ 能否发生。

(2) 求 298.15K 下，0.10mol · L^{-1} $Hg_2(NO_3)_2$ 溶液中 Hg^{2+} 的浓度。

解:$E^\ominus(Hg^{2+}/Hg_2^{2+})=[(4\times0.85-2\times0.8)/2]V=0.90V$

$$Hg^{2+}+Hg \rightleftharpoons Hg_2^{2+}$$

$$E^\ominus=E^\ominus(Hg^{2+}/Hg_2^{2+})-E^\ominus(Hg^{2+}/Hg)=(0.90-0.80)V=0.10V$$

由于 $E^\ominus>0$，故能发生反歧化反应。

$E^\ominus=0.0592\lg K^\ominus$，代入 $E^\ominus$值，则 $K^\ominus=49.0$。设平衡浓度为 x

$$Hg^{2+}+Hg \rightleftharpoons Hg_2^{2+}$$

$$x \qquad\qquad 0.10-x$$

$$(0.10-x)/x=49.0$$

$$x=2.0\times10^{-3}$$

0.10mol · L^{-1} $Hg_2(NO_3)_2$ 溶液中 Hg^{2+}的浓度(298.15K)为 2.0×10^{-3}mol · L^{-1}。

15(22－15). 镀铜锌合金时，可用$[Cu(CN)_4]^{3-}$和$[Zn(CN)_4]^{2-}$为电镀液。因为氰化物有剧毒，人们试图用它们的氨配合物$[Cu(NH_3)_4]^{2+}$和$[Zn(NH_3)_4]^{2+}$来代替氰化物，可行吗？试解释原因。已知：$E^\ominus(Cu^+/Cu)=0.52V$，$E^\ominus(Cu^{2+}/Cu)=0.34V$，$E^\ominus(Zn^{2+}/Zn)=-0.77V$。配合物$[Cu(CN)_4]^{3-}$、$[Zn(CN)_4]^{2-}$、$[Cu(NH_3)_4]^{2+}$和$[Zn(NH_3)_4]^{2+}$的标准稳定常数 $K_f^\ominus$ 分别为 2.03×10^{30}、5.0×10^{16}、4.68×10^{12}、2.9×10^9。

答:$E^\ominus\{[Cu(CN)_4]^{3-}/Cu\}=E^\ominus(Cu^+/Cu)-0.0592\lg K_f^\ominus\{[Cu(CN)_4]^{3-}\}$

$=0.52-0.0592\lg(2.03\times10^{30})=-1.27(V)$

同样，$E^\ominus\{[Zn(CN)_4]^{2-}/Zn\}=E^\ominus(Zn^{2+}/Zn)-0.0592\lg K_f^\ominus\{[Zn(CN)_4]^{2-}\}$

$=0.77-(0.0592/2)\lg(5.0\times10^{16})=-1.26(V)$

因 $E^\ominus\{[Cu(CN)_4]^{3-}/Cu\}=-1.27V$，$E^\ominus\{[Zn(CN)_4]^{3-}/Zn\}=-1.26V$。

它们的数值很接近，可同时析出。如用氨配合物$[Cu(NH_3)_4]^{2+}$和$[Zn(NH_3)_4]^{2+}$代替，则有

$$E^\ominus\{[Cu(NH_3)_4]^{2+}/Cu\}=-0.304V, E^\ominus\{[Zn(NH_3)_4]^{2+}/Zn\}=0.034V$$

阴极只析出铜，达不到目的。

16(22－16). 可用以下反应制备 CuCl

$$Cu(s)+Cu^{2+}+2Cl^- \rightleftharpoons 2CuCl\downarrow$$

若将 0.2mol · L^{-1}的 $CuSO_4$ 和 0.4mol · L^{-1}的 NaCl 溶液等体积混合，并加入过量的铜屑，求反应达到平衡时 Cu^{2+} 的转化率。

解:已知 $K_{sp}^\ominus(CuCl)=1.2\times10^{-6}$，$E^\ominus(Cu^{2+}/Cu^+)=0.16V$，$E^\ominus(Cu^+/Cu)=0.52V$。

$E^\ominus(Cu^{2+}/CuCl)=E^\ominus(Cu^{2+}/Cu^+)-0.0592\lg K_{sp}^\ominus(CuCl)=0.51V$

$E^\ominus(CuCl/Cu)=E^\ominus(Cu^+/Cu)+0.0592\lg K_{sp}^\ominus(CuCl)=0.17V$

$$Cu(s)+Cu^{2+}+2Cl^- \rightleftharpoons 2CuCl\downarrow$$

$$\lg K^\ominus = nE^\ominus/0.0592$$
$$K^\ominus = 5.6\times10^5$$

又 $K^\ominus = \dfrac{1}{c(Cu^{2+})c^2(Cl^-)} = \dfrac{1}{(0.2-x)(0.4-2x)^2}$，则

$$x=0.192$$

所以 Cu^{2+} 转化率 $=\dfrac{0.192}{0.2}\times100\%=96\%$

17(22－17). 在回收废定影液时，可使银沉淀为 Ag_2S，再用络合还原法回收银

$$2Ag_2S+8CN^-+O_2+2H_2O \rightleftharpoons 4[Ag(CN)_2]^-+2S\downarrow+4OH^- \quad (1)$$

$$2[Ag(CN)_2]^-+Zn \rightleftharpoons 2Ag\downarrow+[Zn(CN)_4]^{2-} \quad (2)$$

计算反应式(1)的标准平衡常数 $K^\ominus$。已知：$K_{sp}^\ominus(Ag_2S)=2.0\times10^{-49}$，$K_f^\ominus\{[Ag(CN)_2]^-\}=2.48\times10^{20}$，$E^\ominus(S/S^{2-})=-0.48V$，$E^\ominus(O_2/OH^-)=0.40V$。

解：
$$2Ag_2S \rightleftharpoons 4Ag^+ + 2S^{2-} \qquad K_1^\ominus$$
$$K_1^\ominus = c^4(Ag^+)c^2(S^{2-}) = (K_{sp}^\ominus)^2 = (2.0\times10^{-49})^2 = 4.0\times10^{-98}$$
$$4Ag^+ + 8CN^- \rightleftharpoons 4[Ag(CN)_2]^- \qquad K_2^\ominus$$
$$K_2^\ominus = (K_f^\ominus)^4 = (2.48\times10^{20})^4 = 3.78\times10^{81}$$
$$2S + 4e^- \rightleftharpoons 2S^{2-} \qquad K_3^\ominus$$
$$E^\ominus(S/S^{2-}) = -0.48V$$
$$\lg K^\ominus = 0.48\times2/0.0592$$
$$K^\ominus = 1.66\times10^{16}$$
$$K_3^\ominus = (K^\ominus)^2 = 2.76\times10^{32}$$
$$O_2 + 2H_2O + 4e^- \rightleftharpoons 4OH^- \qquad K_4^\ominus$$
$$E^\ominus(O_2/OH^-) = 0.40V$$
$$\lg K_4^\ominus = 4\times0.40/0.0592 = 27.03$$
$$K_4^\ominus = 1.07\times10^{27}$$
$$K^\ominus = K_1^\ominus K_2^\ominus K_4^\ominus / K_3^\ominus = 5.86\times10^{22}$$

通过计算可知标准平衡常数 $K^\ominus$ 为 5.86×10^{22}。

18. 加热红色固体粉末 A 生成液体 B 并放出无色无味的气体 C，B 与过量的稀硝酸反应生成溶液 D 并放出另一种无色气体 E，气体 E 在空气中很快变为棕黄色的气体 F。向 D 溶液中加入一种钾盐 G 的溶液，可生成橙红色沉淀 H，H 可以溶于过量的 G 中形成无色溶液。用煤气灯火焰加热 D 的结晶可以生成 B、C 和 F。写出 A～H 的化学式及有关的化学反应方程式。

解：各物质的化学式为

A. HgO；B. Hg；C. O_2；D. $Hg(NO_3)_2$；E. NO；F. NO_2；G. KI；H. HgI_2。

有关反应方程式略。

19. 某金属氯化物的浓溶液 A 呈黄褐色，加水稀释过程中溶液颜色逐渐变成绿色，再变成蓝色溶液 B，向 B 中加入 NaOH(aq)，生成蓝色沉淀 C。在 C 中加入浓氨水，生成深蓝色溶液 D。向 D 的浓溶液中通入 SO_2 气体，会析出白色沉淀 E，E 中 Cu∶S∶N(原子个数比)为 1∶1∶1。

结构分析显示 E 呈反磁性，且 E 晶体中有呈三角锥形和正四面体几何构型的物种。E 与足量的浓硫酸混合微热，生成沉淀 F、气体 G 和溶液 H。回答下列问题：

(1) 写出 A～H 的化学式。

(2) 写出 D 与 $SO_2(g)$ 的微酸性溶液反应的离子方程式。

(3) 写出 E 与浓硫酸反应的离子方程式。

解：(1) A. $[CuCl_4]^{2-}$；B. Cu^{2+}；C. $Cu(OH)_2$；D. $[Cu(NH_3)_4]^{2+}$；E. $Cu(NH_4)SO_3$；F. Cu；G. SO_2；H. $(NH_4)_2SO_4$ 和 $CuSO_4$。

(2) $2[Cu(NH_3)_4]^{2+}+3SO_2+4H_2O \longrightarrow 2Cu(NH_4)SO_3\downarrow+SO_4^{2-}+6NH_4^+$

(3) $2Cu(NH_4)SO_3+4H^+ \longrightarrow Cu+Cu^{2+}+2NH_4^++2SO_2\uparrow+2H_2O$

四、自　测　题

1. 单选题(每小题 2 分，共 24 分)

(1) 在硫酸钠溶液中含有少量 Cu^{2+}，为了去除 Cu^{2+}，最好加入少量的(　　)。

A. H_2S 水　　B. Zn 粉　　C. Na_2CO_3　　D. KI

(2) 下列配离子中，中心离子不是用 sp^3 杂化轨道与配位体成键的是(　　)。

A. $[Zn(NH_3)_4]^{2+}$　　B. $[Cd(CN)_4]^{2-}$　　C. $[Au(CN)_2]^-$　　D. $[HgI_4]^{2-}$

(3) 下列离子中能与 I^- 发生氧化还原反应的是(　　)。

A. Pb^{2+}　　B. Hg^{2+}　　C. Cu^{2+}　　D. Sn^{4+}

(4) 下列有关金及其化合物的说法不正确的是(　　)。

A. 金在空气中可溶于 NaCN

B. 气态 $AuCl_3$ 具有平面的二聚结构

C. 配离子$[AuCl_4]^-$具有平面四边形构型

D. $AuCl_3$ 与气态 $AlCl_3$ 的结构相似

(5) 向 $HgCl_2$ 溶液中加入过量的氨水后生成(　　)。

A. $HgNH_2Cl$　　B. $[Hg(OH)_4]^{2-}$

C. $[Hg(NH_3)_4]^{2-}$　　D. $Hg+HgNH_2Cl$

(6) 下列各组离子能大量共存于同一溶液中的是(　　)。

A. Zn^{2+}，Cd^{2+}，Cu^{2+}，Cl^-　　B. Fe^{3+}，Cd^{2+}，Cu^{2+}，SCN^-

C. Zn^{2+}，Fe^{3+}，Cu^{2+}，I^-　　D. Zn^{2+}，Cd^{2+}，Cu^{2+}，Ag^+，$S_2O_3^{2-}$

(7) 为除掉铜粉中所含有的少量 CuO 杂质，宜采取下列操作方法中的(　　)。

A. 用热水洗　　B. 用浓热盐酸洗　　C. 用氨水洗　　D. 用盐酸洗

(8) 几何构型不是直线形的分子或离子是(　　)。

A. $[CuCl_2]^-$　　B. $Cu(CO)Cl \cdot H_2O$

C. Hg_2Cl_2　　D. $HgCl_2$

(9) 下列化合物与过量 KI 溶液反应只能得到无色溶液的是(　　)。

A. Cu^{2+}　　B. Fe^{3+}　　C. Hg^{2+}　　D. Hg_2^{2+}

(10) 下列化合物中不存在的是(　　)。

A. CuF_2　　B. $CuCl_2$　　C. $CuBr_2$　　D. CuI_2

(11) 与铜在加热条件下反应能生成氢气的是(　　)。

A. 浓 HNO_3　　B. 浓盐酸　　C. 浓 H_2SO_4　　D. 稀 H_2SO_4

(12) 下列化合物中经常用于气体分析吸收 CO 的试剂是(　　)。

A. $[CuCl_2]^-$　　B. $CaCl_2$　　C. $CuCl_2$　　D. 金属钯

2. 判断题(12 分)

将钠盐 A 溶液滴加到硝酸盐 B 溶液中,有白色沉淀 C 生成,C 放置一段时间会变为黑色沉淀 D;若将 B 溶液滴加到 A 溶液中,开始形成的是无色溶液 E,当加入大量 B 后才会有沉淀 C 生成。向溶液 B 中加入钾盐 F 溶液,可以生成浅黄色沉淀 G,G 可溶于 A 溶液中,G 在光照下可分解变黑。若向溶液 E 中加入盐酸,有大量沉淀生成并放出刺激性气体 H,沉淀由白色物质 I 和黄色物质 J 组成。试写出A～J的化学式及有关化学反应方程式。

3. 解释简答题(共 44 分)

(1) 当 SO_2 通入 $CuSO_4$ 与 NaCl 的浓溶液时析出白色沉淀。(6 分)

(2) 黑白照相的定影过程。(6 分)

(3) $HgCl_2$ 溶液中有 NH_4Cl 存在时,加入 NH_3 水得不到白色 NH_2HgCl 沉淀。(6 分)

(4) 往硫酸铜溶液中加入碘化钾溶液时析出黄色沉淀。(6 分)

(5) 试根据下列配合物的中心离子的价层电子分布,估计在$[Zn(NH_3)_4]^{2+}$、$[Ni(en)_3]^{2+}$、$[Mg(EDTA)]^{2+}$中,哪个配合物是有色的? 哪个是无色的? (10 分)

(6) 已知含有 Ag^+、Cd^{2+}、Cu^{2+}、Fe^{3+}、Zn^{2+} 的硝酸盐溶液,设计方案分离上述离子。(10 分)

4. 计算题(每小题 10 分,共 20 分)

(1) 已知 $K_f^{\ominus}\{[CuBr_2]^-\}=7.76\times10^5$,结合有关数据计算 25℃时反应:

$$Cu^{2+}+Cu+4Br^- \xlongequal{} 2[CuBr_2]^-$$

的标准平衡常数。

(2) 用 Na_2CO_3 溶液处理 AgI,使之转化为 Ag_2CO_3,转化完全的条件是什么? 根据计算结果预测转化反应能否进行到底。

参考答案

1. 单选题

(1)B; (2)C; (3)C; (4)D; (5)A; (6)A; (7)C; (8)B; (9)C; (10)D; (11)B; (12)A。

2. 判断题

A. $Na_2S_2O_3$; B. $AgNO_3$; C. $Ag_2S_2O_3$; D. Ag_2S; E. $[Ag(S_2O_3)_2]^{3-}$; F. KBr; G. AgBr; H. SO_2; I. AgCl; J. S。

有关反应方程式略。

3. 解释简答题

(1) $2Cu^{2+}+2Cl^-+SO_2+2H_2O \xlongequal{} 2CuCl+4H^++SO_4^{2-}$

(2) $AgBr+2S_2O_3^{2-} \xlongequal{} [Ag(S_2O_3)_2]^{3-}+Br^-$

(3) NH_4Cl 的存在抑制了 NH_2^- 的生成,且 NH_2HgCl 溶解度较大,因而不能生成 NH_2HgCl 沉淀,而是生成$[Hg(NH_3)_4]^{2+}$,$HgCl_2+4NH_3 \xlongequal{} [Hg(NH_3)_4]^{2+}+2Cl^-$。

(4) $2CuSO_4 + 4KI \xlongequal{} 2CuI\downarrow + I_2 + 2K_2SO_4$，因为 CuI（白色）吸附 I_2 而呈黄色。

(5) 某一配合物在可见光的照射下，如果其 d 电子在不同能量的 d 轨道中发生跃迁，该配合物就是有色的，反之则无色。所以 Zn^{2+}：$3d^{10}$，无色；Ni^{2+}：$3d^8$，有色；Mg^{2+}：无 d 电子，无色。

(6)

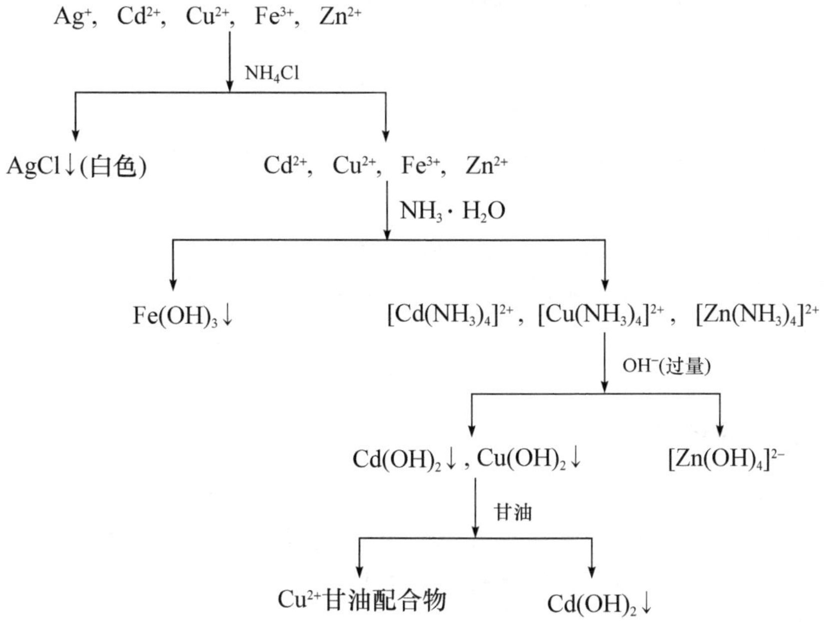

4. 计算题

(1) $K^{\ominus} = 3.7 \times 10^5$。

(2) 要求 $c(CO_3^{2-}) = 9.1 \times 10^{20}\ mol \cdot L^{-1}$，所以转化反应不能进行到底。

（中南大学　刘又年）

第 23 章　镧系元素与锕系元素

一、学 习 要 求

(1) 熟悉镧系元素电子结构、镧系收缩概念及其产生的原因和影响；
(2) 了解镧系元素的存在、制备及用途；
(3) 重点掌握镧系元素氧化物、氢氧化物以及重要盐类的性质；
(4) 简单了解锕系元素电子结构、名称及与镧系元素的相似性。

二、重难点解析

(一) 镧系元素电子层结构

镧系元素包括第 57 号元素 La(镧)到第 71 号元素 Lu(镥)的 15 种元素，用符号 Ln 表示。由于第 21 号元素 Sc(钪)和第 39 号元素 Y(钇)的化学性质与镧系元素类似，在矿物中常与镧系元素共生，通常把 Y(钇)、Sc(钪)和镧系元素合称为稀土元素，用“RE”表示。

La～Yb 的基态价电子构型可以用通式 $4f^{0\sim14}5d^{0\sim1}6s^2$ 来表示，其中 La($4f^0$)、Eu($4f^7$)、Gd($4f^7$)、Yb($4f^{14}$)处于全空、半满和全满的稳定状态。镧系元素形成 Ln^{3+} 时，外层的 5d 和 6s 电子都已失去，离子的外层电子构型为 $4f^{0\sim13}$；随着原子序数的增加，f 电子的数目也相应增加。

由于镧系元素原子最外面两层电子结构相同，而不同的是 4f 内层，因此它们的化学性质非常相似。

(二) 氧化态

镧系元素的特征氧化态为＋3，少数情况为＋2、＋4 氧化态。Ce(铈)、Pr(镨)、Tb(铽)、Dy(镝)存在＋4 氧化态；Sm(钐)、Eu(铕)、Tm(铥)、Yb(镱)存在＋2 氧化态。这与它们的离子电子构型保持或接近全空、半满或全满有关，还与镧系元素的电离能和离子水合能等因素有关。

(三) 镧系收缩

镧系元素的原子半径和离子半径随着原子序数的增加而逐渐减小的现象，称为镧系收缩。镧系收缩的原因是，在镧系元素中，随着原子序数增加，增加的电子进入 4f 层，而 4f 电子对核的屏蔽不如内层电子，因而随着原子序数增加，有效核电荷数增加，核对最外层电子的吸引增强，使原子半径、离子半径逐渐减少。一般来说，镧系元素原子半径减少的趋势不如离子半径，这是由于镧系元素原子的电子层比离子多一层 $6s^2$ 所致。此外，由于 Eu 和 Yb 处于 $4f^7$ 和 $4f^{14}$ 的状态，只有 6s 电子参与形成的金属键比较弱，故其原子半径反常，比相邻元素的原子半径大得多。

镧系收缩的结果：一是造成 Eu 以后的镧系元素的离子半径接近 Y，构成性质极为相似的一组元素，故将 Y 归类为稀土元素，它们在自然界中共生，性质十分相似，难以分离；二是使得第三过渡系与第二过渡系的同族元素在原子半径上相近，其中尤以ⅣB 族中的 Zr 和 Hf、ⅤB 族中的 Nb 和 Ta、ⅥB 族中的 Mo 和 W 更为相近，以致 Zr 和 Hf、Nb 和 Ta、Mo 和 W 的性质非常相似，分离十分困难。

(四) 镧系元素及其重要化合物

(1) 镧系元素单质都是很活泼的金属，是强还原剂，还原能力与镁接近。

(2) 镧系元素的氢氧化物 $Ln(OH)_3$ 几乎难溶于水，其水溶液呈强碱性，经加热分解生成相应的氧化物 Ln_2O_3。

(3) CeO_2、Ce^{4+} 是强氧化剂，能将 Cl^- 氧化为 Cl_2，将 Mn^{2+} 氧化为 MnO_4^-；在酸性条件下，$K_2S_2O_8$ 能将 Ce^{3+} 氧化为 Ce^{4+}。

(4) 镧系元素的常见易溶盐有氯化物、硝酸盐、硫酸盐等，难溶盐有乙二酸盐、碳酸盐、磷酸盐和氟化物等。与 d 区元素相比，镧系元素形成配合物的种类和数量要少得多，与ⅡA 族的 Ca、Ba 相似。

(五) 锕系元素的通性

锕系元素包括第 89 号元素 Ac(锕)到第 103 号元素 Lr(铹)的 15 种元素，用符号“An”表示。

(1) 锕系元素都是放射性元素；Th(钍)和 U(铀)是重要的核燃料；自第 95 号元素 Am(镅)开始，以后的元素均为人工合成元素。

(2) 锕系元素原子的电子构型为 $5f^{0\sim14}6d^{0\sim1}7s^2$，其特征氧化态为＋3；与镧系收缩类似，锕系元素的离子半径也随原子序数的增加而缓慢地减小，这种现象称为锕系收缩。

(3) 锕系元素的单质是较活泼金属，重要化合物有 ThO_2、UO_2、UF_4、UF_6 等。

三、习题全解和重点练习题解

1(23－1). 何谓“镧系收缩”？讨论出现这种现象的原因和它对第五、六周期中副族元素性质所产生的影响。

解：镧系收缩的概念及镧系收缩的原因见本章重难点解析中(三)的解析。镧系收缩产生的结果，使得第三过渡系与第二过渡系的同族元素在原子半径(或离子半径)上相近，其中尤以ⅣB 族中的 Zr 和 Hf、ⅤB 族中的 Nb 和 Ta、ⅥB 族中的 Mo 和 W 更为相近，以致 Zr 和 Hf、Nb 和 Ta、Mo 和 W 的性质非常相似，分离十分困难。

2(23－2). 试说明镧系元素的特征氧化态是＋3，而铈、镨、铽却常呈现＋4 价，钐、铕、镱又可呈现＋2 价的原因。

解：由于镧系金属在气态时，失去 2 个 s 电子和 1 个 d 电子或 2 个 s 电子和 1 个 f 电子所需的电离能比较低，因此一般能形成稳定的＋3 氧化态。Ce、Pr、Tb 存在＋4 氧化态，因为它们的 4f 电子层保持或接近全空或半满状态，比较稳定。但只有＋4 氧化态的铈能存在于溶液中，它是很强的氧化剂。同理，Sm、Eu、Yb 呈现＋2 氧化态时，它们的 4f 电子层保持或接近半满或全充满状态，比较稳定，如 $Sm^{2+}(4f^6)$、$Eu^{2+}(4f^7)$、$Yb^{2+}(4f^{14})$。

3(23－3). 从 Ln^{3+} 的电子构型、离子电荷和离子半径来说明镧系元素的三价离子在性质上的类似性。

解:Ln^{3+}已无 6s 和 5d 电子,最外层均为 $5s^2 5p^6$ 结构,它们的电子构型是由$4f^0$～$4f^{14}$而变化。从 La 到 Lu,随着原子序数增加,有效核电荷数增加,原子核对最外层电子的吸引增强,使离子半径逐渐减小,离子半径从 La^{3+} 到 Lu^{3+} 总共收缩 17pm。由于 Ln^{3+} 所带电荷相同,且 Ln^{3+} 的构型及半径相差不大,致使 Ln^{3+} 性质极为相似。

4(23－4). 稀土元素有哪些主要性质和用途?说明稀土元素的乙二酸盐沉淀有什么特性。

解:稀土元素大量用于冶金工业和石油工业,把它们加入钢中用于除去氧、硫及其他非金属以减少有害元素,提高钢的性能;含有稀土元素的沸石可作石油裂化的催化剂,以提高裂化的汽油回收率。稀土氧化物可作为光学玻璃的添加剂,玻璃和陶瓷的着色剂,又可制成抛光粉,用于镜面抛光。稀土元素可作发光材料的激活剂,有效地改善其发光性能;稀土元素用作电光源材料,如制造 Na-Sc 灯、Dy-Ho 灯等,质轻而亮度高。稀土元素还广泛用作激光材料、超导材料、磁性材料、核反应堆的结构材料、控制材料、高效微量肥料等。总之,稀土元素在国民经济的各个部门和国防尖端技术中有着十分广泛的用途。

乙二酸盐[$Ln_2(C_2O_4)_3$]是最重要的镧系盐类之一。因为它们在酸性溶液中难溶,使镧系元素离子能以乙二酸盐形式析出而同其他许多金属离子分离开来,所以在重量法测定镧系元素和用各种方法使镧系元素分离时,总是使之转化为乙二酸盐,经过灼烧而得氧化物。乙二酸盐沉淀的性质取决于生成时的条件。在硝酸溶液中,当主要离子是 $HC_2O_4^-$、NH_4^+ 时,则得到复盐 $NH_4Ln(C_2O_4)_2 \cdot yH_2O$($y$=1 或 3);在中性溶液中,乙二酸铵用作沉淀剂,则轻镧系得到正乙二酸盐,重镧系得到混合物。用 $0.1mol \cdot L^{-1}$ HNO_3 洗复盐可得到正乙二酸盐。

5(23－5). 试述镧系元素氢氧化物 $Ln(OH)_3$ 的溶解度和碱性变化的情况。

解:在 Ln^{3+} 的盐溶液中加入氨水或 NaOH 等则得到镧系元素的氢氧化物沉淀 $Ln(OH)_3$,其氢氧化物的碱性与 $Ca(OH)_2$ 接近,在水中的溶解度却较之小得多。$Ln(OH)_3$开始沉淀的 pH 由 $La(OH)_3$ 至 $Lu(OH)_3$ 依次减小,$Ln(OH)_3$ 的溶度积也按相同的方向减小。

6(23－6). 水合稀土氯化物为什么要在一定真空度下进行脱水?

解:因为水合稀土氯化物脱水必须加热,而在加热过程中水合氯化稀土会发生水解,最后产物是稀土的碱式盐,得不到纯无水化合物,如

$$LnCl_3 + H_2O \xlongequal{\triangle} LnOCl + 2HCl\uparrow$$

生产过程中控制一定真空度,一方面可降低脱水温度,另一方面能将水蒸气抽出,抑制水解。

7(23－7). 试写出 Ce^{4+}、Sm^{2+}、Eu^{2+}、Yb^{2+} 基态的电子构型。

解:$Ce^{4+}(5s^2 5p^6)$、$Sm^{2+}(4f^6)$、$Eu^{2+}(4f^7)$、$Yb^{2+}(4f^{14})$。

8(23－8). 试算出下列离子的成单电子数。

$$La^{3+}, Ce^{4+}, Lu^{3+}, Yb^{2+}, Gd^{3+}, Eu^{2+}, Tb^{4+}$$

解:0、0、0、0、7、7、7。

9(23－9). 完成并配平下列反应方程式。

(1) $EuCl_2 + FeCl_3 \longrightarrow$　　(2) $CeO_2 + 8HCl \longrightarrow$

(3) $UO_2(NO_3)_2 \longrightarrow$　　(4) $UO_3 \longrightarrow$

(5) $UO_3 + HF \longrightarrow$　　(6) $UO_3 + NaOH \longrightarrow$

(7) $UO_3 + SF_4 \longrightarrow$　　(8) $Ce(OH)_3 + NaOH + Cl_2 \longrightarrow$

解:(1) $EuCl_2 + FeCl_3 \xlongequal{\quad} EuCl_3 + FeCl_2$

(2) $2CeO_2+8HCl \xlongequal{} 2CeCl_3+Cl_2+4H_2O$

(3) $2UO_2(NO_3)_2 \xlongequal{\triangle} 2UO_3+4NO_2+O_2$

(4) $3UO_3 \xlongequal{\triangle} U_3O_8+\frac{1}{2}O_2$

(5) $UO_3+2HF \xlongequal{} UO_2F_2+H_2O$

(6) $2UO_3+2NaOH \xlongequal{} Na_2U_2O_7 \cdot H_2O$

(7) $UO_3+3SF_4 \xlongequal{} UF_6+3SOF_2$

(8) $2Ce(OH)_3+2NaOH+Cl_2 \xlongequal{} 2Ce(OH)_4+2NaCl$

10(23-10). 如何将铕与其他稀土元素分离?

解:将+2 氧化态的钐、镱、铕与其他+3 氧化态稀土元素进行分离,常用金属还原法(如 Zn 粉、Mg 粉以及 Na、Li 等为还原剂);汞齐还原法(如锌-汞齐、钠-汞齐)以及电解还原法等。使用锌粉还原-碱度法分离铕是在稀土氯化物溶液中先加入锌粉,使 Eu^{3+} 还原成 Eu^{2+},而其他三价稀土不被还原;再加氨水和 NH_4Cl,可使 $EuCl_2$ 稳定在溶液中,而其他三价稀土则以氢氧化物沉淀下来,达到与铕分离的目的。加入 NH_4Cl 的目的是使 Eu^{2+} 生成配合物,减少 Eu^{2+} 的损失。此法可从含 Eu_2O_3 大于 5%的原料中经一次操作获得纯度大于 99.9%的氧化铕。原料中的 Eu_2O_3 的含量越高,Eu_2O_3 的回收率越高。

11(23-11). 试讨论下列性质。

(1) $Ln(OH)_3$ 的碱强度随 Ln 原子序数的提高而降低。

(2) 镧系元素为什么形成配合物的能力很弱,镧系元素配合物中配位键主要是离子性的。

(3) Ln^{3+} 大部分是有色的,顺磁性的。

解:(1) 在 Ln^{3+} 的盐溶液中加入氨水或 NaOH 得到镧系元素的氢氧化物沉淀 $Ln(OH)_3$,这些氢氧化物的碱性与 $Ca(OH)_2$ 接近,但溶解度却要小得多。$Ln(OH)_3$ 开始沉淀的 pH 由 $La(OH)_3$ 至 $Lu(OH)_3$ 依次减小,$Ln(OH)_3$ 的溶度积也按同一方向减小。

(2) 有以下几个原因降低了镧系元素离子的配合作用:①Ln^{3+} 的基态,4f 轨道与正常价电子轨道 5d6s6p 相比居于内层,因此 4f 电子被有效地屏蔽起来,成为一种稀有气体型结构的离子,所以 f 电子在通常情况下不参与成键,只有更高能量的轨道可以形成共价键,但是配位场稳定化能相当小,约 $4kJ \cdot mol^{-1}$;②Ln^{3+} 的离子半径比较大,而且是稀有气体型结构的离子,这方面与 Ca、Ba 相似,因此金属与配位体之间的作用靠静电吸引,具有相当的离子性质,而与配位体的共价作用较弱;③水是特别强的配体,在水介质中加入任何配体与大量水竞争 Ln^{3+} 的配位位置,通常是困难的,由于镧系元素为亲氧元素,只有强的含氧配体能与 Ln^{3+} 形成稳定的配合物。

(3) 离子的颜色通常与未成对电子数有关。当三价离子具有 f^n 和 f^{14-n} 电子构型时,它们的颜色是相同或相近的。根据吸收光谱的研究指出:La^{3+}、Lu^{3+} 和 Y^{3+} 在波长范围 200~1000nm 无吸收光谱,故它们的离子是无色的。这可能是因为 $La^{3+}(4f^0)$ 和 $Lu^{3+}(4f^{14})$ 比较稳定和没有未成对电子。所有其他 Ln^{3+} 在以上波长范围内有吸收带。但可见光的波长范围在 400~760nm,而 Ce^{3+}、Eu^{3+}、Gd^{3+} 和 Tb^{3+} 的吸收带的波长全部或大部分在紫外区,所以这些离子是无色的;Yb^{3+} 吸收带的波长在近红外区域,所以 Yb^{3+} 也是无色的。剩下的 Ln^{3+} 在可见光区内有明显的吸收,所以它们的离子有颜色,有些离子颜色非常漂亮,如 Pr^{3+}、Nd^{3+}、Er^{3+} 等。颜色的观念一般以光谱中的可见区为限,因此,可能有些离子是顺磁性的,应该有颜色,但实际为无色,原因是离子的吸收作用发生在可见区以外。

12(23-12). 回答下列问题。

(1) 钇在矿物中与镧系元素共生的原因何在?

(2) 从混合稀土中提取单一稀土的主要方法有哪些?

(3) 根据镧系元素的标准电极电势,判断它们在通常条件下和水及酸的反应能力。镧系金属的还原能力同哪个金属的还原能力相近?

(4) 镧系收缩的结果造成哪三对元素在分离上困难?

(5) 为何镧系+3价离子的配合物只有 La^{3+}、Gd^{3+} 和 Lu^{3+} 具有与纯自旋公式所得相一致的磁矩?

解:(1) 周期表ⅢB族中的钇和镧及其他镧系元素在性质上都非常相似,它具有稀有气体原子实的同镧相似的+3价离子,其原子半径和离子半径很接近于 Tb 和 Dy 的相应值,因而钇在矿物中与镧系元素共生。

(2) 稀土元素的分离,首先将稀土元素与非稀土元素分离,然后从混合稀土元素中分离提取单一的稀土元素。稀土元素的分离、提取的方法很多,如分级结晶法、分级沉淀法、离子交换法、反相色层法、溶剂萃取法、液膜萃取法、反相萃取色层法和氧化还原法等。其中离子交换法、反相色层法和溶剂萃取法均可实现连续自动地进行多次分配的单元操作,回收率较高。

(3) 在酸性溶液中 $E^\ominus(Ln^{3+}/Ln)$ 值由 La 到 Lu 逐渐减小,但都低于-1.99V,在碱性溶液中,$E^\ominus[Ln(OH)_3/Ln]$ 值 La 为-2.90V,依次增加到 Lu 为-2.72V,这说明无论是在酸性或碱性溶液中,Ln 都是很活泼的金属,都是比较强的还原剂,还原能力仅次于碱金属和碱土金属而与 Mg 相接近,Ln 的还原能力远比 Al、Zn 为强。

(4) 镧系收缩的结果造成 Zr 和 Hf、Nb 和 Ta、Mo 和 W 的性质非常相似,分离十分困难。

(5) La^{3+}、Gd^{3+}、Lu^{3+} 的电子组态分别为 $4f^0$、$4f^7$ 和 $4f^{14}$,而只有在 f^0、f^7 和 f^{14} 的情况下,它们没有轨道角动量($J=S$),这时所得的磁矩才和纯自旋公式一致。外场对镧系元素既不显著分裂自由离子项,也不猝灭轨道角动量,而对于其他+3镧系元素激发态比基态都有较高的 J 值,实际磁矩大于只考虑基态所算得的磁矩。

13(23-13). 试说明,在 $Ln^{3+}(aq)+EDTA(aq) \longrightarrow Ln(EDTA)(aq)$ 生成配合物的反应中,随镧系元素原子序数的增加,配合物的稳定性将发生怎样的递变?为什么?

解:上述反应的焓变($\Delta_r H_m^\ominus$)随镧系元素原子序数的增加而逐渐变小(越负),这是由于镧系元素的 Ln^{3+} 的离子半径随原子序数增加而逐渐变小,与 EDTA 之间形成的键越牢,放出的热量越多,$\Delta_r H_m^\ominus$ 越负,生成的配合物越稳定。

14(23-14). 锕系元素的氧化态与镧系元素比较有何不同?

解:对镧系元素来说,特征氧化态是+3。而锕系元素则有明显的不同,氧化态不再单一,由 Ac 到 Am 为止的前半部分锕系元素具有多种氧化值,其中最稳定的氧化值由 Ac 的+3上升到 U 的+6。随后又依次下降,到 Am 为+3。Cm 以后的稳定氧化态为+3,唯有 No 在水溶液中最稳定的氧化态为+2。由于 5f 轨道伸展得比 4f 轨道离核更远,且 5f、6d、7s 各轨道能量比较接近,故这些因素都有利于共价键形成并保持较高的氧化值。

15. 如何从独居石中提取混合稀土氯化物,写出反应方程式,并说明条件。

解:独居石又称磷铈镧矿,是轻稀土元素的重要矿物之一。采用氯-碳分解法可从中提取混合稀土氯化物,即将独居石与碳混合加热并通入氯气,反应如下:

$$2(RE)PO_4+2C+6Cl_2 \xrightarrow{1000℃} 2(RE)Cl_3+2POCl_3+3CO_2\uparrow$$

其他杂质也生成氯化物，如 UCl_4、$ThCl_4$、$FeCl_3$ 等。利用沸点（或挥发性）不同，杂质氯化物挥发后，稀土氯化物混合物以熔融的液态形式放出。

四、自　测　题

1. 填空题（每空 2 分，共 30 分）

选取适当的物质和条件完成下列各步转变并以相应的反应式表示。

(1) 由金属镧(La) $\xrightarrow{①} La_2O_3 \xrightarrow{②} La_2(SO_4)_3 \xrightarrow{③} La_2(CO_3)_3 \xrightarrow{④} La(NO_3)_3 \xrightarrow{⑤} La_2O_3$

(2) 由金属钍(Th) $\xrightarrow{①} ThO_2 \xrightarrow{②} Th(NO_3)_4 \xrightarrow{③} Th(C_2O_4)_2 \xrightarrow{④} ThO_2$

(3) $UO(NO_3)_2 \xrightarrow{①} UO_3 \xrightarrow{②} U_3O_8 \xrightarrow{③} UO_2 \xrightarrow{④} UF_4 \xrightarrow{⑤} UF_6 \xrightarrow{⑥} UO_2F_2$

2. 是非题（用"√"、"×"表示对、错，每小题 2 分，共 20 分）

(1) 某元素的价电子构型为 $4f^{0\sim14}6s^2$，所以最稳定的氧化态是+2。（　　）

(2) 在阳离子交换树脂上吸附着 Pr^{3+} 与 Nd^{3+}，用柠檬酸作淋洗剂，先被淋洗下来的是 Pr^{3+}。（　　）

(3) 镧系收缩是指镧系元素的原子半径一定随着原子序数的增大而依次减小。（　　）

(4) 因为 Y 与 La 在同族，所以 Y 属镧系元素轻稀土组。（　　）

(5) La^{3+}、Gd^{3+} 和 Lu^{3+} 由于其 4f 电子填充为全空、半满和全满，因而它们在水溶液中全无色。（　　）

(6) 镧系元素和锕系元素化学性质相似，它们最稳定的氧化态都是+3。（　　）

(7) 镧系元素和碱金属元素一样，它们的卤化物都易溶于水。（　　）

(8) 镧系元素金属活泼性从 La 到 Lu 逐渐减弱，$Ln(OH)_3$ 的碱性从 $La(OH)_3$ 到 $Lu(OH)_3$ 逐渐减弱。（　　）

(9) 锕系元素都具有放射性，它们都是人工核反应合成的。（　　）

(10) 由于镧系收缩导致第五、六周期元素性质十分相似。（　　）

3. 完成并配平下列反应方程式（每小题 4 分，共 32 分）

(1) $Ln_2(C_2O_4)_3 \xrightarrow{\triangle}$

(2) $CeCl_3 + (NH_4)_2S + H_2O \longrightarrow$

(3) $Ce(SO_4)_2 + H_2O_2 \longrightarrow$

(4) $ThO_2 + H_2SO_4$(浓) $\xrightarrow{\triangle}$

(5) $UO_3 + CO \xrightarrow{\triangle}$

(6) $Ce(SO_4)_2 + FeSO_4 \longrightarrow$

(7) $ThCl_4 + H_2O \longrightarrow$

(8) $Ce(OH)_3 + NaOH + Cl_2 \longrightarrow$

4. 解释简答题（每小题 9 分，共 18 分）

(1) 按原子序数的顺序写出镧系元素的名称、化学符号和价电子层结构。

(2) 在酸性溶液中氧化数为+6 的铀以什么形式存在？为什么？

参考答案

1. 填空题

(1) ① $4La+3O_2 = 2La_2O_3$

② $La_2O_3+3H_2SO_4 = La_2(SO_4)_3\downarrow+3H_2O$

③ $La_2(SO_4)_3+3Na_2CO_3 = La_2(CO_3)_3\downarrow+3Na_2SO_4$

④ $La_2(CO_3)_3+6HNO_3 = 2La(NO_3)_3+3CO_2\uparrow+3H_2O$

⑤ $4La(NO_3)_3 \xlongequal{\triangle} 2La_2O_3+12NO_2\uparrow+3O_2\uparrow$

(2) ① $Th+O_2$(空气)$\xlongequal{燃烧} ThO_2$

② $ThO_2+4HNO_3 = Th(NO_3)_4+2H_2O$

③ $Th(NO_3)_4+2H_2C_2O_4 = Th(C_2O_4)_2\downarrow+4HNO_3$

④ $Th(C_2O_4)_2 \xrightarrow{\triangle} ThO_2+2CO_2\uparrow+2CO\uparrow$

(3) ① $2UO_2(NO_3)_2 \xlongequal{623K} 2UO_3+4NO_2\uparrow+O_2\uparrow$

② $6UO_3 \xlongequal{927K} 2U_3O_8+O_2\uparrow$

③ $U_3O_8+2H_2 \xlongequal{\triangle} 3UO_2+2H_2O$

④ $UO_2+4HF \xlongequal{673K} UF_4+2H_2O$

⑤ $UF_4+F_2 = UF_6$

⑥ $UF_6+2H_2O = UO_2F_2+4HF$

2. 是非题

(1)×；(2)×；(3)×；(4)×；(5)√；(6)×；(7)×；(8)√；(9)×；(10)√。

3. 完成并配平下列反应方程式

(1) $Ln_2(C_2O_4)_3 = Ln_2O_3+3CO\uparrow+3CO_2\uparrow$

(2) $2CeCl_3+3(NH_4)_2S+6H_2O = 2Ce(OH)_3\downarrow+6NH_4Cl+3H_2S\uparrow$

(3) $2Ce(SO_4)_2+H_2O_2 = Ce_2(SO_4)_3\downarrow+H_2SO_4+O_2\uparrow$

(4) $ThO_2+2H_2SO_4$(浓)$\xlongequal{\triangle} Th(SO_4)_2+2H_2O$

(5) $UO_3+CO \xlongequal{\triangle} UO_2+CO_2\uparrow$

(6) $2Ce(SO_4)_2+2FeSO_4 = Ce_2(SO_4)_3\downarrow+Fe_2(SO_4)_3$

(7) $ThCl_4+H_2O = ThOCl_2+2HCl$

(8) $Ce(OH)_3+2NaOH+Cl_2 = Ce(OH)_4\downarrow+2NaCl$

4. 解释简答题

(1)

元　素	元素符号	价电子层结构	元　素	元素符号	价电子层结构
镧	La	$5d^1 6s^2$	铽	Tb	$4f^9 6s^2$
铈	Ce	$4f^1 5d^1 6s^2$	镝	Dy	$4f^{10} 6s^2$
镨	Pr	$4f^3 6s^2$	钬	Ho	$4f^{11} 6s^2$
钕	Nd	$4f^4 6s^2$	铒	Er	$4f^{12} 6s^2$
钷	Pm	$4f^5 6s^2$	铥	Tm	$4f^{13} 6s^2$
钐	Sm	$4f^6 6s^2$	镱	Yb	$4f^{14} 6s^2$
铕	Eu	$4f^7 6s^2$	镥	Lu	$4f^{14} 5d^1 6s^2$
钆	Gd	$4f^7 5d^1 6s^2$			

(2) 在酸性溶液中+6 氧化态的铀以 UO_2^{2+}(铀氧基)的形式存在。因为 UO_3 呈两性,虽溶于酸可生成+6 价铀离子的盐,但由于其正电荷高,场强大,故在水中易与 O^{2-} 结合,而以 UO_2^{2+}(铀氧基)的形式存在。

(中南大学　古映莹　易小艺)

综合测试题及参考答案

中南大学2011级化工与制药类本科生期末考试试题

一、选择填空题(每小题1.5分,共27分)

1. 有一真空系统,T℃时的压强为aPa,容积为bL,则容器中残留的气体的物质的量为(　　)

   A. $n=ab/RT$　　B. $n=ab\times10^{-3}/RT$

   C. $n=ab/R(T+273.15)$　　D. $n=ab\times10^{-3}/R(T+273.15)$

2. 晶体场理论认为,中心离子与配体之间的主要结合力是(　　)

   A. 静电作用　　B. 共价键　　C. 配位键　　D. 晶体场稳定化能

3. 已知$Zn(OH)_2$的$K_{sp}^{\ominus}=1.2\times10^{-17}$,则其饱和溶液的pH为(　　)

   A. 5.46　　B. 5.54　　C. 9.46　　D. 9.54

4. 下列说法中正确的是(　　)

   A. 同离子效应使难溶电解质的溶解度降低,酸效应使配离子的稳定性升高

   B. AgCl的水溶液导电能力很弱,所以AgCl是弱电解质

   C. 利用Na_2SO_4作为沉淀剂,可将含有相同浓度Ca^{2+}和Ba^{2+}(均为0.01mol·L^{-1})的混合溶液中两种离子进行分离[$K_{sp}^{\ominus}(CaSO_4)=9.1\times10^{-6}$、$K_{sp}^{\ominus}(BaSO_4)=1.1\times10^{-10}$]

   D. 配合物的累积稳定常数等于各逐级稳定常数之和

5. 下列配合物中,不存在几何异构的是(　　)

   A. $[CrCl_2(en)_2]Cl$　　B. $[Pt(en)Cl_4]$

   C. $[Cu(NH_3)_4(H_2O)_2]SO_4$　　D. $[Ni(CO)_2(CN)_2]$

6. 下列说法中错误的是(　　)

   A. 金属晶体的导电性随温度升高而降低

   B. 碱土金属的碳酸盐的热分解温度从Be^{2+}到Ba^{2+}依次升高,这是因为碱土金属离子的极化作用从Be^{2+}到Ba^{2+}依次增强的原因

   C. AgF的熔点高于AgI

   D. Ca^{2+}和Zn^{2+}的水溶液均为无色,是因为这两种离子在晶体场中均不会发生d-d跃迁的缘故

7. 下列各组量子数中,不正确的是(　　)

   A. (2,1,0,−1/2)　　B. (3,0,1,1/2)　　C. (2,1,−1,1/2)　　D. (3,2,−2,−1/2)

8. 下列氯化物热稳定性次序正确的是(　　)

   A. $NaCl>MgCl_2>AlCl_3>SiCl_4$　　B. $NaCl<MgCl_2<AlCl_3<SiCl_4$

   C. $NaCl<MgCl_2>AlCl_3>SiCl_4$　　D. $NaCl>MgCl_2<AlCl_3<SiCl_4$

9. 下列离子中与Na_2CO_3溶液反应生成碱式盐沉淀的是(　　)

   A. Al^{3+}　　B. Ba^{2+}　　C. Cu^{2+}　　D. Ag^{+}

10. 下列说法中正确的是(　　)

    A. 非极性分子内的化学键总是非极性的

B. 色散力仅存在于非极性分子之间

C. 取向力仅存在于极性分子之间

D. 有氢原子的物质分子间就有氢键

11. 在下列各种酸中氧化性最强的是(　　)

A. $HClO_3$　　B. HClO　　C. $HClO_4$　　D. HCl

12. 按价层电子对互斥理论推测,下列各组物质中均为直线形的是(　　)

A. CO_2,$BeCl_2$　　B. I_3^-,SCl_2　　C. I_3^-,$SnCl_2$　　D. CO_2,SCl_2

13. $NaNO_3$受热分解的产物是(　　)

A. Na_2O,NO_2,O_2　　B. $NaNO_2$,O_2

C. $NaNO_2$,NO_2,O_2　　D. Na_2O,NO,O_2

14. 在配制 $SnCl_2$溶液时,为了防止 Sn^{2+} 水解,应采取的措施为(　　)

A. 加碱　　B. 加酸　　C. 多加水　　D. 加热

15. 下列说法中错误的是(　　)

A. HNO_3分子中存在Π_3^4键　　B. HNO_2既有氧化性,又有还原性

C. NO_2^- 中存在Π_4^6键　　D. H_3BO_3是一元弱酸

16. 下列关于 H_2O_2的说法中错误的是(　　)

A. 分子中存在过氧基　　B. 既有氧化性,又有还原性

C. 通常用作氧化剂　　D. 分子处于同一平面上

17. 对于一个化学反应,下列说法中正确的是(　　)

A. $\Delta_r H_m^\ominus$越负,反应速率越快　　B. $\Delta_r G_m^\ominus$越负,反应速率越快

C. 活化能越大,反应速率越快　　D. 活化能越小,反应速率越快

18. 已知 H_2O_2分解是一级反应,若浓度由 $1.0mol \cdot L^{-1}$降至 $0.60mol \cdot L^{-1}$需 20min,则浓度从 $0.60mol \cdot L^{-1}$降至 $0.36mol \cdot L^{-1}$需时(　　)

A. 超过 20min　　B. 20min　　C. 低于 20min　　D. 无法判断

二、填空题(每空 1 分,共 18 分)

1. 当____________时,实际气体可以当作理想气体处理。

2. $[Pt(NH_3)_4(NO_2)Cl]Cl_2$的名称为________________。

3. 价电子层具有 2 个 $n=4$、$l=0$ 的电子和 6 个 $n=3$、$l=2$ 的电子,该元素属于第一周期第______族元素,元素符号为______。

4. 在 K_2CrO_4和 $K_2Cr_2O_7$溶液中分别加入 $AgNO_3$溶液,得到的沉淀是______。

5. 已知 $K_{sp}^\ominus(Ag_2CrO_4)=1.1\times10^{-12}$、$K_{sp}^\ominus(PbCrO_4)=2.8\times10^{-13}$。向浓度均为 $0.1mol \cdot L^{-1}$ 的 Ag^+ 和 Pb^{2+} 的混合溶液中滴加 K_2CrO_4稀溶液,首先生成的沉淀为______。又已知 $K_{sp}^\ominus(PbI_2)=8.4\times10^{-9}$,若将 $PbCrO_4$沉淀转化为 PbI_2沉淀,该转化反应的标准平衡常数为______。

6. 已知 Cd^{2+} 的半径为 97pm,S^{2-} 的半径为 184pm,根据正、负离子半径比,CdS 应具有______型晶格,正、负离子的配位数之比应是______;但是 CdS 却具有立方 ZnS 型晶格,正、负离子的配位数比是______,这主要是由__________造成的。

7. 在乙硼烷分子中,B 原子采取______杂化方式成键,还存在______键。

8. 已知 $[Co(CN)_6]^{3-}$ 的 $\Delta_o=67.524\times10^{-23}$ kJ,$[CoF_6]^{3-}$ 的 $\Delta_o=25.818\times10^{-23}$ kJ,它们的

$P=35.250\times10^{-23}$kJ，则其中晶体场稳定化能较大的为________，其中心离子 d 电子在八面体场中的排布为________，中心离子的杂化方式为________。

9. 碱土金属的氢氧化物 $M(OH)_2$ 中，________为两性氢氧化物。

三、简答和判断题(共 25 分)

1. (4 分)试写出下列分子或离子 O_2^{2-}、O_2^-、O_2、O_2^+ 的分子轨道电子排布式，并比较它们的稳定性。
2. (4 分)请解释为什么存在 SF_6，而不存在 OF_6。
3. (8 分) 分别写出鉴别 Mn^{2+}、Hg^{2+}、Fe^{3+}、Ni^{2+} 的特征反应方程式并注明现象。
4. (9 分)一不溶于水的黑色粉末状氧化物 A，溶于浓硫酸生成肉色溶液 B，并伴随有无色气体 C 溢出。在无氧条件下向 B 中加入强碱，形成白色沉淀 D，此沉淀在碱性介质中不稳定，被空气氧化成棕色沉淀 E。若将 A 与 KOH 和 $KClO_3$ 混合加热熔融得到一绿色物质 F。F 溶于水并通入 CO_2，则溶液变成紫色，生成紫色物质 G，同时析出 A。试写出各字母符号所代表的物质的化学式及相关反应方程式。

四、计算题(共 30 分)

1. (12 分)湿法炼金的主反应为 $4Au+O_2+2H_2O+8CN^-=\!=\!=4[Au(CN)_2]^-+4OH^-$

   (1) 写出由该氧化还原反应设计成原电池的符号。

   (2) 已知 $E^\ominus(Au^+/Au)=1.68V$，$E^\ominus(O_2/OH^-)=0.40V$，$K_f^\ominus=10^{38.3}$，计算上述所设计原电池的标准电池电动势 $E^\ominus$。

   (3) 计算该氧化还原反应的标准平衡常数值 $K^\ominus$。
2. (8 分)将 pH 为 2.53 的 HAc 溶液与 pH 为 13.00 的 NaOH 溶液等体积混合后，溶液的 pH 为多少？已知 $K_a^\ominus(HAc)=1.8\times10^{-5}$。
3. (10 分)二氧化氮的热分解反应为 $2NO_2(g)\rightleftharpoons2NO(g)+O_2(g)$

   已知 298.15K 时，$\Delta_f H_m^\ominus[NO_2(g)]$、$\Delta_f H_m^\ominus[NO(g)]$分别为 33.18kJ · mol^{-1}、90.25kJ · mol^{-1}；$S_m^\ominus[NO_2(g)]$、$S_m^\ominus[NO(g)]$、$S_m^\ominus[O_2(g)]$ 分别为 240.06J · mol^{-1} · K^{-1}、210.76J · mol^{-1} · k^{-1}、205.14J · mol^{-1} · K^{-1}。

   (1) 计算 298.15K 的 $\Delta_r G_m^\ominus$，并判断标准态下在此温度时正向能否自发。

   (2) 若上述反应 1000K 时的标准平衡常数 $K^\ominus=49.25$，且 $NO_2(g)$、$NO(g)$、$O_2(g)$的起始分压分别为 0.0010kPa、0.100kPa、0.100kPa，试判断 1000K 时起始状态该反应自发进行的方向。

   (3) 估算标准态下的最低反应温度。

参 考 答 案

一、选择填空题

(1～5 题) DACCB；(6～10 题) BBACC；(11～15 题) BABBC；(16～18 题) DDB。

二、填空题

1. 温度不太低以及压强不太高；2. 氯化氯 · 硝基 · 四氨合铂(Ⅳ)；3. 4，Ⅷ，Fe；4. Ag_2CrO_4；5. $PbCrO_4$，3.3×10^{-5}；6. NaCl，6 ∶ 6，4 ∶ 4，正、负离子之间相互极化作用；7. sp^3，氢桥或三中心两电子；

8. $[Co(CN)_6]^{3-}$，$t_{2g}^6\ e_g^0$，d^2sp^3；9. $Be(OH)_2$。

三、简答和判断题

1. 答：分子轨道电子排列式分别为

O_2^{2-} $[KK(\sigma_{2s})^2(\sigma_{2s}^*)^2(\sigma_{2p_x})^2(\pi_{2p_y})^2(\pi_{2p_z})^2(\pi_{2p_y}^*)^2(\pi_{2p_z}^*)^2]$，键级=1

O_2^- $[KK(\sigma_{2s})^2(\sigma_{2s}^*)^2(\sigma_{2p_x})^2(\pi_{2p_y})^2(\pi_{2p_z})^2(\pi_{2p_y}^*)^2(\pi_{2p_z}^*)^1]$，键级=1.5

O_2 $[KK(\sigma_{2s})^2(\sigma_{2s}^*)^2(\sigma_{2p_x})^2(\pi_{2p_y})^2(\pi_{2p_z})^2(\pi_{2p_y}^*)^1(\pi_{2p_z}^*)^1]$，键级=2

O_2^+ $[KK(\sigma_{2s})^2(\sigma_{2s}^*)^2(\sigma_{2p_x})^2(\pi_{2p_y})^2(\pi_{2p_z})^2(\pi_{2p_y}^*)^1(\pi_{2p_z}^*)^0]$，键级=2.5

稳定性：$O_2^{2-}<O_2^-<O_2<O_2^+$。

2. 答：S的价电子构型为$3s^23p^4$，S还有空的3d轨道，可以形成sp^3d^2杂化轨道，与F形成SF_6分子。O的价电子构型为$2s^22p^4$，没有空的2d轨道，不能形成sp^3d^2杂化轨道，所以不能与F形成OF_6分子。

3. Mn^{2+}： $5NaBiO_3(s)+2Mn^{2+}+14H^+ = 2MnO_4^- +5Bi^{3+}+5Na^+ +7H_2O$（溶液呈紫红色）

Hg^{2+}： $2Hg^{2+}+Sn^{2+}+2Cl^- = Hg_2Cl_2\downarrow$（白）$+ Sn^{4+}$

$Hg_2Cl_2+Sn^{2+} = 2Hg\downarrow$（黑）$+ Sn^{4+} + 2Cl^-$

Fe^{3+}：$Fe^{3+}+6SCN^- = [Fe(SCN)_6]^{3-}$ 血红色）

Ni^{2+}：$Ni^{2+}+2NH_3+2DMG = Ni(DMG)_2\downarrow$（鲜红色）$+2NH_4^+$

也可以采用其他鉴定方法。

4. A. MnO_2； B. $MnSO_4$； C. O_2； D. $Mn(OH)_2$； E. $MnO(OH)_2$或MnO_2； F. K_2MnO_4； G. $KMnO_4$。

相关反应式如下：

$$2MnO_2+2H_2SO_4 = 2MnSO_4+O_2\uparrow+2H_2O$$

$$MnSO_4+2NaOH = Mn(OH)_2\downarrow+Na_2SO_4$$

$$2Mn(OH)_2+O_2 = 2MnO(OH)_2\downarrow$$

$$3MnO_2+6KOH+KClO_3 = 3K_2MnO_4+KCl+3H_2O$$

$$3K_2MnO_4+2CO_2 = MnO_2+2KMnO_4+2K_2CO_3$$

四、计算题

1. (1) $4Au+O_2+2H_2O+8CN^- = 4[Au(CN)_2]^- + 4OH^-$的原电池符号：

$$(-)Au\mid[Au(CN)_2]^-(c^\ominus),\ CN^-(c^\ominus)\parallel OH^-(c^\ominus)\mid O_2(p^\ominus),Pt(+)$$

(2) $E_+^\ominus=E^\ominus(O_2/OH^-)=0.40V$

$E_-^\ominus=E^\ominus([Au(CN)_2]^-/Au)=E^\ominus(Au^+/Au)+0.0592\lg(1/K_f^\ominus)=1.68+0.0592\lg(1/10^{38.3})$

$=1.68-0.0592\times38.3=1.68-2.27=-0.59V$

$$E^\ominus=E_+^\ominus-E_-^\ominus=0.40-(-0.59)=0.99V$$

(3) $\lg K^\ominus=nE^\ominus/0.0592=4\times0.99/0.0592=66.89$ $K^\ominus=10^{66.89}$ 或 $K^\ominus=7.76\times10^{66}$

2. pH=2.53，$[H^+]=10^{-2.53}=2.95\times10^{-3}(mol\cdot L^{-1})$

$$K_a^\ominus=\frac{[H^+][Ac^-]}{[HAc]}$$

$$[HAc]=(2.95\times10^{-3})^2/(1.8\times10^{-5})=0.483(mol\cdot L^{-1})$$

与同体积的pH=13的NaOH混合

$$[HAc]=0.483/2=0.242(mol\cdot L^{-1}),\quad [OH^-]=0.1/2=0.05(mol\cdot L^{-1})$$

$$HAc = H^+ + Ac^-$$

$$0.242-0.05 \qquad 0.05$$

$$pH=pK_a^\ominus+\lg\frac{[Ac^-]}{[HAc]}=4.16$$

3. (1) $\Delta_rG_m^\ominus(298.15K)=\Delta_rH_m^\ominus(298.15K)-T\Delta_rS_m^\ominus(298.15K)$

$\Delta_rH_m^\ominus(298.15K)=2\Delta_fH_m^\ominus[NO(g),298.15K]+\Delta_fH_m^\ominus[O_2(g),298.15K]-2\Delta_fH_m^\ominus[NO_2(g),298.15K]$

$=2\times90.25+0-2\times(33.18)=114.14(kJ\cdot mol^{-1})$

$$\Delta_r S_m^\ominus(298.15K)=2\Delta S_m^\ominus[NO(g),298.15K]+\Delta S_m^\ominus[O_2(g),298.15K]-2\Delta S_m^\ominus[NO_2(g),298.15K]$$
$$=2\times210.76+205.14-2\times240.06=146.54(J\cdot mol^{-1}\cdot K^{-1})$$

故 $\Delta_r G_m^\ominus(298.15K)=114.14-298.15\times(146.54)\times10^{-3}$
$=70.45(kJ\cdot mol^{-1})>0$

在此温度和标准态下正向不自发。

(2) $$J=\frac{[p(NO)/p^\ominus]^2[p(O_2)/p^\ominus]}{[p(NO_2)/p^\ominus]^2}=\frac{(0.100/100)^2\times(0.100/100)}{(0.001/100)^2}=10.0$$

$J=10.0<K^\ominus(1000K)=49.25$，正向反应自发。

(3) 若使 $\Delta_r G_m^\ominus(T)=\Delta_r H_m^\ominus(T)-T\Delta_r S_m^\ominus(T)<0$，则正向自发。

又因为 $\Delta_r H_m^\ominus$、$\Delta_r S_m^\ominus$ 随温度变化不大，即

$$\Delta_r G_m^\ominus(T)\approx\Delta_r H_m^\ominus(298.15K)-T\Delta_r S_m^\ominus(298.15K)<0$$

则 $$T>114.14/(146.54)\times10^{-3}=778.90(K)$$

故最低反应温度约为 778.90K。

（中南大学　古映莹供稿）

中南大学 2011 级矿物、材料类本科生期末考试试题

一、单选题（每小题 2 分，共 40 分）

1. 下列反应中，$\Delta_r S_m^\ominus>0$ 的是（　　）
   A. $2H_2(g)+O_2(g)=2H_2O(g)$　　B. $NH_4Cl(s)=NH_3(g)+HCl(g)$
   C. $N_2(s)+3H_2(g)=2NH_3(g)$　　D. $C(s)+O_2(g)=CO_2(g)$
2. 已知反应 $NO(g)+CO(g)=\frac{1}{2}N_2(g)+CO_2(g)$ 的 $\Delta_r H_m^\ominus=-373.2kJ\cdot mol^{-1}$，若提高有毒气体 NO 和 CO 的转化率，可采取的措施是（　　）
   A. 高温高压　B. 高温低压　C. 低温高压　D. 低温低压
3. 根据酸碱质子理论，下列都属于两性电解质的是（　　）
   A. HCO_3^-、H_2O、HPO_4^{2-}　　B. HF、F^-、HSO_4^-
   C. HCO_3^-、CO_3^{2-}、HS^-　　D. OH^-、$H_2PO_4^-$、NH_4^+
4. 现欲配制 pH=8.5 的缓冲溶液，作为共轭酸或共轭碱可选下列物质中的（　　）
   A. 甲酸（$K_a^\ominus=1.0\times10^{-4}$）　　B. 乙胺（$K_b^\ominus=4.7\times10^{-4}$）
   C. 羟氨（$K_b^\ominus=1.0\times10^{-9}$）　　D. $NH_3\cdot H_2O$（$K_b^\ominus=1.8\times10^{-5}$）
5. 若 $[M(NH_3)_2]^+$ 和 $[M(CN)_2]^-$ 的 $K_d^\ominus$ 分别为 a 和 b，则反应 $[M(NH_3)_2]^++2CN^-=[M(CN)_2]^-+2NH_3$ 的平衡常数 $K^\ominus$ 为（　　）
   A. $a+b$　B. $a-b$　C. ab　D. a/b
6. 下列有关分步沉淀的叙述中正确的是（　　）
   A. 溶解度小的物质先沉淀　　B. 被沉淀离子浓度大的先沉淀
   C. 溶解度大的物质先沉淀　　D. 反应商先达到 $K_{sp}^\ominus$ 的先沉淀
7. 欲增大 $Mg(OH)_2$ 在水中的溶解度，可加入的试剂是（　　）
   A. $2mol\cdot L^{-1}NH_4Cl$　　B. $2mol\cdot L^{-1}NaOH$
   C. $0.1mol\cdot L^{-1}MgCl_2$　　D. 95%乙醇

8. 已知 $E^\ominus(Fe^{3+}/Fe^{2+})=0.77V$，$E^\ominus(Fe^{2+}/Fe)=-0.45V$，$E^\ominus(Cu^{2+}/Cu)=0.34V$，$E^\ominus(Sn^{4+}/Sn^{2+})=0.15V$，在标准态下，下列各组物质中能共存的是（　　）

A. Fe^{2+} 和 Cu　　B. Fe 和 Cu^{2+}

C. Fe^{3+} 和 Fe　　D. Fe^{3+} 和 Sn^{2+}

9. 在多电子原子中，具有下列各组量子数的电子中能量最高的是（　　）

A. (2，1，1，−1/2)　　B. (3，1，0，1/2)

C. (3，1，−1，−1/2)　　D. (3，2，1，1/2)

10. 下列分子中含有叁键的是（　　）

① O_2　② N_2　③ CO　④ HCN

A. ①②③　B. ①②④　C. ②③④　D. ①②③④

11. 根据价层电子对互斥理论，ClF_3 中心原子的杂化类型和分子几何构型分别是（　　）

A. sp^3d，T 形　　B. dsp^2，平面正方形

C. sp^3，正四面体　　D. dsp^3，变形四面体

12. 下列配合物中，不存在几何异构的是（　　）

A. $[CrCl_2(en)_2]Cl$　　B. $[Pt(en)Cl_4]$

C. $[Cu(NH_3)_4(H_2O)_2]SO_4$　　D. $[Ni(CO)_2(CN)_2]$

13. 根据晶体场理论，八面体场场强不同有可能产生高自旋和低自旋的电子构型是（　　）

A. d^2　B. d^3　C. d^4　D. d^8

14. 下列关系中错误的是（　　）

A. 稳定性：$HClO<HClO_3$　　B. 酸性：$HClO_3<HClO_4$

C. 氧化性：$KClO_4<HClO_4$　　D. 稳定性：$HCl>HI$

15. 下列关于 H_2O_2 和 H_2O 的说法中错误的是（　　）

A. 酸性：$H_2O_2>H_2O$　　B. 分子构型都为折线形

C. 都是极性分子　　D. O 原子都采取不等性 sp^3 杂化

16. 下列各酸中不属于三元酸的是（　　）

① H_3PO_2　② H_3PO_3　③ H_3PO_4　④ H_3BO_3

A. ①②　B. ②④　C. ①④　D. ①②④

17. 下列说法中错误的是（　　）

A. 碱土金属的氢氧化物均为强碱性

B. 由于“惰性电子对效应”的影响，Pb(Ⅱ)的化合物更稳定，Sn(Ⅳ)的化合物更稳定

C. 硼族元素的化合物易形成双聚体结构，这是因为硼族元素为缺电子元素引起的

D. 配制 $SnCl_2$ 溶液时，一般是将 $SnCl_2$ 固体加入稀盐酸中而不是先加入到水中溶解

18. 有一瓶失去标签的无色溶液，可能含有 Bi^{3+}、Sb^{3+}、Cd^{2+}、Zn^{2+} 中的一种。要将其鉴别出来，可选用下列物质中的（　　）

A. NaOH　B. NaCl　C. Na_2S　D. $NaNO_3$

19. 向下列溶液中加入过量的 Na_2CO_3 溶液，有碱式盐沉淀生成的是（　　）

A. $AlCl_3$　B. $CuSO_4$　C. $CrCl_3$　D. $BaCl_2$

20. 向 $Hg_2(NO_3)_2$ 溶液中加入 NaOH 溶液，生成的沉淀是（　　）

A. Hg_2O　B. HgOH　C. HgO+Hg　D. $Hg(OH)_2$+Hg

二、是非题(每小题 1 分,共 6 分)

1. Na_2HPO_4溶液的 H^+ 浓度的近似计算公式为$[H^+]\approx\sqrt{K_{a_2}^{\ominus}K_{a_1}^{\ominus}}$。　(　　)
2. 欲增大 AgCl 在水中的溶解度,可向其饱和溶液中加入适量 $AgNO_3$溶液。　(　　)
3. 钴 Co 的简单化合物,二价钴比三价钴的稳定,但形成配合物后稳定性相反。　(　　)
4. 由于 s 区元素的电负性小,所以都形成典型的离子型化合物。　(　　)
5. $Na_2S_2O_3$具有配位性,利用这一性质可以解一些重金属的毒。　(　　)
6. $FeCl_3$与 $AlCl_3$相似,均是以共价键为主的化合物。　(　　)

三、填空题(每空 1 分,共 30 分)

1. 已知 20℃水的饱和蒸气压为 2.30kPa。在 20℃,99.3kPa 的气压下,用排水集气法收集氢气 150mL,则纯氢气的分压为________ kPa;若该气体在标准状况下经干燥,则此时氢气的体积为________ mL。
2. 1mol 水在 100℃,101.325kPa 下变为蒸气时吸热 40.6kJ ,假定水蒸气为理想气体,蒸发过程不做非体积功,则此过程 $W\approx$________ $kJ\cdot mol^{-1}$,$\Delta U\approx$________ $kJ\cdot mol^{-1}$, $\Delta H=$________ $kJ\cdot mol^{-1}$。
3. 在 25℃时,若两个反应的标准平衡常数之比为 10,则两个反应的 $\Delta_r G_m^{\ominus}$ 相差________ $kJ\cdot mol^{-1}$。
4. 已知 $K_{sp}^{\ominus}(Ag_2CrO_4)=1.1\times10^{-12}$,$K_{sp}^{\ominus}(PbCrO_4)=2.8\times10^{-13}$,$K_{sp}^{\ominus}(CaCrO_4)=7.1\times10^{-4}$,$K_{sp}^{\ominus}(PbI_2)=8.4\times10^{-9}$。向浓度均为 $0.10mol\cdot L^{-1}$的 Ag^{2+}、Pb^{2+}、Ca^{2+}的混合溶液中滴加 K_2CrO_4稀溶液,则出现沉淀的次序为(写出沉淀的化学式)________,________,________。欲使 $PbCrO_4$ 沉淀转化为 PbI_2 沉淀,转化反应为________,反应的 $K^{\ominus}=$________。
5. 已知:

$$Co^{3+}(aq)+3e^- \rightleftharpoons Co,\quad E^{\ominus}=1.26V$$

$$Co^{2+}(aq)+2e^- \rightleftharpoons Co,\quad E^{\ominus}=-0.28V$$

$$NO_3^-(aq)+2H^+(aq)+e^- \rightleftharpoons NO_2\uparrow+H_2O,\quad E^{\ominus}=0.96V$$

(1) 当钴金属溶于 $1.0mol\cdot L^{-1}$ HNO_3溶液时,反应最终生成的是________(填 Co^{3+} 或 Co^{2+})(假设在标准状态下);(2)如改变硝酸的浓度,一般情况下________(填能或不能)改变(1)中的结论。
6. 某元素在周期表中位于氪之前,该元素的原子在失去 2 个电子后的离子在角量子数为 2 的轨道中有 1 个单电子,若只失去 1 个电子则离子的轨道中没有单电子。据此该元素的符号为________ ,其基态原子的核外电子排布式为________,该元素位于________族。
7. 根据分子轨道理论推测,在 O_2、O_2^-、O_2^{2-}和 O_2^+ 四种微粒中,稳定性最大的是________,属于反磁性的是________。
8. 在 CuCl、CuBr 和 CuI 三种化合物中,Cu^+的电子构型为________电子构型,通常其极化能力强;随着阴离子半径增大,阴阳离子相互极化作用增强,电子云重叠程度增大,故上述三种物质的晶体在水中溶解度由小到大的顺序可确定为________。
9. 四氯合铂(Ⅱ)酸四氨合铂(Ⅱ)的组成式为____________;$K_2[Co(NCS)_4]$的系统命名为____________。

10. 已知$[Ni(CN)_4]^{2-}$磁矩等于零，$[Ni(NH_3)_4]^{2+}$的磁矩大于零，则前者的空间构型是________，其中心离子杂化方式为________；而后者的空间构型是________，其中心离子杂化方式为________。
11. 向$MnSO_4$溶液中滴加 NaOH 溶液有白色的________生成，在空气中放置一段时间后沉淀逐渐变为棕褐色的________。（写出化学式）
12. 用配平化学反应方程式(或离子方程式)解释下列现象：

(1) 碘易溶于 KI 溶液________。

(2) 热分解$CuCl_2 \cdot H_2O$得不到无水$CuCl_2$________________。

四、计算题(共 24 分)

1. (7 分)根据下列 298.15K 时的热力学数据：

	$SnO_2(s)$	$H_2(g)$	Sn (s)	H_2O (g)
$\Delta_f H_m^\ominus/(kJ \cdot mol^{-1})$	−580.7			−241.8
$S_m^\ominus/(J \cdot mol^{-1} \cdot K^{-1})$	52.3	130.6	51.6	188.7

对于氢还原锡石的反应：$SnO_2(s)+2H_2(g) = Sn(s)+2H_2O(g)$

(1) 计算 298.15K 时的$\Delta_r H_m^\ominus$、$\Delta_r S_m^\ominus$和$\Delta_r G_m^\ominus$，并判断此时标准态下反应能否自发。

(2) 估算该反应在标准态下的温度条件。

(3) 若 830K 时上述反应，$H_2(g)$、$H_2O(g)$的起始分压分别为 100kPa、10kPa，试判断该温度下反应起始状态时自发进行的方向。

2. (4 分)已知某二元弱酸H_2B的$pK_{a_1}^\ominus=6.38$，$pK_{a_2}^\ominus=10.29$。向 1.0L 0.09mol·L^{-1}的H_2B溶液中，加入 0.06mol NaOH 固体(不考虑溶液体积变化)，试计算该溶液的 pH。
3. (8 分)在 298.15K 时，将含 0.1mol L^{-1}KCl 的 Ag-AgCl 电极与[HAc]=0.1 mol·L^{-1}，$p^\ominus(H_2)=100kPa$的氢电极组成原电池。[已知：$K_a^\ominus(HAc)=1.8\times10^{-5}$，$E^\ominus(Ag^+/Ag)=0.7991V$，$K_{sp}^\ominus(AgCl)=1.8\times10^{-10}$]

(1) 写出两个电极反应式。

(2) 计算该原电池的电动势。

(3) 写出电池反应式和原电池符号。

(4) 计算该电池反应的$\Delta_r G_m$。

(5) 写出该电池反应在 298.15K 时标准平衡常数的计算公式。

4. (5 分)将 0.20mol·L^{-1}的$AgNO_3$溶液与 0.60mol·L^{-1}的 KCN 溶液等体积混合后，加入固体 KI(忽略体积的变化)，使I^-浓度为 0.10mol·L^{-1}，能否产生 AgI 沉淀？溶液中CN^-浓度低于多少时才可出现 AgI 沉淀？($[Ag(CN)_2]^+$的$K_f^\ominus=1.3\times10^{21}$，AgI 的$K_{sp}^\ominus=8.52\times10^{-16}$)

参考答案

一、单选题

(1～5 题) BCADD；(6～10 题) DAADD；(11～15 题)ABCCB；(16～20 题) DACBC。

二、是非题

(1～6 题)× × √ × √ √ 。

三、填空题

1. 97.0，133.8；2. −3.1，37.5，40.6；3. 5.7；4. $PbCrO_4$，Ag_2CrO_4，$CaCrO_4$，$PbCrO_4(s)+2I^- \rightleftharpoons PbI_2(s)+CrO_4^{2-}$，$3.3\times10^{-5}$；5. Co^{2+}，不能；6. Cu，$[Ar]3d^{10}4s^1$ 或 $1s^2 2s^2 2p^6 3s^2 3p^6 3d^{10} 4s^1$，ⅠB；7. O_2^+，O_2^{2-}；8. 18e，CuI<CuBr<CuCl；9. $[Pt(NH_3)_4][PtCl_4]$，四(异硫氰酸根)合钴(Ⅱ)酸钾；10. 平面四边形，dsp^2，正四面体，sp^3；11. $Mn(OH)_2$，$MnO(OH)_2$；12. (1) $I_2+KI = KI_3$，(2) $2CuCl_2\cdot H_2O = Cu(OH)_2\cdot CuCl_2+2H_2O+2HCl$。

四、计算题

1. (1) 对于反应 $SnO_2(s)+2H_2(g) = Sn(s)+2H_2O(g)$

$$\Delta_r H_m^\ominus = 2\times(-241.8)+0-(-580.7)-0=97.1(kJ\cdot mol^{-1})$$

$$\Delta_r S_m^\ominus = 51.6+2\times188.7-52.3-2\times130.6=115.5(J\cdot mol^{-1}\cdot K^{-1})$$

则根据吉布斯-亥姆霍兹公式

$$\Delta_r G_m^\ominus = \Delta_r H_m^\ominus - T\Delta_r S_m^\ominus$$
$$=97.1-298.15\times115.5\times10^{-3}=62.7(kJ\cdot mol^{-1})>0$$

故反应不自发。

(2) 因该反应是吸热熵增的，故须在足够高的温度下，反应才会自发进行。

因 $\Delta_r G_m^\ominus(T)=\Delta_r H_m^\ominus(T)-T\Delta_r S_m^\ominus(T)$，假定 $\Delta_r H_m^\ominus$、$\Delta_r S_m^\ominus$ 随温度变化不大，即

$$\Delta_r G_m^\ominus(T)\approx\Delta_r H_m^\ominus(298.15K)-T\Delta_r S_m^\ominus(298.15K)$$

若使 $\Delta_r G_m^\ominus(T)<0$，其转换温度可如下计算：

$$T\geqslant\frac{\Delta_r H_m^\ominus(298.15K)}{\Delta_r S_m^\ominus(298.15K)}=\frac{97.1\times10^3}{115.5}=840.7(K)$$

即当温度超过约 840.7K 时，该反应在标准态下将自发进行。

(3) $\Delta_r G_m^\ominus(830K)\approx97.1-830\times115.5\times10^{-3}=1.2(kJ\cdot mol^{-1})$

根据化学反应等温方程式，830K 时上述反应非标准态下吉布斯自由能变为

$$\Delta_r G_m=\Delta_r G_m^\ominus+RT\ln J$$
$$=\Delta_r G_m^\ominus+RT\ln\left[\left(\frac{p(H_2O)}{p^\ominus}\right)^2\Big/\left(\frac{p(H_2)}{p^\ominus}\right)^2\right]$$
$$=6.2+8.314\times830\times10^{-3}\ln\left[\left(\frac{10}{100}\right)^2\Big/\left(\frac{100}{100}\right)^2\right]$$
$$=1.2-31.8$$
$$=-30.6(kJ\cdot mol^{-1})<0$$

故此时上述反应正向自发。

2. 根据 H_2B 和 NaOH 反应后计算出溶液组成为 H_2B 和 HB^-（H_2B 过量），其浓度分别为

$$c(H_2B)=(0.09-0.06)/1=0.03(mol\cdot L^{-1})$$
$$c(HB^-)=0.06/1=0.06(mol\cdot L^{-1})$$

因解离程度小，用初始浓度代替平衡浓度，则溶液的 pH 为

$$pH=pK_a+\lg\frac{[HB^-]}{[H_2B]}=6.38+\lg\frac{0.06}{0.03}=6.68$$

3. (1) 电极反应式

$$AgCl(s)+e^-\rightleftharpoons Ag+Cl^-(aq)$$
$$2HAc(aq)+2e^-\rightleftharpoons H_2(g)+2Ac^-(aq)$$

(2) $E(HAc/H_2)=E(H^+/H_2)=E^\ominus(H^+/H_2)+\frac{0.0592}{2}\lg[H^+]^2$

$$=0.0000+0.0592\lg(\sqrt{1.8\times10^{-5}\times0.10})=-0.1698(V)$$

$E(AgCl/Ag)=E(Ag^+/Ag)=E^\ominus(Ag^+/Ag)+0.0592\lg[Ag^+]$

$$=0.7991+0.0592\lg\frac{1.8\times10^{-10}}{0.10}=0.2823(\text{V})$$

原电池的电动势为 $E=0.2823-(-0.1698)=0.452(\text{V})$

(3) 电池反应式为

$$2AgCl(s)+H_2(g)+2Ac^-(aq)\rightleftharpoons 2Ag+2Cl^-(aq)+2HAc(aq)$$

原电池符号为

(－) Pt，H_2(100kPa) | HAc(0.1mol·L^{-1}) ‖ Cl^-(0.1mol·L^{-1}) | AgCl(s)，Ag(＋)

(4) 该电池反应的 $\Delta_r G_m=-zFE=-2\times96\,485\times0.452\times10^{-3}=-87.2(\text{kJ}\cdot\text{mol}^{-1})$

(5) 该电池反应在 298.15K 时标准平衡常数的计算公式为

$$\lg K^\ominus=\frac{zE^\ominus}{0.0592}$$

4. 设平衡时 Ag^+ 浓度为 x mol·L^{-1}，则：

	Ag^+	+ $2CN^-$	$\rightleftharpoons$ $[Ag(CN)_2]^-$
反应后的浓度/(mol·L^{-1})	0	0.30－0.20	0.10
平衡时浓度/(mol·L^{-1})	x	$0.10+2x$	$0.10-x$
		≈0.10	≈0.10

$$c(Ag^+)=\frac{c[Ag(CN)_2^-]}{K_f\cdot c^2(CN^-)}=\frac{0.10}{1.3\times10^{21}\times0.10^2}=7.69\times10^{-21}(\text{mol}\cdot\text{L}^{-1})$$

$J=[Ag^+][I^-]=7.69\times10^{-21}\text{mol}\cdot\text{L}^{-1}\times0.10\text{mol}\cdot\text{L}^{-1}=7.69\times10^{-22}<K_{sp}^\ominus(AgI)=8.52\times10^{-17}$

无 AgI 沉淀生成。

若要在$[I^-]=0.10\text{mol}\cdot\text{L}^{-1}$的条件下形成 AgI 沉淀，则溶液中 Ag^+ 浓度为

$$c(Ag^+)\geqslant\frac{K_{sp}^\ominus}{c(I^-)}=\frac{8.52\times10^{-17}}{0.10}=8.52\times10^{-16}(\text{mol}\cdot\text{L}^{-1})$$

$$c[CN^-]=\sqrt{\frac{c[Ag(CN)_2^-]}{K_f^\ominus\cdot c(Ag^+)}}=\sqrt{\frac{0.10}{1.3\times10^{21}\times8.52\times10^{-16}}}=3.0\times10^{-4}(\text{mol}\cdot\text{L}^{-1})$$

由计算可知，要使上述溶液生成 AgI 沉淀，必须使$[CN^-]<3.0\times10^{-4}\text{mol}\cdot\text{L}^{-1}$。

（中南大学　张寿春　王一凡供稿）

武汉理工大学 2012 级近化学类专业本科生期末考试试题(一)

一、填空题(每空 1 分，共 20 分)

1. $HC_2O_4^-$ 的共轭酸是(　　)，共轭碱是(　　)。$HC_2O_4^-$ 属于(　　)物质。
2. 在乙醇的水溶液中，分子间存在的作用力有(　　)。
3. 气态离子 Mg^{2+}、Ca^{2+}、Sr^{2+}、Ba^{2+}、F^- 分别形成 1mol MgF_2、CaF_2、SrF_2 和 BaF_2 离子晶体时放出的热量由大到小的顺序为(　　)。
4. 某元素原子 X 的最外层只有 1 个电子，其 X^{3+} 的最高能级有 3 个电子，且其主量子 n 为 3，角量子数 l 为 2，则该原子 X 的价电子层排布为(　　)，元素符号为(　　)，它应处于元素周期表中第(　　)周期第(　　)族。
5. Ag^+ 和 K^+ 半径相近，但 KBr 易溶于水，而 AgBr 却难溶于水。这可以用(　　)理论解释。
6. 下列元素中第一电离能最大的元素是(　　)，第一电离能最小的元素是(　　)。

   (1)B　(2)Ca　(3)N　(4)Mg　(5)Al

7. 试比较下列电对电极电势 $E^\ominus$ 的相对大小(已知 $K_{sp}^\ominus[Fe(OH)_3] < K_{sp}^\ominus[Fe(OH)_2]$)

$E^\ominus(Cu^{2+}/[CuI_2]^-)$ (　　) $E^\ominus(Cu^{2+}/Cu^+)$

$E^\ominus[Fe(OH)_3/Fe(OH)_2]$(　　)$E^\ominus(Fe^{3+}/Fe^{2+})$

8. 在 $Ca(OH)_2$、CaF_2、NH_4F、HF 等化合物中,仅有离子键的是(　　),仅有共价键的是(　　),既有共价键又有离子键的是(　　),既有离子键又有共价键和配位键的是(　　)。

9. 制备 HgI_2 沉淀时,KI 过量太多会使沉淀减少,这主要是发生了(　　)溶解反应,其反应式为(　　)。

二、单选题(每小题 2 分,共 20 分)

1. 下列各组表示核外电子运动状态的量子数中,合理的是(　　)

A. $n=3, l=3, m=2, m_s=-\frac{1}{2}$　　B. $n=2, l=0, m=1, m_s=\frac{1}{2}$

C. $n=0, l=0, m=0, m_s=\frac{1}{2}$　　D. $n=1, l=0, m=0, m_s=-\frac{1}{2}$

2. 一个气相反应 $mA(g)+nB(g) \rightleftharpoons qC(g)$,达到平衡的条件是(　　)

A. $\Delta_r G_m^\ominus = 0$　　B. $J=K^\ominus$

C. $J=1$　　D. 反应物分压和等于产物分压和

3. 已知在标准状态下石墨的燃烧焓为 $-393.7kJ \cdot mol^{-1}$,石墨转变为金刚石反应的焓变为 $+1.9kJ \cdot mol^{-1}$,则金刚石的燃烧焓应为(　　)$kJ \cdot mol^{-1}$。

A. +395.6　　B. +391.8　　C. −395.6　　D. −391.8

4. 在 1.0L 水中溶解 1.0g 氯化钠,此过程的(　　)

A. $\Delta_r G_m > 0$, $\Delta_r S_m > 0$　　B. $\Delta_r G_m < 0$, $\Delta_r S_m < 0$

C. $\Delta_r G_m < 0$, $\Delta_r S_m > 0$　　D. $\Delta_r G_m > 0$, $\Delta_r S_m < 0$

5. 在 298K,下列反应中 $\Delta_r H_m^\ominus$ 与 $\Delta_r G_m^\ominus$ 最接近的是(　　)

A. $CCl_4(g)+2H_2O(g) = CO_2(g)+4HCl(g)$

B. $CaO(s)+CO_2(g) = CaCO_3(s)$

C. $Cu^{2+}(aq)+Zn(s) = Cu(s)+Zn^{2+}(aq)$

D. $2Na(s)+H_2O(l) = 2Na^+(aq)+H_2(g)$

6. 在反应 $BF_3 + NH_3 \longrightarrow F_3BNH_3$ 中,BF_3 为(　　)

A. Arrhenius 碱　　B. Brφnsted 酸　　C. Lewis 碱　　D. Lewis 酸

7. 已知 $[Fe(CN)_6]^{4-}$ 和 $[FeF_6]^{3-}$ 的磁矩分别为 0 和 5.2B.M.,下列叙述中不正确的是(　　)

A. 配离子均为八面体构型

B. 配离子均为顺磁性物质

C. 前者为内轨型,后者为外轨型

D. 前者采取 d^2sp^3 杂化,后者采取 sp^3d^2 杂化

8. 下列晶体中属于原子晶体的是(　　)

A. CsCl　　B. 干冰　　C. SiC　　D. 石墨

9. 为了减少汽车尾气污染大气,拟按反应 $2NO(g)+2CO(g) \rightleftharpoons N_2(g)+2CO_2(g)$ 进行催化转化,该反应 $\Delta_r H_m^\ominus(298K) = -374kJ \cdot mol^{-1}$。下列措施中有利于提高反应转化率的是(　　)

A. 低温高压　　B. 高温高压　　C. 低温低压　　D. 高温低压

10. $BaCO_3$在下列溶液中溶解度最小的是(　　)

A. H_2O　　B. HNO_3　　C. HCl　　D. Na_2CO_3

三、是非题(每小题 1 分,共 10 分)

1. 下列各对溶液都能用于配制缓冲溶液。(　　)
(1) H_2CO_3和 NaOH　(2) NaH_2PO_4和 Na_3PO_4　(3) NH_3和 HCl
2. 因为 $\Delta_rG_m^\ominus=-RT\ln K^\ominus$,所以升高温度,平衡常数增大。(　　)
3. 用 FeS 处理含 Hg^{2+}废水比用 Na_2S 处理含 Hg^{2+}废水好。(　　)
4. 已知 $CaCO_3$的溶解度为 $5.3\times10^{-3}g\cdot L^{-1}$,所以 $CaCO_3$的 $K_{sp}^\ominus=(5.3\times10^{-3})^2$。(　　)
5. 热力学能的改变量 ΔU 可通过测定热 Q 和功 W 计算出。由于热力学能是状态函数,因此热和功也是状态函数。(　　)
6. 在同时可能发生的几个氧化还原反应中,电动势最大的,反应速率最快,将首先发生反应。(　　)
7. 已知 $1/2Cl_2+e^-$ ══ Cl^- 的 $E^\ominus$为 1.36V,所以 Cl_2+2e^- ══ $2Cl^-$ 的 $E^\ominus$为 2.72V。(　　)
8. 空间构型为 V 形的多原子分子其中心原子一定是采取 sp^3不等性杂化。(　　)
9. 氢原子与铜原子的轨道能级顺序均为 3s<3p<3d。(　　)
10. 电负性大的元素,其电子亲和能也一定大。(　　)

四、填表题(每小题 4 分,共 8 分)

1. 填充下表

化学式	形成体	配位体	配位原子	配位数	命　名
					二溴·四水合铬(Ⅲ)配离子
$Na[Al(OH)_4]$					
$[Ca(EDTA)]^{2-}$					

2. 填充下表

化合物	杂化轨道类型	分子的空间构型	偶极矩	分子的极性
BCl_3				
PCl_3				
顺$[PtCl_2(NH_3)_2]$				

五、计算题(第 1、2、3 小题各 10 分,第 4 小题 12 分,共 42 分)

1. 欲配制 1.0L pH=9.60,$c(NH_3)=0.10mol\cdot L^{-1}$的缓冲溶液,需用 $6.0mol\cdot L^{-1}$氨水多少毫升和固体 NH_4Cl 多少克?已知 NH_3的 $K_b^\ominus=1.8\times10^{-5}$,$M_r(NH_4Cl)=53.5$。
2. 已知 $K_f^\ominus[Cu(CN)_4^{3-}]=2.0\times10^{30}$,$K_{sp}^\ominus(Cu_2S)=2.0\times10^{-48}$,$K_a^\ominus(HCN)=5.8\times10^{-10}$,$K_{a_1}^\ominus(H_2S)=1.3\times10^{-7}$,$K_{a_2}^\ominus(H_2S)=7.1\times10^{-15}$。向 $0.50mol\cdot L^{-1}$的$[Cu(CN)_4]^{3-}$溶液中通入 H_2S 至饱和,写出计算以下反应的标准平衡常数表达式并计算其值。说明能否生

成 Cu_2S 沉淀？反应达到平衡时，$c([Cu(CN)_4]^{3-})$=？

$$2[Cu(CN)_4]^{3-}+H_2S \longrightarrow Cu_2S+2HCN+6CN^-$$

3. 计算 298.15K 时 $MgCO_3$ 分解反应的标准平衡常数 $K^{\ominus}$：$MgCO_3(s) = MgO(s)+CO_2(g)$。大气中含 CO_2 约 0.031%（体积分数），试用化学热力学计算说明，菱镁矿（$MgCO_3$）能否稳定存在于自然界？已知：298.15K 时

	$MgCO_3(s)$	$MgO(s)$	$CO_2(g)$
$\Delta_f G_m^{\ominus}/(kJ\cdot mol^{-1})$	−1012	−569.4	−394.4

4. 有以下原电池：Ag(s)，AgI(s) | I^-(0.10mol · dm^{-3}) ‖ Cu^{2+}(0.010mol · dm^{-3}) | Cu(s)。已知 298K 时，$E^{\ominus}(Ag^+/Ag)=0.80V$，$E^{\ominus}(Cu^{2+}/Cu)=0.34V$，$K_{sp}^{\ominus}(AgI)=8.3\times10^{-17}$，试完成：

(1) 写出此原电池的电极反应和电池反应。

(2) 计算 $E^{\ominus}(AgI/Ag)$。

(3) 计算该电池的标准电动势 $E^{\ominus}$ 和电池反应的平衡常数 $K^{\ominus}$。

(4) 分别计算 $E(AgI/Ag)$ 和 $E(Ag^+/Ag)$。

(5) 计算该电池的电动势 E，判断电池反应进行的方向。

参考答案

一、填空题

1. $H_2C_2O_4$，$C_2O_4^{2-}$，两性；2. 色散力、诱导力、取向力和氢键；3. $MgF_2>CaF_2>SrF_2>BaF_2$；4. $3d^54s^1$，Cr，四，ⅥB；5. 离子极化（Ag^+ 是 18 电子构型，K^+ 是 8 电子构型，Ag^+ 与 Br^- 相互极化作用较强，因此键型由离子键向共价键过渡，AgBr 在水中溶解度比 KBr 小）；6. N，Ca； 7. <， >；8. CaF_2，HF，$Ca(OH)_2$，NH_4F；9. 配位，$HgI_2(s)+2I^-(aq) = [HgI_4]^{2-}(aq)$。

二、单选题

（1～5 题）DBCCC；（6～10 题）DBCAD 。

三、是非题

（1～5 题）√ × √ × ×；（6～10 题）× × × × ×。

四、填表题

1.

化学式	形成体	配位体	配位原子	配位数	命 名
$[CrBr_2(H_2O)_4]^+$	Cr^{3+}	Br^-，H_2O	Br，O	6	二溴 · 四水合铬（Ⅲ）配离子
$Na[Al(OH)_4]$	Al^{3+}	OH^-	O	4	四羟基合铝（Ⅲ）酸钠
$[Ca(EDTA)]^{2-}$	Ca^{2+}	$EDTA^{4-}$	N，O	6	乙二胺四乙酸根合钙（Ⅱ）配离子

2.

化合物	中心原子的杂化轨道类型	分子的空间构型	偶极矩	分子的极性
BCl_3	sp^2杂化	平面正三角形	0	非极性
PCl_3	sp^3不等性杂化	三角锥形	≠0	极性
顺$[PtCl_2(NH_3)_2]$	dsp^2杂化	平面正方形	0	非极性

五、计算题（第 1、2、3 小题各 10 分，第 4 小题 12 分，共 42 分）

1. pH= 9.60，则 $c(OH^-)=10^{-14.0+9.60}=4.0\times10^{-5}(mol\cdot L^{-1})$

$$K_a^{\ominus}=\frac{c(NH_4^+)c(OH^-)}{c(NH_3)}=\frac{c(NH_4^+)\times 4.0\times 10^{-5}}{0.10}=1.8\times 10^{-5}$$

$$c(NH_4^+)=0.045mol\cdot L^{-1}$$

$$m(NH_4Cl)=0.045mol\cdot L^{-1}\times 53.5g\cdot mol^{-1}\times 1.0L=2.4g$$

设需用 6.0mol · L^{-1}氨水 xmL,则

$6.0mol\cdot L^{-1}\times x\times 10^{-3}L=0.10mol\cdot L^{-1}\times 1.0L$　　解得 $x=17$

即需用 6.0mol · L^{-1}氨水 17mL 和固体 NH_4Cl 2.4g。

2. 反应 $2[Cu(CN)_4]^{3-}(aq)+H_2S(aq)\longrightarrow Cu_2S(s)+2HCN(aq)+6CN^-(aq)$的平衡常数表达式为

$$K^{\ominus}=\frac{[c(CN^-)]^6\cdot[c(HCN)]^2}{c(H_2S)\cdot[c(Cu(CN)_4^{3-})]^2}$$

$$=\frac{K_{a_1}^{\ominus}(H_2S)\cdot K_{a_2}^{\ominus}(H_2S)}{[K_a^{\ominus}(HCN)]^2\cdot K_{sp}^{\ominus}(Cu_2S)\cdot(K_f^{\ominus}[Cu(CN)_4^{3-}])^2}$$

$$=\frac{1.3\times 10^{-7}\times 7.1\times 10^{-15}}{(5.8\times 10^{-10})^2\times(2.0\times 10^{-48})(2.0\times 10^{30})^2}=3.4\times 10^{-16}$$

$K^{\ominus}$非常小,故几乎不能生成 Cu_2S 沉淀。

反应达到平衡时,$c([Cu(CN)_4]^{3-})\approx 0.50mol\cdot L^{-1}$

3. 方法一:　$\Delta_rG_m^{\ominus}(298.15K)=\sum_B \nu_B\Delta_fG_{m,B}^{\ominus}(298.15K)$

$$=(-569.4)+(-394.4)-(-1012)=48.2(kJ\cdot mol^{-1})$$

$$\Delta_rG_m(298.15K)=\Delta_rG_m^{\ominus}(298.15K)+RT\ln\frac{p(CO_2)}{p^{\ominus}}$$

$$=48.2+8.314\times 298.15\times 10^3\ln(0.031\%)$$

$$=28.2(kJ\cdot mol^{-1})$$

$\Delta_rG_m(298.15K)>0$,反应不能进行。所以,常温下 $MgCO_3$ 能自然界中稳定存在。

方法二:计算反应商 J,并由 $\Delta_rG_m^{\ominus}(298.15K)=-RT\ln K^{\ominus}$计算出 $K^{\ominus}$($K^{\ominus}=3.6\times 10^{-9}$)比较之,得到相同的结果。

4. (1) 电极反应:　$(-)Ag(s)+I^-(aq)-e^-\longrightarrow AgI(s)$

$(+)Cu^{2+}(aq)+2e^-\longrightarrow Cu(s)$

电池反应:$2Ag(s)+Cu^{2+}(aq)+2I^-(aq)\longrightarrow 2AgI(s)+Cu(s)$

(2) $E^{\ominus}(AgI/Ag)=E(Ag^+/Ag)$

$=E^{\ominus}(Ag^+/Ag)+0.0592\lg K_{sp}^{\ominus}(AgI)$

$=0.80-0.95=-0.15(V)$

(3) $E^{\ominus}=E^{\ominus}(Cu^{2+}/Cu)-E^{\ominus}(AgI/Ag)=0.34-(-0.15)=0.49(V)$

$\lg K^{\ominus}=2\times 0.49/0.0592=16.56$

$K^{\ominus}=3.7\times 10^{16}$

(4) $E(AgI/Ag)=E^{\ominus}(AgI/Ag)-0.0592\lg c(I^-)$

$=-0.15-0.0592\lg 0.10=-0.091(V)$

$E(Ag^+/Ag)=E^{\ominus}(Ag^+/Ag)+0.0592\lg c(Ag^+)$

$=E^{\ominus}(Ag^+/Ag)+0.0592\lg K_{sp}^{\ominus}(AgI)/c(I^-)$

$=0.80-1.006=-0.21(V)$

(5) $E(Cu^{2+}/Cu)=0.34+(0.0592/2)\lg(0.010)=0.28(V)$

$E=E^{\ominus}(Cu^{2+}/Cu)-E(AgI/Ag)=0.28-(-0.091)=0.37(V)>0$

电池反应正向进行。

(武汉理工大学　雷家珩供稿)

武汉理工大学2012级近化学类专业本科生期末考试试题(二)

一、单选题(每小题2分,共30分)

1. 下列分子中,最可能存在的氮化物是(　　)
   A. Na_3N　　B. K_3N　　C. Li_3N　　D. Cs_3N
2. 下列氯化物中能溶于有机溶剂的是(　　)
   A. LiCl　　B. NaCl　　C. KCl　　D. $CaCl_2$
3. 和水反应得不到 H_2O_2 的是(　　)
   A. K_2O_2　　B. Na_2O_2　　C. KO_2　　D. KO_3
4. 下列各组化合物中均难溶于水的是(　　)
   A. $BaCrO_4$、LiF　　B. $Mg(OH)_2$、$Ba(OH)_2$
   C. $MgSO_4$、$BaSO_4$　　D. $SrCl_2$、$CaCl_2$
5. 下列哪一种氢氧化物不是两性氢氧化物(　　)
   A. $Zn(OH)_2$　　B. $Pb(OH)_2$　　C. $Sn(OH)_2$　　D. $Sr(OH)_2$
6. 向下述两平衡体系:(1) $2Cu^{+}(aq) \rightleftharpoons Cu^{2+}(aq) + Cu(s)$
   (2) $Hg_2^{2+}(aq) \rightleftharpoons Hg^{2+}(aq) + Hg(l)$
   (1)和(2)中分别加入过量 $NH_3 \cdot H_2O$,则平衡移动情况是(　　)
   A. (1)向左,(2)向右　　B. (1)、(2)均向右
   C. (1)、(2)均向左　　D. (1)向右,(2)向左
7. 在下列氢氧化物中,既能溶于过量NaOH,又能溶于氨水的是(　　)
   A. $Ni(OH)_2$　　B. $Zn(OH)_2$　　C. $Fe(OH)_3$　　D. $Al(OH)_3$
8. 已知:$Cu^{2+} \xrightarrow{0.15V} Cu^{+} \xrightarrow{0.52V} Cu$,则水溶液中 Cu^{2+}、Cu^{+} 稳定性大小顺序(　　)
   A. Cu^{2+}大,Cu^{+}小　　B. Cu^{2+}小,Cu^{+}大
   C. 两者稳定性相同　　D. 无法比较
9. 下列阳离子中,能与 Cl^- 在溶液中生成白色沉淀,加氨水时又将转成黑色的是(　　)
   A. 铅(Ⅱ)　　B. 银(Ⅰ)　　C. 汞(Ⅰ)　　D. 锡(Ⅱ)
10. 下列金属单质可以被 HNO_3 氧化成最高价态的是(　　)
    A. Hg　　B. Tl　　C. Pb　　D. Bi
11. 在含有 $0.1mol \cdot L^{-1}$ 的 Pb^{2+}、Cd^{2+}、Mn^{2+} 和 Cu^{2+} 的 $0.3mol \cdot L^{-1}$ HCl 溶液中通入 H_2S,全部沉淀的一组离子是(　　)
    A. Mn^{2+}、Cd^{2+}、Cu^{2+}　　B. Cd^{2+}、Mn^{2+}
    C. Pb^{2+}、Mn^{2+}、Cu^{2+}　　D. Cd^{2+}、Cu^{2+}、Pb^{2+}
12. 能共存于酸性溶液中的一组离子是(　　)
    A. K^+、I^-、SO_4^{2-}、MnO_4^-　　B. Na^+、Zn^{2+}、SO_4^{2-}、NO_3^-
    C. Ag^+、AsO_4^{3-}、S^{2-}、SO_3^{2-}　　D. K^+、S^{2-}、SO_4^{2-}、$Cr_2O_7^{2-}$
13. 均不溶于稀酸,但都可溶于浓盐酸中的一组硫化物是(　　)
    A. Bi_2S_3、PbS　　B. ZnS、FeS　　C. NiS、CuS　　D. MnS、CoS
14. 下列物质中酸性最强的是(　　)
    A. H_2S　　B. H_2SO_3　　C. H_2SO_4　　D. $H_2S_2O_7$
15. 下列含有大量 Cl^- 的酸性阳离子试液中,无色透明的一组是(　　)

A. Ag^{+}、Pb^{2+}、Hg_2^{2+}　　B. Co^{2+}、Hg^{2+}、Cu^{2+}

C. Hg^{2+}、Pb^{2+}、Cd^{2+}　　D. Fe^{3+}、Ni^{2+}、NH_4^{+}

二、填空题(每空 1 分,共 20 分)

16. 写出下列物质的化学式:甘汞________,海波________,刚玉________,普鲁士蓝________。

17. 红色不溶于水的固体________与稀硫酸反应,微热,得到蓝色________溶液和暗红色的沉淀物________。取上层蓝色溶液加入氨水生成深蓝色________溶液。加入过量 KCN 溶液则生成无色________溶液(空格处请填写离子式)。

18. 在 Zn、W、Cu、Cr、Co、Sn 等金属中,硬度最大的金属是________,熔点最高的金属是________。

19. 最难溶的硫化物是________,它可溶于________或________溶液中。

20. 在五支试管中分别盛有以下五种试液,请用一种试剂把它们区别开,并在下面表格空处给出产物和现象:

试液＼试剂	NaCl	Na_2S	K_2CO_3	$Na_2S_2O_3$	$NaNO_2$
稀 HCl					

三、根据描述写出下列反应式并配平(每小题 2 分,共 10 分)

21. 在氯化银溶于氨水的溶液中,加入甲醛并加热。

22. NO_3^- 的鉴定反应。

23. 将 Cr_2S_3 投入水中。

24. 向 PbS 中加入过量 H_2O_2。

25. 用碘溶液滴定硫代硫酸钠溶液。

四、是非题(每小题 1 分,共 10 分)

26. Fe^{3+} 可用赤血盐来鉴定。 (　　)

27. PbS 可溶于浓 HCl,不溶于 HNO_3。 (　　)

28. 氧化能力:$HBrO_4 > H_5IO_6 > HClO_4$。 (　　)

29. 某同学测得 $Zn(OH)_2$ 上层清液的 pH=11,故 $Zn(OH)_2$ 是碱性的化合物。 (　　)

30. 焦硫酸是常见的配位剂,往往用在电镀工业中。 (　　)

31. 单质碘在水中的溶解度很小,但在 KI 溶液中,溶解度显著增大了,这是因为发生了配位效应。 (　　)

32. 第五、六周期同一副族元素如 Mo、W 性质相似,其原因是惰性电子对效应。 (　　)

33. 保存 $SnCl_2$ 水溶液加入 Sn 粒的目的是防止 $SnCl_2$ 水解。 (　　)

34. +3 价铬在过量强碱溶液中的存在形式为 CrO_4^{2-}。 (　　)

35. HF、HCl、HBr、HI 的水溶液中酸性最强的是 HI。 (　　)

五、问答题(10 分)

36. (4 分)试分析乙硼烷分子的结构,并指出它与乙烷结构有何不同。

37. (6 分)无机难溶物形形色色,试写出三种溶解难溶物的方法,并举例说明(用反应式表示)。

六、推断题(10 分)

38. 将 SO_2(g)通入纯碱溶液中,有无色无味气体(A)逸出,所得溶液经烧碱中和,再加入硫化钠溶液除去杂质,过滤后得到溶液(B)。将某非金属单质(C)加入到溶液(B)中加热,反应后再经过滤、除杂等过程后,得到溶液(D)。取 3mL 溶液(D)加入 HCl 溶液,其反应产物之一为沉淀(C)。另取 3mL 溶液(D),加入少许 AgBr (s),则其溶解,生成配离子(E)。再取第三份 3mL 溶液(D),在其中加入几滴溴水,溴水颜色消失,再加入 $BaCl_2$ 溶液,得到不溶解于稀盐酸的白色沉淀(F)。试确定 A、B、C、D、E、F 的化学式,并写出及配平 C→D、D→C、D→E、D→F 的反应方程式。

七、分离并鉴定(10 分)

39. 在某混合溶液中含有 Ag^+、Pb^{2+}、Cr^{3+}、Cu^{2+} 和 Fe^{3+} 等 5 种离子,画出它们的分离与鉴定流程图,注明条件与现象,写出并配平 5 种金属离子相应的鉴定反应式。

参 考 答 案

一、单选题

(1~5 题) CADAD;(6~10 题) BBACA ;(11~15 题) DBADC。

二、填空题

16. Hg_2Cl_2, $Na_2S_2O_3 \cdot 5H_2O$, Al_2O_3, $[KFe(CN)_6Fe]$;17. Cu_2O, Cu^{2+} $[Cu(H_2O)_6^{2+}]$, Cu, $Cu(NH_3)_4^{2+}$, $Cu(CN)_2^-$;18. Cr,W;19. HgS,王水,S^{2-};

20.

试液 \ 试剂	NaCl	Na_2S	K_2CO_3	$Na_2S_2O_3$	$NaNO_2$
稀 HCl	无色溶液	无色臭鸡蛋气体	无色气体	无色气体,淡黄色固体	溶液上方有红棕色气体

三、根据描述写出下列反应式并配平

21. $3HgS+2HNO_3+12HCl = 3H_2[HgCl_4]+3S+2NO+4H_2O$

22. $2NO_3^-+6Fe^{2+}$(过量)$+8H^+ = 6Fe^{3+}+2NO+4H_2O$

    $Fe^{2+}+NO = [Fe(NO)]^{2+}$

23. $Cr_2S_3+6H_2O = 2Cr(OH)_3(s)+3H_2S(g)$

24. $PbS+4H_2O_2 = PbSO_4+4H_2O$

25. $2Na_2S_2O_3+I_2 = Na_2S_4O_6+2NaI$

四、是非题

(26~30 题)× × √ × ×;(31~35 题)× × × × √。

五、问答题

36. 乙硼烷和乙烷的分子式相同,但分子结构不同。乙烷中每个 C 原子有 4 个价电子,以 sp^3 杂化轨道分别与 3 个 H 原子及另一个 C 原子成键,达到 8 个电子结构。B 原子只有三个价电子,为缺电子原子。乙硼烷中,每个 B 原子采取 sp^3 杂化方式形成 4 个 sp^3 杂化轨道,其中的 1 个杂化轨道是空的,三个含未成对电子的杂化轨道中有 2 个分别与两个 H 原子 1s 轨道重叠,形成正常的 σ 键,余下的 1 个杂化轨道与氢原子的 1s 轨道和另 1 个 B 原子的空的杂化轨道共用 1 对电子,形成“三中心二电子键”而连接起来。也就是说两

个 B 原子通过 H 原子形成两个“氢桥”键连接在一起，如下图。B_2H_6 是缺电子化合物。

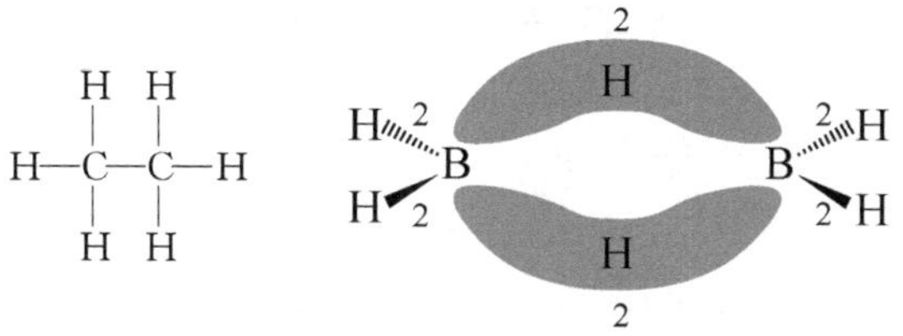

乙烷　　　　乙硼烷

37. 使难溶沉淀溶解主要有如下几种方法。

(1) 加酸溶解：常用于难溶弱酸盐沉淀。如

$$CaCO_3 + 2HCl \xlongequal{} CaCl_2 + CO_2(g) + H_2O$$

(2) 加氧化剂或还原剂溶解：

$$3CuS + 8HNO_3(\text{稀}) \xlongequal{} 3Cu(NO_3)_2 + 3S(s) + 2NO(g) + 4H_2O$$

(3) 加入配位剂溶解：

$$AgCl + 2NH_3 \xlongequal{} [Ag(NH_3)_2]^+ + Cl^-$$

六、推断题

38. 解：A、B、C、D、E、F 的化学式依次为：CO_2，Na_2SO_3，S，$Na_2S_2O_3$，$[Ag(S_2O_3)_2]^{3-}$，$BaSO_4$。

各步反应方程式依次为

$$SO_2(g) + Na_2CO_3(aq) \longrightarrow Na_2SO_3(aq) + CO_2(g)$$

$$SO_2(g) + 2NaOH(aq) \longrightarrow Na_2SO_3(aq) + H_2O(l)$$

$$Na_2SO_3 + S \xrightarrow{\triangle} Na_2S_2O_3$$

$$Na_2S_2O_3(aq) + 2HCl(aq) \longrightarrow S(s) + SO_2(g) + 2NaCl(aq) + H_2O(l)$$

$$2Na_2S_2O_3(aq) + AgBr(s) \longrightarrow Na_3[Ag(S_2O_3)_2] + NaBr(aq)$$

$$Na_2S_2O_3(aq) + 4Br_2(l) + 5H_2O(l) \longrightarrow Na_2SO_4(aq) + H_2SO_4(aq) + 8HBr(aq)$$

$$Na_2SO_4(aq) + BaCl_2(aq) \longrightarrow BaSO_4(s) + 2NaCl(aq)$$

七、分离并鉴定

39. 解：

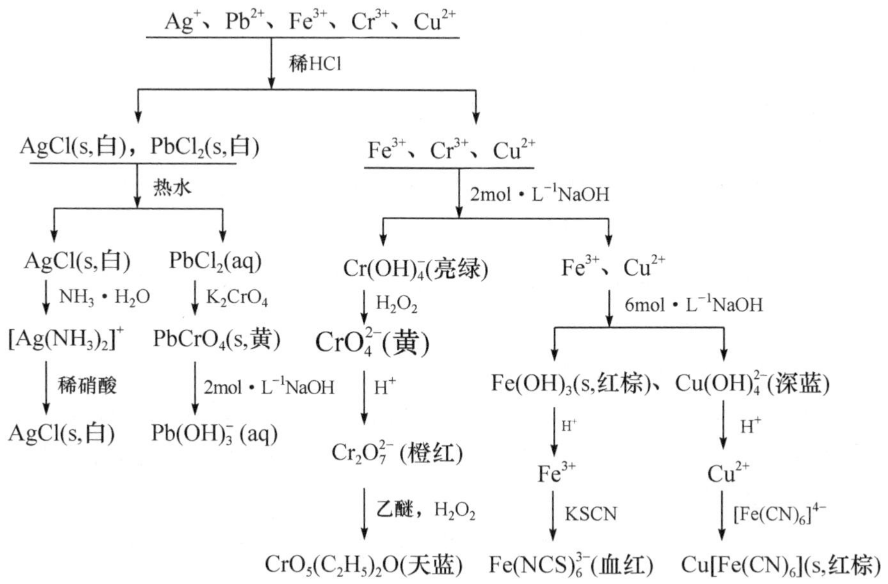

$AgNO_3 + NaCl \xlongequal{} AgCl\downarrow + NaNO_3 \quad AgCl + 2NH_3 \xlongequal{} [Ag(NH_3)_2]^+ + Cl^-$

$[Ag(NH_3)_2]^+ + HNO_3 \xlongequal{} AgCl\downarrow + NH_4NO_3$

$Pb^{2+} + CrO_4^{2-} \longrightarrow PbCrO_4(s)$(黄色) $\quad PbCrO_4(s) + 3OH^- \longrightarrow Pb(OH)_3^- + CrO_4^{2-}$

$Fe^{3+} + 6NCS^- \longrightarrow [Fe(NCS)_6]^{3-}$

$Cr_2O_7^{2-} + 4H_2O_2 + 2H^+ \longrightarrow 2CrO(O_2)_2 + 5H_2O$

$CrO(O_2)_2 \xrightarrow{\text{乙醚}} CrO(O_2)_2 \cdot (C_2H_5)_2O$

$2Cu^{2+} + [Fe(CN)_6]^{4-} \longrightarrow Cu_2[Fe(CN)_6]$(s,红棕)

(武汉理工大学　雷家珩供稿)

重庆大学 2012 年攻读硕士学位研究生入学考试试题

一、是非题(每小题 1 分,共 15 分)

1. O_2 是常用的氧化剂,其氧化能力随所在的溶液 OH^- 浓度的增大而增强。 (　)

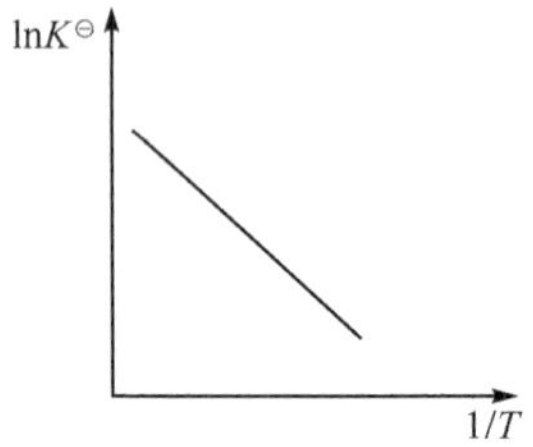

2. 25℃时,一定浓度的 H_2S 水溶液中,$c(H^+):c(S^{2-})=2:1$。 (　)
3. 凡是用 sp^3 杂化轨道成键的分子,其空间构型必定是正四面体。 (　)
4. 汽车尾气中的 CO,可用加入催化剂催化其热分解的方法消除。[已知热分解反应 $CO(g) \xlongequal{} C(s) + 1/2\ O_2(g)$ 的 $\Delta_r H_m^\ominus = 110.5kJ \cdot mol^{-1}$,$\Delta_r S_m^\ominus = -0.089kJ \cdot mol^{-1} \cdot K^{-1}$] (　)
5. $3d^5$ 表示主量子数为 3,角量子数为 2 的原子轨道有 5 条。(　)
6. 由于 $\ln K^\ominus = -\Delta_r H_m^\ominus/RT + \Delta_r S_m^\ominus/R$,所以,当 $\ln K^\ominus$ 对 $1/T$ 数值作图时,对于放热反应,必有如图所示关系(设在图示温度区间内 $\Delta_r H_m^\ominus$、$\Delta_r S_m^\ominus$ 不随 T 而变)。 (　)
7. 已知反应 $A+B \xlongequal{} D$,$\Delta_r H_m^\ominus < 0$。反应达到平衡后,如果升高温度,则生成物 D 的产量减少,反应速率减慢。 (　)
8. 某溶液中同时存在几种氧化剂,若它们都能与某一还原剂反应,则一般来说,电极电势越大的氧化剂与还原剂进行反应的可能性越大。 (　)
9. 钢铁在大气的中性或弱酸性水膜中,主要发生吸氧腐蚀,只有在酸性较强的水膜中才主要发生析氢腐蚀。 (　)
10. 原电池供电时,有电流通过,则体系吉布斯函数(代数值)增大,电动势减小。 (　)
11. 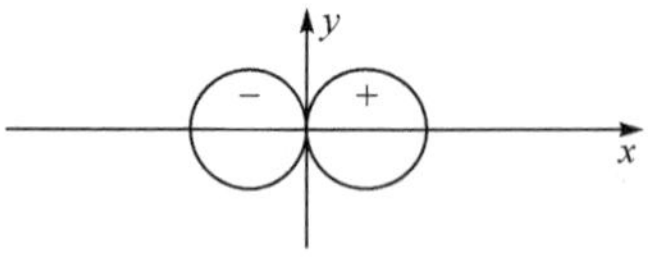

左图是 p_x 电子云的角度分布示意图。 (　)
12. 在微观粒子中,只有电子具有波粒二象性。 (　)
13. 由原子轨道的波函数 $\psi(r,\theta,\varphi)$ 的具体形式可完全确定一个电子的运动状态。 (　)
14. 中心原子的杂化轨道类型取决于配位原子数目,如为 2 则为 sp 杂化,如为 3 则为 sp^2 杂化,如为 4 则为 sp^3 杂化。 (　)
15. 第二周期非金属 B、C、N、O、F、Ne 等的单质固体均属分子晶体,所以熔、沸点很低,硬度小。 (　)

二、将一个或两个正确答案的代码填入题末的括号内(若正确答案只有一个,多选时,该题为0分;若正确答案有两个,只选一个且正确,给1分,选两个且都正确给2分,但只要选错一个,该小题就为0分)(每小题2分,共30分)

1. 温度为298K时,反应$CH_4(g)+H_2O(g)$═══$CO(g)+3H_2(g)$的反应热效应$\Delta_r H_m^\ominus=206.18kJ\cdot mol^{-1}$,要使已经建立平衡的上述反应向右移动,可采取的措施是(　　)

   A. 升高温度　　B. 降低温度

   C. 采用合适的催化剂　　D. 加入惰性气体

2. 常温时,第ⅦA族元素的单质,F_2与Cl_2为气体,Br_2为液体,I_2为固体,其主要原因是分子间的(　　)作用力程度不同

   A. 色散力　　B. 诱导力　　C. 取向力　　D. 氢键

3. 在300℃时反应$CH_3CHO\longrightarrow CH_4+CO$的活化能为$190kJ\cdot mol^{-1}$。当加入催化剂后,反应的活化能降低为$136kJ\cdot mol^{-1}$。加入催化剂后的反应速率是原来(　　)

   A. 2.53×10^9倍　　B. 8.37×10^4倍　　C. 2.53×10^8倍　　D. 8.37×10^6倍

4. 下列物质分子中,中心原子以sp杂化轨道成键、分子的空间构型是直线形的是(　　)

   A. $BeCl_2$　　B. BF_3　　C. SO_2　　D. NH_3

5. 对于角量子数$l=2$的一个电子,其磁量子数m(　　)

   A. 只有一个数值

   B. 可以是(0,1,2)三个数值中的任一个

   C. 可以是(−2,−1,0,+1,+2)五个数值中的任一个

   D. 有五个数值

6. 当基态原子的第五电子层只有2个电子时,则该原子的第四电子层的电子数可能为(　　)

   A. 6　　B. 32　　C. 8～18　　D. 8

7. 下列说法中正确的是(　　)

   A. 放热反应均可自发进行

   B. $\Delta_r H_m$、$\Delta_r S_m$均为正值的反应,温度升高,则$\Delta_r G_m$值减小

   C. 反应速率越快,其反应的标准平衡常数越大

   D. 标准平衡常数$K^\ominus>1$的反应,一定自发进行

   E. 虽正、逆反应的活化能不相等,但催化剂会使正、逆反应改变相同的倍数

8. 将pH=2.00的HCl溶液与pH=13.00的NaOH溶液等体积混合后,溶液的pH是(　　)

   A. 7.50　　B. 12.65　　C. 3.00　　D. 11.00

9. 某元素+2价离子的外层电子构型为$3s^23p^63d^9$,该元素在周期表中所属的分区为(　　)

   A. s区　　B. p区　　C. d区　　D. ds区

10. 钢铁由于吸附氧气浓度不同而引起差异充气腐蚀时,发生阳极金属溶解,是由于阳极处的氧气浓度和$E(O_2/OH^-)$(与阴极处相比较)(　　)

    A. 分别为较大和较小　　B. 分别为较小和较大

    C. 均较大　　D. 均较小

11. 在测定$Ag|AgNO_3(c)$的电极电势时,宜采用下列(　　)作盐桥

    A. 饱和KCl溶液　　B. K_2CO_3溶液　　C. NH_4NO_3溶液　　D. K_2SO_4溶液

12. 对于电子的波动性正确的理解是(　　)

A. 物质波　　B. 电磁波　　C. 机械波　　D. 概率波

13. 煤燃烧时，直接产生的污染大气的有害气体，主要有(　　)

A. SO_3 和 SO_2　　B. SO_2 和水蒸气　C. CO_2 和 C_xH_y(烃)　D. SO_2 和 CO

14. 下列物质的 $\Delta_r S_m^\ominus$(298.15K)大小关系正确的是(　　)

A. C(石墨,s) < CO_2(g) < CO(g)　　B. C(石墨,s) < CO(g) < CO_2(g)

C. CO(g) < C(石墨,s) < CO_2(g)　　D. CO_2(g) < CO(g) < C(石墨,s)

15. 在下列哪种情况下原子半径将减小(　　)

A. 同一族里原子序数由小到大　　B. 同一周期里原子序数由小到大

C. 原子得到电子形成负离子　　D. 原子失去电子形成正离子

三、填空题（每空 1 分，共 40 分）

1. 把两条相同的锌棒，分别插入盛有 0.10mol · L^{-1}和 0.50mol · L^{-1} $ZnSO_4$溶液的烧杯中，并用盐桥连接两溶液，组成浓差电池，该原电池的符号为________。

2. 将 O_2^{3-}、O_2^-、O_2、O_2^{2-}、O_2^+ 的稳定性从高到低排列________，其中无磁性的是________。

3. 已知在一定温度范围内，下列反应为(基)元反应 $2NO(g)+Cl_2(g) \longrightarrow 2NOCl(g)$

(1) 该反应的速率方程为 v=________；(2) 该反应的总级数为________级。

4. 石墨是层状晶体，层内碳原子采用________杂化轨道形成正六边形的平面层，每个碳原子的另一 p 轨道相互“肩并肩”重叠形成遍及整个平面层的________键，使石墨具有良好的导电、导热性能；层与层间距离较远，层间作用力大小类似于________力，使容易发生相对滑动，工业上可用作润滑剂。

5. 在某温度下，将 0.30mol O_2，0.10mol N_2 及 0.10mol Ar 装入真空容器中，气体总压力为 2.0×10^5Pa，则此时 N_2 的分压力为________ Pa。

6. 反应 $2Cl_2(g)+2H_2O(g)=\!=\!=4HCl(g)+O_2(g)$，$\Delta_r H_m^\ominus>0$，达到平衡后，若分别采取下列措施，试将其结果(增大、减小或不变)填入空格中。

(1) 减小容器体积：会使 Cl_2 的量________；p(HCl)________；$K^\ominus$________。

(2) 降低温度：会使 $K^\ominus$________；$p(Cl_2)$________。

(3) 加入催化剂：会使 $p(O_2)$________。

(4) 加入惰性气体 Ar，保持原总压力和温度不变：会使 HCl 的量________。

7. 量子数 $n=3$，$l=2$ 的原子轨道符号是________，它在空间有________种取向，若处于全充满时，应有________个电子。

8. 第 26 号元素，其原子外层电子构型为________，属________族的元素。作用在该原子的最外层某一个电子上的有效核电荷数为________。

9. 工程塑料要求玻璃化温度 T_g 越________越好，黏流化温度 T_f越________越好。耐热、耐寒性均好的橡胶，要求有较________的 T_g 和较________的 T_f。(各空选填“高”或“低”)

10. 硫化钠溶液放置空气中一段时间后，会有浅黄色沉淀产生，这是因为________，写出配平的离子方程式为________。[已知：$E^\ominus(S/S^{2-}) = -0.447V$，$E^\ominus(O_2/OH^-) = 0.401V$]

11. SiF_4 分子中，Si 采用________杂化，分子构型是________；NF_3 分子中，N 采用________杂化，分子构型是________。

12. 配合物$(NH_4)_2[Fe(H_2O)F_5]$的名称为________________，配位体是________________，中心离子的配位数是________。

13. 在铁钉中部紧绕铜丝，放在含有 $K_3[Fe(CN)_6]$和酚酞的冻胶中，形成腐蚀电池。其中铜丝为________极，故铜丝附近显________色；铁钉为________极，铁钉附近显________色，这是由于生成了________________之故。

四、根据题目要求，通过计算解答下列各题(共 65 分)

1. (15 分)已知 25℃时，$Cl_2(g)+H_2O(l) \longrightarrow HCl(aq)+HClO(aq)$ 的平衡常数 $K_1^{\ominus}=3.0\times10^{-5}$，$HClO(aq) \longrightarrow H^+(aq)+ClO^-(aq)$ 的平衡常数 $K_2^{\ominus}=3.0\times10^{-8}$，计算反应 $Cl_2(g)+2OH^-(aq) \longrightarrow ClO^-(aq)+Cl^-(aq)+H_2O(l)$在 25℃标准态下装配成原电池的电动势，并写出电池符号和电极反应($F=96\ 485J\cdot V^{-1}$，$R=8.314J\cdot mol^{-1}\cdot K^{-1}$)。
2. (5 分)试计算 18℃时，MgF_2 在 $0.20mol\cdot L^{-1}$ NaF 溶液中的溶解度($mol\cdot L^{-1}$)。[已知 18℃时 $K_{sp}^{\ominus}(MgF_2)=7.1\times10^{-9}$]
3. (10 分)已知 $E^{\ominus}(MnO_4^-/Mn^{2+})=1.51V$，$E^{\ominus}(Br_2/Br^-)=1.07V$，$E^{\ominus}(I_2/I^-)=0.545V$。
   (1) pH=3.00，其他为标准状态时，MnO_4^- 能否氧化 Br^-、I^-？
   (2) pH=6.00 时，上述情况又如何？
4. (15 分)已知反应 $A(s)+B(g) \rightleftharpoons 2C(g)$ 在 329.7K 时 $K_1^{\ominus}=0.054$，温度升高至 560K 时，$K_2^{\ominus}=0.54$，设在此温度范围内 $\Delta_r H_m^{\ominus}$、$\Delta_r S_m^{\ominus}$ 不随温度而变，试求
   (1) 反应的标准焓变 $\Delta_r H_m^{\ominus}$。
   (2) 反应在 560K 时的 $\Delta_r G_m^{\ominus}$。
   (3) 反应的标准熵变 $\Delta_r S_m^{\ominus}$。
   (4) 估算反应在标准条件时自发进行的温度条件。
5. (10 分)有一 pH 为 2.0 的溶液，其中含 Co^{2+}浓度为 $0.10mol\cdot L^{-1}$，通入 H_2S 气体达饱和($0.10mol\cdot L^{-1}$)，试通过计算说明有无 CoS 沉淀生成？[已知 H_2S 的 $K_{a_1}^{\ominus}=9.1\times10^{-8}$，$K_{a_2}^{\ominus}=1.1\times10^{-12}$，$K_{sp}^{\ominus}(CoS)=4\times10^{-21}$]
6. (5 分)含盐量 3.67%(质量分数)的海水中，若 $c(HCO_3^-)=2.4\times10^{-3}mol\cdot L^{-1}$，$c(CO_3^{2-})=2.7\times10^{-4}mol\cdot L^{-1}$，试计算酸度由 HCO_3^- 和 CO_3^{2-} 所控制的海水的 pH 为多少？[已知 H_2CO_3 的 $K_{a_1}^{\ominus}=4.30\times10^{-7}$，$K_{a_2}^{\ominus}=5.61\times10^{-11}$]
7. (5 分)常温下，用强酸水溶液可溶解难溶于水的氢氧化物，如 $Al(OH)_3$，$Al(OH)_3(s)+3H^+(aq) \longrightarrow Al^{3+}(aq)+3H_2O(l)$，计算该反应的平衡常数。{已知 $K_{sp}^{\ominus}[Al(OH)_3]=5\times10^{-33}$}

参考答案

一、是非题

(1～5 题)×××××；(6～10 题)××√√√；(11～15 题)×××××。

二、将一个或两个正确答案的代码填入题末的括号内

1.(A)；2.(A)；3.(B)；4.(A)；5.(C)；6.(C)；7.(B)(E)；8.(B)；9.(D)；10.(D)；11.(C)；12.(A)(D)；13.(D)；14.(B)；15.(D)(B)。

三、填空题

1. $(-)Zn \mid Zn^{2+}(0.10 mol \cdot L^{-1}) \parallel Zn^{2+}(0.50 mol \cdot L^{-1}) \mid Zn(+)$； 2. $O_2^+ > O_2 > O_2^- > O_2^{2-} > O_2^{3-}$，$O_2^{2-}$；3. $v = kp^2(NO)p(Cl_2)$，3；4. sp^2，离域大 π，分子间；5. 4.0×10^4；6. (1)增大，减小，不变，(2)减小，增大，(3)不变，(4)增大；7. 3d，5，10；8. $3d^6 4s^2$，Ⅷ，3.75；9. 高、低、低、高；10. $E^{\ominus}(O_2/OH^-) > E^{\ominus}(S/S^{2-})$，故空气中的氧气会把 S^{2-} 氧化为 S 沉淀。$O_2 + 2S^{2-} + 2H_2O = 2S + 4OH^-$；11. sp^3，正四面体，不等性 sp^3，三角锥形；12. 五氟·一水合铁(Ⅲ)酸铵，F^- 和 H_2O；13. 阴，$O_2 + 2H_2O + 4e^- \rightleftharpoons 4OH^-$，红，阳，$Fe = Fe^{2+} + 2e^-$，蓝，$Fe_3[Fe(CN)_6]_2$ 沉淀。

四、根据题目要求，通过计算解答下列各题

1. ① $Cl_2(g) + H_2O(l) = HCl(aq) + HClO(aq)$ $K_1^{\ominus} = 3.0 \times 10^{-5}$
   ② $HClO(aq) = H^+(aq) + ClO^-(aq)$ $K_2^{\ominus} = 3.0 \times 10^{-8}$
   ③ $H_2O(l) = H^+(aq) + OH^-(aq)$ $K_w^{\ominus} = 1.0 \times 10^{-14}$
   ① + ② − 2 × ③ 得 $Cl_2(g) + 2OH^-(aq) = ClO^-(aq) + Cl^-(aq) + H_2O(l)$ $K^{\ominus}$
   所以 $K^{\ominus} = K_1^{\ominus} \times K_2^{\ominus} / (K_w^{\ominus})^2 = 3.0 \times 10^{-5} \times 3.0 \times 10^{-8} / (1.0 \times 10^{-14})^2 = 9.0 \times 10^{15}$
   $$\lg K^{\ominus} = zE^{\ominus}/0.0592 \quad E^{\ominus} = 0.0592\lg K^{\ominus}/z$$
   $$E^{\ominus} = 0.0592\lg 9.0 \times 10^{15}/1 = 0.0592 \times 15.95 = 0.94(V)$$
   电池符号：$(-)Pt \mid Cl_2(p_1) \mid ClO^-(c_1) \parallel Cl^-(c_2) \mid Cl_2(p_2) \mid Pt(+)$
   正极反应：$2Cl^- + 2e^- = Cl_2$
   负极反应：$Cl_2 + 4OH^- = 2ClO^- + 2e^- + 2H_2O$

2. 设溶解度为 x mol·L^{-1}
   $$MgF_2(s) = Mg^{2+}(aq) + 2F^-(aq)$$
   $c_{平衡}/(mol \cdot L^{-1})$ x $0.2 + 2x$
   $$7.1 \times 10^{-9} = x(0.2 + 2x)^2$$
   $$x = 1.8 \times 10^{-7}$$
   所以，MgF_2 在 NaF 溶液中溶解度为 1.8×10^{-7} mol·L^{-1}。

3. 解法Ⅰ：$2MnO_4^- + 10X^- + 16H^+ = 2Mn^{2+} + 5X_2 + 8H_2O$
   (1) 当 pH=3 时，X^- 为 Br^- 时，则 $E = E^{\ominus}(0.0592V/z)\lg\{c(H^+)/c^{\ominus}\}^{-16} = 0.16V > 0$，能氧化 Br^-；X^- 为 I^- 时，则 $E = 0.68V > 0$，能氧化 I^-。
   (2) 当 pH=6 时 X^- 为 Br^-，则 $E = -0.13V < 0$，不能氧化 Br^-；X^- 为 I^-，则 $E = 0.40V > 0$，能氧化 I^-。
   解法Ⅱ： $MnO_4^- + 8H^+ + 5e^- = Mn^{2+} + 4H_2O$
   pH=3 时，$E(MnO_4^-/Mn^{2+}) = 1.51V + (0.0592V/5)\lg(10^{-3})^8 = 1.23V$，可氧化 Br^-、I^-；
   pH=6 时，$E(MnO_4^-/Mn^{2+}) = 1.51V + (0.0592V/5)\lg(10^{-6})^8 = 0.94V$，可氧化 I^-，不能氧化 Br^-。

4. (1) $\ln(K_2^{\ominus}/K_1^{\ominus}) = (\Delta_r H_m^{\ominus}/R) \times (T_2 - T_1)/(T_1 T_2)$
   $$\ln \frac{0.54}{0.054} = \Delta_r H_m^{\ominus} \times \frac{1}{8.314 \times 10^3 kJ \cdot mol^{-1} \cdot K^{-1}} \times \frac{(560 - 329.7)K}{560K \times 329.7K}$$
   $$\Delta_r H_m^{\ominus} = 15.35 kJ \cdot mol^{-1}$$
   (2) $\Delta_r G_m^{\ominus}(560K) = -RT\ln K_2^{\ominus} = 2.87 kJ \cdot mol^{-1}$
   (3) $\Delta_r S_m^{\ominus} \approx [\Delta_r H_m^{\ominus} - \Delta_r G_m^{\ominus}(560K)]/T = 0.0223 kJ \cdot mol^{-1} \cdot K^{-1}$
   (4) $T > \Delta_r H_m^{\ominus}/\Delta_r S_m^{\ominus} = 688K$

5. $c(S^{2-}) = K_{a_1} \cdot K_{a_2} \cdot \{c(H_2S)\}/\{c(H^+)\}^2 = \dfrac{1.0 \times 10^{-19} \times 0.10}{(10^{-2})^2} = 1.0 \times 10^{-16}$
   $$J = [c(Co^{2+})] \cdot [c(S^{2-})] = 0.10 \times 1.0 \times 10^{-16} = 1.0 \times 10^{-17}$$
   $$J > K_{sp}(CoS) \quad 有沉淀生成$$

6. $HCO_3^- = H^+ + CO_3^{2-}$
   $$K_a(HCO_3^-) = [c(H^+)] \cdot [c(CO_3^{2-})]/[c(HCO_3^-)]$$

$$c(H^+)=5.0\times10^{-10}mol\cdot L^{-1}$$

$$pH=9.3$$

7.
$$Al(OH)_3+3H^+ \xlongequal{} Al^{3+}+3H_2O$$

$$K^\ominus=\{c(Al^{3+})\}/\{c(H^+)\}^3=\{[c(Al^{3+})][c(OH^-)]^3\}/\{[c(H^+)]^3[c(OH^-)]^3\}$$
$$=K_{sp}^\ominus[Al(OH)_3]/(K_w^\ominus)^3=5\times10^{-33}/(1\times10^{-14})^3=5\times10^9$$

（重庆大学　余丹梅　张云怀供稿）

东北大学2013年攻读硕士学位研究生入学考试试题

一、单选题（每小题2分，共50分）

1. 在标准状态时，反应焓变符合标准生成焓定义的是（　　）
   A. C(金刚石)$+O_2(g) \xlongequal{} CO_2(g)$　　B. $H_2(l)+1/2O_2(l) \xlongequal{} H_2O(l)$
   C. $CO(g)+1/2O_2(g) \xlongequal{} CO_2(g)$　　D. $1/2N_2(g)+3/2H_2(g) \xlongequal{} NH_3(g)$
2. 方程式 $H_2O_2+Cr_2O_7^{2-}+H^+ \longrightarrow$ …配平后，H^+ 的系数是（　　）
   A. 7　　B. 8　　C. 10　　D. 14
3. p 表示压力，V 表示体积，其乘积 pV 与哪个物理量的单位相同（　　）
   A. 熵　　B. 力　　C. 能量　　D. 动量
4. SiF_4分子的形状是（　　）
   A. 平面四方形　　B. 正四面体　　C. 三角锥形　　D. 直线形
5. OF_2的分子中，O原子的杂化是（　　）
   A. sp　　B. sp^2　　C. sp^3　　D. 不等性 sp^3
6. 熔化 SiO_2时，需要克服哪种作用力（　　）
   A. 诱导力　　B. 色散力　　C. 共价键　　D. 离子键
7. 不能与 NH_3形成配离子的是（　　）
   A. Fe^{2+}　　B. Co^{2+}　　C. Zn^{2+}　　D. Cu^{2+}
8. 反应 $2SO_2(g)+O_2(g) \xlongequal{} 2SO_3(g)$在密闭容器中达到平衡后，增大容器体积，$SO_2$的转化率将（　　）
   A. 增加　　B. 减小　　C. 不变　　D. 无法判断
9. 缓冲溶液的一个例子是（　　）
   A. NH_4Cl-$NH_3\cdot H_2O$　　B. HCl-HAc
   C. NaOH-$NH_3\cdot H_2O$　　D. HCl-Na_2SO_4
10. 25℃时，反应 $H_2+1/2O_2 \xlongequal{} H_2O(l)$的$\Delta_r G_m^\ominus=-237.2kJ\cdot mol^{-1}$。将此反应组成原电池，标准电动势为（　　）V。($F$=96 485C·$mol^{-1}$)
    A. 0.61　　B. 2.45　　C. 1.23　　D. 无法计算
11. $La_2(C_2O_4)_3(s)$ 饱和溶液的浓度为 $1.1\times10^{-6}mol\cdot L^{-1}$，其 $K_{sp}^\ominus$为（　　）
    A. 1.2×10^{-12}　　B. 1.6×10^{-30}　　C. 1.6×10^{-34}　　D. 1.7×10^{-28}
12. 恒温条件下，恒容反应热 Q_V与恒压反应热Q_p相等的反应是（　　）
    A. $N_2(g)+3H_2(g) \xlongequal{} 2NH_3(g)$　　B. $CaCO_3(s) \xlongequal{} CaO(s)+CO_2(g)$
    C. $O_2(g)+2H_2(g) \xlongequal{} 2H_2O(l)$　　D. $2HI(g) \xlongequal{} H_2(g)+I_2(g)$

13. 升高温度使反应速率增大的主要原因是(　　)

A. 分子运动速率增大　　B. 使活化分子百分数增加

C. 降低反应活化能　　D. 使反应压力增大

14. 某反应的正、逆反应活化能分别是 E_{a_1}、E_{a_2}，则正反应的焓变为(　　)

A. $E_{a_2}-E_{a_1}$　　B. $2E_{a_1}-E_{a_2}$　　C. $2E_{a_2}-E_{a_1}$　　D. $E_{a_1}-E_{a_2}$

15. 下列函数属于状态函数的是(　　)

A. 内能　　B. 功　　C. 焓变　　D. 热

16. 由于镧系收缩，下列元素性质相似的是(　　)

A. Cr、W　　B. Sc、Y　　C. Zr、Hf　　D. Fe、Co、Ni

17. $[Co(NH_3)_6]^{3+}$ 为反磁性，推断为(　　)轨型配合物，Co^{2+} 采取(　　)杂化

A. 内，d^2sp^3　　B. 外，sp^3d^2　　C. 内，sp^3d^2　　D. 外，d^2sp^3

18. 273K、100kPa 时，冰融化为水的过程，系统热力学函数为零的是(　　)

A. ΔH　　B. ΔU　　C. ΔG　　D. ΔS

19. 下列物质中，熔点最高的是(　　)

A. MgF_2　　B. CaO　　C. NaF　　D. MgO

20. 不溶于盐酸的是(　　)

A. $BaSO_4$　　B. $BaCO_3$　　C. $BaSO_3$　　D. $BaCrO_4$

21. 热稳定性最差的是(　　)

A. $CaCO_3$　　B. K_2CO_3　　C. Na_2CO_3　　D. $SrCO_3$

22. 下列离子的外层电子构型属于 8 电子构型的是(　　)

A. Li^+　　B. Cu^{2+}　　C. Pb^{2+}　　D. Ti^{4+}

23. 沸点最高的溶液是(　　)

A. $0.1mol \cdot kg^{-1}$ KCl　　B. $0.1mol \cdot kg^{-1}$ HAc

C. $0.1mol \cdot kg^{-1}$ HCl　　D. $0.1mol \cdot kg^{-1}$ K_2SO_4

24. 水解程度最小的是(　　)

A. $MgCl_2$　　B. $SnCl_2$　　C. $AlCl_3$　　D. $FeCl_3$

25. 下列反应中，标准熵变最大的是(　　)

A. $C(s)+O_2(g) = CO_2(g)$　　B. $PCl_5(g) = PCl_3(g)+Cl_2(g)$

C. $2SO_2(g)+O_2(g) = 2SO_3(g)$　　D. $CaO(s)+CO_2(g) = CaCO_3(s)$

二、简答题(共 50 分)

1. (5 分) 写出第 75 号元素的核外电子排布式，指出其价电子构型及在周期表中的位置。
2. (5 分) MgO 的熔点高于 CaO，但 $MgCl_2$ 的熔点低于 $CaCl_2$。为什么？
3. (5 分) 试述配制缓冲溶液的原则。
4. (5 分) 第二周期元素第一电离能的顺序为 Li ＜ Be ＞ B ＜ C ＜ N ＞ O ＜ F。请解释。
5. (10 分) 简述配位数为 2、4、6 的配离子的杂化类型及几何构型。
6. (10 分) 根据简单价键理论，O_2 为反磁性分子。实际上 O_2 为顺磁性分子。试解释之。
7. (10 分) Ag 不能从 $1mol \cdot L^{-1}$ 盐酸中置换出氢气，但能从 $1mol \cdot L^{-1}$ 氢碘酸中置换出氢气。试解释之。[氢气压力为 100 kPa。$E^\ominus(H^+/H_2)=0V$，$E^\ominus(Ag^+/Ag)=0.80V$，$K_{sp}^\ominus(AgCl)=1.8\times10^{-10}$，$K_{sp}^\ominus(AgI)=8.3\times10^{-17}$]

三、计算题

1. 在 15.0L 的容器中放入 1.5mol NO，1.0mol Cl_2 和 2.5mol NOCl。反应 $2NO(g)+Cl_2(g)$ ══ $2NOCl(g)$ 在 230℃达平衡时，NOCl 为 3.06mol。计算该温度下反应的标准平衡常数 $K^\ominus$。
2. 1774 年 Joseph Priestley 通过加热 HgO 制备了纯氧气：

$$HgO(s) = Hg(l) + \frac{1}{2}O_2(g),\quad \Delta_r H_m^\ominus = 90.84kJ \cdot mol^{-1}$$

计算该反应在标准状态下自发进行的温度。[$S_m^\ominus(Hg)=76.02J \cdot mol^{-1} \cdot K^{-1}$，$S_m^\ominus(O_2)=205.0J \cdot mol^{-1} \cdot K^{-1}$，$S_m^\ominus(HgO)=70.29J \cdot mol^{-1} \cdot K^{-1}$]
3. 某反应在 35℃时的反应速率是其在 20℃时的 2.6 倍。试求该反应的活化能。
4. 实验测得电极 $Ag|Ag_2SO_4(s)|SO_4^{2-}(1mol \cdot L^{-1})$的电势为 0.653V。试求 Ag_2SO_4 的 $K_{sp}^\ominus$。[$E^\ominus(Ag^+/Ag)=0.80V$]
5. 向 pH=2.00 的盐酸溶液中通 H_2S 至饱和。求混合溶液中 H^+、HS^-、S^{2-} 的浓度。[H_2S 饱和溶液浓度为 $0.10mol \cdot L^{-1}$；$K_{a_1}^\ominus=1.3\times10^{-7}$，$K_{a_2}^\ominus=7.1\times10^{-15}$]

参考答案

一、单选题

（1～5 题）DBCBD；（6～10 题）CABAC；（11～15 题）DDBDA；（16～20 题）CACDA；（21～25 题）ADDAB。

二、问答题

1. （5 分）$[Xe]4f^{14}5d^5 6s^2$；$5d^5 6s^2$；第六周期，第 7 副族。
2. （5 分）MgO 和 CaO 是典型的离子晶体，电荷越高，晶格能越大，熔点越高。$MgCl_2$ 和 $CaCl_2$ 为过渡型性晶体，电荷越高，极化作用越强，熔点越低。
3. （5 分）(1) pH 接近 $pK_a^\ominus$，或 pOH 接近 $pK_b^\ominus$；(2) 酸/盐比例为 0.1～10。
4. （5 分）同周期元素，从左至右第一电离能增大。但 Be 的外层为全满，N 的外层为半充满，均比较稳定，故第一电离能较高。
5. （10 分）杂化和几何构型各 1 分。

配位数	2	4	4	6	6
杂化	sp	sp^3	dsp^2	sp^3d^2	d^2sp^3
几何构型	直线	正四面体	平面四方	正八面体	正八面体

6. （10 分）根据简单的价键理论，O_2 分子内 1 个 σ 键，1 个 π 键。没有未成对电子，故应为反磁性分子。

根据分子轨道理论，O_2 分子的电子排布式是

$$(\sigma_{1s})^2(\sigma_{1s}^*)^2(\sigma_{2s})^2(\sigma_{2s}^*)^2(\sigma_{2p})^2(\pi_{2p})^4(\pi_{2p}^*)^2$$

2 个 π 反键轨道上各有 1 个未成对电子，故为顺磁性。

7. （10 分）(1) 在 $1mol \cdot L^{-1}$ HCl 中，$2H^+ + 2Cl^- + 2Ag = 2AgCl + H_2$

$$E_+ = 0V$$

$$E_- = 0.80 + 0.0592lg(1.8\times10^{-10}) = 0.22(V)$$

$$E = E_+ - E_- = -0.22V < 0，反应不能进行。$$

(2) 在 $1mol \cdot L^{-1}$ HI 中，$2H^+ + 2I^- + 2Ag = 2AgI + H_2$

$$E_+ = 0V$$

$$E_- = 0.80 + 0.0592lg(8.3\times10^{-17}) = -0.15(V)$$

$$E=E_{+}-E_{-}=0.15\text{V}>0$$，反应能进行。

三、计算题

1.　　　$2NO(g)+Cl_2(g) = 2NOCl(g)$

	$2NO(g)$	$Cl_2(g)$	$2NOCl(g)$
开始时/mol	1.5	1.0	2.5
变化/mol	−0.56	−0.56/2	0.56
平衡时/mol	0.94	0.72	3.06
平衡时各物质的分压/kPa	262	201	853

$$K^{\ominus}=5.27$$

2.
$$\Delta S^{\ominus}=102.5+76.02-70.29=108.2(\text{J}\cdot\text{mol}^{-1}\cdot\text{K}^{-1})$$
$$T=\Delta H^{\ominus}/\Delta S^{\ominus}=90.84\times10^{3}/108.2=840(\text{K})=567^{\circ}\text{C}$$

3.
$$\ln\frac{k_2}{k_1}=2.6\qquad \ln\frac{k_2}{k_1}=\frac{E_a}{R}\cdot\frac{T_2-T_1}{T_1T_2}$$
$$E_a=\frac{RT_1T_2}{T_2-T_1}\ln\frac{k_2}{k_1}=\frac{8.314\times293\times308}{308-293}\times\ln2.6=47.8(\text{kJ}\cdot\text{mol}^{-1})$$

4.
$$Ag^{+}+e^{-} = Ag$$　根据能斯特方程
$$0.653=0.80+0.0592\lg[Ag^{+}]$$
$$[Ag^{+}]=3.3\times10^{-3}\text{mol}\cdot\text{L}^{-1}$$
$$K_{sp}^{\ominus}=[Ag^{+}]^{2}[SO_4^{2-}]=(3.3\times10^{-3})^{2}\times1=1.1\times10^{-5}$$

5.

	H_2S ⇌	H^{+} +	HS^{-}
$t=0$	0.10	0.010	0
$t=\infty$	$0.10-x$	$0.010+x$	x
	≈0.10	≈0.010	

$$1.3\times10^{-7}=\frac{0.010x}{0.10}$$
$$[HS^{-}]=x=1.3\times10^{-6}\text{mol}\cdot\text{L}^{-1}$$

	H_2S ⇌	$2H^{+}$ +	S^{2-}
$t=0$	0.10	0.010	0
$t=\infty$	0.10	0.010	y

$$1.3\times10^{-7}\times7.1\times10^{-15}=\frac{0.010^{2}y}{0.10}$$
$$[S^{2-}]=y=9.2\times10^{-19}\text{mol}\cdot\text{L}^{-1}$$

（东北大学　王林山供稿）

武汉理工大学2013年研究生入学考试试题

一、单选题（每小题1分，共25分）

1. 下列叙述中正确的是（　　）

　A. 恒压下$\Delta H=Q_p$及$\Delta H=H_2-H_1$，因为H_2和H_1均为状态函数，故Q_p也为状态函数。

　B. 反应放出的热量不一定是该反应的焓变。

　C. 某一物质的燃烧焓越大，其生成焓就越小。

　D. 在任何情况下，化学反应的热效应只与化学反应的始、终态有关，而与反应的途径无关。

2. 下列叙述中肯定正确的是（　　）

A. 由于熵是体系内部微粒混乱程度的量度，所以盐从饱和溶液中结晶析出的过程总是个熵减过程。

B. 对于相变 $H_2O(s) \longrightarrow H_2O(l)$来说，其 ΔH 和 ΔS 具有相同的正负号。

C. 无论任何情况，只要 $\Delta S>0$，该反应就是个自发反应。

D. 质量增加的反应就是个熵增反应

3. 已知相同浓度的盐 NaA、NaB、NaC、NaD 的水溶液的 pH 依次增大，则相同浓度的下列稀酸中，解离度最大的是(　　)

A. HA　　B. HB　　C. HC　　D. HD

4. 某一反应在一定条件下的平衡转化率为 25.3%，当有一催化剂存在时，其转化率(　　)

A. 大于 25.3%　　B. 等于 25.3%　　C. 小于 25.3%　　D. 接近 100%

5. 已知下列反应在 298K 的标准平衡常数

$CuSO_4 \cdot 5H_2O(s) \xlongequal{} CuSO_4 \cdot 3H_2O(s) + 2H_2O(g)$，　$K^{\ominus} = 1.68 \times 10^{-4}$

则当 $CuSO_4 \cdot 5H_2O$ 风化为 $CuSO_4 \cdot 3H_2O$ 时，空气中的水蒸气压为 (　　)

A. 1.112×10^6 Pa　　B. 大于 2896 Pa　　C. 小于 1055 Pa　　D. 大于 2100 Pa

6. 关于下列反应哪个陈述是正确的(　　)

$$CaCO_3(s) + SO_2(g) \longrightarrow CaSO_3(s) + CO_2(g)$$

A. 假如反应如所写发生，$SO_2(g)$ 必定是比 $CO_2(g)$ 更强的酸性氧化物

B. $SO_2(g)$是 H_2SO_4的酸酐

C. 这是一个氧化还原反应

D. 这是 Brønsted-Lowry 酸碱反应

7. 在下列方法中不能制得 H_2O_2的是(　　)

A. 电解 NH_4HSO_4水溶液后水解　　B. 金属过氧化物与水作用

C. 用 H_2和 O_2直接化合　　D. 乙基蒽醌法

8. 既溶于 Na_2S 又溶于 Na_2S_2的硫化物是(　　)

A. SnS_2　　B. PbS　　C. As_2S_3　　C. Bi_2S_3

9. 在元素周期表中，如果有第八周期，那么ⅤA 族未发现元素的原子序数应是 (　　)

A. 101　　B. 133　　C. 115　　D. 165

10. 以下元素的原子半径大小变化规律正确的是(　　)

A. N<P<S<O　　B. N<O<P<S　　C. O<N<S<P　　D. P<S<N<O

11. 下列离子在水溶液中具有颜色的是(　　)

A. Nd^{3+}　　B. Ce^{3+}　　C. Gd^{3+}　　D. La^{3+}

12. 下列分子或离子具有反磁性的是(　　)

A. B_2　　B. O_2　　C. O_2^+　　D. O_3

13. 下列各组物质沸点高低判断正确的是(　　)

A. $NH_3<PH_3$　　B. $PH_3>SbH_3$　　C. $ICl>Br_2$　　D. HF<HI

14. 下列各组化合物熔点高低判断正确的是(　　)

A. $CaCl_2>ZnCl_2$　　B. BeO>MgO　　C. BaO>MgO　　D. NaF>MgO

15. 下列物种中键长最短的是(　　)

A. CN　　B. CN^-　　C. CN^+　　D. CN^{2+}

16. 在多电子原子中，具备下列各组量子数(n,l,m,m_s)的电子中能量最高的是(　　)
A. (3,2,+1,+1/2)　　B. (2,1,+1,−1/2)
C. (1,1,0,−1/2)　　D. (3,1,−1,−1/2)

17. 钯原子的外围电子构型为(　　)
A. $4d^{10}5s^0$　　B. $4d^{10}5s^2$　　C. $5d^9 6s^1$　　D. $5d^7 6s^2$

18. 氧原子的第一电子亲和能 A_1 和第二电子亲和能 A_2(　　)
A. 都是正值　　B. 都是负值
C. A_1是正值,A_2是负值　　D. A_1是负值,A_2是正值

19. 一定条件下在 CCl_4 分子间的吸引作用中，取向力、诱导力、色散力数据(单位为$\times10^{-22}$J)合理的一组是(　　)
A. 0,0,0　　B. 0,116,0　　C. 116,0,0　　D. 0,0,116

20. 下列哪种晶体熔化时需破坏共价键的作用(　　)
A. CO_2　　B. SiO_2　　C. HF　　D. KF

21. 下列分子中属于非极性分子的是(　　)
A. PCl_3　　B. NF_3　　C. SO_3　　D. SO_2

22. 下列物质中酸性最强的是(　　)
A. H_2S　　B. H_2SO_3　　C. H_2SO_4　　D. $H_2S_2O_7$

23. 下列各体系中，溶质和溶剂分子之间，三种范德华力和氢键都存在的是(　　)
A. I_2的 CCl_4溶液　　B. I_2的乙醇溶液
C. 乙醇的水溶液　　D. CH_3Cl 的 CCl_4溶液

24. 下列关于分子间力的说法正确的是(　　)
A. 相对分子质量大的分子的沸点一定高
B. 大多数含氢化合物中都存在氢键
C. 极性分子间仅存在取向力
D. 色散力存在于所有相邻分子间

25. 实验室由 MnO_2和浓 HCl 制备纯净氯气，让气体通过装有洗剂的洗气瓶净化。下列哪一组试剂可用于除去氯气中的氯化氢气体和水汽(气体按书写顺序通过)(　　)
A. NaOH、浓 H_2SO_4　　B. 浓 H_2SO_4、NaOH
C. H_2O、浓 H_2SO_4　　D. 浓 H_2SO_4、H_2O

二、填空题(共 38 分)

1. (3 分)已知 25℃时，燃烧热 $\Delta_c H_m^\ominus$(C, s) = −393.51kJ · mol^{-1}, $\Delta_c H_m^\ominus$(CO,g) = −283.0kJ · mol^{-1},写出与之相应的热化学方程式：________________、____________；写出 CO 生成反应的热化学方程式：________________。

2. (1 分)把 Ag_2CrO_4 和 $Ag_2C_2O_4$ 固体同时溶于水中，直至两者都达到饱和，则此溶液中 [Ag^+]=__________ mol · L^{-1}。[已知 $K_{sp}^\ominus(Ag_2CrO_4)=1.1\times10^{-12}$, $K_{sp}^\ominus(Ag_2C_2O_4)=5.4\times10^{-12}$]

3. (3 分) 汞元素在酸性介质中的标准电极电势图如下：

$E^{\ominus}/V$ $\quad Hg^{2+} \xrightarrow{\ ?\ } Hg_2^{2+} \xrightarrow{0.796} Hg$

（Hg^{2+} 至 Hg：0.852）

电对Hg^{2+}/Hg_2^{2+}的标准电极电势为________。根据新的元素电势图，一个可以自发进行的氧化还原反应是________；该反应的平衡常数$K^{\ominus}$是________。

4. (4分)已知M^{3+}最高能级3d轨道中有5个电子，(1) M原子的核外电子排布________；(2) M原子的最外层和最高能级组中电子数________、________；(3) M元素在周期表中的位置________。在d区和ds区金属中硬度最高的是________，延展性最好的是________，熔点最高的是________，导电性最好的是________。

5. (3分) 根据晶体场理论，填充下表：

配合物	$K_3[Fe(C_2O_4)_3]\cdot 3H_2O$(5.75B.M.)
中心离子、晶体场类型	
$t_{2g}e_g$轨道上电子的排布	
CFSE 计算公式	

6. (3分)根据价键理论，填充下表：

配离子	$[Co(en)_3]^{2+}$	$[Mn(CN)_6]^{3-}$	$[Ni(CN)_4]^{2-}$
μ/B.M.	3.82		
空间构型			平面正方形
杂化类型		d^2sp^3	

7. (2分) 超氧化钾常用于急救器中，既是空气净化剂，又是供氧剂，与之相关的两个反应分别是________、________。

8. (2分)元素周期表中处于对角线位置上的________与________、________与________、________与________相对应两对元素及其化合物的化学性质相似，化学上称为________。

9. (5分) 硼元素最大的特点是易形成________化合物。乙硼烷分子和硼酸晶体的立体结构分别是________、________。两者与水的反应方程式依次为________、________。

10. (4分) Si溶于NaOH溶液的反应式是________；溶去曝光胶片上未反应的AgBr的反应式是________；常温下，将$Cl_2(g)$通入消石灰溶液中，反应产物是________；HI与浓硫酸溶液反应的产物是________。

11. (4分) 写出下列物质主要成分的化学式：硼砂________，海波________，铬绿________，镉黄________。

12. (4分)比较下列各组化合物性质的相对强弱或高低(填“>”、“<”)

(1) 熔点：$SnCl_2$________$SnCl_4$；H_2O________H_2O_2

(2) 溶解度：Na_2CO_3________$NaHCO_3$，AgBr________AgCl(在溶剂水中)

(3) 氧化性：HClO________HBrO，H_2SeO_4________H_2SO_4

(4) 热稳定性：$NaNO_2$(aq)________$NaNO_3$(aq)，Ag_2CO_3________Na_2CO_3

三、分离与鉴定、制备(共 20 分)

1. (8 分) 在一混合溶液中有 Ag^+、Sb^{3+}、Fe^{3+}、Ni^{2+}四种离子,设计一种方案把它们分离开并鉴定它们的存在(分离过程以流程图表示)。写出现象和有关的反应方程式。
2. (6 分) 某棕色固体 A,受热时产生无色无臭气体和黄色固体 C。A 与浓盐酸作用,产生一种气体 D,D 可使湿润石蕊试纸褪色;A 与浓盐酸作用的另一产物 E 的溶液与 KI 溶液反应,生成黄色沉淀 F,问 A、B、C、D、E、F 各是什么物质,并写出有关反应式。
3. (6 分) 试以软锰矿(MnO_2)为原料制备高锰酸钾,写出各步反应方程式。

四、简答题(共 22 分)

1. (6 分) 试以酸性-碱性为横坐标,以氧化态为纵坐标,用图示的方法归纳 Cr^{3+}、$Cr(OH)_3$、$Cr(OH)_4^-$、CrO_4^{2-}、$Cr_2O_7^{2-}$、$CrO(O_2)_2$ 等铬的各物种间的相互转化关系,注明转化条件,并写出每一转化过程的反应式及反应现象。
2. (6 分) 为什么说氢能源是理想的二次能源?目前面临的主要问题是什么?
3. (6 分) 含汞废水处理是环保工作的重要任务之一。化学沉淀法除汞是在含汞废水中先加入一定量的 Na_2S,然后再加入 $FeSO_4$。写出有关的化学反应式,结合相关计算说明其工作原理。[已知 $K_{sp}^{\ominus}(HgS)=4\times10^{-53}$,$K_{sp}^{\ominus}(FeS)=6.3\times10^{-18}$,$K_f^{\ominus}(HgS_2^{2-})=9.5\times10^{52}$]
4. (4 分)在用稀 H_2SO_4 清洗被 $Co(OH)_3$ 和 $MnO(OH)_2$ 污染的玻璃器皿时,为什么要加些H_2O_2?

五、计算题(共 45 分)

1. (9 分)下列反应在总压为 101.325kPa 的条件下进行。若反应前气体混合物中 SO_2 和 O_2 的摩尔分数分别为 6.0% 和 12.0%,其余为惰性气体,试问在什么温度下,该反应达到平衡时有 80%的 SO_2 转变为 SO_3?

$$SO_2(g)+\frac{1}{2}O_2(g)\longrightarrow SO_3(g)$$

相关热力学数据如下表:

热力学数据 \ 物质	$SO_3(g)$	$SO_2(g)$	$O_2(g)$
$\Delta_f H_m^{\ominus}(298.15K)/(kJ\cdot mol^{-1})$	−395.76	−296.9	0
$S_m^{\ominus}(298.15K)/(J\cdot mol^{-1}\cdot K^{-1})$	256.6	248.11	205.05

2. (9 分) 今有 2.0L 0.10$mol\cdot L^{-1}$的 Na_3PO_4 溶液和 2.0L 0.10$mol\cdot L^{-1}$的 NaH_2PO_4 溶液,仅用这两种溶液(不可再加水)来配制 pH 为 12.50 的缓冲溶液,能配制这种缓冲溶液的体积是多少?需要 0.10$mol\cdot L^{-1}$ 的 Na_3PO_4 和 NaH_2PO_4 溶液的体积各是多少?(已知 H_3PO_4 的逐级解离常数为 $K_{a_1}^{\ominus}=7.11\times10^{-3}$,$K_{a_2}^{\ominus}=6.34\times10^{-8}$,$K_{a_3}^{\ominus}=4.79\times10^{-13}$)
3. (9 分) 某溶液中含有 $FeCl_2$ 和 $CuCl_2$,两者浓度均为 0.10$mol\cdot L^{-1}$。当不断通入 H_2S 达到饱和,通过计算回答是否会生成 FeS 沉淀?[已知饱和 H_2S 浓度为 0.10$mol\cdot L^{-1}$,H_2S 解离常数:$K_{a_1}^{\ominus}=1.1\times10^{-7}$,$K_{a_2}^{\ominus}=1.3\times10^{-15}$;溶度积:$K_{sp}^{\ominus}(FeS)=6.3\times10^{-18}$,$K_{sp}^{\ominus}(CuS)=$

6.3×10^{-36}]

4. (9 分) 已知 298K 下,下列电极反应的标准电极电势:

$$Ag^+(aq)+e^-=\!=\!=Ag(s) \qquad E^\ominus=0.799V$$

$$[Ag(S_2O_3)_2]^{3-}(aq)+e^-=\!=\!=Ag(s)+2S_2O_3^{2-}(aq) \qquad E^\ominus=0.017V$$

(1) 将两电极组成原电池,以电池符号表示。

(2) 写出电池反应方程式。

(3) 计算该电池的标准电动势 $E^\ominus$,平衡常数 $K^\ominus$ 及 $K_f^\ominus[Ag(S_2O_3)_2^{3-}]$。

(4) 试推导 $E^\ominus(Ag(S_2O_3)_2^{3-}/Ag)$、$E^\ominus(Ag^+/Ag)$ 与 $K_f^\ominus[Ag(S_2O_3)_2^{3-}]$之间的关系。

5. (9 分) 某化合物的热分解的反应为一级反应,在 120min 内分解了 50%,试问其分解 90% 时所需的时间是多少?

参考答案

一、单选题

(1~5 题) BBABC;(6~10 题) ACCDC ;(11~15 题)ADCAB;(16~20 题) AADDB;(21~25 题)CDCDC。

二、填空题

1.
$$C(s)+O_2(g)\longrightarrow CO_2 \qquad \Delta_r H_{m,1}^\ominus=\Delta_c H_{m,1}^\ominus=-393.5kJ\cdot mol^{-1}$$
$$CO(g)+1/2O_2\longrightarrow CO_2(g) \qquad \Delta_r H_{m,2}^\ominus=\Delta_c H_{m,2}^\ominus=-283.0kJ\cdot mol^{-1}$$
$$C(s)+1/2O_2(g)\longrightarrow CO \qquad \Delta_r H_m^\ominus=\Delta_r H_{m,1}^\ominus-\Delta_r H_{m,2}^\ominus=-110.5kJ\cdot mol^{-1}$$

2.
$$[Ag^+]=2.4\times10^{-4}mol\cdot L^{-1}$$
$$K_{sp}^\ominus(Ag_2C_2O_4)/K_{sp}^\ominus(Ag_2CrO_4)=[C_2O_4^{2-}]/[CrO_4^{2-}]=4.91$$
$$[Ag^+]=2([C_2O_4^{2-}]+[CrO_4^{2-}])=2\times5.91[CrO_4^{2-}]$$
$$K_{sp}^\ominus(Ag_2CrO_4)=[Ag^+]^2\cdot[CrO_4^{2-}]=[Ag^+]^2\cdot\frac{[Ag^+]}{2\times5.91}$$

3. $E^\ominus(Hg^{2+}/Hg_2^{2+})=0.908V$,自发反应 $Hg^{2+}(aq)+Hg(l)\rightleftharpoons Hg_2^{2+}(aq)$

$$\lg K^\ominus=\frac{nE^\ominus}{0.0592}=\frac{1\times(0.908-0.796)}{0.0592}=1.89, \quad K^\ominus=77.96$$

4. Fe $1s^22s^22p^63s^23p^63d^64s^2$, 2,8,Ⅷ族,Cr,Au,W,Ag

5. 根据晶体场理论,填充下表:

配合物	$K_3[Fe(C_2O_4)_3]\cdot3H_2O$(5.75B.M.)
中心离子、晶体场类型	Fe^{3+} / $C_2O_4^{2-}$ 构成的八面体场
$t_{2g}e_g$轨道上电子的排布	$t_{2g}^3e_g^2$ 或 $\uparrow\ \uparrow\ e_g$; $\uparrow\ \uparrow\ \uparrow\ t_{2g}$
计算 CFSE 公式	$CFSE=\left(-\frac{2}{5}\Delta_o\times3+\frac{3}{5}\Delta_o\times2\right)=0$

6. 根据价键理论，填充下表：

配离子	$[Co(en)_3]^{2+}$	$[Mn(CN)_6]^{3-}$	$[Ni(CN)_4]^{2-}$
μ/B. M.	3.82	2.83	0
空间构型	八面体	八面体	平面正方形
杂化类型	sp^3d^2	d^2sp^3	dsp^2

7. $$4KO_2(s)+2CO_2(g)\longrightarrow 2K_2CO_3(s)+3O_2(g)$$

$$2KO_2(s)+2H_2O(g)\longrightarrow 2KOH(s)+O_2(g)+H_2O_2(aq)$$

8. Li 和 Mg、Be 和 Al、B 与 Si 对角线关系

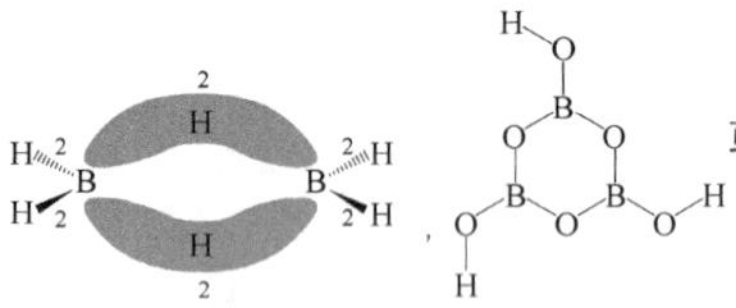

或

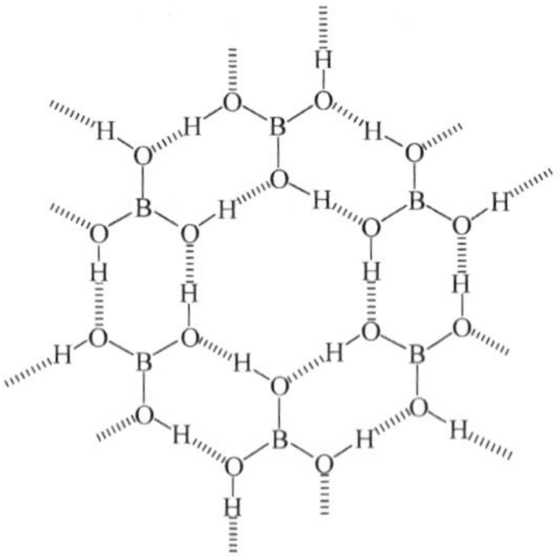

9. 缺电子化合物，$B_2H_6(g)+6H_2O(l)=\!=\!=2B(OH)_3(s)+6H_2(g)$

$$B(OH)_3(aq)+H_2O(l)=\!=\!=[B(OH)_4]^-(aq)+H^+(aq)$$

10. $Si(s)+4OH^-(aq)=\!=\!=SiO_4^{4-}(aq)+2H_2(g)$，　$AgBr(s)+2S_2O_3^{2-}(aq)=\!=\!=[Ag(S_2O_3)_2]^{3-}(aq)$，$Ca(ClO)_2+CaCl_2\cdot Ca(OH)_2\cdot H_2O$，$I_2+H_2S+H_2O$

11. $Na_2B_4O_5(OH)_4\cdot 8H_2O$，$Na_2S_2O_3\cdot 5H_2O$，$Cr_2O_3$，CdS

12. 比较下列各组化合物性质的相对强弱或高低（填"＞"、"＜"）

(1) 熔点 $SnCl_2>SnCl_4$；$H_2O>H_2O_2$

(2) 溶解度 $Na_2CO_3>NaHCO_3$，AgBr＜AgCl（在溶剂水中）

(3) 氧化性 HClO＜HBrO，$H_2SeO_4>H_2SO_4$

(4) 热稳定性 $NaNO_2(aq)<NaNO_3(aq)$，$Ag_2CO_3<Na_2CO_3$

三、分离与鉴定、制备

1. 分离流程图和有关反应方程式如下：

(1) $$Ag^+(aq)+Cl^-(aq)\longrightarrow AgCl(s,白色)$$

$$AgCl(s)+2NH_4^+(aq)=\!=\![Ag(NH_3)_2]^+(aq)+Cl^-(aq)$$

(2) $$[Ag(NH_3)_2]^+(aq)+2H^+(aq)+Cl^-(aq)=\!=\!AgCl(s)+2NH_4^+(aq)$$

$$Sb^{3+}(aq)+3NH_3\cdot H_2O(aq)\longrightarrow Sb(OH)_3(s,白色)+3NH_4^+(aq)$$

$$Sb(OH)_3(s,白色)+OH^-(aq)\longrightarrow [Sb(OH)_4]^-(aq)$$

$$2Sb^{3+}(aq)+Sn(s)\longrightarrow 2Sb(s,黑色)+3Sn^{2+}(aq)$$

(3) $$Fe^{3+}(aq)+3NH_3\cdot H_2O(aq)=\!=\!=Fe(OH)_3(s,棕色)+3NH_4^+(aq)$$

$$Fe^{3+}(aq)+3NCS^-(aq)\longrightarrow [Fe(NCS)_6]^{3-}(aq,血红色)$$

(4) $$Ni^{2+}(aq)+6NH_3(aq)=\!=\!=[Ni(NH_3)_6]^{3+}(aq,蓝色)$$

$$[Ni(NH_3)_6]^{2+}(蓝色,aq)+2DMG(aq)\longrightarrow Ni(DMG)_2(s,鲜红色)+2NH_4^++4NH_3$$

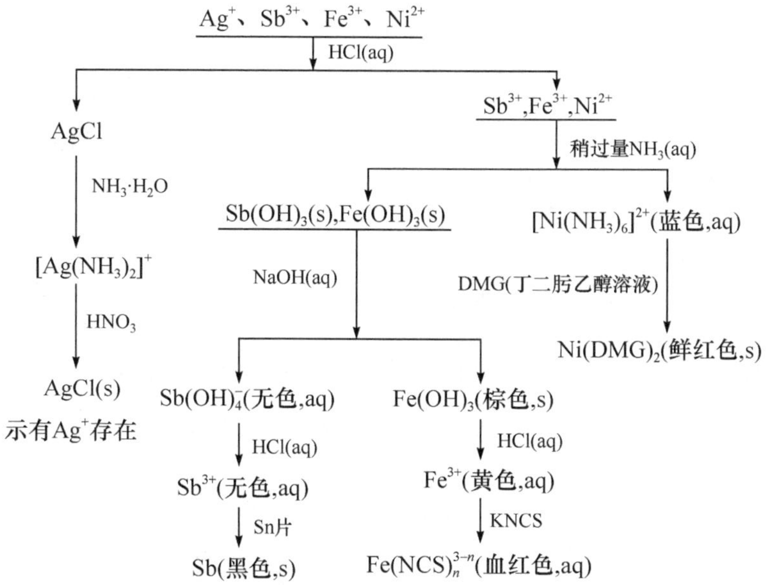

2. A：PbO_2； B：O_2；C：PbO； D：Cl_2； E：$PbCl_3^-$； F：PbI_2

$$PbO_2(s)\xrightarrow{\triangle}PbO(s)+\frac{1}{2}O_2(g)$$

$$PbO_2(s)+4H^+(aq)+5Cl^-(aq)=\!=\!=PbCl_3^-(aq)+Cl_2(g)+2H_2O(l)$$

$$PbCl_3^-(aq)+2I^-(aq)=\!=\!=PbI_2(s)+3Cl^-(aq)$$

3. 软锰矿为 $MnO_2 \cdot xH_2O$

$$2MnO_2+4KOH+O_2=\!=\!=2K_2MnO_4+2H_2O$$

或

$$3MnO_2+6KOH+KClO_3=\!=\!=3K_2MnO_4+KCl+3H_2O$$

利用氯气氧化 K_2MnO_4 溶液可使 K_2MnO_4 转化为 $KMnO_4$：

$$2K_2MnO_4+Cl_2\longrightarrow 2KMnO_4+2KCl$$

或是通过电解 K_2MnO_4 的方法制取 $KMnO_4$

$$2MnO_4^{2-}+2H_2O\xrightarrow{电解}2MnO_4^-+2OH^-+H_2$$

四、简答题

1. 反应式(略)

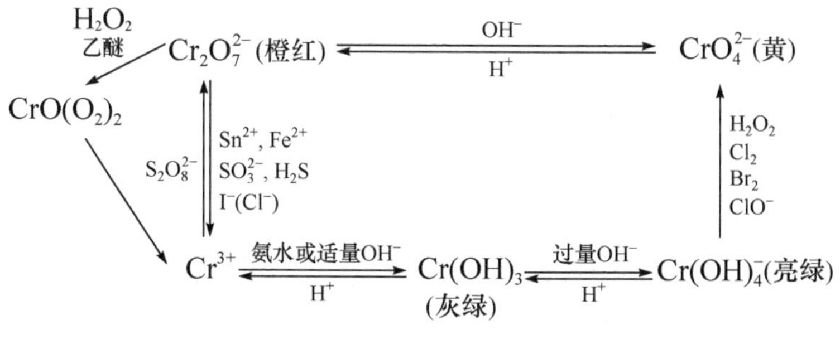

2. 高燃烧热，无污染，资源丰富；面临的主要问题：氢气的发生，储存，利用。

3. 汞废水处理中，硫化物的加入要适量，若加入过量会产生可溶性 HgS_2^{2-} 配合物，也会使处理后的水中残余硫偏高，带来新的污染。过量的 S^{2-} 的处理办法是在废水中加入适量的 $FeSO_4$，生成 FeS 沉淀的同时与悬浮的 HgS 发生吸附作用共同沉淀下来。

$$Hg^{2+}(aq)+S^{2-}(aq)\longrightarrow HgS(s),\quad K_1^{\ominus}=1/K_{sp}^{\ominus}=2.5\times10^{52}$$

$$HgS(s)+S^{2-}(aq)\longrightarrow HgS_2^{2-}(aq),\quad K_2^{\ominus}=K_{sp}^{\ominus}K_f^{\ominus}=4\times10^{-53}\times9.5\times10^{52}=3.8$$

$$HgS_2^{2-}(aq)+Fe^{2+}(aq)=\!=\!=HgS(s)+FeS(s)$$

$$K_3^{\ominus}=\frac{1}{c(HgS_2^{2-})\cdot c(Fe^{2+})}=\frac{1}{K_f^{\ominus}(HgS_2^{2-})K_{sp}^{\ominus}(HgS)}\cdot\frac{1}{K_{sp}^{\ominus}(FeS)}$$

$$=\frac{1}{9.5\times10^{52}\times4.0\times10^{-53}}\cdot\frac{1}{6.3\times10^{-18}}=4.2\times10^{16}>10^{7}$$

所以反应进行得很完全。

4. 在酸性条件下，H_2O_2作为还原剂，将Co(Ⅲ)、Mn(Ⅳ)等还原而被洗去。

五、计算题(共45分)

1. 设系统开始时物质的量的总和为n_0 mol，则平衡时各物质的量的关系如下：

	$SO_2(g)+\frac{1}{2}O_2(g)=\!=\!=SO_3(g)$			惰性气体
初始物质的量/mol	$0.06n_0$	$0.12n_0$	0	$0.82n_0$
改变的物质的量/mol	$-0.048n_0$	-0.024	n_0	$+0.048n_0$
平衡时物质的量/mol	$0.012n_0$	$0.096n_0$	$0.048n_0$	$0.82n_0$

平衡时总物质的量为：$n_t=(0.012+0.096+0.048+0.82)\ n_0=0.976n_0$(mol)

则平衡时相对分压分别为 $p(SO_2)=\frac{x(SO_2)p_t}{p^{\ominus}}\text{atm}=\frac{0.012}{0.976}\text{atm}$　$p(O_2)=\frac{x(O_2)p_t}{p^{\ominus}}\text{atm}=\frac{0.096}{0.976}\text{atm}$

$$p(SO_3)=\frac{x(SO_3)p_t}{p^{\ominus}}\text{atm}=\frac{0.048}{0.976}\text{atm}$$

$$K^{\ominus}=\frac{p(SO_3)}{p(SO_2)[p(O_2)]^{1/2}}=\frac{\left(\frac{0.048}{0.976}\right)}{\left(\frac{0.012}{0.976}\right)\left(\frac{0.096}{0.976}\right)^{1/2}}=12.75$$

($p^{\ominus}$取100kPa时，$K^{\ominus}=12.67$)

从给出的热力学数据知 $\Delta_r H_m^{\ominus}=-98.9\text{kJ}\cdot\text{mol}^{-1}$，$\Delta_r S_m^{\ominus}=-94.04\text{J}\cdot\text{mol}^{-1}\cdot\text{K}^{-1}$

$$\Delta_r G_m^{\ominus}=-RT\ln K^{\ominus}=\Delta_r H_m^{\ominus}-T\Delta_r S_m^{\ominus}$$

$$\Delta_r H_m^{\ominus}=T\Delta_r S_m^{\ominus}-RT\ln K^{\ominus}=T(\Delta_r S_m^{\ominus}-R\ln K^{\ominus})$$

代入数据，得

$$T=\frac{\Delta_r H_m^{\ominus}}{\Delta_r S_m^{\ominus}-R\ln K^{\ominus}}=\frac{-98.86\times10^3\text{J}\cdot\text{mol}^{-1}}{(-94.04-8.314\times2.55)\text{J}\cdot\text{mol}^{-1}\cdot\text{K}^{-1}}=858.1\text{K}$$

2. 已知 $pK_{a_1}^{\ominus}=2.15$，$pK_{a_2}^{\ominus}=7.20$，$pK_{a_3}^{\ominus}=12.32$，要配制pH为12.50(pOH=1.50)的缓冲溶液应选择HPO_4^{2-}/PO_4^{3-}缓冲对。

设缓冲溶液中PO_4^{3-}的浓度为c_1，HPO_4^{2-}的浓度为c_2

$$PO_4^{3-}(aq)+H_2O(l)=\!=\!=HPO_4^{2-}(aq)+OH^-(aq)$$

平衡浓度/($\text{mol}\cdot\text{L}^{-1}$)　　c_1　　c_2　　$10^{-1.50}$

$$K_{b_1}^{\ominus}=\frac{K_w}{K_{a_3}^{\ominus}}=\frac{c(HPO_4^{2-})\cdot c(OH^-)}{c(PO_4^{3-})}$$

$$10^{-1.68}\approx\frac{c_2\times10^{-1.50}}{c_1},\quad\frac{c_2}{c_1}=10^{-0.18}=0.66$$

即　$c_2=0.66c_1$ 或 $c_1=1.51c_2$

由计算得知，溶液中 $c(PO_4^{3-})>c(HPO_4^{2-})$，$PO_4^{3-}$将全部用完，其中一部分用于与$H_2PO_4^-$反应生成$HPO_4^{2-}$：

$$H_2PO_4^-(aq)+PO_4^{3-}(aq)=\!=\!=2HPO_4^{2-}(aq)$$

设取 0.10mol·L^{-1} $H_2PO_4^-$ 溶液 x L，则溶液体积变为 2.0+x L，其计量关系是

$$H_2PO_4^-(aq)+PO_4^{3-}(aq)=\!=\!=2HPO_4^{2-}(aq)$$

反应量/(mol·L^{-1}) $\quad \dfrac{0.10x}{2.0+x} \quad \dfrac{0.10x}{2.0+x} \quad 2\times\dfrac{0.10x}{2.0+x}$

由 $[HPO_4^{2-}]=0.708[PO_4^{3-}]$知，$2\times\dfrac{0.10x}{2.0+x}=0.66\times\dfrac{2.0\times0.10-0.10x}{2.0+x}$，$x=0.50$，即取 Na_3PO_4 2.0L，取 NaH_2PO_4 0.50L，总体积 2.50L。

3. 由于 $K_{sp}^{\ominus}(CuS)=6.3\times10^{-36}\ll K_{sp}^{\ominus}(FeS)=6.3\times10^{-18}$，所以 CuS 先沉淀。

$$Cu^{2+}(aq)+H_2S(aq)=\!=\!=CuS(s)+2H^+(aq)$$

$$K^{\ominus}=\frac{[c(H^+)]^2}{c(Cu^{2+})\cdot c(H_2S)}=\frac{K_{a_1}^{\ominus}K_{a_2}^{\ominus}}{K_{sp}^{\ominus}(CuS)}=\frac{1.3\times10^{-7}\times7.1\times10^{-15}}{6.3\times10^{-36}}=1.5\times10^{14}$$

反应的 $K^{\ominus}$很大，Cu^{2+}将完全沉淀为 CuS，产生的 H^+浓度为0.20mol·L^{-1}。此时溶液中 S^{2-} 浓度为

$$c(S^{2-})=\frac{K_{a_1}^{\ominus}K_{a_2}^{\ominus}c(H_2S)}{[c(H^+)]^2}=\frac{1.3\times10^{-7}\times7.1\times10^{-15}\times0.10}{(0.20)^2}=2.3\times10^{-21}(mol\cdot L^{-1})$$

$J=[Fe^{2+}][S^{2-}]=2.3\times10^{-22}\ll K_{sp}^{\ominus}(FeS)$，所以不会有 FeS 沉淀析出。

或 $\quad Fe^{2+}(aq)+H_2S(aq)=\!=\!=FeS(s)+2H^+(aq)$，$\quad K^{\ominus}=\dfrac{K_{a_1}^{\ominus}K_{a_2}^{\ominus}}{K_{sp}^{\ominus}(CuS)}=1.5\times10^{-4}$

初始浓度/(mol·L^{-1}) 0.1 $\quad$ 0 $\quad$ 0.10 $\quad$ 0.20

$$J=\frac{[c(H^+)]^2}{c(Fe^{2+})c(H_2S)}=\frac{(0.20)^2}{0.10\times0.10}=4$$

$J>K_{sp}^{\ominus}$，反应不能向右进行，所以无 FeS 沉淀生成。

4. (1) 原电池表达为(−) Ag(s) | $[Ag(S_2O_3)_2]^{3-}(aq)$，$S_2O_3^{2-}(aq)$ ‖ $Ag^+(aq)$ | Ag(s) (+)

(2) 电池反应为$Ag^+(aq)+2S_2O_3^{2-}(aq)\rightleftharpoons[Ag(S_2O_3)_2]^{3-}(aq)$

(3) 标准电动势 $E^{\ominus}=E^{\ominus}(Ag^+/Ag)-E^{\ominus}[Ag(S_2O_3)_2^{3-}/Ag]=0.7821V$

平衡常数 $K^{\ominus}$ $\quad \lg K^{\ominus}=\dfrac{nE}{0.0592}=\dfrac{1\times0.782}{0.0592}=13.209$，$K^{\ominus}=1.62\times10^{13}$

稳定常数 $K_f^{\ominus}$ $\quad K^{\ominus}=K_f^{\ominus}=1.62\times10^{13}$

(4) $E^{\ominus}[(Ag(S_2O_3)_2^{3-}/Ag)]$与 $E^{\ominus}(Ag^+/Ag)$和 $K_f^{\ominus}[Ag(S_2O_3)_2^{3-}]$的关系：

$$E^{\ominus}[Ag(S_2O_3)_2^{3-}/Ag]=E^{\ominus}(Ag^+/Ag)-0.0592\lg K_f^{\ominus}[Ag(S_2O_3)_2^{3-}]$$

5. $t_{\frac{1}{2}}=\dfrac{0.693}{k}$，$k=\dfrac{0.693}{120}=5.78\times10^{-3}\,min^{-1}$，$\lg\dfrac{0.10}{1}=\dfrac{-kt}{2.30}$，$t=$ 398min

(武汉理工大学 雷家珩供稿)

中南大学2013年攻读硕士学位研究生入学考试试题

一、单选题(每小题2分，共40分)

1. 基态原子的第六电子层只有2个电子，第五电子层上的电子数为(　　)

A. 8 　B. 18 　C. 8～18 　D. 1～32

2. 下列说法错误的是(　　)

A. Na 的第一电离能(I_1)小于 Mg，第二电离能(I_2)大于 Mg

B. s 亚层电子的能量低于 p 亚层电子

C. NaF 中键的离子性比 CsF 小，但 NaF 的晶格能比 CsF 大

D. 配位效应使金属难溶盐在配体溶液中的溶解度增加

3. 室温时，若实验测得反应 $NO_2+CO \longrightarrow NO+CO_2$ 的速率方程为 $r=kc^2(NO_2)$。在下述几种反应机理中，与速率方程最有可能相符合的机理是(　　)

A. $2NO_2 \rightleftharpoons N_2O_4$ (快反应)　$N_2O_4+2CO \longrightarrow 2CO_2+2NO$(慢反应)

B. $CO+NO_2 \longrightarrow CO_2+NO$

C. $2NO_2 \longrightarrow NO_3+NO$(慢反应)　$CO+NO_3 \longrightarrow NO_2+CO_2$(快反应)

D. $2NO_2 \longrightarrow NO_3+NO$(快反应)　$CO+NO_3 \longrightarrow NO_2+CO_2$(慢反应)

4. 实验表明反应 $2NO+Cl_2 \longrightarrow 2NOCl$ 的速率方程为 $r=kc^2(NO)c(Cl_2)$，说明该反应(　　)

A. 肯定是基元反应　　B. 不是基元反应

C. 是三分子反应　　D. 可能是基元反应

5. 一敞口烧瓶在 7℃ 时盛满某种气体，欲使 1/3 的气体逸出烧瓶，需加热到(　　)

A. 147℃　　B. 693℃　　C. 420℃　　D. 100℃

6. 某系统由 A 态沿途径Ⅰ到 B 态放热 100J，同时得到 50J 的功；当系统由 A 态沿途径Ⅱ到 B 态做功 80J 时，Q 为(　　)

A. 70J　　B. 30J　　C. −30J　　D. −70J

7. 在某温度下，反应 $1/2N_2(g)+3/2H_2(g) \longrightarrow NH_3(g)$ 的标准平衡常数 $K^\ominus=a$，上述反应若写成 $2NH_3(g) \longrightarrow N_2(g)+3H_2(g)$，则在相同温度下反应的标准平衡常数为(　　)

A. $a/2$　　B. $1/a^2$　　C. a^2　　D. $2a$

8. 下列分子或离子中键角最小的是(　　)

A. H_2O　　B. BF_3　　C. PH_4^+　　D. $HgBr_2$

9. 下列物质中不含有氢键的是(　　)

A. $B(OH)_3$　　B. HCl　　C. CH_3OH　　D. $H_2NCH_2CH_2NH_2$

10. 根据分子轨道理论，O_2 的最高占有轨道是(　　)

A. π_{2p}　　B. π_{2p}^*　　C. σ_{2p}　　D. σ_{2p}^*

11. 在八面体强场中，晶体场稳定化能最大的中心离子 d 电子数为(　　)

A. 9　　B. 6　　C. 5　　D. 3

12. 下列配合物中，空间构型为直线形的是(　　)

A. $[Cu(en)_2]^{2+}$　　B. $[Cu(P_2O_7)_2]^{6-}$　　C. $[Ag(S_2O_3)_2]^{3-}$　　D. $[AuCl_4]^-$

13. 下列配合物中，不具有几何异构体的是(　　)

A. $[ZnCl_2(H_2O)_2]$　　B. $[Co(NH_3)_4Cl_2]^+$

C. $[Pt(NH_3)_2Cl_2]$　　D. $[Pd(CO)_2Cl_2]$

14. 下列配离子中无色的是(　　)

A. $[Ni(NH_3)_6]^{2+}$　　B. $[Cu(NH_3)_4]^{2+}$　　C. $[Cd(NH_3)_4]^{2+}$　　D. $[CuCl_4]^{2-}$

15. 已知相同浓度的盐 NaA、NaB、NaC 和 NaD 的水溶液 pH 依次增大，则相同浓度的下列稀酸中解离度最大的是(　　)

A. HD　　B. HC　　C. HB　　D. HA

16. 下列三个反应：(1) $A+B^+ \rightleftharpoons A^++B$；(2) $A+B^{2+} \rightleftharpoons A^{2+}+B$；(3) $A+B^{3+} \rightleftharpoons A^{3+}+B$ 的平衡常数相同。下面有关这些反应的 $E^\ominus$ 判断中正确的是(　　)

A. (1)的 $E^\ominus$ 值最大，而(3)的 $E^\ominus$ 最小

B. (3)的 $E^\ominus$ 最大

C. 三个反应的 $E^{\ominus}$ 相同

D. 无法比较它们的 $E^{\ominus}$ 值

17. HAc 在液氨和液态氢氟酸中分别是(　　)

A. 强酸和强碱　B. 强酸和弱碱　C. 弱酸和弱碱　D. 弱酸和强碱

18. 下列离子中不与氨水作用形成配合物的是(　　)

A. Cd^{2+}　B. Fe^{3+}　C. Co^{2+}　D. Ni^{2+}

19. 下列物质实际不能存在的是(　　)

A. $[Mn(H_2O)_6]^{2+}$　B. TiO^{2+}　C. $[V(H_2O)_6]^{5+}$　D. $NaCrO_2$

20. 下列元素属于镧系元素的是(　　)

A. Am　B. Cm　C. Sm　D. Fm

二、填空题(每空 1 分,共 30 分)

1. 某元素原子 X 的最外层只有一个电子,其 X^{3+} 中的最高能级的 3 个电子的主量子数 n 为 3,角量子数 l 为 2,则该元素属于第________周期第________族元素,其元素符号为________。

2. 第一过渡系列元素中属于反磁性的原子有________,其电子构型为________。

3. XeF_4 的空间构型为________,中心 Xe 原子的杂化方式为________;XeO_4 的空间构型为________,中心 Xe 原子的杂化方式为________。

4. SO_2 分子的极化率比 O_3 分子的极化率________;SO_2 分子和 O_3 分子中除了含有 σ 键之外,还都含有________键。

5. PCl_3 和 PCl_5 中熔沸点较高的是________,其原因是________;$[Hg(CN)_4]^{2-}$ 和 $[Zn(CN)_4]^{2-}$ 中稳定性更高的是________,其原因是________。

6. 配合物 $[Pt(py)_4][PtCl_4]$ 的名称是________。

7. 298.15K 时,$N_2O_5(g)$ 分解作用的半衰期为 5.7h,此值与 N_2O_5 的起始分压无关,则该反应的速率常数 k 为________。

8. 在 27 ℃时,反应 $CaCO_3(s) \xlongequal{} CaO(s) + CO_2(g)$ 的摩尔等压热效应 $Q_p = 178.0kJ$,则在此温度下其摩尔等容热效应 $Q_V =$________ kJ。

9. 对于放热熵减的反应,温度越________,越有利于反应的正向自发进行。

10. 已知 20℃ 水的饱和蒸气压为 2.34kPa。在 20℃,99.3kPa 的气压下,用排水集气法收集 N_2 150mL,则纯 N_2 的分压为________ kPa;若该气体在标准状况下经干燥,则此时 N_2 的体积为________ mL。

11. 在 101.325kPa 和 273.15K 下,已知冰的融化热为 $6007J \cdot mol^{-1}$,则冰融化过程的摩尔熵变为________ $J \cdot mol^{-1} \cdot K^{-1}$。

12. 已知 298.15K 时 $H_2O(l)$ 的标准摩尔生成热 $\Delta_f H_m^{\ominus} = -286kJ \cdot mol^{-1}$,则氢气的标准摩尔燃烧热为________ $kJ \cdot mol^{-1}$。

13. 合成氨反应 $3H_2 + N_2 \rightleftharpoons 2NH_3$ 达到平衡时,在恒容下向系统中通入 Ar 气,则氨的产率________,在恒压下向系统中通入 Ar 气,则氨的产率________。

14. 293K 时,Cl_2 在水中的溶解度为 $0.09mol \cdot L^{-1}$。实验测得此时约有 1/3 的 Cl_2 发生歧化转化为盐酸和次氯酸,则该温度下歧化反应的 $K^{\ominus}$ 值为________。

15. 在 $Cr_2(SO_4)_3$ 和 $MnSO_4$ 的溶液中分别加入 $(NH_4)_2S$ 溶液,将分别产生________色的

________和________色的________。

三、简答题(共30分)

1. (5分)石墨和金刚石均为碳的同素异形体,但二者性质相差很大,如石墨较软,可作润滑剂,而金刚石很硬,可用于切割玻璃;此外石墨具有导电性,而金刚石却不能导电。请从结构理论方面予以解释。
2. (7分)化学式为 $Ni[P(C_2H_5)_3]_2Br_3$ 的化合物是极性分子,但难溶于水而易溶于苯,其苯溶液不导电。试画出该化合物所有可能的几何异构体。
3. (8分)某混合溶液中含有 Fe^{3+}、Cu^{2+}、Al^{3+} 和 Ag^{+} 四种离子,试设计实验方案将其一一分离并鉴别出来,写出步骤及相关反应方程式。
4. (10分)化合物A是一白色固体,可溶于水,A的溶液可起下列反应:(1)加碱于A的水溶液中产生黄色沉淀B,B不溶于碱,可溶于酸。(2)通 H_2S 于A的溶液中产生黑色沉淀C,此沉淀不溶于硝酸但可溶于王水得黄色固体D、气体E和溶液F;气体E无色,在空气中变为红棕色。(3)加 $AgNO_3$ 于A的溶液产生白色沉淀G,G不溶于稀硝酸而溶于氨水,得溶液H。(4)在A的溶液中滴加 $SnCl_2$ 产生白色沉淀I,继续滴加,最后得到黑色沉淀J。试确定A～J各为何物质,写出相关反应方程式。

四、写出下列化学变化的反应方程式并配平(每小题3分,共15分)

1. 用 $Pb(NO_3)_2$ 热分解来制取 NO_2 而不用 $NaNO_3$。
2. 用 NH_4SCN 溶液检出 Co^{2+} 时,加入 NH_4F 可消除 Fe^{3+} 的干扰。
3. 在空气中将 Cu_2O 溶于氨水。
4. 先把等物质的量的 NO_2^- 和 I^- 混合并用 H_2SO_4 酸化,然后逐滴加入适量的 $KMnO_4$ 溶液。
5. 在敞开的容器中,被盐酸酸化了的三氯化钛紫色溶液会逐渐褪色。

五、计算题(共35分)

1. (10分)根据下列298.15K和标准态时的数据:

	$\Delta_f H_m^\ominus/(kJ \cdot mol^{-1})$	$S_m^\ominus/(J \cdot mol^{-1} \cdot K^{-1})$
CuO(s)	−155.0	43.5
$Cu_2O(s)$	−166.7	101.0
Cu (s)	0	33.15
$O_2(g)$	0	205.03

试通过计算解释下列现象,并估算加热变化时的温度(空气中 O_2 的分压维持在21.3kPa):

(1) 398.15K时铜线暴露在空气中,表面逐渐覆盖一层CuO,其反应式为

$$Cu(s)+\frac{1}{2}O_2(g)\longrightarrow CuO(s)$$

(2) 当加热此铜线超过一定温度后,黑色CuO转变为红色 Cu_2O,其反应式为

$$2CuO(s)\longrightarrow Cu_2O(s)+\frac{1}{2}O_2(g)$$

2. (6分)设有一金属离子 M^{2+},在水中不易水解,它与二元酸 H_2A 可形成化合物MA(s),根据以下数据求MA在水中的溶解度。已知 $K_{sp}^\ominus(MA)=4\times10^{-28}$,$H_2A$ 的 $K_{a_1}^\ominus(H_2A)=$

1×10^{-7}，$K_{a_2}^{\ominus}(H_2A)=1\times10^{-14}$。

3. (7 分)将 $Zn(OH)_2$ 加入 NH_3 和 NH_4^+ 浓度均为 0.10mol·L^{-1} 的缓冲溶液中，通过计算判断是生成 $[Zn(OH)_4]^{2-}$ 还是 $[Zn(NH_3)_4]^{2+}$。已知：$K_f^{\ominus}([Zn(OH)_4]^{2-})=3.2\times10^{15}$，$K_f^{\ominus}([Zn(NH_3)_4]^{2+})=2.9\times10^9$，$K_b^{\ominus}(NH_3)=1.8\times10^{-5}$，$K_{sp}^{\ominus}(Zn(OH)_2)=1.2\times10^{-17}$。

4. (12 分)原电池 (－) Cu | Cu^{2+} (1.0mol·L^{-1}) ‖ $[AuCl_4]^-$ (0.10mol·L^{-1})，Cl^-(0.10mol·L^{-1}) | Au (＋)，已知：$E^{\ominus}(Au^{3+}/Au)=1.50V$，$E^{\ominus}(Cu^{2+}/Cu)=0.34V$，$E^{\ominus}([AuCl_4]^-/Au)=1.00V$。

   (1) 写出电极反应式和电池反应式。

   (2) 求原电池的电动势。

   (3) 求电池反应的 $K^{\ominus}$。

   (4) 求 $[AuCl_4]^-$ 的 $K_f^{\ominus}$。

参考答案

一、单选题

(1～5 题) CBCDA；(6～10 题) BBABB；(11～15 题)BCACD；(16～20 题) ABBCC。

二、填空题

1. 四，ⅥB，Cr；2. Zn，$[Ar]3d^{10}4s^2$；3. 平面正方形，不等性 sp^3d^2 杂化，正四面体，等性 sp^3 杂化；4. 大，π_3^4；5. PCl_5，PCl_5 相对分子质量较大、色散力较大、所以熔沸点较高，$[Hg(CN)_4]^{2-}$，CN^- 是软碱，与半径大的软酸 Hg^{2+} 结合生成的配离子的稳定性更高；6. 四氯合铂(Ⅱ)酸四吡啶合铂(Ⅱ)；7. 0.122h^{-1}；8. 175.5；9. 低；10. 97.0，133.8；11. 21.99；12. －286；13. 不变，减小；14. 4.5 × 10^{-4}；15. 灰绿色，$Cr(OH)_3$，肉色，MnS。

三、简答题

1. 石墨为层状晶体，在同一层中，碳原子以 sp^2 杂化轨道成键，每个碳原子还有一个 p 轨道，它们垂直于 sp^2 杂化轨道平面，每个 p 轨道上有一个电子，形成大 π 键。大 π 键中的电子是非定域的，可以在同层上运动，所以石墨具有导电性，可作电极。层与层之间距离较远，是以分子间力结合起来的，这种结合力较弱，层与层间可滑移，所以石墨可作润滑剂。金刚石中碳原子以 sp^3 杂化轨道成键，形成原子晶体，不具有导电性，很坚硬，可用于切割玻璃。

2. 化合物有极性，所以对称元素交于一点的分子构型不存在。化合物难溶于水，推测 Br^- 存在于内界，因此该化合物所有可能的几何异构体如下：

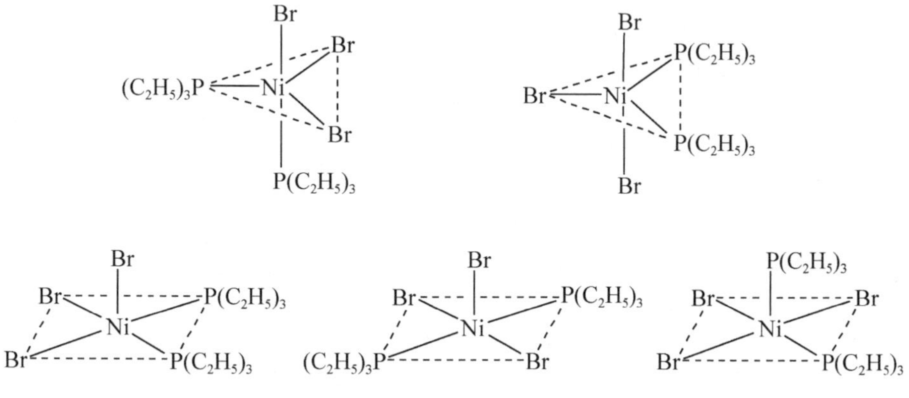

3. 先加过量氨水，Cu^{2+} 和 Ag^+ 生成氨配离子留在溶液中，而 Fe^{3+} 和 Al^{3+} 形成氢氧化物沉淀，过滤分离；滤液

中加盐酸，Ag^+生成AgCl白色沉淀，而Cu^{2+}生成黄绿色的$CuCl_4^{2-}$；沉淀中加过量NaOH溶液，$Al(OH)_3$溶解而$Fe(OH)_3$不溶。

4. A. $HgCl_2$；B. HgO；C. HgS；D. S；E. NO；F. $[HgCl_4]^{2-}$；G. AgCl； H. $[Ag(NH_3)_2]^+$；I. Hg_2Cl_2；J. Hg。
相关反应式略。

四、写出下列化学变化的反应方程式并配平

1. $Pb(NO_3)_2 = PbO + NO_2$；　$2NaNO_3 = 2NaNO_2 + O_2$

2. $Fe^{3+} + 6F^- = [FeF_6]^{3-}$

3. $2Cu_2O + 16NH_3 + O_2 + 4H_2O \longrightarrow 4[Cu(NH_3)_4]^{2+} + 8OH^-$

4. $2I^- + 2NO_2^- + 4H^+ = I_2 + 2NO + 2H_2O$
$I_2 + 2MnO_4^- + 4H^+ = 2IO_3^- + 2Mn^{2+} + 2H_2O$

5. $4Ti^{3+} + O_2 + 4H^+ = 4Ti^{4+} + 2H_2O$

五、计算题

1. 由于上述2个反应并非在标准态下进行，故应根据化学反应等温式，求算非标准态下$\Delta_r G_m$，进而判断上述反应正向能否自发和估算加热变化时的温度。

(1) 因为$\Delta_r G_m^\ominus = \Delta_r G_m^\ominus + RT\ln J$，所以在398.15K下，反应(1)式的$\Delta_r G_{m,1}^\ominus$为

$$\Delta_r G_{m,1} = [\Delta_r H_m^\ominus - T\Delta_r S_m^\ominus] + RT\ln\frac{1}{[p(O_2,g)/p^\ominus]^{\frac{1}{2}}}$$

$$= \left[1\times\Delta_f H_m^\ominus(CuO,s) - 1\times\Delta_f H_m^\ominus(Cu,s) - \frac{1}{2}\times\Delta_f H_m^\ominus(O_2,g)\right] -$$

$$398.15\times\left[1\times S_m^\ominus(CuO,s) - 1\times S_m^\ominus(Cu,s) - \frac{1}{2}\times S_m^\ominus(O_2,g)\right] + RT\ln[21.3/100]^{\frac{1}{2}}$$

$$= -155.0 - 398.15\times(-92.2\times10^{-3}) - \frac{1}{2}\times8.314\times398.15\times10^{-3}\times2.303\lg0.213$$

$$= -115.7(\text{kJ}\cdot\text{mol}^{-1}) < 0 \text{ 反应自发}$$

(2) 反应(2)式的$\Delta_r G_{m,2} \leqslant 0$，则反应自发进行。

$$\Delta_r G_{m,2}^\ominus = [\Delta_r H_m^\ominus - T\Delta_r S_m^\ominus] + RT\ln[p(O_2,g)/p^\ominus]^{\frac{1}{2}}$$

$$= \left\{[-166.7 + 0 - 2\times(-155)] - T\left[101 + \frac{1}{2}\times205.03 - 2\times43.5\right]\times10^{-3}\right\} + (-6.49\times10^{-3})T$$

$$= 143.3 - 122.99\times10^{-3}T \leqslant 0$$

$$T \geqslant 1165.1\text{K}$$

故加热变化时的温度为1165.1K，此时黑色CuO转变为红色Cu_2O。

2. $$S = c(M^{2+}) = c(A^{2-}) + c(HA^-) + c(H_2A) = c(A^{2-}) + c(H^+)\,c(A^{2-})/K_{a_2}^\ominus + c^2(H^+)c(A^{2-})/K_{a_1}^\ominus K_{a_2}^\ominus$$

$$= c(A^{2-})[1 + c(H^+)/K_{a_2}^\ominus + c^2(H^+)/K_{a_1}^\ominus K_{a_2}^\ominus]$$

$$= K_{sp}^\ominus/c(M^{2+})[1 + c(H^+)/K_{a_2}^\ominus + c^2(H^+)/K_{a_1}^\ominus K_{a_2}^\ominus]$$

$$S = c(M^{2+}) = [4\times10^{-28}(1 + 10^7 + 10^7)]^{1/2} = 8.9\times10^{-11}(\text{mol}\cdot\text{L}^{-1})$$

3. 缓冲溶液$c(OH^-) = K_b^\ominus c(NH_3)/c(NH_4^+) = K_b^\ominus = 1.8\times10^{-5}(\text{mol}\cdot\text{L}^{-1})$。

如果$Zn(OH)_2$在NH_3-NH_4^+溶液中生成$[Zn(NH_3)_4]^{2+}$

$$Zn(OH)_2 + 4NH_3 = [Zn(NH_3)_4]^{2+} + 2OH^-$$

$$K_1^\ominus = c[Zn(NH_3]_4^{2+})\,c^2(OH^-)/c^4(NH_3) = K_f^\ominus([Zn(NH_3)_4]^{2+})\times K_{sp}^\ominus[Zn(OH)_2] = 3.5\times10^{-8}$$

$$c[Zn(NH_3)_4^{2+}] = K_1^\ominus\times c^4(NH_3)\,/c^2(OH^-) = 0.011(\text{mol}\cdot\text{L}^{-1})$$

如果$Zn(OH)_2$在NH_3-NH_4^+溶液中生成$[Zn(OH)_4]^{2-}$

$$Zn(OH)_2 + 2OH^- = [Zn(OH)_4]^{2-}$$

$$K_2^\ominus = c([Zn(OH)_4{}^{2-}]/c^2(OH^-) = K_f^\ominus([Zn(OH)_4]^{2-})K_{sp}^\ominus[Zn(OH)_2] = 3.8\times10^{-2}$$

$$c([Zn(OH)_4)^{2-}] = K_2^\ominus c^2(OH^-) = 1.2\times10^{-11}(\text{mol}\cdot\text{L}^{-1})$$

所以在此条件下生成$[Zn(NH_3)_4]^{2+}$。

4. (1) 正极　$[AuCl_4]^- + 3e^- = Au + 4Cl^-$

   负极　$Cu = Cu^{2+} + 2e^-$

   电池反应：$2[AuCl_4]^- + 3Cu = 2Au + 3Cu^{2+} + 8Cl^-$

(2) $E = E - 0.0592/6 \lg c^3(Cu^{2+}) c^8(Cl^-)/c^2([AuCl_4]^-) = 0.72V$

(3) $\lg K^\ominus = 6 \times (1.00 - 0.34)/0.0592 = 66.89$, $K^\ominus = 7.8 \times 10^{66}$

(4) $E(AuCl_4^-/Au) = E(Au^{3+}/Au) = E^\ominus(Au^{3+}/Au) - 0.0592/3 \lg 1/c(Au^{3+})$
$= E^\ominus(Au^{3+}/Au) - 0.0592/3 \lg K_f^\ominus$

　　$K_f^\ominus = 2.2 \times 10^{-25}$

（中南大学　古映莹　张寿春供稿）

主要参考书目

北京大学.2003.大学基础化学.北京:高等教育出版社

北京大学化学系普通化学原理教学组.1996.普通化学原理习题解答.北京:北京大学出版社

北京师范大学无机教研室等.2002.无机化学.4版.北京:高等教育出版社

陈启元,梁逸曾.2003.医科大学化学.上册.北京:化学工业出版社

陈寿椿.1993.重要无机化学反应.3版.上海:上海科技出版社

迟玉兰,于永鲜,牟文生,等.2002.无机化学释疑与习题解析.北京:高等教育出版社

大连理工大学无机化学教研室.2006.无机化学.5版.北京:高等教育出版社

董元彦,李宝华,路福绥,等.2005.物理化学学习指导.北京:科学出版社

董元彦,王运,张方钰.2006.无机及分析化学学习指导.北京:科学出版社

傅献彩,沈文霞,姚天扬.1994.物理化学.4版.北京:高等教育出版社

傅献彩.1999.大学化学.上、下册.北京:高等教育出版社

傅玉普,林青松.2003.物理化学学习指导.大连:大连理工大学出版社

关鲁雄.2004.高等无机化学.北京:化学工业出版社

何凤姣.2006.无机化学.2版.北京:科学出版社

黄可龙.2007.无机化学.北京:科学出版社

黄孟健,黄炜.2004.无机化学考研攻略.北京:科学出版社

黄孟健.1989.无机化学答疑.北京:高等教育出版社

黄如丹.2008.新大学化学学习导引.北京:科学出版社

考克斯 P A.2002.无机化学.李亚栋,王成,邓兆祥译.北京:科学出版社

李健美,李利民.1993.法定计量单位在基础化学中的应用.北京:中国计量出版社

刘承科.1998.大学化学.长沙:中南工业大学出版社

刘承科.2001.大学化学——元素化学.长沙:中南工业大学出版社

刘新锦,朱亚先,高飞.2005.无机元素化学.北京:科学出版社

慕慧.2006.基础化学学习指导.2版.北京:科学出版社

南京大学无机及分析化学编写组.1999.无机及分析化学.3版.北京:高等教育出版社

屈松生.1981.化学热力学问题300例.北京:人民教育出版社

宋天佑.2007.无机化学习题解析.北京:高等教育出版社

宋天佑.2004.无机化学.北京:高等教育出版社

天津大学无机化学教研室.2002.无机化学.3版.北京:高等教育出版社

铁步荣.2005.无机化学习题集.北京:中国中医药出版社

王明华,许莉.2002.普通化学习题解答.北京:高等教育出版社

王志林,黄孟健.2002.无机化学学习指导.北京:科学出版社

魏俊杰,徐春祥,李文凯.1994.医学化学水平测试题集.哈尔滨:黑龙江科技出版社

魏祖期.2005.基础化学学习指导.北京:人民卫生出版社

伍承梁.2003.无机化学习题集.天津:天津大学出版社

肖衍繁.2003.物理化学解题指南.北京:高等教育出版社

谢高阳,申泮文,徐绍龄.1996.无机化学丛书.第九卷.北京:科学出版社

徐春祥,曹凤岐.2004.无机化学.北京:高等教育出版社

徐春祥，王一凡，刘有训．1994．医学基础化学学习指导．哈尔滨：黑龙江科技出版社
徐家宁，史苏华，宋天佑．2007．无机化学例题与习题．2版．北京：高等教育出版社
许善锦．2005．无机化学．4版．北京：人民卫生出版社
张淑民．2003．基础无机化学．3版．兰州：兰州大学出版社
张祥麟．1991．配位化学．北京：高等教育出版社
张祥麟．1992．无机化学．上、下册．长沙：湖南教育出版社
周公度，段连运．1997．结构化学习题解析．北京：北京大学出版社
周公度．1982．无机结构化学．北京：科学出版社
竺际舜．2006．无机化学习题精解．2版．北京：科学出版社
竺际舜．2006．无机化学学习指导．北京：科学出版社
Albert C F, Wilkinson G. 1976. Basic Inorganic Chemistry. New York: John Wiley & Sons Inc.
Burkett A R, Sevenair J P. 1988. 化学试题库. 李秀琴，等译. 北京：北京理工大学出版社
Chambers C, Holliday A K. 1975. Modern Inorganic Chemistry. London: Butterworth & Co (Publishers) Ltd.
Cotton F A, Wilkinson G, Murillo C A, et al. 1999. Advanced Inorganic Chemistry. New York: John Wiley & Sons Inc.
Greenwood N N, Earnshaw A. 1984. Chemistry of the Elements. Oxford: Butterworth-Heinemann Ltd.
Huheey J E, Keriter E A, Keriter R L. 1993. Inorganic Chemistry: Principles of Structure and Reactivity. 4th ed. New York: Harper Collins College Publishers
Liptrot G F. 1971. Modern Inorganic Chemistry. London: Bell & Hyman Ltd.
Miessler G L, Tarr D A. 2004. Inorganic Chemistry. 3rd ed. New Jersey: Scientific Publications
Ronald J G, David A, Humphreys N, et al. 1986. Chemistry. 2nd ed. Boston: Allyn and Bacon Inc.
Shriver D F, Atkins P W, Langford C H. 1997. 无机化学. 2版. 高忆慈，等译. 北京：高等教育出版社